重型机械标准

螺纹与紧固件

（下）

全国机器轴与附件标准化技术委员会
中国标准出版社 编

中国标准出版社
北京

图书在版编目(CIP)数据

重型机械标准. 螺纹与紧固件. 下/全国机器轴与附件标准化技术委员会,中国标准出版社编. —北京:中国标准出版社,2018.1
ISBN 978-7-5066-8729-4

Ⅰ.①重… Ⅱ.①全…②中… Ⅲ.①机械—重型—标准—汇编—中国 Ⅳ.①TH-65

中国版本图书馆 CIP 数据核字(2017)第 226367 号

中国标准出版社出版发行
北京市朝阳区和平里西街甲 2 号(100029)
北京市西城区三里河北街 16 号(100045)

网址 www.spc.net.cn
总编室:(010)68533533　发行中心:(010)51780238
读者服务部:(010)68523946

中国标准出版社秦皇岛印刷厂印刷
各地新华书店经销

*

开本 880×1230　1/16　印张 43.75　字数 1 298 千字
2018 年 1 月第一版　2018 年 1 月第一次印刷

*

定价 220.00 元

出版说明

随着装备制造业的快速发展，国家将重型装备提到相当重要的位置。重型机械标准作为生产的依据，不仅在重型机械、矿山机械、冶金和起重运输行业得到贯彻和应用，而且在石油、化工、电力、轻工等行业的设备制造中也得到了广泛的应用，这对推动行业的技术进步、提高产品质量、降低成本起到了重要的作用。此外，重型机械标准在大型成套设备及技术引进与合作生产中，作为统一设计、制造与检验的依据，得到了国内外同行的一致认可，因此其用量非常大。

近几年，随着标准的大量制修订，新标准不断出现，读者迫切需要及时了解和掌握标准内容。为满足广大使用者对标准文本的需求，全国机器轴与附件标准化技术委员会和中国标准出版社共同合作，拟出版《重型机械标准》系列汇编。

本套汇编收集了截至2017年7月底以前批准发布的重型机械标准660多项，分6部分出版，内容主要包括：

——基础；

——材料；

——螺纹与紧固件；

——传动；

——液压润滑、密封及管路附件；

——弹簧、轴承及其他零件和附件。

本汇编为螺纹与紧固件部分，共收录144项标准，分上、下两册出版。上册内容包括：螺纹、紧固件基础；下册内容包括：螺栓、螺柱、螺母、螺钉、木螺钉、自攻螺钉、垫圈、销、铆钉、挡圈、紧固件—组合件和连接副、其他。

鉴于本汇编收集的标准发布年代不尽相同，汇编时对标准中所用计量单位、符号未做改动。本汇编收集的国家标准的属性已在目录上标明(GB或GB/T)，年号用四位数字表示。鉴于部分国家标准是在标准清理整顿前出版的，故正文部分仍保留原样；读者在使用这些标准时，其属性以目录上标明的为准(标准正文“引用标准”中标准的属性请读者注意查对)。行业标准类同。

我们相信，本汇编的出版，对促进我国重型机械产品质量的提高和行业的发展将起到重要的作用。

编　者

2017年8月

目　　录

螺　　栓

螺　　柱

螺　　母

注：1　本汇编收集的国家标准的属性已在本目录上标明(GB或GB/T)，年号用四位数字表示。鉴于部分国家标准是在标准清理整顿前出版的，现尚未修订，故正文部分仍保留原样；读者在使用这些国家标准时，其属性以本目录上标明的为准(标准正文“引用标准”中标准的属性请读者注意查对)。行业标准的属性和年号类同。

螺　钉

木　螺　钉

自 攻 螺 钉

垫 圈

销

铆 钉

挡　圈

紧固件—组合件和连接副

其　他

螺　　栓

中华人民共和国国家标准

UDC 621.882.6

方头螺栓　C级

Square head bolts—Product grade C

GB 8—88

代替 GB 8—76

1　主题内容

本标准规定了螺纹规格为M10～M48、C级的方头螺栓。

注：商品紧固件品种，应优先选用。

2　引用标准

GB 2　紧固件　外螺纹零件的末端

GB 196　普通螺纹　基本尺寸

GB 197　普通螺纹　公差与配合

GB 3098.1　紧固件机械性能　螺栓、螺钉和螺柱

GB 3103.1　紧固件公差　螺栓、螺钉和螺母

GB 5267　螺纹紧固件电镀层

GB 90　紧固件验收检查、标志与包装

GB 1237　紧固件的标记方法

3　尺寸

尺寸如下图及表1所示。

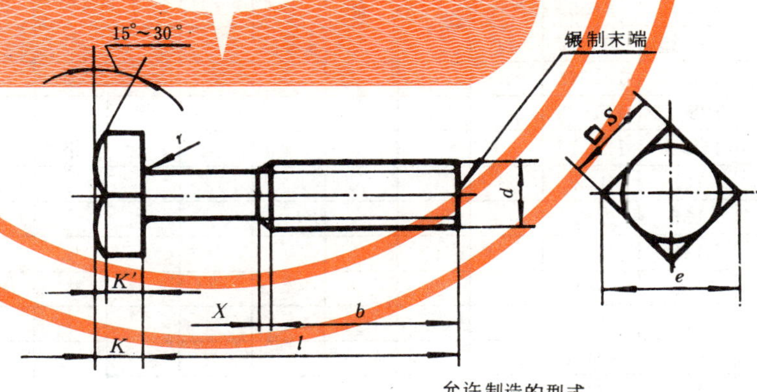

允许制造的型式

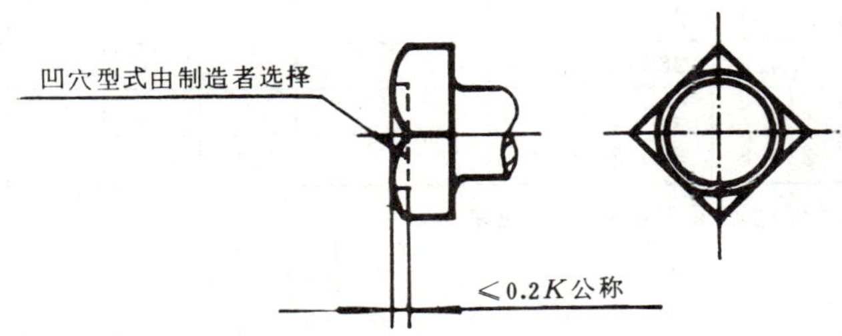

末端按GB 2规定；无螺纹部分杆径约等于螺纹中径或螺纹大径。

国家机械工业委员会1988-06-24批准　　　　1989-07-01实施

表 1 mm

螺纹规格 d		M10	M12	(M14)	M16	(M18)	M20	(M22)	M24	(M27)	M30	M36	M42	M48
b	$l \leqslant 125$	26	30	34	38	42	46	50	54	60	66	78	—	—
	$125 < l \leqslant 200$	32	36	40	44	48	52	56	60	66	72	84	96	108
	$l > 200$	—	—	53	57	61	65	69	73	79	85	97	109	121
e	min	20.24	22.84	26.21	30.11	34.01	37.91	42.9	45.5	52.0	58.5	69.94	82.03	95.03
K	公称	7	8	9	10	12	13	14	15	17	19	23	26	30
	min	6.55	7.55	8.55	9.25	11.1	12.1	13.1	14.1	16.1	17.95	21.95	24.95	28.95
	max	7.45	8.45	9.45	10.75	12.9	13.9	14.9	15.9	17.9	20.05	24.05	27.05	31.05
K'	min	5.21	5.91	6.61	6.47	7.77	8.47	9.17	9.87	11.27	12.56	15.36	17.46	20.26
r	min	0.4	0.6	0.6	0.6	0.8	0.8	0.8	0.8	1	1	1	1.2	1.6
S	max	16	18	21	24	27	30	34	36	41	46	55	65	75
	min	15.57	17.57	20.16	23.16	26.16	29.16	33	35	40	45	53.8	63.1	73.1
X	max	3.8	4.3	5	5	6.3	6.3	6.3	7.5	7.5	8.8	10	11.3	12.5

l															
公称	min	max													
20	18.95	21.05													
25	23.95	26.05													
30	28.95	31.05													
35	33.75	36.25													
40	38.75	41.25													
45	43.75	46.25													
50	48.75	51.25													
(55)	53.5	56.5													
60	58.5	61.5													
(65)	63.5	66.5													
70	68.5	71.5													
80	78.5	81.5			商										
90	88.25	91.75				品									
100	98.25	101.75													
110	108.25	111.75						规							
120	118.25	121.75							格						
130	128	132													
140	138	142									范				
150	148	152										围			
160	156	164													
180	176	184													
200	195.4	204.6													
220	215.4	224.6													
240	235.4	244.6													
260	254.8	265.2													
280	274.8	285.2													
300	294.8	305.2													

注：尽可能不采用括号内的规格。

4 技术条件

技术条件如表 2 所示。

表 2

材　　料		钢
螺　　纹	公　　差	8g
	标　　准	GB 196、GB 197
机械性能	等　　级	$d \leqslant 39$：4.8；$d > 39$：按协议
	标　　准	GB 3098.1
公　　差	产品等级	除第 3 章规定外，其余按 C 级
	标　　准	GB 3103.1
表　面　处　理		①不经处理 ②氧化 ③镀锌钝化　GB 5267
验　收　及　包　装		GB 90

5 标记

5.1　标记方法按 GB 1237 规定。

5.2　标记示例：

螺纹规格 d=M12、公称长度 l=80mm、性能等级为 4.8 级、不经表面处理的方头螺栓的标记：

螺栓　GB 8　M12×80

附加说明：

本标准由全国紧固件标准化技术委员会提出。

本标准由国家机械工业委员会标准化研究所归口。

本标准由国家机械工业委员会标准化研究所负责起草。

ICS 21.060.10
J 13

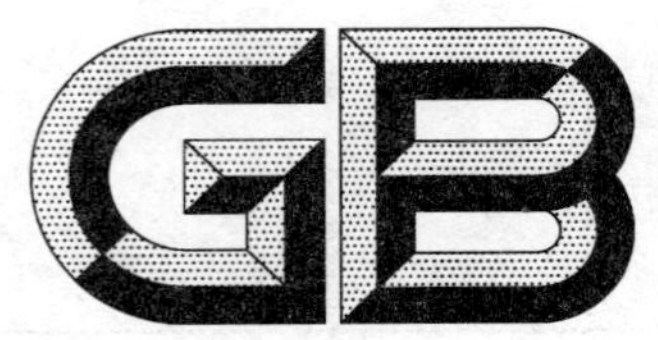

中华人民共和国国家标准

GB/T 11—2013
代替 GB/T 11—1988

沉头带榫螺栓

Countersunk head nib bolts

2013-06-09 发布　　　　2014-03-01 实施

中华人民共和国国家质量监督检验检疫总局
中国国家标准化管理委员会　发布

前　　言

本标准是国家标准“螺栓系列标准”之一,该系列包括:

——GB/T 8—1988　方头螺栓;

——GB/T 10—2013　沉头方颈螺栓;

——GB/T 11—2013　沉头带榫螺栓;

——GB/T 12—2013　圆头方颈螺栓;

——GB/T 13—2013　圆头带榫螺栓;

——GB/T 14—2013　扁圆头方颈螺栓;

——GB/T 15—2013　扁圆头带榫螺栓;

——GB/T 27—2013　六角头加强杆螺栓;

——GB/T 28—2013　六角头螺杆带孔加强杆螺栓;

——GB/T 29.1—2013　六角头带槽螺栓;

——GB/T 29.2—2013　六角头带十字槽螺栓;

——GB/T 31.1—2013　六角头螺杆带孔螺栓;

——GB/T 31.2—1988　六角头螺杆带孔螺栓　细杆;

——GB/T 31.3—1988　六角头螺杆带孔螺栓　细牙;

——GB/T 32.1—1988　六角头头部带孔螺栓;

——GB/T 32.2—1988　六角头头部带孔螺栓　细杆;

——GB/T 32.3—1988　六角头头部带孔螺栓　细牙;

——GB/T 35—2013　小方头螺栓;

——GB/T 5780—2000　六角头螺栓　C级;

——GB/T 5781—2000　六角头螺栓　全螺纹　C级;

——GB/T 5782—2000　六角头螺栓;

——GB/T 5783—2000　六角头螺栓　全螺纹;

——GB/T 5784—1986　六角头螺栓　细杆;

——GB/T 5785—2000　六角头螺栓　细牙;

——GB/T 5786—2000　六角头螺栓　细牙　全螺纹;

——GB/T 5789—1986　六角法兰面螺栓　加大系列　B级;

——GB/T 5790—1986　六角法兰面螺栓　加大系列　细杆　B级;

——GB/T 16674.1—2004　六角法兰面螺栓　小系列;

——GB/T 16674.2—2004　六角法兰面螺栓　细牙　小系列。

本标准按照GB/T 1.1—2009给出的规则起草。

本标准代替GB/T 11—1988《沉头带榫螺栓》。

本标准与GB/T 11—1988相比主要变化如下:

——修改了标准英文名称;

——取消“商品紧固件品种,应优先选用”(1988年版的第1章);

——更新规范性引用文件(第2章);

——以“通用长度规格范围”替代“商品规格范围”(见表1);

——增加通用技术条件(见表2);

——取消性能等级 3.6 级。

本标准由中国机械工业联合会提出。

本标准由全国紧固件标准化技术委员会(SAC/TC 85)归口。

本标准负责起草单位:中机生产力促进中心。

本标准参加起草单位:宁波中机机械零部件检测有限公司、宁波经济技术开发区甬港紧固件有限公司和宁波紧固件工业协会。

本标准所代替标准的历次版本发布情况为:

——GB 11—1958、GB 11—1976、GB/T 11—1988。

沉头带榫螺栓

1 范围

本标准规定了螺纹规格为 M6～M24、产品等级为 C 级的沉头带榫螺栓。

2 规范性引用文件

下列文件对于本文件的应用是必不可少的。凡是注日期的引用文件，仅注日期的版本适用于本文件。凡是不注日期的引用文件，其最新版本(包括所有的修改单)适用于本文件。

GB/T 2 紧固件 外螺纹零件的末端

GB/T 90.1 紧固件 验收检查

GB/T 90.2 紧固件 标志与包装

GB/T 196 普通螺纹 基本尺寸

GB/T 197 普通螺纹 公差

GB/T 1237 紧固件标记方法

GB/T 3098.1 紧固件机械性能 螺栓、螺钉和螺柱

GB/T 3103.1 紧固件公差 螺栓、螺钉、螺柱和螺母

GB/T 5267.1 紧固件 电镀层

GB/T 5276 紧固件 螺栓、螺钉、螺柱及螺母尺寸代号和标注

GB/T 16938 紧固件 螺栓、螺钉、螺柱和螺母通用技术条件

3 尺寸

型式尺寸见图 1 和表 1。

尺寸代号和标注方法符合 GB/T 5276。

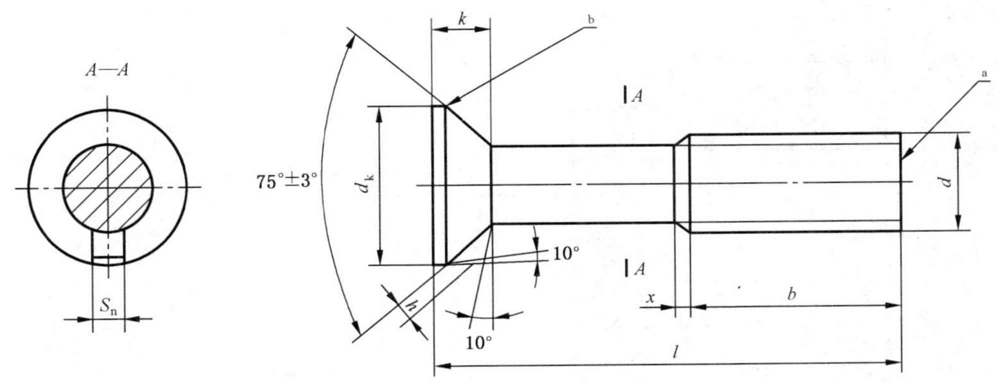

无螺纹部分杆径约等于螺纹中径或螺纹大径。

[a] 辗制末端(GB/T 2)。

[b] 圆的或平的。

图 1

表1　尺寸

单位为毫米

螺纹规格 d			M6	M8	M10	M12	(M14)[b]	M16	M20	(M22)[b]	M24
P[a]			1	1.25	1.5	1.75	2	2	2.5	2.5	3
b	$l \leqslant 125$		18	22	26	30	34	38	46	50	54
	$125 < l \leqslant 200$		—	28	32	36	40	44	52	56	60
d_k	max		11.05	14.55	17.55	21.65	24.65	28.65	36.8	40.8	45.8
	min		9.95	13.45	16.45	20.35	23.35	27.35	35.2	39.2	44.2
S_n	max		2.7	2.7	3.8	3.8	4.3	4.8	4.8	6.3	6.3
	min		2.3	2.3	3.2	3.2	3.7	4.2	4.2	5.7	5.7
h	max		1.2	1.6	2.1	2.4	2.9	3.3	4.2	4.5	5
	min		0.8	1.1	1.4	1.6	1.9	2.2	2.8	3	3.3
k	≈		4.1	5.3	6.2	8.5	8.9	10.2	13	14.3	16.5
x	max		2.5	3.2	3.8	4.3	5	5	6.3	6.3	7.5
l											
公称	min	max									
25	23.95	26.05									
30	28.95	31.05									
35	33.75	36.25	通								
40	38.75	41.25									
45	43.75	46.25		用							
50	48.75	51.25									
(55)[b]	53.5	56.5			长						
60	58.5	61.5									
(65)[b]	63.5	66.5				度					
70	68.5	71.5									
80	78.5	81.5					规				
90	88.25	91.75									
100	98.25	101.75						格			
110	108.25	111.75									
120	118.25	121.75							范		
130	128	132									
140	138	142								围	
150	148	152									
160	156	164									
180	176	184									
200	195.4	204.6									

[a] P——螺距。

[b] 尽可能不采用括号内的规格。

4 技术条件和引用标准

技术条件和引用标准见表2。

表2 技术条件和引用标准

材料		钢
通用技术条件		GB/T 16938
螺纹	公差	8 g
	标准	GB/T 196、GB/T 197
机械性能	等级	4.6、4.8
	标准	GB/T 3098.1
公差	产品等级	除第3章规定外，按C级
	标准	GB/T 3103.1
表面处理		不经处理； 电镀技术要求按 GB/T 5267.1； 如需其他表面处理，应由供需协议
验收及包装		GB/T 90.1 及 GB/T 90.2

5 标记

5.1 标记方法

标记方法按 GB/T 1237 规定。

5.2 标记示例

螺纹规格 d=M12、公称长度 l=80 mm、性能等级为4.8级、不经表面处理、产品等级为C级的沉头带榫螺栓的标记：

螺栓 GB/T 11 M12×80

ICS 21.060.10
J 13

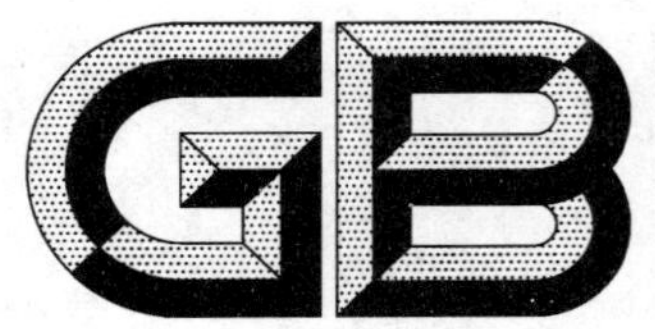

中华人民共和国国家标准

GB/T 27—2013
代替 GB/T 27—1988

六角头加强杆螺栓

Hexagon fit shank bolts

2013-06-09 发布 2014-03-01 实施

中华人民共和国国家质量监督检验检疫总局
中国国家标准化管理委员会 发布

前　言

本标准是国家标准“螺栓系列标准”之一，该系列包括：

——GB/T 8—1988　方头螺栓；
——GB/T 10—2013　沉头方颈螺栓；
——GB/T 11—2013　沉头带榫螺栓；
——GB/T 12—2013　圆头方颈螺栓；
——GB/T 13—2013　圆头带榫螺栓；
——GB/T 14—2013　扁圆头方颈螺栓；
——GB/T 15—2013　扁圆头带榫螺栓；
——GB/T 27—2013　六角头加强杆螺栓；
——GB/T 28—2013　六角头螺杆带孔加强杆螺栓；
——GB/T 29.1—2013　六角头带槽螺栓；
——GB/T 29.2—2013　六角头带十字槽螺栓；
——GB/T 31.1—2013　六角头螺杆带孔螺栓；
——GB/T 31.2—1988　六角头螺杆带孔螺栓　细杆；
——GB/T 31.3—1988　六角头螺杆带孔螺栓　细牙；
——GB/T 32.1—1988　六角头头部带孔螺栓；
——GB/T 32.2—1988　六角头头部带孔螺栓　细杆；
——GB/T 32.3—1988　六角头头部带孔螺栓　细牙；
——GB/T 35—2013　小方头螺栓；
——GB/T 5780—2000　六角头螺栓　C 级；
——GB/T 5781—2000　六角头螺栓　全螺纹　C 级；
——GB/T 5782—2000　六角头螺栓；
——GB/T 5783—2000　六角头螺栓　全螺纹；
——GB/T 5784—1986　六角头螺栓　细杆；
——GB/T 5785—2000　六角头螺栓　细牙；
——GB/T 5786—2000　六角头螺栓　细牙　全螺纹；
——GB/T 5789—1986　六角法兰面螺栓　加大系列　B 级；
——GB/T 5790—1986　六角法兰面螺栓　加大系列　细杆　B 级；
——GB/T 16674.1—2004　六角法兰面螺栓　小系列；
——GB/T 16674.2—2004　六角法兰面螺栓　细牙　小系列。

本标准按照 GB/T 1.1—2009 给出的规则起草。

本标准代替 GB/T 27—1988《六角头铰制孔用螺栓　A 和 B 级》。

本标准与 GB/T 27—1988 相比主要变化如下：

——修改了标准名称；
——更新规范性引用文件(第 2 章)；
——按螺纹的优选程度分为：优选的规格及尺寸(表 1)及非优选的规格及尺寸(表 2)。
——增加“通用长度规格范围”术语(见表 1 及表 2 注 b)；
——增加通用技术条件(见表 5)。

本标准由中国机械工业联合会提出。

本标准由全国紧固件标准化技术委员会(SAC/TC 85)归口。

本标准负责起草单位:中机生产力促进中心。

本标准参加起草单位:宁波九龙紧固件制造有限公司、机械工业通用零部件产品质量监督检测中心。

本标准所代替标准的历次版本发布情况为:

——GB 27—1958、GB 27—1976、GB/T 27—1988。

六角头加强杆螺栓

1 范围

本标准规定了螺纹规格为 M6～M48、产品等级为 A 级和 B 级的六角头加强杆螺栓。

2 规范性引用文件

下列文件对于本文件的应用是必不可少的。凡是注日期的引用文件，仅注日期的版本适用于本文件。凡是不注日期的引用文件，其最新版本(包括所有的修改单)适用于本文件。

GB/T 90.1 紧固件 验收检查

GB/T 90.2 紧固件 标志与包装

GB/T 196 普通螺纹 基本尺寸

GB/T 197 普通螺纹 公差

GB/T 1237 紧固件标记方法

GB/T 3098.1 紧固件机械性能 螺栓、螺钉和螺柱

GB/T 3103.1 紧固件公差 螺栓、螺钉、螺柱和螺母

GB/T 5276 紧固件 螺栓、螺钉、螺柱及螺母尺寸代号和标注

GB/T 5779.1 紧固件表面缺陷 螺栓、螺钉和螺柱 一般要求

GB/T 16938 紧固件 螺栓、螺钉、螺柱和螺母通用技术条件

3 尺寸

型式尺寸见图 1，优选的规格及尺寸见表 1，非优选的规格及尺寸见表 2。

尺寸代号和标注方法符合 GB/T 5276。

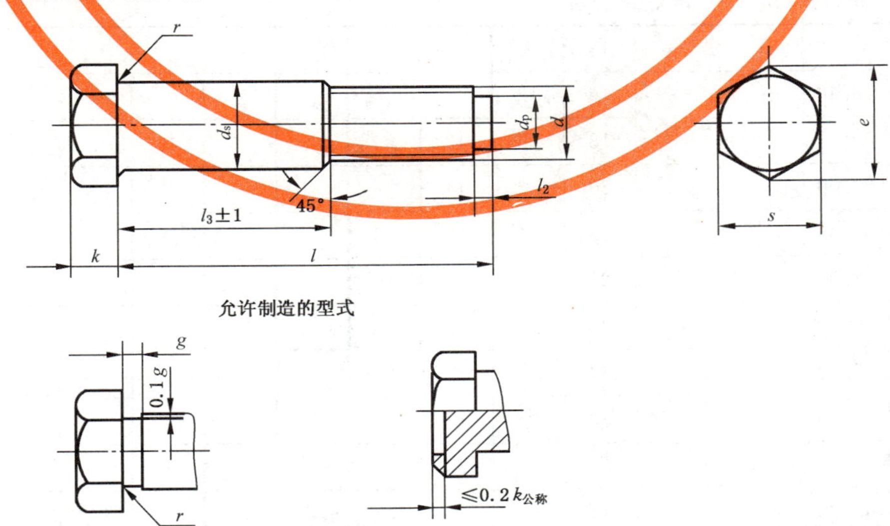

注：无螺纹部分杆径(d_s)末端 45°倒角根据制造工艺要求，允许制成大于 45°、小于 1.5P(粗牙螺纹螺距)的颈部。

图 1

表 1 优选的规格及长度尺寸

单位为毫米

螺纹规格 d			M6	M8	M10	M12	M16	M20	M24	M30	M36	M42	M48
P[a]			1	1.25	1.5	1.75	2	2.5	3	3.5	4	4.5	5
d_s (h9)	max		7	9	11	13	17	21	25	32	38	44	50
	min		6.964	8.964	10.957	12.957	16.957	20.948	24.948	31.938	37.938	43.938	49.938
s	max		10	13	16	18	24	30	36	46	55	65	75
	min	A	9.78	12.73	15.73	17.73	23.67	29.67	35.38	—	—	—	—
		B	9.64	12.57	15.57	17.57	23.16	29.16	35	45	53.8	63.8	73.1
k	公称		4	5	6	7	9	11	13	17	20	23	26
	A	min	3.85	4.85	5.85	6.82	8.82	10.78	12.78	—	—	—	—
		max	4.15	5.15	6.15	7.18	9.18	11.22	13.22	—	—	—	—
	B	min	3.76	4.76	5.76	6.71	8.71	10.65	12.65	16.65	19.58	22.58	25.58
		max	4.24	5.24	6.24	7.29	9.29	11.35	13.35	17.35	20.42	23.42	26.42
r	min		0.25	0.4	0.4	0.6	0.6	0.8	0.8	1	1	1.2	1.6
d_p			4	5.5	7	8.5	12	15	18	23	28	33	38
l_2			1.5		2		3	4		5	6	7	8
e min	A		11.05	14.38	17.77	20.03	26.75	33.53	39.98	—	—	—	—
	B		10.89	14.20	17.59	19.85	26.17	32.95	39.55	50.85	60.79	72.02	82.60
g			2.5				3.5		5				

长度 l[b]					螺纹规格 d										
公称	产品等级				M6	M8	M10	M12	M16	M20	M24	M30	M36	M42	M48
	A		B		l_3										
	min	max	min	max											
25	24.58	25.42	—	—	13	10									
(28)[c]	27.58	28.42	—	—	16	13									
30	29.58	30.42	—	—	18	15	12								
(32)[c]	31.50	32.50	—	—	20	17	14								
35	34.50	35.50	—	—	23	20	17	13							
(38)[c]	37.50	38.50	—	—	26	23	20	16							
40	39.50	40.50	—	—	28	25	22	18							
45	44.50	45.50	—	—	33	30	27	23	17						
50	49.50	50.50	—	—	38	35	32	28	22						
(55)[c]	54.50	55.95	—	—	43	40	37	33	27	23					
60	59.05	60.95	58.50	61.50	48	45	42	38	32	28					
(65)[c]	64.05	65.95	63.50	66.50	53	50	47	43	37	33	27				

表 1（续）

单位为毫米

长度 l[b]					螺纹规格 d										
公称	产品等级				M6	M8	M10	M12	M16	M20	M24	M30	M36	M42	M48
	A		B		l_3										
	min	max	min	max											
70	69.05	70.95	68.50	71.50		55	52	48	42	38	32				
(75)[c]	74.05	75.95	73.50	76.50		60	57	53	47	43	37				
80	79.05	80.95	78.50	81.50		65	62	58	52	48	42	30			
(85)[c]	83.90	86.10	83.25	86.75			67	63	57	53	47	35			
90	88.90	91.10	88.25	91.75			72	68	62	58	52	40	35		
(95)[c]	93.90	96.10	93.25	96.75			77	73	67	63	57	45	40		
100	98.90	101.10	98.25	101.75			82	78	72	68	62	50	45		
110	108.90	111.10	108.25	111.75			92	88	82	78	72	60	55	45	
120	118.90	121.10	118.25	121.75			102	98	92	88	82	70	65	55	50
130	128.75	131.10	128.00	132.00				108	102	98	92	80	75	65	60
140	138.75	141.25	138.00	142.00				118	112	108	102	90	85	75	70
150	148.75	151.25	148.00	152.00				128	122	118	112	100	95	85	80
160	—	—	158.00	162.00				138	132	128	122	110	105	95	90
170	—	—	168.00	172.00				148	142	138	132	120	115	105	100
180	—	—	178.00	182.00				158	152	148	142	130	125	115	110
190	—	—	187.70	192.30					162	158	152	140	135	125	120
200	—	—	197.70	202.30					172	168	162	150	145	135	130
210	—	—	207.70	212.30								160	155	145	140
220	—	—	217.70	222.30								170	165	155	150
230	—	—	227.70	232.30								180	175	165	160
240	—	—	237.70	242.30									185	175	170
250	—	—	247.70	252.30									195	185	180
260	—	—	257.40	262.60									205	195	190
280	—	—	277.40	282.60									225	215	210
300	—	—	297.40	302.60									245	235	230

注：根据使用要求，无螺纹部分杆径(d_s)允许按 m6 或 u8 制造，但应在标记中注明。

[a] P——螺距。

[b] 阶梯实线间为通用长度规格范围。

[c] 尽可能不采用括号内的规格。

表 2 非优选的规格及长度尺寸

单位为毫米

螺纹规格 d			M14	M18	M22	M27
P[a]			2	2.5	2.5	3
d_s (h9)	max		15	19	23	28
	min		14.957	18.948	22.948	27.948
s	max		21	27	34	41
	min	A	20.67	26.67	33.38	—
		B	20.16	26.16	33	40
k	公称		8	10	12	15
	A	min	7.82	9.82	11.78	—
		max	8.18	10.18	12.22	—
	B	min	7.71	9.71	11.65	14.65
		max	8.29	10.29	12.35	15.35
r	min		0.6	0.6	0.8	1
d_p			10	13	17	21
l_2			3		4	5
e min	A		23.35	30.14	37.72	—
	B		22.78	29.56	37.29	45.2
g			3.5			5

长度 l[b]					螺纹规格 d			
公称	产品等级				M14	M18	M22	M27
	A		B		l_3			
	min	max	min	max				
40	39.50	40.50	—	—	15			
45	44.50	45.50	—	—	20			
50	49.50	50.50	—	—	25	20		
(55)[c]	54.50	55.95	—	—	30	25		
60	59.05	60.95	58.50	61.50	35	30	25	
(65)[c]	64.05	65.95	63.50	66.50	40	35	30	
70	69.05	70.95	68.50	71.50	45	40	35	
(75)[c]	74.05	75.95	73.50	76.50	50	45	40	33
80	79.05	80.95	78.50	81.50	55	50	45	38
(85)[c]	83.90	86.10	83.25	86.75	60	55	50	43
90	88.90	91.10	88.25	91.75	65	60	55	48
(95)[c]	93.90	96.10	93.25	96.75	70	65	60	53

表 2（续）

单位为毫米

长度 l[b]					螺纹规格 d			
公称	产品等级				M14	M18	M22	M27
	A		B		l_3			
	min	max	min	max				
100	98.90	101.10	98.25	101.75	75	70	65	58
110	108.90	111.10	108.25	111.75	85	80	75	68
120	118.90	121.10	118.25	121.75	95	90	85	78
130	128.75	131.10	128.00	132.00	105	100	95	88
140	138.75	141.25	138.00	142.00	115	110	105	98
150	148.75	151.25	148.00	152.00	125	120	115	108
160	—	—	158.00	162.00	135	130	125	118
170	—	—	168.00	172.00	145	140	135	128
180	—	—	178.00	182.00	155	150	145	138
190	—	—	187.70	192.30		160	155	148
200	—	—	197.70	202.30		170	165	158
210	—	—	207.70	212.30				
220	—	—	217.70	222.30				
230	—	—	227.70	232.30				
240	—	—	237.70	242.30				
250	—	—	247.70	252.30				
260	—	—	257.40	262.60				
280	—	—	277.40	282.60				
300	—	—	297.40	302.60				

注：根据使用要求，无螺纹部分杆径（d_s）允许按 m6 或 u8 制造，但应在标记中注明。

[a] P——螺柱。

[b] 阶梯实线间为通用长度规格范围。

[c] 尽可能不采用括号内的规格。

4 技术条件和引用标准

技术条件和引用标准见表 3。

表 3 技术条件和引用标准

材　　料		钢
通用技术条件		GB/T 16938
螺纹	公差	6 g
	标准	GB/T 196、GB/T 197

表 3（续）

<table>
<tr><td colspan="2">材　料</td><td>钢</td></tr>
<tr><td rowspan="2">机械性能</td><td>等级</td><td>d≤39 mm:8.8;d>39 mm:按协议</td></tr>
<tr><td>标准</td><td>GB/T 3098.1</td></tr>
<tr><td rowspan="2">公差</td><td>产品等级</td><td>A 用于 d≤24 mm 和 l≤10d 或≤150 mm(按较小值)；
B 用于 d>24 mm 和 l>10d 或>150 mm(按较小值)</td></tr>
<tr><td>标准</td><td>GB/T 3103.1</td></tr>
<tr><td colspan="2">表面处理</td><td>氧化；
如需其他表面处理，应由供需协议</td></tr>
<tr><td colspan="2">表面缺陷</td><td>GB/T 5779.1</td></tr>
<tr><td colspan="2">验收及包装</td><td>GB/T 90.1 及 GB/T 90.2</td></tr>
</table>

5　标记

5.1　标记方法

标记方法按 GB/T 1237 规定。

5.2　标记示例

螺纹规格 d=M12、d_s 见表 1、公称长度 l=80 mm、机械性能等级为 8.8 级、表面氧化处理、产品等级为 A 级的六角头加强杆螺栓的标记：

螺栓 GB/T 27　M12×80

若 d_s 按 m6 制造，其余条件同上时，应标记为：

螺栓 GB/T 27　M12m6×80

中华人民共和国国家标准

UDC 621.882.6

GB 32.1—88

代替 GB 32—76
GB 25—76
GB 26—76

六角头头部带孔螺栓 A和B级

Hexagon bolts with wire holes on head —Product grade A and B

1 主题内容

本标准规定了螺纹规格为M6～M48、A和B级的六角头头部带孔螺栓。该螺栓在GB 5782的头部制出金属丝孔。

2 引用标准

GB 5782　六角头螺栓—A和B级

GB 5278　紧固件　开口销孔和金属丝孔

GB 1237　紧固件的标记方法

3 尺寸

尺寸如下图及表1所示。

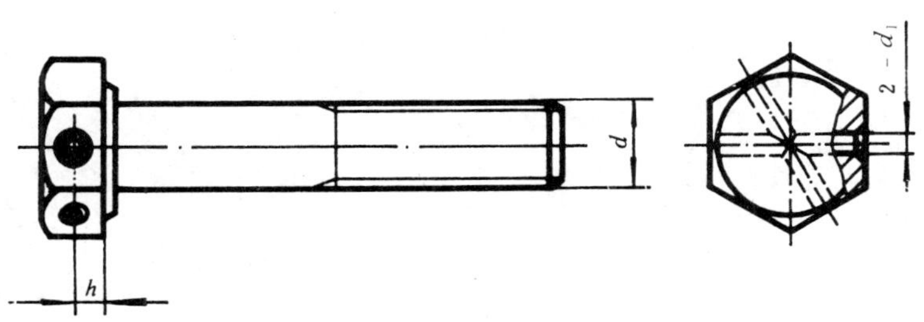

其余的型式与尺寸按GB 5782规定。

表1

mm

螺纹规格 d		M6	M8	M10	M12	(M14)	M16	(M18)	M20	(M22)	M24	(M27)	M30	M36	M42	M48
d_1	公称	1.6	2.0	2.0	2.0	2.0	3.0	3.0	3.0	3.0	3.0	3.0	3.0	4.0	4.0	4.0
	min	1.6	2.0	2.0	2.0	2.0	3.0	3.0	3.0	3.0	3.0	3.0	3.0	4.0	4.0	4.0
	max	1.85	2.25	2.25	2.5	2.5	3.25	3.25	3.25	3.25	3.25	3.25	3.25	4.30	4.30	4.30
$h\approx$		2.0	2.6	3.2	3.7	4.4	5.0	5.7	6.2	7.0	7.5	8.5	9.3	11.2	13	15

注：尽可能不采用括号内的规格。

国家机械工业委员会1988-06-24批准　　1989-07-01实施

4 技术条件

技术条件按 GB 5782 及 GB 5278 规定。

5 标记

5.1 标记方法按 GB 1237 规定。

5.2 标记示例：

螺纹规格 d=M12、公称长度 l=80mm、性能等级为 8.8 级、表面氧化的六角头头部带孔螺栓的标记：

螺栓 GB 32.1 M12×80

附加说明：

本标准由全国紧固件标准化技术委员会提出。

本标准由国家机械工业委员会标准化研究所归口。

本标准由国家机械工业委员会标准化研究所负责起草。

中华人民共和国国家标准

六角头头部带孔螺栓 细牙 A和B级

Hexagon bolts with wire holes on head —Fine pitch thread —Product grade A and B

UDC 621.882.6

GB 32.3—88

代替 GB 32—76
GB 25—76
GB 26—76

1 主题内容

本标准规定了螺纹规格为 M8×1～M48×3、A 和 B 级的六角头头部带孔螺栓。

该螺栓是在 GB 5785 的头部制出金属丝孔。

2 引用标准

GB 5785 六角头螺栓—细牙—A 和 B 级

GB 5278 紧固件 开口销孔和金属丝孔

GB 1237 紧固件的标记方法

3 尺寸

尺寸如下图及表所示。

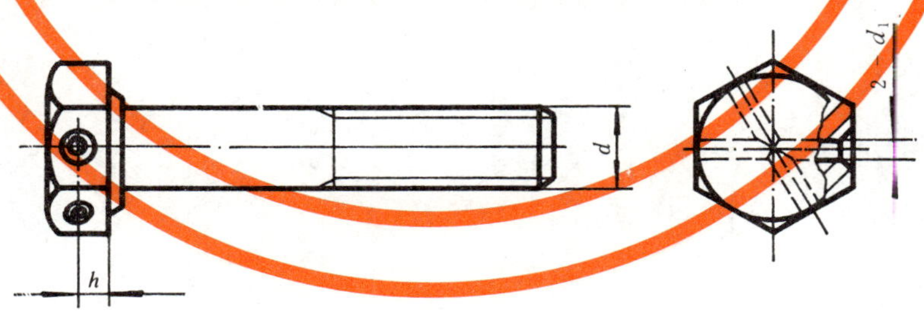

其余的型式与尺寸按 GB 5785 规定。

mm

螺纹规格		M8×1	M10×1	M12×1.5	(M14×1.5)	M16×1.5	(M18×1.5)	M20×2
$d\times P$		—	(M10×1.25)	(M12×1.25)	—	—	—	(M20×1.5)
d_1	公称	2	2	2	2	3	3	3
	min	2	2	2	2	3	3	3
	max	2.25	2.25	2.25	2.25	3.25	3.25	3.25
$h\approx$		2.6	3.2	3.7	4.4	5.0	5.7	6.2

国家机械工业委员会 1988-06-24 批准 1989-07-01 实施

续表 mm

螺纹规格		(M22×1.5)	M24×2	(M27×2)	M30×2	M36×3	M42×3	M48×3
$d \times P$		—	—	—	—	—	—	—
d_1	公称	3	3	3	3	4	4	4
	min	3	3	3	3	4	4	4
	max	3.25	3.25	3.25	3.25	4.3	4.3	4.3
$h \approx$		7.0	7.5	8.5	9.3	11.2	13	15

注:尽可能不采用括号内的规格。

4 技术条件

技术条件按 GB 5785 及 GB 5278 规定。

5 标记

5.1 标记方法按 GB 1237 规定。

5.2 标记示例:

螺纹规格 d=M12×1.5、公称长度 l=80mm、性能等级为 8.8 级、表面氧化的六角头头部带孔螺栓的标记:

螺栓 GB 32.3 M12×1.5×80

附加说明:

本标准由全国紧固件标准化技术委员会提出。

本标准由国家机械工业委员会标准化研究所归口。

本标准由国家机械工业委员会标准化研究所负责起草。

ICS 21.060.10
J 13

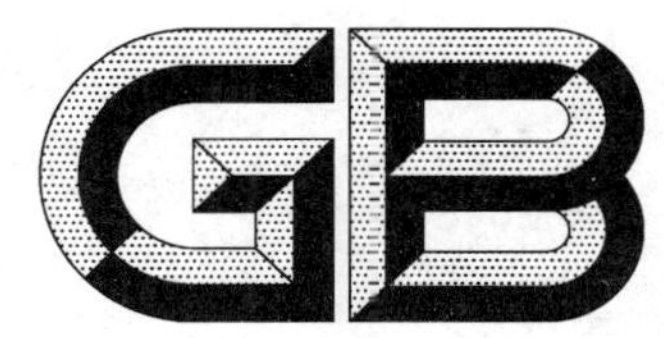

中华人民共和国国家标准

GB/T 35—2013
代替 GB/T 35—1988

小方头螺栓

Square head bolts with small head

2013-06-09 发布　　2014-03-01 实施

中华人民共和国国家质量监督检验检疫总局
中国国家标准化管理委员会　发布

前　言

本标准是国家标准“螺栓系列标准”之一，该系列包括：

——GB/T 8—1988　方头螺栓；
——GB/T 10—2013　沉头方颈螺栓；
——GB/T 11—2013　沉头带榫螺栓；
——GB/T 12—2013　圆头方颈螺栓；
——GB/T 13—2013　圆头带榫螺栓；
——GB/T 14—2013　扁圆头方颈螺栓；
——GB/T 15—2013　扁圆头带榫螺栓；
——GB/T 27—2013　六角头加强杆螺栓；
——GB/T 28—2013　六角头加强杆螺栓　螺杆带孔；
——GB/T 29.1—2013　六角头头部带槽螺栓；
——GB/T 29.2—2013　十字槽凹穴六角头螺栓；
——GB/T 31.1—2013　六角头螺杆带孔螺栓；
——GB/T 31.2—1988　六角头螺杆带孔螺栓　细杆；
——GB/T 31.3—1988　六角头螺杆带孔螺栓　细牙；
——GB/T 32.1—1988　六角头头部带孔螺栓；
——GB/T 32.2—1988　六角头头部带孔螺栓　细杆；
——GB/T 32.3—1988　六角头头部带孔螺栓　细牙；
——GB/T 35—2013　小方头螺栓；
——GB/T 5780—2000　六角头螺栓　C级；
——GB/T 5781—2000　六角头螺栓　全螺纹　C级；
——GB/T 5782—2000　六角头螺栓；
——GB/T 5783—2000　六角头螺栓　全螺纹；
——GB/T 5784—1986　六角头螺栓　细杆；
——GB/T 5785—2000　六角头螺栓　细牙；
——GB/T 5786—2000　六角头螺栓　细牙　全螺纹；
——GB/T 5789—1986　六角法兰面螺栓　加大系列　B级；
——GB/T 5790—1986　六角法兰面螺栓　加大系列　细杆　B级；
——GB/T 16674.1—2004　六角法兰面螺栓　小系列；
——GB/T 16674.2—2004　六角法兰面螺栓　细牙　小系列。

本标准按照GB/T 1.1—2009给出的规则起草。

本标准代替GB/T 35—1988《小方头螺栓　B级》。

本标准与GB/T 35—1988相比主要变化如下：

——修改了标准名称；
——更新规范性引用文件(第2章)；
——按螺纹的优选程度分为：优选的规格及尺寸(表1)及非优选的规格及尺寸(表2)；
——以“通用长度规格范围”替代“通用规格范围”(见表1、表2)；
——增加通用技术条件(见表3)。

小方头螺栓

1 范围

本标准规定了螺纹规格为 M5～M48、产品等级为 B 级的小方头螺栓。

2 规范性引用文件

下列文件对于本文件的应用是必不可少的。凡是注日期的引用文件，仅注日期的版本适用于本文件。凡是不注日期的引用文件，其最新版本(包括所有的修改单)适用于本文件。

GB/T 2 紧固件 外螺纹零件的末端
GB/T 90.1 紧固件 验收检查
GB/T 90.2 紧固件 标志与包装
GB/T 196 普通螺纹 基本尺寸
GB/T 197 普通螺纹 公差
GB/T 1237 紧固件标记方法
GB/T 3098.1 紧固件机械性能 螺栓、螺钉和螺柱
GB/T 3103.1 紧固件公差 螺栓、螺钉、螺柱和螺母
GB/T 5267.1 紧固件 电镀层
GB/T 5276 紧固件 螺栓、螺钉、螺柱及螺母尺寸代号和标注
GB/T 5779.1 紧固件表面缺陷 螺栓、螺钉和螺柱 一般要求
GB/T 16938 紧固件 螺栓、螺钉、螺柱和螺母通用技术条件

3 尺寸

型式尺寸见图 1，优选的规格及尺寸见表 1 和非优选的规格及尺寸见表 2。
尺寸代号和标注方法符合 GB/T 5276。

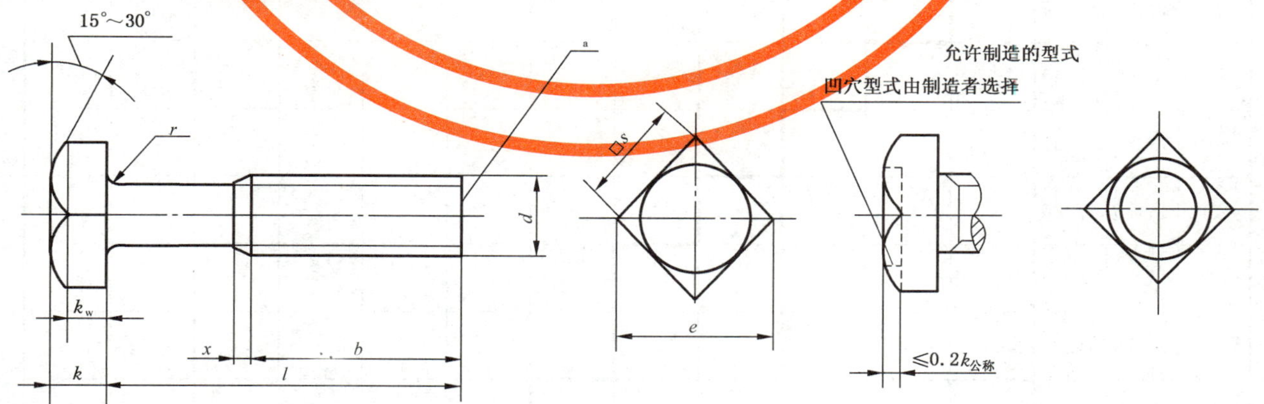

无螺纹部分杆径约等于螺纹中径或螺纹大径。
[a] 辗制末端(GB/T 2)。

图 1

表 1　优选的规格及尺寸

单位为毫米

螺纹规格 d			M5	M6	M8	M10	M12	M16	M20	M24	M30	M36	M42	M48
P[a]			0.8	1	1.25	1.5	1.75	2	2.5	3	3.5	4	4.5	5
b	$l \leqslant 125$		16	18	22	26	30	38	46	54	66	78	—	—
	$125 < l \leqslant 200$		—	—	28	32	36	44	52	60	72	84	96	108
	$l > 200$		—	—	—	—	—	57	65	73	85	97	109	121
e　min			9.93	12.53	16.34	20.24	22.84	30.11	37.91	45.5	58.5	69.94	82.03	95.05
k	公称		3.5	4	5	6	7	9	11	13	17	20	23	26
	min		3.26	3.76	4.76	5.76	6.71	8.71	10.65	12.65	16.65	19.58	22.58	25.58
	max		3.74	4.24	5.24	6.24	7.29	9.29	11.35	13.35	17.35	20.42	23.42	26.42
k_w　min			2.28	2.63	3.33	4.03	4.70	6.1	7.45	8.85	11.65	13.71	15.81	17.91
r　min			0.2	0.25	0.4	0.4	0.6	0.6	0.8	0.8	1	1	1.2	1.6
s	max		8	10	13	16	18	24	30	36	46	55	65	75
	min		7.64	9.64	12.57	15.57	17.57	23.16	29.16	35	45	53.5	63.1	73.1
x　max			2	2.5	3.2	3.8	4.3	5	6.3	7.5	8.8	10	11.3	12.5
l														
公称	min	max												
20	18.95	21.05												
25	23.95	26.05												
30	28.95	31.05												
35	33.75	36.25												
40	38.75	41.25												
45	43.75	46.25												
50	48.75	51.25												
(55)[b]	53.5	56.5												
60	58.5	61.5												
(65)[b]	63.5	66.5												

表 1（续）

单位为毫米

螺纹规格 d			M5	M6	M8	M10	M12	M16	M20	M24	M30	M36	M42	M48
l														
公称	min	max												
70	68.5	71.5				通用								
80	78.5	81.5												
90	88.25	91.75						长度						
100	98.25	101.75												
110	108.25	111.75												
120	118.25	121.75								规格				
130	128	132												
140	138	142												
150	148	152										范围		
160	156	164												
180	176	184												
200	195.4	204.6												
220	215.4	224.6												
240	235.4	244.6												
260	254.8	265.2												
280	274.8	285.2												
300	294.8	305.2												

[a] P——螺距。

[b] 尽可能不使用括号内的规格。

表 2　非优选的规格及尺寸

单位为毫米

螺纹规格 d		M14	M18	M22	M27
P[a]		2	2.5	2.5	3
b	$l\leqslant125$	34	42	50	60
	$125<l\leqslant200$	40	48	56	66
	$l>200$	—	61	69	79
e　min		26.21	34.01	42.9	52
k	公称	8	10	12	15
	min	7.71	9.7	11.65	14.65
	max	8.29	10.29	12.35	15.35
k_w　min		5.4	6.8	8.15	10.25
r　min		0.6	0.8	0.8	1
s	max	21	27	34	41
	min	20.16	26.16	33	40
x　max		5	6.3	6.3	7.5

表 2（续）

单位为毫米

螺纹规格 d			M14	M18	M22	M27
l						
公称	min	max				
(55)[b]	53.5	56.5				
60	58.5	61.5				
(65)[b]	63.5	66.5				
70	68.5	71.5	通用			
80	78.5	81.5				
90	88.25	91.75				
100	98.25	101.75		长度		
110	108.25	111.75				
120	118.25	121.75				
130	128	132			规格	
140	138	142				
150	148	152				
160	156	164				范围
180	176	184				
200	195.4	204.6				
220	215.4	224.6				
240	235.4	244.6				
260	254.8	265.2				

[a] P——螺距。

[b] 尽可能不使用括号内的规格。

4 技术条件和引用标准

技术条件和引用标准见表 3。

表 3 技术条件和引用标准

材料		钢
通用技术条件		GB/T 16938
螺纹	公差	6 g
	标准	GB/T 196、GB/T 197
机械性能	等级	$d \leqslant 39$ mm：5.8、8.8；$d > 39$ mm：按协议
	标准	GB/T 3098.1

表 3（续）

材料		钢
公差	产品等级	除第 3 章规定外，其余按 B 级
	标准	GB/T 3103.1
表面处理		不经处理； 电镀技术要求按 GB/T 5267.1； 如需其他表面处理，应由供需协议
表面缺陷		GB/T 5779.1
验收及包装		GB/T 90.1 及 GB/T 90.2

5 标记

5.1 标记方法

标记方法按 GB/T 1237 规定。

5.2 标记示例

螺纹规格 d=M12、公称长度 l=80 mm、性能等级为 5.8 级、不经表面处理、产品等级为 B 级的小方头螺栓的标记：

螺栓 GB/T 35 M12×80

中华人民共和国国家标准

UDC 621.882.6
GB 37—88
代替 GB 37—76

T 形 槽 用 螺 栓

Bolts for T—Slot

1 主题内容

本标准规定了螺纹规格为M5～M48、B级的T形槽用螺栓。

2 引用标准

GB 2 紧固件 外螺纹零件的末端
GB 196 普通螺纹 基本尺寸
GB 197 普通螺纹 公差与配合
GB 3098.1 紧固件机械性能 螺栓、螺钉和螺柱
GB 3103.1 紧固件公差 螺栓、螺钉和螺母
GB 5267 螺纹紧固件电镀层
GB 5779.1 紧固件表面缺陷—螺栓、螺钉和螺柱—一般要求
GB 90 紧固件验收检查、标志与包装
GB 1237 紧固件的标记方法

3 尺寸

尺寸如下图及表1所示。

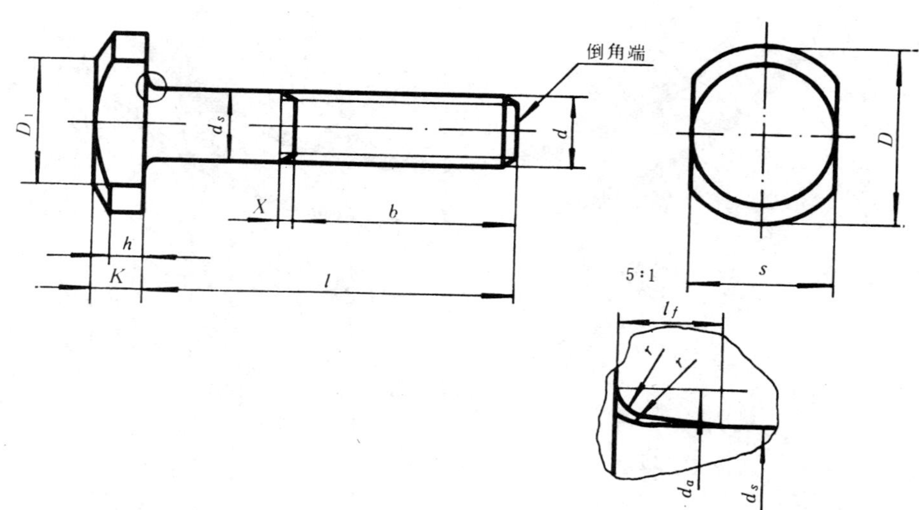

$D_1 \approx 0.95s$；末端按GB 2规定。

国家机械工业委员会1988-06-24批准 1989-07-01实施

表 1

mm

螺纹规格 d		M5	M6	M8	M10	M12	M16	M20	M24	M30	M36	M42	M48
b	$l \leqslant 125$	16	18	22	26	30	38	46	54	66	78	—	—
	$125 < l \leqslant 200$	—	—	28	32	36	44	52	60	72	84	96	108
	$l > 200$	—	—	—	—	—	57	65	73	85	97	109	121
d_a	max	5.7	6.8	9.2	11.2	13.7	17.7	22.4	26.4	33.4	39.4	45.6	52.6
d_s	max	5	6	8	10	12	16	20	24	30	36	42	48
	min	4.70	5.70	7.64	9.64	11.57	15.57	19.48	23.48	29.48	35.38	41.38	47.38
D		12	16	20	25	30	38	46	58	75	85	95	105
l_f	max	1.2	1.4	2	2	3	3	4	4	6	6	8	10
K	max	4.24	5.24	6.24	7.29	8.89	11.95	14.35	16.35	20.42	24.42	28.42	32.50
	min	3.76	4.76	5.76	6.71	8.31	11.25	13.65	15.65	19.58	23.58	27.58	31.50
r	min	0.20	0.25	0.40	0.40	0.60	0.60	0.80	0.80	1.00	1.00	1.20	1.60
h		2.8	3.4	4.1	4.8	6.5	9	10.4	11.8	14.5	18.5	22.0	26.0
s	公　称	9	12	14	18	22	28	34	44	56	67	76	86
	min	8.64	11.57	13.57	17.57	21.16	27.16	33.00	43.00	54.80	65.10	74.10	83.80
	max	9.00	12.00	14.00	18.00	22.00	28.00	34.00	44.00	56.00	67.00	76.00	86.00
X	max	2.0	2.5	3.2	3.8	4.2	5	6.3	7.5	8.8	10	11.3	12.5

l														
公　称	min	max	M5	M6	M8	M10	M12	M16	M20	M24	M30	M36	M42	M48
25	23.95	26.05												
30	28.95	31.05												
35	33.75	36.25												
40	38.75	41.25												
45	43.75	46.25												
50	48.75	51.25												
(55)	53.5	56.5												
60	58.5	61.5				通								
(65)	63.5	66.5					用							
70	68.5	71.5												
80	78.5	81.5												
90	88.85	91.75						规						
100	98.25	101.75							格					
110	108.25	111.75												
120	118.25	121.75												
130	128	132								范				
140	138	142									围			
150	148	152												
160	158	162												
180	178	182												
200	197.7	202.3												
220	217.7	222.3												
240	237.7	242.3												
260	257.4	262.6												
280	277.4	282.6												
300	297.4	302.6												

注：尽可能不采用括号内的规格。

4 技术条件

技术条件如表2所示。

表2

材　　料		钢
螺　　纹	公　差	6g
	标　准	GB 196、GB 197
机械性能	等　级*	$d \leqslant 39$:8.8;$d>39$:按协议
	标　准	GB 3098.1
公差	产 品 等 级	除第3章规定外,其余按B级
	标　准	GB 3103.1
表 面 处 理		①氧化 ②镀锌钝化　GB 5267
表 面 缺 陷		GB 5779.1
验 收 及 包 装		GB 90

* 由于结构的原因,T形槽用螺栓不进行楔负载及头杆结合强度试验。

5 标记

5.1 标记方法按GB 1237规定。

5.2 标记示例:

螺纹规格 d=M10、公称长度 l=100mm、性能等级为8.8级、表面氧化的T形槽用螺栓的标记:

螺栓　GB 37　M10×100

附加说明:

本标准由全国紧固件标准化技术委员会提出。

本标准由国家机械工业委员会标准化研究所归口。

本标准由国家机械工业委员会标准化研究所负责起草。

中华人民共和国国家标准

UDC 621.882.6

GB 798—88

代替 GB 798—76

活　节　螺　栓

Eye bolts

1　主题内容

本标准规定了螺纹规格为M4～M36、C级的活节螺栓。

注：商品紧固件品种，应优先选用。

2　引用标准

GB 2　紧固件　外螺纹零件的末端

GB 196　普通螺纹　基本尺寸

GB 197　普通螺纹　公差与配合

GB 3098.1　紧固件机械性能　螺栓、螺钉和螺柱

GB 3103.1　紧固件公差　螺栓、螺钉和螺母

GB 5267　螺纹紧固件电镀层

GB 90　紧固件验收、检查、标志与包装

GB 1237　紧固件的标记方法

3　尺寸

尺寸如下图及表1

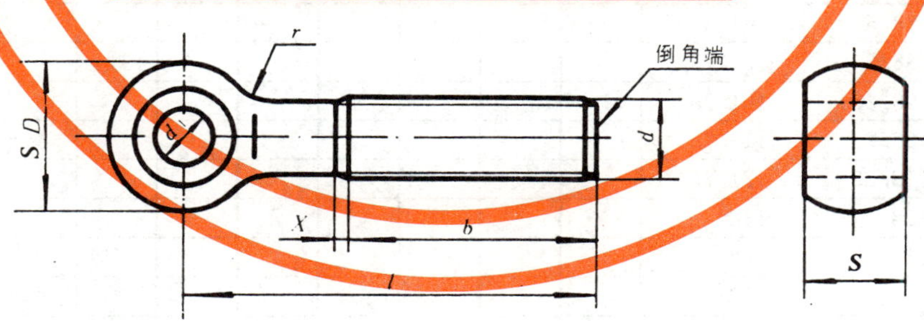

末端按GB 2规定；无螺纹部分杆径约等于螺纹中径或螺纹大径。

国家机械工业委员会1988-06-24批准　　1989-07-01实施

表 1

mm

螺纹规格 d			M4	M5	M6	M8	M10	M12	M16	M20	M24	M30	M36
d_1	公称		3	4	5	6	8	10	12	16	20	25	30
	min		3.060	4.070	5.070	6.070	8.080	10.080	12.095	16.095	20.110	25.110	30.110
	max		3.160	4.190	5.190	6.190	8.230	10.230	12.275	16.275	20.320	25.320	30.320
S	公称		5	6	8	10	12	14	18	22	26	34	40
	min		4.75	5.75	7.70	9.70	11.635	13.635	17.635	21.56	25.56	33.5	39.48
	max		4.93	5.93	7.92	9.92	11.905	13.905	17.905	21.89	25.89	33.88	39.87
b			14	16	18	22	26	30	38	52	60	72	84
D			8	10	12	14	18	20	28	34	42	52	64
r	min		3	4	5	5	6	8	10	12	16	20	22
X	max		1.75	2	2.5	3.2	3.8	4.2	5	6.3	7.5	8.8	10
l													
公称	min	max											
20	18.95	21.05											
25	23.95	26.05											
30	28.95	31.05											
35	33.75	36.25											
40	38.75	41.25											
45	43.75	46.25											
50	48.75	51.25											
(55)	53.5	56.5											
60	58.5	61.5					商						
(65)	63.5	66.5											
70	68.5	71.5						品					
80	78.5	81.5											
90	88.25	91.75							规				
100	98.25	101.75											
110	108.25	111.75								格			
120	118.25	121.75											
130	128	132									范		
140	138	142											
150	148	152										围	
160	156	164											
180	176	184											
200	195.4	204.6											
220	215.4	224.6											
240	235.4	244.6											
260	254.8	265.2											
280	274.8	285.2											
300	294.8	305.2											

注:尽可能不采用括号内的规格。

4 技术条件

技术条件如表 2 所示。

表 2

材　　料		钢
螺　　纹	公　　差	8g
	标　　准	GB 196、GB 197
机械性能	等　　级	4.6、5.6
	标　　准	GB 3098.1
公　　差	产品等级	除第 3 章规定外，其余按 C 级
	标　　准	GB 3103.1
表　面　处　理		① 不经处理 ②镀锌钝化　GB 5267
验 收 及 包 装		GB 90

注：由于结构的原因，活节螺栓不进行楔负载及头杆结合强度试验。

5 标记

5.1 标记方法按 GB 1237 规定。

5.2 标记示例：

螺纹规格 d=M10、公称长度 l=100mm、性能等级 4.6 级、不经表面处理的活节螺栓的标记：

螺栓　GB 798　M10×100

附加说明：

本标准由全国紧固件标准化技术委员会提出。

本标准由国家机械工业委员会标准化研究所归口。

本标准由国家机械工业委员会标准化研究所负责起草。

GB 798—88《活节螺栓》第1号修改单

本修改单经国家技术监督局于1991年6月29日以技监国标发字第159号文批准，自1991年12月1日起实施。

表1修改部分：

d		M4	M5	M6	M8	M10	M12	M20	M30	M36
d_1	min	3.060	4.070	5.070	6.070	8.080	10.080	16.095	25.110	30.110
	max	3.160	4.190	5.190	6.190	8.230	10.230	16.275	25.320	30.320

刊载于1991年第9期《中国标准化》。

ICS 21.060.10
J 13

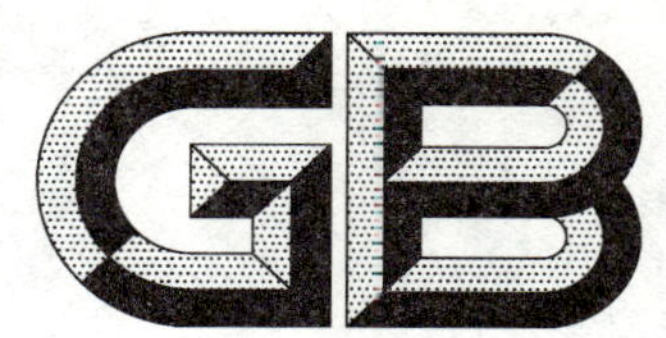

中华人民共和国国家标准

GB/T 5780—2016
代替 GB/T 5780—2000

六角头螺栓　C级

Hexagon head bolts—Product grade C

(ISO 4016:2011,MOD)

2016-02-24 发布　　　　2016-06-01 实施

中华人民共和国国家质量监督检验检疫总局
中国国家标准化管理委员会　发布

前　言

本标准是"六角头螺栓"系列国家标准之一，该系列包括：

——GB/T 27　六角头加强杆螺栓；

——GB/T 28　六角头螺杆带孔加强杆螺栓；

——GB/T 29.1　六角头带槽螺栓；

——GB/T 29.2　六角头带十字槽螺栓；

——GB/T 31.1　六角头螺杆带孔螺栓；

——GB/T 31.2　六角头螺杆带孔螺栓　细杆　B级；

——GB/T 31.3　六角头螺杆带孔螺栓　细牙　A和B级；

——GB/T 32.1　六角头头部带孔螺栓　A和B级；

——GB/T 32.2　六角头头部带孔螺栓　细杆　B级；

——GB/T 32.3　六角头头部带孔螺栓　细牙　A和B级；

——GB/T 5780　六角头螺栓　C级；

——GB/T 5781　六角头螺栓　全螺纹　C级；

——GB/T 5782　六角头螺栓；

——GB/T 5783　六角头螺栓　全螺纹；

——GB/T 5784　六角头螺栓　细杆　B级；

——GB/T 5785　六角头螺栓　细牙；

——GB/T 5786　六角头螺栓　细牙　全螺纹。

本标准按照GB/T 1.1—2009给出的规则起草。

本标准代替GB/T 5780—2000《六角头螺栓　C级》，与GB/T 5780—2000相比，主要技术变化如下：

——删除"如需其他技术要求，……GB/T 3098.1和GB/T 3103.1)中选择。"(2000年版第1章)；

——引用螺纹标准统一为GB/T 193、GB/T 9145(第2章)；

——删除由制造者选择允许制造的凹穴型式(图1)；

——删除3.6级(表3)；

——增加非电解锌片涂层技术要求按GB/T 5267.2(表3)。

本标准使用重新起草法修改采用ISO 4016:2011《六角头螺栓　产品等级C级》(英文版)。

本标准与ISO 4016:2011的技术性差异及其原因如下：

——删除ISO 4016规定的"如需其他技术要求，……ISO 965-1和ISO 4759-1中选择。"(第1章)，不属于本标准规定的内容；

——在规范性引用文件中，用我国标准代替国际标准(第2章)，增加引用GB/T 90.2(表3)、GB/T 193(表3)、GB/T 9145(表3)和GB/T 1237(5.1)，删除对ISO 724、ISO 965-1的引用，以符合我国紧固件基础标准；

——增加包装技术要求(表3)，以符合我国紧固件基础标准；

——修改标记示例为简化标记示例(5.2)，以符合GB/T 1237的规定。

本标准还做了下列编辑性修改：

——删除ISO 4016表3的角注："[a]其他性能等级符合ISO 898-1的规定。"(表3)；

——删除ISO 4016给出的参考文献。

本标准由中国机械工业联合会提出。

本标准由全国紧固件标准化技术委员会(SAC/TC 85)归口。

本标准负责起草单位:中机生产力促进中心。

本标准参加起草单位:温州信德电力配件有限公司、浙江海力股份有限公司、浙江国检检测技术有限公司。

本标准由全国紧固件标准化技术委员会秘书处负责解释。

本标准所代替标准的历次版本发布情况为:

——GB 5—1958、GB 5—1966、GB 5—1976;

——GB/T 5780—1986、GB/T 5780—2000。

六角头螺栓　C级

1　范围

本标准规定了C级六角头螺栓的型式尺寸、技术条件和标记。

本标准适用于螺纹规格为M5～M64、性能等级为4.6级和4.8级、产品等级为C级的六角头螺栓。

2　规范性引用文件

下列文件对于本文件的应用是必不可少的。凡是注日期的引用文件，仅注日期的版本适用于本文件。凡是不注日期的引用文件，其最新版本（包括所有修改单）适用于本文件。

GB/T 90.1　紧固件　验收检查(GB/T 90.1—2002,ISO 3269:2000,IDT)

GB/T 90.2　紧固件　标志与包装

GB/T 193　普通螺纹　直径与螺距系列(GB/T 193—2003,ISO 261:1998,MOD)

GB/T 1237　紧固件标记方法(GB/T 1237—2000,eqv ISO 8991:1986)

GB/T 3098.1　紧固件机械性能　螺栓、螺钉和螺柱(GB/T 3098.1—2010,ISO 898-1:2009,MOD)

GB/T 3103.1　紧固件公差　螺栓、螺钉和螺母(GB/T 3103.1—2002,idt ISO 4759-1:2000)

GB/T 5267.1　紧固件　电镀层(GB/T 5267.1—2002,ISO 4042:1999, IDT)

GB/T 5267.2　紧固件　非电解锌片涂层(GB/T 5267.2—2002,ISO 10683:2000, IDT)

GB/T 5276　紧固件　螺栓、螺钉、螺柱及螺母　尺寸代号和标注(GB/T 5276—2015,ISO 225:2010,MOD)

GB/T 5781　六角头螺栓　全螺纹　C级(GB/T 5781—2016,ISO 4018:2011,MOD)

GB/T 9145　普通螺纹　中等精度、优选系列的极限尺寸(GB/T 9145—2003,ISO 965-2:1998,MOD)

GB/T 16938　紧固件　螺栓、螺钉、螺柱和螺母　通用技术条件(GB/T 16938—2008,ISO 8992:2005,IDT)

3　尺寸

螺栓的型式尺寸见图1和表1、表2。

尺寸代号和标注应符合GB/T 5276。

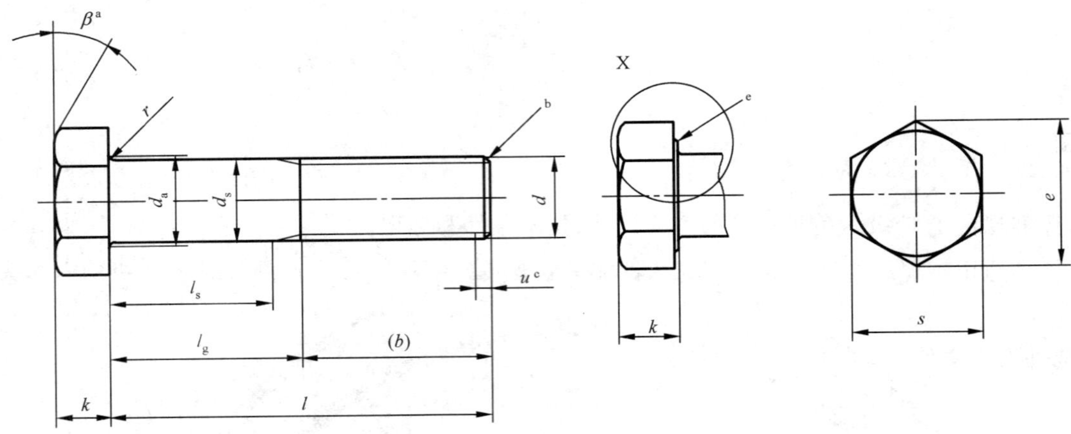

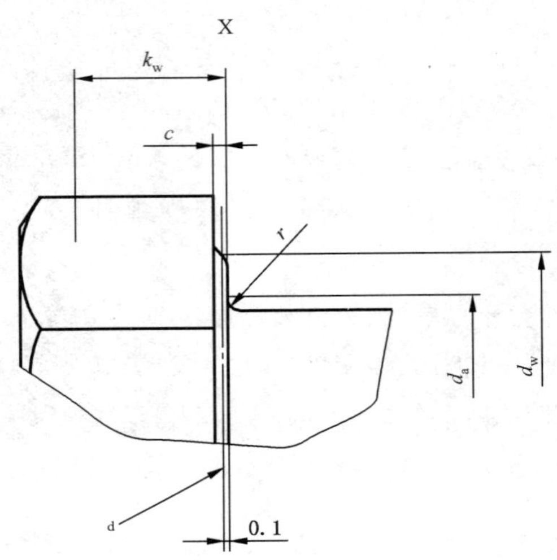

[a] $\beta=15°\sim30°$。

[b] 无特殊要求的末端。

[c] 不完整螺纹的长度 $u \leqslant 2P$。

[d] d_w 的仲裁基准。

[e] 允许的垫圈面型式。

图 1

表 1　优选的螺纹规格

单位为毫米

螺纹规格 d		M5	M6	M8	M10	M12	M16	M20
P[a]		0.8	1	1.25	1.5	1.75	2	2.5
$b_{参考}$	[b]	16	18	22	26	30	38	46
	[c]	22	24	28	32	36	44	52
	[d]	35	37	41	45	49	57	65
c	max	0.5	0.5	0.6	0.6	0.6	0.8	0.8
d_a	max	6	7.2	10.2	12.2	14.7	18.7	24.4
d_s	max	5.48	6.48	8.58	10.58	12.7	16.7	20.84
	min	4.52	5.52	7.42	9.42	11.3	15.3	19.16
d_w	min	6.74	8.74	11.47	14.47	16.47	22	27.7
e	min	8.63	10.89	14.2	17.59	19.85	26.17	32.95
k	公称	3.5	4	5.3	6.4	7.5	10	12.5
	max	3.875	4.375	5.675	6.85	7.95	10.75	13.4
	min	3.125	3.625	4.925	5.95	7.05	9.25	11.6
k_w[e]	min	2.19	2.54	3.45	4.17	4.94	6.48	8.12
r	min	0.2	0.25	0.4	0.4	0.6	0.6	0.8
s	公称 =max	8.00	10.00	13.00	16.00	18.00	24.00	30.00
	min	7.64	9.64	12.57	15.57	17.57	23.16	29.16

l			l_s 和 l_g[f]													
公称	min	max	l_s min	l_g max	l_s min	l_g max	l_s min	l_g max	l_s min	l_g max	l_s min	l_g max	l_s min	l_g max	l_s min	l_g max
25	23.95	26.05	5	9												
30	28.95	31.05	10	14	7	12	折线以上的规格推荐采用 GB/T 5781									
35	33.75	36.25	15	19	12	17										
40	38.75	41.25	20	24	17	22	11.75	18								
45	43.75	46.25	25	29	22	27	16.75	23	11.5	19						
50	48.75	51.25	30	34	27	32	21.75	28	16.5	24						
55	53.5	56.5			32	37	26.75	33	21.5	29	16.25	25				
60	58.5	61.5			37	42	31.75	38	26.5	34	21.25	30				
65	63.5	66.5					36.75	43	31.5	39	26.25	35	17	27		

表 1 优选的螺纹规格

单位为毫米

螺纹规格 d			M5		M6		M8		M10		M12		M16		M20	
l			l_s 和 l_g[f]													
公称	min	max	l_s min	l_g max	l_s min	l_g max	l_s min	l_g max	l_s min	l_g max	l_s min	l_g max	l_s min	l_g max	l_s min	l_g max
70	68.5	71.5					41.75	48	36.5	44	31.25	40	22	32		
80	78.5	81.5					51.75	58	46.5	54	41.25	50	32	42	21.5	34
90	88.25	91.75							56.5	64	51.25	60	42	52	31.5	44
100	98.25	101.75							66.5	74	61.25	70	52	62	41.5	54
110	108.25	111.75									71.25	80	62	72	51.5	64
120	118.25	121.75									81.25	90	72	82	61.5	74
130	128	132											76	86	65.5	78
140	138	142											86	96	75.5	88
150	148	152											96	106	85.5	98
160	156	164											106	116	95.5	108
180	176	184													115.5	128
200	195.4	204.6													135.5	148
220	215.4	224.6														
240	235.4	244.6														
260	254.8	265.2														
280	274.8	285.2														
300	294.8	305.2														
320	314.3	325.7														
340	334.3	345.7														
360	354.3	365.7														
380	374.3	385.7														
400	394.3	405.7														
420	413.7	426.3														
440	433.7	446.3														
460	453.7	466.3														
480	473.7	486.3														
500	493.7	506.3														

表 1（续）

单位为毫米

螺纹规格 d		M24	M30	M36	M42	M48	M56	M64
P[a]		3	3.5	4	4.5	5	5.5	6
$b_{参考}$	[b]	54	66	—	—	—	—	—
	[c]	60	72	84	96	108	—	—
	[d]	73	85	97	109	121	137	153
c	max	0.8	0.8	0.8	1	1	1	1
d_a	max	28.4	35.4	42.4	48.6	56.6	67	75
d_s	max	24.84	30.84	37	43	49	57.2	65.2
	min	23.16	29.16	35	41	47	54.8	62.8
d_w	min	33.25	42.75	51.11	59.95	69.45	78.66	88.16
e	min	39.55	50.85	60.79	71.3	82.6	93.56	104.86
k	公称	15	18.7	22.5	26	30	35	40
	max	15.9	19.75	23.55	27.05	31.05	36.25	41.25
	min	14.1	17.65	21.45	24.95	28.95	33.75	38.75
k_w[e]	min	9.87	12.36	15.02	17.47	20.27	23.63	27.13
r	min	0.8	1	1	1.2	1.6	2	2
s	公称 =max	36	46	55.0	65.0	75.0	85.0	95.0
	min	35	45	53.8	63.1	73.1	82.8	92.8

l			l_s 和 l_g[f]													
公称	min	max	l_s min	l_g max	l_s min	l_g max	l_s min	l_g max	l_s min	l_g max	l_s min	l_g max	l_s min	l_g max	l_s min	l_g max
25	23.95	26.05	折线以上的规格推荐采用 GB/T 5781													
30	28.95	31.05														
35	33.75	36.25														
40	38.75	41.25														
45	43.75	46.25														
50	48.75	51.25														
55	53.5	56.5														
60	58.5	61.5														
65	63.5	66.5														
70	68.5	71.5														
80	78.5	81.5														
90	88.25	91.75														

表 1（续）

单位为毫米

螺纹规格 d			M24		M30		M36		M42		M48		M56		M64	
l			l_s 和 l_g [f]													
公称	min	max	l_s min	l_g max	l_s min	l_g max	l_s min	l_g max	l_s min	l_g max	l_s min	l_g max	l_s min	l_g max	l_s min	l_g max
100	98.25	101.75	31	46												
110	108.25	111.75	41	56												
120	118.25	121.75	51	66	36.5	54										
130	128	132	55	70	40.5	58										
140	138	142	65	80	50.5	68	36	56								
150	148	152	75	90	60.5	78	46	66								
160	156	164	85	100	70.5	88	56	76								
180	176	184	105	120	90.5	108	76	96	61.5	84						
200	195.4	204.6	125	140	110.5	128	96	116	81.5	104	67	92				
220	215.4	224.6	132	147	117.5	135	103	123	88.5	111	74	99				
240	235.4	244.6	152	167	137.5	155	123	143	108.5	131	94	119	75.5	103		
260	254.8	265.2			157.5	175	143	163	128.5	151	114	139	95.5	123	77	107
280	274.8	285.2			177.5	195	163	183	148.5	171	134	159	115.5	143	97	127
300	294.8	305.2			197.5	215	183	203	168.5	191	154	179	135.5	163	117	147
320	314.3	325.7					203	223	188.5	211	174	199	155.5	183	137	167
340	334.3	345.7					223	243	208.5	231	194	219	175.5	203	157	187
360	354.3	365.7					243	263	228.5	251	214	239	195.5	223	177	207
380	374.3	385.7							248.5	271	234	259	215.5	243	197	227
400	394.3	405.7							268.5	291	254	279	235.5	263	217	247
420	413.7	426.3							288.5	311	274	299	255.5	283	237	267
440	433.7	446.3									294	319	275.5	303	257	287
460	453.7	466.3									314	339	295.5	323	277	307
480	473.7	486.3									334	359	315.5	343	297	327
500	493.7	506.3											335.5	363	317	347

注：优选长度由 $l_{s\,min}$ 和 $l_{g\,max}$ 确定。

[a] P——螺距。

[b] $l_{公称} \leqslant 125$ mm。

[c] 125 mm$< l_{公称} \leqslant 200$ mm。

[d] $l_{公称} > 200$ mm。

[e] $k_{w\,min} = 0.7 k_{min}$。

[f] $l_{g\,max} = l_{公称} - b$。

$l_{s\,min} = l_{g\,max} - 5P$。

表 2　非优选螺纹规格

单位为毫米

<table>
<tr><td colspan="3">螺纹规格 d</td><td colspan="2">M14</td><td colspan="2">M18</td><td colspan="2">M22</td><td colspan="2">M27</td><td colspan="2">M33</td></tr>
<tr><td colspan="3">P[a]</td><td colspan="2">2</td><td colspan="2">2.5</td><td colspan="2">2.5</td><td colspan="2">3</td><td colspan="2">3.5</td></tr>
<tr><td rowspan="3">$b_{参考}$</td><td colspan="2">[b]</td><td colspan="2">34</td><td colspan="2">42</td><td colspan="2">50</td><td colspan="2">60</td><td colspan="2">—</td></tr>
<tr><td colspan="2">[c]</td><td colspan="2">40</td><td colspan="2">48</td><td colspan="2">56</td><td colspan="2">66</td><td colspan="2">78</td></tr>
<tr><td colspan="2">[d]</td><td colspan="2">53</td><td colspan="2">61</td><td colspan="2">69</td><td colspan="2">79</td><td colspan="2">91</td></tr>
<tr><td>c</td><td colspan="2">max</td><td colspan="2">0.6</td><td colspan="2">0.8</td><td colspan="2">0.8</td><td colspan="2">0.8</td><td colspan="2">0.8</td></tr>
<tr><td>d_a</td><td colspan="2">max</td><td colspan="2">16.7</td><td colspan="2">21.2</td><td colspan="2">26.4</td><td colspan="2">32.4</td><td colspan="2">38.4</td></tr>
<tr><td rowspan="2">d_s</td><td colspan="2">max</td><td colspan="2">14.7</td><td colspan="2">18.7</td><td colspan="2">22.84</td><td colspan="2">27.84</td><td colspan="2">34</td></tr>
<tr><td colspan="2">min</td><td colspan="2">13.3</td><td colspan="2">17.3</td><td colspan="2">21.16</td><td colspan="2">26.16</td><td colspan="2">32</td></tr>
<tr><td>d_w</td><td colspan="2">min</td><td colspan="2">19.15</td><td colspan="2">24.85</td><td colspan="2">31.35</td><td colspan="2">38</td><td colspan="2">46.55</td></tr>
<tr><td>e</td><td colspan="2">min</td><td colspan="2">22.78</td><td colspan="2">29.56</td><td colspan="2">37.29</td><td colspan="2">45.2</td><td colspan="2">55.37</td></tr>
<tr><td rowspan="3">k</td><td colspan="2">公称</td><td colspan="2">8.8</td><td colspan="2">11.5</td><td colspan="2">14</td><td colspan="2">17</td><td colspan="2">21</td></tr>
<tr><td colspan="2">max</td><td colspan="2">9.25</td><td colspan="2">12.4</td><td colspan="2">14.9</td><td colspan="2">17.9</td><td colspan="2">22.05</td></tr>
<tr><td colspan="2">min</td><td colspan="2">8.35</td><td colspan="2">10.6</td><td colspan="2">13.1</td><td colspan="2">16.1</td><td colspan="2">19.95</td></tr>
<tr><td>k_w[e]</td><td colspan="2">min</td><td colspan="2">5.85</td><td colspan="2">7.42</td><td colspan="2">9.17</td><td colspan="2">11.27</td><td colspan="2">13.97</td></tr>
<tr><td>r</td><td colspan="2">min</td><td colspan="2">0.6</td><td colspan="2">0.6</td><td colspan="2">0.8</td><td colspan="2">1</td><td colspan="2">1</td></tr>
<tr><td rowspan="2">s</td><td colspan="2">公称　=max</td><td colspan="2">21.00</td><td colspan="2">27.00</td><td colspan="2">34</td><td colspan="2">41</td><td colspan="2">50</td></tr>
<tr><td colspan="2">min</td><td colspan="2">20.16</td><td colspan="2">26.16</td><td colspan="2">33</td><td colspan="2">40</td><td colspan="2">49</td></tr>
<tr><td colspan="3">l</td><td colspan="10">l_s 和 l_g[f]</td></tr>
<tr><td>公称</td><td>min</td><td>max</td><td>l_s min</td><td>l_g max</td><td>l_s min</td><td>l_g max</td><td>l_s min</td><td>l_g max</td><td>l_s min</td><td>l_g max</td><td>l_s min</td><td>l_g max</td></tr>
<tr><td>60</td><td>58.5</td><td>61.5</td><td>16</td><td>26</td><td colspan="8" rowspan="3">折线以上的规格推荐采用 GB/T 5781</td></tr>
<tr><td>65</td><td>63.5</td><td>66.5</td><td>21</td><td>31</td></tr>
<tr><td>70</td><td>68.5</td><td>71.5</td><td>26</td><td>36</td></tr>
<tr><td>80</td><td>78.5</td><td>81.5</td><td>36</td><td>46</td><td>25.5</td><td>38</td><td></td><td></td><td></td><td></td><td></td><td></td></tr>
<tr><td>90</td><td>88.25</td><td>91.75</td><td>46</td><td>56</td><td>35.5</td><td>48</td><td>27.5</td><td>40</td><td></td><td></td><td></td><td></td></tr>
<tr><td>100</td><td>98.25</td><td>101.75</td><td>56</td><td>66</td><td>45.5</td><td>58</td><td>37.5</td><td>50</td><td></td><td></td><td></td><td></td></tr>
</table>

表 2（续）

单位为毫米

螺纹规格 d			M14		M18		M22		M27		M33	
l			l_s 和 l_g [f]									
公称	min	max	l_s min	l_g max	l_s min	l_g max	l_s min	l_g max	l_s min	l_g max	l_s min	l_g max
110	108.25	111.75	66	76	55.5	68	47.5	60	35	50		
120	118.25	121.75	76	86	65.5	78	57.5	70	45	60		
130	128	132	80	90	69.5	82	61.5	74	49	64	34.5	52
140	138	142	90	100	79.5	92	71.5	84	59	74	44.5	62
150	148	152			89.5	102	81.5	94	69	84	54.5	72
160	156	164			99.5	112	91.5	104	79	94	64.5	82
180	176	184			119.5	132	111.5	124	99	114	84.5	102
200	195.4	204.6					131.5	144	119	134	104.5	122
220	215.4	224.6					138.5	151	126	141	111.5	129
240	235.4	244.6							146	161	131.5	149
260	254.8	265.2							166	181	151.5	167
280	274.8	285.2									171.5	189
300	294.8	305.2									191.5	209
320	314.3	325.7									211.5	229
340	334.3	345.7										
360	354.3	365.7										
380	374.3	385.7										
400	394.3	405.7										
420	413.7	426.3										
440	433.7	446.3										
460	453.7	466.3										
480	473.7	486.3										
500	493.7	506.3										

表 2（续）

单位为毫米

<table>
<tr><td colspan="3">螺纹规格 d</td><td colspan="2">M39</td><td colspan="2">M45</td><td colspan="2">M52</td><td colspan="2">M60</td></tr>
<tr><td colspan="3">P[a]</td><td colspan="2">4</td><td colspan="2">4.5</td><td colspan="2">5</td><td colspan="2">5.5</td></tr>
<tr><td rowspan="3">$b_{参考}$</td><td colspan="2">[b]</td><td colspan="2">—</td><td colspan="2">—</td><td colspan="2">—</td><td colspan="2">—</td></tr>
<tr><td colspan="2">[c]</td><td colspan="2">90</td><td colspan="2">102</td><td colspan="2">116</td><td colspan="2">—</td></tr>
<tr><td colspan="2">[d]</td><td colspan="2">103</td><td colspan="2">115</td><td colspan="2">129</td><td colspan="2">145</td></tr>
<tr><td>c</td><td colspan="2">max</td><td colspan="2">1</td><td colspan="2">1</td><td colspan="2">1</td><td colspan="2">1</td></tr>
<tr><td>d_a</td><td colspan="2">max</td><td colspan="2">45.4</td><td colspan="2">52.6</td><td colspan="2">62.6</td><td colspan="2">71</td></tr>
<tr><td rowspan="2">d_s</td><td colspan="2">max</td><td colspan="2">40</td><td colspan="2">46</td><td colspan="2">53.2</td><td colspan="2">61.2</td></tr>
<tr><td colspan="2">min</td><td colspan="2">38</td><td colspan="2">44</td><td colspan="2">50.8</td><td colspan="2">58.8</td></tr>
<tr><td>d_w</td><td colspan="2">min</td><td colspan="2">55.86</td><td colspan="2">64.7</td><td colspan="2">74.2</td><td colspan="2">83.41</td></tr>
<tr><td>e</td><td colspan="2">min</td><td colspan="2">66.44</td><td colspan="2">76.95</td><td colspan="2">88.25</td><td colspan="2">99.21</td></tr>
<tr><td rowspan="3">k</td><td colspan="2">公称</td><td colspan="2">25</td><td colspan="2">28</td><td colspan="2">33</td><td colspan="2">38</td></tr>
<tr><td colspan="2">max</td><td colspan="2">26.05</td><td colspan="2">29.05</td><td colspan="2">34.25</td><td colspan="2">39.25</td></tr>
<tr><td colspan="2">min</td><td colspan="2">23.95</td><td colspan="2">26.95</td><td colspan="2">31.75</td><td colspan="2">36.75</td></tr>
<tr><td>k_w[e]</td><td colspan="2">min</td><td colspan="2">16.77</td><td colspan="2">18.87</td><td colspan="2">22.23</td><td colspan="2">25.73</td></tr>
<tr><td>r</td><td colspan="2">min</td><td colspan="2">1</td><td colspan="2">1.2</td><td colspan="2">1.6</td><td colspan="2">2</td></tr>
<tr><td rowspan="2">s</td><td colspan="2">公称 = max</td><td colspan="2">60.0</td><td colspan="2">70.0</td><td colspan="2">80.0</td><td colspan="2">90.0</td></tr>
<tr><td colspan="2">min</td><td colspan="2">58.8</td><td colspan="2">68.1</td><td colspan="2">78.1</td><td colspan="2">87.8</td></tr>
<tr><td colspan="3">l</td><td colspan="8">l_s 和 l_g[f]</td></tr>
<tr><td>公称</td><td>min</td><td>max</td><td>l_s min</td><td>l_g max</td><td>l_s min</td><td>l_g max</td><td>l_s min</td><td>l_g max</td><td>l_s min</td><td>l_g max</td></tr>
<tr><td>60</td><td>58.5</td><td>61.5</td><td colspan="8" rowspan="3">折线以上的规格推荐采用 GB/T 5781</td></tr>
<tr><td>65</td><td>63.5</td><td>66.5</td></tr>
<tr><td>70</td><td>68.5</td><td>71.5</td></tr>
<tr><td>80</td><td>78.5</td><td>81.5</td><td></td><td></td><td></td><td></td><td></td><td></td><td></td><td></td></tr>
<tr><td>90</td><td>88.25</td><td>91.75</td><td></td><td></td><td></td><td></td><td></td><td></td><td></td><td></td></tr>
<tr><td>100</td><td>98.25</td><td>101.75</td><td></td><td></td><td></td><td></td><td></td><td></td><td></td><td></td></tr>
</table>

表 2（续） 单位为毫米

螺纹规格 d			M39		M45		M52		M60	
l			l_s 和 l_g[f]							
公称	min	max	l_s min	l_g max	l_s min	l_g max	l_s min	l_g max	l_s min	l_g max
110	108.25	111.75								
120	118.25	121.75								
130	128	132								
140	138	142								
150	148	152	40	60						
160	156	164	50	70						
180	176	184	70	90	55.5	78				
200	195.4	204.6	90	110	75.5	98	59	84		
220	215.4	224.6	97	117	82.5	105	66	91		
240	235.4	244.6	117	137	102.5	125	86	111	67.5	95
260	254.8	265.2	137	157	122.5	145	106	131	87.5	115
280	274.8	285.2	157	177	142.5	165	126	151	107.5	135
300	294.8	305.2	177	197	162.5	185	146	171	127.5	155
320	314.3	325.7	197	217	182.5	205	166	191	147.5	175
340	334.3	345.7	217	237	202.5	225	186	211	167.5	195
360	354.3	365.7	237	257	222.5	245	206	231	187.5	215
380	374.3	385.7	257	277	242.5	265	226	251	207.5	235
400	394.3	405.7	277	297	262.5	285	246	271	227.5	255
420	413.7	426.3			282.5	305	266	291	247.5	275
440	433.7	446.3			302.5	325	286	311	267.5	295
460	453.7	466.3					306	331	287.5	315
480	473.7	486.3					326	351	307.5	335
500	493.7	506.3					346	371	327.5	355

注：优选长度由 $l_{s\,min}$ 和 $l_{g\,max}$ 确定。

[a] P——螺距。

[b] $l_{公称} \leqslant 125$ mm。

[c] 125 mm $< l_{公称} \leqslant 200$ mm。

[d] $l_{公称} > 200$ mm。

[e] $k_{w\,min} = 0.7 k_{min}$。

[f] $l_{g\,max} = l_{公称} - b$。

$l_{s\,min} = l_{g\,max} - 5P$。

4 技术条件和引用标准

技术条件和引用标准见表 3。

表 3 技术条件和引用标准

<table>
<tr><td colspan="2">材料</td><td>钢</td></tr>
<tr><td colspan="2">通用技术条件</td><td>GB/T 16938</td></tr>
<tr><td rowspan="2">螺纹</td><td>公差</td><td>8g</td></tr>
<tr><td>标准</td><td>GB/T 193、GB/T 9145</td></tr>
<tr><td rowspan="2">机械性能</td><td>等级</td><td>d≤39 mm：4.6、4.8；
d>39 mm：按协议</td></tr>
<tr><td>标准</td><td>d≤39 mm：GB/T 3098.1；
d>39 mm：按协议</td></tr>
<tr><td rowspan="2">公差</td><td>产品等级</td><td>C 级</td></tr>
<tr><td>标准</td><td>GB/T 3103.1</td></tr>
<tr><td colspan="2">表面处理</td><td>不经处理；
电镀技术要求按 GB/T 5267.1；
非电解锌片涂层技术要求按 GB/T 5267.2；
如需其他技术要求或表面处理，应由供需协议</td></tr>
<tr><td colspan="2">验收及包装</td><td>GB/T 90.1、GB/T 90.2</td></tr>
</table>

5 标记

5.1 标记方法

标记方法按 GB/T 1237 规定。

5.2 标记示例

螺纹规格为 M12、公称长度 l=80 mm、性能等级为 4.8 级、表面不经处理、产品等级为 C 级的六角头螺栓的标记：

螺栓 GB/T 5780 M12×80

ICS 21.060.10
J 13

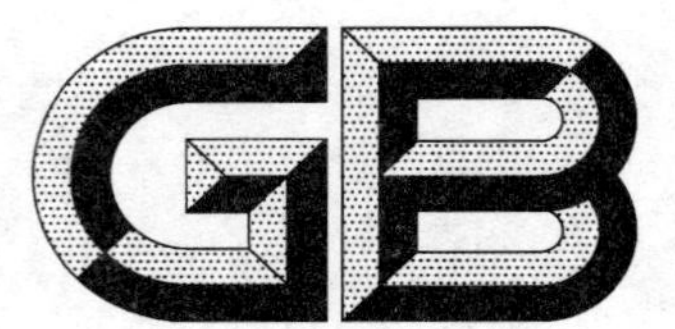

中华人民共和国国家标准

GB/T 5781—2016
代替 GB/T 5781—2000

六角头螺栓　全螺纹　C级

Hexagon head bolts—Full thread—Product grade C

(ISO 4018:2011, Hexagon head screws—Product grade C, MOD)

2016-02-24 发布　　2016-06-01 实施

中华人民共和国国家质量监督检验检疫总局
中国国家标准化管理委员会　发布

前　言

本标准是“六角头螺栓”系列国家标准之一。该系列包括：

——GB/T 27　六角头加强杆螺栓；

——GB/T 28　六角头螺杆带孔加强杆螺栓；

——GB/T 29.1　六角头带槽螺栓；

——GB/T 29.2　六角头带十字槽螺栓；

——GB/T 31.1　六角头螺杆带孔螺栓；

——GB/T 31.2　六角头螺杆带孔螺栓　细杆　B级；

——GB/T 31.3　六角头螺杆带孔螺栓　细牙　A和B级；

——GB/T 32.1　六角头头部带孔螺栓　A和B级；

——GB/T 32.2　六角头头部带孔螺栓　细杆　B级；

——GB/T 32.3　六角头头部带孔螺栓　细牙　A和B级；

——GB/T 5780　六角头螺栓　C级；

——GB/T 5781　六角头螺栓　全螺纹　C级；

——GB/T 5782　六角头螺栓；

——GB/T 5783　六角头螺栓　全螺纹；

——GB/T 5784　六角头螺栓　细杆　B级；

——GB/T 5785　六角头螺栓　细牙；

——GB/T 5786　六角头螺栓　细牙　全螺纹。

本标准按照GB/T 1.1—2009给出的规则起草。

本标准代替GB/T 5781—2000《六角头螺栓　全螺纹　C级》，与GB/T 5781—2000相比，主要技术变化如下：

——删除“如需其他技术要求，……GB/T 3098.1和GB/T 3103.1)中选择。”(2000年版第1章)；

——引用螺纹标准统一为GB/T 193、GB/T 9145(第2章)；

——删除由制造者选择允许制造的凹穴型式(图1)；

——删除3.6级(表3)；

——增加钢螺栓非电解锌片涂层技术要求按GB/T 5267.2(表3)。

本标准使用重新起草法修改采用ISO 4018:2011《六角头螺钉　产品等级C级》(英文版)。

本标准与ISO 4018:2011的技术性差异及其原因如下：

——删除ISO 4018规定：“如需其他技术要求，……ISO 965-1和ISO 4759-1中选择。”(第1章)，不属于本标准规定的内容；

——在规范性引用文件中，用我国标准代替国际标准(第2章)，增加引用GB/T 5780(第1章)、GB/T 90.2(表3)、GB/T 193(表3)、GB/T 9145(表3)和GB/T 1237(5.1)，删除对ISO 724、ISO 965-1的引用，以符合我国紧固件基础标准；

——增加包装技术要求(表3)，以符合我国紧固件基础标准；

——修改标记示例为简化标记示例(5.2)，以符合GB/T 1237的规定。

本标准还做了下列编辑性修改：

——修改标准名称；

——删除ISO 4018给出的参考文献。

本标准由中国机械工业联合会提出。

本标准由全国紧固件标准化技术委员会(SAC/TC 85)归口。

本标准负责起草单位:中机生产力促进中心。

本标准参加起草单位:浙江海力股份有限公司、温州信德电力配件有限公司。

本标准由全国紧固件标准化技术委员会秘书处负责解释。

本标准所代替标准的历次版本发布情况为:

——GB/T 5—1958、GB/T 5—1966、GB/T 5—1976;

——GB/T 5781—1986、GB/T 5781—2000。

六角头螺栓　全螺纹　C级

1　范围

本标准规定了C级全螺纹六角头螺栓的型式尺寸、技术条件和标记。

本标准适用于螺纹规格为M5～M64、全螺纹、性能等级为4.6级和4.8级、产品等级为C级的六角头螺栓。

注：这种产品除制成全螺纹外，其余与GB/T 5780相同。

2　规范性引用文件

下列文件对于本文件的应用是必不可少的。凡是注日期的引用文件，仅注日期的版本适用于本文件。凡是不注日期的引用文件，其最新版本(包括所有的修改单)适用于本文件。

GB/T 90.1　紧固件　验收检查(GB/T 90.1—2002,ISO 3269:2000,IDT)

GB/T 90.2　紧固件　标志与包装

GB/T 193　普通螺纹　直径与螺距系列(GB/T 193—2003,ISO 261:1998,MOD)

GB/T 1237　紧固件标记方法(GB/T 1237—2000,eqv ISO 8991:1986)

GB/T 3098.1　紧固件机械性能　螺栓、螺钉和螺柱(GB/T 3098.1—2010,ISO 898-1:2009,MOD)

GB/T 3103.1　紧固件公差　螺栓、螺钉和螺母(GB/T 3103.1—2002,idt ISO 4759-1:2000)

GB/T 5267.1　紧固件　电镀层(GB/T 5267.1—2002,ISO 4042:1999,IDT)

GB/T 5267.2　紧固件　非电解锌片涂层(GB/T 5267.2—2002,ISO 10683:2000,IDT)

GB/T 5276　紧固件　螺栓、螺钉、螺柱及螺母　尺寸代号和标注(GB/T 5276—2015,ISO 225:2010,MOD)

GB/T 5780　六角头螺栓　C级(GB/T 5780—2016,ISO 4016:2011,MOD)

GB/T 9145　普通螺纹　中等精度、优选系列的极限尺寸(GB/T 9145—2003,ISO 965-2:1998,MOD)

GB/T 16938　紧固件　螺栓、螺钉、螺柱和螺母　通用技术条件(GB/T 16938—2008,ISO 8992:2005,IDT)

3　尺寸

螺栓的型式尺寸见图1和表1、表2。

尺寸代号和标注符合GB/T 5276。

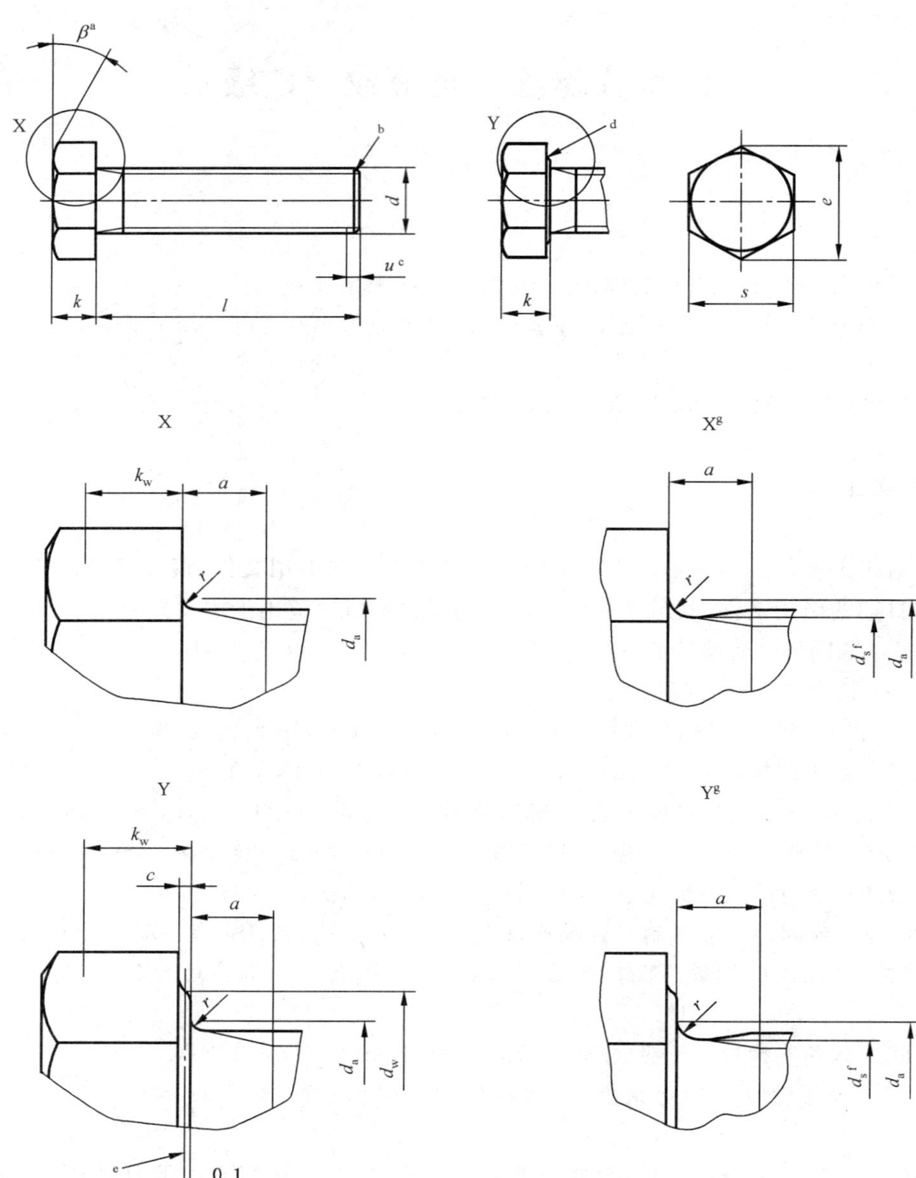

[a] $\beta=15°\sim30°$。

[b] 无特殊要求的末端。

[c] 不完整螺纹的长度 $u\leqslant 2P$。

[d] 允许的垫圈面型式。

[e] d_w 的仲裁基准。

[f] $d_s\approx$螺纹中径。

[g] 允许的形状。

图 1

表 1　优选的螺纹规格

单位为毫米

螺纹规格 d		M5	M6	M8	M10	M12	M16	M20	M24	M30	M36	M42	M48	M56	M64
P[a]		0.8	1	1.25	1.5	1.75	2	2.5	3	3.5	4	4.5	5	5.5	6
a	max	2.4	3	4	4.5	5.3	6	7.5	9	10.5	12	13.5	15	16.5	18
	min	0.8	1	1.25	1.5	1.75	2	2.5	3	3.5	4	4.5	5	5.5	6
c	max	0.5	0.5	0.6	0.6	0.6	0.8	0.8	0.8	0.8	0.8	1	1	1	1
d_a	max	6	7.2	10.2	12.2	14.7	18.7	24.4	28.4	35.4	42.4	48.6	56.6	67	75
d_w	min	6.74	8.74	11.47	14.47	16.47	22	27.7	33.25	42.75	51.11	59.95	69.45	78.66	88.16
e	min	8.63	10.89	14.2	17.59	19.85	26.17	32.95	39.55	50.85	60.79	71.3	82.6	93.56	104.86
k	公称	3.5	4	5.3	6.4	7.5	10	12.5	15	18.7	22.5	26	30	35	40
	max	3.875	4.375	5.675	6.85	7.95	10.75	13.4	15.9	19.75	23.55	27.05	31.05	36.25	41.25
	min	3.125	3.625	4.925	5.95	7.05	9.25	11.6	14.1	17.65	21.45	24.95	28.95	33.75	38.75
k_w[b]	min	2.19	2.54	3.45	4.17	4.94	6.48	8.12	9.87	12.36	15.02	17.47	20.27	23.63	27.13
r	min	0.2	0.25	0.4	0.4	0.6	0.6	0.8	0.8	1	1	1.2	1.6	2	2
s	公称=max	8.00	10.00	13.00	16.00	18.00	24.00	30.00	36	46	55.0	65.0	75.0	85.0	95.0
	min	7.64	9.64	12.57	15.57	17.57	23.16	29.16	35	45	53.8	63.1	73.1	82.8	92.8

l[c] 公称	min	max	M5	M6	M8	M10	M12	M16	M20	M24	M30	M36	M42	M48	M56	M64
10	9.25	10.75														
12	11.1	12.9														
16	15.1	16.9														
20	18.95	21.05														
25	23.95	26.05														
30	28.95	31.05														
35	33.75	36.25														
40	38.75	41.25														
45	43.75	46.25														
50	48.75	51.25														
55	53.5	56.5														
60	58.5	61.5														
65	63.5	66.5														
70	68.5	71.5														
80	78.5	81.5														

表 1（续）

单位为毫米

螺纹规格 d			M5	M6	M8	M10	M12	M16	M20	M24	M30	M36	M42	M48	M56	M64
l[c]																
公称	min	max														
90	88.25	91.75														
100	98.25	101.75														
110	108.25	111.75														
120	118.25	121.75														
130	128	132														
140	138	142														
150	148	152														
160	156	164														
180	176	184														
200	195.4	204.6														
220	215.4	224.6														
240	235.4	244.6														
260	254.8	265.2														
280	274.8	285.2														
300	294.8	305.2														
320	314.3	325.7														
340	334.3	345.7														
360	354.3	365.7														
380	374.3	385.7														
400	394.3	405.7														
420	413.7	426.3														
440	433.7	446.3														
460	453.7	466.3														
480	473.7	486.3														
500	493.7	506.3														

[a] P——螺距。

[b] $k_{w\,min}=0.7k_{min}$。

[c] 在阶梯实线间为优选长度。

表 2　非优选螺纹规格

单位为毫米

螺纹规格 d			M14	M18	M22	M27	M33	M39	M45	M52	M60
P[a]			2	2.5	2.5	3	3.5	4	4.5	5	5.5
a		max	6	7.5	7.5	9	10.5	12	13.5	15	16.5
		min	2	2.5	2.5	3	3.5	4	4.5	5	5.5
c		max	0.6	0.8	0.8	0.8	0.8	1	1	1	1
d_a		max	16.7	21.2	26.4	32.4	38.4	45.4	52.6	62.6	71
d_w		min	19.15	24.85	31.35	38	46.55	55.86	64.7	74.2	83.41
e		min	22.78	29.56	37.29	45.2	55.37	66.44	76.95	88.25	99.21
k		公称	8.8	11.5	14	17	21	25	28	33	38
		max	9.25	12.4	14.9	17.9	22.05	26.05	29.05	34.25	39.25
		min	8.35	10.6	13.1	16.1	19.95	23.95	26.95	31.75	36.75
k_w[b]		min	5.85	7.42	9.17	11.27	13.97	16.77	18.87	22.23	25.73
r		min	0.6	0.6	0.8	1	1	1	1.2	1.6	2
s		公称=max	21.00	27.00	34	41	50	60.0	70.0	80.0	90.0
		min	20.16	26.16	33	40	49	58.8	68.1	78.1	87.8
l[c]											
公称	min	max									
30	28.95	31.05									
35	33.75	36.25									
40	38.75	41.25									
45	43.75	46.25									
50	48.75	51.25									
55	53.5	56.5									
60	58.5	61.5									
65	63.5	66.5									
70	68.5	71.5									
80	78.5	81.5									
90	88.25	91.75									
100	98.25	101.75									
110	108.25	111.75									
120	118.25	121.75									
130	128	132									

表 2（续）

单位为毫米

螺纹规格 d			M14	M18	M22	M27	M33	M39	M45	M52	M60
l^{c}											
公称	min	max									
140	138	142									
150	148	152									
160	156	164									
180	176	184									
200	195.4	204.6									
220	215.4	224.6									
240	235.4	244.6									
260	254.8	265.2									
280	274.8	285.2									
300	294.8	305.2									
320	314.3	325.7									
340	334.3	345.7									
360	354.3	365.7									
380	374.3	385.7									
400	394.3	405.7									
420	413.7	426.3									
440	433.7	446.3									
460	453.7	466.3									
480	473.7	486.3									
500	493.7	506.3									

[a] P——螺距。

[b] $k_{w\,min}=0.7k_{min}$。

[c] 在阶梯实线间为优选长度。

4 技术条件和引用标准

技术条件和引用标准见表 3。

表 3 技术条件和引用标准

材料		钢
通用技术条件		GB/T 16938
螺纹	公差	8g
	标准	GB/T 193、GB/T 9145
机械性能	等级	$d \leqslant 39$ mm：4.6、4.8； $d > 39$ mm：按协议
	标准	$d \leqslant 39$ mm：GB/T 3098.1； $d > 39$ mm：按协议
公差	产品等级	C
	标准	GB/T 3103.1
表面处理		不经处理； 电镀技术要求按 GB/T 5267.1； 非电解锌片涂层技术要求按 GB/T 5267.2； 如需其他技术要求或表面处理，应由供需协议
验收及包装		GB/T 90.1、GB/T 90.2

5 标记

5.1 标记方法

标记方法按 GB/T 1237 规定。

5.2 标记示例

螺纹规格为 M12、公称长度 $l=80$ mm、全螺纹、性能等级为 4.8 级、表面不经处理、产品等级为 C 级的六角头螺栓的标记：

螺栓 GB/T 5781 M12×80

ICS 21.060.10
J 13

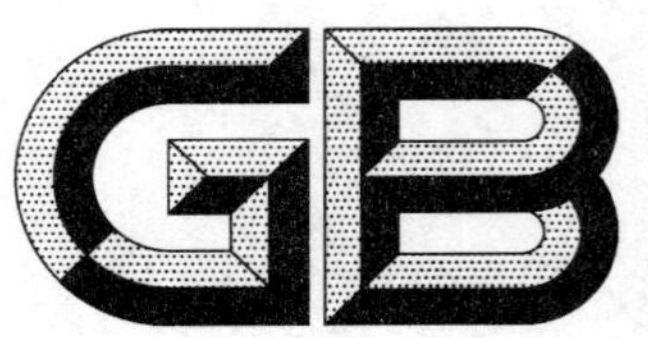

中华人民共和国国家标准

GB/T 5782—2016
代替 GB/T 5782—2000

六角头螺栓

Hexagon head bolts

(ISO 4014:2011,Hexagon head bolts—Product grades A and B,MOD)

2016-02-24 发布 2016-06-01 实施

中华人民共和国国家质量监督检验检疫总局
中国国家标准化管理委员会 发布

前　言

本标准是“六角头螺栓”系列国家标准之一，该系列包括：

——GB/T 27　六角头加强杆螺栓；
——GB/T 28　六角头螺杆带孔加强杆螺栓；
——GB/T 29.1　六角头带槽螺栓；
——GB/T 29.2　六角头带十字槽螺栓；
——GB/T 31.1　六角头螺杆带孔螺栓；
——GB/T 31.2　六角头螺杆带孔螺栓　细杆　B 级；
——GB/T 31.3　六角头螺杆带孔螺栓　细牙　A 和 B 级；
——GB/T 32.1　六角头头部带孔螺栓　A 和 B 级；
——GB/T 32.2　六角头头部带孔螺栓　细杆　B 级；
——GB/T 32.3　六角头头部带孔螺栓　细牙　A 和 B 级；
——GB/T 5780　六角头螺栓　C 级；
——GB/T 5781　六角头螺栓　全螺纹　C 级；
——GB/T 5782　六角头螺栓；
——GB/T 5783　六角头螺栓　全螺纹；
——GB/T 5784　六角头螺栓　细杆　B 级；
——GB/T 5785　六角头螺栓　细牙；
——GB/T 5786　六角头螺栓　细牙　全螺纹。

本标准按照 GB/T 1.1—2009 给出的规则起草。

本标准代替 GB/T 5782—2000《六角头螺栓》，与 GB/T 5782—2000 相比，主要技术变化如下：

——删除“如需其他技术要求，……GB/T 3098.6 和 GB/T 3103.1）中选择。”（2000 年版第 1 章）；
——引用螺纹标准统一为 GB/T 193、GB/T 9145（第 2 章）；
——仅对钢产品规定表面缺陷：GB/T 5779.1（表 3）；
——增加钢螺栓表面不经处理，删除氧化（表 3）；
——增加钢螺栓非电解锌片涂层技术要求按 GB/T 5267.2（表 3）；
——增加不锈钢螺栓钝化处理技术要求按 GB/T 5267.4（表 3）；
——增加有色金属螺栓电镀技术要求按 GB/T 5267.1；
——规定标记中仅允许省略：表面不经处理（5.2）。

本标准使用重新起草法修改采用 ISO 4014：2011《六角头螺栓　产品等级 A 和 B 级》（英文版）。

本标准与 ISO 4014：2011 的技术性差异及其原因如下：

——删除 ISO 4014 规定：“如需其他技术要求，……ISO 4753 和 ISO 4759-1 中选择。”（第 1 章），不属于本标准规定的内容；
——在规范性引用文件中，用我国标准代替国际标准（第 2 章），增加引用 GB/T 90.2（表 3）、GB/T 193（表 3）、GB/T 9145（表 3）、GB/T 5267.4（表 3）和 GB/T 1237（5.1），删除对 ISO 724、ISO 965-1 的引用，以符合我国紧固件基础标准；
——增加不锈钢螺栓的钝化处理技术要求（表 3），扩大产品使用范围；
——增加包装技术要求（表 3），以符合我国紧固件基础标准；
——修改标记示例为简化标记示例（5.2），以符合 GB/T 1237 的规定。

本标准还做了下列编辑性修改：

——修改标准名称；

——删除 ISO 4014 参考文献。

本标准由中国机械工业联合会提出。

本标准由全国紧固件标准化技术委员会(SAC/TC 85)归口。

本标准负责起草单位：中机生产力促进中心。

本标准参加起草单位：宁波宁力高强度紧固件有限公司、杭州华凌钢结构高强螺栓有限公司、上海申光高强度螺栓有限公司、浙江日星标准件有限公司、浙江海力股份有限公司、徐州市瑞达高强度紧固件厂、浙江东明不锈钢制品股份有限公司、上海标五高强度紧固件有限公司、绍兴山耐高压紧固件有限公司、宁波九龙紧固件制造有限公司、上海金马高强紧固件有限公司、山东腾达不锈钢制品有限公司、温州信德电力配件有限公司。

本标准由全国紧固件标准化技术委员会秘书处负责解释。

本标准所代替标准的历次版本发布情况为：

——GB 30—1958、GB 21—1958、GB 22—1958、GB 30—1966、GB 21—1966、GB 22—1966、GB 30—1976、GB 21—1976、GB 22—1976；

——GB/T 5782—1986、GB/T 5782—2000。

六 角 头 螺 栓

1 范围

本标准规定了六角头螺栓的型式尺寸、技术条件和标记。

本标准适用于螺纹规格为 M1.6～M64、性能等级为 5.6、8.8、9.8、10.9、A2-70、A4-70、A2-50、A4-50、CU2、CU3 和 AL4 级、产品等级为 A 级和 B 级的六角头螺栓。A 级用于 $d=1.6$ mm～24 mm 和 $l\leqslant 10d$ 或 $l\leqslant 150$ mm(按较小值);B 级用于 $d>24$ mm 或 $l>10\ d$ 或 $l>150$ mm(按较小值)的螺栓。

2 规范性引用文件

下列文件对于本文件的应用是必不可少的。凡是注日期的引用文件,仅注日期的版本适用于本文件。凡是不注日期的引用文件,其最新版本(包括所有的修改单)适用于本文件。

GB/T 2 紧固件 外螺纹零件末端(GB/T 2—2016,ISO 4753:2011,MOD)

GB/T 90.1 紧固件 验收检查(GB/T 90.1—2002,ISO 3269:2000,IDT)

GB/T 90.2 紧固件 标志与包装

GB/T 193 普通螺纹 直径与螺距系列(GB/T 193—2003,ISO 261:1998,MOD)

GB/T 1237 紧固件标记方法(GB/T 1237—2000,eqv ISO 8991:1986)

GB/T 3098.1 紧固件机械性能 螺栓、螺钉和螺柱(GB/T 3098.1—2010,ISO 898-1:2009,MOD)

GB/T 3098.6 紧固件机械性能 不锈钢螺栓、螺钉和螺柱(GB/T 3098.6—2014,ISO 3506-1:2009, MOD)

GB/T 3098.10 紧固件机械性能 有色金属制造的螺栓、螺钉、螺柱和螺母(GB/T 3098.10—1993,eqv,ISO 8839:1986)

GB/T 3103.1 紧固件公差 螺栓、螺钉和螺母(GB/T 3103.1—2002,idt ISO 4759-1:2000)

GB/T 5267.1 紧固件 电镀层(GB/T 5267.1—2002,ISO 4042:1999, IDT)

GB/T 5267.2 紧固件 非电解锌片涂层(GB/T 5267.2—2002,ISO 10683:2000, IDT)

GB/T 5267.4 紧固件表面处理 耐腐蚀不锈钢钝化处理(GB/T 5267.4—2009,ISO 16048:2003,IDT)

GB/T 5276 紧固件 螺栓、螺钉、螺柱及螺母 尺寸代号和标注(GB/T 5276—2015,ISO 225:2010,MOD)

GB/T 5779.1 紧固件表面缺陷 螺栓、螺钉和螺柱 一般要求(GB/T 5779.1—2000,idt ISO 6157-1:1988)

GB/T 5783 六角头螺栓 全螺纹(GB/T 5783—2016,ISO 4017:2011,MOD)

GB/T 9145 普通螺纹 中等精度、优选系列的极限尺寸(GB/T 9145—2003,ISO 965-2:1998,MOD)

GB/T 16938 紧固件 螺栓、螺钉、螺柱和螺母 通用技术条件(GB/T 16938—2008,ISO 8992:2005,IDT)

3 尺寸

螺栓的型式尺寸见图 1 和表 1、表 2。

尺寸代号和标注应符合 GB/T 5276。

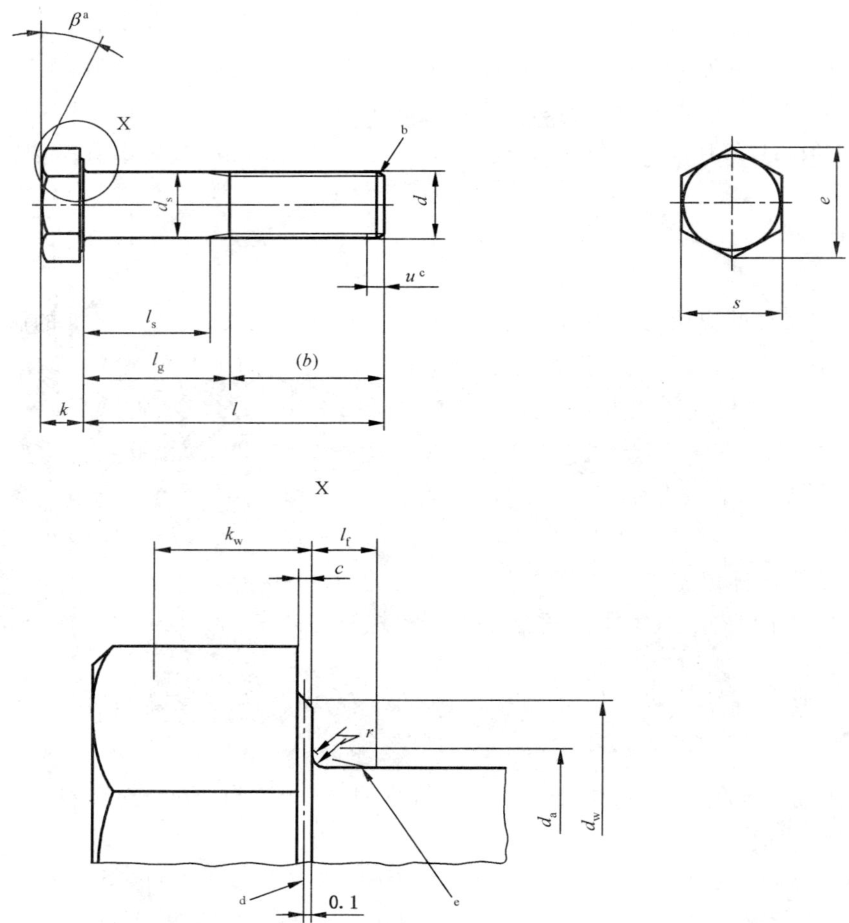

[a] $\beta=15^\circ \sim 30^\circ$。

[b] 末端应倒角，对螺纹规格≤M4 可为辗制末端(GB/T 2)。

[c] 不完整螺纹的长度 $u \leqslant 2P$。

[d] d_w 的仲裁基准。

[e] 最大圆弧过渡。

图 1

表 1　优选的螺纹规格

单位为毫米

螺纹规格 d				M1.6	M2	M2.5	M3	M4	M5	M6	M8	M10
P[a]				0.35	0.4	0.45	0.5	0.7	0.8	1	1.25	1.5
b 参考	[b]			9	10	11	12	14	16	18	22	26
	[c]			15	16	17	18	20	22	24	28	32
	[d]			28	29	30	31	33	35	37	41	45
c	max			0.25	0.25	0.25	0.40	0.40	0.50	0.50	0.60	0.60
	min			0.10	0.10	0.10	0.15	0.15	0.15	0.15	0.15	0.15
d_a	max			2	2.6	3.1	3.6	4.7	5.7	6.8	9.2	11.2
d_s	公称 = max			1.60	2.00	2.50	3.00	4.00	5.00	6.00	8.00	10.00
	产品等级	A	min	1.46	1.86	2.36	2.86	3.82	4.82	5.82	7.78	9.78
		B		1.35	1.75	2.25	2.75	3.70	4.70	5.70	7.64	9.64
d_w	产品等级	A	min	2.27	3.07	4.07	4.57	5.88	6.88	8.88	11.63	14.63
		B		2.30	2.95	3.95	4.45	5.74	6.74	8.74	11.47	14.47
e	产品等级	A	min	3.41	4.32	5.45	6.01	7.66	8.79	11.05	14.38	17.77
		B		3.28	4.18	5.31	5.88	7.50	8.63	10.89	14.20	17.59
l_f	max			0.6	0.8	1	1	1.2	1.2	1.4	2	2
k	公称			1.1	1.4	1.7	2	2.8	3.5	4	5.3	6.4
	产品等级	A	max	1.225	1.525	1.825	2.125	2.925	3.65	4.15	5.45	6.58
			min	0.975	1.275	1.575	1.875	2.675	3.35	3.85	5.15	6.22
		B	max	1.3	1.6	1.9	2.2	3.0	3.74	4.24	5.54	6.69
			min	0.9	1.2	1.5	1.8	2.6	3.26	3.76	5.06	6.11
k_w[e]	产品等级	A	min	0.68	0.89	1.10	1.31	1.87	2.35	2.70	3.61	4.35
		B		0.63	0.84	1.05	1.26	1.82	2.28	2.63	3.54	4.28
r	min			0.1	0.1	0.1	0.1	0.2	0.2	0.25	0.4	0.4
s	公称 = max			3.20	4.00	5.00	5.50	7.00	8.00	10.00	13.00	16.00
	产品等级	A	min	3.02	3.82	4.82	5.32	6.78	7.78	9.78	12.73	15.73
		B		2.90	3.70	4.70	5.20	6.64	7.64	9.64	12.57	15.57

表 1（续）

单位为毫米

螺纹规格 d					M1.6		M2		M2.5		M3		M4		M5		M6		M8		M10	
l					l_s 和 l_g [f]																	
公称	产品等级																					
	A		B		l_s	l_g	l_s	l_g	l_s	l_g	l_s	l_g	l_s	l_g	l_s	l_g	l_s	l_g	l_s	l_g	l_s	l_g
	min	max	min	max	min	max	min	max	min	max	min	max	min	max	min	max	min	max	min	max	min	max
12	11.65	12.35	—	—	1.2	3																
16	15.65	16.35	—	—	5.2	7	4	6	2.75	5			折线以上的规格推荐采用GB/T 5783									
20	19.58	20.42	18.95	21.05			8	10	6.75	9	5.5	8										
25	24.58	25.42	23.95	26.05					11.75	14	10.5	13	7.5	11	5	9						
30	29.58	30.42	28.95	31.05							15.5	18	12.5	16	10	14	7	12				
35	34.5	35.5	33.75	36.25									17.5	21	15	19	12	17				
40	39.5	40.5	38.75	41.25									22.5	26	20	24	17	22	11.75	18		
45	44.5	45.5	43.75	46.25											25	29	22	27	16.75	23	11.5	19
50	49.5	50.5	48.75	51.25											30	34	27	32	21.75	28	16.5	24
55	54.4	55.6	53.5	56.5													32	37	26.75	33	21.5	29
60	59.4	60.6	58.5	61.5													37	42	31.75	38	26.5	34
65	64.4	65.6	63.5	66.5															36.75	43	31.5	39
70	69.4	70.6	68.5	71.5															41.75	48	36.5	44
80	79.4	80.6	78.5	81.5															51.75	58	46.5	54
90	89.3	90.7	88.25	91.75																	56.5	64
100	99.3	100.7	98.25	101.75																	66.5	74
110	109.3	100.7	108.25	111.75																		
120	119.3	120.7	118.25	121.75																		

表 1（续）

单位为毫米

螺纹规格 d				M12	M16	M20	M24	M30	M36	M42	M48	M56	M64
P[a]				1.75	2	2.5	3	3.5	4	4.5	5	5.5	6
b 参考	[b]			30	38	46	54	66	—	—	—	—	—
	[c]			36	44	52	60	72	84	96	108	—	—
	[d]			49	57	65	73	85	97	109	121	137	153
c	max			0.60	0.8	0.8	0.8	0.8	0.8	1.0	1.0	1.0	1.0
	min			0.15	0.2	0.2	0.2	0.2	0.2	0.3	0.3	0.3	0.3
d_a	max			13.7	17.7	22.4	26.4	33.4	39.4	45.6	52.6	63	71
d_s	公称 = max			12.00	16.00	20.00	24.00	30.00	36.00	42.00	48.00	56.00	64.00
	产品等级	A	min	11.73	15.73	19.67	23.67	—	—	—	—	—	—
		B	min	11.57	15.57	19.48	23.48	29.48	35.38	41.38	47.38	55.26	63.26
d_w	产品等级	A	min	16.63	22.49	28.19	33.61	—	—	—	—	—	—
		B	min	16.47	22	27.7	33.25	42.75	51.11	59.95	69.45	78.66	88.16
e	产品等级	A	min	20.03	26.75	33.53	39.98	—	—	—	—	—	—
		B	min	19.85	26.17	32.95	39.55	50.85	60.79	71.3	82.6	93.56	104.86
l_f	max			3	3	4	4	6	6	8	10	12	13
k	公称			7.5	10	12.5	15	18.7	22.5	26	30	35	40
	产品等级	A	max	7.68	10.18	12.715	15.215	—	—	—	—	—	—
			min	7.32	9.82	12.285	14.785	—	—	—	—	—	—
		B	max	7.79	10.29	12.85	15.35	19.12	22.92	26.42	30.42	35.5	40.5
			min	7.21	9.71	12.15	14.65	18.28	22.08	25.58	29.58	34.5	39.5
k_w[e]	产品等级	A	min	5.12	6.87	8.6	10.35	—	—	—	—	—	—
		B	min	5.05	6.8	8.51	10.26	12.8	15.46	17.91	20.71	24.15	27.65
r	min			0.6	0.6	0.8	0.8	1	1	1.2	1.6	2	2
s	公称 = max			18.00	24.00	30.00	36.00	46	55.0	65.0	75.0	85.0	95.0
	产品等级	A	min	17.73	23.67	29.67	35.38	—	—	—	—	—	—
		B	min	17.57	23.16	29.16	35.00	45	53.8	63.1	73.1	82.8	92.8

表 1（续）

单位为毫米

螺纹规格 d					M12		M16		M20		M24		M30		M36		M42		M48		M56		M64	
l					l_s 和 l_g [f]																			
公称	产品等级																							
	A		B		l_s	l_g	l_s	l_g	l_s	l_g	l_s	l_g	l_s	l_g	l_s	l_g	l_s	l_g	l_s	l_g	l_s	l_g	l_s	l_g
	min	max	min	max	min	max	min	max	min	max	min	max	min	max	min	max	min	max	min	max	min	max	min	max
50	49.5	50.5	—	—	11.25	20																		
55	54.4	55.6	53.5	56.5	16.25	25																		
60	59.4	60.6	58.5	61.5	21.25	30																		
65	64.4	65.6	63.56	66.5	26.25	35	17	27																
70	69.4	70.6	68.5	71.5	31.25	40	22	32																
80	79.4	80.6	78.5	81.5	41.25	50	32	42	21.5	34														
90	89.3	90.7	88.25	91.75	51.25	60	42	52	31.5	44	21	36												
100	99.3	100.7	98.25	101.75	61.25	70	52	62	41.5	54	31	46												
110	109.3	110.77	108.25	111.75	71.25	80	62	72	51.5	64	41	56	26.5	44										
120	119.3	120.7	118.25	121.75	81.25	90	72	82	61.5	74	51	66	36.5	54										
130	129.2	130.8	128	132			76	86	65.5	78	55	70	40.5	58										
140	139.2	140.8	138	142			86	96	75.5	88	65	80	50.5	68	36	56								
150	149.2	150.8	148	152			96	106	85.5	98	75	90	60.5	78	46	66								
160	—	—	158	162			106	116	95.5	108	85	100	70.5	88	56	76	41.5	64						
180	—	—	178	182					115.5	128	105	120	90.5	108	76	96	61.5	84	47	72				
200	—	—	197.7	202.3					135.5	148	125	140	110.5	128	96	116	81.5	104	67	92				
220	—	—	217.7	222.3							132	147	117.5	135	103	123	88.5	111	74	99	55.5	83		
240	—	—	237.7	242.3							152	167	137.5	155	123	143	108.5	131	94	119	75.5	103		
260	—	—	257.4	262.6									157.5	175	143	163	128.5	151	114	139	95.5	123	77	107

表 1（续）

单位为毫米

螺纹规格 d					M12		M16		M20		M24		M30		M36		M42		M48		M56		M64	
公称	产品等级				l_s 和 l_g [f]																			
	A		B																					
	l				l_s min	l_g max	l_s min	l_g max	l_s min	l_g max	l_s min	l_g max	l_s min	l_g max	l_s min	l_g max	l_s min	l_g max	l_s min	l_g max	l_s min	l_g max	l_s min	l_g max
	min	max	min	max																				
280	—	—	277.4	282.6									177.5	195	163	183	148.5	171	134	159	115.5	143	97	127
300	—	—	297.4	302.6									197.5	215	183	203	168.5	191	154	179	135.5	163	117	147
320	—	—	317.15	322.85											203	223	188.5	211	174	199	155.5	183	137	167
340	—	—	337.15	342.85											233	243	208.5	231	194	219	175.5	203	157	187
360	—	—	357.15	362.85											243	263	228.5	251	214	239	195.5	223	177	207
380	—	—	377.15	382.85													248.5	271	234	259	215.5	243	197	227
400	—	—	397.15	402.85													268.5	291	254	279	235.5	263	217	247
420	—	—	416.85	423.15													288.5	311	274	299	255.5	283	237	267
440	—	—	436.85	443.15													308.5	331	294	319	275.5	303	257	287
460	—	—	456.85	463.15															314	339	295.5	323	277	307
480	—	—	476.85	483.15															334	359	315.5	343	297	327
500	—	—	496.85	503.15																	335.5	363	317	347

注：优选长度由 l_s,min 和 l_g,max 确定。
——阶梯虚线以上为 A 级；
——阶梯虚线以下为 B 级。

[a] P——螺距。
[b] $l_{公称} \leqslant 125$ mm。
[c] 125 mm$<l_{公称} \leqslant 200$ mm。
[d] $l_{公称} > 200$ mm。
[e] $k_{wmin} = 0.7k$min。
[f] $l_{gmax} = l_{公称} - b$。
$l_{smin} = l_{gmax} - 5P$。

表 2　非优选螺纹规格

单位为毫米

<table>
<tr><td colspan="4">螺纹规格 d</td><td>M3.5</td><td>M14</td><td>M18</td><td>M22</td><td>M27</td></tr>
<tr><td colspan="4">P[a]</td><td>0.6</td><td>2</td><td>2.5</td><td>2.5</td><td>3</td></tr>
<tr><td colspan="3" rowspan="3">b 参考</td><td>[b]</td><td>13</td><td>34</td><td>42</td><td>50</td><td>60</td></tr>
<tr><td>[c]</td><td>19</td><td>40</td><td>48</td><td>56</td><td>66</td></tr>
<tr><td>[d]</td><td>32</td><td>53</td><td>61</td><td>69</td><td>79</td></tr>
<tr><td colspan="3" rowspan="2">c</td><td>max</td><td>0.40</td><td>0.60</td><td>0.8</td><td>0.8</td><td>0.8</td></tr>
<tr><td>min</td><td>0.15</td><td>0.15</td><td>0.2</td><td>0.2</td><td>0.2</td></tr>
<tr><td colspan="3">d_a</td><td>max</td><td>4.1</td><td>15.7</td><td>20.2</td><td>24.4</td><td>30.4</td></tr>
<tr><td rowspan="3">d_s</td><td colspan="3">公称 = max</td><td>3.50</td><td>14.00</td><td>18.00</td><td>22.0</td><td>27.00</td></tr>
<tr><td rowspan="2">产品等级</td><td>A</td><td rowspan="2">min</td><td>3.32</td><td>13.73</td><td>17.73</td><td>21.67</td><td>—</td></tr>
<tr><td>B</td><td>3.20</td><td>13.57</td><td>17.57</td><td>21.48</td><td>26.48</td></tr>
<tr><td rowspan="2">d_w</td><td rowspan="2">产品等级</td><td>A</td><td rowspan="2">min</td><td>5.07</td><td>19.64</td><td>25.34</td><td>31.71</td><td>—</td></tr>
<tr><td>B</td><td>4.95</td><td>19.15</td><td>24.85</td><td>31.35</td><td>38</td></tr>
<tr><td rowspan="2">e</td><td rowspan="2">产品等级</td><td>A</td><td rowspan="2">min</td><td>6.58</td><td>23.36</td><td>30.14</td><td>37.72</td><td>—</td></tr>
<tr><td>B</td><td>6.44</td><td>22.78</td><td>29.56</td><td>37.29</td><td>45.2</td></tr>
<tr><td colspan="3">l_f</td><td>max</td><td>1</td><td>3</td><td>3</td><td>4</td><td>6</td></tr>
<tr><td rowspan="5">k</td><td colspan="3">公称</td><td>2.4</td><td>8.8</td><td>11.5</td><td>14</td><td>17</td></tr>
<tr><td rowspan="4">产品等级</td><td rowspan="2">A</td><td>max</td><td>2.525</td><td>8.98</td><td>11.715</td><td>14.215</td><td>—</td></tr>
<tr><td>min</td><td>2.275</td><td>8.62</td><td>11.285</td><td>13.785</td><td>—</td></tr>
<tr><td rowspan="2">B</td><td>max</td><td>2.6</td><td>9.09</td><td>11.85</td><td>14.35</td><td>17.35</td></tr>
<tr><td>min</td><td>2.2</td><td>8.51</td><td>11.15</td><td>13.65</td><td>13.65</td></tr>
<tr><td rowspan="2">k_w[e]</td><td rowspan="2">产品等级</td><td>A</td><td rowspan="2">min</td><td>1.59</td><td>6.03</td><td>7.9</td><td>9.65</td><td>—</td></tr>
<tr><td>B</td><td>1.54</td><td>5.96</td><td>7.81</td><td>9.56</td><td>11.66</td></tr>
<tr><td colspan="3">r</td><td>min</td><td>0.1</td><td>0.6</td><td>0.6</td><td>0.8</td><td>1</td></tr>
<tr><td rowspan="3">s</td><td colspan="3">公称 = max</td><td>6.00</td><td>21.00</td><td>27.00</td><td>34.00</td><td>41</td></tr>
<tr><td rowspan="2">产品等级</td><td>A</td><td rowspan="2">min</td><td>5.82</td><td>20.67</td><td>26.67</td><td>33.38</td><td>—</td></tr>
<tr><td>B</td><td>5.70</td><td>20.16</td><td>26.16</td><td>33.00</td><td>40</td></tr>
</table>

表 2（续）

单位为毫米

螺纹规格 d					M3.5		M14		M18		M22		M27	
l					l_s 和 l_g^f									
公称	产品等级													
	A		B		l_s	l_g	l_s	l_g	l_s	l_g	l_s	l_g	l_s	l_g
	min	max	min	max	min	max	min	max	min	max	min	max	min	max
20	19.58	20.42	—	—	4	7								
25	24.58	25.42	—	—	9	12								
30	29.58	30.42	—	—	14	17								
35	34.5	35.5	—	—	19	22								
40	39.5	40.5	38.75	41.25			折线以上的规格推荐采用 GB/T 5783							
45	44.5	45.5	43.75	46.25										
50	49.5	50.5	48.75	51.25										
55	54.4	55.6	53.5	56.5										
60	59.4	60.6	58.5	61.5			16	26						
65	64.4	65.6	63.5	66.5			21	31						
70	69.4	70.6	68.5	71.5			26	36	15.5	28				
80	79.4	80.6	78.5	81.5			36	46	25.5	38				
90	89.3	90.7	88.25	91.75			46	56	35.5	48	27.5	40		
100	99.3	100.7	98.25	101.75			56	66	45.5	58	37.5	50	25	40
110	109.3	110.7	108.25	111.75			66	76	55.5	68	47.5	60	35	50
120	119.3	120.7	118.25	121.75			76	86	65.5	78	57.5	70	45	60
130	129.2	130.8	128	132			80	90	69.5	82	61.5	74	49	64
140	139.2	140.8	138	142			90	100	79.5	92	71.5	84	59	74
150	149.2	150.8	148	152					89.5	102	81.5	94	69	84
160	—	—	158	162					99.5	112	91.5	104	79	94
180	—	—	178	182					119.5	132	111.5	124	99	114
200	—	—	197.7	202.3							131.5	144	119	134
220	—	—	217.7	222.3							138.5	151	126	141
240	—	—	237.7	242.3									146	161
260	—	—	257.4	262.6									166	181

表 2（续）

单位为毫米

螺纹规格 d				M33	M39	M45	M52	M60
P[a]				3.5	4	4.5	5	5.5
b 参考			[b]	—	—	—	—	—
			[c]	78	90	102	116	—
			[d]	91	103	115	129	145
c			max	0.8	1.0	1.0	1.0	1.0
			min	0.2	0.3	0.3	0.3	0.3
d_a			max	36.4	42.4	48.6	56.6	67
d_s	公称 = max			33.00	39.00	45.00	52.00	60.00
	产品等级	A	min	—	—	—	—	—
		B		32.38	38.38	44.38	51.26	59.26
d_w	产品等级	A	min	—	—	—	—	—
		B		46.55	55.86	64.7	74.2	83.41
e	产品等级	A	min	—	—	—	—	—
		B		55.37	66.44	76.95	88.25	99.21
l_f			max	6	6	8	10	12
k	公称			21	25	28	33	38
	产品等级	A	max	—	—	—	—	—
			min	—	—	—	—	—
		B	max	21.42	25.42	28.42	33.5	38.5
			min	20.58	24.58	27.58	32.5	37.5
k_w[e]	产品等级	A	min	—	—	—	—	—
		B		14.41	17.21	19.31	22.75	26.25
r			min	1	1	1.2	1.6	2
s	公称 = max			50	60.0	70.0	80.0	90.0
	产品等级	A	min	—	—	—	—	—
		B		49	58.8	68.1	78.1	87.8

表 2（续） 单位为毫米

l					l_s 和 l_g[f]									
公称	产品等级													
	A		B		l_s	l_g	l_s	l_g	l_s	l_g	l_s	l_g	l_s	l_g
	min	max	min	max	min	max	min	max	min	max	min	max	min	max
130	129.2	130.8	128	132	34.5	52	折线以上的规格推荐采用 GB/T 5783							
140	139.2	140.8	138	142	44.5	62								
150	149.2	150.8	148	152	54.5	72	40	60						
160	—	—	158	162	64.5	82	50	70						
180	—	—	178	182	84.5	102	70	90	55.5	78				
200	—	—	197.7	202.3	104.5	122	90	110	75.5	98	59	84		
220	—	—	217.7	222.3	111.5	129	97	117	82.5	105	66	91		
240	—	—	237.7	242.3	131.5	149	117	137	102.5	125	86	11	67.5	95
260	—	—	257.4	262.6	151.5	169	137	157	122.5	145	106	131	87.5	115
280	—	—	277.4	282.6	171.5	189	157	177	142.5	165	126	151	107.5	135
300	—	—	297.4	302.6	191.5	209	177	197	162.5	185	146	171	127.5	155
320	—	—	317.15	322.85	211.5	229	197	217	182.5	205	166	191	147.5	175
340	—	—	337.15	342.85			217	237	202.5	225	186	211	167.5	195
360	—	—	357.15	362.85			237	257	222.5	245	206	231	187.5	215
380	—	—	377.15	382.85			257	277	242.5	265	226	251	207.5	235
400	—	—	397.15	402.85					262.5	285	246	271	227.5	255
420	—	—	416.85	423.15					282.5	305	266	291	247.5	275
440	—	—	436.85	443.15					302.5	325	286	311	267.5	295
460	—	—	456.85	463.15							306	331	287.5	315
480	—	—	476.85	483.15							326	351	307.5	335
500	—	—	496.85	503.15									327.5	355

注：优选长度由 $l_{s,min}$ 和 $l_{g,max}$ 确定。

——阶梯虚线以上为 A 级；

——阶梯虚线以下为 B 级。

[a] P——螺距。

[b] $l_{公称} \leqslant 125$ mm。

[c] 125 mm $< l_{公称} \leqslant 200$ mm。

[d] $l_{公称} > 200$ mm。

[e] $k_{w\,min} = 0.7k_{min}$。

[f] $l_{g\,max} = l_{公称} - b$。

$l_{s\,min} = l_{g\,max} - 5P$。

4 技术条件和引用标准

技术条件和引用标准见表3。

表3 技术条件和引用标准

材料		钢	不锈钢	有色金属
通用技术条件		GB/T 16938		
螺纹	公差	6g		
	标准	GB/T 193、GB/T 9145		
机械性能	等级	$d<3$ mm:按协议; 3 mm$\leqslant d \leqslant$39 mm: 5.6、8.8、10.9; 3 mm$\leqslant d \leqslant$16 mm:9.8; $d>39$ mm:按协议	$d\leqslant 24$ mm:A2-70、A4-70; 24 mm$<d\leqslant$39 mm: A2-50、A4-50; $d>39$ mm:按协议	CU2、CU3、AL4
	标准	3 mm$\leqslant d \leqslant$39 mm: GB/T 3098.1; $d<3$ mm 和 $d>39$ mm:按协议	$d\leqslant 39$ mm:GB/T 3098.6; $d>39$ mm:按协议	GB/T 3098.10
公差	产品等级	$d\leqslant 24$ mm 和 $l\leqslant 10\,d$ 或 $l\leqslant 150$ mm(按较小值):A; $d>24$ mm 或 $l>10\,d$ 或 $l>150$ mm(按较小值):B		
	标准	GB/T 3103.1		
表面缺陷		GB/T 5779.1	—	—
表面处理		不经处理; 电镀技术要求按GB/T 5267.1; 非电解锌片涂层技术要求按 GB/T 5267.2	简单处理; 钝化处理技术要求按 GB/T 5267.4	简单处理; 电镀技术要求按GB/T 5267.1
		如需其他技术要求或表面处理,应由供需协议		
验收及包装		GB/T 90.1、GB/T 90.2		

5 标记

5.1 标记方法

标记方法按 GB/T 1237 规定。

5.2 标记示例

螺纹规格为 M12、公称长度 l=80 mm、性能等级为 8.8 级、表面不经处理、产品等级为 A 级的六角头螺栓的标记：

螺栓 GB/T 5782 M12×80

ICS 21.060.10
J 13

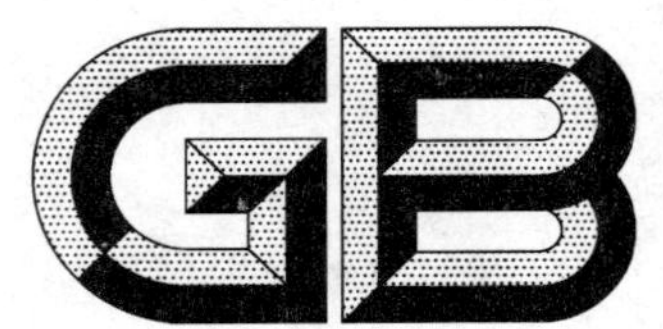

中华人民共和国国家标准

GB/T 5783—2016
代替 GB/T 5783—2000

六角头螺栓　全螺纹

Hexagon head bolts—Full thread

(ISO 4017:2014,Fasteners—Hexagon head screws—Product grades A and B,MOD)

2016-02-24 发布　　2016-06-01 实施

中华人民共和国国家质量监督检验检疫总局
中国国家标准化管理委员会　发布

前　言

本标准是“六角头螺栓”系列国家标准之一，该系列包括：

——GB/T 27　六角头加强杆螺栓；
——GB/T 28　六角头螺杆带孔加强杆螺栓；
——GB/T 29.1　六角头带槽螺栓；
——GB/T 29.2　六角头带十字槽螺栓；
——GB/T 31.1　六角头螺杆带孔螺栓；
——GB/T 31.2　六角头螺杆带孔螺栓　细杆　B 级；
——GB/T 31.3　六角头螺杆带孔螺栓　细牙　A 和 B 级；
——GB/T 32.1　六角头头部带孔螺栓　A 和 B 级；
——GB/T 32.2　六角头头部带孔螺栓　细杆　B 级；
——GB/T 32.3　六角头头部带孔螺栓　细牙　A 和 B 级；
——GB/T 5780　六角头螺栓　C 级；
——GB/T 5781　六角头螺栓　全螺纹　C 级；
——GB/T 5782　六角头螺栓；
——GB/T 5783　六角头螺栓　全螺纹；
——GB/T 5784　六角头螺栓　细杆　B 级；
——GB/T 5785　六角头螺栓　细牙；
——GB/T 5786　六角头螺栓　细牙　全螺纹。

本标准按照 GB/T 1.1—2009 给出的规则起草。

本标准代替 GB/T 5783—2000《六角头螺栓　全螺纹》，与 GB/T 5783—2000 相比，主要技术变化如下：

——删除“如需其他技术要求，……GB/T 3098.6 和 GB/T 3103.1）中选择。”（2000 年版第 1 章）；
——引用螺纹标准统一为 GB/T 193、GB/T 9145（第 2 章）；
——仅对钢产品规定表面缺陷：GB/T 5779.1（表 3）；
——增加钢螺栓表面不经处理，删除氧化处理（表 3）；
——增加钢螺栓非电解锌片涂层技术要求按 GB/T 5267.2（表 3）；
——增加钢螺栓热浸镀锌层技术要求按 GB/T 5267.3（表 3）；
——增加不锈钢螺栓钝化处理技术要求按 GB/T 5267.4（表 3）；
——增加有色金属螺栓电镀技术要求按 GB/T 5267.1；
——标记中仅允许省略：表面不经处理，替代表面氧化处理（5.2）。

本标准使用重新起草法修改采用 ISO 4017:2014《紧固件　六角头螺钉　产品等级 A 和 B 级》（英文版）。

本标准与 ISO 4017 的技术性差异及其原因如下：

——删除 ISO 4017 规定：“如需其他技术要求，……ISO 4753 和 ISO 4759-1 中选择。”（第 1 章），不属于本标准规定的内容；
——在规范性引用文件中，用我国标准代替国际标准（第 2 章），增加引用 GB/T 5782（第 1 章）、GB/T 90.2（表 3）、GB/T 193（表 3）、GB/T 9145（表 3）、GB/T 5267.4（表 3）和 GB/T 1237（5.1），删除对 ISO 724、ISO 965-1 的引用，以符合我国紧固件基础标准；

——增加不锈钢螺栓的钝化处理技术要求(表3),扩大产品使用范围;

——增加包装技术要求(表3),以符合我国紧固件基础标准;

——修改标记示例为简化标记示例(5.2),以符合GB/T 1237的规定。

本标准还做了下列编辑性修改:

——修改标准名称;

——删除ISO 4017参考文献。

本标准由中国机械工业联合会提出。

本标准由全国紧固件标准化技术委员会(SAC/TC 85)归口。

本标准负责起草单位:中机生产力促进中心。

本标准参加起草单位:上海申光高强度螺栓有限公司、浙江日星标准件有限公司、浙江海力股份有限公司、上海标五高强度紧固件有限公司、绍兴山耐高压紧固件有限公司、宁波九龙紧固件制造有限公司、宁波宁力高强度紧固件有限公司、温州信德电力配件有限公司、奥展实业有限公司。

本标准由全国紧固件标准化技术委员会秘书处负责解释。

本标准所代替标准的历次版本发布情况为:

——GB 30—1958、GB 21—1958、GB 22—1958、GB 30—1966、GB 21—1966、GB 22—1966、GB 30—1976、GB 21—1976、GB 22—1976;

——GB/T 5783—1986、GB/T 5783—2000。

六角头螺栓　全螺纹

1　范围

本标准规定了全螺纹六角头螺栓的型式尺寸、技术条件和标记。

本标准适用于螺纹规格为 M1.6～M64、全螺纹、性能等级为 5.6、8.8、9.8、10.9、A2-70、A4-70、A2-50、A4-50、CU2、CU3 和 AL4 级、产品等级为 A 级和 B 级的六角头螺栓。A 级用于 d=1.6 mm～24 mm 和 l≤10 d 或 l≤150 mm(按较小值);B 级用于 d>24 mm 或 l>10 d 或 l>150 mm(按较小值)的螺栓。

注：这种产品除制成全螺纹，并且作为优选长度规格的公称长度最大为 200 mm 外，其余与 GB/T 5782 相同。

2　规范性引用文件

下列文件对于本文件的应用是必不可少的。凡是注日期的引用文件，仅注日期的版本适用于本文件。凡是不注日期的引用文件，其最新版本(包括所有的修改单)适用于本文件。

GB/T 2　紧固件　外螺纹零件末端(GB/T 2—2016,ISO 4753:2011,MOD)

GB/T 3　普通螺纹　收尾、肩距、退刀槽和倒角(GB/T 3—1997,eqv ISO 3508:1976,ISO 4755:1983)

GB/T 90.1　紧固件　验收检查(GB/T 90.1—2002,ISO 3269:2000,IDT)

GB/T 90.2　紧固件　标志与包装

GB/T 193　普通螺纹　直径与螺距系列(GB/T 193—2003,ISO 261:1998,MOD)

GB/T 1237　紧固件标记方法(GB/T 1237—2000,eqv ISO 8991:1986)

GB/T 3098.1　紧固件机械性能　螺栓、螺钉和螺柱(GB/T 3098.1—2010,ISO 898-1:2009,MOD)

GB/T 3098.6　紧固件机械性能　不锈钢螺栓、螺钉和螺柱(GB/T 3098.6—2014,ISO 3506-1:2009,MOD)

GB/T 3098.10　紧固件机械性能　有色金属制造的螺栓、螺钉、螺柱和螺母(GB/T 3098.10—1993,eqv ISO 8839:1986)

GB/T 3103.1　紧固件公差　螺栓、螺钉和螺母(GB/T 3103.1—2002,idt ISO 4759-1:2000)

GB/T 5267.1　紧固件　电镀层(GB/T 5267.1—2002,ISO 4042:1999, IDT)

GB/T 5267.2　紧固件　非电解锌片涂层(GB/T 5267.2—2002,ISO 10683:2000, IDT)

GB/T 5267.3　紧固件　热浸镀锌层(GB/T 5267.3—2008,ISO 10684:2004, IDT)

GB/T 5267.4　紧固件表面处理　耐腐蚀不锈钢钝化处理(GB/T 5267.4—2009,ISO 16048:2003,IDT)

GB/T 5276　紧固件　螺栓、螺钉、螺柱及螺母　尺寸代号和标注(GB/T 5276—2015,ISO 225:2010,MOD)

GB/T 5779.1　紧固件表面缺陷　螺栓、螺钉和螺柱　一般要求(GB/T 5779.1—2000,idt ISO 6157-1:1988)

GB/T 5782　六角头螺栓(GB/T 5782—2016,ISO 4014:2011,MOD)

GB/T 9145　普通螺纹　中等精度、优选系列的极限尺寸(GB/T 9145—2003,ISO 965-2:1998,

MOD)

GB/T 16938 紧固件 螺栓、螺钉、螺柱和螺母 通用技术条件(GB/T 16938—2008,ISO 8992:2005, IDT)

3 尺寸

螺栓的型式尺寸见图1和表1、表2。

尺寸代号和标注应符合GB/T 5276。

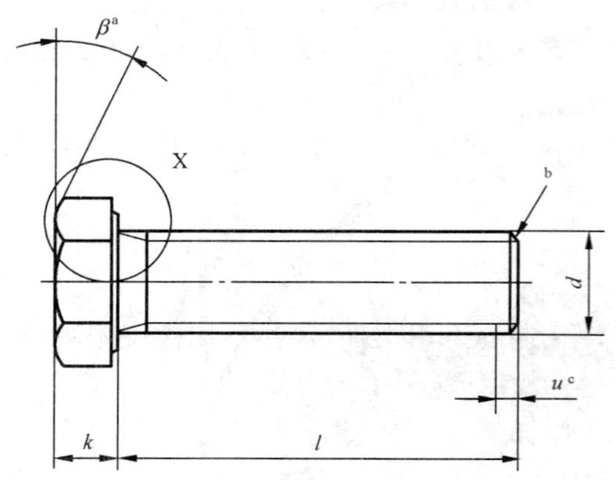

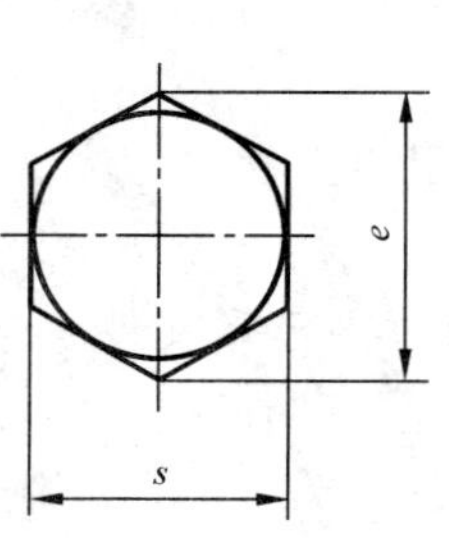

X

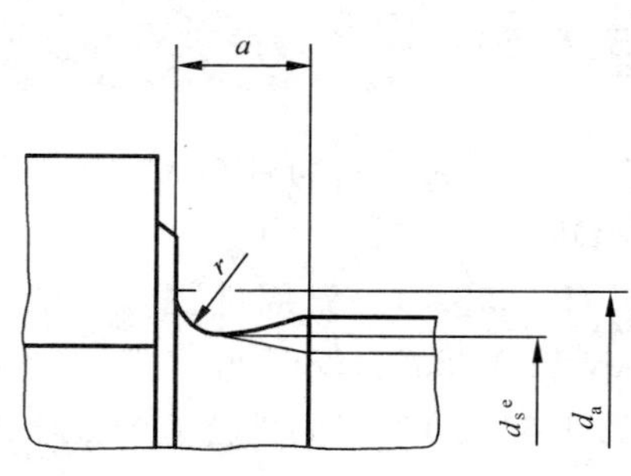

[a] $\beta = 15° \sim 30°$。

[b] 末端应倒角,对螺纹规格≤M4可为辗制末端(GB/T 2)。

[c] 不完整螺纹的长度 $u \leqslant 2P$。

[d] d_w 的仲裁基准。

[e] $d_s \approx$ 螺纹中径。

[f] 允许的形状。

图 1

表 1 优选的螺纹规格

单位为毫米

螺纹规格 d				M1.6	M2	M2.5	M3	M4	M5	M6
P[a]				0.35	0.4	0.45	0.5	0.7	0.6	1
a			max[b]	1.05	1.20	1.35	1.50	2.10	2.40	3.00
			min	0.35	0.40	0.45	0.50	0.70	0.80	1.00
c			max	0.25	0.25	0.25	0.40	0.40	0.50	0.50
			min	0.10	0.10	0.10	0.15	0.15	0.15	0.15
d_a			max	2.00	2.60	3.10	3.60	4.70	5.70	6.80
d_w	产品等级	A	min	2.27	3.07	4.07	4.57	5.88	6.88	8.88
		B		2.30	2.95	3.95	4.45	5.74	6.74	8.74
e	产品等级	A	min	3.41	4.32	5.45	6.01	7.66	8.79	11.05
		B		3.28	4.18	5.31	5.88	7.50	8.63	10.89
k			公称	1.1	1.4	1.7	2	2.8	3.5	4
	产品等级	A	max	1.225	1.525	1.825	2.125	2.925	3.65	4.15
			min	0.975	1.275	1.575	1.875	2.675	3.35	3.85
		B	max	1.30	1.60	1.90	2.20	3.00	3.74	4.24
			min	0.90	1.20	1.50	1.80	2.60	3.26	3.76
k_w[c]	产品等级	A	min	0.68	0.89	1.10	1.31	1.87	2.35	2.70
		B		0.63	0.84	1.05	1.26	1.82	2.28	2.63
r			min	0.10	0.10	0.10	0.10	0.20	0.20	0.25
s		公称=	max	3.2	4	5	5.5	7	8	10
	产品等级	A	min	3.02	3.82	4.82	5.32	6.78	7.78	9.78
		B		2.90	3.70	4.70	5.20	6.64	7.64	9.64

l				
公称	产品等级			
	A		B	
	min	max	min	max
2	1.8	2.2	—	—
3	2.8	3.2	—	—
4	3.76	4.24	—	—
5	4.76	5.24	—	—
6	5.76	6.24	—	—
8	7.71	8.29	—	—
10	9.71	10.29	—	—
12	11.65	12.35	—	—
16	15.65	16.35	—	—
20	19.58	20.42	18.95	21.05
25	24.58	25.42	23.95	26.05
30	29.58	30.42	28.95	31.05
35	34.5	35.5	33.75	36.25
40	39.5	40.5	38.75	41.25
45	44.5	45.5	43.75	46.25
50	49.5	50.5	48.75	51.25
55	54.4	55.6	53.5	56.5
60	59.4	60.6	58.5	61.5
65	64.4	65.6	63.5	66.5
70	69.4	70.6	68.5	71.5
80	79.4	80.6	78.5	81.5
90	89.3	90.7	88.25	91.75
100	99.3	100.7	98.25	101.75
110	109.3	110.7	108.25	111.75
120	119.3	120.7	118.25	121.75
130	129.2	130.8	128	132
140	139.2	140.8	138	142
150	149.2	150.8	148	152
160	—	—	158	162
180	—	—	178	182
200	—		197.7	202.3

表 1（续）

单位为毫米

螺纹规格 *d*				M8	M10	M12	M16	M20	M24
P[a]				1.25	1.5	1.75	2	2.5	3
a			max[b]	4.00	4.50	5.30	6.00	7.50	9.00
			min	1.25	1.5	1.75	2.00	2.50	3.00
c			max	0.60	0.60	0.60	0.80	0.80	0.80
			min	0.15	0.15	0.15	0.20	0.20	0.20
d_a			max	9.20	11.20	13.70	17.70	22.40	26.40
d_w	产品等级	A	min	11.63	14.63	16.63	22.49	28.19	33.61
		B		11.47	14.47	16.47	22.00	27.70	33.25
e	产品等级	A	min	14.38	17.77	20.03	26.75	33.53	39.98
		B		14.20	17.59	19.85	26.17	32.95	39.55
k			公称	5.3	6.4	7.5	10	12.5	15
	产品等级	A	max	5.45	6.58	7.68	10.18	12.715	15.215
			min	5.15	6.22	7.32	9.82	12.285	14.785
		B	max	5.54	6.69	7.79	10.29	12.85	15.35
			min	5.06	6.11	7.21	9.71	12.15	14.65
k_w[c]	产品等级	A	min	3.61	4.35	5.12	6.87	8.6	10.35
		B		3.54	4.28	5.05	6.8	8.51	10.26
r			min	0.40	0.40	0.60	0.60	0.80	0.80
s		公称=	max	13	16	18	24	30	36
	产品等级	A	min	12.73	15.73	17.73	23.67	29.67	35.38
		B		12.57	15.57	17.57	23.16	29.16	35.00

l					M8	M10	M12	M16	M20	M24
公称	产品等级									
	A		B							
	min	max	min	max						
2	1.8	2.2	—	—						
3	2.8	3.2	—	—						
4	3.76	4.24	—	—						
5	4.76	5.24	—	—						
6	5.76	6.24	—	—						
8	7.71	8.29	—	—						
10	9.71	10.29	—	—						
12	11.65	12.35	—	—						
16	15.65	16.35	—	—						
20	19.58	20.42	18.95	21.05						
25	24.58	25.42	23.95	26.05						
30	29.58	30.42	28.95	31.05						
35	34.5	35.5	33.75	36.25						
40	39.5	40.5	38.75	41.25						
45	44.5	45.5	43.75	46.25						
50	49.5	50.5	48.75	51.25						
55	54.4	55.6	53.5	56.5						
60	59.4	60.6	58.5	61.5						
65	64.4	65.6	63.5	66.5						
70	69.4	70.6	68.5	71.5						
80	79.4	80.6	78.5	81.5						
90	89.4	90.7	88.25	91.75						
100	99.3	100.7	98.25	101.75						
110	109.3	110.7	108.25	111.75						
120	119.3	120.7	118.25	121.75						
130	129.2	130.8	128	132						
140	139.2	140.8	138	142						
150	149.2	150.8	148	152						
160	—	—	158	162						
180	—	—	178	182						
200	—	—	197.7	202.3						

表 1（续）

单位为毫米

螺纹规格 d				M30	M36	M42	M48	M56	M64
P[a]				3.5	4	4.5	5	5.5	6
a			max[b]	10.50	12.00	13.5	15.00	16.5	18.00
			min	3.50	4.00	4.50	5.00	5.50	6.00
c			max	0.80	0.80	1.00	1.00	1.00	1.00
			min	0.20	0.20	0.30	0.30	0.30	1.00
d_a			max	33.40	39.40	45.60	52.60	63.00	71.00
d_w	产品等级	A	min	—	—	—	—	—	—
		B		42.75	51.11	59.95	69.45	78.66	88.16
e	产品等级	A	min	—	—	—	—	—	—
		B		50.85	60.79	71.30	82.60	93.56	104.86
k			公称	18.7	22.5	26	30	35	40
	产品等级	A	max	—	—	—	—	—	—
			min	—	—	—	—	—	—
		B	max	19.12	22.92	26.42	30.42	35.50	40.50
			min	18.28	22.08	25.58	29.58	34.50	39.50
k_w[c]	产品等级	A	min	—	—	—	—	—	—
		B		12.80	15.46	17.91	20.71	24.15	27.65
r			min	1.00	1.00	1.20	1.60	2.00	2.00
s		公称=	max	46	55	65	75	85	95
	产品等级	A	min	—	—	—	—	—	—
		B		45.00	53.80	63.10	73.10	82.80	92.80

l										
公称	产品等级									
	A		B							
	min	max	min	max						
2	1.8	2.2	—	—						
3	2.8	3.2	—	—						
4	3.76	4.24	—	—						
5	4.76	5.24	—	—						
6	5.76	6.24	—	—						
8	7.71	8.29	—	—						
10	9.71	10.29	—	—						
12	11.65	12.35	—	—						
16	15.65	16.35	—	—						
20	19.58	20.42	18.95	21.05						
25	24.58	25.42	23.95	26.05						
30	29.58	30.42	28.95	31.05						
35	34.5	35.5	33.75	36.25						
40	39.5	40.5	38.75	41.25						
45	44.5	45.5	43.75	46.25						
50	49.5	50.5	48.75	51.25						
55	54.4	55.6	53.5	56.5						
60	59.4	60.6	58.5	61.5						
65	64.4	65.6	63.5	66.5						
70	69.4	70.6	68.5	71.5						
80	79.4	80.6	78.5	81.5						
90	89.3	90.7	88.25	91.75						
100	99.3	100.7	98.25	101.75						
110	109.3	110.7	108.25	111.75						
120	119.3	120.7	118.25	121.75						
130	129.2	130.8	128	132						
140	139.2	140.8	138	142						
150	149.2	150.8	148	152						
160	—	—	158	162						
180	—	—	178	182						
200	—	—	197.7	202.3						

注：在阶梯实线间为优选长度范围。

——阶梯虚线以上为 A 级；

——阶梯虚线以下为 B 级。

[a] p——螺距。

[b] 按 GB/T 3 标准系列 a_{max} 值。

[c] $k_{w\,min}=0.7k_{min}$。

表 2　非优选螺纹规格

单位为毫米

螺纹规格 d				M3.5	M14	M18	M22	M27
P[a]				0.6	2	2.5	2.5	3
a			max[b]	1.80	6.00	7.50	7.50	9.00
			min	0.60	2.00	2.50	2.50	3.00
c			max	0.40	0.60	0.80	0.80	0.80
			min	0.15	0.15	0.20	0.20	0.20
d_a			max	4.10	15.70	20.20	24.40	30.40
d_w	产品等级	A	min	5.07	19.64	25.34	31.71	—
		B		4.95	19.15	24.85	31.35	38.00
e	产品等级	A	min	6.58	23.36	30.14	37.72	—
		B		6.44	22.78	29.56	37.29	45.20
k			公称	2.4	8.8	11.5	14	17
	产品等级	A	max	2.525	8.98	11.715	14.215	—
			min	2.275	8.62	11.285	13.785	—
		B	max	2.60	9.09	11.85	14.35	17.35
			min	2.20	8.51	11.15	13.65	16.65
k_w[c]	产品等级	A	min	1.59	6.03	7.90	9.65	—
		B		1.54	5.96	7.81	9.56	11.66
r			min	0.10	0.60	0.60	0.80	1.00
s		公称=	max	6	21	27	34	41
	产品等级	A	min	5.82	20.67	26.67	33.38	—
		B		5.70	20.16	26.16	33.00	40.00
l								
公称	产品等级							
	A		B					
	min	max	min	max				
8	7.71	8.29	—	—				
10	9.71	10.29	—	—				
12	11.65	12.35	—	—				
16	15.65	16.35	—	—				
20	19.58	20.42	—	—				
25	24.58	25.42	—	—				
30	29.58	30.42	—	—				
35	34.5	35.5	—	—				
40	39.5	40.5	38.75	41.25				
45	44.5	45.5	43.75	46.25				
50	49.5	50.5	48.75	51.25				
55	54.4	55.6	53.5	56.5				
60	59.4	60.6	58.5	61.5				
65	64.4	65.6	63.5	66.5				
70	69.4	70.6	68.5	71.5				
80	79.4	80.6	78.5	81.5				
90	89.3	90.7	88.25	91.75				
100	99.3	100.7	98.25	101.75				
110	109.3	110.7	108.25	111.75				
120	119.3	120.7	118.25	121.75				
130	129.2	130.8	128	132				
140	139.2	140.8	138	142				
150	149.2	150.8	148	152				
160	—	—	158	162				
180	—	—	178	182				
200	—	—	197.7	202.3				

表 2（续）

单位为毫米

螺纹规格 d				M33	M39	M45	M52	M60
P[a]				3.5	4	4.5	5	5.5
a			max[b]	10.50	12.00	13.50	15.00	16.50
			min	3.50	4.00	4.50	5.00	5.50
c			max	0.80	1.00	1.00	1.00	1.00
			min	0.20	0.30	0.30	0.30	0.30
d_a			max	36.40	42.40	48.60	56.60	67.00
d_w	产品等级	A	min	—	—	—	—	—
		B		46.55	55.86	64.70	74.20	83.41
e	产品等级	A	min	—	—	—	—	—
		B		55.37	66.44	76.95	88.25	99.21
k			公称	21	25	28	33	38
	产品等级	A	max	—	—	—	—	—
			min	—	—	—	—	—
		B	max	21.42	25.42	28.42	33.50	38.50
			min	20.58	24.58	27.58	32.50	37.50
k_w[c]	产品等级	A	min	—	—	—	—	—
		B		14.41	17.21	19.31	22.75	26.25
r			min	1	1	1.20	1.60	2.00
s		公称＝	max	50	60	70	80	90
	产品等级	A	min	—	—	—	—	—
		B		49.00	58.80	68.10	78.10	87.80

l					M33	M39	M45	M52	M60
公称	产品等级								
	A		B						
	min	max	min	max					
8	7.71	8.29	—	—					
10	9.71	10.29	—	—					
12	11.65	12.35	—	—					
16	15.65	16.35	—	—					
20	19.58	20.42	—	—					
25	24.58	25.42	—	—					
30	29.58	30.42	—	—					
35	34.5	35.5	—	—					
40	39.5	40.5	38.75	41.25					
45	44.5	45.5	43.75	46.25					
50	49.5	50.5	48.75	51.25					
55	54.4	55.6	53.5	56.5					
60	59.4	60.6	58.5	61.5					
65	64.4	65.6	63.5	66.5					
70	69.4	70.6	68.5	71.5					
80	79.4	80.6	78.5	81.5					
90	89.3	90.7	88.25	91.75					
100	99.3	100.7	98.25	101.75					
110	109.3	110.7	108.25	111.75					
120	119.3	120.7	118.25	121.75					
130	129.2	130.8	128	132					
140	139.2	140.8	138	142					
150	149.2	150.8	148	152					
160	—	—	158	162					
180	—	—	178	182					
200	—	—	197.7	202.3					

注：在阶梯实线间为优选长度范围。

——阶梯虚线以上为 A 级；

——阶梯虚线以下为 B 级。

[a] P——螺距。

[b] 按 GB/T 3 标准系列 a_{max} 值。

[c] $k_{w\,min}=0.7\,k_{min}$。

4 技术条件和引用标准

技术条件和引用标准见表 3。

表 3 技术条件和引用标准

<table>
<tr><td colspan="2">材料</td><td>钢</td><td>不锈钢</td><td>有色金属</td></tr>
<tr><td colspan="2">通用技术条件</td><td colspan="3">GB/T 16938</td></tr>
<tr><td rowspan="2">螺纹</td><td>公差</td><td colspan="3">6 g</td></tr>
<tr><td>标准</td><td colspan="3">GB/T 193、GB/T 9145</td></tr>
<tr><td rowspan="2">机械性能</td><td>等级</td><td>d<3 mm:按协议;
3 mm≤d≤39 mm:
5.6、8.8、10.9;
3 mm≤d≤16 mm:9.8;
d>39 mm:按协议</td><td>d≤24 mm:A2-70、A4-70;
24 mm<d≤39 mm:
A2-50、A4-50;
d>39 mm:按协议</td><td>CU2、CU3、AL4</td></tr>
<tr><td>标准</td><td>3 mm≤d≤39 mm:
GB/T 3098.1;
d<3 mm 和
d>39 mm:按协议</td><td>d≤39 mm:GB/T 3098.6;
d>39 mm:按协议</td><td>GB/T 3098.10</td></tr>
<tr><td rowspan="2">公差</td><td>产品等级</td><td colspan="3">d≤24 mm 和 l≤10 d 或 l≤150 mm(按较小值):A;
d>24 mm 或 l>10 d 或 l>150 mm(按较小值):B</td></tr>
<tr><td>标准</td><td colspan="3">GB/T 3103.1</td></tr>
<tr><td colspan="2">表面缺陷</td><td>GB/T 5779.1</td><td>—</td><td>—</td></tr>
<tr><td colspan="2" rowspan="2">表面处理</td><td>不经处理;
电镀技术要求按GB/T 5267.1;
非电解锌片涂层技术要求按 GB/T 5267.2;
热浸镀锌层技术要求按 GB/T 5267.3</td><td>简单处理;
钝化处理技术要求按 GB/T 5267.4</td><td>简单处理;
电镀技术要求按 GB/T 5267.1</td></tr>
<tr><td colspan="3">如需其他技术要求或表面处理,应由供需协议</td></tr>
<tr><td colspan="2">验收及包装</td><td colspan="3">GB/T 90.1、GB/T 90.2</td></tr>
</table>

5 标记

5.1 标记方法

标记方法按 GB/T 1237 规定。

5.2 标记示例

螺纹规格为 M12、公称长度 l=80 mm、全螺纹、性能等级为 8.8 级、表面不经处理、产品等级为 A 级的六角头螺栓的标记:

螺栓 GB/T 5783 M12×80

ICS 21.060.10
J 13

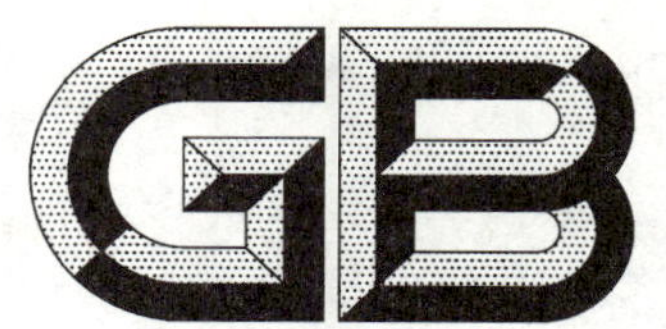

中华人民共和国国家标准

GB/T 5785—2016
代替 GB/T 5785—2000

六角头螺栓　细牙

Hexagon head bolts—Fine pitch thread

(ISO 8765:2011,Hexagon head bolts with metric fine pitch thread—Product grades A and B,MOD)

2016-02-24 发布　　　　2016-06-01 实施

中华人民共和国国家质量监督检验检疫总局
中国国家标准化管理委员会　发布

前　　言

本标准是“六角头螺栓”系列国家标准之一，该系列包括：

——GB/T 27　六角头加强杆螺栓；

——GB/T 28　六角头螺杆带孔加强杆螺栓；

——GB/T 29.1　六角头带槽螺栓；

——GB/T 29.2　六角头带十字槽螺栓；

——GB/T 31.1　六角头螺杆带孔螺栓；

——GB/T 31.2　六角头螺杆带孔螺栓　细杆　B级；

——GB/T 31.3　六角头螺杆带孔螺栓　细牙　A和B级；

——GB/T 32.1　六角头头部带孔螺栓　A和B级；

——GB/T 32.2　六角头头部带孔螺栓　细杆　B级；

——GB/T 32.3　六角头头部带孔螺栓　细牙　A和B级；

——GB/T 5780　六角头螺栓　C级；

——GB/T 5781　六角头螺栓　全螺纹　C级；

——GB/T 5782　六角头螺栓；

——GB/T 5783　六角头螺栓　全螺纹；

——GB/T 5784　六角头螺栓　细杆　B级；

——GB/T 5785　六角头螺栓　细牙；

——GB/T 5786　六角头螺栓　细牙　全螺纹。

本标准按照GB/T 1.1—2009给出的规则起草。

本标准代替GB/T 5785—2000《六角头螺栓　细牙》，与GB/T 5785—2000相比，主要技术变化如下：

——删除“如需其他技术要求，……GB/T 3098.6和GB/T 3103.1)中选择。”(2000年版第1章)；

——引用螺纹标准统一为GB/T 193、GB/T 9145(第2章)；

——将“P——粗牙螺距”(2000年版)改为“P——螺距”(表1、表2注)；

——对有色金属产品机械性能引用标准规定:GB/T 3098.10(表3)；

——仅对钢产品表面缺陷规定:GB/T 5779.1(表3)；

——增加钢螺栓表面不经处理，删除氧化(表3)；

——增加钢螺栓非电解锌片涂层技术要求按GB/T 5267.2(表3)；

——增加不锈钢螺栓钝化处理技术要求按GB/T 5267.4(表3)；

——标记中表面处理仅允许省略:表面不经处理(5.2)。

本标准使用重新起草法修改采用ISO 8765:2011《六角头螺栓　米制细牙螺纹　产品等级A和B级》(英文版)。

本标准与ISO 8765:2011的技术性差异及其原因如下：

——删除ISO 8765规定:“如需其他技术要求，……ISO 4753和ISO 4759-1中选择。”(第1章)，不属于本标准规定的内容；

——在规范性引用文件中，用我国标准代替国际标准(第2章)，增加引用GB/T 5782(第1章)、GB/T 5786(表2)、GB/T 90.2(表3)、GB/T 9145(表3)、GB/T 5267.4(表3)和GB/T 1237(5.1)，删除对ISO 724、ISO 965-1的引用，以符合我国紧固件基础标准；

——增加不锈钢螺栓钝化处理技术要求(表3),扩大产品使用范围;

——增加包装技术要求(表3),以符合我国紧固件基础标准;

——修改标记示例为简化标记示例(5.2),以符合GB/T 1237的规定。

本标准还做了下列编辑性修改:

——修改标准名称;

——删除ISO 8765的文献。

本标准由中国机械工业联合会提出。

本标准由全国紧固件标准化技术委员会(SAC/TC 85)归口。

本标准负责起草单位:中机生产力促进中心。

本标准参加起草单位:宁波九龙紧固件制造有限公司、徐州市瑞达高强度紧固件厂、宁波宁力高强度紧固件有限公司。

本标准由全国紧固件标准化技术委员会秘书处负责解释。

本标准所代替标准的历次版本发布情况为:

——GB 21—1958、GB 30—1958、GB 21—1966、GB 30—1966、GB 21—1976、GB 30—1976;

——GB/T 5785—1986、GB/T 5785—2000。

六角头螺栓　细牙

1　范围

本标准规定了细牙六角头螺栓的型式尺寸、技术条件和标记。

本标准适用于螺纹公称直径 d=8 mm～64 mm、细牙螺纹、性能等级为 5.6、8.8、10.9、A2-70、A4-70、A2-50、A4-50、CU2、CU3 和 AL4 级、产品等级为 A 级和 B 级的六角头螺栓。A 级用于 d=8 mm～24 mm 和 $l \leqslant 10d$ 或 $l \leqslant 150$ mm(按较小值)；B 级用于 $d>24$ mm 或 $l>10d$ 或 $l>150$ mm(按较小值)的螺栓。

应优先选用 GB/T 5782 规定的粗牙螺栓。

2　规范性引用文件

下列文件对于本文件的应用是必不可少的。凡是注日期的引用文件，仅注日期的版本适用于本文件。凡是不注日期的引用文件，其最新版本(包括所有的修改单)适用于本文件。

GB/T 2　紧固件　外螺纹零件末端(GB/T 2—2016，ISO 4753:2011，MOD)

GB/T 90.1　紧固件　验收检查(GB/T 90.1—2002，idt ISO 3269:2000)

GB/T 90.2　紧固件　标志与包装

GB/T 193　普通螺纹　直径与螺距系列(GB/T 193—2003，ISO 261:1998，MOD)

GB/T 1237　紧固件标记方法(GB/T 1237—2000，eqv ISO 8991:1986)

GB/T 3098.1　紧固件机械性能　螺栓、螺钉和螺柱(GB/T 3098.1—2010，ISO 898-1:2009，MOD)

GB/T 3098.6　紧固件机械性能　不锈钢螺栓、螺钉和螺柱(GB/T 3098.6—2014，ISO 3506-1:2009，MOD)

GB/T 3098.10　紧固件机械性能　有色金属制造的螺栓、螺钉、螺柱和螺母(GB/T 3098.10—1993，eqv ISO 8839:1986)

GB/T 3103.1　紧固件公差　螺栓、螺钉、螺柱和螺母(GB/T 3103.1—2002，idt ISO 4759-1:2000)

GB/T 5267.1　紧固件　电镀层(GB/T 5267.1—2002，ISO 4042:1999，IDT)

GB/T 5267.2　紧固件　非电解锌片涂层(GB/T 5267.2—2002，ISO 10683:2000，IDT)

GB/T 5267.4　紧固件表面处理　耐腐蚀不锈钢钝化处理(GB/T 5267.4—2009，ISO 16048:2003，IDT)

GB/T 5276　紧固件　螺栓、螺钉、螺柱及螺母　尺寸代号和标注(GB/T 5276—2015，ISO 225:2010，MOD)

GB/T 5779.1　紧固件表面缺陷　螺栓、螺钉和螺柱　一般要求(GB/T 5779.1—2000，idt ISO 6157-1:1988)

GB/T 5782　六角头螺栓(GB/T 5782—2016，ISO 4014:2011，MOD)

GB/T 5786　六角头螺栓　细牙　全螺纹(GB/T 5786—2016，ISO 8676:2011，MOD)

GB/T 9145　普通螺纹　中等精度、优选系列的极限尺寸(GB/T 9145—2003，ISO 965-2:1998，MOD)

GB/T 16938　紧固件　螺栓、螺钉、螺柱和螺母　通用技术条件(GB/T 16938—2008,ISO 8992:2005,IDT)

3　尺寸

螺栓的型式尺寸见图 1 和表 1、表 2。

尺寸代号和标注应符合 GB/T 5276。

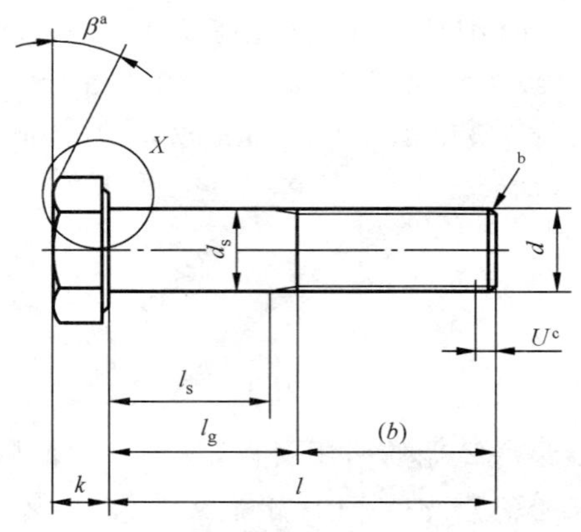

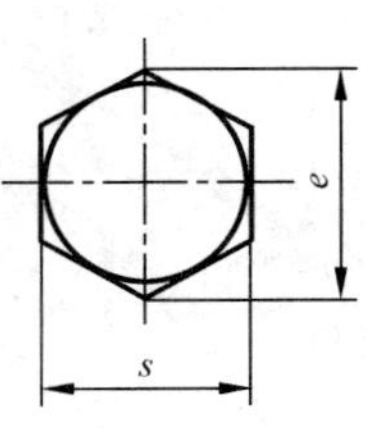

X

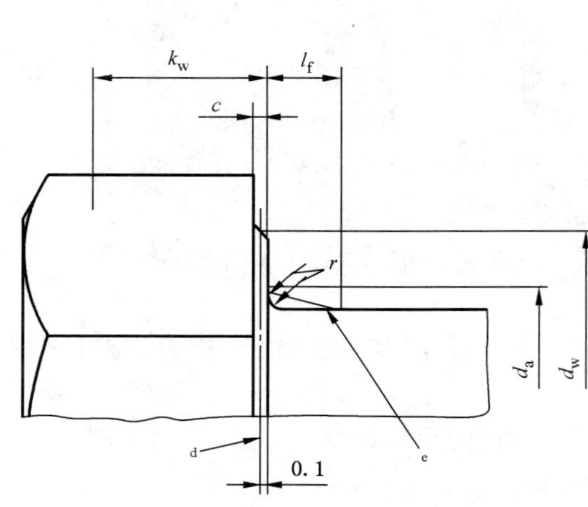

a　β—15°～30°。

b　末端应倒角(GB/T 2)。

c　不完整螺纹的长度 $u \leqslant 2P$。

d　d_w 的仲裁基准。

e　最大圆弧过渡。

图 1

表 1　优选的螺纹规格

单位为毫米

螺纹规格($d \times P$)				M8×1	M10×1	M12×1.5	M16×1.5	M20×1.5	M24×2	M30×2	M36×3	M42×3	M48×3	M56×4	M64×4
$b_{参考}$			a	22	26	30	38	46	54	66	—	—	—	—	—
			b	28	32	36	44	52	60	72	84	96	108	—	—
			c	41	45	49	57	65	73	85	97	109	121	137	153
c			max	0.60	0.60	0.60	0.8	0.8	0.8	0.8	0.8	1.0	1.0	1.0	1.0
			min	0.15	0.15	0.15	0.2	0.2	0.2	0.2	0.2	0.3	0.3	0.3	0.3
d_a			max	9.2	11.2	13.7	17.7	22.4	26.4	33.4	39.4	45.6	52.6	63	71
d_s	公称=max			8.00	10.00	12.00	16.00	20.00	24.00	30.00	36.00	42.00	48.00	56.00	64.00
	产品等级	A	min	7.78	9.78	11.73	15.73	19.67	23.67	—	—	—	—	—	—
		B		7.64	9.64	11.57	15.57	19.48	23.48	29.48	35.38	41.38	47.38	55.26	63.26
d_w	产品等级	A	min	11.63	14.63	16.63	22.49	28.19	33.61	—	—	—	—	—	—
		B		11.47	14.47	16.47	22	27.7	33.25	42.75	51.11	59.95	69.45	78.66	88.16
e	产品等级	A	min	14.38	17.77	20.03	26.75	33.53	39.98	—	—	—	—	—	—
		B		14.20	17.59	19.85	26.17	32.95	39.55	50.85	60.79	71.3	82.6	93.56	104.86
l_f			max	2	2	3	3	4	4	6	6	8	10	12	13
k	公称			5.3	6.4	7.5	10	12.5	15	18.7	22.5	26	30	35	40
	产品等级 A		max	5.45	6.58	7.68	10.18	12.715	15.215	—	—	—	—	—	—
			min	5.15	6.22	7.32	9.82	12.285	14.785	—	—	—	—	—	—
	产品等级 B		max	5.54	6.69	7.79	10.29	12.85	15.35	19.12	22.92	26.42	30.42	35.5	40.5
			min	5.06	6.11	7.21	9.71	12.15	14.65	18.28	22.08	25.58	29.58	34.5	39.5
k_w^{d}	产品等级	A	min	3.61	4.35	5.12	6.87	8.6	10.35	—	—	—	—	—	—
		B		3.54	4.28	5.05	6.8	8.51	10.26	12.8	15.46	17.91	20.71	24.15	27.65
r			min	0.4	0.4	0.6	0.6	0.8	0.8	1	1	1.2	1.6	2	2
s	公称=max			13.00	16.00	18.00	24.00	30.00	36.00	46	55.0	65.0	75.0	85.0	95.0
	产品等级	A	min	12.73	15.73	17.73	23.67	29.67	35.38	—	—	—	—	—	—
		B		12.57	15.57	17.57	23.16	29.16	35	45	53.8	63.1	73.1	82.8	92.8

表 1（续）

单位为毫米

螺纹规格（$d \times P$）					M8×1		M10×1		M12×1.5		M16×1.5		M20×1.5		M24×2		M30×2		M36×3		M42×3		M48×3		M56×4		M64×4	
l					l_s 和 l_g[e]																							
公称	产品等级																											
	A		B																									
	min	max	min	max	l_s min	l_g max	l_s min	l_g max	l_s min	l_g max	l_s min	l_g max	l_s min	l_g max	l_s min	l_g max	l_s min	l_g max	l_s min	l_g max	l_s min	l_g max	l_s min	l_g max	l_s min	l_g max	l_s min	l_g max
35	34.5	35.5	—	—																								
40	39.5	40.5	—	—	11.75	18																						
45	44.5	45.5	—	—	16.75	23	11.5	19																				
50	49.5	50.5	—	—	21.75	28	16.5	24	11.25	20																		
55	54.4	55.6	—	—	26.75	33	21.5	29	16.25	25																		
60	59.4	60.6	—	—	31.75	38	26.5	34	21.25	30																		
65	64.4	65.6	—	—	36.75	43	31.5	39	26.25	35	17	27																
70	69.4	70.6	—	—	41.75	48	36.5	44	31.25	40	22	32																
80	79.4	80.6	—	—	51.75	58	46.5	54	41.25	50	32	42	21.5	34														
90	89.3	90.7	88.25	91.75			56.5	64	51.25	60	42	52	31.5	44														
100	99.3	100.7	98.25	101.75			66.5	74	61.25	70	52	62	41.5	54	31	46												
110	109.3	110.7	108.25	111.75					71.25	80	62	72	51.5	64	41	56												
120	119.3	120.7	118.25	121.75					81.25	90	72	82	61.5	74	51	66	36.5	54										
130	129.2	130.8	128	132							76	86	65.5	78	55	70	40.5	58										
140	139.2	140.8	138	142							86	96	75.5	88	65	80	50.5	68	36	56								
150	149.2	150.8	148	152							96	106	85.5	98	75	90	60.5	78	46	66								
160	—	—	158	162							106	116	95.5	108	85	100	70.5	88	56	76	41.5	64						
180	—	—	178	182									115.5	128	105	120	90.5	108	76	96	61.5	84						
200	—	—	197.7	202.3									135.5	148	125	140	110.5	128	96	116	81.5	104	67	92				
220	—	—	217.7	222.3											132	147	117.5	135	103	123	88.5	111	74	99	55.5	83		
240	—	—	237.7	242.3											152	167	137.5	155	123	143	108.5	131	94	119	75.5	103		
260	—	—	257.4	262.6													157.5	175	143	163	128.5	151	114	139	95.5	123	77	107
280	—	—	277.4	282.6													177.5	195	163	183	148.5	171	134	159	115.5	143	97	127
300	—	—	297.4	302.6													197.5	215	183	203	168.5	191	154	179	135.5	163	117	147

阶梯实线以上的规格推荐采用 GB/T 5786

表 1（续）

单位为毫米

螺纹规格($d \times P$)					M8×1		M10×1		M12×1.5		M16×1.5		M20×1.5		M24×2		M30×2		M36×3		M42×3		M48×3		M56×4		M64×4	
l					l_s 和 l_g [e]																							
公称	产品等级																											
	A		B		l_s	l_g	l_s	l_g	l_s	l_g	l_s	l_g	l_s	l_g	l_s	l_g	l_s	l_g	l_s	l_g	l_s	l_g	l_s	l_g	l_s	l_g	l_s	l_g
	min	max	min	max	min	max	min	max	min	max	min	max	min	max	min	max	min	max	min	max	min	max	min	max	min	max	min	max
320	—	—	317.15	322.85															203	223	188.5	211	174	199	155.5	183	137	167
340	—	—	337.15	342.85															223	243	208.5	231	194	219	175.5	203	157	187
360	—	—	357.15	362.85															243	263	228.5	251	214	239	195.5	223	177	207
380	—	—	377.15	382.85																	248.5	271	234	259	215.5	243	197	227
400	—	—	397.15	402.85																	268.5	291	254	279	235.5	263	217	247
420	—	—	416.85	423.15																	288.5	311	274	299	255.5	283	237	267
440	—	—	436.85	443.15																	308.5	331	294	319	275.5	303	257	287
460	—	—	456.85	463.15																			314	339	295.5	323	277	307
480	—	—	476.85	483.15																			334	259	315.5	343	297	327
500	—	—	496.85	503.15																					335.5	363	317	347

注：选用的长度规格由 $l_{s\,min}$ 和 $l_{g\,max}$ 确定：

——阶梯虚线以上为 A 级；

——阶梯虚线以下为 B 级。

[a] $l_{公称} \leqslant 125$ mm。

[b] 125 mm $< l_{公称} \leqslant 200$ mm。

[c] $l_{公称} > 200$ mm。

[d] $k_{w\,min} = 0.7k_{min}$。

[e] $l_{g\,max} = l_{公称} - b$。

$l_{s\,min} = l_{g\,max} - 5P$。

P——螺距。

表 2 非优选螺纹规格

单位为毫米

螺纹规格($d \times P$)				M10×1.25	M12×1.25	M14×1.5	M18×1.5	M20×2	M22×1.5	M27×2	M33×2	M39×3	M45×3	M52×4	M60×4
$b_{参考}$			a	26	30	34	42	46	50	60	—	—	—	—	—
			b	32	36	40	48	52	56	66	78	90	102	116	—
			c	45	49	57	61	65	69	79	91	103	115	129	145
c			max	0.60	0.60	0.60	0.8	0.8	0.8	0.8	0.8	1.0	1.0	1.0	1.0
			min	0.15	0.15	0.15	0.2	0.2	0.2	0.2	0.2	0.3	0.3	0.3	03
d_a			max	11.2	13.7	15.7	20.2	22.4	24.4	30.4	36.4	42.4	48.6	56.6	67
d_s	公称=max			10.00	12.00	14.00	18.00	20.00	22.00	27.00	33.00	39.00	45.00	52.00	60.00
	产品等级	A	min	9.78	11.73	13.73	17.73	19.67	21.67	—	—	—	—	—	—
		B		9.64	11.57	13.54	17.57	19.48	21.48	26.48	32.38	38.38	44.38	51.26	59.26
d_w	产品等级	A	min	14.63	16.63	19.37	25.34	28.19	31.71	—	—	—	—	—	—
		B		14.47	16.47	19.15	24.85	27.7	31.35	38	46.55	55.86	64.7	74.2	83.41
e	产品等级	A	min	17.77	20.03	23.36	30.14	33.53	37.72	—	—	—	—	—	—
		B		17.59	19.85	22.78	29.56	32.95	37.29	45.2	55.37	66.44	76.95	88.25	99.21
l_f			max	2	3	3	3	4	4	6	6	6	8	10	12
k	公称			6.4	7.5	8.8	11.5	12.5	14	17	21	25	28	33	38
	产品等级 A		max	6.58	7.68	8.98	11.715	12.715	14.215	—	—	—	—	—	—
			min	6.22	7.32	8.62	11.285	12.285	13.785	—	—	—	—	—	—
	产品等级 B		max	6.69	7.79	9.09	11.85	12.85	14.35	17.35	21.42	25.42	28.42	33.5	38.5
			min	6.11	7.21	8.51	11.15	12.15	13.65	16.65	20.58	24.58	27.58	32.5	37.5
k_w^d	产品等级	A	min	4.35	5.12	6.03	7.9	8.6	9.65	—	—	—	—	—	—
		B		4.28	5.05	5.96	7.81	8.51	9.56	11.66	14.41	17.21	19.31	22.75	26.25
r			min	0.4	0.6	0.6	0.6	0.8	0.8	1	1	1	1.2	1.6	2
s	公称=max			16.00	18.00	21.00	27.00	30.00	34.00	41	50	60.0	70.0	80.0	90.0
	产品等级	A	min	15.73	17.73	20.67	26.67	29.67	33.38	—	—	—	—	—	—
		B		15.57	17.57	20.16	26.16	29.16	33	40	49	58.8	68.1	78.1	87.8

表 2（续）

单位为毫米

螺纹规格($d \times P$)					M10×1.25		M12×1.25		M14×1.5		M18×1.5		M20×2		M22×1.5		M27×2		M33×2		M39×3		M45×3		M52×4		M60×4	
l					l_s 和 l_g [e]																							
公称	产品等级																											
	A		B																									
	min	max	min	max	l_s min	l_g max	l_s min	l_g max	l_s min	l_g max	l_s min	l_g max	l_s min	l_g max	l_s min	l_g max	l_s min	l_g max	l_s min	l_g max	l_s min	l_g max	l_s min	l_g max	l_s min	l_g max	l_s min	l_g max
45	44.5	45.5	—	—	11.5	19																						
50	49.5	50.5	—	—	16.5	24	11.25	20							阶梯实线以上的规格推荐采用 GB/T 5786													
55	54.4	55.6	—	—	21.5	29	16.25	25																				
60	59.4	60.6	—	—	26.5	34	21.25	30	16	26																		
65	64.4	65.6	—	—	31.5	39	26.25	35	21	31																		
70	69.4	70.6	—	—	36.5	44	31.25	40	26	36	15.5	28																
80	79.4	80.6	—	—	46.5	54	41.25	50	36	46	25.5	38	21.5	34														
90	89.3	90.7	—	—	56.5	64	51.25	60	46	56	35.5	48	31.5	44	27.5	40												
100	99.3	100.7	—	—	66.5	74	61.25	70	56	66	45.5	58	41.5	54	37.5	50												
110	109.3	110.7	108.25	111.75			71.25	80	66	76	55.5	68	51.5	64	47.5	60	35	50										
120	119.3	120.7	118.25	121.75			81.25	90	76	86	65.5	78	61.5	74	57.5	70	45	60										
130	129.2	130.8	128	132					80	90	69.5	82	65.5	78	61.5	74	49	64	34.5	52								
140	139.2	140.8	138	142					90	100	79.5	92	75.5	88	71.5	84	59	74	44.5	62								
150	149.2	150.8	148	152							89.5	102	85.5	98	81.5	94	69	84	54.5	72	40	60						
160	—	—	158	162							99.5	112	95.5	108	91.5	104	79	94	64.5	82	50	70						
180	—	—	178	182							119.5	132	115.5	128	111.5	124	99	114	84.5	102	70	90	55.5	78				
200	—	—	197.7	202.3									135.5	148	131.5	144	119	134	104.5	122	90	110	75.5	98	59	84		
220	—	—	217.7	222.3											138.5	151	126	141	111.5	129	97	117	82.5	105	66	91		
240	—	—	237.7	242.3													146	161	131.5	149	117	137	102.5	125	86	111	67.5	95
260	—	—	257.4	262.6													166	181	151.5	169	137	157	122.5	145	106	131	87.5	115
280	—	—	277.4	282.6															171.5	189	157	177	142.5	165	126	151	107.5	135
300	—	—	297.4	302.6															191.5	209	177	197	162.5	185	146	171	127.5	155
320	—	—	317.15	322.85															211.5	229	197	217	182.5	205	166	191	147.5	175
340	—	—	337.15	342.85																	217	237	202.5	225	186	211	167.5	195

表 2（续）

单位为毫米

螺纹规格($d\times P$)					M10×1.25		M12×1.25		M14×1.5		M18×1.5		M20×2		M22×1.5		M27×2		M33×2		M39×3		M45×3		M52×4		M60×4	
l					l_s 和 l_g [e]																							
公称	产品等级																											
	A		B																									
	min	max	min	max	l_s min	l_g max	l_s min	l_g max	l_s min	l_g max	l_s min	l_g max	l_s min	l_g max	l_s min	l_g max	l_s min	l_g max	l_s min	l_g max	l_s min	l_g max	l_s min	l_g max	l_s min	l_g max	l_s min	l_g max
360	—	—	357.15	362.85																	237	257	222.5	245	206	231	187.5	215
380	—	—	377.15	382.85																	257	277	242.5	265	226	251	207.5	235
400	—	—	397.15	402.85																			262.5	285	246	271	227.5	255
420	—	—	416.85	423.15																			282.5	305	266	291	247.5	275
440	—	—	436.85	443.15																			302.5	325	286	311	267.5	295
460	—	—	456.85	463.15																					306	331	287.5	315
480	—	—	476.85	483.15																					326	351	307.5	335
500	—	—	496.85	503.15																							327.5	355

注：选用的长度规格由 $l_{s\,min}$ 和 $l_{g\,max}$ 确定：

——阶梯虚线以上为 A 级；

——阶梯虚线以下为 B 级。

[a] $l_{公称} \leqslant 125$ mm。

[b] 125 mm $< l_{公称} \leqslant 200$ mm。

[c] $l_{公称} > 200$ mm。

[d] $k_{w\,min} = 0.7k_{min}$。

[e] $l_{g\,max} = l_{公称} - b$。

$l_{s\,min} = l_{g\,max} - 5P$。

P——螺距。

4　技术条件和引用标准

技术条件和引用标准见表 3。

表 3　技术条件和引用标准

<table>
<tr><td colspan="2">材料</td><td>钢</td><td>不锈钢</td><td>有色金属</td></tr>
<tr><td colspan="2">通用技术条件</td><td colspan="3">GB/T 16938</td></tr>
<tr><td rowspan="2">螺纹</td><td>公差</td><td colspan="3">6g</td></tr>
<tr><td>标准</td><td colspan="3">GB/T 193、GB/T 9145</td></tr>
<tr><td rowspan="2">机械性能</td><td>等级</td><td>$d \leqslant 39$ mm：
5.6、8.8、10.9；
$d > 39$ mm：按协议</td><td>$d \leqslant 24$ mm：A2-70、A4-70；
24 mm$< d \leqslant 39$ mm：
A2-50、A4-50；
$d > 39$ mm：按协议</td><td>CU2、CU3、AL4</td></tr>
<tr><td>标准</td><td>$d \leqslant 39$ mm：
GB/T 3098.1；
$d > 39$ mm：按协议</td><td>$d \leqslant 39$ mm：GB/T 3098.6；
$d > 39$ mm：按协议</td><td>GB/T 3098.10</td></tr>
<tr><td rowspan="2">公差</td><td>产品等级</td><td colspan="3">$d \leqslant 24$ mm 和 $l \leqslant 10d$ 或 $l \leqslant 150$ mm(按较小值)：A；
$d > 24$ mm 或 $l > 10d$ 或 $l > 150$ mm(按较小值)：B</td></tr>
<tr><td>标准</td><td colspan="3">GB/T 3103.1</td></tr>
<tr><td colspan="2">表面缺陷</td><td>GB/T 5779.1</td><td>—</td><td>—</td></tr>
<tr><td colspan="2" rowspan="2">表面处理</td><td>不经处理；
电镀技术要求按 GB/T 5267.1。
非电解锌片涂层技术要求按 GB/T 5267.2</td><td>简单处理；
钝化处理技术要求按 GB/T 5267.4</td><td>简单处理；
电镀技术要求按 GB/T 5267.1</td></tr>
<tr><td colspan="3">如需其他技术要求或表面处理，应由供需协议</td></tr>
<tr><td colspan="2">验收及包装</td><td colspan="3">GB/T 90.1、GB/T 90.2</td></tr>
</table>

5　标记

5.1　标记方法

标记方法按 GB/T 1237 规定。

5.2　标记示例

螺纹规格为 M12×1.5、公称长度 $l=80$ mm、细牙螺纹、性能等级为 8.8 级、表面不经处理、产品等级为 A 级的六角头螺栓的标记：

螺栓 GB/T 5785　M12×1.5×80

ICS 21.060.10
J 13

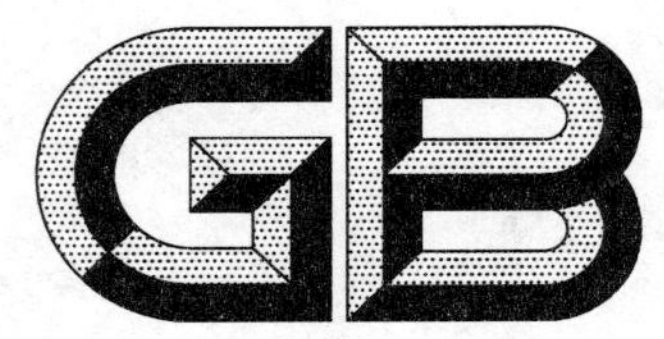

中华人民共和国国家标准

GB/T 5786—2016
代替 GB/T 5786—2000

六角头螺栓　细牙　全螺纹

Hexagon head bolts with fine pitch thread—Full thread

(ISO 8676:2011, Hexagon head screws with metric fine pitch thread—Product grade A and B, MOD)

2016-02-24 发布　　2016-06-01 实施

中华人民共和国国家质量监督检验检疫总局
中国国家标准化管理委员会　发布

前　言

本标准是“六角头螺栓”系列国家标准之一，该系列包括：

——GB/T 27　六角头加强杆螺栓；

——GB/T 28　六角头螺杆带孔加强杆螺栓；

——GB/T 29.1　六角头带槽螺栓；

——GB/T 29.2　六角头带十字槽螺栓；

——GB/T 31.1　六角头螺杆带孔螺栓；

——GB/T 31.2　六角头螺杆带孔螺栓　细杆　B级；

——GB/T 31.3　六角头螺杆带孔螺栓　细牙　A和B级；

——GB/T 32.1　六角头头部带孔螺栓　A和B级；

——GB/T 32.2　六角头头部带孔螺栓　细杆　B级；

——GB/T 32.3　六角头头部带孔螺栓　细牙　A和B级；

——GB/T 5780　六角头螺栓　C级；

——GB/T 5781　六角头螺栓　全螺纹　C级；

——GB/T 5782　六角头螺栓；

——GB/T 5783　六角头螺栓　全螺纹；

——GB/T 5784　六角头螺栓　细杆　B级；

——GB/T 5785　六角头螺栓　细牙；

——GB/T 5786　六角头螺栓　细牙　全螺纹。

本标准按照GB/T 1.1—2009给出的规则起草。

本标准代替GB/T 5786—2000《六角头螺栓　细牙　全螺纹》，与GB/T 5786—2000相比，主要技术变化如下：

——删除：“如需其他技术要求，……GB/T 3098.6和GB/T 3103.1)中选择。”(2000年版第1章)；

——引用螺纹标准统一为GB/T 193、GB/T 9145(第2章)；

——仅对钢产品表面缺陷规定：GB/T 5779.1(表3)；

——对钢产品表面处理增加不经处理，删除氧化(表3)；

——增加钢螺栓非电解锌片涂层技术要求按GB/T 5267.2(表3)；

——增加不锈钢螺栓钝化处理技术要求按GB/T 5267.4(表3)；

——增加有色金属螺栓电镀技术要求按GB/T 5267.1(表3)；

——标记中表面处理仅允许省略：表面不经处理，替代表面氧化处理(5.2)。

本标准使用重新起草法修改采用国际标准ISO 8676:2011《六角头螺钉　米制细牙螺纹　产品等级A级和B级》(英文版)。

本标准与ISO 8676:2011的技术性差异及其原因如下：

——删除ISO 8676规定的“如需其他技术要求，……ISO 4753和ISO 4759-1中选择。”(第1章)，不属于本标准规定的内容；

——在规范性引用文件中，用我国标准代替国际标准(第2章)，增加引用GB/T 5783(第1章)、GB/T 90.2(表3)、GB/T 193(表3)、GB/T 5267.4(表3)、GB/T 9145(表3)和GB/T 1237(5.1)，删除对ISO 724、ISO 965-1的引用，以符合我国紧固件基础标准；

——增加不锈钢螺栓钝化处理的技术要求(表3)，扩大产品使用范围；

——增加包装技术要求(表 3),以符合我国紧固件基础标准;

——修改标记示例为简化标记示例(5.2),以符合 GB/T 1237 的规定。

本标准还做了下列编辑性修改:

——修改标准名称;

——删除 ISO 8676 参考文献。

本标准由中国机械工业联合会提出。

本标准由全国紧固件标准化技术委员会(SAC/TC 85)归口。

本标准负责起草单位:中机生产力促进中心。

本标准参加起草单位:宁波九龙紧固件制造有限公司、宁波宁力高强度紧固件有限公司。

本标准由全国紧固件标准化技术委员会秘书处负责解释。

本标准所代替标准的历次发布情况为:

——GB 21—1958、GB 21—1966、GB 21—1976;

——GB 22—1958、GB 22—1966、GB 22—1976;

——GB 30—1958、GB 30—1966、GB 30—1976;

——GB/T 5786—1986、GB/T 5786—2000。

六角头螺栓　细牙　全螺纹

1　范围

本标准规定了细牙全螺纹六角头螺栓的型式尺寸、技术条件和标记。

本标准适用于螺纹公称直径 d＝8 mm～64 mm、细牙螺纹、全螺纹、性能等级为 5.6、8.8、10.9、A2-70、A4-70、A2-50、A4-50、CU2、CU3 和 AL4 级、产品等级为 A 级和 B 级的六角头螺栓。A 级用于 d＝8 mm～24 mm 和 $l \leqslant 10\ d$ 或 $l \leqslant 150$ mm(按较小值)；B 级用于 $d > 24$ mm 或 $l > 10\ d$ 或 $l > 150$ mm(按较小值)的螺栓。

优先选用 GB/T 5783 规定的粗牙螺栓。

2　规范性引用文件

下列文件对于本文件的应用是必不可少的。凡是注日期的引用文件，仅注日期的版本适用于本文件。凡是不注日期的引用文件，其最新版本(包括所有的修改单)适用于本文件。

GB/T 2　紧固件　外螺纹零件末端(GB/T 2—2016,ISO 4753:2011,MOD)

GB/T 90.1　紧固件　验收检查(GB/T 90.1—2002,idt ISO 3269:2000)

GB/T 90.2　紧固件　标志与包装

GB/T 193　普通螺纹　直径与螺距系列(GB/T 193—2003,ISO 261:1998,MOD)

GB/T 1237　紧固件标记方法(GB/T 1237—2000,eqv ISO 8991:1986)

GB/T 3098.1　紧固件机械性能　螺栓、螺钉和螺柱(GB/T 3098.1—2010,ISO 898-1:2009,MOD)

GB/T 3098.6　紧固件机械性能　不锈钢螺栓、螺钉和螺柱(GB/T 3098.6—2014,ISO 3506-1:2009,MOD)

GB/T 3098.10　紧固件机械性能　有色金属制造的螺栓、螺钉、螺柱和螺母(GB/T 3098.10—1993,eqv ISO 8839:1986)

GB/T 3103.1　紧固件公差　螺栓、螺钉、螺柱和螺母(GB/T 3103.1—2002,idt ISO 4759-1:2000)

GB/T 5267.1　紧固件　电镀层(GB/T 5267.1—2002,ISO 4042:1999,IDT)

GB/T 5267.2　紧固件　非电解锌片涂层(GB/T 5267.2—2002,ISO 10683:2000,IDT)

GB/T 5267.4　紧固件表面处理　耐腐蚀不锈钢钝化处理(GB/T 5267.4—2009,ISO 16048:2003,IDT)

GB/T 5276　紧固件　螺栓、螺钉、螺柱及螺母　尺寸代号和标注(GB/T 5276—2015,ISO 225:2010,IDT)

GB/T 5779.1　紧固件表面缺陷　螺栓、螺钉和螺柱　一般要求(GB/T 5779.1—2000,idt ISO 6157-1:1988)

GB/T 5783　六角头螺栓　全螺纹(GB/T 5783—2016,ISO 4017:2014,MOD)

GB/T 9145　普通螺纹　中等精度、优选系列的极限尺寸(GB/T 9145—2003,ISO 965-2:1998,MOD)

GB/T 16938　紧固件　螺栓、螺钉、螺柱和螺母　通用技术条件(GB/T 16938—2008,ISO 8992:2005,IDT)

3 尺寸

螺栓的型式尺寸见图 1、表 1 和表 2。

尺寸代号和标注应符合 GB/T 5276。

单位为毫米

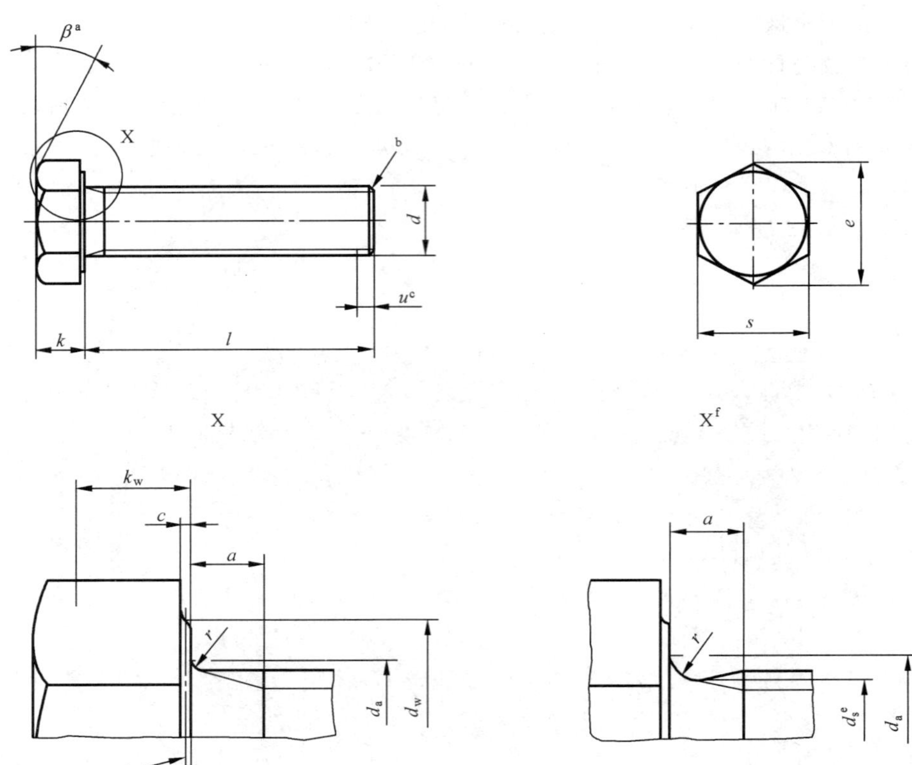

[a] $\beta=15^\circ\sim30^\circ$；

[b] 末端应倒角(GB/T 2)；

[c] 不完整螺纹的长度 $u\leqslant2P$；

[d] d_w 的仲裁基准；

[e] $d_s\approx$螺纹中径；

[f] 允许的形状。

图 1

表 1　优选的螺纹规格

单位为毫米

螺纹规格($d \times P$)				M8×1	M10×1	M12×1.5	M16×1.5	M20×1.5	M24×2	M30×2	M36×3	M42×3	M48×3	M56×4	M64×4
a			max	3	3	4.5	4.5	4.5	6	6	9	9	9	12	12
			min	1	1	1.5	1.5	1.5	2	2	3	3	3	4	4
c			max	0.60	0.60	0.60	0.8	0.8	0.8	0.8	0.8	1.0	1.0	1.0	1.0
			min	0.15	0.15	0.15	0.2	0.2	0.2	0.2	0.2	0.3	0.3	0.3	0.3
d_a			max	9.2	11.2	13.7	17.7	22.4	26.4	33.4	39.4	45.6	52.6	63	71
d_w	产品等级	A	min	11.63	14.63	16.63	22.49	28.19	33.61	—	—	—	—	—	—
		B		11.47	14.47	16.47	22	27.7	33.25	42.75	51.11	59.95	69.45	78.66	88.16
e	产品等级	A	min	14.38	17.77	20.03	26.75	33.53	39.98	—	—	—	—	—	—
		B		14.20	17.59	19.85	26.17	32.95	39.55	50.85	60.79	71.3	82.6	93.56	104.86
k			公称	5.3	6.4	7.5	10	12.5	15	18.7	22.5	26	30	35	40
	产品等级	A	max	5.45	6.58	7.68	10.18	12.715	15.215	—	—	—	—	—	—
			min	5.15	6.22	7.32	9.82	12.285	14.785	—	—	—	—	—	—
		B	max	5.54	6.69	7.79	10.29	12.85	15.35	19.15	22.92	26.42	30.42	35.5	40.5
			min	5.06	6.11	7.21	9.71	12.15	14.65	18.28	22.08	25.58	29.58	34.5	39.5
k_w[a]	产品等级	A	min	3.61	4.35	5.12	6.87	8.6	10.35	—	—	—	—	—	—
		B		3.54	4.28	5.05	6.8	8.51	10.26	12.8	15.46	17.91	20.71	24.15	27.65
r			min	0.4	0.4	0.6	0.6	0.8	0.8	1	1	1.2	1.6	2	2
s			公称=max	13.00	16.00	18.00	24.00	30.00	36.00	46	55.0	65.0	75.0	85.0	95.0
	产品等级	A	min	12.73	15.73	17.73	23.67	29.67	35.38	—	—	—	—	—	—
		B		12.57	15.57	17.57	23.16	29.16	35	45	53.8	63.1	73.1	82.8	92.8

表 1（续）

单位为毫米

螺纹规格($d \times P$)					M8×1	M10×1	M12×1.5	M16×1.5	M20×1.5	M24×2	M30×2	M36×3	M42×3	M48×3	M56×4	M64×4
l[b]																
公称	产品等级															
	A		B													
	min	max	min	max												
16	15.65	16.35	—	—												
20	19.58	20.42	—	—												
25	24.58	25.42	—	—												
30	29.58	30.42	—	—												
35	34.5	35.5	—	—												
40	39.5	40.5	38.75	41.25												
45	44.5	45.5	43.75	46.25												
50	49.5	50.5	48.75	51.25												
55	54.4	55.6	53.5	56.5												
60	59.4	60.6	58.5	61.5												
65	64.4	65.6	63.5	66.5												
70	69.4	70.6	68.5	71.5												
80	79.4	80.6	78.5	81.5												
90	89.3	90.7	88.25	91.75												
100	99.3	100.7	98.25	101.75												
110	109.3	110.7	108.25	111.75												
120	119.3	120.7	118.25	121.75												
130	129.2	130.8	128	132												
140	139.2	140.8	138	142												
150	149.2	150.8	148	152												
160	—	—	158	162												
180	—	—	178	182												
200	—	—	197.7	202.3												
220	—	—	217.7	222.3												

表 1 (续)

单位为毫米

螺纹规格($d \times P$)					M8×1	M10×1	M12×1.5	M16×1.5	M20×1.5	M24×2	M30×2	M36×3	M42×3	M48×3	M56×4	M64×4
l[b]																
公称	产品等级															
	A		B													
	min	max	min	max												
240	—	—	237.7	242.3												
260	—	—	257.4	262.6												
280	—	—	277.4	282.6												
300	—	—	297.4	302.6												
320	—	—	317.15	322.85												
340	—	—	337.15	342.85												
360	—	—	357.15	362.85												
380	—	—	377.15	382.85												
400	—	—	397.15	402.85												
420	—	—	416.85	423.15												
440	—	—	436.85	443.15												
460	—	—	456.85	463.15												
480	—	—	476.85	483.15												
500	—	—	496.85	503.15												

[a] $k_{w\,min} = 0.7\,k_{min}$。

[b] 在阶梯实线间选用长度规格：

——阶梯虚线以上为 A 级；

——阶梯虚线以下为 B 级。

表 2　非优选螺纹规格

单位为毫米

螺纹规格($d \times P$)				M10×1.25	M12×1.25	M14×1.5	M18×1.5	M20×2	M22×1.5	M27×2	M33×2	M39×3	M45×3	M52×4	M60×4
a			max	4	4	4.5	4.5	6	4.5	6	6	9	9	12	12
			min	1.25	1.25	1.5	1.5	2	1.5	2	2	3	3	4	4
c			max	0.60	0.60	0.60	0.8	0.8	0.8	0.8	0.8	1.0	1.0	1.0	1.0
			min	0.15	0.15	0.15	0.2	0.2	0.2	0.2	0.2	0.3	0.3	0.3	0.3
d_a			max	11.2	13.7	15.7	20.2	22.4	24.4	30.4	36.4	42.4	48.6	56.6	67
d_w	产品等级	A	min	14.63	16.63	19.64	25.34	28.19	31.71	—	—	—	—	—	—
		B		14.47	16.47	19.15	24.85	27.7	31.35	38	46.55	55.88	64.7	74.2	83.41
e	产品等级	A	min	17.77	20.03	23.36	30.14	33.53	37.72	—	—	—	—	—	—
		B		17.59	19.85	22.78	29.56	32.95	37.29	45.2	55.37	66.44	76.95	88.25	99.21
k			公称	6.4	7.5	8.8	11.5	12.5	14	17	21	25	28	33	38
	产品等级	A	max	6.58	7.68	8.98	11.715	12.715	14.215	—	—	—	—	—	—
			min	6.22	7.32	8.62	11.285	12.285	13.785	—	—	—	—	—	—
		B	max	6.69	7.79	9.09	11.85	12.85	14.35	17.35	21.42	25.42	28.42	33.5	38.5
			min	6.11	7.21	8.51	11.15	12.15	13.65	16.65	20.58	24.58	27.58	32.5	37.5
k_w[a]	产品等级	A	min	4.35	5.12	6.03	7.9	8.6	9.65	—	—	—	—	—	—
		B		4.28	5.05	5.96	7.81	8.51	9.56	11.66	14.41	17.21	19.31	22.75	26.25
r			min	0.4	0.6	0.6	0.6	0.8	0.8	1	1	1	1.2	1.6	2
s			公称=max	16.00	18.00	21.00	27.00	30.00	34.00	41	50	60.0	70.0	80.0	90.0
	产品等级	A	min	15.73	17.73	20.67	26.67	29.67	33.38	—	—	—	—	—	—
		B		15.57	17.57	20.16	26.16	29.16	33	40	49	58.8	68.1	78.1	87.8

表 2（续）

单位为毫米

螺纹规格($d \times P$)					M10×1.25	M12×1.25	M14×1.5	M18×1.5	M20×2	M22×1.5	M27×2	M33×2	M39×3	M45×3	M52×4	M60×4
l^{b}																
公称	产品等级															
	A		B													
	min	max	min	max												
20	19.58	20.42	—	—												
25	24.58	25.42	—	—												
30	29.58	30.42	—	—												
35	34.5	35.5	—	—												
40	39.5	40.5	—	—												
45	44.5	45.5	—	—												
50	49.5	50.5	—	—												
55	54.4	55.6	53.5	56.5												
60	59.4	60.6	58.5	61.5												
65	64.4	65.6	63.5	66.5												
70	69.4	70.6	68.5	71.5												
80	79.4	80.6	78.5	81.5												
90	89.3	90.7	88.25	91.75												
100	99.3	100.7	98.25	101.75												
110	109.3	110.7	108.25	111.75												
120	119.3	120.7	118.25	121.75												
130	129.2	130.8	128	132												
140	139.2	140.8	138	142												
150	149.2	150.8	148	152												
160	—	—	158	162												
180	—	—	178	182												

表 2（续）

单位为毫米

螺纹规格（$d\times P$）					M10×1.25	M12×1.25	M14×1.5	M18×1.5	M20×2	M22×1.5	M27×2	M33×2	M39×3	M45×3	M52×4	M60×4
l[b]																
公称	产品等级															
	A		B													
	min	max	min	max												
200	—	—	197.7	202.3												
220	—	—	217.7	222.3												
240	—	—	237.7	242.3												
260	—	—	257.4	262.6												
280	—	—	277.4	282.6												
300	—	—	297.4	302.6												
320	—	—	317.15	322.85												
340	—	—	337.15	342.85												
360	—	—	357.15	362.85												
380	—	—	377.15	382.85												
400	—	—	397.15	402.85												
420	—	—	416.85	423.15												
440	—	—	436.85	443.15												
460	—	—	456.85	463.15												
480	—	—	476.85	483.15												
500	—	—	496.85	503.15												

[a] $k_{w\,min}=0.7\,k_{min}$。

[b] 在阶梯实线间选用长度规格：

——阶梯虚线以上为 A 级；

——阶梯虚线以下为 B 级。

4 技术条件和引用标准

技术条件和引用标准见表 3。

表 3 技术条件和引用标准

材料		钢	不锈钢	有色金属
通用技术条件		GB/T 16938		
螺纹	公差	6g		
	标准	GB/T 193、GB/T 9145		
机械性能	等级	$d \leqslant 39$ mm: 5.6、8.8、10.9; $d > 39$ mm:按协议	$d \leqslant 24$ mm:A2-70、A4-70; 24 mm $< d \leqslant 39$ mm: A2-50、A4-50; $d > 39$ mm:按协议	CU2、CU3、AL4
	标准	$d \leqslant 39$ mm: GB/T 3098.1; $d > 39$ mm:按协议	$d \leqslant 39$ mm:GB/T 3098.6 $d > 39$ mm:按协议	GB/T 3098.10
公差	产品等级	$d \leqslant 24$ mm 和 $l \leqslant 10d$ 或 $l \leqslant 150$ mm(按较小值):A 级; $d > 24$ mm 或 $l > 10d$ 或 $l > 150$ mm(按较小值):B 级		
	标准	GB/T 3103.1		
表面缺陷		GB/T 5779.1	—	—
表面处理		不经处理; 电镀技术要求按 GB/T 5267.1; 非电解锌片涂层技术要求按 GB/T 5267.2	简单处理; 钝化处理技术要求按 GB/T 5267.4	简单处理; 电镀技术要求按 GB/T 5267.1
		如需其他技术要求或表面处理,应由供需协议		
验收及包装		GB/T 90.1、GB/T 90.2		

5 标记

5.1 标记方法

标记方法按 GB/T 1237 规定。

5.2 标记示例

螺纹规格为 M12×1.5、公称长度 $l=80$ mm、细牙螺纹、全螺纹、性能等级为 8.8 级、表面不经处理、产品等级为 A 级的六角头螺栓的标记:

螺栓 GB/T 5786 M12×1.5×80

螺　　柱

中华人民共和国国家标准

UDC 621.882

双头螺柱 $b_m=1d$

Double end studs—$b_m=1d$

GB 897—88

代替 GB 897—76

1 主题内容

本标准规定了螺纹直径为 M5～M48、$b_m=1d$ 的双头螺柱。

2 引用标准

GB 2 紧固件 外螺纹零件的末端

GB 196 普通螺纹 基本尺寸

GB 197 普通螺纹 公差与配合

GB 1167 过渡配合螺纹

GB 3098.1 紧固件机械性能 螺栓、螺钉、螺柱

GB 3098.6 紧固件机械性能 不锈钢螺栓、螺钉、螺柱和螺母

GB 3103.1 紧固件公差 螺栓、螺钉和螺母

GB 5267 螺纹紧固件电镀层

GB 5779.1 紧固件表面缺陷螺栓、螺钉和螺柱一般要求

GB 5779.3 紧固件表面缺陷螺栓、螺钉和螺柱特殊要求

GB 90 紧固件验收检查、标志与包装

GB 1237 紧固件的标记方法

3 尺寸

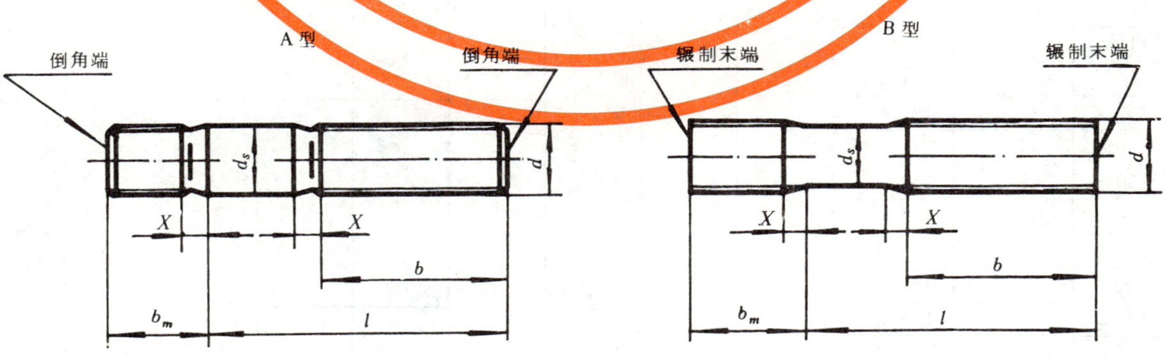

d_s 约等于螺纹中径(仅适用于 B 型)；末端按 GB 2 规定。

国家机械工业委员会 1988-01-26 批准 1989-01-01 实施

表 1

mm

<table>
<tr><td colspan="3">螺 纹 规 格 d</td><td>M5</td><td>M6</td><td>M8</td><td>M10</td><td>M12</td><td>(M14)</td><td>M16</td><td>(M18)</td><td>M20</td></tr>
<tr><td rowspan="3">b_m</td><td colspan="2">公 称</td><td>5</td><td>6</td><td>8</td><td>10</td><td>12</td><td>14</td><td>16</td><td>18</td><td>20</td></tr>
<tr><td colspan="2">min</td><td>4.40</td><td>5.40</td><td>7.25</td><td>9.25</td><td>11.10</td><td>13.10</td><td>15.10</td><td>17.10</td><td>18.95</td></tr>
<tr><td colspan="2">max</td><td>5.60</td><td>6.60</td><td>8.75</td><td>10.75</td><td>12.90</td><td>14.90</td><td>16.90</td><td>18.90</td><td>21.05</td></tr>
<tr><td rowspan="2">d_s</td><td colspan="2">max</td><td>5</td><td>6</td><td>8</td><td>10</td><td>12</td><td>14</td><td>16</td><td>18</td><td>20</td></tr>
<tr><td colspan="2">min</td><td>4.7</td><td>5.7</td><td>7.64</td><td>9.64</td><td>11.57</td><td>13.57</td><td>15.57</td><td>17.57</td><td>19.48</td></tr>
<tr><td>X</td><td colspan="2">max</td><td colspan="9">2.5P</td></tr>
<tr><td colspan="3">l</td><td colspan="9" rowspan="2">b</td></tr>
<tr><td>公称</td><td>min</td><td>max</td></tr>
<tr><td>16</td><td>15.10</td><td>16.90</td><td rowspan="4">10</td><td rowspan="2"></td><td rowspan="2"></td><td rowspan="4"></td><td rowspan="4"></td><td rowspan="6"></td><td rowspan="6"></td><td rowspan="8"></td><td rowspan="8"></td></tr>
<tr><td>(18)</td><td>17.10</td><td>18.90</td></tr>
<tr><td>20</td><td>18.95</td><td>21.05</td><td rowspan="2">10</td><td rowspan="2">12</td></tr>
<tr><td>(22)</td><td>20.95</td><td>23.05</td></tr>
<tr><td>25</td><td>23.95</td><td>26.05</td><td rowspan="9">16</td><td rowspan="3">14</td><td rowspan="3">16</td><td rowspan="2">14</td><td rowspan="3">16</td></tr>
<tr><td>(28)</td><td>26.95</td><td>29.05</td></tr>
<tr><td>30</td><td>28.95</td><td>31.05</td><td rowspan="4">16</td><td rowspan="3">18</td><td rowspan="4">20</td></tr>
<tr><td>(32)</td><td>30.75</td><td>33.25</td><td rowspan="11">18</td><td rowspan="14">22</td><td rowspan="4">20</td></tr>
<tr><td>35</td><td>33.75</td><td>36.25</td><td rowspan="3">22</td><td rowspan="3">25</td></tr>
<tr><td>(38)</td><td>36.75</td><td>39.25</td><td rowspan="3">25</td></tr>
<tr><td>40</td><td>38.75</td><td>41.25</td><td rowspan="15">26</td><td rowspan="4">30</td></tr>
<tr><td>45</td><td>43.75</td><td>46.25</td><td rowspan="14">30</td><td rowspan="4">35</td><td rowspan="5">35</td></tr>
<tr><td>50</td><td>48.75</td><td>51.25</td><td rowspan="13">34</td></tr>
<tr><td>(55)</td><td>53.5</td><td>56.5</td><td rowspan="20"></td></tr>
<tr><td>60</td><td>58.5</td><td>61.5</td><td rowspan="11">38</td></tr>
<tr><td>(65)</td><td>63.5</td><td>66.5</td><td rowspan="10">42</td></tr>
<tr><td>70</td><td>68.5</td><td>71.5</td><td rowspan="9">46</td></tr>
<tr><td>(75)</td><td>73.5</td><td>76.5</td></tr>
<tr><td>80</td><td>78.5</td><td>81.5</td><td rowspan="15"></td></tr>
<tr><td>(85)</td><td>83.25</td><td>86.75</td></tr>
<tr><td>90</td><td>88.25</td><td>91.75</td></tr>
<tr><td>(95)</td><td>93.25</td><td>96.75</td><td rowspan="12"></td></tr>
<tr><td>100</td><td>98.25</td><td>101.75</td></tr>
<tr><td>110</td><td>108.25</td><td>111.75</td></tr>
<tr><td>120</td><td>118.25</td><td>121.75</td></tr>
<tr><td>130</td><td>128.0</td><td>132.0</td><td>32</td><td rowspan="6">36</td><td rowspan="6">40</td><td rowspan="8">44</td><td rowspan="8">48</td><td rowspan="8">52</td></tr>
<tr><td>140</td><td>138.0</td><td>142.0</td><td rowspan="7"></td></tr>
<tr><td>150</td><td>148.0</td><td>152.0</td></tr>
<tr><td>160</td><td>158.0</td><td>162.0</td></tr>
<tr><td>170</td><td>168.0</td><td>172.0</td></tr>
<tr><td>180</td><td>178.0</td><td>182.0</td></tr>
<tr><td>190</td><td>187.7</td><td>192.3</td><td rowspan="2"></td><td rowspan="2"></td></tr>
<tr><td>200</td><td>197.7</td><td>202.3</td></tr>
</table>

续表 1

mm

<table>
<tr><td colspan="3">螺　纹　规　格　d</td><td>(M22)</td><td>M24</td><td>(M27)</td><td>M30</td><td>(M33)</td><td>M36</td><td>(M39)</td><td>M42</td><td>M48</td></tr>
<tr><td rowspan="3">b_m</td><td colspan="2">公　称</td><td>22</td><td>24</td><td>27</td><td>30</td><td>33</td><td>36</td><td>39</td><td>42</td><td>48</td></tr>
<tr><td colspan="2">min</td><td>20.95</td><td>22.95</td><td>25.95</td><td>28.95</td><td>31.75</td><td>34.75</td><td>37.75</td><td>40.75</td><td>46.75</td></tr>
<tr><td colspan="2">max</td><td>23.05</td><td>25.05</td><td>28.05</td><td>31.05</td><td>34.25</td><td>37.25</td><td>40.25</td><td>43.25</td><td>49.25</td></tr>
<tr><td rowspan="2">d_s</td><td colspan="2">max</td><td>22</td><td>24</td><td>27</td><td>30</td><td>33</td><td>36</td><td>39</td><td>42</td><td>48</td></tr>
<tr><td colspan="2">min</td><td>21.48</td><td>23.48</td><td>26.48</td><td>29.48</td><td>32.38</td><td>35.38</td><td>38.38</td><td>41.38</td><td>47.38</td></tr>
<tr><td>X</td><td colspan="2">max</td><td colspan="9">2.5P</td></tr>
<tr><td colspan="3">l</td><td colspan="9" rowspan="2">b</td></tr>
<tr><td>公称</td><td>min</td><td>max</td></tr>
<tr><td>40</td><td>38.75</td><td>41.25</td><td rowspan="2">30</td><td></td><td rowspan="2"></td><td rowspan="4"></td><td rowspan="5"></td><td rowspan="5"></td><td rowspan="6"></td><td rowspan="6"></td><td rowspan="8"></td></tr>
<tr><td>45</td><td>43.75</td><td>46.25</td><td rowspan="2">30</td></tr>
<tr><td>50</td><td>48.75</td><td>51.25</td><td rowspan="5">40</td><td rowspan="3">35</td></tr>
<tr><td>(55)</td><td>53.75</td><td>56.5</td><td rowspan="5">45</td></tr>
<tr><td>60</td><td>58.5</td><td>61.5</td><td rowspan="2">40</td></tr>
<tr><td>(65)</td><td>63.5</td><td>66.5</td><td rowspan="5">50</td><td rowspan="2">45</td><td rowspan="3">45</td></tr>
<tr><td>70</td><td>68.5</td><td>71.5</td><td rowspan="5">50</td><td rowspan="3">50</td><td rowspan="3">50</td></tr>
<tr><td>(75)</td><td>73.5</td><td>76.5</td><td rowspan="8">50</td><td rowspan="5">60</td></tr>
<tr><td>80</td><td>78.5</td><td>81.5</td><td rowspan="7">54</td><td rowspan="6">60</td><td rowspan="3">60</td></tr>
<tr><td>(85)</td><td>83.25</td><td>86.75</td><td rowspan="5">65</td><td rowspan="5">70</td></tr>
<tr><td>90</td><td>88.25</td><td>91.75</td><td rowspan="5">60</td></tr>
<tr><td>(95)</td><td>93.25</td><td>96.75</td><td rowspan="4">66</td><td rowspan="3">80</td></tr>
<tr><td>100</td><td>98.25</td><td>101.75</td><td rowspan="3">72</td></tr>
<tr><td>110</td><td>108.25</td><td>111.75</td></tr>
<tr><td>120</td><td>118.25</td><td>121.75</td><td>78</td><td>84</td><td>90</td><td>102</td></tr>
<tr><td>130</td><td>128.0</td><td>132.0</td><td rowspan="8">56</td><td rowspan="8">60</td><td rowspan="8">66</td><td rowspan="8">72</td><td rowspan="8">78</td><td rowspan="8">84</td><td rowspan="8">90</td><td rowspan="8">96</td><td rowspan="8">108</td></tr>
<tr><td>140</td><td>138.0</td><td>142.0</td></tr>
<tr><td>150</td><td>148.0</td><td>152.0</td></tr>
<tr><td>160</td><td>158.0</td><td>162.0</td></tr>
<tr><td>170</td><td>168.0</td><td>172.0</td></tr>
<tr><td>180</td><td>178.0</td><td>182.0</td></tr>
<tr><td>190</td><td>187.7</td><td>192.3</td></tr>
<tr><td>200</td><td>197.7</td><td>202.3</td></tr>
<tr><td>210</td><td>207.7</td><td>212.3</td><td rowspan="8"></td><td rowspan="8"></td><td rowspan="8"></td><td rowspan="5">85</td><td rowspan="8">91</td><td rowspan="8">97</td><td rowspan="8">103</td><td rowspan="8">109</td><td rowspan="8">121</td></tr>
<tr><td>220</td><td>217.7</td><td>222.3</td></tr>
<tr><td>230</td><td>227.7</td><td>232.3</td></tr>
<tr><td>240</td><td>237.7</td><td>242.3</td></tr>
<tr><td>250</td><td>247.7</td><td>252.3</td></tr>
<tr><td>260</td><td>257.4</td><td>262.6</td><td rowspan="3"></td></tr>
<tr><td>280</td><td>277.4</td><td>282.6</td></tr>
<tr><td>300</td><td>297.4</td><td>302.6</td></tr>
</table>

注：① 尽可能不采用括号内的规格。

② P——粗牙螺距。

③ 折线之间为通用规格范围。

④ 当 $b-b_m \leqslant 5$mm 时，旋螺母一端应制成倒圆端，或在端面中心制出凹点。

⑤ 允许采用细牙螺纹和过渡配合螺纹。

4 技术条件

技术条件如表 2 所示。

表 2

<table>
<tr><td colspan="2">材　　料</td><td>钢</td><td>不锈钢</td></tr>
<tr><td rowspan="2">普通螺纹</td><td>公　差</td><td colspan="2">6g</td></tr>
<tr><td>标　准</td><td colspan="2">GB 196、GB 197</td></tr>
<tr><td rowspan="2">过渡配合螺纹</td><td>代　号</td><td colspan="2">GM、G2M</td></tr>
<tr><td>标　准</td><td colspan="2">GB 1167</td></tr>
<tr><td rowspan="2">机械性能</td><td>等　级</td><td>4.8、5.8、6.8、8.8、10.9、12.9</td><td>A2—50　A2—70</td></tr>
<tr><td>标　准</td><td>GB 3098.1</td><td>GB 3098.6</td></tr>
<tr><td rowspan="2">公　差</td><td>产品等级</td><td colspan="2">除第 3 章规定外，其余按 B 级</td></tr>
<tr><td>标　准</td><td colspan="2">GB 3103.1</td></tr>
<tr><td colspan="2">表面处理</td><td>①不经处理；②氧化；③镀锌钝化 GB 5276</td><td>不经处理</td></tr>
<tr><td colspan="2">表面缺陷</td><td colspan="2">GB 5779.1、GB 5779.3</td></tr>
<tr><td colspan="2">验收及包装</td><td colspan="2">GB 90</td></tr>
</table>

5 标记

5.1 标记方法按 GB 1237 规定。

5.2 标记示例：

两端均为粗牙普通螺纹，$d=10$mm、$l=50$mm、性能等级为 4.8 级、不经表面处理、B 型、$b_m=1d$ 的双头螺柱的标记：

螺柱　GB 897　M10×50

旋入机体一端为粗牙普通螺纹，旋螺母一端为螺距 $P=1$mm 的细牙普通螺纹，$d=10$mm、$l=50$mm、性能等级为 4.8 级、不经表面处理、A 型、$b_m=1d$ 的双头螺柱的标记。

螺柱　GB 897　AM10—M10×1×50

旋入机体一端为过渡配合螺纹的第一种配合，旋螺母一端为粗牙普通螺纹，$d=10$mm、$l=50$mm、性能等级为 8.8 级、镀锌钝化、B 型、$b_m=1d$ 的双头螺柱的标记：

螺柱　GB 897　GM 10—M10×50—8.8—Zn·D

附加说明：

本标准由全国紧固件标准化技术委员会提出。

本标准由国家机械工业委员会标准化研究所归口。

本标准由国家机械工业委员会标准化研究所负责起草。

GB/T 897—1988《双头螺柱 $b_m = 1d$》第1号修改单

本修改单业经国家技术监督局于1991年6月29日以技监国标发[1991]159号文批准，自1991年12月1日起实施。

表1中X_{max}由1.5P改为2.5P。

所有表注④“当$b-b_m \leqslant 5$ mm时，旋螺母一端应制成倒圆端；”改为：“当$b-b_m \leqslant 5$ mm时，旋螺母一端应制成倒圆端，或在端面中心制出凹点；”。

中华人民共和国国家标准

UDC 621.882

GB 898—88

代替 GB 898—76

双头螺柱 $b_m = 1.25d$

Double end studs—$b_m = 1.25d$

1 主题内容

本标准规定了螺纹直径为 M5～M48、$b_m = 1.25d$ 的双头螺柱。

注：商品紧固件品种，应优先选用。

2 引用标准

GB 2 紧固件 外螺纹零件的末端

GB 196 普通螺纹 基本尺寸

GB 197 普通螺纹 公差与配合

GB 1167 过渡配合螺纹

GB 3098.1 紧固件机械性能 螺栓、螺钉、螺柱

GB 3098.6 紧固件机械性能 不锈钢螺栓、螺钉、螺柱和螺母

GB 3103.1 紧固件公差 螺栓、螺钉和螺母

GB 5267 螺纹紧固件电镀层

GB 5779.1 紧固件表面缺陷螺栓、螺钉和螺柱一般要求

GB 5779.3 紧固件表面缺陷螺栓、螺钉和螺柱特殊要求

GB 90 紧固件验收检查、标志与包装

GB 1237 紧固件的标记方法

3 尺寸

尺寸如下图及表 1、表 2、表 3 所示。

3.1 商品规格按图及表 1 规定。

3.2 通用规格按图及表 2 规定。

3.3 尽量不采用的规格按图及表 3 规定。

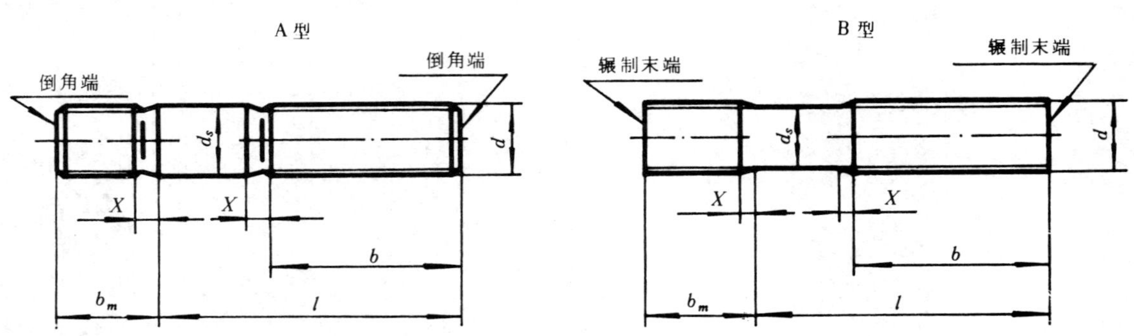

d_s 约等于螺纹中径（仅适用于 B 型）；末端按 GB 2 规定。

国家机械工业委员会 1988-01-26 批准　　　　1989-01-01 实施

表 1

mm

<table>
<tr><td colspan="3">螺　纹　规　格　d</td><td>M5</td><td>M6</td><td>M8</td><td>M10</td><td>M12</td><td>M16</td><td>M20</td></tr>
<tr><td colspan="2" rowspan="3">b_m</td><td>公　称</td><td>6</td><td>8</td><td>10</td><td>12</td><td>15</td><td>20</td><td>25</td></tr>
<tr><td>min</td><td>5.40</td><td>7.25</td><td>9.25</td><td>11.10</td><td>14.10</td><td>18.95</td><td>23.95</td></tr>
<tr><td>max</td><td>6.60</td><td>8.75</td><td>10.75</td><td>12.90</td><td>15.90</td><td>21.05</td><td>26.05</td></tr>
<tr><td colspan="2" rowspan="2">d_s</td><td>max</td><td>5</td><td>6</td><td>8</td><td>10</td><td>12</td><td>16</td><td>20</td></tr>
<tr><td>min</td><td>4.7</td><td>5.7</td><td>7.64</td><td>9.64</td><td>11.57</td><td>15.57</td><td>19.48</td></tr>
<tr><td colspan="2">X</td><td>max</td><td colspan="7">2.5P</td></tr>
<tr><td colspan="3">l</td><td colspan="7" rowspan="2">b</td></tr>
<tr><td>公称</td><td>min</td><td>max</td></tr>
<tr><td>16</td><td>15.10</td><td>16.90</td><td rowspan="4">10</td><td rowspan="2"></td><td rowspan="2"></td><td rowspan="4"></td><td rowspan="4"></td><td rowspan="6"></td><td rowspan="8"></td></tr>
<tr><td>(18)</td><td>17.10</td><td>18.90</td></tr>
<tr><td>20</td><td>18.95</td><td>21.05</td><td rowspan="2">10</td><td rowspan="2">12</td></tr>
<tr><td>(22)</td><td>20.95</td><td>23.05</td></tr>
<tr><td>25</td><td>23.95</td><td>26.05</td><td rowspan="9">16</td><td rowspan="3">14</td><td rowspan="3">16</td><td rowspan="2">14</td><td rowspan="3">16</td></tr>
<tr><td>(28)</td><td>26.95</td><td>29.05</td></tr>
<tr><td>30</td><td>28.95</td><td>31.05</td><td rowspan="4">16</td><td rowspan="4">20</td></tr>
<tr><td>(32)</td><td>30.75</td><td>33.25</td><td rowspan="11">18</td><td rowspan="14">22</td><td rowspan="4">20</td></tr>
<tr><td>35</td><td>33.75</td><td>36.25</td><td rowspan="3">25</td></tr>
<tr><td>(38)</td><td>36.75</td><td>39.25</td></tr>
<tr><td>40</td><td>38.75</td><td>41.25</td><td rowspan="15">26</td></tr>
<tr><td>45</td><td>43.75</td><td>46.25</td><td rowspan="14">30</td><td rowspan="4">30</td><td rowspan="5">35</td></tr>
<tr><td>50</td><td>48.75</td><td>51.25</td></tr>
<tr><td>(55)</td><td>53.5</td><td>56.5</td><td rowspan="20"></td></tr>
<tr><td>60</td><td>58.5</td><td>61.5</td><td rowspan="11">38</td></tr>
<tr><td>(65)</td><td>63.5</td><td>66.5</td></tr>
<tr><td>70</td><td>68.5</td><td>71.5</td><td rowspan="9">46</td></tr>
<tr><td>(75)</td><td>73.5</td><td>76.5</td></tr>
<tr><td>80</td><td>78.5</td><td>81.5</td><td rowspan="15"></td></tr>
<tr><td>(85)</td><td>83.25</td><td>86.75</td></tr>
<tr><td>90</td><td>88.25</td><td>91.75</td></tr>
<tr><td>(95)</td><td>93.25</td><td>96.75</td><td rowspan="12"></td></tr>
<tr><td>100</td><td>98.25</td><td>101.75</td></tr>
<tr><td>110</td><td>108.25</td><td>111.75</td></tr>
<tr><td>120</td><td>118.25</td><td>121.75</td></tr>
<tr><td>130</td><td>128.0</td><td>132.0</td><td>32</td><td rowspan="6">36</td><td rowspan="8">44</td><td rowspan="8">52</td></tr>
<tr><td>140</td><td>138.0</td><td>142.0</td><td rowspan="7"></td></tr>
<tr><td>150</td><td>148.0</td><td>152.0</td></tr>
<tr><td>160</td><td>158.0</td><td>162.0</td></tr>
<tr><td>170</td><td>168.0</td><td>172.0</td></tr>
<tr><td>180</td><td>178.0</td><td>182.0</td></tr>
<tr><td>190</td><td>187.7</td><td>192.3</td><td rowspan="2"></td></tr>
<tr><td>200</td><td>197.7</td><td>202.3</td></tr>
</table>

注：① 尽可能不采用括号内的规格。

② P——粗牙螺距。

③ 折线之间为商品规格范围。

④ 当 $b-b_m \leqslant 5$mm 时，旋螺母一端应制成倒圆端，或在端面中心制出凹点。

⑤ 允许采用细牙螺纹和过渡配合螺纹。

表 2

mm

螺纹规格		d	M24	M30	M36	M42	M48
b_m		公称	30	38	45	52	60
		min	28.95	36.75	43.75	50.50	58.50
		max	31.05	39.25	46.25	53.50	61.50
d_s		max	24	30	36	42	48
		min	23.48	29.48	35.38	41.38	47.38
X		max	2.5P				
l			b				
公称	min	max					
45	43.75	46.25	30				
50	48.75	51.25					
(55)	53.50	56.50	45				
60	58.50	61.50		40			
(65)	63.50	66.50			45		
70	68.50	71.50		50		50	
(75)	73.50	76.50					
80	78.50	81.50	54		60		60
(85)	83.25	86.75				70	
90	88.25	91.75		66			
(95)	93.25	96.75					80
100	98.25	101.75					
110	108.25	111.75					
120	118.25	121.75			78	90	102
130	128.0	132.0	60	72	84	96	108
140	138.0	142.0					
150	148.0	152.0					
160	158.0	162.0					
170	168.0	172.0					
180	178.0	182.0					
190	187.7	192.3					
200	197.7	202.3					
210	207.7	212.3		85	97	109	121
220	217.7	222.3					
230	227.7	232.3					
240	237.7	242.3					
250	247.7	252.3					
260	257.4	262.6					
280	277.4	282.6					
300	297.4	302.6					

注：① 尽可能不采用括号内的规格。

② P——粗牙螺距。

③ 折线之间为通用规格范围。

④ 当 $b-b_m \leqslant 5$mm 时，旋螺母一端应制成倒圆端，或在端面中心制出凹点。

⑤ 允许采用细牙螺纹和过渡配合螺纹。

表 3　　mm

<table>
<tr><th colspan="2">螺 纹 规 格</th><th>d</th><th>M14</th><th>M18</th><th>M22</th><th>M27</th><th>M33</th><th>M39</th></tr>
<tr><td colspan="2" rowspan="3">b_m</td><td>公 称</td><td>18</td><td>22</td><td>28</td><td>35</td><td>41</td><td>49</td></tr>
<tr><td>min</td><td>17.10</td><td>20.95</td><td>26.95</td><td>33.75</td><td>39.75</td><td>47.75</td></tr>
<tr><td>max</td><td>18.90</td><td>23.05</td><td>29.05</td><td>36.25</td><td>42.25</td><td>50.25</td></tr>
<tr><td colspan="2" rowspan="2">d_s</td><td>max</td><td>14</td><td>18</td><td>22</td><td>27</td><td>33</td><td>39</td></tr>
<tr><td>min</td><td>13.57</td><td>17.57</td><td>21.48</td><td>26.48</td><td>32.38</td><td>38.38</td></tr>
<tr><td colspan="2">X</td><td>max</td><td colspan="6">2.5P</td></tr>
<tr><td colspan="3">l</td><td colspan="6" rowspan="2">b</td></tr>
<tr><td>公 称</td><td>min</td><td>max</td></tr>
<tr><td>30</td><td>28.95</td><td>31.05</td><td rowspan="3">18</td><td rowspan="2"></td><td rowspan="4"></td><td rowspan="6"></td><td rowspan="9"></td><td rowspan="10"></td></tr>
<tr><td>32</td><td>30.75</td><td>33.25</td></tr>
<tr><td>35</td><td>33.75</td><td>36.25</td><td rowspan="3">22</td></tr>
<tr><td>38</td><td>36.75</td><td>39.25</td><td rowspan="3">25</td></tr>
<tr><td>40</td><td>38.75</td><td>41.25</td><td rowspan="2">30</td></tr>
<tr><td>45</td><td>43.75</td><td>46.25</td><td rowspan="4">35</td></tr>
<tr><td>50</td><td>48.75</td><td>51.25</td><td rowspan="13">34</td><td rowspan="5">40</td><td rowspan="3">35</td></tr>
<tr><td>55</td><td>53.50</td><td>56.50</td></tr>
<tr><td>60</td><td>58.50</td><td>61.50</td></tr>
<tr><td>65</td><td>63.50</td><td>66.50</td><td rowspan="10">42</td><td rowspan="5">50</td><td rowspan="2">45</td></tr>
<tr><td>70</td><td>68.50</td><td>71.50</td><td rowspan="4">50</td></tr>
<tr><td>75</td><td>73.50</td><td>76.50</td><td rowspan="8">50</td><td rowspan="5">60</td></tr>
<tr><td>80</td><td>78.50</td><td>81.50</td></tr>
<tr><td>85</td><td>83.25</td><td>86.75</td></tr>
<tr><td>90</td><td>88.25</td><td>91.75</td><td rowspan="5">60</td><td rowspan="4">65</td></tr>
<tr><td>95</td><td>93.25</td><td>96.75</td></tr>
<tr><td>100</td><td>98.25</td><td>101.75</td><td rowspan="3">72</td></tr>
<tr><td>110</td><td>108.25</td><td>111.75</td></tr>
<tr><td>120</td><td>118.25</td><td>121.75</td><td>84</td></tr>
<tr><td>130</td><td>128.0</td><td>132.0</td><td rowspan="6">40</td><td rowspan="8">48</td><td rowspan="8">56</td><td rowspan="8">66</td><td rowspan="8">78</td><td rowspan="8">90</td></tr>
<tr><td>140</td><td>138.0</td><td>142.0</td></tr>
<tr><td>150</td><td>148.0</td><td>152.0</td></tr>
<tr><td>160</td><td>158.0</td><td>162.0</td></tr>
<tr><td>170</td><td>168.0</td><td>172.0</td></tr>
<tr><td>180</td><td>178.0</td><td>182.0</td></tr>
<tr><td>190</td><td>187.7</td><td>192.3</td><td rowspan="10"></td></tr>
<tr><td>200</td><td>197.7</td><td>202.3</td></tr>
<tr><td>210</td><td>207.7</td><td>212.3</td><td rowspan="8"></td><td rowspan="8"></td><td rowspan="8"></td><td rowspan="8">91</td><td rowspan="8">103</td></tr>
<tr><td>220</td><td>217.7</td><td>222.3</td></tr>
<tr><td>230</td><td>227.7</td><td>232.3</td></tr>
<tr><td>240</td><td>237.7</td><td>242.3</td></tr>
<tr><td>250</td><td>247.7</td><td>252.3</td></tr>
<tr><td>260</td><td>257.4</td><td>262.6</td></tr>
<tr><td>280</td><td>277.4</td><td>282.6</td></tr>
<tr><td>300</td><td>297.4</td><td>302.6</td></tr>
</table>

注:① 折线之间为长度规格范围。

② 当 $b-b_m \leqslant 5$mm 时,旋螺母一端应制成倒圆端,或在端面中心制出凹点。

③ 允许采用细牙螺纹和过渡配合螺纹。

4 技术条件

技术条件如表 4 所示。

表 4

材　　料		钢	不　锈　钢
普通螺纹	公　　差	6g	
	标　　准	GB 196、GB 197	
过渡配合螺纹	代　　号	GM、G2M	
	标　　准	GB 1167	
机械性能	等　　级	4.8、5.8、6.8、8.8、10.9、12.9	A2—50、A2—70
	标　　准	GB 3098.1	GB 3098.6
公差	产品等级	除第 3 章规定外，其余按 B 级	
	标　　准	GB 3103.1	
表　面　处　理		①不经处理；②氧化；③镀锌钝化；GB 5267	不经处理
表　面　缺　陷		GB 5779.1、GB 5779.3	
验　收　及　包　装		GB 90	

5 标记

5.1 标记方法按 GB 1237 规定。

5.2 标记示例：

两端均为粗牙普通螺纹，$d=10$mm、$l=50$mm、性能等级为 4.8 级、不经表面处理、B 型 $b_m=1.25d$ 的双头螺柱的标记：

螺柱　GB 898　M10×50

旋入机体一端为粗牙普通螺纹，旋螺母一端为螺距 $P=1$mm 的细牙普通螺纹，$d=10$mm、$l=50$mm、性能等级为 4.8 级、不经表面处理、A 型、$b_m=1.25d$ 的双头螺柱的标记：

螺柱　GB 898　AM10—M10×1×50

旋入机体一端为过渡配合螺纹的第一种配合，旋螺母一端为粗牙普通螺纹，$d=10$mm、$l=50$mm、性能等级为 8.8 级、镀锌钝化、B 型、$b_m=1.25d$ 的双头螺柱的标记：

螺柱　GB 898 GM 10—M10×50—8.8—Zn·D

附加说明：

本标准由全国紧固件标准化技术委员会提出。

本标准由国家机械工业委员会标准化研究所归口。

本标准由国家机械工业委员会标准化研究所负责起草。

GB/T 898—1988《双头螺柱 $b_m = 1.25d$》第1号修改单

本修改单业经国家技术监督局于 1991 年 6 月 29 日以技监国标发[1991]159 号文批准，自 1991 年 12 月 1 日起实施。

表 1～表 3 中 X_{max} 由 1.5P 改为 2.5P。

所有表注④“当 $b-b_m \leqslant 5$ mm 时，旋螺母一端应制成倒圆端；”改为：“当 $b-b_m \leqslant 5$ mm 时，旋螺母一端应制成倒圆端，或在端面中心制出凹点；”。

中华人民共和国国家标准

UDC 621.882

GB 899—88

代替 GB 899—76

双头螺柱 $b_m = 1.5d$

Double end studs—$b_m = 1.5d$

1 主题内容

本标准规定了螺纹直径为 M2～M48、$b_m = 1.5d$ 的双头螺柱。

2 引用标准

GB 2 紧固件外螺纹零件的末端
GB 196 普通螺纹 基本尺寸
GB 197 普通螺纹 公差与配合
GB 1167 过渡配合螺纹
GB 3098.1 紧固件机械性能 螺栓、螺钉和螺柱
GB 3098.6 紧固件机械性能 不锈钢螺栓、螺钉、螺柱和螺母
GB 3103.1 紧固件公差 螺栓、螺钉和螺母
GB 5267 螺纹紧固件电镀层
GB 5779.1 紧固件表面缺陷螺栓、螺钉和螺柱一般要求
GB 5779.3 紧固件表面缺陷螺栓、螺钉和螺柱特殊要求
GB 90 紧固件验收检查、标志与包装
GB 1237 紧固件的标记方法

3 尺寸

尺寸如下图及表 1 所示。

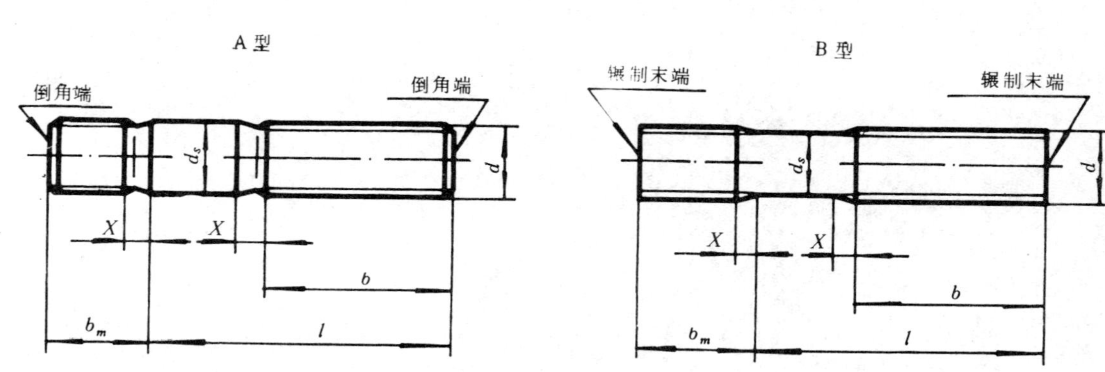

d_s 约等于螺纹中径（仅适用于 B 型）；末端按 GB 2 规定。

国家机械工业委员会 1988-01-26 批准　　　　1989-01-01 实施

表 1

mm

<table>
<tr><td colspan="3">螺纹规格 d</td><td>M2</td><td>M2.5</td><td>M3</td><td>M4</td><td>M5</td><td>M6</td><td>M8</td><td>M10</td><td>M12</td><td>(M14)</td><td>M16</td></tr>
<tr><td colspan="2" rowspan="3">b_m</td><td>公称</td><td>3</td><td>3.5</td><td>4.5</td><td>6</td><td>8</td><td>10</td><td>12</td><td>15</td><td>18</td><td>21</td><td>24</td></tr>
<tr><td>min</td><td>2.40</td><td>2.90</td><td>3.90</td><td>5.40</td><td>7.25</td><td>9.25</td><td>11.10</td><td>14.10</td><td>17.10</td><td>19.95</td><td>22.95</td></tr>
<tr><td>max</td><td>3.60</td><td>4.10</td><td>5.10</td><td>6.60</td><td>8.75</td><td>10.75</td><td>12.90</td><td>15.90</td><td>18.90</td><td>22.05</td><td>25.05</td></tr>
<tr><td colspan="2" rowspan="2">d_s</td><td>max</td><td>2</td><td>2.5</td><td>3</td><td>4</td><td>5</td><td>6</td><td>8</td><td>10</td><td>12</td><td>14</td><td>16</td></tr>
<tr><td>min</td><td>1.75</td><td>2.25</td><td>2.75</td><td>3.7</td><td>4.7</td><td>5.7</td><td>7.64</td><td>9.64</td><td>11.57</td><td>13.57</td><td>15.57</td></tr>
<tr><td colspan="2">X</td><td>max</td><td colspan="11">2.5P</td></tr>
<tr><td colspan="3">l</td><td colspan="11" rowspan="2">b</td></tr>
<tr><td>公称</td><td>min</td><td>max</td></tr>
<tr><td>12</td><td>11.10</td><td>12.90</td><td rowspan="3">6</td><td></td><td rowspan="2"></td><td rowspan="2"></td><td rowspan="2"></td><td rowspan="4"></td><td rowspan="4"></td><td rowspan="6"></td><td rowspan="6"></td><td rowspan="8"></td><td rowspan="8"></td></tr>
<tr><td>(14)</td><td>13.10</td><td>14.90</td><td rowspan="3">8</td></tr>
<tr><td>16</td><td>15.10</td><td>16.90</td><td rowspan="3">6</td><td rowspan="4">8</td><td rowspan="4">10</td></tr>
<tr><td>(18)</td><td>17.10</td><td>18.90</td><td rowspan="5">10</td></tr>
<tr><td>20</td><td>18.95</td><td>21.05</td><td rowspan="5">11</td><td rowspan="2">10</td><td rowspan="2">12</td></tr>
<tr><td>(22)</td><td>20.95</td><td>23.05</td><td rowspan="8">12</td></tr>
<tr><td>25</td><td>23.95</td><td>26.05</td><td rowspan="7">14</td><td rowspan="9">16</td><td rowspan="3">14</td><td rowspan="3">16</td><td rowspan="2">14</td><td rowspan="3">16</td></tr>
<tr><td>(28)</td><td>26.95</td><td>29.05</td></tr>
<tr><td>30</td><td>28.95</td><td>30.05</td><td rowspan="27"></td><td rowspan="4">16</td><td rowspan="3">18</td><td rowspan="4">20</td></tr>
<tr><td>(32)</td><td>30.75</td><td>33.25</td><td rowspan="26"></td><td rowspan="11">18</td><td rowspan="14">22</td><td rowspan="4">20</td></tr>
<tr><td>35</td><td>33.75</td><td>36.25</td></tr>
<tr><td>(38)</td><td>36.75</td><td>39.25</td><td rowspan="3">25</td></tr>
<tr><td>40</td><td>38.75</td><td>41.25</td><td rowspan="15">26</td><td rowspan="4">30</td></tr>
<tr><td>45</td><td>43.75</td><td>46.25</td><td rowspan="22"></td><td rowspan="22"></td><td rowspan="14">30</td></tr>
<tr><td>50</td><td>48.75</td><td>51.25</td><td rowspan="13">34</td></tr>
<tr><td>(55)</td><td>53.5</td><td>56.5</td><td rowspan="20"></td></tr>
<tr><td>60</td><td>58.5</td><td>61.5</td><td rowspan="11">38</td></tr>
<tr><td>(65)</td><td>63.5</td><td>66.5</td></tr>
<tr><td>70</td><td>68.5</td><td>71.5</td></tr>
<tr><td>(75)</td><td>73.5</td><td>76.5</td></tr>
<tr><td>80</td><td>78.5</td><td>81.5</td><td rowspan="15"></td></tr>
<tr><td>(85)</td><td>83.25</td><td>86.75</td></tr>
<tr><td>90</td><td>88.25</td><td>91.75</td></tr>
<tr><td>(95)</td><td>93.25</td><td>96.75</td><td rowspan="12"></td></tr>
<tr><td>100</td><td>98.25</td><td>101.75</td></tr>
<tr><td>110</td><td>108.25</td><td>111.75</td></tr>
<tr><td>120</td><td>118.25</td><td>121.75</td></tr>
<tr><td>130</td><td>128</td><td>132.00</td><td>32</td><td rowspan="6">36</td><td rowspan="6">40</td><td rowspan="8">44</td></tr>
<tr><td>140</td><td>138</td><td>142.00</td><td rowspan="7"></td></tr>
<tr><td>150</td><td>148</td><td>152.00</td></tr>
<tr><td>160</td><td>158</td><td>162.00</td></tr>
<tr><td>170</td><td>168</td><td>172.00</td></tr>
<tr><td>180</td><td>178</td><td>182.00</td></tr>
<tr><td>190</td><td>187.7</td><td>192.30</td><td rowspan="2"></td><td rowspan="2"></td></tr>
<tr><td>200</td><td>197.7</td><td>202.30</td></tr>
</table>

续表 1 mm

螺纹规格 d			(M18)	M20	(M22)	M24	(M27)	M30	(M33)	M36	(M39)	M42	M48
b_m		公称	27	30	33	36	40	45	49	54	58	63	72
		min	25.95	28.95	32.75	34.75	38.75	43.75	47.75	53.5	56.5	61.5	70.5
		max	28.05	31.05	34.25	37.25	41.25	46.25	50.25	55.5	59.5	64.5	73.5
d_s		max	18	20	22	24	27	30	33	36	39	42	48
		min	17.57	19.48	21.48	23.48	26.48	29.48	32.38	35.38	38.38	41.38	47.38
X		max	2.5P										
l			b										
公称	min	max											
35	33.75	36.25	22	25									
(38)	36.75	39.25											
40	38.75	41.25			30								
45	43.75	46.25	35	35		30							
50	48.75	51.25			40		35						
(55)	53.5	56.5				45							
60	58.5	61.5						40					
(65)	63.5	66.5	42				50		45	45			
70	68.5	71.5		46				50			50	50	
(75)	73.5	76.5			50				60				
80	78.5	81.5				54				60			60
(85)	83.25	86.75									65	70	
90	88.25	91.75					60						
(95)	93.25	96.75						66					80
100	98.25	101.75							72				
110	108.25	111.75											
120	118.25	121.75								78	84	90	102
130	128	132.00	48	52	56	60	66	72	78	84	90	96	108
140	138	142.00											
150	148	152.00											
160	158	162.00											
170	168	172.00											
180	178	182.00											
190	187.7	192.30											
200	197.7	202.30											
210	207.7	212.30						85	91	97	103	109	121
220	217.7	222.30											
230	227.7	232.30											
240	237.7	242.30											
250	247.7	252.30											
260	257.4	262.60											
280	277.4	282.60											
300	297.4	302.60											

注：① 尽可能不采用括号内的规格。

② P——粗牙螺距。

③ 折线之间为通用规格范围。

④ 当 $b-b_m \leqslant 5$mm 时，旋螺母一端应制成倒圆端，或在端面中心制出凹点。

⑤ 允许采用细牙螺纹和过渡配合螺纹。

4 技术条件

技术条件如表 2 所示。

表 2

材　　料		钢	不　锈　钢
普通螺纹	公　　差	6g	
	标　　准	GB 196、GB 197	
过渡配合螺纹	代　号	GM、G2M	
	标　准	GB 1167	
机械性能	等　级	4.8、5.8、6.8、8.8、10.9、12.9	A2—50　A2—70
	标　准	GB 3098.1	GB 3098.6
公　　差	产品等级	除第 3 章规定外，其余按 B 级	
	标　　准	GB 3103.1	
表　面　处　理		① 不经处理；② 氧化；③ 镀锌钝化 GB 5267	不经处理
表　面　缺　陷		GB 5779.1、GB 5779.3	
验　收　及　包　装		GB 90	

5 标记

5.1 标记方法按 GB 1237 规定。

5.2 标记示例：

两端均为粗牙普通螺纹，$d=10$mm、$l=50$mm、性能等级为 4.8 级、不经表面处理、B 型、$b_m=1.5d$ 的双头螺柱的标记：

螺柱　GB 899　M10×50

旋入机体一端为粗牙普通螺纹，旋螺母一端为螺距 $P=1$mm 的细牙普通螺纹，$d=10$mm、$l=50$mm、性能等级为 4.8 级、不经表面处理、A 型、$b_m=1.5d$ 的双头螺柱的标记：

螺柱　GB 899　AM10—M10×1×50

旋入机体一端为过渡配合螺纹的第一种配合，旋螺母一端为粗牙普通螺纹，$d=10$mm、$l=50$mm、性能等级为 8.8 级、镀锌钝化、B 型、$b_m=1.5d$ 的双头螺柱的标记：

螺柱　GB 899　GM10—M10×50—8.8—Zn·D

附加说明：

本标准由全国紧固件标准化技术委员会提出。

本标准由国家机械工业委员会标准化研究所归口。

本标准由国家机械工业委员会标准化研究所负责起草。

GB/T 899—1988《双头螺柱 $b_m=1.5d$》第1号修改单

本修改单业经国家技术监督局于1991年6月29日以技监国标发[1991]159号文批准，自1991年12月1日起实施。

表1中 X_{max} 由1.5P 改为2.5P。

所有表注④"当 $b-b_m \leqslant 5$ mm时，旋螺母一端应制成倒圆端；"改为："当 $b-b_m \leqslant 5$ mm时，旋螺母一端应制成倒圆端，或在端面中心制出凹点；"。

UDC 621.882

GB 900—88

代替 GB 900—76

中华人民共和国国家标准

双头螺柱 $b_m=2d$

Double end studs—$b_m=2d$

1 主题内容

本标准规定了螺纹直径为M2～M48、$b_m=2d$ 的双头螺柱。

2 引用标准

GB 2 紧固件外螺纹零件的末端

GB 196 普通螺纹 基本尺寸

GB 197 普通螺纹 公差与配合

GB 1167 过渡配合螺纹(旋入铸铁、钢体)

GB 1180 过渡配合螺纹(旋入铝体)

GB 1181 过盈配合螺纹(旋入铝体)

GB 3098.1 紧固件机械性能 螺栓、螺钉、螺柱

GB 3098.6 紧固件机械性能 不锈钢螺栓、螺钉、螺柱和螺母

GB 3103.1 紧固件公差 螺栓、螺钉和螺母

GB 5267 螺纹紧固件电镀层

GB 5779.1 紧固件表面缺陷螺栓、螺钉和螺柱一般要求

GB 5779.3 紧固件表面缺陷螺栓、螺钉和螺柱特殊要求

GB 90 紧固件验收检查、标志与包装

GB 1237 紧固件的标记方法

3 尺寸

尺寸如下图及表 1 所示。

A 型

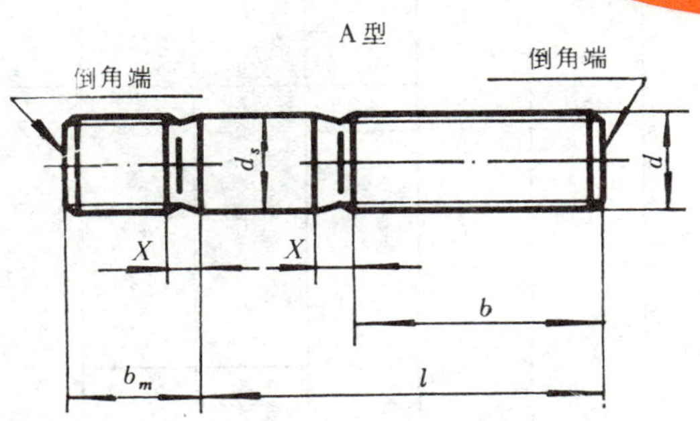

B 型

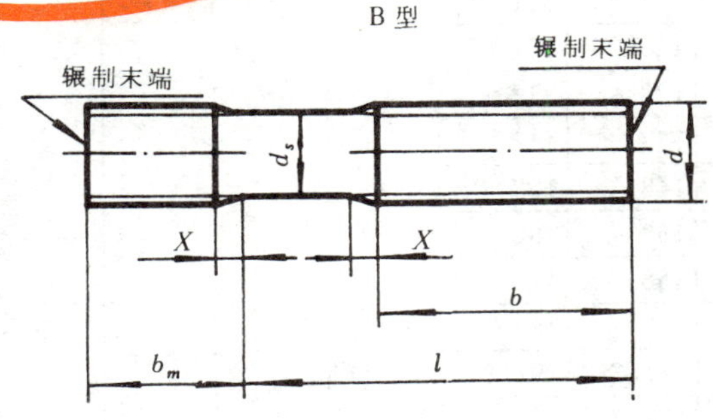

d_s 约等于螺纹中径(仅适用于 B 型);末端按 GB 2 规定。

国家机械工业委员会 1988-01-26 批准　　1989-01-01 实施

表 1

mm

螺纹规格 d			M2	M2.5	M3	M4	M5	M6	M8	M10	M12	(M14)	M16
b_m	公称		4	5	6	8	10	12	16	20	24	28	32
	min		3.40	4.40	5.40	7.25	9.25	11.10	15.10	18.95	22.95	26.95	30.75
	max		4.60	5.60	6.60	8.75	10.75	12.90	16.90	21.05	25.05	29.05	33.25
d_s	max		2	2.5	3	4	5	6	8	10	12	14	16
	min		1.75	2.25	2.75	3.7	4.7	5.7	7.64	9.64	11.57	13.57	15.57
X	max		2.5P										
l			b										
公称	min	max											
12	11.10	12.90	6										
(14)	13.10	14.90		8									
16	15.10	16.90			6	8	10						
(18)	17.10	18.90	10										
20	18.95	21.05		11	12			10	12				
(22)	20.95	23.05											
25	23.95	26.05				14	16	14	16	14	16		
(28)	26.95	29.05											
30	28.95	31.05								16		18	20
(32)	30.75	33.25						18	22		20		
35	33.75	36.25											
(38)	36.75	39.25										25	
40	38.75	41.25								26			30
45	43.75	46.25									30		
50	48.75	51.25										34	
(55)	53.5	56.5											
60	58.5	61.5											38
(65)	63.5	66.5											
70	68.5	71.5											
(75)	73.5	76.5											
80	78.5	81.5											
(85)	83.25	86.75											
90	88.25	91.75											
(95)	93.25	96.75											
100	98.25	101.75											
110	108.25	111.75											
120	118.25	121.75											
130	128	132								32	36	40	44
140	138	142											
150	148	152											
160	158	162											
170	168	172											
180	178	182											
190	187.7	192.3											
200	197.7	202.3											

续表 1

mm

<table>
<tr><td colspan="3">螺 纹 规 格 d</td><td>(M18)</td><td>M20</td><td>(M22)</td><td>M24</td><td>(M27)</td><td>M30</td><td>(M33)</td><td>M36</td><td>(M39)</td><td>M42</td><td>M48</td></tr>
<tr><td rowspan="3">b_m</td><td colspan="2">公 称</td><td>36</td><td>40</td><td>44</td><td>48</td><td>54</td><td>60</td><td>66</td><td>72</td><td>78</td><td>84</td><td>96</td></tr>
<tr><td colspan="2">min</td><td>34.75</td><td>38.75</td><td>42.75</td><td>46.75</td><td>52.5</td><td>58.5</td><td>64.5</td><td>70.5</td><td>76.5</td><td>82.25</td><td>94.25</td></tr>
<tr><td colspan="2">max</td><td>37.25</td><td>41.25</td><td>45.25</td><td>49.25</td><td>55.5</td><td>61.5</td><td>67.5</td><td>73.5</td><td>79.5</td><td>85.75</td><td>97.75</td></tr>
<tr><td rowspan="2">d_s</td><td colspan="2">max</td><td>18</td><td>20</td><td>22</td><td>24</td><td>27</td><td>30</td><td>33</td><td>36</td><td>39</td><td>42</td><td>48</td></tr>
<tr><td colspan="2">min</td><td>17.57</td><td>19.48</td><td>21.48</td><td>23.48</td><td>26.48</td><td>29.48</td><td>32.38</td><td>35.38</td><td>38.38</td><td>41.38</td><td>47.38</td></tr>
<tr><td>X</td><td colspan="2">max</td><td colspan="11">2.5P</td></tr>
<tr><td colspan="3">l</td><td colspan="11" rowspan="2">b</td></tr>
<tr><td>公称</td><td>min</td><td>max</td></tr>
<tr><td>35</td><td>33.75</td><td>36.25</td><td rowspan="3">22</td><td rowspan="3">25</td><td rowspan="2"></td><td rowspan="3"></td><td rowspan="4"></td><td rowspan="6"></td><td rowspan="7"></td><td rowspan="7"></td><td rowspan="8"></td><td rowspan="8"></td><td rowspan="10"></td></tr>
<tr><td>(38)</td><td>35.75</td><td>39.25</td></tr>
<tr><td>40</td><td>38.75</td><td>41.25</td><td rowspan="2">30</td></tr>
<tr><td>45</td><td>43.75</td><td>46.25</td><td rowspan="4">35</td><td rowspan="5">35</td><td rowspan="2">30</td></tr>
<tr><td>50</td><td>48.75</td><td>51.25</td><td rowspan="5">40</td><td rowspan="3">35</td></tr>
<tr><td>(55)</td><td>53.5</td><td>56.5</td><td rowspan="5">45</td></tr>
<tr><td>60</td><td>58.5</td><td>61.5</td><td rowspan="2">40</td></tr>
<tr><td>(65)</td><td>63.5</td><td>66.5</td><td rowspan="10">42</td><td rowspan="5">50</td><td rowspan="2">45</td><td rowspan="3">45</td></tr>
<tr><td>70</td><td>68.5</td><td>71.5</td><td rowspan="9">46</td><td rowspan="5">50</td><td rowspan="3">50</td><td rowspan="3">50</td></tr>
<tr><td>(75)</td><td>73.5</td><td>76.5</td><td rowspan="8">50</td><td rowspan="5">60</td></tr>
<tr><td>80</td><td>78.5</td><td>81.5</td><td rowspan="7">54</td><td rowspan="6">60</td><td rowspan="3">60</td></tr>
<tr><td>(85)</td><td>83.25</td><td>86.75</td><td rowspan="5">65</td><td rowspan="5">70</td></tr>
<tr><td>90</td><td>88.25</td><td>91.75</td><td rowspan="5">60</td></tr>
<tr><td>(95)</td><td>93.25</td><td>96.75</td><td rowspan="4">66</td><td rowspan="3">80</td></tr>
<tr><td>100</td><td>98.25</td><td>101.75</td><td rowspan="3">72</td></tr>
<tr><td>110</td><td>108.25</td><td>111.75</td></tr>
<tr><td>120</td><td>118.25</td><td>121.75</td><td>78</td><td>84</td><td>90</td><td>102</td></tr>
<tr><td>130</td><td>128</td><td>132</td><td rowspan="8">48</td><td rowspan="8">52</td><td rowspan="8">56</td><td rowspan="8">60</td><td rowspan="8">66</td><td rowspan="8">72</td><td rowspan="8">78</td><td rowspan="8">84</td><td rowspan="8">90</td><td rowspan="8">96</td><td rowspan="8">108</td></tr>
<tr><td>140</td><td>138</td><td>142</td></tr>
<tr><td>150</td><td>148</td><td>152</td></tr>
<tr><td>160</td><td>158</td><td>162</td></tr>
<tr><td>170</td><td>168</td><td>172</td></tr>
<tr><td>180</td><td>178</td><td>182</td></tr>
<tr><td>190</td><td>187.7</td><td>192.3</td></tr>
<tr><td>200</td><td>197.7</td><td>202.3</td></tr>
<tr><td>210</td><td>207.7</td><td>212.3</td><td rowspan="8"></td><td rowspan="8"></td><td rowspan="8"></td><td rowspan="8"></td><td rowspan="8"></td><td rowspan="5">85</td><td rowspan="8">91</td><td rowspan="8">97</td><td rowspan="8">103</td><td rowspan="8">109</td><td rowspan="8">121</td></tr>
<tr><td>220</td><td>217.7</td><td>222.3</td></tr>
<tr><td>230</td><td>227.7</td><td>232.3</td></tr>
<tr><td>240</td><td>237.7</td><td>242.3</td></tr>
<tr><td>250</td><td>247.7</td><td>252.3</td></tr>
<tr><td>260</td><td>257.4</td><td>262.6</td><td rowspan="3"></td></tr>
<tr><td>280</td><td>277.4</td><td>282.6</td></tr>
<tr><td>300</td><td>297.4</td><td>302.6</td></tr>
</table>

注：① 尽可能不采用括号内的规格。

② P——粗牙螺距。

③ 折线之间为通用规格范围。

④ 当 $b-b_m \leqslant 5$mm 时，螺旋母一端应制成倒圆端，或在端面中心制出凹点。

⑤ 允许采用细牙螺纹、过渡及过盈配合螺纹。

4 技术条件

表 2

<table>
<tr><td colspan="2">材　　料</td><td>钢</td><td>不锈钢</td></tr>
<tr><td rowspan="2">普通螺纹</td><td>公　　差</td><td colspan="2">6g</td></tr>
<tr><td>标　　准</td><td colspan="2">GB 196、GB 197</td></tr>
<tr><td rowspan="2">过渡及过盈配合螺纹</td><td>代　　号</td><td colspan="2">GM、G3M、YM</td></tr>
<tr><td>标　　准</td><td colspan="2">GB 1167、GB 1180、GB 1181</td></tr>
<tr><td rowspan="2">机械性能</td><td>等　　级</td><td>4.8、5.8、6.8、8.8、10.9、12.9</td><td>A2—50
A2—70</td></tr>
<tr><td>标　　准</td><td>GB 3098.1</td><td>GB 3098.6</td></tr>
<tr><td rowspan="2">公　　差</td><td>产品等级</td><td colspan="2">除第 3 章规定外，其余按 B 级</td></tr>
<tr><td>标　　准</td><td colspan="2">GB 3103.1</td></tr>
<tr><td colspan="2">表　面　处　理</td><td>① 不经处理；　② 氧化；
③ 镀锌钝化　GB 5267</td><td>不经处理</td></tr>
<tr><td colspan="2">表　面　缺　陷</td><td colspan="2">GB 5779.1、GB 5779.3</td></tr>
<tr><td colspan="2">验收及包装</td><td colspan="2">GB 90</td></tr>
</table>

5 标记

5.1　标记方法按 GB 1237 规定。

5.2　标记示例：

两端均为粗牙普通螺纹，$d=10$mm、$l=50$mm、性能等级为 4.8 级、不经表面处理、B 型、$b_m=2d$ 的双头螺柱的标记：

螺柱　GB 900　M10×50

旋入机体一端为粗牙普通螺纹，旋螺母一端为螺距 $P=1$mm 的细牙普通螺纹，$d=10$mm、$l=50$mm、性能等级为 4.8 级、不经表面处理、A 型、$b_m=2d$ 的双头螺柱的标记：

螺柱　GB 900　AM10—M10×1×50

旋入机体一端为过盈配合螺纹，旋螺母一端为粗牙普通螺纹，$d=10$mm、$l=50$mm、性能等级为 8.8 级、镀锌钝化、A 型、$b_m=2d$ 的双头螺柱的标记：

螺柱　GB 900　AYM10—M10×50—8.8—Zn·D

附加说明：

本标准由全国紧固件标准化技术委员会提出。

本标准由国家机械工业委员会标准化研究所归口。

本标准由国家机械工业委员会标准化研究所负责起草。

GB/T 900—1988《双头螺柱　$b_m=2d$》第1号修改单

本修改单业经国家技术监督局于1991年6月29日以技监国标发[1991]159号文批准，自1991年12月1日起实施。

表1中X_{max}由1.5P改为2.5P。

所有表注④“当$b-b_m\leqslant 5$ mm时，旋螺母一端应制成倒圆端；”改为：“当$b-b_m\leqslant 5$ mm时，旋螺母一端应制成倒圆端，或在端面中心制出凹点；”。

中华人民共和国国家标准

UDC 621.882

GB 901—88

代替 GB 901—76

等长双头螺柱 B级

Double end studs(clamping type)—Product grade B

1 主题内容

本标准规定了螺纹直径为 M2～M56、B 级的等长双头螺柱。

注:商品紧固件品种,应优先选用。

2 引用标准

GB 2 紧固件外螺纹零件的末端

GB 196 普通螺纹 基本尺寸

GB 197 普通螺纹 公差与配合

GB 3098.1 紧固件机械性能 螺栓、螺钉和螺柱

GB 3098.6 紧固件机械性能 不锈钢螺栓、螺钉、螺柱和螺母

GB 3103.1 紧固件公差 螺栓、螺钉和螺母

GB 5267 螺纹紧固件电镀层

GB 5779.1 紧固件表面缺陷—螺栓、螺钉和螺柱——般要求

GB 5779.3 紧固件表面缺陷—螺栓、螺钉和螺柱—特殊要求

GB 90 紧固件验收检查、标志与包装

GB 1237 紧固件的标记方法

3 尺寸

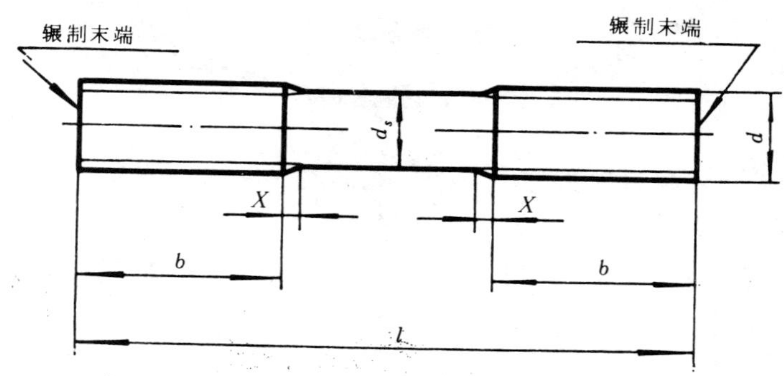

d_s 约等于螺纹中径;末端按 GB 2 规定。

国家机械工业委员会1988-01-26批准 1989-01-01实施

表 1 mm

螺 纹 规 格 *d*			M2	M2.5	M3	M4	M5	M6	M8	M10	M12	(M14)	M16	(M18)
b			10	11	12	14	16	18	28	32	36	40	44	48
X max			1.5*P*											
l														
公称	min	max												
10	9.25	10.75												
12	11.10	12.90												
(14)	13.10	14.90												
16	15.10	16.90												
(18)	17.10	18.90												
20	18.95	21.05												
(22)	20.95	23.05												
25	23.95	26.05												
(28)	26.95	29.05												
30	28.95	31.05				商								
(32)	30.75	33.25												
35	33.75	36.25					品							
(38)	36.75	39.25												
40	38.75	41.25												
45	43.75	46.25						规						
50	48.75	51.25												
(55)	53.5	56.5												
60	58.5	61.5							格					
(65)	63.5	66.5												
70	68.5	71.5												
(75)	73.5	76.5								范				
80	78.5	81.5												
(85)	83.25	86.75												
90	88.25	91.75									围			
(95)	93.25	96.75												
100	98.25	101.75												
110	108.25	111.75												
120	118.25	121.75												
130	128	132												
140	138	142												
150	148	152												
160	158	162												
170	168	172												
180	178	182												
190	187.7	192.3												
200	197.7	202.3												
(210)	207.7	212.3												
220	217.7	222.3												
(230)	227.7	232.3												
(240)	237.7	242.3												
250	247.7	252.3												
(260)	257.4	262.6												
280	277.4	282.6												
300	297.4	302.6												

续表 1　　　　mm

<table>
<tr><td colspan="3">螺　纹　规　格　d</td><td>M20</td><td>(M22)</td><td>M24</td><td>(M27)</td><td>M30</td><td>(M33)</td><td>M36</td><td>(M39)</td><td>M42</td><td>M48</td><td>M56</td></tr>
<tr><td colspan="3">b</td><td>52</td><td>56</td><td>60</td><td>66</td><td>72</td><td>78</td><td>84</td><td>89</td><td>96</td><td>108</td><td>124</td></tr>
<tr><td colspan="2">X</td><td>max</td><td colspan="11">1.5P</td></tr>
<tr><td colspan="3">l</td><td colspan="11"></td></tr>
<tr><td>公称</td><td>min</td><td>max</td><td colspan="11"></td></tr>
<tr><td>70</td><td>68.5</td><td>71.5</td><td rowspan="25">商品</td><td rowspan="2"></td><td rowspan="4"></td><td rowspan="6"></td><td rowspan="8"></td><td rowspan="10"></td><td rowspan="10"></td><td rowspan="10"></td><td rowspan="10"></td><td rowspan="11"></td><td rowspan="15"></td></tr>
<tr><td>(75)</td><td>73.5</td><td>76.5</td></tr>
<tr><td>80</td><td>78.5</td><td>81.5</td><td rowspan="23">规</td></tr>
<tr><td>(85)</td><td>83.25</td><td>86.75</td></tr>
<tr><td>90</td><td>88.25</td><td>91.75</td><td rowspan="21">格范</td></tr>
<tr><td>(95)</td><td>93.25</td><td>96.75</td></tr>
<tr><td>100</td><td>98.25</td><td>101.75</td><td rowspan="19">围</td></tr>
<tr><td>110</td><td>108.25</td><td>111.75</td></tr>
<tr><td>120</td><td>118.25</td><td>121.75</td><td rowspan="21"></td></tr>
<tr><td>130</td><td>128</td><td>132</td></tr>
<tr><td>140</td><td>138</td><td>142</td><td rowspan="19">通</td><td rowspan="23">用</td><td rowspan="23">规</td><td rowspan="23">格</td></tr>
<tr><td>150</td><td>148</td><td>152</td><td rowspan="22">范</td></tr>
<tr><td>160</td><td>158</td><td>162</td></tr>
<tr><td>170</td><td>168</td><td>172</td></tr>
<tr><td>180</td><td>178</td><td>182</td></tr>
<tr><td>190</td><td>187.7</td><td>192.3</td><td rowspan="18">围</td></tr>
<tr><td>(200)</td><td>197.7</td><td>202.3</td></tr>
<tr><td>(210)</td><td>207.7</td><td>212.3</td></tr>
<tr><td>220</td><td>217.7</td><td>222.3</td></tr>
<tr><td>(230)</td><td>227.7</td><td>232.3</td></tr>
<tr><td>(240)</td><td>237.7</td><td>242.3</td></tr>
<tr><td>250</td><td>247.7</td><td>252.3</td></tr>
<tr><td>(260)</td><td>257.4</td><td>262.6</td></tr>
<tr><td>280</td><td>277.4</td><td>282.6</td></tr>
<tr><td>300</td><td>297.4</td><td>302.6</td></tr>
<tr><td>320</td><td>317.15</td><td>322.85</td><td rowspan="8"></td><td rowspan="8"></td><td rowspan="8"></td><td rowspan="8"></td></tr>
<tr><td>350</td><td>347.15</td><td>352.85</td></tr>
<tr><td>380</td><td>377.15</td><td>382.85</td></tr>
<tr><td>400</td><td>397.15</td><td>402.85</td></tr>
<tr><td>420</td><td>416.85</td><td>423.15</td><td rowspan="4"></td><td rowspan="4"></td></tr>
<tr><td>450</td><td>446.85</td><td>453.15</td></tr>
<tr><td>480</td><td>476.85</td><td>483.15</td></tr>
<tr><td>500</td><td>496.85</td><td>503.15</td></tr>
</table>

注：① 尽可能不采用括号内的规格。

② P——螺距。

③ 当 $l \leqslant 50$mm、或 $l \leqslant 2b$ 时，允许螺柱上全部制出螺纹，但当 $l \leqslant 2b$ 时，亦允许制出长度不大于 $4P$（粗牙螺纹螺距）的无螺纹部分。

4 技术条件

表 2

材 料		钢	不 锈 钢
普通螺纹	公 差	6g	
	标 准	GB 196、GB 197	
机械性能	等 级	4.8、5.8、6.8、8.8、10.9、12.9	A2-50、A2-70
	标 准	GB 3098.1	GB 3098.6
公 差	产品等级	除第 3 章规定外，其余按 B 级	
	标 准	GB 3103.1	
表 面 处 理		① 不经处理 ② 镀锌钝化 GB 5267	不经处理
表 面 缺 陷		GB 5779.1、GB 5779.3	
验 收 及 包 装		GB 90	

注：根据使用要求，可采用 30Cr、40Cr、30CrMnSi、35CrMoA、40MnA 及 40B 等材料制造螺柱，其性能按供需双方协议。

5 标记

5.1 标记方法按 GB 1237 规定。

5.2 标记示例：

螺纹直径 d=12mm、长度 l=100mm、机械性能为 4.8 级、不经表面处理的等长双头螺柱的标记：

螺柱 GB 901 M12×100

附加说明：

本标准由全国紧固件标准化技术委员会提出。

本标准由国家机械工业委员会标准化研究所归口。

本标准由国家机械工业委员会标准化研究所负责起草。

螺　　母

中华人民共和国国家标准

UDC 621.882.3

GB 39—88

代替 GB 39—76

方 螺 母 C级

Square nuts—Product grade C

1 主题内容

本标准规定了螺纹规格为M3～M24、C级的方螺母。

2 引用标准

GB 196 普通螺纹 基本尺寸

GB 197 普通螺纹 公差与配合

GB 3098.2 紧固件机械性能 螺母

GB 3103.1 紧固件公差 螺栓、螺钉和螺母

GB 5267 螺纹紧固件电镀层

GB 90 紧固件验收检查、标志与包装

GB 1237 紧固件的标记方法

3 尺寸

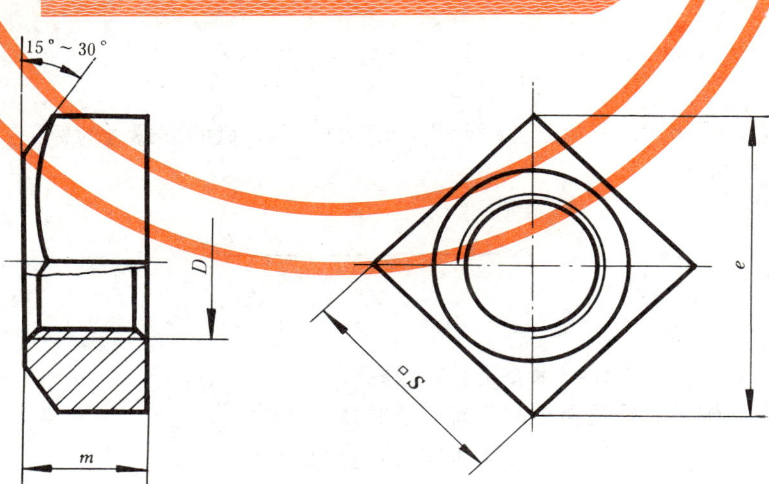

国家机械工业委员会1988-06-24批准 1989-07-01实施

表 1　　mm

螺纹规格 D		M3	M4	M5	M6	M8	M10	M12	(M14)	M16	(M18)	M20	(M22)	M24
s	max	5.5	7	8	10	13	16	18	21	24	27	30	34	36
	min	5.2	6.64	7.64	9.64	12.57	15.57	17.57	20.16	23.16	26.16	29.16	33	35
m	max	2.4	3.2	4	5	6.5	8	10	11	13	15	16	18	19
	min	1.4	2.0	2.8	3.8	5	6.5	8.5	9.2	11.2	13.2	14.2	16.2	16.9
e	min	6.76	8.63	9.93	12.53	16.34	20.24	22.84	26.21	30.11	34.01	37.91	42.9	45.5

注：尽可能不采用括号内的规格。

4　技术条件

表 2

材　料		钢
螺　纹	公　差	7H
	标　准	GB 196、GB 197
机械性能	等　级	4、5
	标　准	GB 3098.2
公　差	产品等级	除第 3 章规定外，其余按 C 级
	标　准	GB 3103.1
表　面　处　理		① 不经处理 ② 镀锌钝化　GB 5267
验　收　及　包　装		GB 90

5　标记

5.1　标记方法按 GB 1237 规定。

5.2　标记示例：

螺纹规格为 D=M16、性能等级为 5 级、不经表面处理、C 级的方螺母的标记：

螺母　GB 39　M16

附加说明：

本标准由全国紧固件标准化技术委员会提出。

本标准由国家机械工业委员会标准化研究所归口。

本标准由国家机械工业委员会标准化研究所负责起草。

ICS 21.060.20
J 13

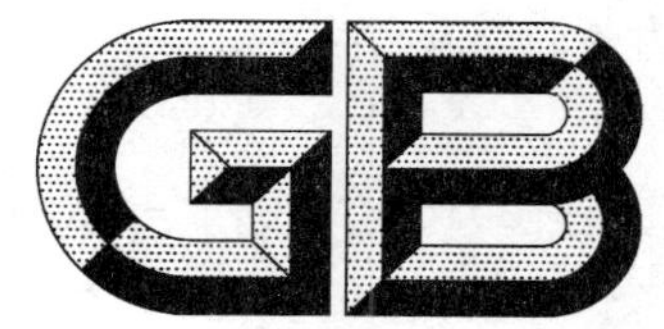

中华人民共和国国家标准

GB/T 41—2016
代替 GB/T 41—2000

1型六角螺母 C级

Hexagon nuts, style 1—Product grade C

[ISO 4034:2012, Hexagon regular nuts(style 1)—Product grade C, MOD]

2016-02-24 发布　　2016-06-01 实施

中华人民共和国国家质量监督检验检疫总局
中国国家标准化管理委员会　发布

前　言

本标准是“六角螺母(部分)”系列国家标准之一,该系列包括:

——GB/T 41　1 型六角螺母　C 级;

——GB/T 6170　1 型六角螺母;

——GB/T 6171　1 型六角螺母　细牙;

——GB/T 6172.1　六角薄螺母;

——GB/T 6173　六角薄螺母　细牙;

——GB/T 6174　六角薄螺母　无倒角;

——GB/T 6175　2 型六角螺母;

——GB/T 6176　2 型六角螺母　细牙;

——GB/T 6177.1　2 型六角法兰面螺母;

——GB/T 6177.2　2 型六角法兰面螺母　细牙。

本标准按照 GB/T 1.1—2009 给出的规则起草。

本标准代替 GB/T 41—2000《六角螺母　C 级》,与 GB/T 41—2000 相比,主要技术变化如下:

——修改标准名称;

——删除“如需其他技术要求,……GB/T 3098.2 和 GB/T 3103.1)中选择。”(2000 年版第 1 章);

——引用螺纹标准统一为 GB/T 193、GB/T 9145(第 2 章);

——删除性能等级 4 级螺母(表 3);

——增加热浸镀锌层技术要求按 GB/T 5267.3(表 3)。

本标准使用重新起草法修改采用 ISO 4034:2012《六角标准螺母(1 型)　产品等级 C》(英文版)。

本标准与 ISO 4034:2012 的技术性差异及其原因如下:

——删除 ISO 4034 规定:“如需其他技术要求,……ISO 4759-1 中选择”(第 1 章),不属于本标准规定的内容;

——在规范性引用文件中,用我国标准代替国际标准(第 2 章),增加引用 GB/T 90.2(表 3)、GB/T 193(表 3)、GB/T 9145(表 3)和 GB/T 1237(5.1),删除对 ISO 724、ISO 965-1 的引用,以符合我国紧固件基础标准;

——增加包装技术要求(表 3),以符合我国紧固件基础标准;

——修改标记示例为简化标记示例(5.2),以符合 GB/T 1237 的规定。

本标准还做了下列编辑性修改:

——修改标准名称;

——删除 ISO 4034 的参考文献。

本标准由中国机械工业联合会提出。

本标准由全国紧固件标准化技术委员会(SAC/TC 85)归口。

本标准负责起草单位:中机生产力促进中心。

本标准参加起草单位:浙江海力股份有限公司、海盐宇星螺帽有限责任公司。

本标准由全国紧固件标准化技术委员会秘书处负责解释。

本标准所代替标准的历次版本发布情况为:

——GB/T 41—1958、GB/T 41—1966、GB/T 41—1976、GB/T 41—1986、GB/T 41—2000。

1 型六角螺母　C 级

1　范围

本标准规定了 C 级 1 型六角螺母的型式尺寸、技术条件和标记。

本标准适用于螺纹规格 M5～M64、性能等级为 5 级、产品等级为 C 级的 1 型六角螺母。

2　规范性引用文件

下列文件对于本文件的应用是必不可少的。凡是注日期的引用文件，仅注日期的版本适用于本文件。凡是不注日期的引用文件，其最新版本(包括所有的修改单)适用于本文件。

GB/T 90.1　紧固件　验收检查(GB/T 90.1—2002,ISO 3269:2000,IDT)

GB/T 90.2　紧固件　标志与包装

GB/T 193　普通螺纹　直径与螺距系列(GB/T 193—2003,ISO 261:1998,MOD)

GB/T 1237　紧固件标记方法(GB/T 1237—2000,eqv ISO 8991:1986)

GB/T 3098.2　紧固件机械性能　螺母(GB/T 3098.2—2015,ISO 898-2:2012,MOD)

GB/T 3103.1　紧固件公差　螺栓、螺钉、螺柱和螺母(GB/T 3103.1—2002,idt ISO 4759-1:2000)

GB/T 5267.1　紧固件　电镀层(GB/T 5267.1—2002,ISO 4042:1999,IDT)

GB/T 5267.2　紧固件　非电解锌片涂层(GB/T 5267.2—2002,ISO 10683:2000,IDT)

GB/T 5267.3　紧固件　热浸镀锌层(GB/T 5267.3—2008,ISO 10684:2004,IDT)

GB/T 5276　紧固件　螺栓、螺钉、螺柱及螺母　尺寸代号和标注(GB/T 5276—2015,ISO 225:2010,MOD)

GB/T 9145　普通螺纹　中等精度、优选系列的极限尺寸(GB/T 9145—2003,ISO 965-2:1998,MOD)

GB/T 16938　紧固件　螺栓、螺钉、螺柱和螺母　通用技术条件(GB/T 16938—2008,ISO 8992:2005,IDT)

3　尺寸

螺母的型式尺寸见图 1、表 1 和表 2。

尺寸代号和标注应符合 GB/T 5276。

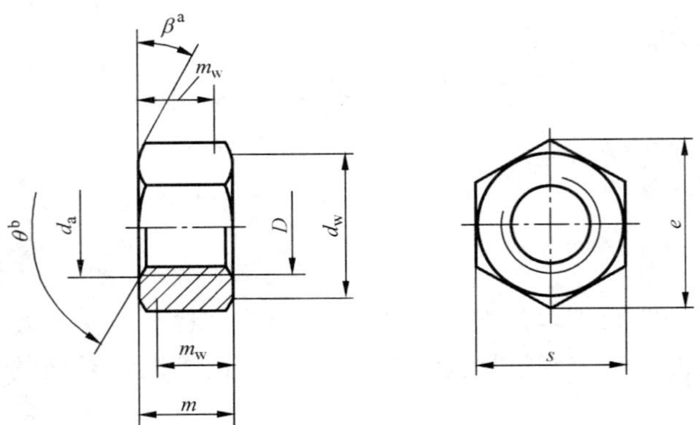

[a] $\beta=15°\sim30°$；

[b] $\theta=90°\sim120°$。

图 1

表 1 优选的螺纹规格

单位为毫米

螺纹规格 D		M5	M6	M8	M10	M12	M16	M20
P[a]		0.8	1	1.25	1.5	1.75	2	2.5
d_w	min	6.70	8.70	11.50	14.50	16.50	22.00	27.70
e	min	8.63	10.89	14.20	17.59	19.85	26.17	32.95
m	max	5.60	6.40	7.90	9.50	12.20	15.90	19.00
	min	4.40	4.90	6.40	8.00	10.40	14.10	16.90
m_w	min	3.50	3.70	5.10	6.40	8.30	11.30	13.50
s	公称＝max	8.00	10.00	13.00	16.00	18.00	24.00	30.00
	min	7.64	9.64	12.57	15.57	17.57	23.16	29.16
螺纹规格 D		M24	M30	M36	M42	M48	M56	M64
P[a]		3	3.5	4	4.5	5	5.5	6
d_w	min	33.30	42.80	51.10	60.00	69.50	78.70	88.20
e	min	39.55	50.85	60.79	71.30	82.60	93.56	104.86
m	max	22.30	26.40	31.90	34.90	38.90	45.90	52.40
	min	20.20	24.30	29.40	32.40	36.40	43.40	49.40
m_w	min	16.20	19.40	23.20	25.90	29.10	34.70	39.50
s	公称＝max	36.00	46.00	55.00	65.00	75.00	85.00	95.00
	min	35.00	45.00	53.80	63.10	73.10	82.80	92.80

[a] P——螺距。

表 2　非优选的螺纹规格

单位为毫米

螺纹规格 D		M14	M18	M22	M27	M33	M39	M45	M52	M60
P[a]		2	2.5	2.5	3	3.5	4	4.5	5	5.5
d_w	min	19.20	24.90	31.40	38.00	46.60	55.90	64.70	74.20	83.40
e	min	22.78	29.56	37.29	45.20	55.37	66.44	76.95	88.25	99.21
m	max	13.90	16.90	20.20	24.70	29.50	34.30	36.90	42.90	48.90
	min	12.10	15.10	18.10	22.60	27.40	31.80	34.40	40.40	46.40
m_w	min	9.70	12.10	14.50	18.10	21.90	25.40	27.50	32.30	37.10
s	公称＝max	21.00	27.00	34.00	41.00	50.00	60.00	70.00	80.00	90.00
	min	20.16	26.16	33.00	40.00	49.00	58.80	68.10	78.10	87.80

[a] P——螺距。

4　技术条件和引用标准

技术条件和引用标准见表 3。

表 3　技术条件和引用标准

材料		钢
通用技术条件		GB/T 16938
螺纹	公差	7H
	标准	GB/T 193、GB/T 9145
机械性能	等级	M5＜D≤M39:5; D＞M39:按协议
	标准	GB/T 3098.2
公差	产品等级	C 级
	标准	GB/T 3103.1
表面处理		不经处理; 电镀技术要求按 GB/T 5267.1; 非电解锌片涂层技术要求按 GB/T 5267.2; 热浸镀锌层技术要求按 GB/T 5267.3; 如需其他技术要求或表面处理,应由供需协议
验收及包装		GB/T 90.1、GB/T 90.2

5 标记

5.1 标记方法

标记方法按 GB/T 1237 规定。

5.2 标记示例

螺纹规格为 M12、性能等级为 5 级、表面不经处理、产品等级为 C 级的 1 型六角螺母的标记：

螺母 GB/T 41 M12

ICS 21.060.20
J 13

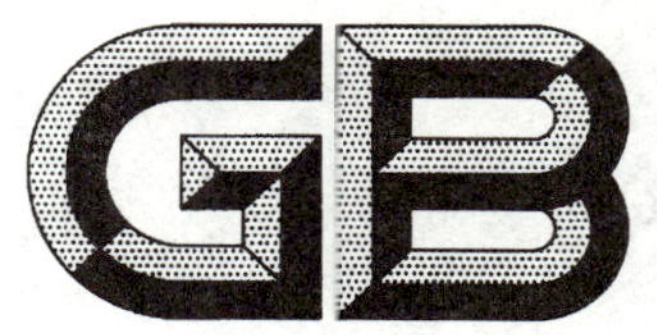

中华人民共和国国家标准

GB/T 62.1—2004
代替 GB/T 62—1988

蝶形螺母 圆翼

Wing nuts—Round wing

2004-02-10 发布 2004-08-01 实施

中华人民共和国国家质量监督检验检疫总局
中国国家标准化管理委员会 发布

前　　言

本部分是国家标准“蝶形螺母”产品系列标准之一。该系列包括：

a) GB/T 62.1—2004　蝶形螺母　圆翼；

b) GB/T 62.2—2004　蝶形螺母　方翼；

c) GB/T 62.3—2004　蝶形螺母　冲压；

d) GB/T 62.4—2004　蝶形螺母　压铸。

本部分是 GB/T 62 的第 1 部分。

此次制修订工作中，参照日本标准 JIS B 1185—1994《翼形螺母》(日文版)提出了我国“蝶形螺母”产品系列标准，同时增加了蝶形螺母的品种(标准)和“保证扭矩”等指标。

本部分代替 GB/T 62—1988《蝶形螺母》。

本部分与 GB/T 62—1988 相比主要变化如下：

——修改了标准名称；

——取消细牙螺纹规格；增加 M2、M2.5、M18、M20、M22 及 M24 的螺纹规格(见表 1)；

——全面调整了尺寸和公差；

——增加不锈钢和黄铜材料，并规定了保证扭矩(见表 2)。

本部分由中国机械工业联合会提出。

本部分由全国紧固件标准化技术委员会(SAC/TC 85)归口。

本部分由机械科学研究院负责起草。

本部分所代替标准的历次版本发布情况为：

——GB/T 62—1958；

——GB/T 62—1967；

——GB/T 62—1976；

——GB/T 62—1988。

蝶形螺母　圆翼

1　范围

本部分规定了螺纹规格为 M2～M24、保证扭矩为Ⅰ级(适用于钢、铁或不锈钢)或Ⅱ级(适用于黄铜),用钢、可锻铸铁、不锈钢或黄铜制成的两翼为半圆形的 A 型或 B 型蝶形螺母。

2　规范性引用文件

下列文件中的条款通过 GB/T 62 的本部分的引用而成为本部分的条款。凡是注日期的引用文件,其随后所有的修改单(不包括勘误的内容)或修订版均不适用于本部分,然而,鼓励根据本部分达成协议的各方研究是否可使用这些文件的最新版本。凡是不注日期的引用文件,其最新版本适用于本部分。

GB/T 90.1　紧固件　验收检查(GB/T 90.1—2002,idt ISO 3269:2000)

GB/T 90.2　紧固件　标志与包装

GB/T 193　普通螺纹　直径与螺距系列(GB/T 193—2003,ISO 261:1998,ISO general purpose metric screw threads—General plan,MOD)

GB/T 700　碳素结构钢

GB/T 978　可锻铸铁件分类及技术条件

GB/T 1220　不锈钢棒

GB/T 1237　紧固件标记方法(GB/T 1237—2000,eqv ISO 8991:1986)

GB/T 3098.20　紧固件机械性能　蝶形螺母　保证扭矩

GB/T 5231　加工铜及铜合金化学成分和产品形状

GB/T 5267.1　紧固件　电镀层(GB/T 5267.1—2002,ISO 4042:1999,IDT)

GB/T 9145　普通螺纹　中等精度　优选系列的极限尺寸(GB/T 9145—2003,ISO 965-2:1998,ISO general purpose metric screw threads—Tolerances—Part 2:Limits of sizes for general purpose external and internal screw threads—Medium quality,MOD)

3　尺寸

螺母的型式与尺寸见图 1 和表 1。

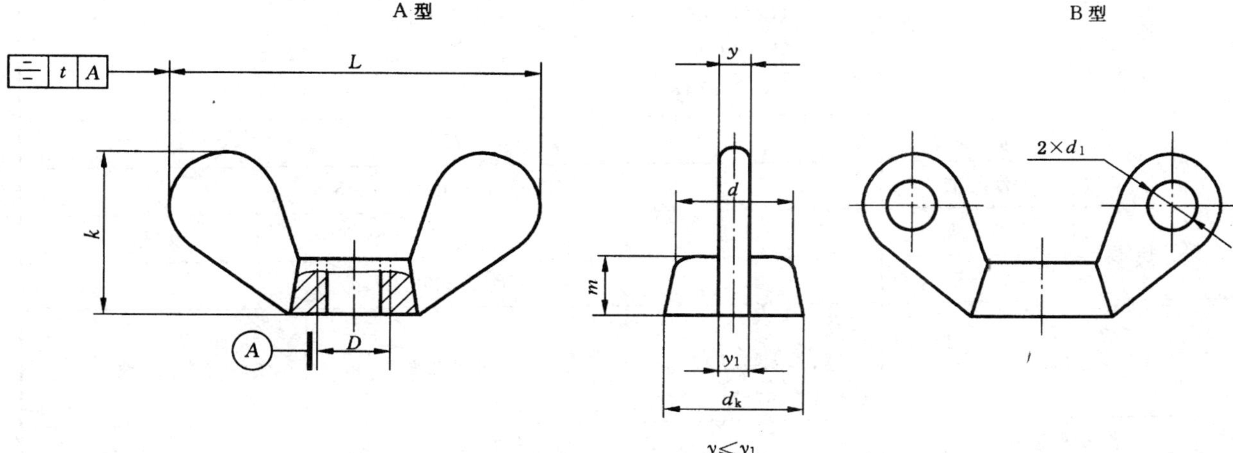

图 1

表 1 尺寸

单位为毫米

螺纹规格 D	d_k min	d ≈	L		k		m min	y max	y_1 max	d_1 max	t max
M2	4	3	12		6		2	2.5	3	2	0.3
M2.5	5	4	16		8		3	2.5	3	2.5	0.3
M3	5	4	16	±1.5	8		3	2.5	3	3	0.4
M4	7	6	20		10		4	3	4	4	0.4
M5	8.5	7	25		12	±1.5	5	3.5	4.5	4	0.5
M6	10.5	9	32		16		6	4	5	5	0.5
M8	14	12	40		20		8	4.5	5.5	6	0.6
M10	18	15	50		25		10	5.5	6.5	7	0.7
M12	22	18	60	±2	30		12	7	8	8	1
(M14)	26	22	70		35		14	8	9	9	1.1
M16	26	22	70		35		14	8	9	10	1.2
(M18)	30	25	80		40		16	8	10	10	1.4
M20	34	28	90		45	±2	18	9	11	11	1.5
(M22)	38	32	100	±2.5	50		20	10	12	11	1.6
M24	43	36	112		56		22	11	13	12	1.8
注：尽可能不采用括号内的规格。											

4 技术条件和引用标准

技术条件和引用标准见表 2。

表 2 技术条件和引用标准

		钢	不锈钢	有色金属
材 料[a]		Q215、Q235 (GB/T 700) KT 30-6 (GB/T 978)	1Cr18Ni9 (GB/T 1220)	H62 (GB/T 5231)
螺 纹	公 差	7H		
	标 准	GB/T 193、GB/T 9145		
保证扭矩	等 级	Ⅰ级	Ⅰ级	Ⅱ级
	标 准	GB/T 3098.20		
表面处理		氧化；电镀，技术要求按 GB/T 5267.1	简单处理	简单处理
验收及包装		GB/T 90.1、GB/T 90.2		
[a] 材料牌号仅系推荐采用的，制造者可根据实际条件与经验选用其他材料牌号及技术条件。				

5 标记

5.1 标记方法按 GB/T 1237 规定。

5.2 标记示例

螺纹规格 D=M10、材料为 Q215、保证扭矩为Ⅰ级、表面氧化处理、两翼为半圆形的 A 型蝶形螺母的标记：

螺母 GB/T 62.1 M10

ICS 21.060.20
J 13

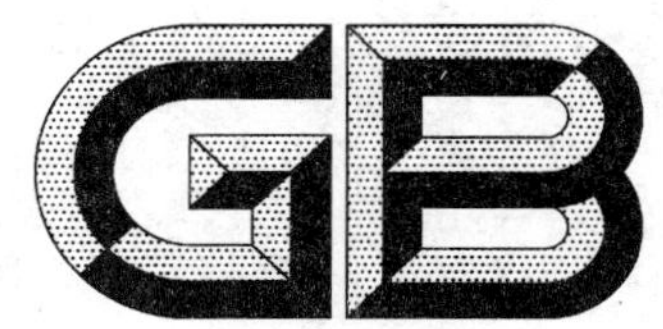

中华人民共和国国家标准

GB/T 62.2—2004

蝶形螺母　方翼

Wing nuts—Square wing

2004-02-10 发布　　2004-08-01 实施

中华人民共和国国家质量监督检验检疫总局
中国国家标准化管理委员会　发布

前　　言

本部分是国家标准“蝶形螺母”产品系列标准之一。该系列包括：

a)　GB/T 62.1—2004　蝶形螺母　圆翼；

b)　GB/T 62.2—2004　蝶形螺母　方翼；

c)　GB/T 62.3—2004　蝶形螺母　冲压；

d)　GB/T 62.4—2004　蝶形螺母　压铸。

本部分是 GB/T 62 的第 2 部分。

此次制修订工作中，参照日本标准 JIS B 1185—1994《翼形螺母》(日文版)提出了我国“蝶形螺母”产品系列标准，同时增加了蝶形螺母的品种(标准)和“保证扭矩”等指标。

本部分由中国机械工业联合会提出。

本部分由全国紧固件标准化技术委员会(SAC/TC 85)归口。

本部分由机械科学研究院负责起草。

本部分首次发布。

蝶形螺母　方翼

1　范围

本部分规定了螺纹规格为 M3～M20、保证扭矩为Ⅰ级(适用于钢、铁或不锈钢)或Ⅱ级(适用于黄铜),用钢、可锻铸铁、不锈钢或黄铜制成的两翼为长方形的蝶形螺母。

2　规范性引用文件

下列文件中的条款通过 GB/T 62 的本部分的引用而成为本部分的条款。凡是注日期的引用文件,其随后所有的修改单(不包括勘误的内容)或修订版均不适用于本部分,然而,鼓励根据本部分达成协议的各方研究是否可使用这些文件的最新版本。凡是不注日期的引用文件,其最新版本适用于本部分。

GB/T 90.1　紧固件　验收检查(GB/T 90.1—2002,idt ISO 3269:2000)

GB/T 90.2　紧固件　标志与包装

GB/T 193　普通螺纹　直径与螺距系列(GB/T 193—2003,ISO 261:1998,ISO general purpose metric screw threads—General plan,MOD)

GB/T 700　碳素结构钢

GB/T 978　可锻铸铁件分类及技术条件

GB/T 1220　不锈钢棒

GB/T 1237　紧固件标记方法(GB/T 1237—2000,eqv ISO 8991:1986)

GB/T 3098.20　紧固件机械性能　蝶形螺母　保证扭矩

GB/T 5231　加工铜及铜合金　化学成分和产品形状

GB/T 5267.1　紧固件　电镀层(GB/T 5267.1—2002,ISO 4042:1999,IDT)

GB/T 9145　普通螺纹　中等精度、优选系列的极限尺寸(GB/T 9145—2003,ISO 965-2:1998,ISO general purpose metric screw threads—Tolerances—Part 2:Limits of sizes for general purpose external and internal screw threads—Medium quality,MOD)

3　尺寸

螺母的型式与尺寸见图 1 和表 1。

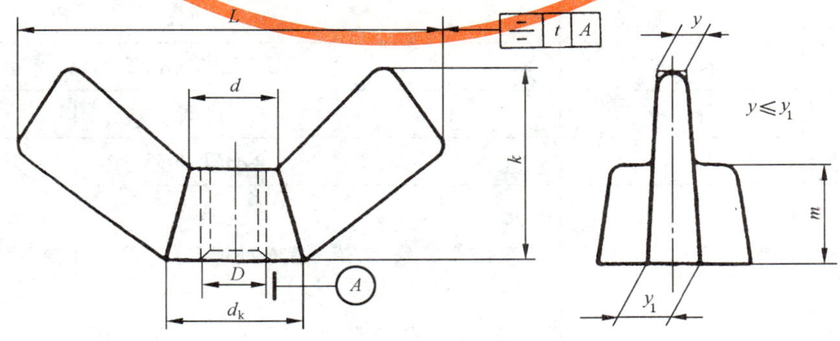

图 1

表 1 尺寸

单位为毫米

<table>
<tr><th>螺纹规格
D</th><th>d_k
min</th><th>d
≈</th><th colspan="2">L</th><th colspan="2">k</th><th>m
min</th><th>y
max</th><th>y_1
max</th><th>t
max</th></tr>
<tr><td>M3</td><td>6.5</td><td>4</td><td>17</td><td rowspan="4">±1.5</td><td>9</td><td rowspan="8">±1.5</td><td>3</td><td>3</td><td>4</td><td>0.4</td></tr>
<tr><td>M4</td><td>6.5</td><td>4</td><td>17</td><td>9</td><td>3</td><td>3</td><td>4</td><td>0.4</td></tr>
<tr><td>M5</td><td>8</td><td>6</td><td>21</td><td>11</td><td>4</td><td>3.5</td><td>4.5</td><td>0.5</td></tr>
<tr><td>M6</td><td>10</td><td>7</td><td>27</td><td>13</td><td>4.5</td><td>4</td><td>5</td><td>0.5</td></tr>
<tr><td>M8</td><td>13</td><td>10</td><td>31</td><td rowspan="7">±2</td><td>16</td><td>6</td><td>4.5</td><td>5.5</td><td>0.6</td></tr>
<tr><td>M10</td><td>16</td><td>12</td><td>36</td><td>18</td><td>7.5</td><td>5.5</td><td>6.5</td><td>0.7</td></tr>
<tr><td>M12</td><td>20</td><td>16</td><td>48</td><td>23</td><td>9</td><td>7</td><td>8</td><td>1</td></tr>
<tr><td>(M14)</td><td>20</td><td>16</td><td>48</td><td>23</td><td>9</td><td>7</td><td>8</td><td>1.1</td></tr>
<tr><td>M16</td><td>27</td><td>22</td><td>68</td><td>35</td><td rowspan="3">±2</td><td>12</td><td>8</td><td>9</td><td>1.2</td></tr>
<tr><td>(M18)</td><td>27</td><td>22</td><td>68</td><td>35</td><td>12</td><td>8</td><td>9</td><td>1.4</td></tr>
<tr><td>M20</td><td>27</td><td>22</td><td>68</td><td>35</td><td>12</td><td>8</td><td>9</td><td>1.5</td></tr>
<tr><td colspan="11">注:尽可能不采用括号内的规格。</td></tr>
</table>

4 技术条件和引用标准

技术条件和引用标准见表 2。

表 2 技术条件和引用标准

<table>
<tr><td colspan="2" rowspan="2">材 料[a]</td><td>钢、铁</td><td>不锈钢</td><td>有色金属</td></tr>
<tr><td>Q215、Q235
(GB/T 700)
KT 30-6
(GB/T 978)</td><td>1Cr18Ni9
(GB/T 1220)</td><td>H 62
(GB/T 5231)</td></tr>
<tr><td rowspan="2">螺 纹</td><td>公 差</td><td colspan="3">7H</td></tr>
<tr><td>标 准</td><td colspan="3">GB/T 193、GB/T 9145</td></tr>
<tr><td rowspan="2">保证扭矩</td><td>等 级</td><td>Ⅰ级</td><td>Ⅰ级</td><td>Ⅱ级</td></tr>
<tr><td>标 准</td><td colspan="3">GB/T 3098.20</td></tr>
<tr><td colspan="2">表面处理</td><td>氧化;
电镀,技术要求按 GB/T 5267.1</td><td>简单处理</td><td>简单处理</td></tr>
<tr><td colspan="2">验收及包装</td><td colspan="3">GB/T 90.1、GB/T 90.2</td></tr>
<tr><td colspan="5">a 材料牌号仅系推荐采用的,制造者可根据实际条件与经验选用其他材料牌号及技术条件。</td></tr>
</table>

5 标记

5.1 标记方法按 GB/T 1237 规定。

5.2 标记示例

螺纹规格 D=M10、材料为 Q215、保证扭矩为Ⅰ级、表面氧化处理、两翼为长方形的蝶形螺母的标记：

螺母 GB/T 62.2 M10

ICS 21.060.20
J 13

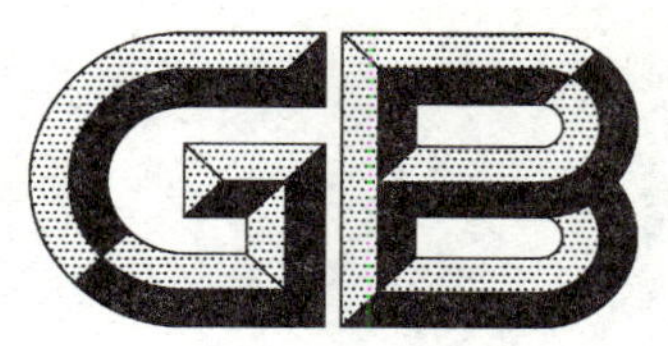

中华人民共和国国家标准

GB/T 62.3—2004

蝶形螺母　冲压

Wing nuts—Pressing wing

2004-02-10 发布　　　　2004-08-01 实施

中华人民共和国国家质量监督检验检疫总局
中国国家标准化管理委员会　发布

前　言

本部分是国家标准“蝶形螺母”产品系列标准之一。该系列包括：

a) GB/T 62.1—2004 蝶形螺母 圆翼；

b) GB/T 62.2—2004 蝶形螺母 方翼；

c) GB/T 62.3—2004 蝶形螺母 冲压；

d) GB/T 62.4—2004 蝶形螺母 压铸。

本部分是GB/T 62的第3部分。

此次制修订工作中，参照日本标准JIS B 1185—1994《翼形螺母》(日文版)提出了我国“蝶形螺母”产品系列标准，同时增加了蝶形螺母的品种(标准)和“保证扭矩”等指标。

本部分由中国机械工业联合会提出。

本部分由全国紧固件标准化技术委员会(SAC/TC 85)归口。

本部分由机械科学研究院负责起草。

本部分首次发布。

蝶形螺母　冲压

1　范围

本部分规定了螺纹规格为 M3～M10、保证扭矩为Ⅱ级(A 型)或Ⅲ级(B 型)、用钢板冲压制成的 A 型(高型)或 B 型(低型)蝶形螺母。

2　规范性引用文件

下列文件中的条款通过 GB/T 62 的本部分的引用而成为本部分的条款。凡是注日期的引用文件，其随后所有的修改单(不包括勘误的内容)或修订版均不适用于本部分，然而，鼓励根据本部分达成协议的各方研究是否可使用这些文件的最新版本。凡是不注日期的引用文件，其最新版本适用于本部分。

GB/T 90.1　紧固件　验收检查(GB/T 90.1—2002,idt ISO 3269:2000)

GB/T 90.2　紧固件　标志与包装

GB/T 193　普通螺纹　直径与螺距系列(GB/T 193—2003,ISO 261:1998,ISO general purpose metric screw threads—General plan,MOD)

GB/T 700　碳素结构钢

GB/T 1237　紧固件标记方法(GB/T 1237—2000,eqv ISO 8991:1986)

GB/T 3098.20　紧固件机械性能　蝶形螺母　保证扭矩

GB/T 5267.1　紧固件　电镀层(GB/T 5267.1—2002,ISO 4042:1999,IDT)

GB/T 9145　普通螺纹　中等精度、优选系列的极限尺寸(GB/T 9145—2003,ISO 965-2:1998,ISO general purpose metric screw threads—Tolerances—Part 2:Limits of sizes for general purpose external and internal screw threads—Medium quality,MOD)

3　尺寸

螺母的型式与尺寸见图 1 和表 1。

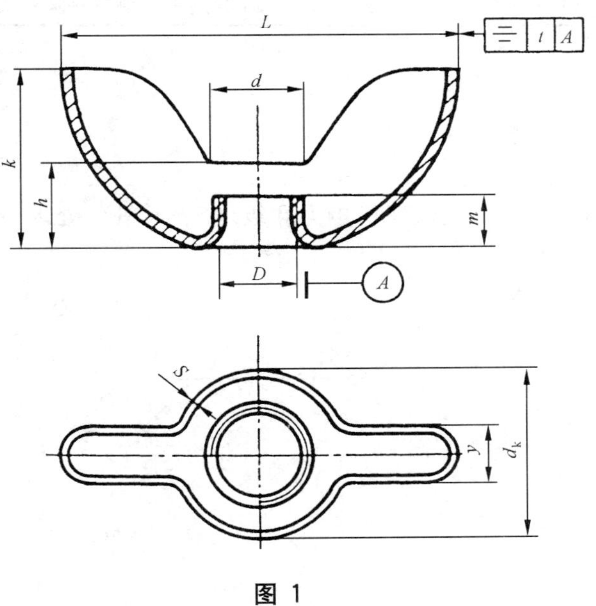

图 1

表 1　尺寸

单位为毫米

<table>
<tr><th rowspan="3">螺纹规格
D</th><th rowspan="3">d_k
max</th><th rowspan="3">d
≈</th><th rowspan="3" colspan="2">L</th><th rowspan="3" colspan="2">k</th><th rowspan="3">h
≈</th><th rowspan="3">y
max</th><th colspan="3">A 型
（高型）</th><th colspan="3">B 型
（低型）</th><th rowspan="3">t
max</th></tr>
<tr><th colspan="2" rowspan="2">m</th><th rowspan="2">S</th><th colspan="2" rowspan="2">m</th><th rowspan="2">S</th></tr>
<tr></tr>
<tr><td>M3</td><td>10</td><td>5</td><td>16</td><td rowspan="5">±1</td><td>6.5</td><td rowspan="6">±1</td><td>2</td><td>4</td><td>3.5</td><td rowspan="3">±0.5</td><td rowspan="4">1</td><td>1.4</td><td rowspan="3">±0.3</td><td rowspan="3">0.8</td><td>0.4</td></tr>
<tr><td>M4</td><td>12</td><td>6</td><td>19</td><td>8.5</td><td>2.5</td><td>5</td><td>4</td><td>1.6</td><td>0.4</td></tr>
<tr><td>M5</td><td>13</td><td>7</td><td>22</td><td>9</td><td>3</td><td>5.5</td><td>4.5</td><td>1.8</td><td>0.5</td></tr>
<tr><td>M6</td><td>15</td><td>9</td><td>25</td><td>9.5</td><td>3.5</td><td>6</td><td>5</td><td rowspan="3">±0.8</td><td>2.4</td><td>±0.4</td><td>1</td><td>0.5</td></tr>
<tr><td>M8</td><td>17</td><td>10</td><td>28</td><td>11</td><td>5</td><td>7</td><td>6</td><td rowspan="2">1.2</td><td>3.1</td><td rowspan="2">±0.5</td><td rowspan="2">1.2</td><td>0.6</td></tr>
<tr><td>M10</td><td>20</td><td>12</td><td>35</td><td>±1.5</td><td>12</td><td>6</td><td>8</td><td>7</td><td>3.8</td><td>0.7</td></tr>
</table>

4　技术条件和引用标准

技术条件和引用标准见表 2。

表 2　技术条件和引用标准

<table>
<tr><td colspan="2">材　料[a]</td><td>钢
Q215、Q235
（GB/T 700）</td></tr>
<tr><td rowspan="2">螺　纹</td><td>公　差</td><td>7H（通规）</td></tr>
<tr><td>标　准</td><td>GB/T 193、GB/T 9145</td></tr>
<tr><td rowspan="2">保证扭矩</td><td>等　级</td><td>A 型：Ⅱ级；B 型：Ⅲ级</td></tr>
<tr><td>标　准</td><td>GB/T 3098.20</td></tr>
<tr><td colspan="2">表面处理</td><td>氧化；
电镀，技术要求按 GB/T 5267.1</td></tr>
<tr><td colspan="2">验收及包装</td><td>GB/T 90.1、GB/T 90.2</td></tr>
<tr><td colspan="3">a　材料牌号仅系推荐采用的，制造者可根据实际条件与经验选用其他材料牌号及技术条件。</td></tr>
</table>

5　标记

5.1　标记方法按 GB/T 1237 规定。

5.2　标记示例

螺纹规格 D=M5、材料为 Q215、保证扭矩为Ⅱ级、经表面氧化处理、用钢板冲压制成的 A 型蝶形螺母的标记：

螺母　GB/T 62.3　M5

ICS 21.060.20
J 13

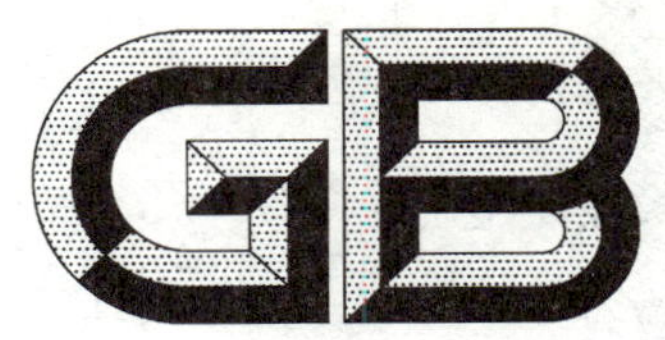

中华人民共和国国家标准

GB/T 62.4—2004

蝶形螺母　压铸

Wing nuts—Die-casting wing

2004-02-10 发布　　2004-08-01 实施

中华人民共和国国家质量监督检验检疫总局
中国国家标准化管理委员会　发布

前　言

本部分是国家标准“蝶形螺母”产品系列标准之一。该系列包括：

a) GB/T 62.1—2004 蝶形螺母 圆翼；

b) GB/T 62.2—2004 蝶形螺母 方翼；

c) GB/T 62.3—2004 蝶形螺母 冲压；

d) GB/T 62.4—2004 蝶形螺母 压铸。

本部分是 GB/T 62 的第 4 部分。

此次制修订工作中，参照日本标准 JIS B 1185—1994《翼形螺母》(日文版)提出了我国“蝶形螺母”产品系列标准，同时增加了蝶形螺母的品种(标准)和“保证扭矩”等指标。

本部分由中国机械工业联合会提出。

本部分由全国紧固件标准化技术委员会(SAC/TC 85)归口。

本部分由机械科学研究院负责起草。

本部分首次发布。

蝶形螺母　压铸

1　范围

本部分规定了螺纹规格为 M3～M10、保证扭矩为Ⅱ级、用锌合金压铸制成的蝶形螺母。

2　规范性引用文件

下列文件中的条款通过 GB/T 62 的本部分的引用而成为本部分的条款。凡是注日期的引用文件，其随后所有的修改单(不包括勘误的内容)或修订版均不适用于本部分，然而，鼓励根据本部分达成协议的各方研究是否可使用这些文件的最新版本。凡是不注日期的引用文件，其最新版本适用于本部分。

GB/T 90.1　紧固件　验收检查(GB/T 90.1—2002，idt ISO 3269:2000)

GB/T 90.2　紧固件　标志与包装

GB/T 193　普通螺纹　直径与螺距系列(GB/T 193—2003，ISO 261:1998，ISO general purpose metric screw threads—General plan，MOD)

GB/T 1237　紧固件标记方法(GB/T 1237—2000，ISO 8991:1986，eqv)

GB/T 3098.20　紧固件机械性能　蝶形螺母　保证扭矩

GB/T 8738　铸造锌合金锭

GB/T 9145　普通螺纹　中等精度、优选系列的极限尺寸(GB/T 9145—2003，ISO 965-2:1998，ISO general purpose metric screw threads—Tolerances—Part 2:Limits of sizes for general purpose external and internal screw threads—Medium quality，MOD)

3　尺寸

螺母的型式与尺寸见图 1 和表 1。

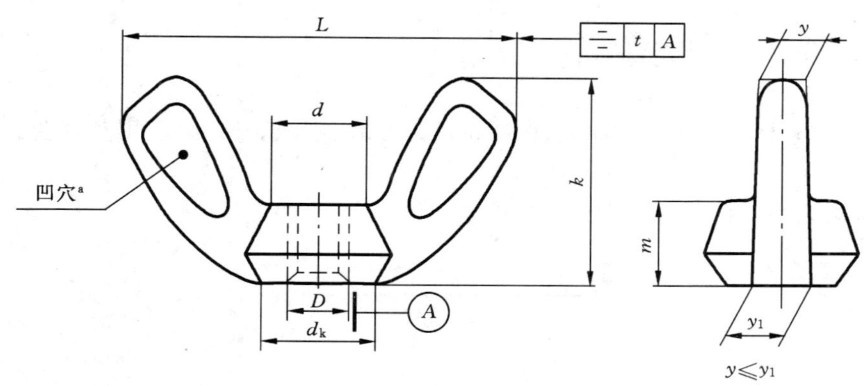

ª 有无凹穴及其型式与尺寸，由制造者确定。

图 1

表 1 尺寸

单位为毫米

螺纹规格 D	d_k min	d ≈	L		k		m min	y max	y_1 max	t max
M3	5	4	16	±1.5	8.5	±1.5	2.4	2.5	3	0.4
M4	7	6	21		11		3.2	3	4	0.4
M5	8.5	7	21		11		4	3.5	4.5	0.5
M6	10.5	9	23		14		5	4	5	0.5
M8	13	10	30		16		6.5	4.5	5.5	0.6
M10	16	12	37	±2	19		8	5.5	6.5	0.7

4 技术条件和引用标准

技术条件和引用标准见表 2。

表 2 技术条件和引用标准

材 料[a]		锌合金 ZZnAlD4-3 (GB/T 8738)
螺 纹	公 差	7H
	标 准	GB/T 193、GB/T 9145
保证扭矩	等 级	Ⅱ级
	标 准	GB/T 3098.20
表面处理		—
验收及包装		GB/T 90.1、GB/T 90.2
[a] 材料牌号仅系推荐采用的,制造者可根据实际条件与经验选用其他材料牌号及技术条件。		

5 标记

5.1 标记方法按 GB/T 1237 规定。

5.2 标记示例

螺纹规格 D=M5、材料为 ZZnAlD4-3、保证扭矩为Ⅱ级、不经表面处理、用锌合金压铸制成的蝶形螺母的标记:

螺母 GB/T 62.4 M5

中华人民共和国国家标准

UDC 621.882.3

小圆螺母

Small round nuts

GB 810—88

代替 GB 810—76

1 主题内容

本标准规定了螺纹规格为M10×1～M200×3的小圆螺母。

2 引用标准

GB 196 普通螺纹 基本尺寸

GB 197 普通螺纹 公差与配合

GB 699 优质炭素结构钢钢号和一般技术条件

GB 1184 形状和位置公差 未注公差的规定

GB 90 紧固件验收检查、标志与包装

GB 1237 紧固件的标记方法

3 尺寸

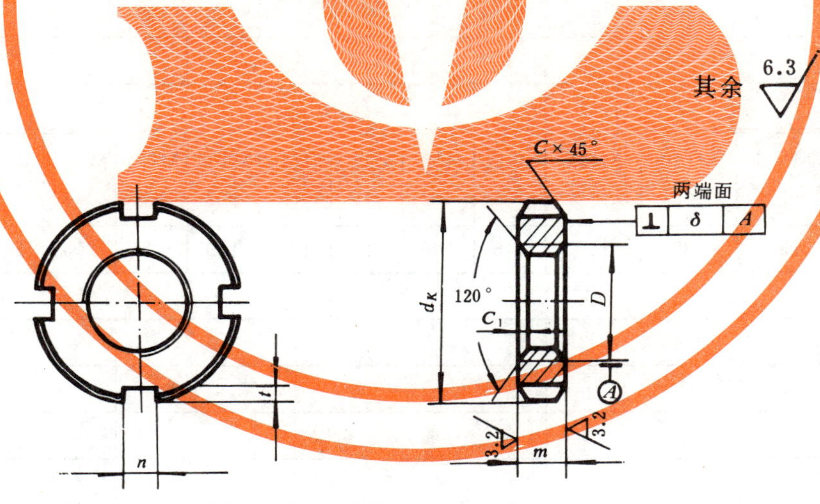

D≤M100×2　　槽数 4

D≥M105×2　　槽数 6

国家机械工业委员会1988-06-24批准　　1989-07-01实施

表 1

mm

螺纹规格 $D\times P$		M10×1	M12×1.25	M14×1.5	M16×1.5	M18×1.5	M20×1.5	M22×1.5	M24×1.5	M27×1.5	M30×1.5	M33×1.5	M36×1.5	M39×1.5	M42×1.5
d_K		20	22	25	28	30	32	35	38	42	45	48	52	55	58
m		6						8							
n	max	4.3				5.30							6.30		
	min	4				5							6		
t	max	2.6				3.10							3.60		
	min	2				2.5							3		
C		0.5								1					
C_1		0.5													

螺纹规格 $D\times P$		M45×1.5	M48×1.5	M52×1.5	M56×2	M60×2	M64×2	M68×2	M72×2	M76×2	M80×2	M85×2	M90×2	M95×2	M100×2
d_K		62	68	72	78	80	85	90	95	100	105	110	115	120	125
m		8	10						12						
n	max	6.3		8.36						10.36					12.43
	min	6		8						10					12
t	max	3.6		4.25						4.75					5.75
	min	3		3.5						4					5
C		1									1.5				
C_1		0.5			1										

螺纹规格 $D\times P$		M105×2	M110×2	M115×2	M120×2	M125×2	M130×2	M140×2	M150×2	M160×3	M170×3	M180×3	M190×3	M200×3
d_K		130	135	140	145	150	160	170	180	195	205	220	230	240
m		15							18			22		
n	max	12.43			14.43						16.43			
	min	12			14						16			
t	max	5.75			6.75						7.90			
	min	5			6						7			
C		1.5								2				
C_1		1								1.5				

4 技术条件

表 2

材　　料		45 钢(GB 699)
螺　　纹	公　　差	6H
	标　　准	GB 196、GB 197
垂 直 度	δ	按附表 3 中 9 级规定
	标　　准	GB 1184
热处理及表面处理		① 槽部或全部热处理后 HRC 35～45 ② 调质 HRC 24～30 ③ 氧化
验 收 及 包 装		GB 90

5 标记

5.1 标记方法按 GB 1237 规定。

5.2 标记示例：

螺纹规格 D=M16×1.5、材料为 45 钢、槽或全部热处理后硬度 HRC 35～45、表面氧化的小圆螺母标记：

螺母　GB 810　M16×1.5

附加说明：

本标准由全国紧固件标准化技术委员会提出。

本标准由国家机械工业委员会标准化研究所归口。

本标准由国家机械工业委员会标准化研究所负责起草。

中华人民共和国国家标准

UDC 621.882.3

圆　螺　母

GB 812—88

Round nuts

代替 GB 812—76

1 主题内容

本标准规定了螺纹规格为 M10×1～M200×3 的圆螺母。

注：商品紧固件品种，应优先选用。

2 引用标准

GB 196　普通螺纹　基本尺寸

GB 197　普通螺纹　公差与配合

GB 699　优质炭素结构钢钢号和一般技术条件

GB 1184　形状和位置公差　未注公差的规定

GB 90　紧固件验收检查、标志与包装

GB 1237　紧固件的标记方法

3 尺寸

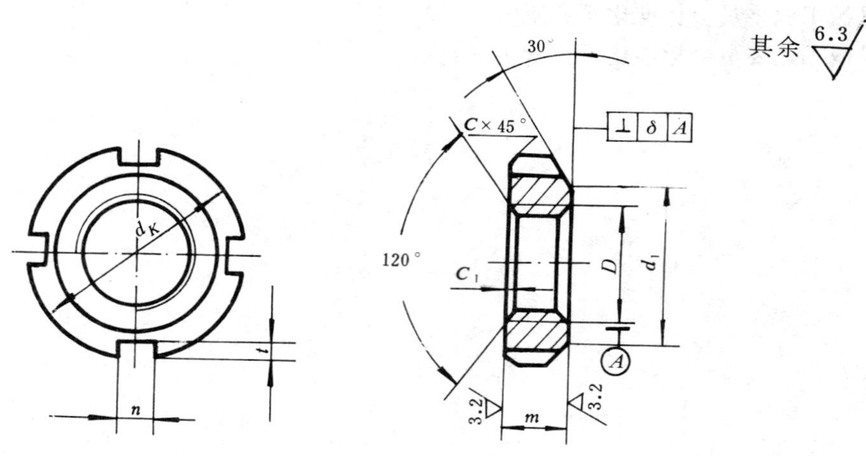

$D \leqslant 100 \times 2$　　槽数 4

$D \geqslant$ M105×2　　槽数 6

国家机械工业委员会 1988-06-24 批准　　　1989-07-01 实施

表 1

mm

螺纹规格 $D\times P$	d_K	d_1	m	n max	n min	t max	t min	C	C_1
M10×1	22	16	8	4.3	4	2.6	2	0.5	0.5
M12×1.25	25	19							
M14×1.5	28	20							
M16×1.5	30	22		5.3	5	3.1	2.5		
M18×1.5	32	24							
M20×1.5	35	27							
M22×1.5	38	30	10					1	
M24×1.5	42	34							
M25×1.5[1]									
M27×1.5	45	37							
M30×1.5	48	40							
M33×1.5	52	43		6.3	6	3.6	3		
M35×1.5[1]									
M36×1.5	55	46						1.5	
M39×1.5	58	49							
M40×1.5[1]									
M42×1.5	62	53							
M45×1.5	68	59							
M48×1.5	72	61	12	8.36	8	4.25	3.5		
M50×1.5[1]									
M52×1.5	78	67							
M55×2[1]									
M56×2	85	74							1
M60×2	90	79							
M64×2	95	84							
M65×2[1]									
M68×2	100	88		10.36	10	4.75	4		
M72×2	105	93	15						
M75×2[1]									
M76×2	110	98							
M80×2	115	103							
M85×2	120	108							
M90×2	125	112	18	12.43	12	5.75	5		
M95×2	130	117							
M100×2	135	122							
M105×2	140	127							
M110×2	150	135		14.43	14	6.75	6		
M115×2	155	140	22						
M120×2	160	145							
M125×2	165	150							
M130×2	170	155							
M140×2	180	165	26	16.43	16	7.9	7		
M150×2	200	180							
M160×3	210	190						2	1.5
M170×3	220	200	30						
M180×3	230	210							
M190×3	240	220							
M200×3	250	230							

注：1）仅用于滚动轴承锁紧装置。

4 技术条件

表 2

材　　料		45 钢(GB 699)
螺　纹	公　　差	6H
	标　　准	GB 196、GB 197
垂直度	δ	按附表 3 中 9 级规定
	标　　准	GB 1184
热处理及表面处理		① 槽或全部热处理后 HRC 35～45 ② 调质 HRC 24～30 ③ 氧化
验收及包装		GB 90

5 标记

5.1 标记方法按 GB 1237 规定。

5.2 标记示例：

螺纹规格 D=M16×1.5、材料为 45 钢、槽或全部热处理后硬度 HRC 35～45、表面氧化的圆螺母的标记：

螺母　GB 812　M16×1.5

附加说明：

本标准由全国紧固件标准化技术委员会提出。

本标准由国家机械工业委员会标准化研究所归口。

本标准由国家机械工业委员会标准化研究所负责起草。

ICS 21.060.20
J 13

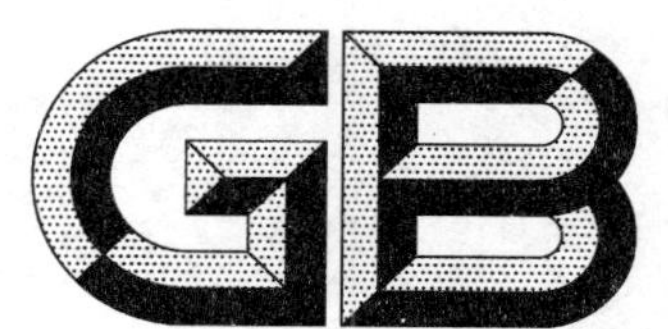

中华人民共和国国家标准

GB/T 889.1—2015
代替 GB/T 889.1—2000

1型非金属嵌件六角锁紧螺母

Prevailing torque type hexagon nuts(with non-metallic insert),style 1

[ISO 7040:2012,Prevailing torque type hexagon regular nuts (with non-metallic insert)—Property classes 5,8 and 10,MOD]

2015-12-31 发布　　2016-04-01 实施

中华人民共和国国家质量监督检验检疫总局
中国国家标准化管理委员会　发布

前　言

GB/T 889 的本部分是“六角锁紧螺母”系列国家标准之一，该系列包括：

——GB/T 889.1　1 型非金属嵌件六角锁紧螺母；

——GB/T 889.2　1 型非金属嵌件六角锁紧螺母　细牙；

——GB/T 6172.2　非金属嵌件六角锁紧薄螺母；

——GB/T 6182　2 型非金属嵌件六角锁紧螺母；

——GB/T 6183.1　2 型非金属嵌件六角法兰面锁紧螺母；

——GB/T 6183.2　2 型非金属嵌件六角法兰面锁紧螺母　细牙；

——GB/T 6184　1 型全金属六角锁紧螺母；

——GB/T 6185.1　2 型全金属六角锁紧螺母；

——GB/T 6185.2　2 型全金属六角锁紧螺母　细牙；

——GB/T 6187.1　2 型全金属六角法兰面锁紧螺母；

——GB/T 6187.2　2 型全金属六角法兰面锁紧螺母　细牙。

本部分是 GB/T 889 的第 1 部分。

本部分按照 GB/T 1.1—2009 给出的规则起草。

本部分代替 GB/T 889.1—2000《1 型非金属嵌件六角锁紧螺母》，与 GB/T 889.1—2000 相比，主要技术变化如下：

——删除“如需其他技术要求，……GB/T 3098.9 和 GB/T 3103.1)中选择。”(2000 年版第 1 章)；

——引用螺纹标准统一为 GB/T 193、GB/T 9145(第 2 章)；

——机械性能等级修改为：M5≤D≤M16：5、8、10(QT)；M16<D≤M39：5、8(QT)、10(QT)；D<M5：按协议(表 2)；

——机械性能增加：QT——淬火并回火(表 2)；

——增加非电解锌片涂层技术要求按 GB/T 5267.2(表 2)；

——标记中表面处理仅允许省略：表面不经处理，替代表面镀锌钝化(5.2)。

本部分使用重新起草法修改采用 ISO 7040:2012《有效力矩型六角标准螺母(非金属嵌件)　性能等级 5、8 和 10 级》(英文版)。

本部分与 ISO 7040:2012 的技术性差异及其原因如下：

——删除 ISO 7040 规定的“如需其他技术要求，……ISO 2320 和 ISO 4759-1 中选择。”(见第 1 章)，不属于本部分规定的内容；

——在规范性引用文件中，用我国标准代替国际标准(见第 2 章)，增加引用 GB/T 6170(第 1 章)、GB/T 90.2(见表 2)和 GB/T 1237(见 5.1)，删除 ISO 724 的引用，以符合我国紧固件基础标准；

——为贯彻基础标准，机械性能增加：QT——淬火并回火(表 2)；

——根据我国实践嵌件材料推荐采用尼龙 66(表 2)；

——增加包装技术要求(表 2)，以符合我国紧固件基础标准；

——修改标记示例为简化标记示例(5.2)，以符合 GB/T 1237 的规定。

本标准还做了下列编辑性修改：

——修改标准名称；

——删除 ISO 7040 的参考文献。

本部分由中国机械工业联合会提出。

本部分由全国紧固件标准化技术委员会(SAC/TC 85)归口。

本部分负责起草单位:中机生产力促进中心。

本部分参加起草单位:机械工业通用零部件产品质量监督检测中心、海盐宇星螺帽有限责任公司、宁波中机机械零部件检测有限公司。

本部分由全国紧固件标准化技术委员会秘书处负责解释。

本部分所代替标准的历次版本发布情况为:

——GB/T 889—1980、GB/T 889—1986;

——GB/T 890—1980;

——GB/T 889.1—2000。

1型非金属嵌件六角锁紧螺母

1 范围

GB/T 889 的本部分规定了1型非金属嵌件六角锁紧螺母的型式尺寸、技术条件和标记。

本部分适用于螺纹规格为 M3～M36，性能等级为5级、8级和10级，产品等级为A级和B级的1型非金属嵌件六角锁紧螺母。A级用于 $D \leqslant 16$ mm 的螺母；B级用于 $D > 16$mm 的螺母。

注：这种螺母相当于 GB/T 6170 加上有效力矩部分。

2 规范性引用文件

下列文件对于本文件的应用是必不可少的。凡是注日期的引用文件，仅注日期的版本适用于本文件。凡是不注日期的引用文件，其最新版本(包括所有的修改单)适用于本文件。

GB/T 90.1　紧固件　验收检查(GB/T 90.1—2002，ISO 3269:2000，IDT)

GB/T 90.2　紧固件　标志与包装

GB/T 193　普通螺纹　直径与螺距系列(GB/T 193—2003，ISO 261:1998，MOD)

GB/T 1237　紧固件标记方法(GB/T 1237—2000，eqv ISO 8991:1986)

GB/T 3098.2　紧固件机械性能　螺母(GB/T 3098.2—2015，ISO 898-2:2012，MOD)

GB/T 3098.9　紧固件机械性能　有效力矩型钢锁紧螺母(GB/T 3098.9—2010，ISO 2320:2008，IDT)

GB/T 3103.1　紧固件公差　螺栓、螺钉、螺柱和螺母(GB/T 3103.1—2002，idt ISO 4759-1:2000)

GB/T 5267.1　紧固件　电镀层(GB/T 5267.1—2002，ISO 4042:1999，IDT)

GB/T 5267.2　紧固件　非电解锌片涂层(GB/T 5267.2—2002，ISO 10683:2000，IDT)

GB/T 5276　紧固件　螺栓、螺钉、螺柱及螺母　尺寸代号和标注(GB/T 5276—2015，ISO 225:2010，MOD)

GB/T 5779.2　紧固件表面缺陷　螺母(GB/T 5779.2—2000，idt ISO 6157-2:1995)

GB/T 6170　1型六角螺母(GB/T 6170—2015，ISO 4032:2012，MOD)

GB/T 9145　普通螺纹　中等精度、优选系列的极限尺寸(GB/T 9145—2003，ISO 965-2:1998，MOD)

GB/T 16938　紧固件　螺栓、螺钉、螺柱和螺母　通用技术条件(GB/T 16938—2008，ISO 8992:2005，IDT)

3 尺寸

螺母的型式尺寸见图1和表1。

尺寸代号和标注应符合 GB/T 5276。

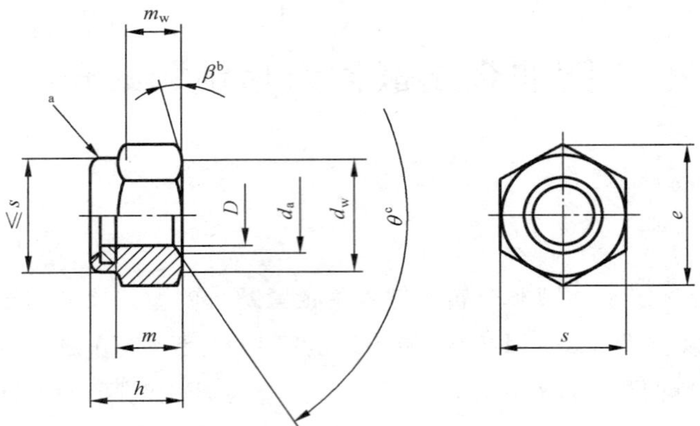

[a] 有效力矩部分形状由制造者自选；

[b] $\beta = 15° \sim 30°$；

[c] $\theta = 90° \sim 120°$。

图 1

表 1 尺寸

单位为毫米

螺纹规格 D		M3	M4	M5	M6	M8	M10	M12	(M14)[a]	M16	M20	M24	M30	M36
P[b]		0.5	0.7	0.8	1	1.25	1.5	1.75	2	2	2.5	3	3.5	4
d_a	max	3.45	4.60	5.75	6.75	8.75	10.80	13.00	15.10	17.30	21.60	25.90	32.40	38.90
	min	3.00	4.00	5.00	6.00	8.00	10.00	12.00	14.00	16.00	20.00	24.00	30.00	36.00
d_w	min	4.57	5.88	6.88	8.88	11.63	14.63	16.63	19.64	22.49	27.70	33.25	42.75	51.11
e	min	6.01	7.66	8.79	11.05	14.38	17.77	20.03	23.36	26.75	32.95	39.55	50.85	60.79
h	max	4.50	6.00	6.80	8.00	9.50	11.90	14.90	17.00	19.10	22.80	27.10	32.60	38.90
	min	4.02	5.52	6.22	7.42	8.92	11.20	14.20	15.90	17.80	20.70	25.00	30.10	36.40
m	min	2.15	2.90	4.40	4.90	6.44	8.04	10.37	12.10	14.10	16.90	20.20	24.30	29.40
m_w	min	1.72	2.32	3.52	3.92	5.15	6.43	8.30	9.68	11.28	13.52	16.16	19.44	23.52
s	max	5.50	7.00	8.00	10.00	13.00	16.00	18.00	21.00	24.00	30.00	36.00	46.00	55.00
	min	5.32	6.78	7.78	9.78	12.73	15.73	17.73	20.67	23.67	29.16	35.00	45.00	53.80

[a] 尽可能不采用括号内的规格。

[b] P——螺距。

4 技术条件和引用标准

技术条件和引用标准见表 2。

表 2 技术条件和引用标准

材料	螺母体	钢
	嵌件	推荐采用尼龙 66
通用技术条件		GB/T 16938
螺纹	公差	6H
	标准	GB/T 193、GB/T 9145
机械性能	等级	M5≤D≤M16:5、8、10(QT)
		M16<D≤M36:5、8(QT)、10(QT)
		D<M5:按协议
	标准	GB/T 3098.2、GB/T 3098.9
公差	产品等级	D≤16 mm:A 级;D>16 mm:B 级
	标准	GB/T 3103.1
表面处理		不经处理; 电镀技术要求按 GB/T 5267.1; 非电解锌片涂层技术要求按 GB/T 5267.2; 如需其他技术要求或表面处理,应由供需协议
表面缺陷		GB/T 5779.2
验收及包装		GB/T 90.1、GB/T 90.2
QT——淬火并回火。		

5 标记

5.1 标记方法

标记方法按 GB/T 1237 规定。

5.2 标记示例

螺纹规格为 M12、性能等级为 8 级、表面不经处理、产品等级为 A 级的 1 型非金属嵌件六角锁紧螺母的标记:

螺母 GB/T 889.1 M12

ICS 21.060.20
J 13

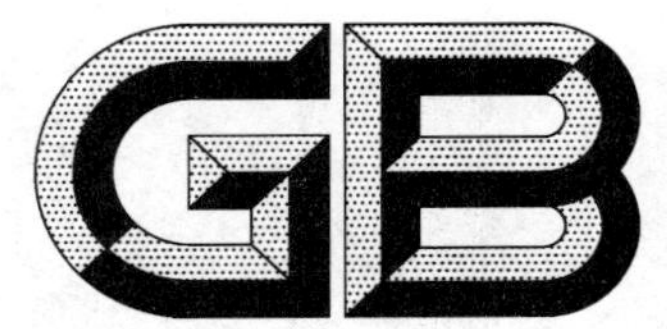

中华人民共和国国家标准

GB/T 889.2—2016
代替 GB/T 889.2—2000

1型非金属嵌件六角锁紧螺母　细牙

Prevailing torque type hexagon nuts(with non-metallic insert),style1—Fine pitch thread

[ISO 10512:2012,Prevailing torque type hexagon regular nuts (with non-metallic insert) with metric fine pitch thread—Property classes 6,8 and 10,MOD]

2016-02-24 发布　　2016-06-01 实施

中华人民共和国国家质量监督检验检疫总局
中国国家标准化管理委员会　发布

前　言

GB/T 889 的本部分是"六角锁紧螺母"系列国家标准之一，该系列包括：

——GB/T 889.1　1 型非金属嵌件六角锁紧螺母；

——GB/T 889.2　1 型非金属嵌件六角锁紧螺母　细牙；

——GB/T 6172.2　非金属嵌件六角锁紧薄螺母；

——GB/T 6182　2 型非金属嵌件六角锁紧螺母；

——GB/T 6183.1　2 型非金属嵌件六角法兰面锁紧螺母；

——GB/T 6183.2　2 型非金属嵌件六角法兰面锁紧螺母　细牙；

——GB/T 6184　1 型全金属六角锁紧螺母；

——GB/T 6185.1　2 型全金属六角锁紧螺母；

——GB/T 6185.2　2 型全金属六角锁紧螺母　细牙；

——GB/T 6187.1　2 型全金属六角法兰面锁紧螺母；

——GB/T 6187.2　2 型全金属六角法兰面锁紧螺母　细牙。

本部分是 GB/T 889 的第 2 部分。

本部分按照 GB/T 1.1—2009 给出的规则起草。

本部分代替 GB/T 889.2—2000《1 型非金属嵌件六角锁紧螺母　细牙》，与 GB/T 889.2—2000 相比，主要技术变化如下：

——删除"如需其他技术要求，……GB/T 3098.9 和 GB/T 3103.1)中选择。"(2000 年版第 1 章)；

——增加："注 2：由于细牙螺纹螺母高度不足，螺母螺纹脱扣几率较高，因此，可以选用 GB/T 6182。"(第 1 章)；

——引用螺纹标准统一为 GB/T 193、GB/T 9145(第 2 章)；

——机械性能等级修改为：8 mm≤D≤16 mm：6、8(QT)、10(QT)；16 mm<D≤36 mm：6(QT)、8(QT)、10(QT)(表 2)；

——机械性能增加：QT——淬火并回火(表 2)；

——规定机械性能引用标准为 GB/T 3098.2、GB/T 3098.9(表 2)；

——增加非电解锌片涂层技术要求按 GB/T 5267.2(表 2)；

——标记中表面处理仅允许省略：表面不经处理，替代表面镀锌纯化(5.2)。

本部分使用重新起草法修改采用 ISO 10512：2012《有效力矩型六角标准螺母(非金属嵌件) 米制细牙螺纹　性能等级 6、8 和 10 级》(英文版)。

本部分与 ISO 10512：2012 的技术性差异及其原因如下：

——删除 ISO 10512 规定："如需其他技术要求，……ISO 4759-1 中选择"(第 1 章)，不属于本部分规定的内容；

——在规范性引用文件中，用我国标准代替国际标准(第 2 章)，增加引用 GB/T 6171(第 1 章)、GB/T 6182(第 1 章)、GB/T 90.2(表 2)和 GB/T 1237(5.1)，删除对 ISO 724 的引用，以符合我国紧固件基础标准；

——ISO 10512 规定"M36×2"为印刷错误，保留旧标准的"M36×3"(表 1)；

——机械性能等级修改为：8 mm≤D≤16 mm：6、8(QT)、10(QT)；16 mm<D≤36 mm：6(QT)、8(QT)、10(QT)(表 2)，扩大标准的适用范围；

——为贯彻基础标准，机械性能增加：QT——淬火并回火(表 2)；

——根据我国实践，嵌件材料推荐采用尼龙 66(表 2)；

——增加包装技术要求(表 2)，以符合我国紧固件基础标准；

——修改标记示例为简化标记示例(5.2)，以符合 GB/T 1237 的规定。

本标准还做了下列编辑性修改：

——修改标准名称；

——删除 ISO 10512 的参考文献。

本部分由中国机械工业联合会提出。

本部分由全国紧固件标准化技术委员会(SAC/TC 85)归口。

本部分负责起草单位：中机生产力促进中心。

本部分参加起草单位：舟山市正源标准件有限公司、机械工业通用零部件产品质量监督检测中心、宁波中机机械零部件检测有限公司。

本部分由全国紧固件标准化技术委员会秘书处负责解释。

本部分所代替标准的历次版本发布情况为：

——GB/T 889—1980、GB/T 889—1986；

——GB/T 890—1980；

——GB/T 889.2—2000。

1型非金属嵌件六角锁紧螺母　细牙

1　范围

GB/T 889的本部分规定了细牙1型非金属嵌件六角锁紧螺母的型式尺寸、技术条件和标记。

本部分适用于螺纹公称直径 D=8 mm～36 mm、细牙螺纹、性能等级为6级、8级和10级、产品等级为A级和B级的1型非金属嵌件六角锁紧螺母。A级用于 $D\leqslant16$ mm的螺母；B级用于 $D>16$ mm的螺母。

注1：这种螺母相当于GB/T 6171加上有效力矩部分。

注2：由于细牙螺纹螺母高度不足，螺母螺纹脱扣几率较高，因此，可以选用GB/T 6182。

2　规范性引用文件

下列文件对于本文件的应用是必不可少的。凡是注日期的引用文件，仅注日期的版本适用于本文件。凡是不注日期的引用文件，其最新版本(包括所有的修改单)适用于本文件。

GB/T 90.1　紧固件　验收检查(GB/T 90.1—2002,ISO 3269:2000,IDT)

GB/T 90.2　紧固件　标志与包装

GB/T 193　普通螺纹　直径与螺距系列(GB/T 193—2003,ISO 261:1998,MOD)

GB/T 1237　紧固件标记方法(GB/T 1237—2000,eqv ISO 8991:1986)

GB/T 3098.2　紧固件机械性能　螺母(GB/T 3098.2—2015,ISO 898-2:2012,MOD)

GB/T 3098.9　紧固件机械性能　有效力矩型钢锁紧螺母(GB/T 3098.9—2010,ISO 2320:2008,IDT)

GB/T 3103.1　紧固件公差　螺栓、螺钉、螺柱和螺母(GB/T 3103.1—2002,idt ISO 4759-1:2000)

GB/T 5267.1　紧固件　电镀层(GB/T 5267.1—2002,ISO 4042:1999,IDT)

GB/T 5267.2　紧固件　非电解锌片涂层(GB/T 5267.2—2002,ISO 10683:2000,IDT)

GB/T 5276　紧固件　螺栓、螺钉、螺柱及螺母　尺寸代号和标注(GB/T 5276—2015,ISO 225:2010,MOD)

GB/T 5779.2　紧固件表面缺陷　螺母(GB/T 5779.2—2000,idt ISO 6157-2:1995)

GB/T 6171　1型六角螺母　细牙(GB/T 6171—2016,ISO 8673:2012,MOD)

GB/T 6182　2型非金属嵌件六角锁紧螺母(GB/T 6182—2016,ISO 7041:2012,MOD)

GB/T 9145　普通螺纹　中等精度、优选系列的极限尺寸(GB/T 9145—2003,ISO 965-2:1998,MOD)

GB/T 16938　紧固件　螺栓、螺钉、螺柱和螺母　通用技术条件(GB/T 16938—2008,ISO 8992:2005,IDT)

3　尺寸

螺母的型式尺寸见图1和表1。

尺寸代号和标注应符合GB/T 5276。

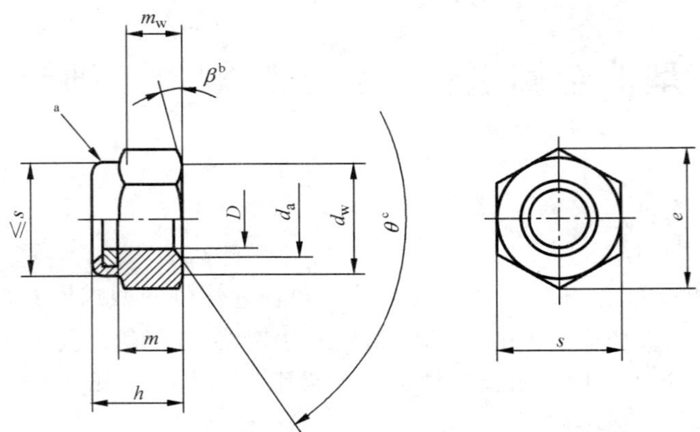

a 有效力矩部分形状由制造者自选；

b $\beta=15°\sim30°$；

c $\theta=90°\sim120°$。

图 1

表 1 尺寸

单位为毫米

螺纹规格 ($D\times P$[a])		M8×1	M10×1 M10×1.25	M12×1.25 M12×1.5	(M14×1.5)[b]	M16×1.5	M20×1.5	M24×2	M30×2	M36×3
d_a	max	8.75	10.80	13	15.10	17.30	21.60	25.90	32.40	38.90
	min	8.00	10.00	12.00	14.00	16.00	20.00	24.00	30.00	36.00
d_w	min	11.63	14.63	16.63	19.64	22.49	27.70	33.25	42.75	51.11
e	min	14.38	17.77	20.03	23.36	26.75	32.95	39.55	50.85	60.79
h	max	9.50	11.90	14.90	17.00	19.10	22.80	27.10	32.60	38.90
	min	8.92	11.20	14.20	15.90	17.80	20.70	25.00	30.10	36.40
m	min	6.44	8.04	10.37	12.10	14.10	16.90	20.20	24.30	29.40
m_w	min	5.15	6.43	8.30	9.68	11.28	13.52	16.16	19.44	23.52
s	max	13.00	16.00	18.00	21.00	24.00	30.00	36.00	46.00	55.00
	min	12.73	15.73	17.73	20.67	23.67	29.16	35.00	45.00	53.80

a P——螺距。

b 尽可能不采用括号内的规格。

4 技术条件和引用标准

技术条件和引用标准见表 2。

表 2 技术条件和引用标准

<table>
<tr><td rowspan="2">材料</td><td>螺母体</td><td>钢</td></tr>
<tr><td>嵌件</td><td>推荐采用尼龙 66</td></tr>
<tr><td colspan="2">通用技术条件</td><td>GB/T 16938</td></tr>
<tr><td rowspan="2">螺纹</td><td>公差</td><td>6H</td></tr>
<tr><td>标准</td><td>GB/T 193、GB/T 9145</td></tr>
<tr><td rowspan="3">机械性能</td><td rowspan="2">等级</td><td>8 mm≤D≤16 mm:6、8(QT)、10(QT)</td></tr>
<tr><td>16 mm<D≤36 mm:6(QT)、8(QT)、10(QT)</td></tr>
<tr><td>标准</td><td>GB/T 3098.2、GB/T 3098.9</td></tr>
<tr><td rowspan="2">公差</td><td>产品等级</td><td>D≤16 mm:A 级;D>16 mm:B 级</td></tr>
<tr><td>标准</td><td>GB/T 3103.1</td></tr>
<tr><td colspan="2">表面处理</td><td>不经处理;
电镀技术要求按 GB/T 5267.1;
非电解锌片涂层技术要求按 GB/T 5267.2;
如需其他技术要求或表面处理,应由供需协议</td></tr>
<tr><td colspan="2">表面缺陷</td><td>GB/T 5779.2</td></tr>
<tr><td colspan="2">验收及包装</td><td>GB/T 90.1、GB/T 90.2</td></tr>
<tr><td colspan="3">QT——淬火并回火。</td></tr>
</table>

5 标记

5.1 标记方法

标记方法按 GB/T 1237 规定。

5.2 标记示例

螺纹规格为 M12×1.5、细牙螺纹、性能等级为 8 级、表面不经处理、产品等级为 A 级的 1 型非金属嵌件六角锁紧螺母的标记:

螺母 GB/T 889.2 M12×1.5

ICS 21.060.20
J 13

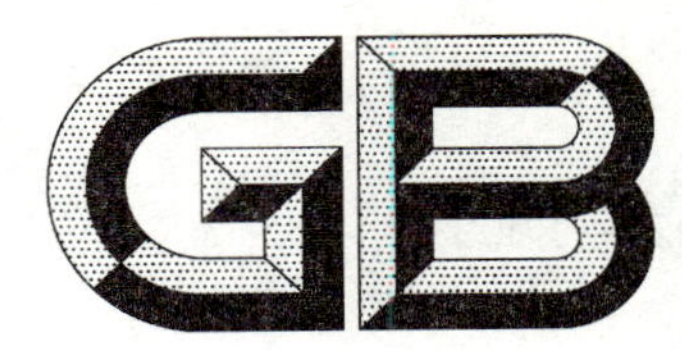

中华人民共和国国家标准

GB/T 923—2009
代替 GB/T 923—1988

2009-10-15 发布　　　　2010-03-01 实施

中华人民共和国国家质量监督检验检疫总局
中国国家标准化管理委员会　发布

前　言

本标准是国家标准“盖形螺母”产品系列标准之一。该系列包括：

a) GB/T 802.1　组合式盖形螺母；

b) GB/T 802.2　六角盖形螺母　焊接型；

c) GB/T 802.3　六角法兰面盖形螺母　焊接型；

d) GB/T 802.4　六角低球面盖形螺母　焊接型；

e) GB/T 802.5　非金属嵌件六角锁紧盖形螺母　焊接型；

f) GB/T 923　六角盖形螺母。

本标准修改采用 DIN 1587:2000《六角盖形螺母　高型》(德文版)，主要修改如下：

——在规范性引用文件中，用我国标准代替等同或修改采用的德国标准或国际标准(第 2 章)；

——DIN 1587 对 e、h 和 s 尺寸按产品等级 A 级和 B 级(不分规格)规定了两种公差，本标准按“$D \leqslant 16$ mm 为 A 级；$D>16$ mm 为 B 级”规定公差(表 1)；

——DIN 1587 未规定包装技术要求，本标准予以规定(表 2)；

——DIN 1587 未规定简化标记，本标准按 GB/T 1237 给出简化的标记示例(见 5.2)。

本标准代替 GB/T 923—1988《盖形螺母》。

本标准与 GB/T 923—1988 相比主要变化如下：

——修改采用 DIN 1587:2000《六角盖形螺母　高型》；

——标准名称改为：六角盖形螺母；

——取消螺纹规格 M3(见表 1)；

——增加细牙螺纹规格系列(第 2 系列、第 3 系列)(见表 1)；

——增加沉孔直径 d_a、支承面直径 d_w 和扳拧高度 m_w 等尺寸要素(见表 1)；

——调整盖形螺母高度 h、六角高度 m、球面半径 SR、和退刀槽 x、g_2 尺寸(见图 1、图 2 及表 1)；

——增加每 1 000 件钢螺母的质量(见表 1)；

——取消 5 级钢螺母(见表 2)；

——增加不锈钢和有色金属材料的螺母(见表 2)；

——对钢螺母增加非电解锌片涂层及热浸镀锌层表面处理(见表 2)。

本标准由中国机械工业联合会提出。

本标准由全国紧固件标准化技术委员会归口。

本标准负责起草单位：中机生产力促进中心、张家港市新艺五金有限公司。

本标准所代替标准的历次版本发布情况为：

——GB 923—1967、GB 923—1976、GB/T 923—1988。

六角盖形螺母

1 范围

本标准规定了螺纹规格为M4～M24、性能等级为6、A1-50、CU3或CU6级、产品等级为A级和B级的六角盖形螺母。A级用于$D \leqslant 16$ mm；B级用于$D > 16$ mm的螺母。

2 规范性引用文件

下列文件中的条款通过本标准的引用而成为本标准的条款。凡是注日期的引用文件，其随后所有的修改单(不包括勘误的内容)或修订版均不适用于本标准，然而，鼓励根据本标准达成协议的各方研究是否可使用这些文件的最新版本。凡是不注日期的引用文件，其最新版本适用于本标准。

GB/T 90.1 紧固件 验收检查(GB/T 90.1—2002,ISO 3269:2000,IDT)

GB/T 90.2 紧固件 标志与包装

GB/T 196 普通螺纹 基本尺寸(GB/T 196—2003,ISO 724:1993,ISO general purpose metric screw threads—Basic dimensions,MOD)

GB/T 197 普通螺纹 公差(GB/T 197—2003,ISO 965-1:1998,ISO general purpose metric screw threads—Tolerances—Part 1:Principles basic data,MOD)

GB/T 1237 紧固件标记方法(GB/T 1237—2000,eqv ISO 8991:1986)

GB/T 3098.2 紧固件机械性能 螺母 粗牙螺纹(GB/T 3098.2—2000,idt ISO 898-2:1992)

GB/T 3098.4 紧固件机械性能 螺母 细牙螺纹(GB/T 3098.4—2000,idt ISO 898-6:1994)

GB/T 3098.10 紧固件机械性能 有色金属制造的螺栓、螺钉、螺柱和螺母(GB/T 3098.10—1993,eqv ISO 8839:1986)

GB/T 3098.15 紧固件机械性能 不锈钢螺母(GB/T 3098.15—2000,idt ISO 3506-2:1997)

GB/T 3103.1 紧固件公差 螺栓、螺钉和螺母(GB/T 3103.1—2002,ISO 4759-1:2000,IDT)

GB/T 5267.1 紧固件 电镀层(GB/T 5267.1—2002,ISO 4042:1999,IDT)

GB/T 5267.2 紧固件 非电解锌片涂层(GB/T 5267.2—2002,ISO 10683:2000,IDT)

GB/T 5267.3 紧固件 热浸镀锌层(GB/T 5267.3—2008,ISO 10684:2004,IDT)

GB/T 5276 紧固件 螺栓、螺钉、螺柱及螺母 尺寸代号和标注(GB/T 5276—1985,eqv ISO 225:1983)

GB/T 16938 紧固件 螺栓、螺钉、螺柱和螺母 通用技术条件(GB/T 16938—2008,ISO 8992:2005,IDT)

3 尺寸

螺母的型式尺寸见图1、图2和表1。

尺寸代号和标注符合GB/T 5276。

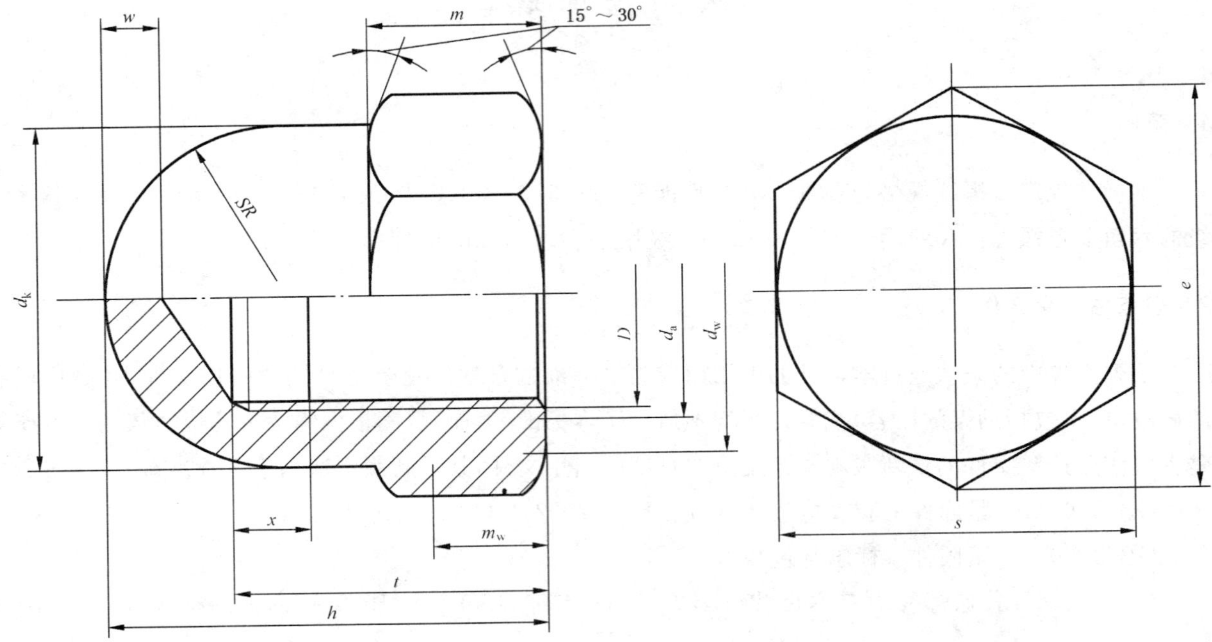

图 1　D≤10 mm 盖形螺母的型式与尺寸

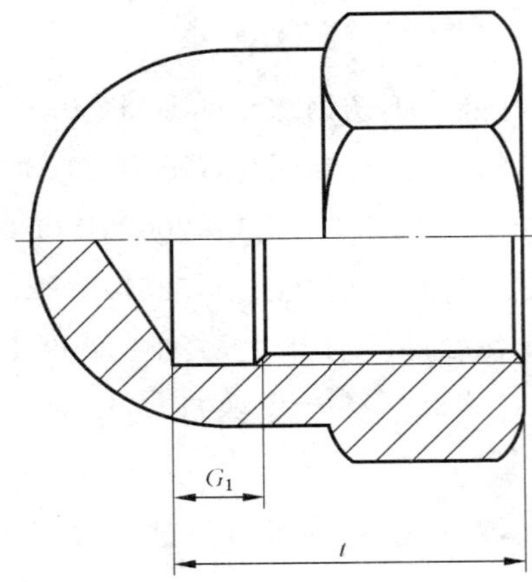

注：其余尺寸见图 1。

图 2　D≥12 mm 盖形螺母的型式与尺寸

表 1　尺寸

单位为毫米

螺纹规格 D		M4	M5	M6	M8	M10	M12
	第 1 系列	M4	M5	M6	M8	M10	M12
	第 2 系列	—	—	—	M8×1	M10×1	M12×1.5
	第 3 系列	—	—	—	—	M10×1.25	M12×1.25
P^{a}		0.7	0.8	1	1.25	1.5	1.75
d_a	max	4.6	5.75	6.75	8.75	10.8	13
	min	4	5	6	8	10	12
d_k	max	6.5	7.5	9.5	12.5	15	17
d_w	min	5.9	6.9	8.9	11.6	14.6	16.6
e	min	7.66	8.79	11.05	14.38	17.77	20.03
x^{b}_{max}	第 1 系列	1.4	1.6	2	2.5	3	—
	第 2 系列	—	—	—	2	2	—
	第 3 系列	—	—	—	—	2.5	—
$G^{c}_{1\ max}$	第 1 系列	—	—	—	—	—	6.4
	第 2 系列	—	—	—	—	—	5.6
	第 3 系列	—	—	—	—	—	4.9
h	max=公称	8	10	12	15	18	22
	min	7.64	9.64	11.57	14.57	17.57	21.48
m	max	3.2	4	5	6.5	8	10
	min	2.9	3.7	4.7	6.14	7.64	9.64
m_w	min	2.32	2.96	3.76	4.91	6.11	7.71
SR	≈	3.25	3.75	4.75	6.25	7.5	8.5
s	公称	7	8	10	13	16	18
	min	6.78	7.78	9.78	12.73	15.73	17.73
t	max	5.74	7.79	8.29	11.35	13.35	16.35
	min	5.26	7.21	7.71	10.65	12.65	15.65
w	min	2	2	2	2	2	3
每 1 000 件钢螺母质量 (ρ=7.85 kg/dm³) ≈kg		d	d	4.66	11	20.1	28.3

表 1（续）

单位为毫米

螺纹规格 D							
螺纹规格 D	第 1 系列	(M14)	M16	(M18)	M20	(M22)	M24
	第 2 系列	(M14×1.5)	M16×1.5	(M18×1.5)	M20×2	(M22×1.5)	M24×2
	第 3 系列	—	—	(M18×2)	M20×1.5	(M22×2)	—
P[a]		2	2	2.5	2.5	2.5	3
d_a	max	15.1	17.3	19.5	21.6	23.7	25.9
	min	14	16	18	20	22	24
d_k	max	20	23	26	28	33	34
d_w	min	19.6	22.5	24.9	27.7	31.4	33.3
e	min	23.35	26.75	29.56	32.95	37.29	39.55
x_{max}[b]	第 1 系列	—	—	—	—	—	—
	第 2 系列	—	—	—	—	—	—
	第 3 系列	—	—	—	—	—	—
$G_{1\ max}$[c]	第 1 系列	7.3	7.3	9.3	9.3	9.3	10.7
	第 2 系列	5.6	5.6	5.6	7.3	5.6	7.3
	第 3 系列	—	—	7.3	5.6	7.3	—
h	max=公称	25	28	32	34	39	42
	min	24.48	27.48	31	33	38	41
m	max	11	13	15	16	18	19
	min	10.3	12.3	14.3	14.9	16.9	17.7
m_w	min	8.24	9.84	11.44	11.92	13.52	14.16
SR	≈	10	11.5	13	14	16.5	17
s	公称	21	24	27	30	34	36
	min	20.67	23.67	26.16	29.16	33	35
t	max	18.35	21.42	25.42	26.42	29.42	31.5
	min	17.65	20.58	24.58	25.58	28.58	30.5
w	min	4	4	5	5	5	6
每 1 000 件钢螺母质量 (ρ=7.85 kg/dm³) ≈kg		[d]	54.3	95	104	[d]	216

注：尽可能不采用括号内的规格；按螺纹规格第 1～3 系列，依次优先选用。

[a] P——粗牙螺纹螺距，按 GB/T 197 。

[b] 内螺纹的收尾 $x_{max}=2P$，适用于 $D\leqslant$M10。

[c] 内螺纹的退刀槽 $G_{1\ max}$，适用于 $D>$M10。

[d] 目前尚无数据。

4 技术条件和引用标准

技术条件和引用标准见表 2。

表 2　技术条件和引用标准

材　　料		钢	不　锈　钢	有 色 金 属
通用技术条件		GB/T 16938		
螺纹	公差	6H		
	标准	GB/T 196、GB/T 197		
机械性能	等级[a]	6	A1-50	CU3 或 CU6[b]
	标准	GB/T 3098.2、GB/T 3098.4	GB/T 3098.15	GB/T 3098.10
公差	产品等级	$D\leqslant 16$ mm：A；$D>16$ mm：B		
	标准	GB/T 3103.1		
表面处理		氧化； 电镀技术要求按GB/T 5267.1； 非电解锌片涂层技术要求按GB/T 5267.2； 热浸镀锌技术要求按GB/T 5267.3	简单处理	简单处理； 电镀技术要求按GB/T 5267.1；
		如需其他表面处理，应由供需双方协议		
验收及包装		GB/T 90.1、GB/T 90.2		

[a] 其他性能等级或材料，由供需双方协议。

[b] 由制造者选择。

5　标记

5.1　标记方法

标记方法按 GB/T 1237 规定。

5.2　标记示例

螺纹规格 D＝M12、性能等级为 6 级、表面氧化处理的六角盖形螺母的标记：

螺母　GB/T 923　M12

ICS 21.060.20
J 13

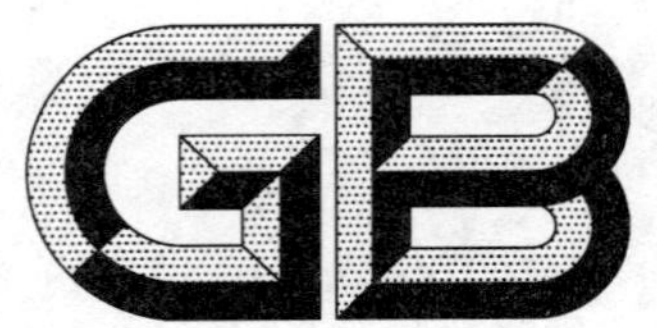

中华人民共和国国家标准

GB/T 6170—2015
代替 GB/T 6170—2000

1 型 六 角 螺 母

Hexagon nuts, style 1

[ISO 4032:2012, Hexagon regular nuts(style 1)—Product grades A and B, MOD]

2015-12-31 发布　　2016-04-01 实施

中华人民共和国国家质量监督检验检疫总局
中国国家标准化管理委员会　发布

前　言

GB/T 6170 是“六角螺母(部分)”系列国家标准之一,该系列包括:
——GB/T 41　1 型六角螺母　C 级;
——GB/T 6170　1 型六角螺母;
——GB/T 6171　1 型六角螺母　细牙;
——GB/T 6172.1　六角薄螺母;
——GB/T 6173　六角薄螺母　细牙;
——GB/T 6174　六角薄螺母　无倒角;
——GB/T 6175　2 型六角螺母;
——GB/T 6176　2 型六角螺母　细牙。

本标准按照 GB/T 1.1—2009 给出的规则起草。

本标准代替 GB/T 6170—2000《1 型六角螺母》,与 GB/T 6170—2000 相比,主要技术变化如下:
——删除“如需其他技术要求,……GB/T 3098.2 和 GB/T 3103.1)中选择”(2000 年版第 1 章);
——增加“注:2 型六角螺母见 GB/T 6175。”(第 1 章);
——引用螺纹标准统一为 GB/T 193、GB/T 9145(第 2 章);
——对钢螺母机械性能增加:QT——淬火并回火(表 3);
——增加钢螺母热浸镀锌层技术要求按 GB/T 5267.3(表 3);
——增加不锈钢螺母钝化处理技术要求按 GB/T 5267.4。

本标准使用重新起草法修改采用 ISO 4032:2012《六角标准螺母(1 型)　产品等级 A 级和 B 级》。

本标准与 ISO 4032:2012 的技术性差异及其原因如下:
——删除 ISO 4032 规定:“如需其他技术要求,……ISO 4759-1 中选择”(第 1 章),不属于本标准规定的内容;
——在规范性引用文件中,用我国标准代替国际标准(第 2 章),增加引用 GB/T 6175(第 1 章)、GB/T 90.2(表 3)、GB/T 193(表 3)、GB/T 5267.4(表 3)、GB/T 9145(表 3)和 GB/T 1237(5.1),删除对 ISO 724、ISO 965-1 的引用,以符合我国紧固件基础标准;
——增加有色金属螺母性能等级规定(表 3),扩大标准的适用范围;
——为贯彻基础标准,对钢螺母机械性能增加:QT——淬火并回火(表 3);
——增加包装技术要求(表 2),以符合我国紧固件基础标准;
——修改标记示例为简化标记示例(5.2),以符合 GB/T 1237 的规定。

本标准还做了下列编辑性修改:
——修改标准名称;
——删除 ISO 4032 的参考文献。

本标准由中国机械工业联合会提出。

本标准由全国紧固件标准化技术委员会(SAC/TC 85)归口。

本标准负责起草单位:中机生产力促进中心。

本标准参加起草单位:海盐宇星螺帽有限责任公司、东风汽车紧固件有限公司、无锡市标准件厂有限公司、宁波市明立紧固件有限公司、舟山市正源标准件有限公司、浙江海力股份有限公司、奥展实业有限公司。

本标准由全国紧固件标准化技术委员会秘书处负责解释。

本标准所代替标准的历次版本发布情况为：

——GB 51—1958、GB 51—1976；

——GB 52—1958、GB 52—1976；

——GB/T 6170—1986、GB/T 6170—2000。

1 型六角螺母

1 范围

本标准规定了1型六角螺母的型式尺寸、技术条件和标记。

本标准适用于螺纹规格M1.6～M64，性能等级为6级、8级和10级、A2-50、A2-70、A4-50、A4-70、CU2、CU3和AL4，产品等级为A级和B级的1型六角螺母。A级用于$D \leqslant 16$ mm的螺母；B级用于$D > 16$ mm的螺母。

注：2型六角螺母见GB/T 6175。

2 规范性引用文件

下列文件对于本文件的应用是必不可少的。凡是注日期的引用文件，仅注日期的版本适用于本文件。凡是不注日期的引用文件，其最新版本（包括所有的修改单）适用于本文件。

GB/T 90.1 紧固件 验收检查（GB/T 90.1—2002，ISO 3269：2000，IDT）

GB/T 90.2 紧固件 标志与包装

GB/T 193 普通螺纹 直径与螺距系列（GB/T 193—2003，ISO 261：1998，MOD）

GB/T 1237 紧固件标记方法（GB/T 1237—2000，eqv ISO 8991：1986）

GB/T 3098.2 紧固件机械性能 螺母（GB/T 3098.2—2015，ISO 898-2：2012，MOD）

GB/T 3098.10 紧固件机械性能 有色金属制造的螺栓、螺钉、螺柱和螺母（GB/T 3098.10—1993，eqv ISO 8839：1986）

GB/T 3098.15 紧固件机械性能 不锈钢螺母（GB/T 3098.15—2014，ISO 3506-2：2009，MOD）

GB/T 3103.1 紧固件公差 螺栓、螺钉、螺柱和螺母（GB/T 3103.1—2002，idt ISO 4759-1：2000）

GB/T 5267.1 紧固件 电镀层（GB/T 5267.1—2002，ISO 4042：1999，IDT）

GB/T 5267.2 紧固件 非电解锌片涂层（GB/T 5267.2—2002，ISO 10683：2000，IDT）

GB/T 5267.3 紧固件 热浸镀锌层（GB/T 5267.3—2008，ISO 10684：2004，IDT）

GB/T 5267.4 紧固件表面处理 耐腐蚀不锈钢钝化处理（GB/T 5267.4—2009，ISO 16048：2003，IDT）

GB/T 5276 紧固件 螺栓、螺钉、螺柱及螺母 尺寸代号和标注（GB/T 5276—2015，ISO 225：2010，MOD）

GB/T 5779.2 紧固件表面缺陷 螺母（GB/T 5779.2—2000，idt ISO 6157-2：1995）

GB/T 6175 2型六角螺母（GB/T 6175—2016，ISO 4033：2012，MOD）

GB/T 9145 普通螺纹 中等精度、优选系列的极限尺寸（GB/T 9145—2003，ISO 965-2：1998，MOD）

GB/T 16938 紧固件 螺栓、螺钉、螺柱和螺母 通用技术条件（GB/T 16938—2008，ISO 8992：2005，IDT）

3 尺寸

螺母的型式尺寸见图1、表1和表2。

尺寸代号和标注应符合 GB/T 5276。

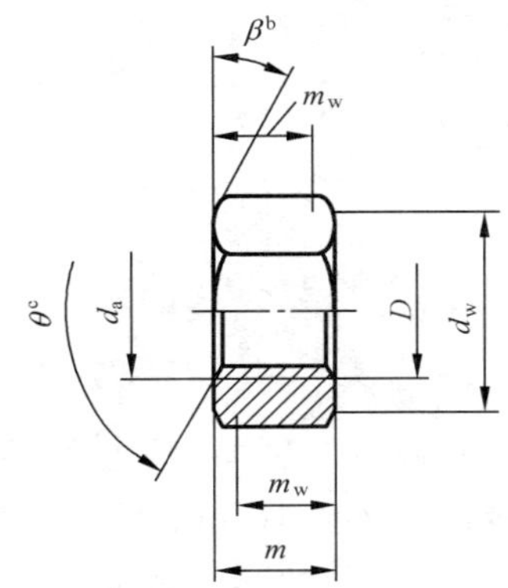

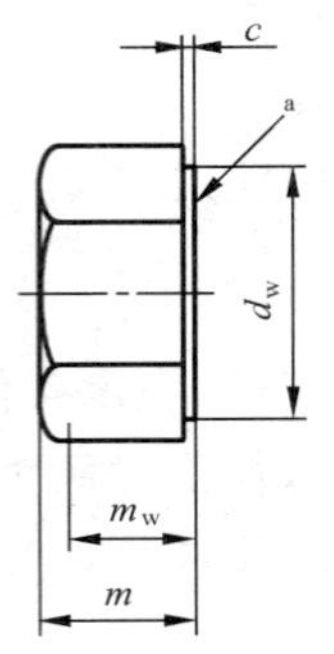

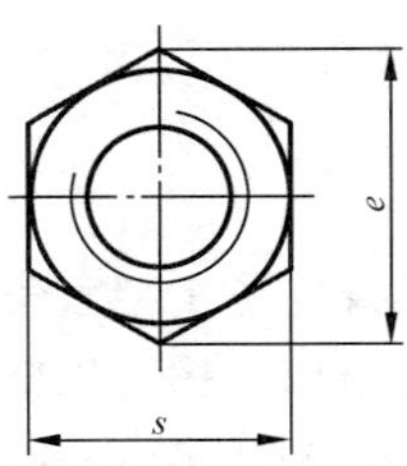

[a] 要求垫圈面型式时，应在订单中注明；

[b] $\beta=15^\circ\sim30^\circ$；

[c] $\theta=90^\circ\sim120^\circ$。

图 1

表 1 优选的螺纹规格

单位为毫米

螺纹规格 D		M1.6	M2	M2.5	M3	M4	M5	M6	M8	M10	M12
P[a]		0.35	0.4	0.45	0.5	0.7	0.8	1	1.25	1.5	1.75
c	max	0.20	0.20	0.30	0.40	0.40	0.50	0.50	0.60	0.60	0.60
	min	0.10	0.10	0.10	0.15	0.15	0.15	0.15	0.15	0.15	0.15
d_a	max	1.84	2.30	2.90	3.45	4.60	5.75	6.75	8.75	10.80	13.00
	min	1.60	2.00	2.50	3.00	4.00	5.00	6.00	8.00	10.00	12.00
d_w	min	2.40	3.10	4.10	4.60	5.90	6.90	8.90	11.60	14.60	16.60
e	min	3.41	4.32	5.45	6.01	7.66	8.79	11.05	14.38	17.77	20.03
m	max	1.30	1.60	2.00	2.40	3.20	4.70	5.20	6.80	8.40	10.80
	min	1.05	1.35	1.75	2.15	2.90	4.40	4.90	6.44	8.04	10.37
m_w	min	0.80	1.10	1.40	1.70	2.30	3.50	3.90	5.20	6.40	8.30
s	公称＝max	3.20	4.00	5.00	5.50	7.00	8.00	10.0	13.00	16.00	18.00
	min	3.02	3.82	4.82	5.32	6.78	7.78	9.78	12.73	15.73	17.73

螺纹规格 D		M16	M20	M24	M30	M36	M42	M48	M56	M64
P[a]		2	2.5	3	3.5	4	4.5	5	5.5	6
c	max	0.80	0.80	0.80	0.80	0.80	1.00	1.00	1.00	1.00
	min	0.20	0.20	0.20	0.20	0.20	0.30	0.30	0.30	0.30
d_a	max	17.30	21.60	25.90	32.40	38.90	45.40	51.80	60.50	69.10
	min	16.00	20.00	24.00	30.00	36.00	42.00	48.00	56.00	64.00

表 1（续）

螺纹规格 D		M16	M20	M24	M30	M36	M42	M48	M56	M64
d_w	min	22.50	27.70	33.30	42.80	51.10	60.00	69.50	78.70	88.20
e	min	26.75	32.95	39.55	50.85	60.79	71.30	82.60	93.56	104.86
m	max	14.80	18.00	21.50	25.60	31.00	34.00	38.00	45.00	51.00
	min	14.10	16.90	20.20	24.30	29.40	32.40	36.40	43.40	49.10
m_w	min	11.30	13.50	16.20	19.40	23.50	25.90	29.10	34.70	39.30
s	公称＝max	24.00	30.00	36.00	46.00	55.00	65.00	75.00	85.00	95.00
	min	23.67	29.16	35.00	45.00	53.80	63.10	73.10	82.80	92.80
[a] P——螺距。										

表 2　非优选的螺纹规格

单位为毫米

螺纹规格 D		M3.5	M14	M18	M22	M27	M33	M39	M45	M52	M60
P[a]		0.6	2	2.5	2.5	3	3.5	4	4.5	5	5.5
c	max	0.40	0.60	0.80	0.80	0.80	0.80	1.00	1.00	1.00	1.00
	min	0.15	0.15	0.20	0.20	0.20	0.20	0.30	0.30	0.30	0.30
d_a	max	4.00	15.10	19.50	23.70	29.10	35.60	42.10	48.60	56.20	64.80
	min	3.50	14.00	18.00	22.00	27.00	33.00	39.00	45.00	52.00	60.00
d_w	min	5.00	19.60	24.90	31.40	38.00	46.60	55.90	64.70	74.20	83.40
e	min	6.58	23.36	29.56	37.29	45.20	55.37	66.44	76.95	88.25	99.21
m	max	2.80	12.80	15.80	19.40	23.80	28.70	33.40	36.00	42.00	48.00
	min	2.55	12.10	15.10	18.10	22.50	27.40	31.80	34.40	40.40	46.40
m_w	min	2.00	9.70	12.10	14.50	18.00	21.90	25.40	27.50	32.30	37.10
s	公称＝max	6.00	21.00	27.00	34.00	41.00	50.00	60.00	70.00	80.00	90.00
	min	5.82	20.67	26.16	33.00	40.00	49.00	58.80	68.10	78.10	87.80
[a] P——螺距。											

4　技术条件和引用标准

技术条件和引用标准见表 3。

表 3　技术条件和引用标准

<table>
<tr><td colspan="2">材料</td><td>钢</td><td>不锈钢</td><td>有色金属</td></tr>
<tr><td colspan="2">通用技术条件</td><td colspan="3">GB/T 16938</td></tr>
<tr><td rowspan="2">螺纹</td><td>公差</td><td colspan="3">6H</td></tr>
<tr><td>标准</td><td colspan="3">GB/T 193、GB/T 9145</td></tr>
<tr><td rowspan="5">机械性能</td><td rowspan="4">等级</td><td>D＜M5:按协议</td><td rowspan="2">D≤M24:
A2-70、A4-70</td><td rowspan="4">CU2、CU3、AL4</td></tr>
<tr><td>M5≤D≤M16:
6、8、10(QT)</td></tr>
<tr><td>M16＜D≤M39:
6、8(QT)、10(QT)</td><td>M24＜D≤M39:
A2-50、A4-50</td></tr>
<tr><td>D＞ M39:按协议</td><td>D＞ M39:按协议</td></tr>
<tr><td>标准</td><td>GB/T 3098.2</td><td>GB/T 3098.15</td><td>GB/T 3098.10</td></tr>
<tr><td rowspan="2">公差</td><td>产品等级</td><td colspan="3">D≤M16:A 级;D＞ M16:B 级</td></tr>
<tr><td>标准</td><td colspan="3">GB/T 3103.1</td></tr>
<tr><td colspan="2">表面缺陷</td><td>GB/T 5779.2</td><td>—</td><td>—</td></tr>
<tr><td colspan="2" rowspan="2">表面处理</td><td>不经处理;
电镀技术要求按 GB/T 5267.1;
非电解锌片涂层技术要求按
GB/T 5267.2;
热浸镀锌层技术要求按
GB/T 5267.3</td><td>简单处理;
钝化处理技术要求按
GB/T 5267.4</td><td>简单处理;
电镀技术要求按
GB/T 5267.1</td></tr>
<tr><td colspan="3">如需其他技术要求或表面处理,应由供需协议</td></tr>
<tr><td colspan="2">验收及包装</td><td colspan="3">GB/T 90.1、GB/T 90.2</td></tr>
<tr><td colspan="5">QT——淬火并回火。</td></tr>
</table>

5　标记

5.1　标记方法

标记方法按 GB/T 1237 规定。

5.2　标记示例

螺纹规格为 M12、性能等级为 8 级、表面不经处理、产品等级为 A 级的 1 型六角螺母的标记:

螺母　GB/T 6170　M12

ICS 21.060.20
J 13

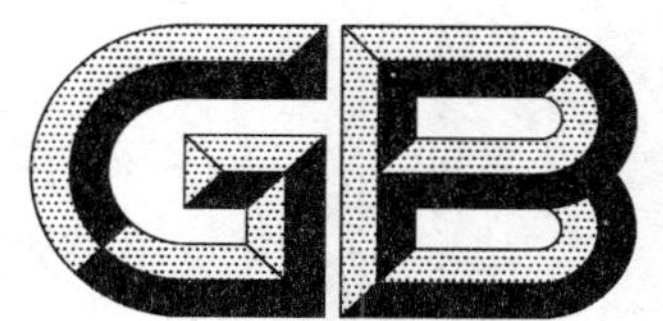

中华人民共和国国家标准

GB/T 6171—2016
代替 GB/T 6171—2000

1 型六角螺母　细牙

Hexagon nuts, style1—Fine pitch thread

(ISO 8673:2012, Hexagon regular nuts(style1) with metric fine pitch thread—Product grades A and B, MOD)

2016-02-24 发布　　2016-06-01 实施

中华人民共和国国家质量监督检验检疫总局
中国国家标准化管理委员会　发布

前　言

GB/T 6171 是"六角螺母(部分)"系列国家标准之一,该系列包括:

——GB/T 41　1 型六角螺母　C 级;

——GB/T 6170　1 型六角螺母;

——GB/T 6171　1 型六角螺母　细牙;

——GB/T 6172.1　六角薄螺母;

——GB/T 6173　六角薄螺母　细牙;

——GB/T 6174　六角薄螺母　无倒角;

——GB/T 6175　2 型六角螺母;

——GB/T 6176　2 型六角螺母　细牙;

——GB/T 6177.1　2 型六角法兰面螺母;

——GB/T 6177.2　2 型六角法兰面螺母　细牙。

本标准按照 GB/T 1.1—2009 给出的规则起草。

本标准代替 GB/T 6171—2000《1 型六角螺母　细牙》,与 GB/T 6171—2000 相比,主要技术变化如下:

——删除"如需其他技术要求,……GB/T 3098.15 和 GB/T 3103.1)中选择"(2000 年版第 1 章);

——增加"注:因细牙螺纹的螺母高度不足,造成较高的螺纹脱扣率,可以使用 2 型六角螺母,见 GB/T 6176(第 1 章);

——引用螺纹标准统一为 GB/T 193、GB/T 9145(第 2 章);

——对钢螺母机械性能增加:QT——淬火并回火(表 3);

——增加不锈钢螺母钝化处理技术要求按 GB/T 5267.4(表 3);

——标记中表面处理仅允许省略:表面不经处理,代替表面镀锌钝化(5.2)。

本标准使用重新起草法修改采用 ISO 8673:2012《六角标准螺母(1 型)　米制细牙螺纹　产品等级 A 和 B 级》(英文版)。

本标准与 ISO 8673:2012 的技术性差异及其原因如下:

——删除 ISO 8673 规定:"如需其他技术要求,……ISO 4759-1 中选择"(第 1 章),不属于本标准规定的内容;

——在规范性引用文件中,用我国标准代替国际标准(第 2 章),增加引用 GB/T 6176(第 1 章)、GB/T 90.2(表 3)、GB/T 193(表 3)、GB/T 5267.4(表 3)、GB/T 9145(表 3)和 GB/T 1237(5.1),删除对 ISO 724、ISO 965-1 的引用,以符合我国紧固件基础标准;

——为贯彻基础标准,对钢螺母机械性能增加:QT——淬火并回火(表 3);

——增加包装技术要求(表 3),以符合我国紧固件基础标准;

——修改标记示例为简化标记示例(5.2),以符合 GB/T 1237 的规定。

本标准还做了下列编辑性修改:

——修改标准名称;

——删除 ISO 8673 的参考文献。

本标准由中国机械工业联合会提出。

本标准由全国紧固件标准化技术委员会(SAC/TC 85)归口。

本标准负责起草单位:中机生产力促进中心。

本标准参加起草单位:舟山市正源标准件有限公司、海盐宇星螺帽有限责任公司。

本标准由全国紧固件标准化技术委员会秘书处负责解释。

本标准所代替标准的历次版本发布情况为:

——GB/T 51—1958、GB/T 51—1966、GB/T 51—1976;

——GB/T 52—1958、GB/T 52—1966、GB/T 52—1976;

——GB/T 6171—1986、GB/T 6171—2000。

1型六角螺母　细牙

1　范围

本标准规定了细牙1型六角螺母的型式尺寸、技术条件和标记。

本标准适用于螺纹公称直径 D＝8 mm～64 mm、性能等级为6、8和10级、A2-50、A2-70、A4-50、A4-70、CU2、CU3和AL4、产品等级为A和B级、细牙螺纹的1型六角螺母。A级用于 $D\leqslant 16$ mm的螺母；B级用于 $D>16$ mm的螺母。

注：因细牙螺纹的螺母高度不足，造成较高的螺纹脱扣率，可以使用2型六角螺母，见GB/T 6176。

2　规范性引用文件

下列文件对于本文件的应用是必不可少的。凡是注日期的引用文件，仅注日期的版本适用于本文件。凡是不注日期的引用文件，其最新版本(包括所有的修改单)适用于本文件。

GB/T 90.1　紧固件　验收检查(GB/T 90.1—2002，ISO 3269:2000，IDT)

GB/T 90.2　紧固件　标志与包装

GB/T 193　普通螺纹　直径与螺距系列(GB/T 193—2003，ISO 261:1998，MOD)

GB/T 1237　紧固件标记方法(GB/T 1237—2000，eqv ISO 8991:1986)

GB/T 3098.2　紧固件机械性能　螺母(GB/T 3098.2—2015，ISO 898-2:2012，MOD)

GB/T 3098.10　紧固件机械性能　有色金属制造的螺栓、螺钉、螺柱和螺母(GB/T 3098.10—1993，eqv，ISO 8839:1986)

GB/T 3098.15　紧固件机械性能　不锈钢螺母(GB/T 3098.15—2014，ISO 3506-2:2009，MOD)

GB/T 3103.1　紧固件公差　螺栓、螺钉、螺柱和螺母(GB/T 3103.1—2002，idt ISO 4759-1:2000)

GB/T 5267.1　紧固件　电镀层(GB/T 5267.1—2002，ISO 4042:1999，IDT)

GB/T 5267.2　紧固件　非电解锌片涂层(GB/T 5267.2—2002，ISO 10683:2000，IDT)

GB/T 5267.4　紧固件表面处理　耐腐蚀不锈钢钝化处理(GB/T 5267.4—2009，ISO 16048:2003，IDT)

GB/T 5276　紧固件　螺栓、螺钉、螺柱及螺母　尺寸代号和标注(GB/T 5276—2015，ISO 225:2010，MOD)

GB/T 5779.2　紧固件表面缺陷　螺母(GB/T 5779.2—2000，idt ISO 6157-2:1995)

GB/T 6176　2型六角螺母　细牙(GB/T 6176—2016，ISO 8674:2012，MOD)

GB/T 9145　普通螺纹　中等精度、优选系列的极限尺寸(GB/T 9145—2003，ISO 965-2:1998，MOD)

GB/T 16938　紧固件　螺栓、螺钉、螺柱和螺母　通用技术条件(GB/T 16938—2008，ISO 8992:2005，IDT)

3　尺寸

螺母的型式尺寸见图1、表1和表2。

尺寸代号和标注应符合GB/T 5276。

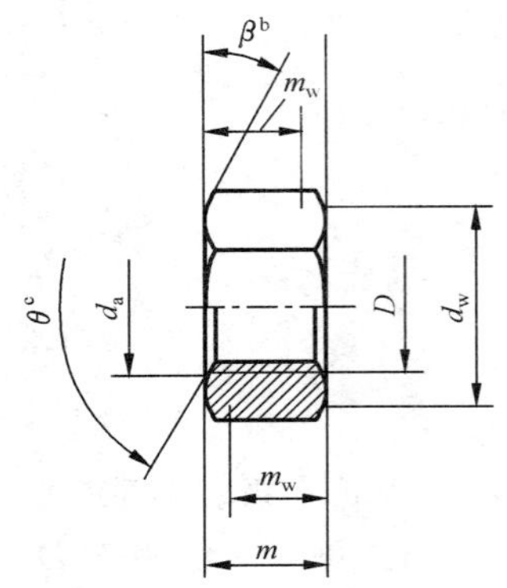

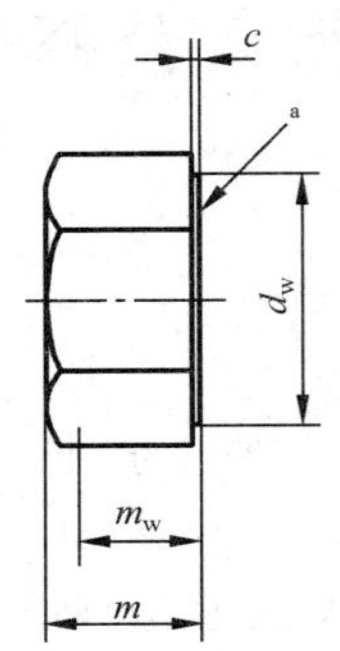

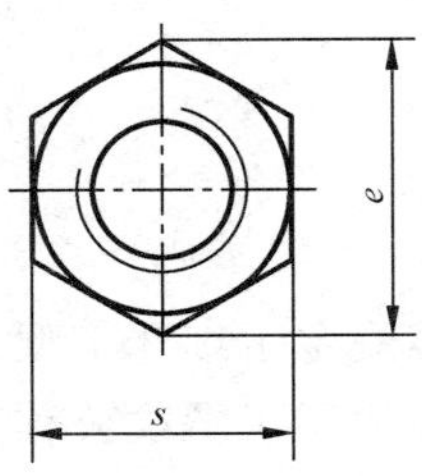

[a] 要求垫圈面型式时，应在订单中注明；

[b] $\beta=15^\circ\sim 30^\circ$；

[c] $\theta=90^\circ\sim 120^\circ$。

图 1

表 1 优选的螺纹规格

单位为毫米

螺纹规格 ($D\times P$)		M8 ×1	M10 ×1	M12 ×1.5	M16 ×1.5	M20 ×1.5	M24 ×2	M30 ×2	M36 ×3	M42 ×3	M48 ×3	M56 ×4	M64 ×4
c	max	0.60	0.60	0.60	0.80	0.80	0.80	0.80	0.80	1.00	1.00	1.00	1.00
	min	0.15	0.15	0.15	0.20	0.20	0.20	0.20	0.20	0.30	0.30	0.30	0.30
d_a	max	8.75	10.80	13.00	17.30	21.60	25.90	32.40	38.90	45.40	51.80	60.50	69.10
	min	8.00	10.00	12.00	16.00	20.00	24.00	30.00	36.00	42.00	48.00	56.00	64.00
d_w	min	11.63	14.63	16.63	22.49	27.70	33.25	42.75	51.11	59.95	69.45	78.66	88.16
e	min	14.38	17.77	20.03	26.75	32.95	39.55	50.85	60.79	71.30	82.60	93.56	104.86
m	max	6.80	8.40	10.80	14.80	18.00	21.50	25.60	31.00	34.00	38.00	45.00	51.00
	min	6.44	8.04	10.37	14.10	16.90	20.20	24.30	29.40	32.40	36.40	43.40	49.10
m_w	min	5.15	6.43	8.30	11.28	13.52	16.16	19.44	23.52	25.92	29.12	34.72	39.28
s	公称=max	13.00	16.00	18.00	24.00	30.00	36.00	46.00	55.00	65.00	75.00	85.00	95.00
	min	12.73	15.73	17.73	23.67	29.16	35.00	45.00	53.80	63.10	73.10	82.80	92.80

表 2 非优选的螺纹规格

单位为毫米

螺纹规格 ($D\times P$)		M10 ×1.25	M12 ×1.25	M14 ×1.5	M18 ×1.5	M20 ×2	M22 ×1.5	M27 ×2	M33 ×2	M39 ×3	M45 ×3	M52 ×4	M60 ×4
c	max	0.60	0.60	0.60	0.80	0.80	0.80	0.80	0.80	1.00	1.00	1.00	1.00
	min	0.15	0.15	0.15	0.20	0.20	0.20	0.20	0.20	0.30	0.30	0.30	0.30
d_a	max	10.80	13.00	15.10	19.50	21.60	23.70	29.10	35.60	42.10	48.60	56.20	64.80
	min	10.00	12.00	14.00	18.00	20.00	22.00	27.00	33.00	39.00	45.00	52.00	60.00

表 2（续）

单位为毫米

螺纹规格 ($D \times P$)		M10 ×1.25	M12 ×1.25	M14 ×1.5	M18 ×1.5	M20 ×2	M22 ×1.5	M27 ×2	M33 ×2	M39 ×3	M45 ×3	M52 ×4	M60 ×4
d_w	min	14.63	16.63	19.64	24.85	27.70	31.35	38.00	46.55	55.86	64.70	74.20	83.41
e	min	17.77	20.03	23.36	29.56	32.95	37.29	45.20	55.37	66.44	76.95	88.25	99.21
m	max	8.40	10.80	12.80	15.80	18.00	19.40	23.80	28.70	33.40	36.00	42.00	48.00
	min	8.04	10.37	12.10	15.10	16.90	18.10	22.50	27.40	31.80	34.40	40.40	46.40
m_w	min	6.43	8.30	9.68	12.08	13.52	14.48	18.00	21.92	25.44	27.52	32.32	37.12
s	公称=max	16.00	18.00	21.00	27.00	30.00	34.00	41.00	50.00	60.00	70.00	80.00	90.00
	min	15.73	17.73	20.67	26.16	29.16	33.00	40.00	49.00	58.80	68.10	78.10	87.80

4 技术条件和引用标准

技术条件和引用标准见表 3。

表 3 技术条件和引用标准

材料		钢	不锈钢	有色金属
通用技术条件		GB/T 16938		
螺纹	公差	6H		
	标准	GB/T 193、GB/T 9145		
机械性能	等级	8 mm≤D≤16 mm：6、8(QT)、10(QT)	D≤24mm：A2-70、A4-70	CU2、CU3、AL4
		16 mm<D≤39 mm：6(QT)、8(QT)	24 mm<D≤39 mm：A2-50、A4-50	
		D>39 mm：按协议	D>39 mm：按协议	
	标准	GB/T 3098.2	GB/T 3098.15	GB/T 3098.10
公差	产品等级	D≤M16：A；D>M16：B		
	标准	GB/T 3103.1		
表面缺陷		GB/T 5779.2	—	—
表面处理		不经处理； 电镀技术要求按 GB/T 5267.1； 非电解锌片涂层技术要求按 GB/T 5267.2	简单处理； 钝化处理技术要求按 GB/T 5267.4	简单处理； 电镀技术要求按 GB/T 5267.1
		如需其他技术要求或表面处理，应由供需协议		
验收及包装		GB/T 90.1、GB/T 90.2		
QT——淬火并回火。				

5 标记

5.1 标记方法

标记方法按 GB/T 1237 规定。

5.2 标记示例

螺纹规格为 M16×1.5、性能等级为 8 级、表面不经处理、产品等级为 A 级、细牙螺纹的 1 型六角螺母的标记：

螺母 GB/T 6171 M16×1.5

ICS 21.060.20
J 13

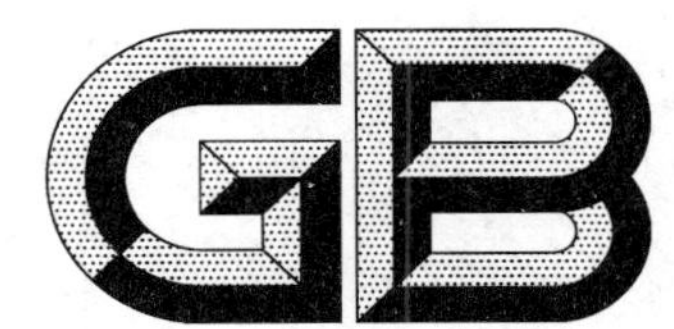

中华人民共和国国家标准

GB/T 6172.1—2016
代替 GB/T 6172.1—2000

六角薄螺母

Hexagon thin nuts(chamfered)

(ISO 4035:2012,Hexagon thin nuts chamfered(style 0)—
Product grades A and B,MOD)

2016-02-24 发布 2016-06-01 实施

中华人民共和国国家质量监督检验检疫总局
中国国家标准化管理委员会 发布

前　言

GB/T 6172 的本部分是"六角螺母(部分)"系列国家标准之一,该系列包括:

——GB/T 41　1 型六角螺母　C 级;

——GB/T 6170　1 型六角螺母;

——GB/T 6171　1 型六角螺母　细牙;

——GB/T 6172.1　六角薄螺母;

——GB/T 6173　六角薄螺母　细牙;

——GB/T 6174　六角薄螺母　无倒角;

——GB/T 6175　2 型六角螺母;

——GB/T 6176　2 型六角螺母　细牙;

——GB/T 6177.1　2 型六角法兰面螺母;

——GB/T 6177.2　2 型六角法兰面螺母　细牙。

本部分是 GB/T 6172 的第 1 部分。

本部分按照 GB/T 1.1—2009 给出的规则起草。

本部分代替 GB/T 6172.1—2000《六角薄螺母》,与 GB/T 6172.1—2000 相比,主要技术变化如下:

——删除"如需其他技术要求,……GB/T 3098.2 和 GB/T 3103.1)中选择。"(2000 年版第 1 章);

——引用螺纹标准统一为 GB/T 193、GB/T 9145(第 2 章);

——对钢螺母机械性能增加:QT——淬火并回火(表 3)。

本部分使用重新起草法修改采用 ISO 4035:2012《六角倒角薄螺母(0 型)　产品等级 A 和 B 级》(英文版)。

本部分与 ISO 4035:2012 的技术性差异及其原因如下:

——删除 ISO 4035 规定:"如需其他技术要求,……ISO 4759-1 中选择"(第 1 章),不属于本标准规定的内容;

——在规范性引用文件中,用我国标准代替国际标准(第 2 章),增加引用 GB/T 90.2(表 3)、GB/T 193(表 3)、GB/T 5267.4(表 3)、GB/T 9145(表 3)和 GB/T 1237(5.1),删除对 ISO 724、ISO 965-1 的引用,以符合我国紧固件基础标准;

——为贯彻基础标准,对钢螺母增加:QT——淬火并回火(表 3);

——增加包装技术要求(表 3),以符合我国紧固件基础标准;

——修改标记示例为简化标记示例(5.2),以符合 GB/T 1237 的规定。

本标准还做了下列编辑性修改:

——修改标准名称;

——删除 ISO 4035 的参考文献。

本部分由中国机械工业联合会提出。

本部分由全国紧固件标准化技术委员会(SAC/TC 85)归口。

本部分负责起草单位:中机生产力促进中心。

本部分参加起草单位:舟山市正源标准件有限公司、海盐宇星螺帽有限责任公司、浙江海力股份有限公司。

本部分由全国紧固件标准化技术委员会秘书处负责解释。

本部分所代替标准的历次版本发布情况为：

——GB/T 53—1958、GB/T 53—1966、GB/T 53—1976；

——GB/T 54—1958、GB/T 54—1966、GB/T 54—1976；

——GB/T 6172—1986、GB/T 6172.1—2000。

六 角 薄 螺 母

1 范围

GB/T 6172 的本部分规定了六角薄螺母的型式尺寸、技术条件和标记。

本部分适用于螺纹规格为 M1.6～M64、性能等级为 04、05、A2-025、A2-035、A4-025、A4-035、CU2、CU3 和 AL4、产品等级为 A 和 B 级、倒角的六角薄螺母。A 级用于 $D\leqslant 16$ mm 的螺母;B 级用于 $D>16$ mm 的螺母。

2 规范性引用文件

下列文件对于本文件的应用是必不可少的。凡是注日期的引用文件,仅注日期的版本适用于本文件。凡是不注日期的引用文件,其最新版本(包括所有的修改单)适用于本文件。

GB/T 90.1 紧固件 验收检查(GB/T 90.1—2002,ISO 3269:2000,IDT)

GB/T 90.2 紧固件 标志与包装

GB/T 193 普通螺纹 直径与螺距系列(GB/T 193—2003,ISO 261:1998, MOD)

GB/T 1237 紧固件标记方法(GB/T 1237—2000,eqv ISO 8991:1986)

GB/T 3098.2 紧固件机械性能 螺母(GB/T 3098.2—2015, ISO 898-2:2012,MOD)

GB/T 3098.10 紧固件机械性能 有色金属制造的螺栓、螺钉、螺柱和螺母(GB/T 3098.10—1993,eqv ISO 8839:1986)

GB/T 3098.15 紧固件机械性能 不锈钢螺母(GB/T 3098.15—2014,ISO 3506-2:2009,MOD)

GB/T 3103.1 紧固件公差 螺栓、螺钉、螺柱和螺母(GB/T 3103.1—2002,idt ISO 4759-1:2000)

GB/T 5267.1 紧固件 电镀层(GB/T 5267.1—2002,ISO 4042:1999 ,IDT)

GB/T 5267.2 紧固件 非电解锌片涂层(GB/T 5267.2—2002,ISO 10683:2000,IDT)

GB/T 5267.3 紧固件 热浸镀锌层(GB/T 5267.3—2008,ISO 10684:2000,IDT)

GB/T 5267.4 紧固件表面处理 耐腐蚀不锈钢钝化处理(GB/T 5267.4—2009,ISO 16048:2003,IDT)

GB/T 5276 紧固件 螺栓、螺钉、螺柱及螺母 尺寸代号和标注(GB/T 5276—2015, ISO 225:2010,MOD)

GB/T 5779.2 紧固件表面缺陷 螺母(GB/T 5779.2—2000,idt ISO 6157-2:1995)

GB/T 9145 普通螺纹 中等精度、优选系列的极限尺寸(GB/T 9145—2003,ISO 965-2:1998,MOD)

GB/T 16938 紧固件 螺栓、螺钉、螺柱和螺母 通用技术条件(GB/T 16938—2008,ISO 8992:2005,IDT)

3 尺寸

螺母的型式尺寸见图 1、表 1 和表 2。

尺寸代号和标注应符合 GB/T 5276。

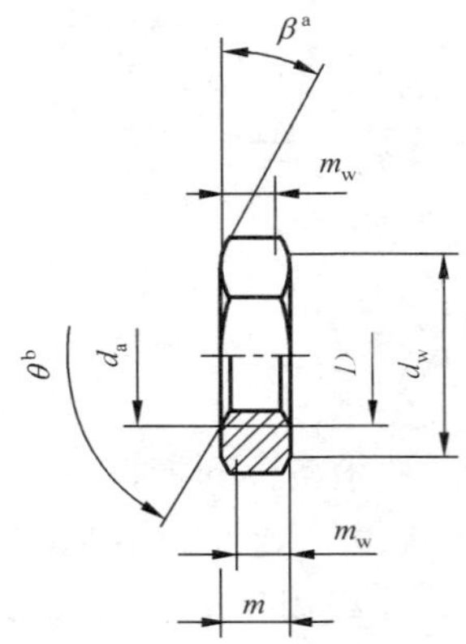

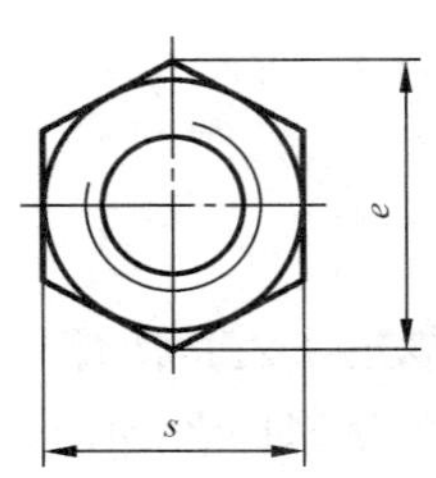

[a] $\beta=15^{\circ}\sim30^{\circ}$；

[b] $\theta=110^{\circ}\sim120^{\circ}$。

图 1

表 1 优选螺纹规格

单位为毫米

螺纹规格 D		M1.6	M2	M2.5	M3	M4	M5	M6	M8	M10	M12
P[a]		0.35	0.4	0.45	0.5	0.7	0.8	1	1.25	1.5	1.75
d_a	max	1.84	2.30	2.90	3.45	4.60	5.75	6.75	8.75	10.80	13.00
	min	1.60	2.00	2.50	3.00	4.00	5.00	6.00	8.00	10.00	12.00
d_w	min	2.40	3.10	4.1	4.60	5.90	6.90	8.90	11.60	14.60	16.60
e	min	3.41	4.32	5.45	6.01	7.66	8.79	11.05	14.38	17.77	20.03
m	max	1.00	1.20	1.60	1.80	2.20	2.70	3.20	4.00	5.00	6.00
	min	0.75	0.95	1.35	1.55	1.95	2.45	2.90	3.70	4.70	5.70
m_w	min	0.60	0.80	1.10	1.20	1.60	2.00	2.3	3.0	3.8	4.60
s	公称＝max	3.20	4.00	5.00	5.50	7.00	8.00	10.00	13.00	16.00	18.00
	min	3.02	3.82	4.82	5.32	6.78	7.78	9.78	12.73	15.73	17.73

螺纹规格 D		M16	M20	M24	M30	M36	M42	M48	M56	M64
P[a]		2	2.5	3	3.5	4	4.5	5	5.5	6
d_a	max	17.30	21.60	25.90	32.40	38.90	45.40	51.80	60.50	69.10
	min	16.00	20.00	24.00	30.00	36.00	42.00	48.00	56.00	64.00
d_w	min	22.50	27.70	33.20	42.80	51.10	60.00	69.50	78.70	88.20
e	min	26.75	32.95	39.55	50.85	60.79	71.30	82.60	93.56	104.86
m	max	8.00	10.00	12.00	15.00	18.00	21.00	24.00	28.00	32.00
	min	7.42	9.10	10.90	13.90	16.90	19.70	22.70	26.70	30.40
m_w	min	5.90	7.30	8.70	11.10	13.50	15.80	18.20	21.40	24.30
s	公称＝max	24.00	30.00	36.00	46.00	55.00	65.00	75.00	85.00	95.00
	min	23.67	29.16	35.00	45.00	53.80	63.10	73.10	82.80	92.80

[a] P——螺距。

表 2 非优选螺纹规格

单位为毫米

螺纹规格 D		M3.5	M14	M18	M22	M27	M33	M39	M45	M52	M60
P[a]		0.6	2	2.5	2.5	3	3.5	4	4.5	5	5.5
d_a	max	4.00	15.10	19.50	23.70	29.10	35.60	42.10	48.60	56.20	64.80
	min	3.50	14.00	18.00	22.00	27.00	33.00	39.00	45.00	52.00	60.00
d_w	min	5.10	19.60	24.90	31.40	38.00	46.60	55.90	64.70	74.20	83.40
e	min	6.58	23.36	29.56	37.29	45.20	55.37	66.44	76.95	88.25	99.21
m	max	2.00	7.00	9.00	11.00	13.50	16.50	19.50	22.50	26.00	30.00
	min	1.75	6.42	8.42	9.90	12.40	15.40	18.20	21.20	24.70	28.70
m_w	min	1.40	5.10	6.70	7.90	9.90	12.30	14.60	17.00	19.80	23.00
s	公称= max	6.00	21.00	27.00	34.00	41.00	50.00	60.00	70.00	80.00	90.00
	min	5.82	20.67	26.16	33.00	40.00	49.00	58.80	68.10	78.10	87.80

[a] P——螺距。

4 技术条件和引用标准

技术条件和引用标准见表 3。

表 3 技术条件和引用标准

材料		钢	不锈钢	有色金属
通用技术条件		GB/T 16938		
螺纹	公差	6H		
	标准	GB/T 193、GB/T 9145		
机械性能	等级	$D<\mathrm{M5}$:按协议	$D\leqslant\mathrm{M24}$:A2-035、A4-035	CU2、CU3、AL4
		$\mathrm{M5}\leqslant D\leqslant\mathrm{M39}$:04、05(QT)	$\mathrm{M24}<D\leqslant\mathrm{M39}$:A2-025、A4-025	
		$D>\mathrm{M39}$:按协议	$D>\mathrm{M39}$:按协议	
	标准	GB/T 3098.2	GB/T 3098.15	GB/T 3098.10
公差	产品等级	$D\leqslant\mathrm{M16}$:A;$D>\mathrm{M16}$:B		
	标准	GB/T 3103.1		
表面缺陷		GB/T 5779.2	—	—
表面处理		不经处理; 电镀技术要求按 GB/T 5267.1; 非电解锌片涂层技术要求按 GB/T 5267.2; 热浸镀锌技术要求按 GB/T 5267.3	简单处理; 钝化处理技术要求按 GB/T 5267.4	简单处理; 电镀技术要求按 GB/T 5267.1
		如需其他技术要求或表面处理,应由供需协议		
验收及包装		GB/T 90.1、GB/T 90.2		

QT——淬火并回火。

5 标记

5.1 标记方法

标记方法按 GB/T 1237 规定。

5.2 标记示例

螺纹规格为 M12、性能等级为 04 级、表面不经处理、产品等级为 A 级、倒角的六角薄螺母的标记：

螺母 GB/T 6172.1 M12

ICS 21.060.20
J 13

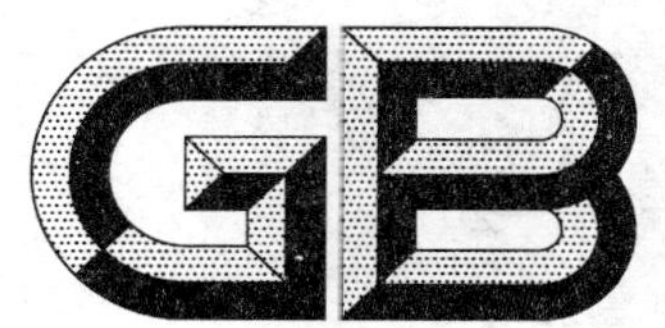

中华人民共和国国家标准

GB/T 6173—2015
代替 GB/T 6173—2000

六角薄螺母　细牙

Hexagon thin nuts—Fine pitch thread

[ISO 8675:2012,Hexagon thin nuts chamfered(style 0) with metric fine pitch thread—Product grades A and B,MOD]

2015-12-31 发布　　2016-04-01 实施

中华人民共和国国家质量监督检验检疫总局
中国国家标准化管理委员会　发布

前　言

GB/T 6173 是"六角螺母(部分)"系列国家标准之一，该系列包括：

——GB/T 41　1 型六角螺母　C 级；

——GB/T 6170　1 型六角螺母；

——GB/T 6171　1 型六角螺母　细牙；

——GB/T 6172.1　六角薄螺母；

——GB/T 6173　六角薄螺母　细牙；

——GB/T 6174　六角薄螺母　无倒角；

——GB/T 6175　2 型六角螺母；

——GB/T 6176　2 型六角螺母　细牙。

本标准按照 GB/T 1.1—2009 给出的规则起草。

本标准代替 GB/T 6173—2000《六角薄螺母　细牙》，与 GB/T 6173—2000 相比，主要技术变化如下：

——删除"如需其他技术要求，……(GB/T 3098.15 和 GB/T 3103.1)中选择。"(2000 年版第 1 章)；

——引用螺纹标准统一为 GB/T 193、GB/T 9145(第 2 章)；

——内倒角修改为 θ=110°～120°(图 1)；

——对钢螺母机械性能增加：QT——淬火并回火(表 3)。

本标准使用重新起草法修改采用 ISO 8675:2012《六角倒角薄螺母(0 型)　米制细牙螺纹　产品等级 A 级和 B 级》(英文版)。

本标准与 ISO 8675:2012 的技术性差异及其原因如下：

——删除 ISO 8675 规定："如需其他技术要求，……ISO 4759-1 中选择"(第 1 章)，不属于本标准规定的内容；

——在规范性引用文件中，用我国标准代替国际标准(第 2 章)，增加引用 GB/T 90.2(表 3)、GB/T 193(表 3)、GB/T 5267.4(表 3)、GB/T 9145(表 3)和 GB/T 1237(5.1)，删除对 ISO 724、ISO 965-1 的引用，以符合我国紧固件基础标准；

——内倒角修改为 θ=110°～120°(图 1)，增加了有效旋合长度；

——为贯彻基础标准，对钢螺母机械性能增加：QT——淬火并回火(表 3)；

——增加包装技术要求(表 3)，以符合我国紧固件基础标准；

——修改标记示例为简化标记示例(5.2)，以符合 GB/T 1237 的规定。

本标准还做了下列编辑性修改：

——修改标准名称；

——删除 ISO 8675 的参考文献。

本标准由中国机械工业联合会提出。

本标准由全国紧固件标准化技术委员会(SAC/TC 85)归口。

本标准负责起草单位：中机生产力促进中心。

本标准参加起草单位：海盐宇星螺帽有限责任公司。

本标准由全国紧固件标准化技术委员会秘书处负责解释。

本标准所代替标准的历次版本发布情况为：

——GB 53—1958、GB 53—1966、GB 53—1976；

——GB 54—1958、GB 54—1966、GB 54—1976；

——GB/T 6176—1986、GB/T 6176—2000。

六角薄螺母　细牙

1　范围

本标准规定了细牙六角薄螺母的型式尺寸、技术条件和标记。

本标准适用于螺纹公称直径 D=8 mm～64 mm，性能等级为 04、05、A2-025、A2-035、A4-025、A4-035、CU2、CU3 和 AL4，产品等级为 A 级和 B 级，细牙螺纹，倒角的六角薄螺母。A 级用于 D≤16 mm 的螺母；B 级用于 D>16 mm 的螺母。

2　规范性引用文件

下列文件对于本文件的应用是必不可少的。凡是注日期的引用文件，仅注日期的版本适用于本文件。凡是不注日期的引用文件，其最新版本(包括所有的修改单)适用于本文件。

GB/T 90.1　紧固件　验收检查(GB/T 90.1—2002，ISO 3269：2000，IDT)

GB/T 90.2　紧固件　标志与包装

GB/T 193　普通螺纹　直径与螺距系列(GB/T 193—2003，ISO 261：1998，MOD)

GB/T 1237　紧固件标记方法(GB/T 1237—2000，eqv ISO 8991：1986)

GB/T 3098.2　紧固件机械性能　螺母(GB/T 3098.2—2015，ISO 898-2：2012，MOD)

GB/T 3098.10　紧固件机械性能　有色金属制造的螺栓、螺钉、螺柱和螺母(GB/T 3098.10—1993，eqv ISO 8839：1986)

GB/T 3098.15　紧固件机械性能　不锈钢螺母(GB/T 3098.15—2014，ISO 3506-2：2009，MOD)

GB/T 3103.1　紧固件公差　螺栓、螺钉、螺柱和螺母(GB/T 3103.1—2002，idt ISO 4759-1：2000)

GB/T 5267.1　紧固件　电镀层(GB/T 5267.1—2002，ISO 4042：1999，IDT)

GB/T 5267.2　紧固件　非电解锌片涂层(GB/T 5267.2—2002，ISO 10683：2000，IDT)

GB/T 5267.4　紧固件表面处理　耐腐蚀不锈钢钝化处理(GB/T 5267.4—2009，ISO 16048：2003，IDT)

GB/T 5276　紧固件　螺栓、螺钉、螺柱及螺母　尺寸代号和标注(GB/T 5276—2015，ISO 225：2010，MOD)

GB/T 5779.2　紧固件表面缺陷　螺母(GB/T 5779.2—2000，idt ISO 6157-2：1995)

GB/T 9145　普通螺纹　中等精度、优选系列的极限尺寸(GB/T 9145—2003，ISO 965-2：1998，MOD)

GB/T 16938　紧固件　螺栓、螺钉、螺柱和螺母　通用技术条件(GB/T 16938—2008，ISO 8992：2005，IDT)

3　尺寸

螺母的型式尺寸见图 1、表 1 和表 2。

尺寸代号和标注应符合 GB/T 5276。

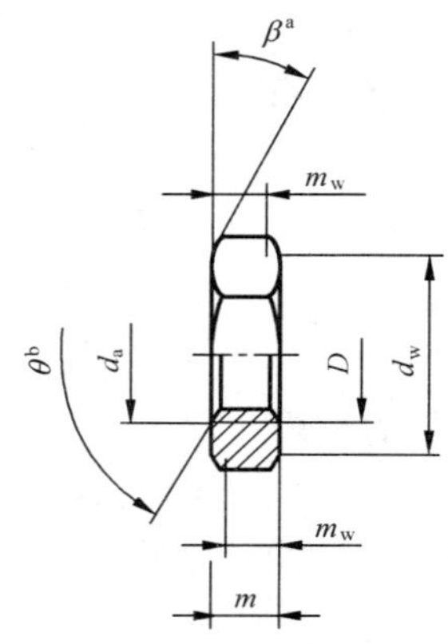

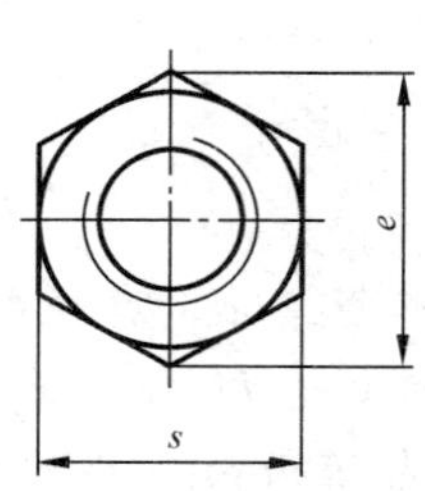

a $\beta=15°\sim30°$；
b $\theta=110°\sim120°$。

图 1

表 1 优选螺纹规格

单位为毫米

螺纹规格 ($D\times P$)		M8×1	M10×1	M12×1.5	M16×1.5	M20×1.5	M24×2	M30×2	M36×3	M42×3	M48×3	M56×4	M64×4
d_a	max	8.75	10.80	13.00	17.30	21.60	25.90	32.40	38.90	45.40	51.80	60.50	69.10
	min	8.00	10.00	12.00	16.00	20.00	24.00	30.00	36.00	42.00	48.00	56.00	64.00
d_w	min	11.63	14.63	16.63	22.49	27.70	33.25	42.75	51.11	59.95	69.45	78.66	88.16
e	min	14.38	17.77	20.03	26.75	32.95	39.55	50.85	60.79	71.30	82.60	93.56	104.86
m	max	4.00	5.00	6.00	8.00	10.00	12.00	15.00	18.00	21.00	24.00	28.00	32.00
	min	3.70	4.70	5.70	7.42	9.10	10.90	13.90	16.90	19.70	22.70	26.70	30.40
m_w	min	2.96	3.76	4.56	5.94	7.28	8.72	11.12	13.52	15.76	18.16	21.36	24.32
s	公称=max	13.00	16.00	18.00	24.00	30.00	36.00	46.00	55.00	65.00	75.00	85.00	95.00
	min	12.73	15.73	17.73	23.67	29.16	35.00	45.00	53.80	63.10	73.10	82.80	92.80

表 2 非优选螺纹规格

单位为毫米

螺纹规格 ($D\times P$)		M10×1.25	M12×1.25	M14×1.5	M18×1.5	M20×2	M22×1.5	M27×2	M33×2	M39×3	M45×3	M52×4	M60×4
d_a	max	10.80	13.00	15.10	19.50	21.60	23.70	29.10	35.60	42.10	48.60	56.20	64.80
	min	10.00	12.00	14.00	18.00	20.00	22.00	27.00	33.00	39.00	45.00	52.00	60.00
d_w	min	14.63	16.63	19.64	24.85	27.70	31.35	38.00	46.55	55.86	64.70	74.20	83.41
e	min	17.77	20.03	23.36	29.56	32.95	37.29	45.20	55.37	66.44	76.95	88.25	99.21
m	max	5.00	6.00	7.00	9.00	10.00	11.00	13.50	16.50	19.50	22.50	26.00	30.00
	min	4.70	5.70	6.42	8.42	9.10	9.90	12.40	15.40	18.20	21.20	24.70	28.70
m_w	min	3.76	4.56	5.14	6.74	7.28	7.92	9.92	12.32	14.56	16.96	19.76	22.96
s	公称=max	16.00	18.00	21.00	27.00	30.00	34.00	41.00	50.00	60.00	70.00	80.00	90.00
	min	15.73	17.73	20.67	26.16	29.16	33.00	40.00	49.00	58.80	68.10	78.10	87.80

4 技术条件和引用标准

技术条件和引用标准见表 3。

表 3　技术条件和引用标准

<table>
<tr><td colspan="2">材料</td><td>钢</td><td>不锈钢</td><td>有色金属</td></tr>
<tr><td colspan="2">通用技术条件</td><td colspan="3">GB/T 16938</td></tr>
<tr><td rowspan="2">螺纹</td><td>公差</td><td colspan="3">6H</td></tr>
<tr><td>标准</td><td colspan="3">GB/T 193、GB/T 9145</td></tr>
<tr><td rowspan="4">机械性能</td><td rowspan="3">等级</td><td rowspan="2">$D \leqslant 39$ mm:04、05(QT)</td><td>$D \leqslant 24$ mm:A2-035、A4-035</td><td rowspan="3">CU2、CU3、AL4</td></tr>
<tr><td>24 mm<$D \leqslant 39$ mm:
A2-025、A4-025</td></tr>
<tr><td>$D>$ 39 mm:按协议</td><td>$D>39$ mm:按协议</td></tr>
<tr><td>标准</td><td>GB/T 3098.2</td><td>GB/T 3098.15</td><td>GB/T 3098.10</td></tr>
<tr><td rowspan="2">公差</td><td>产品等级</td><td colspan="3">$D \leqslant$M16:A 级;$D>$M16:B 级</td></tr>
<tr><td>标准</td><td colspan="3">GB/T 3103.1</td></tr>
<tr><td colspan="2">表面缺陷</td><td>GB/T 5779.2</td><td>—</td><td>—</td></tr>
<tr><td colspan="2" rowspan="2">表面处理</td><td>不经处理;
电镀技术要求按 GB/T 5267.1;
非电解锌片涂层技术要求按 GB/T 5267.2</td><td>简单处理;
钝化处理技术要求按 GB/T 5267.4</td><td>简单处理;
电镀技术要求按 GB/T 5267.1</td></tr>
<tr><td colspan="3">如需其他技术要求或表面处理,应由供需协议</td></tr>
<tr><td colspan="2">验收及包装</td><td colspan="3">GB/T 90.1、GB/T 90.2</td></tr>
<tr><td colspan="5">QT——淬火并回火。</td></tr>
</table>

5　标记

5.1　标记方法

标记方法按 GB/T 1237 规定。

5.2　标记示例

螺纹规格为 M16×1.5、性能等级为 05 级、表面不经处理、产品等级为 A 级、细牙螺纹、倒角的六角薄螺母的标记:

螺母　GB/T 6173　M16×1.5

ICS 21.060.20
J 13

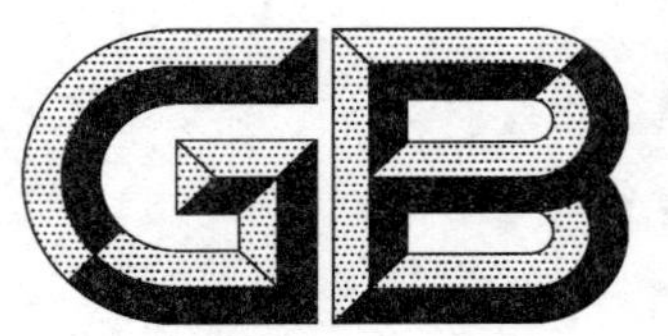

中华人民共和国国家标准

GB/T 6175—2016
代替 GB/T 6175—2000

2 型六角螺母

Hexagon nuts, style 2

(ISO 4033:2012, Hexagon high nuts(style 2)—Product grades A and B, MOD)

2016-02-24 发布 2016-06-01 实施

中华人民共和国国家质量监督检验检疫总局
中国国家标准化管理委员会 发布

前　言

GB/T 6175 是"六角螺母(部分)"系列国家标准之一,该系列包括:

——GB/T 41　1 型六角螺母　C 级;

——GB/T 6170　1 型六角螺母;

——GB/T 6171　1 型六角螺母　细牙;

——GB/T 6172.1　六角薄螺母;

——GB/T 6173　六角薄螺母　细牙;

——GB/T 6174　六角薄螺母　无倒角;

——GB/T 6175　2 型六角螺母;

——GB/T 6176　2 型六角螺母　细牙;

——GB/T 6177.1　2 型六角法兰面螺母;

——GB/T 6177.2　2 型六角法兰面螺母　细牙。

本标准按照 GB/T 1.1—2009 给出的规则起草。

本标准代替 GB/T 6175—2000《2 型六角螺母》,与 GB/T 6175—2000 相比,主要技术变化如下:

——删除"如需其他技术要求,……(如 GB/T 3098.2 和 GB/T 3103.1)中选择。"(2000 年版第 1 章);

——引用螺纹标准统一为 GB/T 193、GB/T 9145(第 2 章);

——删除性能等级 9 级,增加 10 级(表 2);

——对螺母机械性能增加:QT——淬火并回火(表 2);

——删除钢螺母表面氧化,增加:热浸镀锌层技术要求按 GB/T 5267.3(表 2);

——标记中性能等级仅允许省略:10 级,替代 9 级(5.2);

——标记中表面处理仅允许省略:表面不经处理,替代表面氧化(5.2)。

本标准使用重新起草法修改采用 ISO 4033:2012《六角高螺母(2 型)　产品等级 A 和 B 级》(英文版)。

本标准与 ISO 4033:2012 的技术性差异及其原因如下:

——删除 ISO 4033 规定:"如需其他技术要求,……ISO 4759-1 中选择"(第 1 章),不属于本标准规定的内容;

——在规范性引用文件中,用我国标准代替国际标准(第 2 章),增加引用 GB/T 90.2(表 2)、GB/T 193(表 2)、GB/T 9145(表 2)和 GB/T 1237(5.1),删除对 ISO 724、ISO 965-1 的引用,以符合我国紧固件基础标准;

——为贯彻基础标准,删除 ISO 4033 规定的性能等级 8 级和 9 级,增加:QT——淬火并回火(表 2);

——增加包装技术要求(表 2),以符合我国紧固件基础标准;

——修改标记示例为简化标记示例(5.2),以符合 GB/T 1237 的规定。

本标准还做了下列编辑性修改:

——修改标准名称;

——删除 ISO 4033 的参考文献。

本标准由中国机械工业联合会提出。

本标准由全国紧固件标准化技术委员会(SAC/TC 85)归口。

本标准负责起草单位:中机生产力促进中心。

本标准参加起草单位:海盐宇星螺帽有限责任公司、无锡市标准件厂有限公司、奥展实业有限公司。

本标准由全国紧固件标准化技术委员会秘书处负责解释。

本标准所代替标准的历次版本发布情况为:

——GB/T 55—1958、GB/T 55—1966、GB/T 55—1976;

——GB/T 6175—1986、GB/T 6175—2000。

2 型 六 角 螺 母

1 范围

本标准规定了2型六角螺母的型式尺寸、技术条件和标记。

本标准适用于螺纹规格M5～M36、性能等级为10和12级、产品等级为A和B级的2型六角螺母。A级用于$D \leqslant$M16的螺母;B级用于$D >$M16的螺母。

2 规范性引用文件

下列文件对于本文件的应用是必不可少的。凡是注日期的引用文件,仅注日期的版本适用于本文件。凡是不注日期的引用文件,其最新版本(包括所有的修改单)适用于本文件。

GB/T 90.1 紧固件 验收检查(GB/T 90.1—2002,ISO 3269:2000,IDT)

GB/T 90.2 紧固件 标志与包装

GB/T 193 普通螺纹 直径与螺距系列(GB/T 193—2003,ISO 261:1998, MOD)

GB/T 1237 紧固件标记方法(GB/T 1237—2000,eqv ISO 8991:1986)

GB/T 3098.2 紧固件机械性能 螺母(GB/T 3098.2—2015, ISO 898-2:2012,MOD)

GB/T 3103.1 紧固件公差 螺栓、螺钉、螺柱和螺母(GB/T 3103.1—2002,idt ISO 4759-1:2000)

GB/T 5267.1 紧固件 电镀层(GB/T 5267.1—2002,ISO 4042:1999 ,IDT)

GB/T 5267.2 紧固件 非电解锌片涂层(GB/T 5267.2—2002,ISO 10683:2000,IDT)

GB/T 5267.3 紧固件 热浸镀锌层(GB/T 5267.3—2008,ISO 10684:2004, IDT)

GB/T 5276 紧固件 螺栓、螺钉、螺柱及螺母 尺寸代号和标注(GB/T 5276—2015, ISO 225:2010,MOD)

GB/T 5779.2 紧固件表面缺陷 螺母(GB/T 5779.2—2000,idt ISO 6157-2:1995)

GB/T 9145 普通螺纹 中等精度、优选系列的极限尺寸(GB/T 9145—2003,ISO 965-2:1998,MOD)

GB/T 16938 紧固件 螺栓、螺钉、螺柱和螺母 通用技术条件(GB/T 16938—2008,ISO 8992:2005,IDT)

3 尺寸

螺母的型式尺寸见图1和表1。

尺寸代号和标注应符合GB/T 5276。

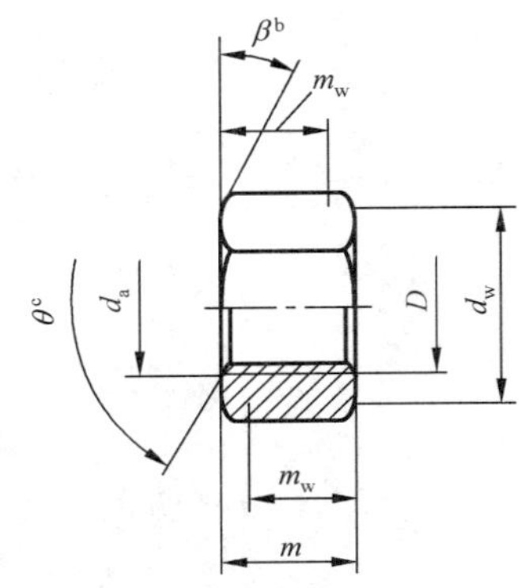

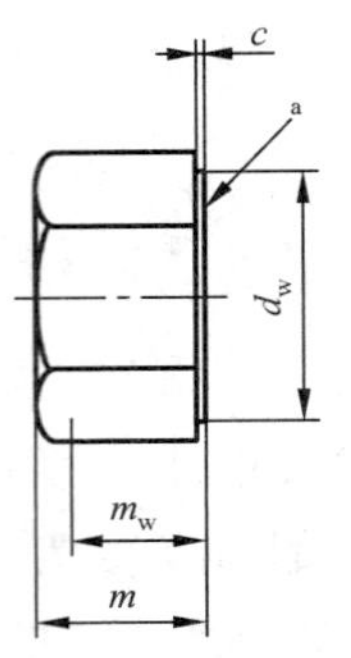

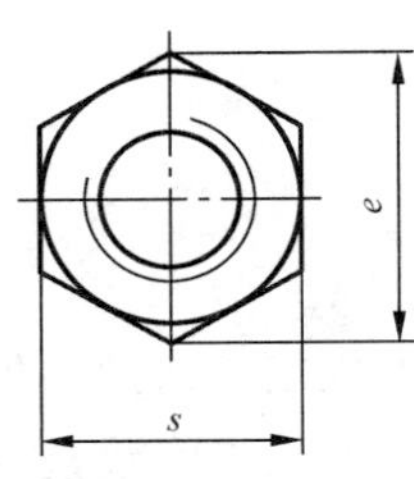

[a] 要求垫圈面型式时，应在订单中注明；

[b] $\beta=15°\sim30°$；

[c] $\theta=90°\sim120°$。

图 1

表 1 尺寸

单位为毫米

螺纹规格 D		M5	M6	M8	M10	M12	(M14)[a]
P^b		0.8	1	1.25	1.5	1.75	2
c	max	0.50	0.50	0.60	0.60	0.60	0.60
d_a	max	5.75	6.75	8.75	10.80	13.00	15.10
	min	5.00	6.00	8.00	10.00	12.00	14.00
d_w	min	6.90	8.90	11.60	14.60	16.60	19.60
e	min	8.79	11.05	14.38	17.77	20.03	23.36
m	max	5.10	5.70	7.50	9.30	12.00	14.10
	min	4.80	5.40	7.14	8.94	11.57	13.40
m_w	min	3.84	4.32	5.71	7.15	9.26	10.70
s	max	8.00	10.00	13.00	16.00	18.00	21.00
	min	7.78	9.78	12.73	15.73	17.73	20.67

螺纹规格 D		M16	M20	M24	M30	M36
P^b		2	2.5	3	3.5	4
c	max	0.80	0.80	0.80	0.80	0.80
d_a	max	17.30	21.60	25.90	32.40	38.90
	min	16.00	20.00	24.00	30.00	36.00
d_w	min	22.50	27.70	33.20	42.70	51.10
e	min	26.75	32.95	39.55	50.85	60.79
m	max	16.40	20.30	23.90	28.60	34.70
	min	15.70	19.00	22.60	27.30	33.10
m_w	min	12.60	15.20	18.10	21.80	26.50
s	max	24.00	30.00	36.00	46.00	55.00
	min	23.67	29.16	35.00	45.00	53.80

[a] 尽可能不采用括号内的规格。

[b] P——螺距。

4 技术条件和引用标准

技术条件和引用标准见表 2。

表 2 技术条件和引用标准

材料		钢
通用技术条件		GB/T 16938
螺纹	公差	6H
	标准	GB/T 193、GB/T 9145
机械性能	等级	10(QT)、12(QT)
	标准	GB/T 3098.2
公差	产品等级	D≤M16：A；D>M16：B
	标准	GB/T 3103.1
表面缺陷		GB/T 5779.2
表面处理		不经处理； 电镀技术要求按 GB/T 5267.1； 非电解锌片涂层技术要求按 GB/T 5267.2； 热浸镀锌层技术要求按 GB/T 5267.3； 如需其他技术要求或表面处理，应由供需协议
验收及包装		GB/T 90.1、GB/T 90.2
QT——淬火并回火。		

5 标记

5.1 标记方法

标记方法按 GB/T 1237 规定。

5.2 标记示例

螺纹规格为 M12、性能等级为 10 级、表面不经处理、产品等级为 A 级的 2 型六角螺母的标记：

螺母 GB/T 6175 M12

ICS 21.060.20
J 13

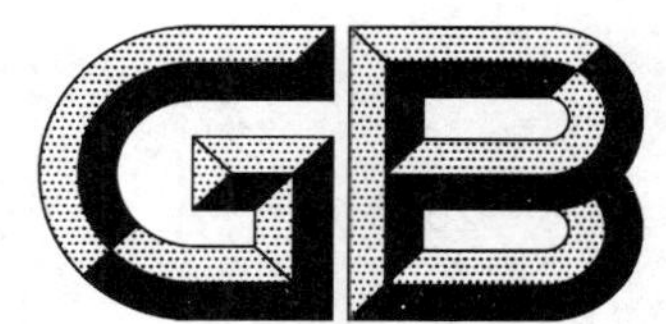

中华人民共和国国家标准

GB/T 6176—2016
代替 GB/T 6176—2000

2 型六角螺母　细牙

Hexagon nuts, style2—Fine pitch thread

(ISO 8674:2012, Hexagon high nuts(style2) with metric fine pitch thread—Product grades A and B, MOD)

2016-02-24 发布　　2016-06-01 实施

中华人民共和国国家质量监督检验检疫总局
中国国家标准化管理委员会　发布

前　言

GB/T 6176 是“六角螺母(部分)”系列国家标准之一,该系列包括:

——GB/T 41　1 型六角螺母　C 级;

——GB/T 6170　1 型六角螺母;

——GB/T 6171　1 型六角螺母　细牙;

——GB/T 6172.1　六角薄螺母;

——GB/T 6173　六角薄螺母　细牙;

——GB/T 6174　六角薄螺母　无倒角;

——GB/T 6175　2 型六角螺母;

——GB/T 6176　2 型六角螺母　细牙;

——GB/T 6177.1　2 型六角法兰面螺母;

——GB/T 6177.2　2 型六角法兰面螺母　细牙。

本标准按照 GB/T 1.1—2009 给出的规则起草。

本标准代替 GB/T 6176—2000《2 型六角螺母　细牙》,与 GB/T 6176—2000 相比,主要技术变化如下:

——删除“如需其他技术要求,……GB/T 3098.10 和 GB/T 3103.1)中选择。”(2000 年版第 1 章);

——引用螺纹标准统一为 GB/T 193、GB/T 9145(第 2 章);

——对螺母机械性能增加:QT——淬火并回火(表 3);

——删除钢螺母表面氧化,增加:不经处理(表 3);

——标记中表面处理仅允许省略:表面不经处理,替代表面氧化(5.2)。

本标准使用重新起草法修改采用 ISO 8674:2012《六角高螺母(2 型) 米制细牙螺纹　产品等级 A 和 B 级》(英文版)。

本标准与 ISO 8674:2012 的技术性差异及其原因如下:

——删除 ISO 8674 规定:“如需其他技术要求,……ISO 4759-1 中选择”(第 1 章),不属于本标准规定的内容;

——在规范性引用文件中,用我国标准代替国际标准(第 2 章),增加引用 GB/T 90.2(表 3)、GB/T 193(表 3)、GB/T 9145(表 3)和 GB/T 1237(5.1),删除对 ISO 724、ISO 965-1、ISO 8839 的引用,以符合我国紧固件基础标准;

——为贯彻基础标准,对螺母机械性能增加:QT——淬火并回火(表 3);

——增加包装技术要求(表 3),以符合我国紧固件基础标准;

——修改标记示例为简化标记示例(5.2),以符合 GB/T 1237 的规定。

本标准还做了下列编辑性修改:

——修改标准名称;

——删除 ISO 8674 的参考文献。

本标准由中国机械工业联合会提出。

本标准由全国紧固件标准化技术委员会(SAC/TC 85)归口。

本标准负责起草单位:中机生产力促进中心。

本标准参加起草单位:海盐宇星螺帽有限责任公司。

本标准由全国紧固件标准化技术委员会秘书处负责解释。

2 型六角螺母 细牙

1 范围

本标准规定了细牙 2 型六角螺母的型式尺寸、技术条件和标记。

本标准适用于螺纹公称直径 D=8 mm～36 mm、性能等级为 8 级、10 级和 12 级、产品等级为 A 级和 B 级、细牙螺纹的 2 型六角螺母。A 级用于 D≤16 mm 的螺母;B 级用于 D>16 mm 的螺母。

2 规范性引用文件

下列文件对于本文件的应用是必不可少的。凡是注日期的引用文件,仅注日期的版本适用于本文件。凡是不注日期的引用文件,其最新版本(包括所有的修改单)适用于本文件。

GB/T 90.1 紧固件 验收检查(GB/T 90.1—2002,ISO 3269:2000,IDT)

GB/T 90.2 紧固件 标志与包装

GB/T 193 普通螺纹 直径与螺距系列(GB/T 193—2003,ISO 261:1998, MOD)

GB/T 1237 紧固件标记方法(GB/T 1237—2000,eqv ISO 8991:1986)

GB/T 3098.2 紧固件机械性能 螺母(GB/T 3098.2—2015, ISO 898－2:2012,MOD)

GB/T 3103.1 紧固件公差 螺栓、螺钉、螺柱和螺母(GB/T 3103.1—2002,idt ISO 4759-1:2000)

GB/T 5267.1 紧固件 电镀层(GB/T 5267.1—2002,ISO 4042:1999 ,IDT)

GB/T 5267.2 紧固件 非电解锌片涂层(GB/T 5267.2—2002,ISO 10683:2000,IDT)

GB/T 5276 紧固件 螺栓、螺钉、螺柱及螺母 尺寸代号和标注(GB/T 5276—2015, ISO 225:2010,MOD)

GB/T 5779.2 紧固件表面缺陷 螺母(GB/T 5779.2—2000,idt ISO 6157-2:1995)

GB/T 9145 普通螺纹 中等精度、优选系列的极限尺寸(GB/T 9145—2003,ISO 965-2:1998,MOD)

GB/T 16938 紧固件 螺栓、螺钉、螺柱和螺母 通用技术条件(GB/T 16938—2008,ISO 8992:2005,IDT)

3 尺寸

螺母的型式尺寸见图 1、表 1 和表 2。

尺寸代号和标注应符合 GB/T 5276。

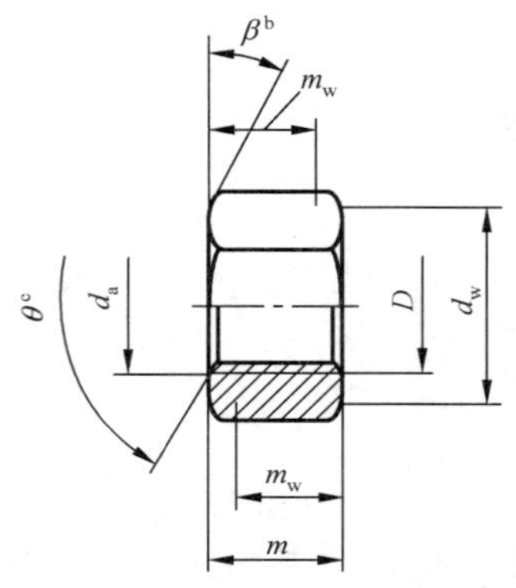

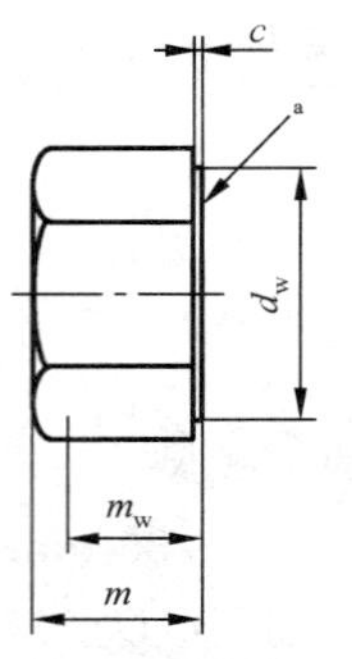

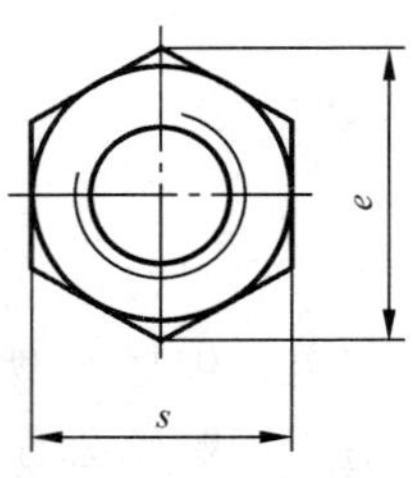

[a] 要求垫圈面型式时，应在订单中注明；

[b] $\beta=15°\sim 30°$；

[c] $\theta=90°\sim 120°$。

图 1

表 1 优选螺纹规格

单位为毫米

螺纹规格($D\times P$)		M8×1	M10×1	M12×1.5	M16×1.5	M20×1.5	M24×2	M30×2	M36×3
c	max	0.60	0.60	0.60	0.80	0.80	0.80	0.80	0.80
	min	0.15	0.15	0.15	0.20	0.20	0.20	0.20	0.20
d_a	max	8.75	10.80	13.00	17.30	21.60	25.90	32.40	38.90
	min	8.00	10.00	12.00	16.00	20.00	24.00	30.00	36.00
d_w	min	11.63	14.63	16.63	22.49	27.70	33.25	42.75	51.11
e	min	14.38	17.77	20.03	26.75	32.95	39.55	50.85	60.79
m	max	7.50	9.30	12.00	16.40	20.30	23.90	28.60	34.70
	min	7.14	8.94	11.57	15.70	19.00	22.60	27.30	33.10
m_w	min	5.71	7.15	9.26	12.56	15.20	18.08	21.84	26.48
s	公称=max	13.00	16.00	18.00	24.00	30.00	36.00	46.00	55.00
	min	12.73	15.73	17.73	23.67	29.16	35.00	45.00	53.80

表 2 非优选螺纹规格

单位为毫米

螺纹规格($D\times P$)		M10×1.25	M12×1.25	M14×1.5	M18×1.5	M20×2	M22×1.5	M27×2	M33×2
c	max	0.60	0.60	0.60	0.80	0.80	0.80	0.80	0.80
	min	0.15	0.15	0.15	0.20	0.20	0.20	0.20	0.20
d_a	max	10.80	13.00	15.10	19.50	21.60	23.70	29.10	35.60
	min	10.00	12.00	14.00	18.00	20.00	22.00	27.00	33.00
d_w	min	14.63	16.63	19.64	24.85	27.70	31.35	38.00	46.55
e	min	17.77	20.03	23.36	29.56	32.95	37.29	45.20	55.37

表 2（续）

单位为毫米

螺纹规格($D\times P$)		M10×1.25	M12×1.25	M14×1.5	M18×1.5	M20×2	M22×1.5	M27×2	M33×2
m	max	9.30	12.00	14.10	17.60	20.30	21.80	26.70	32.50
	min	8.94	11.57	13.40	16.90	19.00	20.50	25.40	30.90
m_w	min	7.15	9.26	10.72	13.52	15.20	16.40	20.32	24.72
s	公称=max	16.00	18.00	21.00	27.00	30.00	34.00	41.00	50.00
	min	15.73	17.73	20.67	26.16	29.16	33.00	40.00	49.00

4 技术条件和引用标准

技术条件和引用标准见表 3。

表 3 技术条件和引用标准

材料		钢
通用技术条件		GB/T 16938
螺纹	公差	6H
	标准	GB/T 193、GB/T 9145
机械性能	等级	8 mm≤D≤16 mm:8、10(QT)、12(QT) 16 mm<D≤36 mm:10(QT)
	标准	GB/T 3098.2
公差	产品等级	D≤16 mm:A;D> 16 mm:B
	标准	GB/T 3103.1
表面缺陷		GB/T 5779.2
表面处理		不经处理； 电镀技术要求按 GB/T 5267.1； 非电解锌片涂层技术要求按 GB/T 5267.2； 如需其他技术要求或表面处理，应由供需协议
验收及包装		GB/T 90.1、GB/T 90.2
QT——淬火并回火。		

5 标记

5.1 标记方法

标记方法按 GB/T 1237 规定。

5.2 标记示例

螺纹规格为 M16×1.5、性能等级为 10 级、表面不经处理、产品等级为 A 级、细牙螺纹的 2 型六角螺母的标记：

螺母 GB/T 6176 M16×1.5

中华人民共和国国家标准

UDC 621.882.3

1型六角开槽螺母—A和B级

GB 6178—86

Hexagon slotted and castle nuts, style 1—Product grades A and B

代替 GB 57～58—76

1 主题内容

本标准规定了螺纹规格为M4～M36、A和B级的1型六角开槽螺母。A级用于$D \leqslant 16$的螺母；B级用于$D > 16$的螺母。

注：商品紧固件品种，应优先选用。

2 引用标准

GB 196 普通螺纹 基本尺寸(直径1～600mm)

GB 197 普通螺纹 公差与配合(直径1～355mm)

GB 3098.2 紧固件机械性能 螺母

GB 3103.1 紧固件公差 螺栓、螺钉和螺母

GB 5267 螺纹紧固件电镀层

GB 5779.2 紧固件表面缺陷—螺母——般要求

GB 90 紧固件验收检查、标志与包装

GB 1237 紧固件的标记方法

3 尺寸

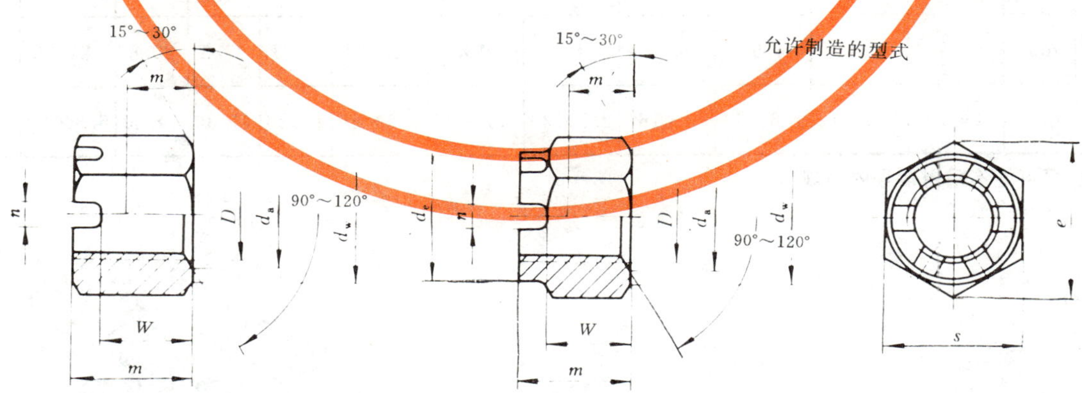

槽的底部允许制成平底；

(m-W)长度内允许制成喇叭形的螺纹孔；

六角与螺母开槽端的端面交接处允许有圆钝。

国家标准局1986-01-17发布　　1986-10-01实施

表 1

mm

螺纹规格 D		M4	M5	M6	M8	M10	M12	(M14)	M16	M20	M24	M30	M36
d_a	max	4.6	5.75	6.75	8.75	10.8	13	15.1	17.3	21.6	25.9	32.4	38.9
	min	4	5	6	8	10	12	14	16	20	24	30	36
d_e	max	—	—	—	—	—	—	—	—	28	34	42	50
	min	—	—	—	—	—	—	—	—	27.16	33	41	49
d_w	min	5.9	6.9	8.9	11.6	14.6	16.6	19.6	22.5	27.7	33.2	42.7	51.1
e	min	7.66	8.79	11.05	14.38	17.77	20.03	23.35	26.75	32.95	39.55	50.85	60.79
m	max	5	6.7	7.7	9.8	12.4	15.8	17.8	20.8	24	29.5	34.6	40
	min	4.7	6.34	7.34	9.44	11.97	15.37	17.37	20.28	23.16	28.66	33.6	39
m'	min	2.32	3.52	3.92	5.15	6.43	8.3	9.68	11.28	13.52	16.16	19.44	23.52
n	min	1.2	1.4	2	2.5	2.8	3.5	3.5	4.5	4.5	5.5	7	7
	max	1.8	2	2.6	3.1	3.4	4.25	4.25	5.7	5.7	6.7	8.5	8.5
s	max	7	8	10	13	16	18	21	24	30	36	46	55
	min	6.78	7.78	9.78	12.73	15.73	17.73	20.67	23.67	29.16	35	45	53.8
W	max	3.2	4.7	5.2	6.8	8.4	10.8	12.8	14.8	18	21.5	25.6	31
	min	2.9	4.4	4.9	6.44	8.04	10.37	12.37	14.37	17.3	20.66	24.76	30
开口销		1×10	1.2×12	1.6×14	2×16	2.5×20	3.2×22	3.2×26	4×28	4×36	5×40	6.3×50	6.3×65

注:尽可能不采用括号内的规格。

4 技术条件

表 2

材料		钢
螺纹	公差	6H
	标准	GB 196、GB 197
机械性能	等级	6、8、10
	标准	GB 3098.2
公差	产品等级	除第 3 章规定外，其余按：A 用于 $D\leqslant 16$；B 用于 $D>16$
	标准	GB 3103.1
表面处理		① 氧化 ② 不经处理 ③ 镀锌钝化 GB 5267
表面缺陷		GB 5779.2
验收及包装		GB 90

5 标记

5.1 标记方法按 GB 1237 规定。

5.2 标记示例：

螺纹规格 D=M12、性能等级为 8 级、表面氧化、A 级的 1 型六角开槽螺母的标记：

螺母 GB 6178 M12

附加说明：

本标准由中华人民共和国机械工业部提出，由机械工业部标准化研究所归口。

本标准由机械工业部标准化研究所负责起草。

中华人民共和国国家标准

UDC 621.882.3

GB 6179—86

代替 GB 57～58—76

1型六角开槽螺母—C级

Hexagon slotted nuts, style 1— Product grade C

1 主题内容

本标准规定了螺纹规格为M5～M36、C级的1型六角开槽螺母。

注：商品紧固件品种，应优先选用。

2 引用标准

GB 196 普通螺纹 基本尺寸(直径1～600mm)

GB 197 普通螺纹 公差与配合(直径1～355mm)

GB 3098.2 紧固件机械性能 螺母

GB 3103.1 紧固件公差 螺栓、螺钉和螺母

GB 5267 螺纹紧固件电镀层

GB 90 紧固件验收检查、标志与包装

GB 1237 紧固件的标记方法

3 尺寸

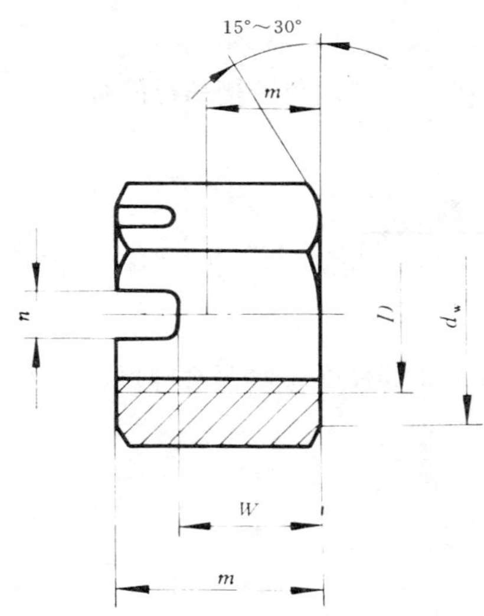

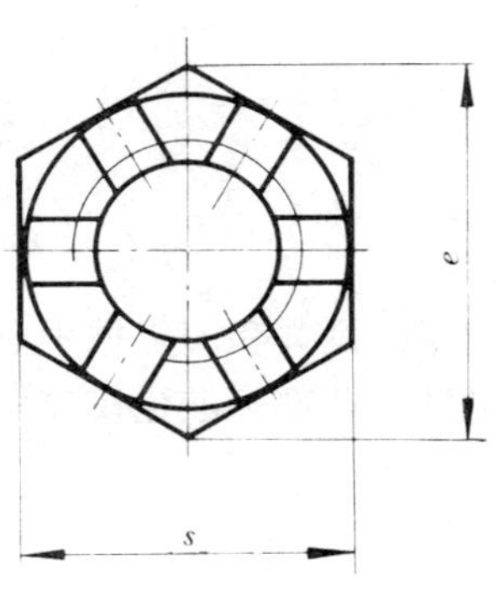

槽的底部允许制成平底；

(m-W)长度内允许制成喇叭形的螺纹孔；

六角与螺母开槽端的端面交接处允许有圆钝。

国家标准局1986-01-17发布　　　　1986-10-01实施

表 1

mm

螺纹规格 D		M5	M6	M8	M10	M12	(M14)	M16	M20	M24	M30	M36
d_w	min	6.9	8.7	11.5	14.5	16.5	19.2	22	27.7	33.2	42.7	51.1
e	min	8.63	10.89	14.20	17.59	19.85	22.78	26.17	32.95	39.55	50.85	60.79
m	max	7.6	8.9	10.94	13.54	17.17	18.9	21.9	25	30.3	35.4	40.9
	min	6.1	7.4	9.14	11.74	15.37	16.8	19.8	22.9	27.8	32.4	38.4
m'	min	3.5	3.9	5.1	6.4	8.3	9.7	11.3	13.5	16.2	19.5	23.5
n	max	2	2.6	3.1	3.4	4.25	4.25	5.7	5.7	6.7	8.5	8.5
	min	1.4	2	2.5	2.8	3.5	3.5	4.5	4.5	5.5	7	7
s	max	8	10	13	16	18	21	24	30	36	46	55
	min	7.64	9.64	12.57	15.57	17.57	20.16	23.16	29.16	35	45	53.8
W	max	5.6	6.4	7.94	9.54	12.17	13.9	15.9	19	22.3	26.4	31.9
	min	4.4	4.9	6.44	8.04	10.37	12.1	14.1	16.9	20.2	24.3	29.4
开口销		1.2×12	1.6×14	2×16	2.5×20	3.2×22	3.2×26	4×28	4×36	5×40	6.3×50	6.3×65

注:尽可能不采用括号内的规格。

4 技术条件

表 2

材 料		钢
螺 纹	公 差	7H
	标 准	GB 196、GB 197
机械性能	等 级	4、5
	标 准	GB 3098.2
公 差	产品等级	除第 3 章规定外,其余按 C 级
	标 准	GB 3103.1
表面处理		① 不经处理 ② 镀锌钝化 GB 5267
验收及包装		GB 90

5 标记

5.1 标记方法按 GB 1237 规定。

5.2 标记示例:

螺纹规格 D=M5、性能等级为 5 级、不经表面处理、C 级的 1 型六角开槽螺母的标记:

螺母 GB 6179 M5

附加说明:

本标准由中华人民共和国机械工业部提出,由机械工业部标准化研究所归口。

本标准由机械工业部标准化研究所负责起草。

中华人民共和国国家标准

UDC 621.882.3

2型六角开槽螺母—A和B级

GB 6180—86

Hexagon slotted and castle nuts, style 2—Product grades A and B

1 主题内容

本标准规定了螺纹规格为M5～M36、A和B级的2型六角开槽螺母。A级用于$D\leqslant 16$的螺母；B级用于$D>16$的螺母。

注：商品紧固件品种，应优先选用。

2 引用标准

GB 196 普通螺纹 基本尺寸(直径1～600mm)

GB 197 普通螺纹 公差与配合(直径1～355mm)

GB 3098.2 紧固件机械性能 螺母

GB 3103.1 紧固件公差 螺栓、螺钉和螺母

GB 5267 螺纹紧固件电镀层

GB 5779.2 紧固件表面缺陷—螺母——般要求

GB 90 紧固件验收检查、标志与包装

GB 1237 紧固件的标记方法

3 尺寸

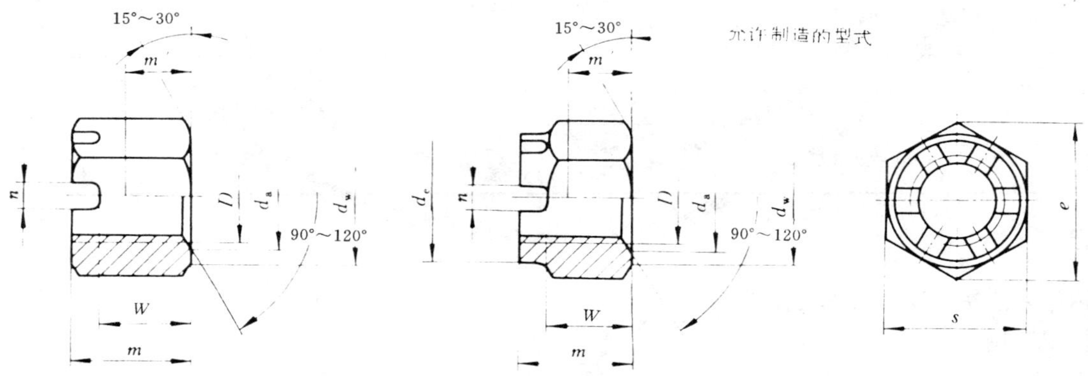

槽的底部允许制成平底；

(m-W)长度内允许制成喇叭形的螺纹孔；

六角与螺母开槽端的端面交接处允许有圆钝。

国家标准局1986-01-17发布 1986-10-01实施

表 1

mm

螺纹规格 D		M5	M6	M8	M10	M12	(M14)	M16	M20	M24	M30	M36
d_a	max	5.75	6.75	8.75	10.8	13	15.1	17.3	21.6	25.9	32.4	38.9
	min	5	6	8	10	12	14	16	20	24	30	36
d_e	max	—	—	—	—	—	—	—	28	34	42	50
	min	—	—	—	—	—	—	—	27.16	33	41	49
d_w	min	6.9	8.9	11.6	14.6	16.6	19.6	22.5	27.7	33.2	42.7	51.1
e	min	8.79	11.05	14.38	17.77	20.03	23.35	26.75	32.95	39.55	50.85	60.79
m	max	7.1	8.2	10.5	13.3	17	19.1	22.4	26.3	31.9	37.6	43.7
	min	6.74	7.84	10.07	12.87	16.57	18.58	21.88	25.46	30.9	36.6	42.7
m'	min	3.84	4.32	5.71	7.15	9.26	10.7	12.6	15.2	18.1	21.8	26.5
n	min	1.4	2	2.5	2.8	3.5	3.5	4.5	4.5	5.5	7	7
	max	2	2.6	3.1	3.4	4.25	4.25	5.7	5.7	6.7	8.5	8.5
s	max	8	10	13	16	18	21	24	30	36	46	55
	min	7.78	9.78	12.73	15.73	17.73	20.67	23.67	29.16	35	45	53.8
W	max	5.1	5.7	7.5	9.3	12	14.1	16.4	20.3	23.9	28.6	34.7
	min	4.8	5.4	7.14	8.94	11.57	13.67	15.97	19.46	23.06	27.76	33.7
开口销		1.2×12	1.6×14	2×16	2.5×20	3.2×22	3.2×26	4×28	4×36	5×40	6.3×50	6.3×65

注:尽可能不采用括号内的规格。

4 技术条件

表 2

材料		钢
螺纹	公差	6H
	标准	GB 196、GB 197
机械性能	等级	9、12
	标准	GB 3098.2
公差	产品等级	除第 3 章规定外，其余按：A 用于 $D \leqslant 16$；B 用于 $D > 16$
	标准	GB 3103.1
表面处理		① 氧化 ② 镀锌钝化 GB 5267
表面缺陷		GB 5779.2
验收及包装		GB 90

5 标记

5.1 标记方法按 GB 1237 规定。

5.2 标记示例：

螺纹规格为 D=M5、性能等级为 9 级、表面氧化、A 级的 2 型六角开槽螺母的标记：

螺母 GB 6180 M5

附加说明：

本标准由中华人民共和国机械工业部提出，由机械工业部标准化研究所归口。

本标准由机械工业部标准化研究所负责起草。

中华人民共和国机械行业标准

JB/T 7382—94

吊 环 螺 母

1 主题内容与适用范围

本标准规定了螺纹规格为 M8～M100×6 的吊环螺母。

本标准适用于起吊机械、器具等一般装卸用。

注：商品紧固件品种，应优先选用。

2 引用标准

GB 90 紧固件验收检查、标志与包装

GB 196 普通螺纹 基本尺寸(直径 1～600mm)

GB 197 普通螺纹 公差与配合(直径 1～355mm)

GB 230 金属洛氏硬度试验方法

GB 699 优质碳素结构钢 技术条件

GB 1237 紧固件的标记方法

GB 5267 螺纹紧固件电镀层

GB 6394 金属平均晶粒度测定法

3 型式、尺寸与最大起吊质量

3.1 型式和尺寸按图 1 及表 1 规定。

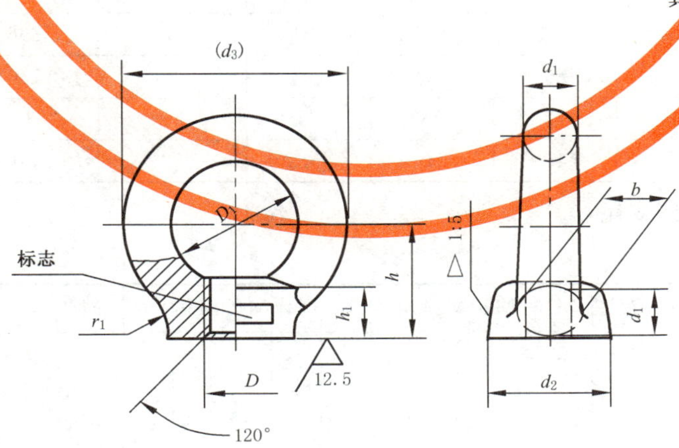

图 1

表 1 mm

螺纹规格 D		M8	M10	M12	M16	M20	M24	M30	M36
d_1	max	9.1	11.1	13.1	15.2	17.4	21.4	25.7	30.0
	min	7.6	9.6	11.6	13.6	15.6	19.6	23.5	27.5
D_1	公称	20	24	28	34	40	48	56	67
	max	20.4	24.4	28.4	34.5	40.6	48.6	56.6	67.7
	min	19.0	23.0	27.0	32.9	38.8	46.8	54.6	65.5
d_2	max	21.1	25.1	29.1	35.2	41.4	49.4	57.7	69.0
	min	19.6	23.6	27.6	33.6	39.6	47.6	55.5	66.5
h_1	max	9.5	11.5	12.5	14.5	17.5	21.5	26.5	32
	min	8	9.5	10.5	12.5	15.0	19.0	24	29
d_3(参考)		36	44	52	62	72	88	104	123
h		18	23	26	31	35	45	55	65
r_1		4	4	6	6	8	12	15	18
b		10	12	14	16	19	24	28	32

螺纹规格 D		M42	M48	M56	M64	M72×6	M80×6	M100×6
d_1	max	34.4	40.7	44.7	51.4	63.8	71.8	79.2
	min	31.2	37.1	41.1	46.9	58.8	66.8	73.6
D_1	公称	80	95	112	125	140	160	200
	max	80.9	96.1	113.1	126.3	141.5	161.5	201.7
	min	78.1	92.9	109.9	122.3	137.0	157.0	196.7
d_2	max	82.4	97.7	114.7	128.4	143.8	163.8	204.2
	min	79.2	94.1	111.1	123.9	138.8	158.8	198.6
h_1	max	37	42	47.5	52.5	62.5	73	83
	min	34	39	44	49	58	69	79
d_3(参考)		144	171	196	221	260	296	350
h		75	85	95	105	130	150	165
r_1		20	22	25	25	35	35	40
b		38	46	50	58	72	80	88

3.2 最大起吊质量按表 2 的规定。

表 2 t

螺纹规格 D		M8	M10	M12	M16	M20	M24	M30	M36	M42	M48	M56	M64	M72×6	M80×6	M100×6
单螺母起吊	max	0.16	0.25	0.4	0.63	1	1.6	2.5	4	6.3	8	10	16	20	25	40
双螺母起吊	90° max	0.08	0.13	0.2	0.32	0.5	0.8	1.3	2	3.2	4	5	8	10	13	20

4 标记

4.1 标记方法按 GB 1237 规定。

4.2 标记示例

螺纹规格为 20mm、材料为 20 钢、经正火处理、不经表面处理的吊环螺母的标记：

螺母 JB/T 7382 M20

5 技术条件

5.1 技术要求

5.1.1 吊环螺母应采用 20 或 25 钢(GB 699)制造。

5.1.2 吊环螺母必须经整体锻造。锻件应进行正火处理，并清除氧化皮。成品的晶粒度应不低于 GB 6394中 5 级的规定。

5.1.3 锻件的允许错移量和允许残余毛边量按表 3 规定。

表 3 mm

<table>
<tr><td colspan="2">螺纹规格 D</td><td>M8～M20</td><td>M24～M48</td><td>M56～M100×6</td></tr>
<tr><td colspan="2">允许错移量(max)</td><td>0.5</td><td>0.8</td><td>1</td></tr>
<tr><td rowspan="2">允许残余毛边量
(max)</td><td>外缘</td><td colspan="2">0.6</td><td>1</td></tr>
<tr><td>内孔</td><td colspan="2">0.25</td><td>0.5</td></tr>
</table>

5.1.4 螺纹轴线对支承面的垂直度公差 t 按表 4 的规定。

表 4 mm

螺纹规格 D	M8	M10	M12	M16	M20	M24	M30	M36
t	0.28	0.34	0.39	0.47	0.56	0.67	0.78	0.94

螺纹规格 D	M42	M48	M56	M64	M72×6	M80×6	M100×6
t	1.12	1.33	1.56	1.75	1.95	2.23	2.79

5.1.5 锻件不准有过烧、裂纹等锻造缺陷。

5.1.6 螺纹基本尺寸按 GB 196，公差按 GB 197 的 7H 级规定。

5.1.7 机械性能

5.1.7.1 吊环螺母应进行轴向保证载荷试验，其载荷按表 5 规定。试验后不允许有裂纹，环部永久变形的变形率不得大于 0.5%。

表 5 kN

螺纹规格 D	M8	M10	M12	M16	M20	M24	M30	M36
轴向保证载荷	3.2	5	8	12.5	20	32	50	80

螺纹规格 D	M42	M48	M56	M64	M72×6	M80×6	M100×6
轴向保证载荷	125	160	200	320	400	500	800

5.1.7.2 吊环螺母应进行硬度试验，其硬度值应符合 67～95HRB。

5.1.8 表面处理

吊环螺母一般不进行表面处理。根据使用要求，可进行镀锌纯化、镀铬等表面处理，并应按 GB 5267规定。电镀锌后应立即进行驱氢脆处理。

5.2 试验方法

5.2.1 材料的化学成分及机械性能试验按 GB 699 的规定。

5.2.2　晶粒度的试验方法按 GB 6394 的规定。

5.2.3　螺纹检查用螺纹量规和光滑极限量规或万能量具进行。

5.2.4　轴向保证载荷试验

5.2.4.1　试验装置与吊环螺母环部的标距 l_0，如图 2 所示。

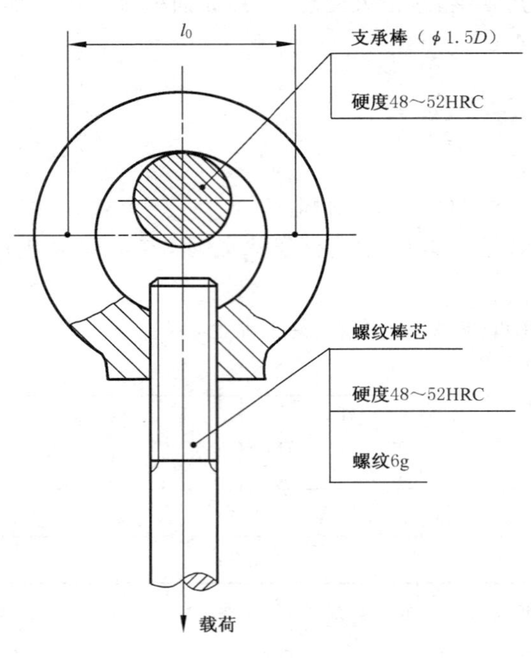

图 2

5.2.4.2　加载前用游标卡尺测出标距 l_0，加载至表 4 规定的轴向保证载荷值并保持 15 s，卸载后测出变形后的标距值 l，并按下式计算出变形率。

$$变形率=\frac{(l_0-l)}{l_0}\times 100\%$$

5.2.5　硬度试验按 GB 230 的规定。

5.3　验收检查、标志与包装

5.3.1　应在图 1 所示部位制出材料牌号(20 或 25)的标志以及制造厂的商标或鉴别。

5.3.2　验收检查时，主要尺寸项目及合格质量水平为：螺纹通规和止规检查按 AQL＝1.0；其他为次要尺寸项目，均按 AQL＝2.5。机械性能抽查项目为：轴向保证载荷、硬度及晶粒度检查。

5.3.3　其他有关验收检查、标志与包装的要求按 GB 90 规定。

附　录　A
对使用吊环螺母的要求
（补充件）

A1　吊环螺母的最大起吊质量仅适用于本标准的吊环螺母配用 8g 级公差的螺栓（柱），同时螺栓（柱）的螺纹长度最小为 0.8*D*。当超负荷时，为避免螺母失效，规定螺栓（柱）的抗拉强度不允许超过 $500N/mm^2$。

A2　必须使吊环螺母与支承面紧密配合，但不准使用工具扳紧。

A3　不允许有垂直于吊环平面的载荷。

A4　采用表 2 中“双螺母起吊”的方式时，应保证两吊环平面在同一平面内。

A5　采用表 2 中“双螺母起吊”的方式时，钢缆绳的夹角不应大于 90°。

A6　吊环螺母的单件质量按表 A1 规定。

表 A1　　kg

螺纹规格 *D*	M8	M10	M12	M16	M20	M24	M30	M36
单件质量 ≈	0.05	0.09	0.16	0.24	0.36	0.72	1.32	2.03

螺纹规格 *D*	M42	M48	M56	M64	M72×6	M80×6	M100×6
单件质量 ≈	3.11	5.02	6.69	9.30	18.5	27.3	36.4

附加说明：

本标准由全国紧固件标准化技术委员会提出并归口。

本标准由机械工业部机械标准化研究所负责起草，天津大学、胜芳标准件总厂参加起草。

ICS 21.060.20
J 13
备案号：20284—2007

中华人民共和国机械行业标准

JB/T 7553—2007
代替 JB/T 7553—1994

液 力 螺 母

Hydraulic nut

2007-03-06 发布　　2007-09-01 实施

中华人民共和国国家发展和改革委员会　发 布

前　言

本标准代替 JB/T 7553—1994《液力螺母》。

本标准与 JB/T 7553—1994 相比，主要变化如下：

——增加了标准的“前言”。

本标准的附录 A 是资料性附录。

本标准由中国机械工业联合会提出。

本标准由机械工业冶金设备标准化技术委员会归口。

本标准主要起草单位：中国第二重型机械集团公司。

本标准主要起草人：赵光发。

本标准所代替标准的历次版本发布情况为：

——JB/T 7553—1994。

液 力 螺 母

1 范围

本标准规定了液力螺母的型式、主要尺寸、基本参数、技术要求、试验方法、检验规则、标志、包装及贮存等。

本标准适用于需要经常拆卸的 M100×2～M600×6；Tr100×4～Tr600×12 螺栓副，并可作液压过盈联结拆卸工具。工作温度－20 ℃～＋80 ℃。

2 规范性引用文件

下列文件中的条款通过本标准的引用而成为本标准的条款。凡是注日期的引用文件，其随后所有的修改单(不包括勘误的内容)或修订版均不适用于本标准，然而，鼓励根据本标准达成协议的各方研究是否可使用这些文件的最新版本。凡是不注日期的引用文件，其最新版本适用于本标准。

GB/T 191　包装储运图示标志(GB/T 191—2000，eqv ISO 780：1997)

GB/T 4879　防锈包装

GB/T 5796.4　梯形螺纹　第 4 部分：公差(GB/T 5796.4—2005，ISO 2903：1993，MOD)

GB/T 7935—2005　液压元件　通用技术条件

GB/T 13384　机电产品包装通用技术条件

3 型式基本参数和主要尺寸

3.1 YMZ 型液力螺母的型式、基本参数与主要尺寸应符合图 1、表 1 的规定。

3.2 YMJ 型液力螺母的型式、基本参数与主要尺寸应符合图 2、表 2 的规定。

3.3 YMQZ 型液力螺母的型式、基本参数与主要尺寸应符合图 3、表 3 的规定。

3.4 YMQJ 型液力螺母的型式、基本参数与主要尺寸应符合图 4、表 4 的规定。

3.5 型号说明

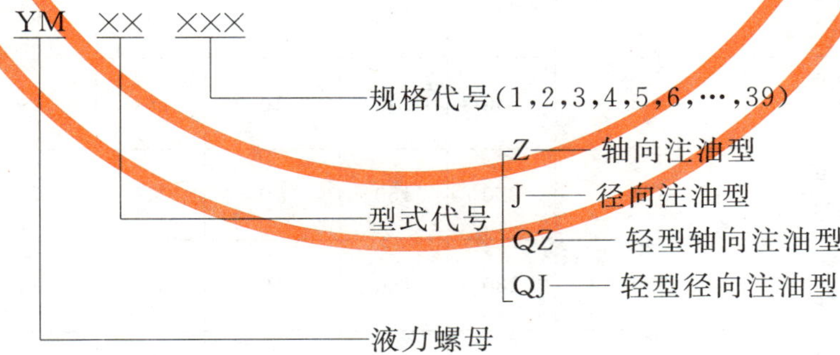

3.6 标记示例

示例 1：普通螺纹规格为 M100×6 的轴向注油型液力螺母：

YMZ1 液力螺母 M100×6　JB/T 7553—2007

示例 2：梯形螺纹规格为 Tr100×4 的轻型轴向注油型液力螺母：

YMQZ1 液力螺母 Tr100×4　JB/T 7553—2007

示例 3：普通螺纹规格为 M190×6 的径向注油型液力螺母：

YMJ11 液力螺母 M190×6　JB/T 7553—2007

示例 4：梯形螺纹规格为 Tr190×8 的轻型径向注油型液力螺母：

YMJ11 液力螺母 Tr190×8　JB/T 7553—2007

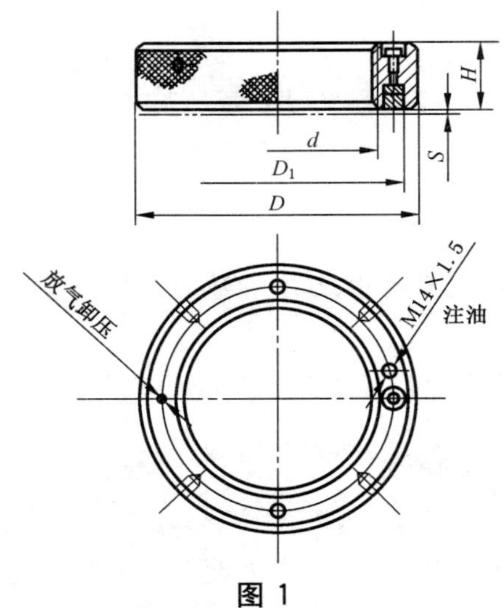

图 1

表 1

型号	螺纹规格 d/mm	D/mm	D_1/mm	H/mm	活塞环		油腔压力/MPa max	公称拉力/kN	质量/≈kg
					行程 S/mm	面积/cm^2			
YMZ1	M100×6 Tr100×4	210	175	100	10	127.4	80	900	21.0
YMZ2	M110×6 Tr110×4	225	190	110	10	150	83	1 100	27.0
YMZ3	M120×6 Tr120×6	248	200	120	10	192	79	1 340	35
YMZ4	M125×6 Tr125×6	260	220	130	10	203	81	1 450	41
YMZ5	M130×6 Tr130×6	272	230	130	10	214	84	1 585	46
YMZ6	M140×6 Tr140×6	295	250	140	10	264	79	1 840	57
YMZ7	M150×6 Tr150×6	318	270	150	10	318	76	2 130	71
YMZ8	M160×6 Tr160×6	330	280	160	10	332	84	2 460	82
YMZ9	M170×6 Tr170×6	354	300	170	10	392	80	2 760	102
YMZ10	M180×6 Tr180×8	378	320	180	10	424	83	3 100	119
YMZ11	M190×6 Tr190×8	402	340	190	10	492	80	3 470	147
YMZ12	M200×6 Tr200×8	415	350	200	10	509.7	86	3 865	162

表 1（续）

型号	螺纹规格 d/mm	D/mm	D_1/mm	H/mm	活塞环		油腔压力/MPa max	公称拉力/kN	质量/≈kg
					行程 S/mm	面积/cm^2			
YMZ13	M210×6 Tr210×8	438	370	210	10	584	83	4 275	191
YMZ14	M220×6 Tr220×8	462	390	220	10	663	81	4 735	225
YMZ15	M230×6 Tr230×8	484	410	230	10	693	85	5 200	255
YMZ16	M240×6 Tr240×8	508	430	240	10	747.5	79	5 210	300
YMZ17	M250×6 Tr250×8	520	440	250	10	802.6	85	6 020	325
YMZ18	M260×6 Tr260×8	544	460	260	10	907	83	6 640	372
YMZ19	M270×6 Tr270×8	567	480	270	10	1 005	81	7 180	410
YMZ20	M280×6 Tr280×8	590	500	280	10	1 108	79	7 720	465
YMZ21	M290×6 Tr290×8	614	520	290	10	1 161	80	8 290	530
YMZ22	M300×6 Tr300×8	638	540	300	10	1 272	81	8 975	583
YMZ23	M320×6 Tr320×8	673	570	320	15	1 417	83	10 100	680
YMZ24	M340×6 Tr340×8	710	600	320	15	1 517	83	11 500	770
YMZ25	M360×6 Tr360×12	756	640	320	15	1 764	83	12 910	865
YMZ26	M380×6 Tr380×12	790	670	340	15	1 935	85	14 500	1 140
YMZ27	M400×6 Tr400×12	838	710	360	15	2 149	85	16 110	1 185
YMZ28	M420×6 Tr420×12	885	750	380	20	2 454	82	17 750	1 140
YMZ29	M440×6 Tr440×12	910	770	400	20	2 533	87	19 435	1 580

表 1（续）

型号	螺纹规格 d/mm	D/mm	D_1/mm	H/mm	活塞环		油腔压力/MPa max	公称拉力/kN	质量/≈kg
					行程 S/mm	面积/cm^2			
YMZ30	M450×6 Tr450×12	932	794	420	20	2 695	86	20 440	1 680
YMZ31	M460×6 Tr460×12	968	820	420	20	2 905	86	21 265	1 850
YMZ32	M480×6 Tr480×12	1 004	850	440	20	3 122	84	23 130	2 080
YMZ33	M500×6 Tr500×12	1 050	890	450	20	3 487	82	25 220	2 320
YMZ34	M520×6 Tr520×12	1 110	940	470	20	3 920	79	27 310	2 770
YMZ35	M540×6 Tr540×12	1 134	960	480	20	4 021	83	29 440	2 920
YMZ36	M550×6 Tr550×12	1 168	990	500	20	4 379	79	30 510	3 260
YMZ37	M560×6 Tr560×12	1 180	1 000	500	20	4 432	81	31 660	3 350
YMZ38	M580×6 Tr580×12	1 228	1 040	520	20	4 728	82	34 190	3 670
YMZ39	M600×6 Tr600×12	1 265	1 070	540	20	5 032	82	36 390	4 100

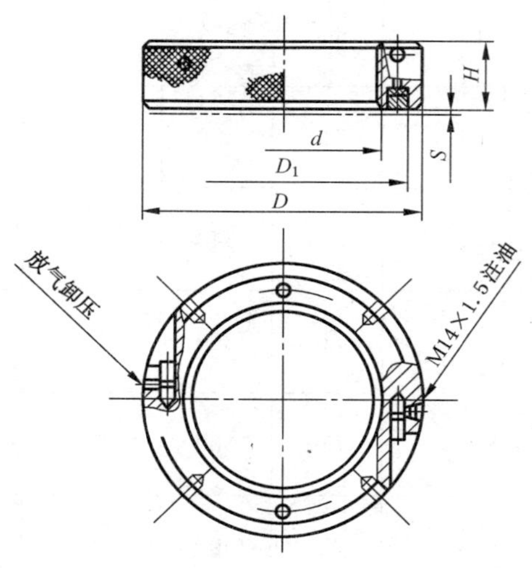

图 2

表 2

型号	螺纹规格 d/ mm	D/ mm	D_1/ mm	H/ mm	活塞环		油腔压力/ MPa max	公称 拉力/ kN	质量/ ≈ kg
					行程 S/ mm	面积/ cm^2			
YMJ1	M100×6 Tr100×4	210	175	100	10	127.4	80	900	21.0
YMJ2	M110×6 Tr110×4	225	190	110	10	150	83	1 100	27.0
YMJ3	M120×6 Tr120×6	248	200	120	10	192	79	1 340	35
YMJ4	M125×6 Tr125×6	260	220	130	10	203	81	1 450	41
YMJ5	M130×6 Tr130×6	272	230	130	10	214	84	1 585	46
YMJ6	M140×6 Tr140×6	295	250	140	10	264	79	1 840	57
YMJ7	M150×6 Tr150×6	318	270	150	10	318	76	2 130	71
YMJ8	M160×6 Tr160×6	330	280	160	10	332	84	2 460	82
YMJ9	M170×6 Tr170×6	354	300	170	10	392	80	2 760	102
YMJ10	M180×6 Tr180×8	378	320	180	10	424	83	3 100	119
YMJ11	M190×6 Tr190×8	402	340	190	10	492	80	3 470	147
YMJ12	M200×6 Tr200×8	415	350	200	10	509.7	86	3 865	162
YMJ13	M210×6 Tr210×8	438	370	210	10	584	83	4 275	191
YMJ14	M220×6 Tr220×8	462	390	220	10	663	81	4 735	225
YMJ15	M230×6 Tr230×8	484	410	230	10	693	85	5 200	255
YMJ16	M240×6 Tr240×8	508	430	240	10	747.5	79	5 210	300
YMJ17	M250×6 Tr250×8	520	440	250	10	802.6	85	6 020	325
YMJ18	M260×6 Tr260×8	544	460	260	10	907	83	6 640	372
YMJ19	M270×6 Tr270×8	567	480	270	10	1 005	81	7 180	410

表 2（续）

型号	螺纹规格 d/mm	D/mm	D_1/mm	H/mm	活塞环		油腔压力/MPa max	公称拉力/kN	质量/≈ kg
					行程 S/mm	面积/cm^2			
YMJ20	M280×6 Tr280×8	590	500	280	10	1 108	79	7 720	465
YMJ21	M290×6 Tr290×8	614	520	290	10	1 161	80	8 290	530
YMJ22	M300×6 Tr300×8	638	540	300	10	1 272	81	8 975	583
YMJ23	M320×6 Tr320×8	673	570	320	15	1 417	83	10 100	680
YMJ24	M340×6 Tr340×8	710	600	320	15	1 517	83	11 500	770
YMJ25	M360×6 Tr360×12	756	640	320	15	1 764	83	12 910	865
YMJ26	M380×6 Tr380×12	790	670	340	15	1 935	85	14 500	1 140
YMJ27	M400×6 Tr400×12	838	710	360	15	2 149	85	16 110	1 185
YMJ28	M420×6 Tr420×12	885	750	380	20	2 454	82	17 750	1 140
YMJ29	M440×6 Tr440×12	910	770	400	20	2 533	87	19 435	1 580
YMJ30	M450×6 Tr450×12	932	794	420	20	2 695	86	20 440	1 680
YMJ31	M460×6 Tr460×12	968	820	420	20	2 905	86	21 265	1 850
YMJ32	M480×6 Tr480×12	1 004	850	440	20	3 122	84	23 130	2 080
YMJ33	M500×6 Tr500×12	1 050	890	450	20	3 487	82	25 220	2 320
YMJ34	M520×6 Tr520×12	1 110	940	470	20	3 920	79	27 310	2 770
YMJ35	M540×6 Tr540×12	1 134	960	480	20	4 021	83	29 440	2 920
YMJ36	M550×6 Tr550×12	1 168	990	500	20	4 379	79	30 510	3 260
YMJ37	M560×6 Tr560×12	1 180	1 000	500	20	4 432	81	31 660	3 350
YMJ38	M580×6 Tr580×12	1 228	1 040	520	20	4 728	82	34 190	3 670
YMJ39	M600×6 Tr600×12	1 265	1 070	540	20	5 032	82	36 390	4 100

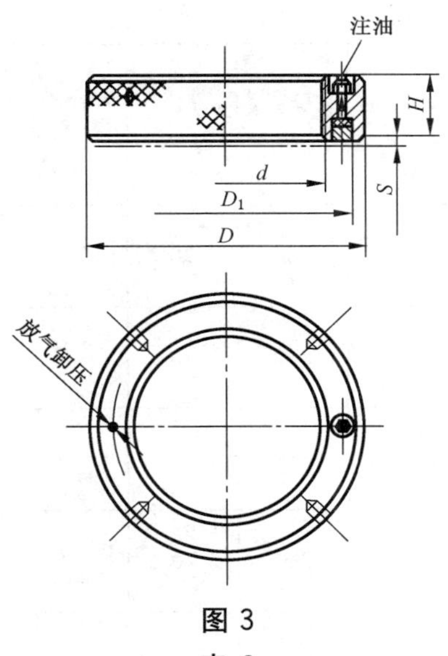

图 3

表 3

型号	螺纹规格 d/mm	D/mm	D_1/mm	H/mm	活塞环		油腔压力/MPa max	公称拉力/kN	质量/≈kg
					行程 S/mm	面积/cm^2			
YMQZ1	M100×2 Tr100×4	190	160	60	5	68	40	240	9.6
YMQZ2	M110×2 Tr110×4	210	170	60	5	73	40	260	11.8
YMQZ3	M120×2 Tr120×6	220	180	60	5	77	40	270	12.4
YMQZ4	M125×2 Tr125×6	230	180	60	5	77	40	270	13
YMQZ5	M130×2 Tr130×6	240	190	60	5	82	40	290	13.4
YMQZ6	M140×2 Tr140×6	270	200	60	5	87	40	310	14
YMQZ7	M150×2 Tr150×6	280	220	70	5	125	40	440	21.5
YMQZ8	M160×3 Tr160×6	290	230	70	8	132	40	465	23.0
YMQZ9	M170×3 Tr170×6	290	240	70	8	138	40	485	24
YMQZ10	M180×3 Tr180×8	300	250	70	8	145	40	510	25

表 3（续）

型号	螺纹规格 d/mm	D/mm	D_1/mm	H/mm	活塞环		油腔压力/MPa max	公称拉力/kN	质量/≈kg
					行程 S/mm	面积/cm^2			
YMQZ11	M190×3 Tr190×8	310	260	70	8	150	40	530	26
YMQZ12	M200×3 Tr200×8	320	270	70	8	157	40	550	27
YMQZ13	M210×4 Tr210×8	330	280	70	8	163	40	575	28
YMQZ14	M220×4 Tr220×8	340	290	70	8	169	40	600	29
YMQZ15	M230×4 Tr230×8	350	300	70	8	176	40	620	30
YMQZ16	M240×4 Tr240×8	360	310	80	10	182	40	640	36
YMQZ17	M250×4 Tr250×8	370	320	80	10	188	40	660	37
YMQZ18	M260×4 Tr260×8	380	330	80	10	195	40	685	38
YMQZ19	M270×4 Tr270×8	390	340	80	12	201	40	710	39
YMQZ20	M280×4 Tr280×8	400	350	80	12	207	40	730	40
YMQZ21	M290×4 Tr290×8	410	360	80	12	213	40	750	41
YMQZ22	M300×4 Tr300×8	420	370	90	15	220	40	780	47
YMQZ23	M320×6 Tr320×8	440	390	90	15	232	40	820	50
YMQZ24	M340×6 Tr340×8	460	410	90	15	245	40	860	53
YMQZ25	M360×6 Tr360×12	480	430	90	15	257	40	910	56
YMQZ26	M380×6 Tr380×12	500	450	100	20	270	40	950	66
YMQZ27	M400×6 Tr400×12	520	470	100	20	283	40	1 000	70

表 3（续）

型号	螺纹规格 d/mm	D/mm	D_1/mm	H/mm	活塞环 行程 S/mm	活塞环 面积/cm^2	油腔压力/MPa max	公称拉力/kN	质量/≈kg
YMQZ28	M420×6 Tr420×12	540	490	100	20	295	40	1 040	72
YMQZ29	M440×6 Tr440×12	560	510	100	20	307	40	1 080	76
YMQZ30	M450×6 Tr450×12	570	520	100	20	314	40	1 110	77
YMQZ31	M460×6 Tr460×12	580	530	100	20	320	40	1 130	78
YMQZ32	M480×6 Tr480×12	600	550	100	20	333	40	1 170	80
YMQZ33	M500×6 Tr500×12	650	590	120	20	443.7	40	1 565	118
YMQZ34	M520×6 Tr520×12	680	620	120	20	467	40	1 645	131
YMQZ35	M540×6 Tr540×12	700	640	120	20	483	40	1 700	134
YMQZ36	M550×6 Tr550×12	710	650	120	20	490	40	1 730	137
YMQZ37	M560×6 Tr560×12	720	660	120	20	498	40	1 760	140
YMQZ38	M580×6 Tr580×12	740	680	120	20	514	40	1 810	143
YMQZ39	M600×6 Tr600×12	760	700	120	20	530	40	1 870	147

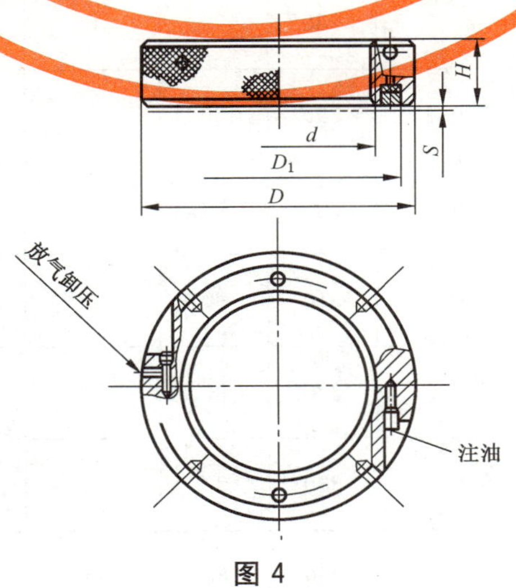

图 4

表 4

型号	螺纹规格 d/mm	D/mm	D_1/mm	H/mm	活塞环		油腔压力/MPa max	公称拉力/kN	质量/≈kg
					行程 S/mm	面积/cm^2			
YMQJ1	M100×2 Tr100×4	190	160	60	5	68	40	240	9.6
YMQJ2	M110×2 Tr110×4	210	170	60	5	73	40	260	11.8
YMQJ3	M120×2 Tr120×6	220	180	60	5	77	40	270	12.4
YMQJ4	M125×2 Tr125×6	220	180	60	5	77	40	270	13
YMQJ5	M130×2 Tr130×6	230	190	60	5	82	40	290	13.4
YMQJ6	M140×2 Tr140×6	240	200	60	5	87	40	310	14
YMQJ7	M150×2 Tr150×6	270	220	70	5	125	40	440	21.5
YMQJ8	M160×3 Tr160×6	280	230	70	8	132	40	465	23
YMQJ9	M170×3 Tr170×4	290	240	70	8	138	40	485	24
YMQJ10	M180×3 Tr180×8	300	250	70	8	145	40	510	25
YMQJ11	M190×3 Tr190×8	310	260	70	8	150	40	530	26
YMQJ12	M200×3 Tr200×8	320	270	70	8	157	40	550	27
YMQJ13	M210×4 Tr210×8	330	280	70	8	163	40	575	28
YMQJ14	M220×4 Tr220×8	340	290	70	8	169	40	600	29
YMQJ15	M230×4 Tr230×8	350	300	70	8	176	40	620	30
YMQJ16	M240×4 Tr240×8	360	310	80	10	182	40	640	36
YMQJ17	M250×4 Tr250×8	370	320	80	10	188	40	660	37
YMQJ18	M260×4 Tr260×8	380	330	80	10	195	40	685	38
YMQJ19	M270×4 Tr270×8	390	340	80	12	201	40	710	39

表 4（续）

型号	螺纹规格 d/mm	D/mm	D_1/mm	H/mm	活塞环		油腔压力/MPa max	公称拉力/kN	质量/≈kg
					行程 S/mm	面积/cm^2			
YMQJ20	M280×4 Tr280×8	400	350	80	12	207	40	730	40
YMQJ21	M290×4 Tr290×8	410	360	80	12	213	40	750	41
YMQJ22	M300×4 Tr300×8	420	370	90	15	220	40	780	47
YMQJ23	M320×6 Tr320×8	440	390	90	15	232	40	820	50
YMQJ24	M340×6 Tr340×8	460	410	90	15	245	40	860	53
YMQJ25	M360×6 Tr360×8	480	430	90	15	257	40	910	56
YMQJ26	M380×6 Tr380×12	500	450	100	20	270	40	950	66
YMQJ27	M400×6 Tr400×12	520	470	100	20	283	40	1 000	70
YMQJ28	M420×6 Tr420×12	540	490	100	20	295	40	1 040	72
YMQJ29	M440×6 Tr440×12	560	510	100	20	307	40	1 080	76
YMQJ30	M450×6 Tr450×12	570	520	100	20	314	40	1 110	77
YMQJ31	M460×6 Tr460×12	580	530	100	20	320	40	1 130	78
YMQJ32	M480×6 Tr480×12	600	550	100	20	333	40	1 170	80
YMQJ33	M500×6 Tr500×12	650	590	120	20	443.7	40	1 565	118
YMQJ34	M520×6 Tr520×12	680	620	120	20	467	40	1 647	131
YMQJ35	M540×6 Tr540×12	700	640	120	20	483	40	1 700	134
YMQJ36	M550×6 Tr550×12	710	650	120	20	490	40	1 730	137
YMQJ37	M560×6 Tr560×12	720	660	120	20	498	40	1 760	140
YMQJ38	M580×6 Tr580×12	740	680	120	20	514	40	1 810	143
YMQJ39	M600×6 Tr600×12	760	700	120	20	530	40	1 870	147

4 技术要求

4.1 产品应符合本标准的要求,并按规定程序批准的图样和技术文件制造。

4.2 螺母的内螺纹公差:普通螺纹 6H,梯形螺纹为 7H 级,$d>355$ 的螺纹公差,按 GB/T 5796.4 中的对应螺距确定。

4.3 拉力偏差±10%。

4.4 24 h 内压力降允差 0.5 MPa,168 h 压力降允差 3 MPa。

5 试验方法和检验规则

5.1 试验方法

5.1.1 出厂试验

5.1.1.1 空载运转,被试液力螺母,在无负载条件下,全行程两次以上,不得有外渗漏等不正常现象。

5.1.1.2 最低启动压力,在被试液力螺母无负载的工况下使液压系统逐步升压,测量被试液力螺母在启动时的最低压力值。

5.1.1.3 保压试验按 4.3、4.4 规定。

5.1.2 型式试验

液力螺母的型式试验按 GB/T 7935—2005 中 2.5 规定进行。

5.2 检验规则

5.2.1 每台液力螺母应经制造厂的检验部门检验合格,并有产品合格证明书方可出厂。

5.2.2 检查活塞环行程应符合表 1～表 4 的规定。

5.2.3 出厂检验应符合 5.1.1 的规定。

6 标志、包装和贮存

6.1 液力螺母应在明显部位安装产品标牌。内容包括:

- a) 制造厂名称;
- b) 产品名称和型号;
- c) 出厂日期;
- d) 产品编号。

6.2 产品包装应符合 GB/T 4879 和 GB/T 13384 的有关规定。

6.3 产品包装标志应符合 GB/T 191 的规定。

6.4 贮存:

6.4.1 产品贮存在干燥通风的环境,避免雨、雪水的浸袭。避免与酸、碱、有机溶剂等物质接触,不得在日光下长期曝晒。

6.4.2 在遵守 6.4.1 的情况下,制造厂应保证产品从出厂之日起 12 个月内其性能仍符合本标准的规定。

附 录 A
（资料性附录）
防松垫圈

A.1 本附录适用于长期连续工作的液力螺母。

A.2 液力螺母防松垫圈（两个半环）见图 A.1。

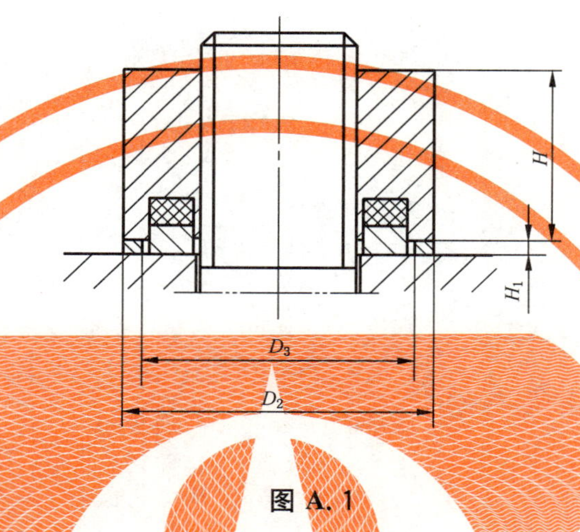

图 A.1

A.3 防松垫圈外径 D_2，内径 D_3 按标准系列表 1～表 4 适当给定。垫圈厚度 H_1 按设计要求或拉紧螺栓工作长度的 0.000 6 倍～0.000 7 倍。

A.4 防松垫圈材质为 45 钢、调质硬度 241HB～286HB。

螺　　钉

ICS 21.060.10
J 13

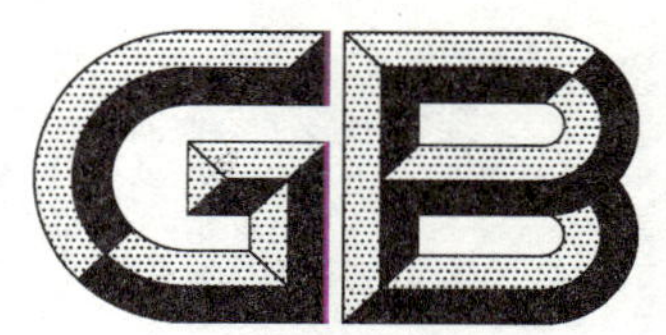

中华人民共和国国家标准

GB/T 65—2016
代替 GB/T 65—2000

开槽圆柱头螺钉

Slotted cheese head screws

(ISO 1207:2011,Slotted cheese head screws—Product grade A,MOD)

2016-02-24 发布 2016-06-01 实施

中华人民共和国国家质量监督检验检疫总局
中国国家标准化管理委员会 发布

前　言

本标准是“开槽螺钉和十字槽螺钉”系列国家标准之一，该系列包括：

——GB/T 65　开槽圆柱头螺钉；

——GB/T 67　开槽盘头螺钉；

——GB/T 68　开槽沉头螺钉；

——GB/T 69　开槽半沉头螺钉；

——GB/T 818　十字槽盘头螺钉；

——GB/T 819.1　十字槽沉头螺钉　第1部分：4.8级；

——GB/T 819.2　十字槽沉头螺钉　第2部分：8.8级、不锈钢及有色金属螺钉；

——GB/T 820　十字槽半沉头螺钉；

——GB/T 822　十字槽圆柱头螺钉；

——GB/T 823　十字槽小盘头螺钉；

——GB/T 13806.1　精密机械用紧固件　十字槽螺钉。

本标准按照GB/T 1.1—2009给出的规则起草。

本标准代替GB/T 65—2000《开槽圆柱头螺钉》，与GB/T 65—2000相比，主要技术变化如下：

——删除“如需其他技术要求，……GB/T 3098.10和GB/T 3103.1中选择。”(2000年版第1章)；

——引用螺纹标准统一为GB/T 193、GB/T 9145(见第2章)；

——对钢及有色金属螺钉性能等级增加“$d<3$ mm：按协议”(见表2)；

——增加钢螺钉非电解锌片涂层技术要求按GB/T 5267.2(见表2)；

——增加不锈钢螺钉钝化处理技术要求按GB/T 5267.4(见表2)；

——增加有色金属螺钉电镀技术要求按GB/T 5267.1(见表2)。

本标准使用重新起草法修改采用ISO 1207:2011《开槽圆柱头螺钉　产品等级A》(英文版)。

本标准与ISO 1207:2011的技术性差异及其原因如下：

——删除ISO 1207规定：“如需其他技术要求，……ISO 3506-1、ISO 4759-1中选择。”(第1章)，不属于本标准规定的内容；

——在引用文件中，用我国标准代替国际标准(第2章)，增加引用GB/T 90.2(表2)和GB/T 1237(5.1)，删除对ISO 965-3的引用，以符合我国紧固件基础标准；

——对钢及有色金属螺钉性能等级增加“$d<3$mm：按协议”(表2)，扩大标准的适用范围；

——增加有色金属螺钉性能等级规定(表2)，扩大标准的适用范围；

——增加包装技术要求(表2)，以符合我国紧固件基础标准；

——修改标记示例为简化标记示例(5.2)，以符合GB/T 1237的规定。

本标准还做了以下编辑性修改：

——修改标准名称；

——删除ISO 1207的参考文献。

本标准由中国机械工业联合会提出。

本标准由全国紧固件标准化技术委员会(SAC/TC 85)归口。

本标准负责起草单位：中机生产力促进中心。

本标准参加起草单位：机械工业通用零部件产品质量监督检测中心、宁波中机机械零部件检测有限公司。

本标准由全国紧固件标准化技术委员会秘书处负责解释。

本标准所代替标准的历次版本发布情况为：

——GB/T 65—1958、GB/T 65—1966、GB/T 65—1976、GB/T 65—1985、GB/T 65—2000。

开槽圆柱头螺钉

1 范围

本标准规定了开槽圆柱头螺钉的型式尺寸、技术条件和标记。

本标准适用于螺纹规格为 M1.6～M10、性能等级为 4.8、5.8、A2-50、A2-70、CU2、CU3 和 AL4、产品等级为 A 级的开槽圆柱头螺钉。

2 规范性引用文件

下列文件对于本文件的应用是必不可少的。凡是注日期的引用文件，仅注日期的版本适用于本文件。凡是不注日期的引用文件，其最新版本(包括所有的修改单)适用于本文件。

GB/T 90.1 紧固件 验收检查(GB/T 90.1—2002,idt ISO 3269:2000)

GB/T 90.2 紧固件 标志与包装

GB/T 193 普通螺纹 直径与螺距系列(GB/T 193—2003,ISO 261:1998,MOD)

GB/T 1237 紧固件标记方法(GB/T 1237—2000,eqv ISO 8991:1986)

GB/T 3098.1 紧固件机械性能 螺栓、螺钉和螺柱(GB/T 3098.1—2010,ISO 898-1:2009,MOD)

GB/T 3098.6 紧固件机械性能 不锈钢螺栓、螺钉和螺柱(GB/T 3098.6—2014,ISO 3506-1:2009,MOD)

GB/T 3098.10 紧固件机械性能 有色金属制造的螺栓、螺钉、螺柱和螺母(GB/T 3098.10—1993,eqv ISO 8839:1986)

GB/T 3103.1 紧固件公差 螺栓、螺钉、螺柱和螺母(GB/T 3103.1—2002,idt,ISO 4759-1:2000)

GB/T 5267.1 紧固件 电镀层(GB/T 5267.1—2002,ISO 4042:1999,IDT)

GB/T 5267.2 紧固件 非电解锌片涂层(GB/T 5267.2—2002,ISO 10683:2000,IDT)

GB/T 5267.4 紧固件表面处理 耐腐蚀不锈钢钝化处理(GB/T 5267.4—2009,ISO 16048:2003,IDT)

GB/T 5276 紧固件 螺栓、螺钉、螺柱及螺母 尺寸代号和标注(GB/T 5276—2015, ISO 225:2010,MOD)

GB/T 5779.1 紧固件表面缺陷 螺栓、螺钉和螺柱 一般要求(GB/T 5779.1—2000,idt ISO 6157-1:1988)

GB/T 9145 普通螺纹 中等精度、优选系列的极限尺寸(GB/T 9145—2003,ISO 965-2:1998,MOD)

GB/T 16938 紧固件 螺栓、螺钉、螺柱和螺母 通用技术条件(GB/T 16938—2008,ISO 8992:2005,IDT)

3 尺寸

螺钉的型式尺寸见图 1 和表 1。

尺寸代号和标注符合 GB/T 5276。

无螺纹部分杆径约等于螺纹中径或允许等于螺纹大径。

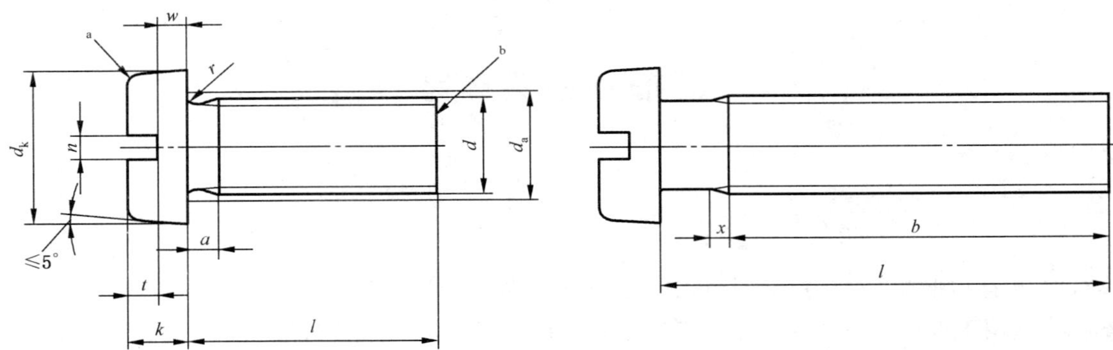

[a] 圆的或平的。

[b] 辗制末端。

图 1

表 1 尺寸

单位为毫米

螺纹规格 d			M1.6	M2	M2.5	M3	(M3.5)[a]	M4	M5	M6	M8	M10
P[b]			0.35	0.4	0.45	0.5	0.6	0.7	0.8	1	1.25	1.5
a		max	0.7	0.8	0.9	1.0	1.2	1.4	1.6	2.0	2.5	3.0
b		min	25	25	25	25	38	38	38	38	38	38
d_a		max	2.0	2.6	3.1	3.6	4.1	4.7	5.7	6.8	9.2	11.2
d_k	公称=	max	3.00	3.80	4.50	5.50	6.00	7.00	8.50	10.00	13.00	16.00
		min	2.86	3.62	4.32	5.32	5.82	6.78	8.28	9.78	12.73	15.73
k	公称=	max	1.10	1.40	1.80	2.00	2.40	2.60	3.30	3.9	5.0	6.0
		min	0.96	1.26	1.66	1.86	2.26	2.46	3.12	3.6	4.7	5.7
n		nom	0.4	0.5	0.6	0.8	1	1.2	1.2	1.6	2	2.5
		max	0.60	0.70	0.80	1.00	1.20	1.51	1.51	1.91	2.31	2.81
		min	0.46	0.56	0.66	0.86	1.06	1.26	1.26	1.66	2.06	2.56
r		min	0.10	0.10	0.10	0.10	0.10	0.20	0.20	0.25	0.40	0.40
t		min	0.45	0.60	0.70	0.85	1.00	1.10	1.30	1.60	2.00	2.40
w		min	0.40	0.50	0.70	0.75	1.00	1.10	1.30	1.60	2.00	2.40
x		max	0.90	1.00	1.10	1.25	1.50	1.75	2.00	2.50	3.20	3.80
l[c]			每 1 000 件钢螺钉的质量(ρ=7.85 kg/dm^3)≈ kg									
公称[a]	min	max										
2	1.80	2.20	0.07									
3	2.80	3.20	0.082	0.16	0.272							
4	3.76	4.24	0.094	0.179	0.302	0.515						
5	4.76	5.24	0.105	0.198	0.332	0.56	0.786	1.09				
6	5.76	6.24	0.117	0.217	0.362	0.604	0.845	1.17	2.06			
8	7.71	8.29	0.14	0.254	0.422	0.692	0.966	1.33	2.3	3.56		

表 1（续）

单位为毫米

螺纹规格 d			M1.6	M2	M2.5	M3	(M3.5)[a]	M4	M5	M6	M8	M10
l[c]			每 1 000 件钢螺钉的质量（ρ=7.85 kg/dm³）≈ kg									
公称[a]	min	max										
10	9.71	10.29	0.163	0.291	0.482	0.78	1.08	1.47	2.55	3.92	7.85	
12	11.65	12.35	0.186	0.329	0.542	0.868	1.2	1.63	2.8	4.27	8.49	14.6
(14)	13.65	14.35	0.209	0.365	0.602	0.956	1.32	1.79	3.05	4.62	9.13	15.6
16	15.65	16.35	0.232	0.402	0.662	1.04	1.44	1.95	3.3	4.98	9.77	16.6
20	19.58	20.42		0.478	0.782	1.22	1.68	2.25	3.78	5.69	11	18.6
25	24.58	25.42			0.932	1.44	1.98	2.64	4.4	6.56	12.6	21.1
30	29.58	30.42				1.66	2.28	3.02	5.02	7.45	14.2	23.6
35	34.50	35.50					2.57	3.41	5.62	8.25	15.8	26.1
40	39.50	40.50						3.8	6.25	9.2	17.4	28.6
45	44.50	45.50							6.88	10	18.9	31.1
50	49.50	50.50							7.5	10.9	20.6	33.6
(55)	54.05	55.95								11.8	22.1	36.1
60	59.05	60.95								12.7	23.7	38.6
(65)	64.05	65.95									25.2	41.1
70	69.05	70.95									26.8	43.6
(75)	74.05	75.95									28.3	46.1
80	79.05	80.95									29.8	48.6

注：在阶梯实线间为优选长度。

[a] 尽可能不采用括号内的规格。

[b] P——螺距。

[c] 公称长度在阶梯虚线以上的螺钉，制出全螺纹（$b=l-a$）。

4 技术条件和引用标准

技术条件和引用标准见表 2。

表 2 技术条件和引用标准

材料		钢	不锈钢	有色金属
通用技术条件		GB/T 16938		
螺纹	公差	6 g		
	标准	GB/T 193、GB/T 9145		
机械性能	等级	$d<3$ mm：按协议； $d\geqslant 3$ mm：4.8、5.8	A2-50、A2-70	$d<3$ mm：按协议； $d\geqslant 3$ mm：CU2、CU3、AL4
	标准	$d<3$ mm：按协议； $d\geqslant 3$ mm：GB/T 3098.1	GB/T 3098.6	$d<3$ mm：按协议； $d\geqslant 3$ mm： GB/T 3098.10
公差	产品等级	A		
	标准	GB/T 3103.1		
表面缺陷		GB/T 5779.1	—	—
表面处理		不经处理； 电镀技术要求按 GB/T 5267.1； 非电解锌片涂层技术要求按 GB/T 5267.2	简单处理； 钝化处理技术要求按 GB/T 5267.4	简单处理； 电镀技术要求按 GB/T 5267.1
		如需其他技术要求或表面处理，应由供需协议		
验收及包装		GB/T 90.1、GB/T 90.2		

5 标记

5.1 标记方法

标记方法按 GB/T 1237 规定。

5.2 标记示例

螺纹规格为 M5、公称长度 $l=20$ mm、性能等级为 4.8 级、表面不经处理的 A 级开槽圆柱头螺钉的标记：

螺钉 GB/T 65 M5×20

ICS 21.060.10
J 13

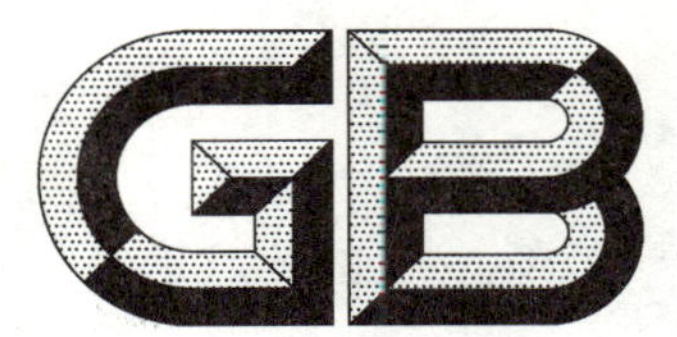

中华人民共和国国家标准

GB/T 68—2016
代替 GB/T 68—2000

开槽沉头螺钉

Slotted countersunk flat head screws

(ISO 2009:2011, Slotted countersunk flat head screws—Product grade A, MOD)

2016-02-24 发布　　2016-06-01 实施

中华人民共和国国家质量监督检验检疫总局
中国国家标准化管理委员会　发布

前　言

本标准是“开槽螺钉和十字槽螺钉”系列国家标准之一，该系列包括：

——GB/T 65　开槽圆柱头螺钉；

——GB/T 67　开槽盘头螺钉；

——GB/T 68　开槽沉头螺钉；

——GB/T 69　开槽半沉头螺钉；

——GB/T 818　十字槽盘头螺钉；

——GB/T 819.1　十字槽沉头螺钉　第1部分：4.8级；

——GB/T 819.2　十字槽沉头螺钉　第2部分：8.8级、不锈钢及有色金属螺钉；

——GB/T 820　十字槽半沉头螺钉；

——GB/T 822　十字槽圆柱头螺钉；

——GB/T 823　十字槽小盘头螺钉；

——GB/T 13806.1　精密机械用紧固件　十字槽螺钉。

本标准按照GB/T 1.1—2009给出的规则起草。

本标准代替GB/T 68—2000《开槽沉头螺钉》，与GB/T 68—2000相比，主要技术变化如下：

——删除“如需其他技术要求，……GB/T 3098.10和GB/T 3103.1中选择。”（2000年版第1章）；

——引用螺纹标准统一为GB/T 193、GB/T 9145（见第2章）；

——对钢及有色金属螺钉性能等级增加“$d<3$mm，按协议；”（见表2）；

——增加钢螺钉非电解锌片涂层技术要求按GB/T 5267.2（见表2）；

——增加不锈钢螺钉钝化处理技术要求按GB/T 5267.4（见表2）；

——增加有色金属螺钉电镀技术要求按GB/T 5267.1（见表2）。

本标准使用重新起草法修改采用ISO 2009:2011《开槽沉头螺钉　产品等级A级》（英文版）。

本标准与ISO 2009:2011的技术性差异及其原因如下：

——删除ISO 2009规定：“如需其他技术要求，……ISO 4759-1中选择。”（第1章），不属于本标准规定的内容；

——在引用文件中，用我国标准代替国际标准（第2章），增加引用GB/T 5279（表1）、GB/T 90.2（表2）和GB/T 1237（5.1），以符合我国紧固件基础标准；

——对钢及有色金属螺钉性能等级增加“$d<3$ mm：按协议”（表2），扩大标准的适用范围；

——增加有色金属螺钉性能等级（表2），扩大标准的适用范围；

——增加包装技术要求（表2），以符合我国紧固件基础标准；

——修改标记示例为简化标记示例（5.2），以符合GB/T 1237的规定。

本标准还做了下列编辑性修改：

——修改了标准名称；

——删除ISO 2009的参考文献。

本标准由中国机械工业联合会提出。

本标准由全国紧固件标准化技术委员会（SAC/TC 85）归口。

本标准负责起草单位：中机生产力促进中心。

本标准参加起草单位：机械工业通用零部件产品质量监督检测中心、宁波中机机械零部件检测有限公司。

本标准由全国紧固件标准化技术委员会秘书处负责解释。

本标准所代替标准的历次版本发布情况为：

——GB/T 68—1958、GB/T 68—1966、GB/T 68—1976、GB/T 68—1985、GB/T 68—2000。

开 槽 沉 头 螺 钉

1 范围

本标准规定了开槽沉头螺钉的型式尺寸、技术条件和标记。

本标准适用于螺纹规格为 M1.6～M10、性能等级为 4.8、5.8、A2-50、A2-70、CU2、CU3 和 AL4、产品等级为 A 级的开槽沉头螺钉。

2 规范性引用文件

下列文件对于本文件的应用是必不可少的。凡是注日期的引用文件，仅注日期的版本适用于本文件。凡是不注日期的引用文件，其最新版本(包括所有修改单)适用于本文件。

GB/T 90.1 紧固件 验收检查(GB/T 90.1—2002,idt ISO 3269:2000)

GB/T 90.2 紧固件 标志与包装

GB/T 193 普通螺纹 直径与螺距系列(GB/T 193—2003,ISO 261:1998,MOD)

GB/T 1237 紧固件标记方法(GB/T 1237—2000,eqv ISO 8991:1986)

GB/T 3098.1 紧固件机械性能 螺栓、螺钉和螺柱(GB/T 3098.1—2010, ISO 898-1:2009, IDT)

GB/T 3098.6 紧固件机械性能 不锈钢螺栓、螺钉和螺柱(GB/T 3098.6—2000,ISO 3506-1:2009,MOD)

GB/T 3098.10 紧固件机械性能 有色金属制造的螺栓、螺钉、螺柱和螺母(GB/T 3098.10—1993,eqv ISO 8839:1986)

GB/T 3103.1 紧固件公差 螺栓、螺钉、螺柱和螺母(GB/T 3103.1—2002, idt ISO 4759-1:2000)

GB/T 5267.1 紧固件 电镀层(GB/T 5267.1—2002,ISO 4042:1999,IDT)

GB/T 5267.2 紧固件 非电解锌片涂层(GB/T 5267.2—2002,ISO 10683:2000,IDT)

GB/T 5267.4 紧固件表面处理 耐腐蚀不锈钢钝化处理(GB/T 5267.4—2009,ISO 16048:2003,IDT)

GB/T 5276 紧固件 螺栓、螺钉、螺柱及螺母 尺寸代号和标注(GB/T 5276—2015, ISO 225:2010,MOD)

GB/T 5279 沉头螺钉 头部形状和测量(GB/T 5279—1985,idt ISO 7721:1983)

GB/T 5779.1 紧固件表面缺陷 螺栓、螺钉和螺柱 一般要求(GB/T 5779.1—2000,idt ISO 6157-1:1988)

GB/T 9145 普通螺纹 中等精度、优选系列的极限尺寸(GB/T 9145—2003,ISO 965-2:1998,MOD)

GB/T 16938 紧固件 螺栓、螺钉、螺柱和螺母 通用技术条件(GB/T 16938—2008, ISO 8992:2005,IDT)

3 尺寸

螺钉的型式尺寸见图 1 和表 1。

尺寸代号和标注符合 GB/T 5276。

无螺纹部分杆径约等于螺纹中径或允许等于螺纹大径。

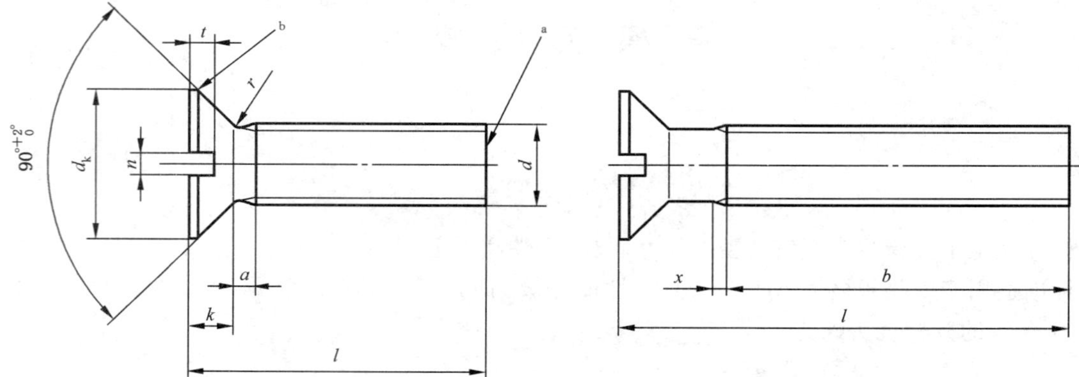

说明：

[a] 辗制末端。

[b] 圆的或平的。

图 1

表 1 尺寸

单位为毫米

螺纹规格 d			M1.6	M2	M2.5	M3	(M3.5)[a]	M4	M5	M6	M8	M10
P^{b}			0.35	0.4	0.45	0.5	0.6	0.7	0.8	1	1.25	1.5
a		max	0.7	0.8	0.9	1	1.2	1.4	1.6	2	2.5	3
b		min	25	25	25	25	38	38	38	38	38	38
d_k^{c}	理论值	max	3.6	4.4	5.5	6.3	8.2	9.4	10.4	12.6	17.3	20
	实际值	公称= max	3.0	3.8	4.7	5.5	7.30	8.40	9.30	11.30	15.80	18.30
		min	2.7	3.5	4.4	5.2	6.94	8.04	8.94	10.87	15.37	17.78
k^{c}		公称=max	1	1.2	1.5	1.65	2.35	2.7	2.7	3.3	4.65	5
n		nom	0.4	0.5	0.6	0.8	1	1.2	1.2	1.6	2	2.5
		max	0.60	0.70	0.80	1.00	1.20	1.51	1.51	1.91	2.31	2.81
		min	0.46	0.56	0.66	0.86	1.06	1.26	1.26	1.66	2.06	2.56
r		max	0.4	0.5	0.6	0.8	0.9	1	1.3	1.5	2	2.5
t		max	0.50	0.6	0.75	0.85	1.2	1.3	1.4	1.6	2.3	2.6
		min	0.32	0.4	0.50	0.60	0.9	1.0	1.1	1.2	1.8	2.0
x		max	0.9	1	1.1	1.25	1.5	1.75	2	2.5	3.2	3.8
$l^{a,d}$			每 1 000 件钢螺钉的质量(ρ=7.85 kg/dm^3)≈ kg									
公称	min	max										
2.5	2.3	2.7	0.053									
3	2.8	3.2	0.058	0.101								
4	3.76	4.24	0.069	0.119	0.206							
5	4.76	5.24	0.081	0.137	0.236	0.335						

表 1（续）

单位为毫米

螺纹规格 d			M1.6	M2	M2.5	M3	(M3.5)[a]	M4	M5	M6	M8	M10
l[a,d]			每 1 000 件钢螺钉的质量(ρ=7.85 kg/dm³)≈ kg									
公称	min	max										
6	5.76	6.24	0.093	0.152	0.266	0.379	0.633	0.903				
8	7.71	8.29	0.116	0.193	0.326	0.467	0.753	1.06	1.48	2.38		
10	9.71	10.29	0.139	0.231	0.386	0.555	0.873	1.22	1.72	2.73	5.68	
12	11.65	12.35	0.162	0.268	0.446	0.643	0.933	1.37	1.96	3.08	6.32	9.54
(14)	13.65	14.35	0.185	0.306	0.507	0.731	1.11	1.53	2.2	3.43	6.96	10.6
16	15.65	16.35	0.208	0.343	0.567	0.82	1.23	1.68	2.44	3.78	7.6	11.6
20	19.58	20.42		0.417	0.687	0.996	1.47	2	2.92	4.48	8.88	13.6
25	24.58	25.42			0.838	1.22	1.77	2.39	3.52	5.36	10.5	16.1
30	29.58	30.42				1.44	2.07	2.78	4.12	6.23	12.1	18.7
35	34.5	35.5					2.37	3.17	4.72	7.11	13.7	21.2
40	39.5	40.5						3.56	5.32	7.98	15.3	23.7
45	44.5	45.5							5.92	8.86	16.9	26.2
50	49.5	50.5							6.52	9.73	18.5	28.8
(55)	54.05	55.95								10.6	20.1	31.3
60	59.05	60.95								11.5	21.7	33.8
(65)	64.05	65.95									23.3	36.3
70	69.05	70.95									24.9	38.9
(75)	74.05	75.95									26.5	41.4
80	79.05	80.95									28.1	43.9

注：在阶梯实线间为优选长度。

[a] 尽可能不采用括号内的规格。

[b] P——螺距。

[c] 见 GB/T 5279。

[d] 公称长度在阶梯虚线以上的螺钉，制出全螺纹[$b=l-(k+a)$]

4 技术条件和引用标准

技术条件和引用标准见表 2。

表 2 技术条件和引用标准

<table>
<tr><td colspan="2">材　　料</td><td>钢</td><td>不锈钢</td><td>有色金属</td></tr>
<tr><td colspan="2">通用技术条件</td><td colspan="3">GB/T 16938</td></tr>
<tr><td rowspan="2">螺　　纹</td><td>公　差</td><td colspan="3">6g</td></tr>
<tr><td>标　准</td><td colspan="3">GB/T 193、GB/T 9145</td></tr>
<tr><td rowspan="2">机械性能</td><td>等　级</td><td>$d<3$ mm:按协议;
$d\geqslant 3$ mm: 4.8、5.8</td><td>A2-50、A2-70</td><td>$d<3$ mm,按协议;
$d\geqslant 3$ mm CU2、CU3、AL4</td></tr>
<tr><td>标　准</td><td>$d<3$ mm:按协议;
$d\geqslant 3$ mm: GB/T 3098.1</td><td>GB/T 3098.6</td><td>$d<3$ mm,按协议;
$d\geqslant 3$ mm: GB 3098.10</td></tr>
<tr><td rowspan="2">公　　差</td><td>产品等级</td><td colspan="3">A</td></tr>
<tr><td>标　准</td><td colspan="3">GB/T 3103.1</td></tr>
<tr><td colspan="2">表面缺陷</td><td>GB/T 5779.1</td><td>—</td><td>—</td></tr>
<tr><td colspan="2" rowspan="2">表面处理</td><td>不经处理;
电镀技术要求按GB/T 5267.1;
非电解锌片涂层技术要求按GB/T 5267.2</td><td>简单处理;
钝化处理技术要求按GB/T 5267.4</td><td>简单处理;
电镀技术要求按GB/T 5267.1</td></tr>
<tr><td colspan="3">如需其他技术要求或表面处理,应由供需协议</td></tr>
<tr><td colspan="2">验收及包装</td><td colspan="3">GB/T 90.1、GB/T 90.2</td></tr>
</table>

5 标记

5.1 标记方法

标记方法按 GB/T 1237 规定。

5.2 标记示例

螺纹规格为 M5、公称长度 $l=20$ mm、性能等级为 4.8 级、表面不经处理的 A 级开槽沉头螺钉的标记:

螺钉 GB/T 68 M5×20

ICS 21.060.10
J 13

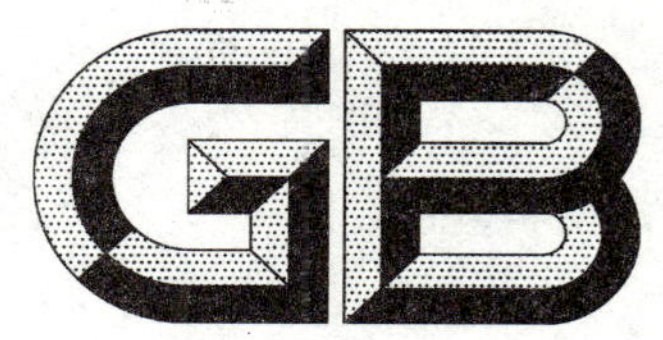

中华人民共和国国家标准

GB/T 70.1—2008
代替 GB/T 70.1—2000

内六角圆柱头螺钉

Hexagon socket head cap screws

(ISO 4762:2004,MOD)

2008-08-25 发布　　　　2009-02-01 实施

中华人民共和国国家质量监督检验检疫总局
中国国家标准化管理委员会　发布

前　言

本部分是国家标准“内六角螺钉”产品(含量规)系列标准之一。该系列包括:

——GB/T 70.1—2008　内六角圆柱头螺钉;

——GB/T 70.2—2008　内六角平圆头螺钉;

——GB/T 70.3—2008　内六角沉头螺钉;

——GB/T 70.4　内六角圆柱头螺钉　细牙螺纹;

——GB/T 70.5—2008　内六角量规;

——GB/T 77—2007　内六角平端紧定螺钉;

——GB/T 78—2007　内六角锥端紧定螺钉;

——GB/T 79—2007　内六角圆柱端紧定螺钉;

——GB/T 80—2007　内六角凹端紧定螺钉;

——GB/T 5281—1985　内六角圆柱头轴肩螺钉。

本部分是 GB/T 70 的第 1 部分。

本部分修改采用 ISO 4762:2004《内六角圆柱头螺钉》(英文版),主要修改如下:

——在引用文件中,用我国标准代替国际标准(第 2 章);

——ISO 4762 未规定包装技术要求,本部分予以规定(见表 2);

——ISO 4762 未规定简化标记,本部分按 GB/T 1237 给出简化的标记(见 5.2);

——ISO 4762 对有色金属螺钉未给出具体的性能等级,本部分予以规定(见表 2)。

本部分代替 GB/T 70.1—2000《内六角圆柱头螺钉》。

本部分与 GB/T 70.1—2000 相比主要变化如下:

——增加引用标准 GB/T 5267.2《紧固件　非电解锌片涂层》和 GB/T 70.5《内六角量规》(第 2 章);

——增加性能等级:

$d \leqslant 24$ mm:A3-70 和 A5-70;

24 mm$< d \leqslant 39$ mm:A3-50 和 A5-50(见表 2);

——取消附录 A;

——原附录 B“内六角圆柱头螺钉的质量”改为附录 A。

本部分的附录 A 是资料性附录。

本部分由中国机械工业联合会提出。

本部分由全国紧固件标准化技术委员会(SAC/TC 85)归口。

本部分负责起草单位:中机生产力促进中心。

本部分参加起草单位:上海标五高强度紧固件有限公司、北京标准件工业集团公司、沈阳标准件制造总厂和宁波中斌紧固件制造有限公司。

本部分由全国紧固件标准化技术委员会秘书处负责解释。

本部分所代替标准的历次版本发布情况为:

——GB 70—58、GB 70—66、GB 70—76、GB 70—85、GB/T 70.1—2000。

内六角圆柱头螺钉

1 范围

本部分规定了螺纹规格为M1.6～M64,性能等级为8.8、10.9、12.9、A2-50、A2-70、A3-50、A3-70、A4-50、A4-70、A5-50、A5-70、CU2和CU3,产品等级为A级的内六角圆柱头螺钉。

螺钉的参考质量见附录A。

如需其他技术要求,应从现行标准(如GB/T 196、GB/T 3106、GB/T 3098.1、GB/T 3098.6、GB/T 3098.10和GB/T 3103.1)中选择。

2 规范性引用文件

下列文件中的条款通过本部分的引用而成为本部分的条款。凡是注日期的引用文件,其随后所有的修改单(不包括勘误的内容)或修订版均不适用于本部分,然而,鼓励根据本部分达成协议的各方研究是否可使用这些文件的最新版本。凡是不注日期的引用文件,其最新版本适用于本部分。

GB/T 2 紧固件 外螺纹零件的末端(GB/T 2—2001,idt ISO 4753:1999)

GB/T 70.5 内六角量规(GB/T 70.5—2008,ISO 23429:2004,IDT)

GB/T 90.1 紧固件 验收检查(GB/T 90.1—2002,idt ISO 3269:2000)

GB/T 90.2 紧固件 标志与包装

GB/T 196 普通螺纹 基本尺寸(GB/T 196—2003,ISO 724:1993,ISO general purpose metric screw threads—Basic dimensions,MOD)

GB/T 197 普通螺纹 公差(GB/T 197—2003,ISO 965-1:1998,ISO general purpose metric screw threads—Tolerances—Part 1:Principles and basic data,MOD)

GB/T 1237 紧固件标记方法(GB/T 1237—2000,eqv ISO 8991:1986)

GB/T 3098.1 紧固件机械性能 螺栓、螺钉和螺柱(GB/T 3098.1—2000,idt ISO 898-1:1999)

GB/T 3098.6 紧固件机械性能 不锈钢螺栓、螺钉和螺柱(GB/T 3098.6—2000,idt ISO 3506-1:1997)

GB/T 3098.10 紧固件机械性能 有色金属制造的螺栓、螺钉、螺柱和螺母(GB/T 3098.10—1993,eqv ISO 8869:1986)

GB/T 3103.1 紧固件公差 螺栓、螺钉和螺母(GB/T 3103.1—2002,ISO 4759-1:2000,IDT)

GB/T 3106 螺栓、螺钉和螺柱的公称长度和普通螺栓的螺纹长度[GB/T 3106—1982(1988年确认),eqv ISO 888:1976]

GB/T 5267.1 紧固件 电镀层(GB/T 5267.1—2002,ISO 4042:1999,IDT)

GB/T 5267.2 紧固件 非电解锌片涂层(GB/T 5267.2—2002,ISO 10683:2000,IDT)

GB/T 5276 紧固件 螺栓、螺钉、螺柱及螺母 尺寸代号和标注(GB/T 5276—1985,eqv ISO 225:1983)

GB/T 5779.1 紧固件表面缺陷 螺栓、螺钉和螺柱 一般要求(GB/T 5779.1—2000,idt ISO 6157-1:1988)

GB/T 5779.3 紧固件表面缺陷 螺栓、螺钉和螺柱 特殊要求(GB/T 5779.3—2000,idt ISO 6157-3:1988)

GB/T 16938 紧固件 螺栓、螺钉、螺柱和螺母 通用技术条件(GB/T 16938—2008,ISO 8839:2005,IDT)

3 尺寸

型式尺寸见图1和表1。

尺寸代号和标注方法符合GB/T 5276。

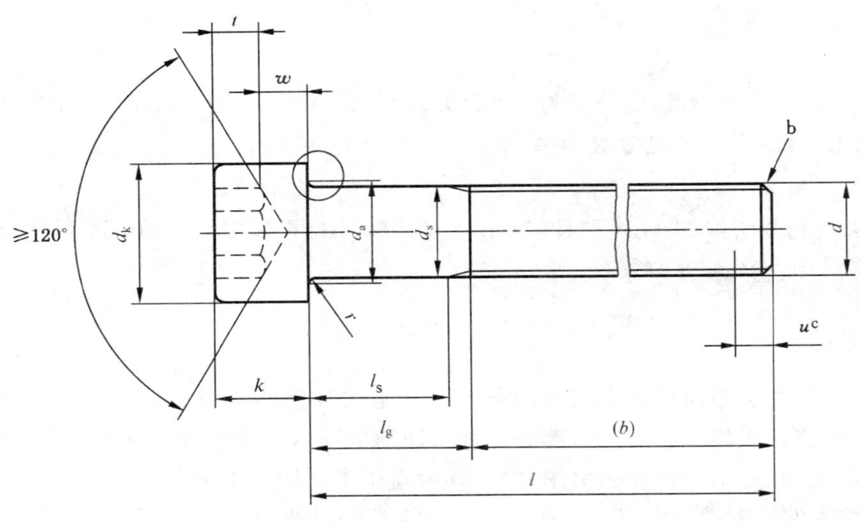

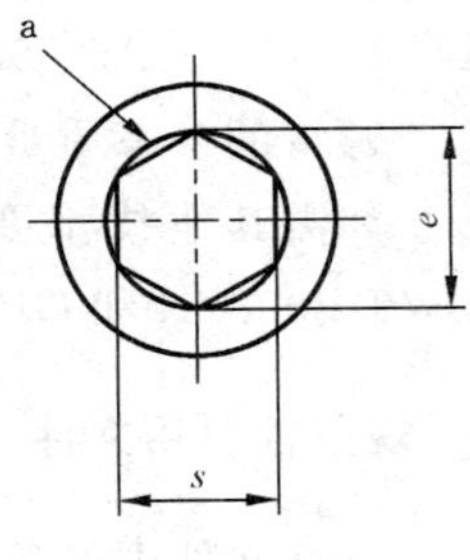

5:1

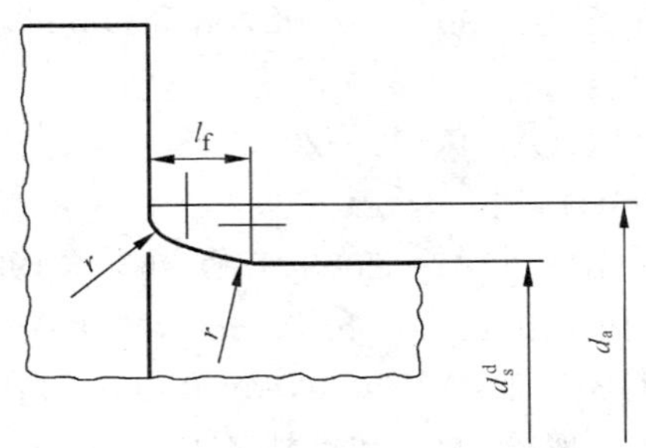

允许制造的型式

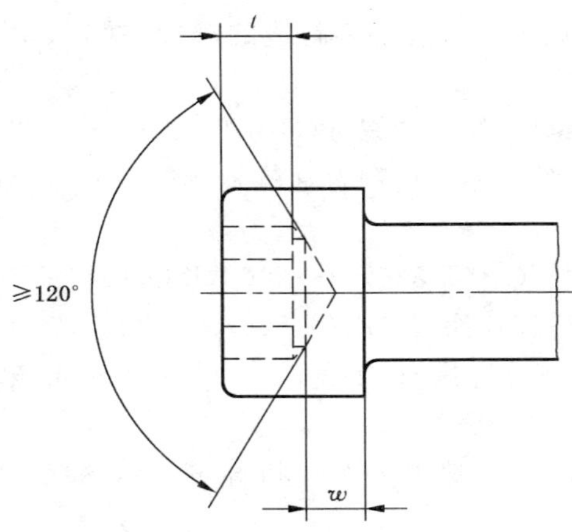

头的顶部和底部棱边

图1

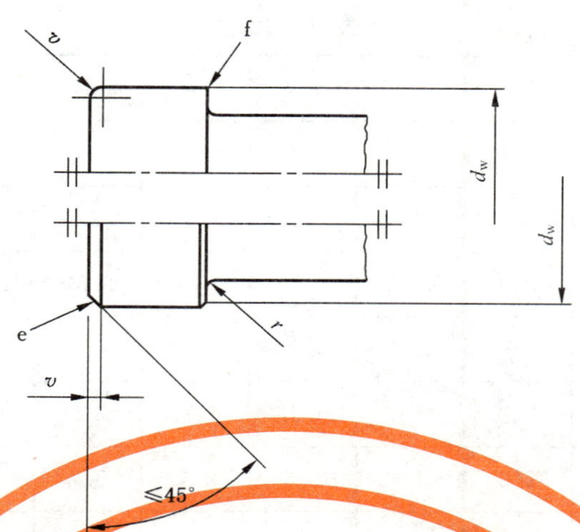

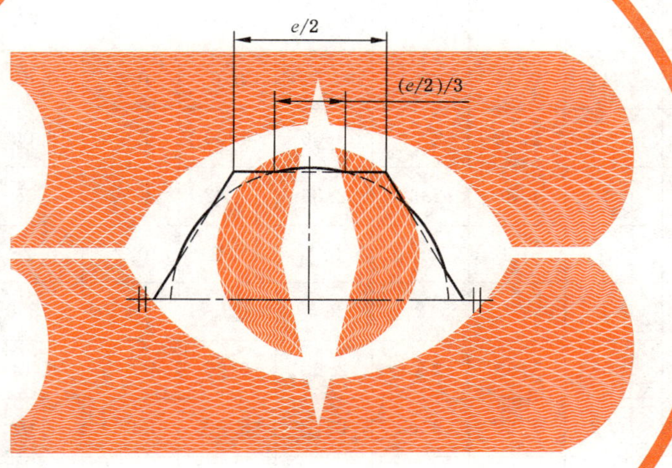

最大的头下圆角：

$l_{f\,max}=1.7r_{max}$

$r_{max}=\frac{d_{a\,max}-d_{s\,max}}{2}$

r_{min}见表 1。

注：对切制内六角，当尺寸达到最大极限时，由于钻孔造成的过切不应超过内六角任何一面长度($e/2$)的 1/3。

[a] 内六角口部允许稍许倒圆或沉孔。

[b] 末端倒角，d≤M4 的为辗制末端，见 GB/T 2。

[c] 不完整螺纹的长度 u≤$2P$。

[d] d_s 适用于规定了 $l_{s\,min}$ 数值的产品。

[e] 头的顶部棱边可以是圆的或倒角的，由制造者任选。

[f] 底部棱边可以是圆的或倒角到 d_a，但均不得有毛刺。

图 1（续）

表 1 尺寸

单位为毫米

螺纹规格 d		M1.6	M2	M2.5	M3	M4	M5	M6	M8	M10	M12
P^{a}		0.35	0.4	0.45	0.5	0.7	0.8	1	1.25	1.5	1.75
b^{b}	参考	15	16	17	18	20	22	24	28	32	36
d_k	max[c]	3.00	3.80	4.50	5.50	7.00	8.50	10.00	13.00	16.00	18.00
	max[d]	3.14	3.98	4.68	5.68	7.22	8.72	10.22	13.27	16.27	18.27
	min	2.86	3.62	4.32	5.32	6.78	8.28	9.78	12.73	15.73	17.73
d_a	max	2	2.6	3.1	3.6	4.7	5.7	6.8	9.2	11.2	13.7
d_s	max	1.60	2.00	2.50	3.00	4.00	5.00	6.00	8.00	10.00	12.00
	min	1.46	1.86	2.36	2.86	3.82	4.82	5.82	7.78	9.78	11.73
$e^{e,f}$	min	1.733	1.733	2.303	2.873	3.443	4.583	5.723	6.863	9.149	11.429
l_f	max	0.34	0.51	0.51	0.51	0.6	0.6	0.68	1.02	1.02	1.45
k	max	1.60	2.00	2.50	3.00	4.00	5.00	6.00	8.00	10.00	12.00
	min	1.46	1.86	2.36	2.86	3.82	4.82	5.7	7.64	9.64	11.57
r	min	0.1	0.1	0.1	0.1	0.2	0.2	0.25	0.4	0.4	0.6
s^{f}	公称	1.5	1.5	2	2.5	3	4	5	6	8	10
	max	1.58	1.58	2.08	2.58	3.08	4.095	5.14	6.14	8.175	10.175
	min	1.52	1.52	2.02	2.52	3.02	4.020	5.02	6.02	8.025	10.025
t	min	0.7	1	1.1	1.3	2	2.5	3	4	5	6
v	max	0.16	0.2	0.25	0.3	0.4	0.5	0.6	0.8	1	1.2
d_w	min	2.72	3.48	4.18	5.07	6.53	8.03	9.38	12.33	15.33	17.23
w	min	0.55	0.55	0.85	1.15	1.4	1.9	2.3	3.3	4	4.8

l^{g}			l_s 和 l_g																			
公称	min	max	l_s min	l_g max	l_s min	l_g max	l_s min	l_g max	l_s min	l_g max	l_s min	l_g max	l_s min	l_g max	l_s min	l_g max	l_s min	l_g max	l_s min	l_g max	l_s min	l_g max
2.5	2.3	2.7																				
3	2.8	3.2																				
4	3.76	4.24																				
5	4.76	5.24																				
6	5.76	6.24																				
8	7.71	8.29																				
10	9.71	10.29																				
12	11.65	12.35																				

表 1（续）

单位为毫米

螺纹规格 d			M1.6		M2		M2.5		M3		M4		M5		M6		M8		M10		M12	
l^{g}			l_s 和 l_g																			
公称	min	max	l_s min	l_g max	l_s min	l_g max	l_s min	l_g max	l_s min	l_g max	l_s min	l_g max	l_s min	l_g max	l_s min	l_g max	l_s min	l_g max	l_s min	l_g max	l_s min	l_g max
16	15.65	16.35																				
20	19.58	20.42			2	4																
25	24.58	25.42					5.75	8	4.5	7												
30	29.58	30.42							9.5	12	6.5	10	4	8								
35	34.5	35.5									11.5	15	9	13	6	11						
40	39.5	40.5									16.5	20	14	18	11	16	5.75	12				
45	44.5	45.5											19	23	16	21	10.75	17	5.5	13		
50	49.5	50.5											24	28	21	26	15.75	22	10.5	18		
55	54.4	55.6													26	31	20.75	27	15.5	23	10.25	19
60	59.4	60.6													31	36	25.75	32	20.5	28	15.25	24
65	64.4	65.6															30.75	37	25.5	33	20.25	29
70	69.4	70.6															35.75	42	30.5	38	25.25	34
80	79.4	80.6															45.75	52	40.5	48	35.25	44
90	89.3	90.7																	50.5	58	45.25	54
100	99.3	100.7																	60.5	68	55.25	64
110	109.3	110.7																			65.25	74
120	119.3	120.7																			75.25	84
130	129.2	130.8																				
140	139.2	140.8																				
150	149.2	150.8																				
160	159.2	160.8																				
180	179.2	180.8																				
200	199.075	200.925																				
220	219.075	220.925																				
240	239.075	240.925																				
260	258.95	261.05																				
280	278.95	281.05																				
300	298.95	301.05																				

表 1（续）

单位为毫米

螺纹规格 d		(M14)[h]	M16	M20	M24	M30	M36	M42	M48	M56	M64
P^{a}		2	2	2.5	3	3.5	4	4.5	5	5.5	6
b^{b}	参考	40	44	52	60	72	84	96	108	124	140
d_k	max[c]	21.00	24.00	30.00	36.00	45.00	54.00	63.00	72.00	84.00	96.00
	max[d]	21.33	24.33	30.33	36.39	45.39	54.46	63.46	72.46	84.54	96.54
	min	20.67	23.67	29.67	35.61	44.61	53.54	62.54	71.54	83.46	95.46
d_a	max	15.7	17.7	22.4	26.4	33.4	39.4	45.6	52.6	63	71
d_s	max	14.00	16.00	20.00	24.00	30.00	36.00	42.00	48.00	56.00	64.00
	min	13.73	15.73	19.67	23.67	29.67	35.61	41.61	47.61	55.54	63.54
$e^{e,f}$	min	13.716	15.996	19.437	21.734	25.154	30.854	36.571	41.131	46.831	52.531
l_f	max	1.45	1.45	2.04	2.04	2.89	2.89	3.06	3.91	5.95	5.95
k	max	14.00	16.00	20.00	24.00	30.00	36.00	42.00	48.00	56.00	64.00
	min	13.57	15.57	19.48	23.48	29.48	35.38	41.38	47.38	55.26	63.26
r	min	0.6	0.6	0.8	0.8	1	1	1.2	1.6	2	2
s^{f}	公称	12	14	17	19	22	27	32	36	41	46
	max	12.212	14.212	17.23	19.275	22.275	27.275	32.33	36.33	41.33	46.33
	min	12.032	14.032	17.05	19.065	22.065	27.065	32.08	36.08	41.08	46.08
t	min	7	8	10	12	15.5	19	24	28	34	38
v	max	1.4	1.6	2	2.4	3	3.6	4.2	4.8	5.6	6.4
d_w	min	20.17	23.17	28.87	34.81	43.61	52.54	61.34	70.34	82.26	94.26
w	min	5.8	6.8	8.6	10.4	13.1	15.3	16.3	17.5	19	22

l^{g}			l_s 和 l_g																			
公称	min	max	l_s min	l_g max	l_s min	l_g max	l_s min	l_g max	l_s min	l_g max	l_s min	l_g max	l_s min	l_g max	l_s min	l_g max	l_s min	l_g max	l_s min	l_g max	l_s min	l_g max
2.5	2.3	2.7																				
3	2.8	3.2																				
4	3.76	4.24																				
5	4.76	5.24																				
6	5.76	6.24																				
8	7.71	8.29																				
10	9.71	10.29																				
12	11.65	12.35																				

表 1（续）

单位为毫米

螺纹规格 d			(M14)[h]		M16		M20		M24		M30		M36		M42		M48		M56		M64	
l[g]			l_s 和 l_g																			
公称	min	max	l_s min	l_g max	l_s min	l_g max	l_s min	l_g max	l_s min	l_g max	l_s min	l_g max	l_s min	l_g max	l_s min	l_g max	l_s min	l_g max	l_s min	l_g max	l_s min	l_g max
16	15.65	16.35																				
20	19.58	20.42																				
25	24.58	25.42																				
30	29.58	30.42																				
35	34.5	35.5																				
40	39.5	40.5																				
45	44.5	45.5																				
50	49.5	50.5																				
55	54.4	55.6																				
60	59.4	60.6	10	20																		
65	64.4	65.6	15	25	11	21																
70	69.4	70.6	20	30	16	26																
80	79.4	80.6	30	40	26	36	15.5	28														
90	89.3	90.7	40	50	36	46	25.5	38	15	30												
100	99.3	100.7	50	60	46	56	35.5	48	25	40												
110	109.3	110.7	60	70	56	66	45.5	58	35	50	20.5	38										
120	119.3	120.7	70	80	66	76	55.5	68	45	60	30.5	48	16	36								
130	129.2	130.8	80	90	76	86	65.5	78	55	70	40.5	58	26	46								
140	139.2	140.8	90	100	86	96	75.5	88	65	80	50.5	68	36	56	21.5	44						
150	149.2	150.8			96	106	85.5	98	75	90	60.5	78	46	66	31.5	54						
160	159.2	160.8			106	116	95.5	108	85	100	70.5	88	56	76	41.5	64	27	52				
180	179.2	180.8					115.5	128	105	120	90.5	108	76	96	61.5	84	47	72	28.5	56		
200	199.075	200.925					135.5	148	125	140	110.5	128	96	116	81.5	104	67	92	48.5	76	30	60
220	219.075	220.925													101.5	124	87	112	68.5	96	50	80
240	239.075	240.925													121.5	155	107	132	88.5	116	70	100
260	258.95	261.05													141.5	164	127	152	108.5	136	90	120
280	278.95	281.05													161.5	184	147	172	128.5	156	110	140
300	298.95	301.05													181.5	204	167	192	148.5	176	130	160

a P——螺距。

b 用于在粗阶梯线之间的长度。

c 对光滑头部。

d 对滚花头部。

e $e_{min}=1.14s_{min}$。

f 内六角组合量规尺寸见 GB/T 70.5。

g 粗阶梯线间为商品长度规格。阴影部分长度，螺纹制到距头部 $3P$ 以内；阴影以下的长度，l_s 和 l_g 值按下式计算：

$l_{g\ max}=l_{公称}-b$；

$l_{s\ min}=l_{g\ max}-5P$。

h 尽可能不采用括号内的规格。

4 技术条件和引用标准

技术条件和引用标准见表 2。

表 2 技术条件和引用标准

材料		钢	不锈钢	有色金属
通用技术条件		GB/T 16938		
螺纹	公差	12.9 级:5g6g;其他等级:6g		
	标准	GB/T 196、GB/T 197		
机械性能	等级	$d<3$ mm:按协议 3 mm$\leqslant d \leqslant$39 mm:8.8、10.9、12.9 $d>39$ mm:按协议	$d\leqslant24$ mm:A2-70[a]、A3-70、A4-70、A5-70 24 mm$<d\leqslant$39 mm:A2-50[b]、A3-50、A4-50、A5-50 $d>39$ mm:按协议	CU2、CU3
	标准	GB/T 3098.1	GB/T 3098.6	GB/T 3098.10
公差	产品等级	A		
	标准	GB/T 3103.1		
表面处理		氧化; 电镀技术要求按 GB/T 5267.1; 非电解锌片涂层技术要求按 GB/T 5267.2	简单处理	简单处理; 电镀技术要求按 GB/T 5267.1
表面缺陷		12.9 级:GB/T 5779.3;其他等级:GB/T 5779.1		
验收及包装		GB/T 90.1、GB/T 90.2		

[a] 棒料切制的不锈钢螺钉,允许使用 A1-70($d\leqslant$M12),但在螺钉上应标志其性能等级。

[b] 棒料切制的不锈钢螺钉,允许使用 A1-50,但在螺钉上应标志其性能等级。

5 标记

5.1 标记方法

标记方法按 GB/T 1237 规定。

5.2 标记示例

螺纹规格 d=M5、公称长度 l=20 mm、性能等级为 8.8 级、表面氧化的 A 级内六角圆柱头螺钉的标记:

螺钉 GB/T 70.1 M5×20

附　录　A
（资料性附录）
内六角圆柱头螺钉的质量

表 A.1 给出了商品规格的内六角圆柱头螺钉的参考质量。

表 A.1　质量

单位为千克

螺纹规格 d	M1.6	M2	M2.5	M3	M4	M5	M6	M8	M10	M12	(M14)	M16	M20	M24	M30	M36	M42	M48	M56	M64
公称长度 l/mm	每 1 000 件钢螺钉的质量（ρ=7.85 kg/dm^3）　≈																			
2.5	0.085																			
3	0.090	0.155																		
4	0.100	0.175	0.345																	
5	0.110	0.195	0.375	0.67																
6	0.120	0.215	0.405	0.71	1.50															
8	0.140	0.255	0.465	0.80	1.65	2.45														
10	0.160	0.295	0.525	0.88	1.80	2.70	4.70													
12	0.180	0.355	0.585	0.96	1.95	2.95	5.07	10.9												
16	0.220	0.415	0.705	1.16	2.25	3.45	5.75	12.1	20.9											
20		0.495	0.825	1.36	2.65	4.01	6.53	13.4	22.9	32.1										
25			0.975	1.61	3.15	4.78	7.59	15.0	25.4	35.7	48.0	71.3								
30				1.86	3.65	5.55	8.30	16.9	27.9	39.3	53.0	77.8	128							
35					4.15	6.32	9.91	18.9	30.4	42.9	58.0	84.4	139							
40					4.65	7.09	11.0	20.9	32.9	46.5	63.0	91.0	150	270						
45						7.86	12.1	22.9	36.1	50.1	68.0	97.6	161	285	500					
50						8.63	13.2	24.9	39.3	54.5	73.0	106	172	300	527					
55							14.3	26.9	42.5	58.9	78.0	114	183	316	554	870				
60							15.4	28.9	45.7	63.4	84.0	122	194	330	581	910	1 370			
65								31.0	48.9	67.8	90.0	130	205	345	608	950	1 420			
70								33.0	52.1	71.3	96.0	138	216	363	635	990	1470	2 040		
80								37.0	58.2	80.2	108	154	241	399	690	1 070	1 580	2 180	3 340	
90									64.9	89.1	120	170	266	435	745	1 150	1 680	2 320	3 530	5 220
100									71.2	98.0	132	186	291	471	800	1 230	1 790	2 460	3 720	5 470
110										107	144	202	316	507	855	1 310	1 890	2 600	3 920	5 730
120										116	156	218	341	543	910	1 390	2 000	2 740	4 110	5 980

表 A.1（续） 单位为千克

螺纹规格 d	M1.6	M2	M2.5	M3	M4	M5	M6	M8	M10	M12	(M14)	M16	M20	M24	M30	M36	M42	M48	M56	M64
公称长度 l/mm	每 1 000 件钢螺钉的质量（ρ=7.85 kg/dm^3）≈																			
130											168	234	366	579	965	1 470	2 100	2 880	4 300	6 230
140											180	250	391	615	1 020	1 550	2 210	3 020	4 490	6 490
150												266	416	651	1 080	1 630	2 320	3 160	4 680	6 740
160												282	441	687	1 130	1 710	2 420	3 300	4 880	6 900
180													491	759	1 240	1 870	2 640	3 590	5 270	7 250
200													541	831	1 350	2 030	2 860	3 870	5 650	7 750
220														903	1 460	2 190	3 080	4 150	6 040	8 250
240														975	1 570	2 250	3 300	4 430	6 420	8 750
260															1 680	2 410	3 520	4 710	6 810	9 260
280															1 790	2 570	3 740	4 990	7 200	9 760
300															1 900	2 730	3 960	5 270	7 580	10 300

ICS 21.060.10
J 13

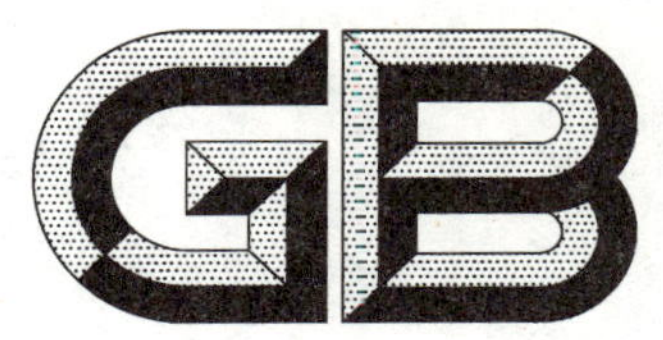

中华人民共和国国家标准

GB/T 70.2—2015
代替 GB/T 70.2—2008

内六角平圆头螺钉

Hexagon socket button head screws

(ISO 7380-1:2011,Button head screws—
Part 1:Hexagon socket button head screws,MOD)

2015-12-10 发布　　2017-01-01 实施

中华人民共和国国家质量监督检验检疫总局
中国国家标准化管理委员会　发布

前　言

GB/T 70“内扳拧螺钉(内六角部分)”系列国家标准包括：

——GB/T 70.1　内六角圆柱头螺钉；

——GB/T 70.2　内六角平圆头螺钉；

——GB/T 70.3　内六角沉头螺钉；

——GB/T 70.4　内六角平圆头凸缘螺钉；

——GB/T 5281　内六角圆柱头轴肩螺钉。

本部分是 GB/T 70 的第 2 部分。

本部分按照 GB/T 1.1—2009 给出的规则起草。

本部分代替 GB/T 70.2—2008《内六角平圆头螺钉》，与 GB/T 70.2—2008 相比，主要变化如下：

——明确了本部分规定的螺钉产品属于“降低承载能力的紧固件产品”(见第 1 章、表 2、表 3)；

——给出了用于“粗阶梯实线与无阴影区之间的螺纹长度 b”(见表 1)；

——调整并增加了螺钉的长度规格，如 M3 的最大长度规格从 12 mm 增加为 30 mm、M16 从 50 mm 增加为 90 mm(见表 1)；

——对钢螺钉，取消表面氧化处理，增加不经处理(见表 2)；

——增加了不锈钢螺钉产品(见第 1 章、表 2、表 3)；

——增加了“$\underline{012.9}$ 级”(见第 1 章、表 2、表 3)；

——增加了“当考虑使用 012.9/$\underline{012.9}$ 级时，应谨慎从事。紧固件制造者的能力、服役条件和拧紧方法都应仔细考虑。除表面处理外，使用环境也可能造成紧固件的应力腐蚀开裂”(见表 2 角注[a])；

——增加了“对 012.9/$\underline{012.9}$ 级的螺钉应避免电镀处理；更多的信息见 GB/T 5267.1。”(见表 2 角注[d])；

——增加了不锈钢钝化处理技术要求按 GB/T 5267.4(见表 2)。

本部分使用重新起草法修改采用 ISO 7380-1:2011《平圆头螺钉　第 1 部分：内六角平圆头螺钉》(英文版)。

与 ISO 7380-1:2011 相比，主要修改如下：

——在引用文件中，用我国标准代替国际标准(见第 2 章)；

——ISO 7380-1 对降低承载能力螺钉“性能等级”与“标志代号”表述有误，本部分未予采用(见第 4 章和第 5 章)；

——ISO 7380-1 未规定包装技术要求，本部分予以规定(见表 2)；

——表 2 中角注[c] 改为：“由于头部结构的原因，……持续进行拉力试验，直至拉断，断裂可能发生在螺纹部分、头部、杆部或头杆接合处。”(见表 2)；

——ISO 7380-1 未规定表面氧化处理，以及不锈钢钝化处理技术要求，本部分予以规定(见表 2、5.2)；

——ISO 7380-1 未规定简化标记，本部分给出简化的标记示例(见 5.2)。

本部分由中国机械工业联合会提出。

本部分由全国紧固件标准化技术委员会(SAC/TC 85)归口。

本部分负责起草单位：中机生产力促进中心。

本部分参加起草单位：浙江东明不锈钢制品股份有限公司、宁波金鼎紧固件有限公司、上海标五高强度紧固件有限公司、宁波中斌紧固件制造有限公司。

本部分由全国紧固件标准化技术委员会秘书处负责解释。

本部分所代替标准的历次版本发布情况为：

——GB 70—1958、GB 70—1966、GB 70—1976、GB 70—1985、GB/T 70.2—2000、GB/T 70.2—2008。

内六角平圆头螺钉

1 范围

GB/T 70 的本部分规定了螺纹规格为 M3～M16、性能等级为 08.8、010.9、012.9、012.9、A2-070、A2-080、A3-070、A3-080、A4-070、A4-080、A5-070 和 A5-080 级、产品等级为 A 级，按表 3 降低承载能力的内六角平圆头螺钉的型式尺寸、技术条件和标记。

本部分适用于使用内六角扳手拧入机体内螺纹的内六角平圆头螺钉。

2 规范性引用文件

下列文件对于本文件的应用是必不可少的。凡是注日期的引用文件，仅注日期的版本适用于本文件。凡是不注日期的引用文件，其最新版本(包括所有的修改单)适用于本文件。

GB/T 2 紧固件 外螺纹零件的末端(GB/T 2—2001,idt ISO 4753:1999)

GB/T 70.5 内六角量规(GB/T 70.5—2008,ISO 23429:2004,IDT)

GB/T 90.1 紧固件 验收检查(GB/T 90.1—2002,idt ISO 3269:2000)

GB/T 90.2 紧固件 标志与包装

GB/T 193 普通螺纹 直径与螺距系列(GB/T 193—2003,ISO 261:1998,MOD)

GB/T 1237 紧固件标记方法(GB/T 1237—2000,eqv ISO 8991:1986)

GB/T 3098.1 紧固件机械性能 螺栓、螺钉和螺柱(GB/T 3098.1—2010,ISO 898-1:2009,MOD)

GB/T 3098.6 紧固件机械性能 不锈钢螺栓、螺钉和螺柱(GB/T 3098.6—2014,ISO 3506-1:2009,MOD)

GB/T 3103.1 紧固件公差 螺栓、螺钉、螺柱和螺母(GB/T 3103.1—2002,ISO 4759-1:2000,IDT)

GB/T 5267.1 紧固件 电镀层(GB/T 5267.1—2002,ISO 4042:1999,IDT)

GB/T 5267.2 紧固件 非电解锌片涂层(GB/T 5267.2—2002,ISO 10683:2000,IDT)

GB/T 5267.4 紧固件表面处理 耐腐蚀不锈钢钝化处理(GB/T 5267.4—2009,ISO 16048:2003,IDT)

GB/T 5276 紧固件 螺栓、螺钉、螺柱及螺母 尺寸代号和标注(GB/T 5276—1985,eqv ISO 225:1983)

GB/T 5779.1 紧固件表面缺陷 螺栓、螺钉和螺柱 一般要求(GB/T 5779.1—2000,idt ISO 6157-1:1988)

GB/T 5779.3 紧固件表面缺陷 螺栓、螺钉和螺柱 特殊要求(GB/T 5779.3—2000,idt ISO 6157-3:1988)

GB/T 9145 普通螺纹 中等精度、优选系列的极限尺寸(GB/T 9145—2003,ISO 965-2:1998,MOD)

GB/T 16938 紧固件 螺栓、螺钉、螺柱和螺母 通用技术条件(GB/T 16938—2008,ISO 8992:2005,IDT)

3 尺寸

螺钉型式尺寸见图1和表1。

尺寸代号和标注符合 GB/T 5276 的规定。

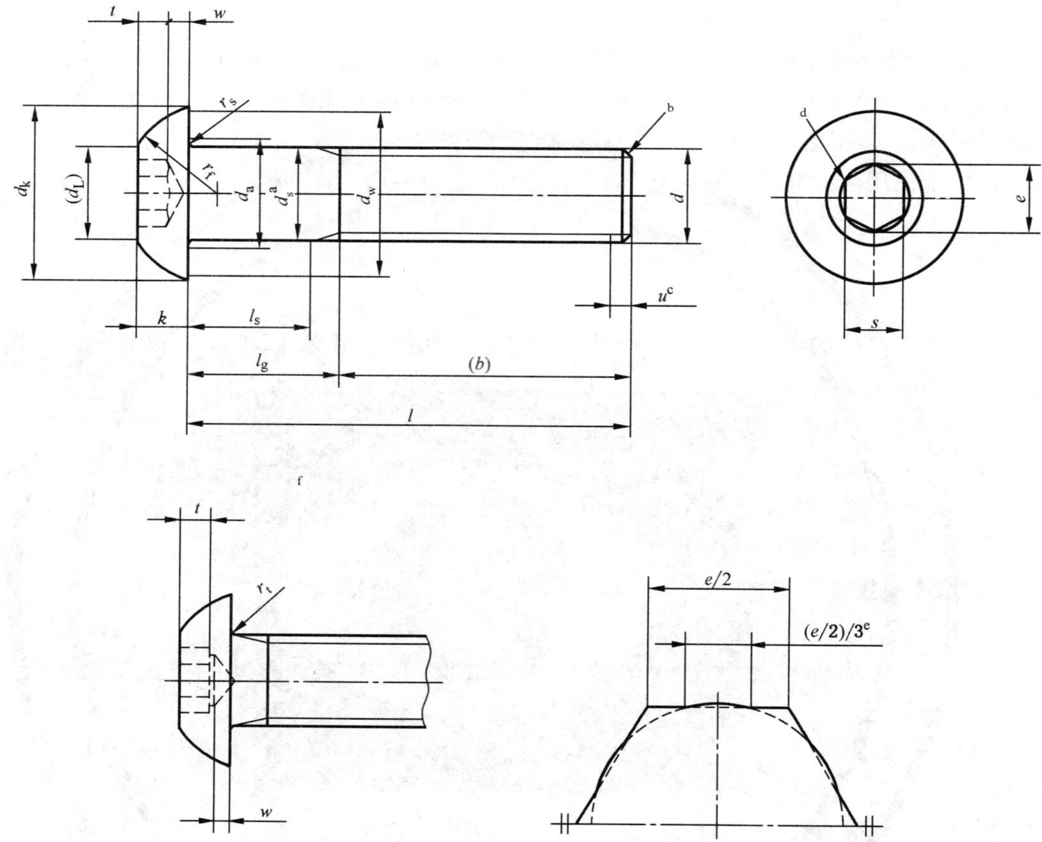

说明：

r_s——带无螺纹杆部的螺钉头下圆角半径；

r_t——全螺纹螺钉头下圆角半径。

[a] 在 $l_{s\ min}$ 范围内，d_s 应符合规定。

[b] 按 GB/T 2 倒角端或对 M4 及其以下“辗制末端”。

[c] 不完整螺纹的长度 $u \leqslant 2P$。

[d] 内六角口部允许倒圆或沉孔。

[e] 对切制内六角，当尺寸达到最大极限时，由于钻孔造成的过切不应超过内六角任何一面长度（$e/2$）的 1/3。

[f] 允许制造的型式。

图 1

表 1　尺寸

单位为毫米

螺纹规格 d		M3	M4	M5	M6	M8	M10	M12	M16
P[a]		0.5	0.7	0.8	1	1.25	1.5	1.75	2
b[b]	≈	18	20	22	24	28	32	36	44
d_a	max	3.6	4.7	5.7	6.8	9.2	11.2	13.7	17.7
d_k	max	5.70	7.60	9.50	10.50	14.00	17.50	21.00	28.00
	min	5.40	7.24	9.14	10.07	13.57	17.07	20.48	27.48
d_L	≈	2.6	3.8	5.0	6.0	7.7	10.0	12.0	16.0
d_s	max	3	4	5	6	8	10	12	16
	min	2.86	3.82	4.82	5.82	7.78	9.78	11.73	15.73
d_w	min	5.00	6.84	8.74	9.57	13.07	16.57	19.68	26.68
e[c,d]	min	2.303	2.873	3.443	4.583	5.723	6.863	9.149	11.429
k	max	1.65	2.20	2.75	3.30	4.40	5.50	6.60	8.80
	min	1.40	1.95	2.50	3.00	4.10	5.20	6.24	8.44
r_f	max	3.70	4.60	5.75	6.15	7.95	9.80	11.20	15.30
	min	3.30	4.20	5.25	5.65	7.45	9.20	10.50	14.50
r_s	min	0.10	0.20	0.20	0.25	0.40	0.40	0.60	0.60
r_t	min	0.30	0.40	0.45	0.50	0.70	0.70	1.10	1.10
s[d]	公称	2	2.5	3	4	5	6	8	10
	max	2.080	2.580	3.080	4.095	5.140	6.140	8.175	10.175
	min	2.020	2.520	3.020	4.020	5.020	6.020	8.025	10.025
t	min	1.04	1.30	1.56	2.08	2.60	3.12	4.16	5.20
w	min	0.20	0.30	0.38	0.74	1.05	1.45	1.63	2.25

螺纹规格 d			M3		M4		M5		M6	
l[e]			l_s 和 l_g[f]							
公称	min	max	l_s min	l_g max	l_s min	l_g max	l_s min	l_g max	l_s min	l_g max
6	5.76	6.24								
8	7.71	8.29								
10	9.71	10.29								
12	11.65	12.35								
16	15.65	16.35								
20	19.58	20.42								
25	24.58	25.42	4.5	7						
30	29.58	30.42	9.5	12	6.5	10	4	8		
35	34.5	35.5			11.5	15	9	13	6	11
40	39.5	40.5			16.5	20	14	18	11	16
45	44.5	45.5					19	23	16	21
50	49.5	50.5					24	28	21	26
55	54.4	55.6							26	31
60	59.4	60.6							31	36

表 1(续)

单位为毫米

螺纹规格 d			M8		M10		M12		M16	
l[e]			l_s 和 l_g[f]							
公称	min	max	l_s min	l_g max	l_s min	l_g max	l_s min	l_g max	l_s min	l_g max
12	11.65	12.35								
16	15.65	16.35								
20	19.58	20.42								
25	24.58	25.42								
30	29.58	30.42								
35	34.5	35.5								
40	39.5	40.5	5.75	12						
45	44.5	45.5	10.5	17	5.5	13				
50	49.5	50.5	15.75	22	10.5	18				
55	54.4	55.6	20.75	27	15.5	23	10.25	19		
60	59.4	60.6	25.75	32	20.5	28	15.25	24		
65	64.4	65.6	30.75	37	25.5	33	20.25	29	11	21
70	69.4	70.6	35.75	42	30.5	38	25.25	34	16	26
80	79.4	80.6	45.75	52	40.5	48	35.25	44	26	36
90	89.4	90.6			50.5	58	45.25	54	36	46

[a] P——螺距。

[b] 用于粗阶梯实线与无阴影区之间的长度。

[c] $e_{min}=1.14s_{min}$。

[d] e 和 s 内六角尺寸综合测量,见 GB/T 70.5。

[e] 粗阶梯实线间为优选长度范围。

[f] 阴影区内长度的螺钉制成全螺纹(距头部 $3P$ 以内)。长度在阴影区以下的 l_g 和 l_s 尺寸按下式计算:
$l_{g,max}=l_{公称}-b$;$l_{s,min}=l_{g,max}-5P$

4 技术条件和引用标准

技术条件和引用标准见表 2。

表 2 技术条件和引用标准

材料		钢	不锈钢
通用技术条件		GB/T 16938	
螺纹	公差	012.9 级:5 g 6 g;其他等级:6 g	
	标准	GB/T 193、GB/T 9145	

表 2(续)

材料		钢	不锈钢
机械性能	性能等级	08.8、010.9、012.9/012.9[a]	A2-070、A3-070、A4-070、A5-070 A2-080、A3-080、A4-080、A5-080
	标准	GB/T 3098.1[b]	GB/T 3098.6[c]
公差	产品等级	A	
	标准	GB/T 3103.1	
表面处理		不经处理 电镀[d] 技术要求按 GB/T 5267.1 非电解锌片涂层技术要求按 GB/T 5267.2	简单处理 不锈钢钝化处理技术要求按 GB/T 5267.4
		如需其他技术要求或表面处理,应由供需协议	
表面缺陷		012.9/012.9 级按 GB/T 5779.3 其他按 GB/T 5779.1	—
验收及包装		GB/T 90.1、GB/T 90.2	

[a] 当考虑使用 012.9/012.9 级时,应谨慎从事。紧固件制造者的能力、服役条件和拧紧方法都应仔细考虑。除表面处理外,使用环境也可能造成紧固件的应力腐蚀开裂。

[b] 由于头部结构的原因,这类螺钉可能不符合 GB/T 3098.1 规定的最小拉力载荷。然而,此类螺钉还应符合 GB/T 3098.1 对各个性能等级规定的其他材料和性能要求。另外,当按 GB/T 3098.1 对螺钉实物进行拉力试验时,螺钉应能承受表 3 给出的最小拉力载荷而不断裂。持续进行拉力试验,直至拉断,断裂可能发生在螺纹部分、头部、杆部或头杆接合处。

[c] 由于头部结构的原因,这类螺钉可能不符合 GB/T 3098.6 规定的最小拉力载荷。然而,此类螺钉还应符合 GB/T 3098.6 对各个性能等级规定的其他材料和性能要求。另外,当按 GB/T 3098.6,以及表 3 给出的最小拉力载荷对螺钉实物进行拉力试验时,螺钉应能承受,而不断裂。持续进行拉力试验,直至拉断,断裂可能发生在螺纹部分、头部、杆部或头杆接合处。

[d] 对 012.9/012.9 级的螺钉应避免电镀处理;更多的信息见 GB/T 5267.1。

表 3 内六角平圆头螺钉最小拉力载荷

螺纹规格 *d*	性能等级				
	08.8[a]	010.9[a]	012.9/012.9[a]	070[b]	080[b]
	最小拉力载荷/N				
M3	3 220	4 180	4 910	2 810	3 220
M4	5 620	7 300	8 560	4 910	5 620
M5	9 080	11 800	13 800	7 950	9 080
M6	12 900	16 700	19 600	11 200	12 900
M8	23 400	30 500	35 700	20 400	23 400
M10	37 100	48 200	56 600	32 400	37 100
M12	53 900	70 200	82 400	47 200	53 900
M16	100 000	130 000	154 000	87 900	100 000

[a] GB/T 3098.1 规定值 $F_{m,min}$ 的 80%。

[b] GB/T 3098.6 规定值 $F_{m,min}$ 的 80%。

5 标记

5.1 标记方法按 GB/T 1237 规定。

5.2 标记示例：

螺纹规格为 M12、公称长度 l=40 mm、性能等级为 08.8、表面不经处理的 A 级内六角平圆头螺钉的标记：

螺钉 GB/T 70.2 M12×40

ICS 21.060.10
J 13

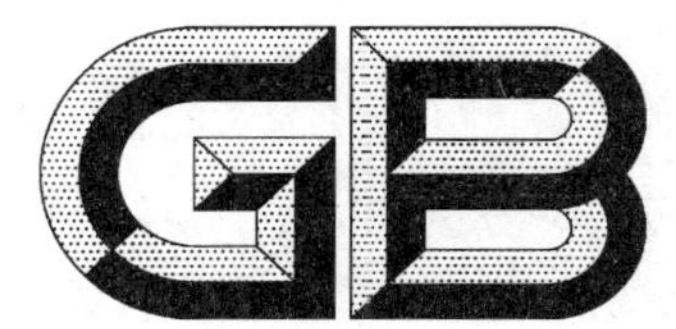

中华人民共和国国家标准

GB/T 70.3—2008
代替 GB/T 70.3—2000

内六角沉头螺钉

Hexagon socket countersunk head screws

(ISO 10642:2004,MOD)

2008-08-25 发布 2009-02-01 实施

中华人民共和国国家质量监督检验检疫总局
中国国家标准化管理委员会 发布

前　言

本部分是国家标准“内六角螺钉”产品(含量规)系列标准之一。该系列包括：

——GB/T 70.1—2008　内六角圆柱头螺钉；

——GB/T 70.2—2008　内六角平圆头螺钉；

——GB/T 70.3—2008　内六角沉头螺钉；

——GB/T 70.4　内六角圆柱头螺钉　细牙螺纹；

——GB/T 70.5—2008　内六角量规；

——GB/T 77—2007　内六角平端紧定螺钉；

——GB/T 78—2007　内六角锥端紧定螺钉；

——GB/T 79—2007　内六角圆柱端紧定螺钉；

——GB/T 80—2007　内六角凹端紧定螺钉；

——GB/T 5281—1985　内六角圆柱头轴肩螺钉。

本部分是 GB/T 70 的第 3 部分。

本部分修改采用 ISO 10642:2004《内六角沉头螺钉》(英文版)，主要修改如下：

——在引用文件中，用我国标准代替国际标准(第 2 章)；

——ISO 10642 未规定包装技术要求，本部分予以规定(见表 2)；

——ISO 10642 未规定简化标记，本部分按 GB/T 1237 给出简化的标记(见 5.2)。

本部分代替 GB/T 70.3—2000《内六角沉头螺钉》。

本部分与 GB/T 70.3—2000 相比主要变化如下：

——增加引用标准 GB/T 5267.2《紧固件　非电解锌片涂层》和 GB/T 70.5《内六角量规》(见第 2 章)；

——取消附录 A。

本部分由中国机械工业联合会提出。

本部分由全国紧固件标准化技术委员会(SAC/TC 85)归口。

本部分负责起草单位：中机生产力促进中心。

本部分参加起草单位：上海标五高强度紧固件有限公司、北京标准件工业集团公司、沈阳标准件制造总厂和宁波中斌紧固件制造有限公司。

本部分由全国紧固件标准化技术委员会秘书处负责解释。

本部分所代替标准的历次版本发布情况为：

——GB/T 70.3—2000。

内六角沉头螺钉

1 范围

本部分规定了螺纹规格为 M3～M20、性能等级为 8.8、10.9 和 12.9 级、产品等级为 A 级的内六角沉头螺钉。

注：特别注意表 2 注和表 3 关于抗拉载荷的规定。

如需其他技术要求，应从现行标准（如 GB/T 196、GB/T 3106、GB/T 3098.1 和 GB/T 3103.1）中选择。

2 规范性引用文件

下列文件中的条款通过本部分的引用而成为本部分的条款。凡是注日期的引用文件，其随后所有的修改单（不包括勘误的内容）或修订版均不适用于本部分，然而，鼓励根据本部分达成协议的各方研究是否可使用这些文件的最新版本。凡是不注日期的引用文件，其最新版本适用于本部分。

GB/T 2 紧固件 外螺纹零件的末端（GB/T 2—2001，idt ISO 4753：1999）

GB/T 70.5 内六角量规（GB/T 70.5—2008，ISO 23429：2004，IDT）

GB/T 90.1 紧固件 验收检查（GB/T 90.1—2002，idt ISO 3269：2000）

GB/T 90.2 紧固件 标志与包装

GB/T 196 普通螺纹 基本尺寸（GB/T 196—2003，ISO 724：1993，ISO general purpose metric screw threads—Basic dimensions，MOD）

GB/T 197 普通螺纹 公差与配合（GB/T 197—2003，ISO 965-1：1998，ISO general purpose metric screw threads—Tolerances—Part 1：Principles and basic data，MOD）

GB/T 1237 紧固件标记方法（GB/T 1237—2000，eqv ISO 8991：1986）

GB/T 3098.1 紧固件机械性能 螺栓、螺钉和螺柱（GB/T 3098.1—2000，idt ISO 898-1：1999）

GB/T 3103.1 紧固件公差 螺栓、螺钉和螺母（GB/T 3103.1—2002，ISO 4759-1：2000，IDT）

GB/T 3106 螺栓、螺钉和螺柱的公称长度和普通螺栓的螺纹长度［GB/T 3106—1982（1988 年确认），eqv ISO 888：1976］

GB/T 5267.1 紧固件 电镀层（GB/T 5267.1—2002，idt ISO 4042：1999）

GB/T 5267.2 紧固件 非电解锌片涂层（GB/T 5267.2—2002，idt ISO 10683：2000）

GB/T 5276 紧固件 螺栓、螺钉、螺柱及螺母 尺寸代号和标注（GB/T 5276—1985，eqv ISO 225：1983）

GB/T 5779.1 紧固件表面缺陷 螺栓、螺钉和螺柱 一般要求（GB/T 5779.1—2000，idt ISO 6157-1：1988）、

GB/T 5779.3 紧固件表面缺陷 螺栓、螺钉和螺柱 特殊要求（GB/T 5779.3—2000，idt ISO 6157-3：1988）

GB/T 16938 紧固件 螺栓、螺钉、螺柱和螺母 通用技术条件（GB/T 16938—2008，ISO 8839：2005，IDT）

3 尺寸

3.1 尺寸

型式尺寸见图1和表1。

尺寸代号和标注符合 GB/T 5276。

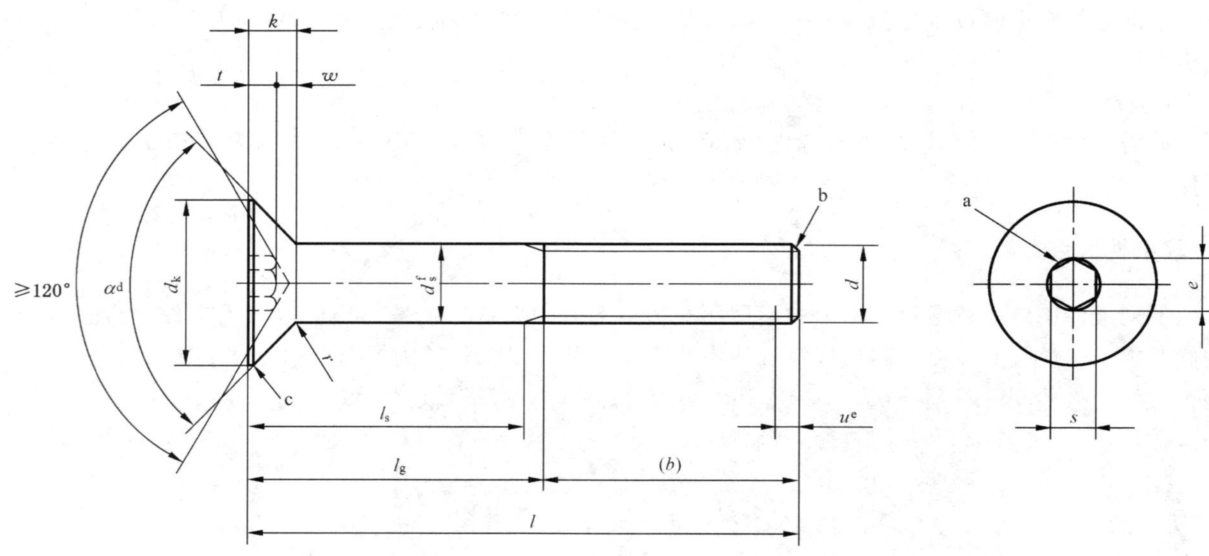

允许制造的型式

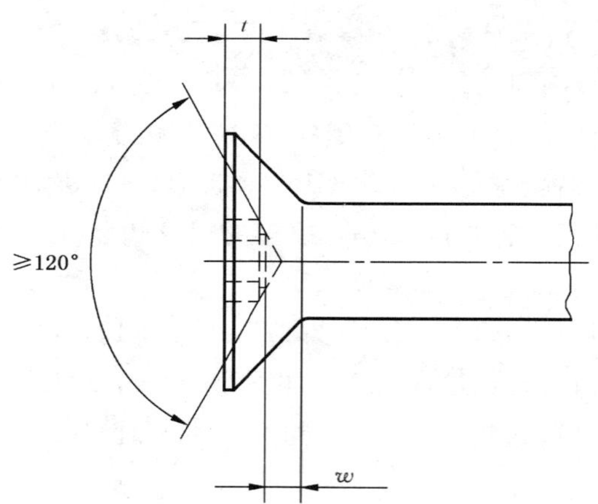

头的顶部和底部棱边

图 1

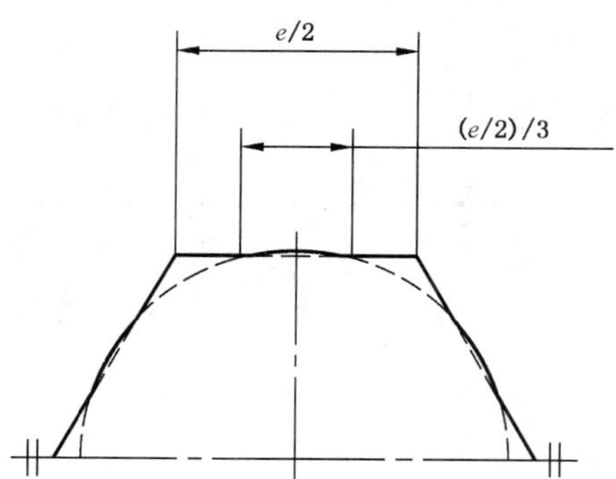

注：对切制内六角，当尺寸达到最大极限时，由于钻孔造成的过切不应超过内六角任何一面长度($e/2$)的1/3。

a 内六角口部允许稍许倒圆或沉孔。

b 末端倒角，$d \leqslant$ M4 的为辗制末端，见 GB/T 2。

c 头部棱边可以是圆的或平的，由制造者任选。

d $\alpha = 90° \sim 92°$。

e 不完整螺纹的长度 $u \leqslant 2P$。

f d_s 适用于规定了 $l_{s\,min}$ 数值的产品。

图 1（续）

3.2 头部检验

螺钉头部顶面应在量规的 A 和 B 之间。

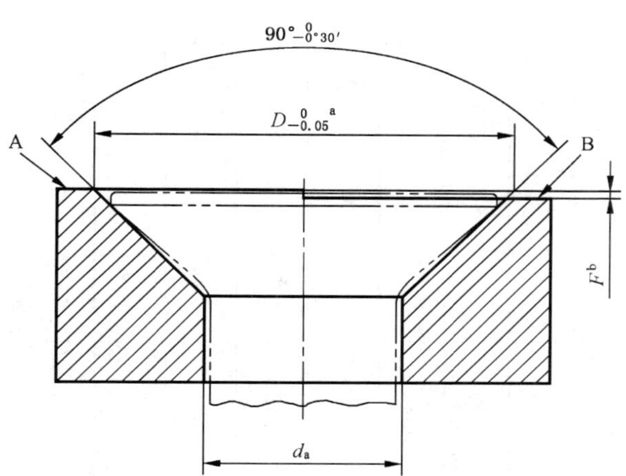

a $D = d_{k,理论值,max}$（见表 1）。

b F 是头部的沉头公差（见表 1）。

图 2

表 1 尺寸

单位为毫米

螺纹规格 d			M3	M4	M5	M6	M8	M10	M12	(M14)[g]	M16	M20
P^{a}			0.5	0.7	0.8	1	1.25	1.5	1.75	2	2	2.5
b^{b}	参考		18	20	22	24	28	32	36	40	44	52
d_a	max		3.3	4.4	5.5	6.6	8.54	10.62	13.5	15.5	17.5	22
d_k	理论值 max[c]		6.72	8.96	11.20	13.44	17.92	22.40	26.88	30.8	33.60	40.32
	实际值 min[d]		5.54	7.53	9.43	11.34	15.24	19.22	23.12	26.52	29.01	36.05
d_s	max		3.00	4.00	5.00	6.00	8.00	10.00	12.00	14.00	16.00	20.00
	min		2.86	3.82	4.82	5.82	7.78	9.78	11.73	13.73	15.73	19.67
$e^{c,d}$	min		2.303	2.873	3.443	4.583	5.723	6.863	9.149	11.429	11.429	13.716
k	max		1.86	2.48	3.1	3.72	4.96	6.2	7.44	8.4	8.8	10.16
F^{e}	max		0.25	0.25	0.3	0.35	0.4	0.4	0.45	0.5	0.6	0.75
r	min		0.1	0.2	0.2	0.25	0.4	0.4	0.6	0.6	0.6	0.8
s^{d}	公称		2	2.5	3	4	5	6	8	10	10	12
	max		2.08	2.58	3.08	4.095	5.14	6.140	8.175	10.175	10.175	12.212
	min		2.02	2.52	3.02	4.020	5.02	6.020	8.025	10.025	10.025	12.032
t	min		1.1	1.5	1.9	2.2	3	3.6	4.3	4.5	4.8	5.6
w	min		0.25	0.45	0.66	0.7	1.16	1.62	1.8	1.62	2.2	2.2

表 1（续）

单位为毫米

螺纹规格 d			M3		M4		M5		M6		M8		M10		M12		(M14)[g]		M16		M20	
l[f]			l_s 和 l_g																			
公称	min	max	l_s min	l_g max	l_s min	l_g max	l_s min	l_g max	l_s min	l_g max	l_s min	l_g max	l_s min	l_g max	l_s min	l_g max	l_s min	l_g max	l_s min	l_g max	l_s min	l_g max
8	7.71	8.29																				
10	9.71	10.29																				
12	11.65	12.35																				
16	15.65	16.35																				
20	19.58	20.42																				
25	24.58	25.42																				
30	29.58	30.42	9.5	12	6.5	10																
35	34.5	35.5			11.5	15	9	13														
40	39.5	40.5			16.5	20	14	18	11	16												
45	44.5	45.5					19	23	16	21												
50	49.5	50.5					24	28	21	26	15.75	22										
55	54.4	55.6							26	31	20.75	27	15.5	23								
60	59.4	60.6							31	36	25.75	32	20.5	28								
65	64.4	65.6									30.75	37	25.5	33	20.25	29						
70	69.4	70.6									35.75	42	30.5	38	25.25	34	20	30				
80	79.4	80.6									45.75	52	40.5	48	35.25	44	30	40	26	36		
90	89.3	90.7											50.5	58	45.25	54	40	50	36	46		
100	99.3	100.7											60.5	68	55.25	64	50	60	46	56	35.5	48

a P——螺距。

b 用于在粗阶梯线之间的长度。

c $e_{min}=1.14s_{min}$。

d 内六角组合量规尺寸见 GB/T 70.5。

e F 是头部的沉头公差，见图 2。量规的 F 尺寸公差为：${}_{-0.01}^{\ 0}$。

f 粗阶梯线间为商品长度规格。阴影部分，螺纹长度制到距头部 $3P$ 以内；阴影以下的长度，l_s 和 l_g 值按下式计算：

$l_{gmax}=l_{公称}-b$；

$l_{smin}=l_{gmax}-5P$。

g 尽可能不采用括号内的规格。

4 技术条件和引用标准

技术条件和引用标准见表2。

表2 技术条件和引用标准

<table>
<tr><td colspan="2">材　　料</td><td>钢</td></tr>
<tr><td colspan="2">通用技术条件</td><td>GB/T 16938</td></tr>
<tr><td rowspan="2">螺　纹</td><td>公　差</td><td>12.9级:5g6g;其他等级:6g</td></tr>
<tr><td>标　准</td><td>GB/T 196、GB/T 197</td></tr>
<tr><td rowspan="2">机械性能</td><td>等　级[a]</td><td>8.8、10.9、12.9</td></tr>
<tr><td>标　准</td><td>GB/T 3098.1</td></tr>
<tr><td rowspan="2">公　差</td><td>产品等级</td><td>A</td></tr>
<tr><td>标　准</td><td>GB/T 3103.1</td></tr>
<tr><td colspan="2">表面处理</td><td>氧化;
电镀技术要求按 GB/T 5267.1;
非电解锌片涂层技术要求按 GB/T 5267.2</td></tr>
<tr><td colspan="2">表面缺陷</td><td>12.9级:GB/T 5779.3;其他等级:GB/T 5779.1</td></tr>
<tr><td colspan="2">验收及包装</td><td>GB/T 90.1、GB/T 90.2</td></tr>
<tr><td colspan="3">a 由于头部结构的原因,该螺钉可能达不到8.8、10.9和12.9级的最小拉力载荷(GB/T 3098.1,B类试验项目)。但这些螺钉仍应符合GB/T 3098.1规定的材料和其他性能要求。
此外,将螺钉头支承在垫圈(锥形支承面)上,并按GB/T 3098.1规定的试验装夹方式,对螺钉实物进行拉力试验,当载荷达到表3给出的最小拉力载荷时,不得断裂。继续加载,直至拉断,断裂可以发生在螺纹部分、头部、杆部或头-杆交接处。</td></tr>
</table>

表3 内六角沉头螺钉的最小拉力载荷
(GB/T 3098.1规定值的80%)

螺纹规格 d	性能等级		
	8.8	10.9	12.9
	最小拉力载荷/N		
M3	3 220	4 180	4 910
M4	5 620	7 300	8 560
M5	9 080	11 800	13 800
M6	12 900	16 700	19 600
M8	23 400	30 500	35 700
M10	37 100	48 200	56 600
M12	53 900	70 200	82 400
M14	73 600	96 000	112 000
M16	100 000	130 000	154 000
M20	162 000	204 000	239 000

5 标记

5.1 标记方法

标记方法按 GB/T 1237 规定。

5.2 标记示例

螺纹规格 d=M12、公称长度 l=40mm、性能等级为 8.8 级、表面氧化的 A 级内六角沉头螺钉的标记：

螺钉 GB/T 70.3 M12×40

中华人民共和国国家标准

UDC 621.882.219
.4.092.5

开槽锥端紧定螺钉

GB 71—85

Slotted set screws with cone point

代替 GB 71—76

1 主题内容

本标准规定了螺纹规格为 M1.2～M12 的开槽锥端紧定螺钉。

本标准等效采用国际标准 ISO 7434—1983《开槽锥端紧定螺钉》。

注：商品紧固件品种，应优先选用。

2 引用标准

GB 196　普通螺纹　基本尺寸

GB 197　普通螺纹　公差与配合

GB 3098.3　紧固件机械性能　紧定螺钉

GB 3098.6　紧固件机械性能　不锈钢螺栓、螺钉、螺柱和螺母

GB 3103.1　紧固件公差　螺栓、螺钉和螺母

GB 5267　螺纹紧固件电镀层

GB 90　紧固件验收检查、标志与包装

GB 1237　紧固件标记方法

3 尺寸

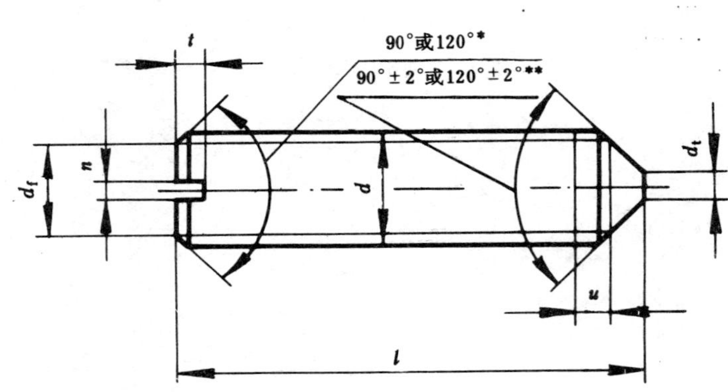

注：① *公称长度在表中虚线以上的短螺钉应制成120°。

② **公称长度在表中虚线以下的长螺钉应制成90°，虚线以上的短螺钉应制成120°。90°或120°仅适用螺纹小径以内的末端部分。

③ u(不完整螺纹的长度)≤$2P$。

国家标准局1985-08-01发布　　　　1986-06-01实施

表 1 mm

螺纹规格 d			M1.2	M1.6	M2	M2.5	M3	M4	M5	M6	M8	M10	M12
P			0.25	0.35	0.4	0.45	0.5	0.7	0.8	1	1.25	1.5	1.75
d_f	≈		螺纹小径										
d_t	min		—	—	—	—	—	—	—	—	—	—	—
	max		0.12	0.16	0.2	0.25	0.3	0.4	0.5	1.5	2	2.5	3
n	公称		0.2	0.25	0.25	0.4	0.4	0.6	0.8	1	1.2	1.6	2
	min		0.26	0.31	0.31	0.46	0.46	0.66	0.86	1.06	1.26	1.66	2.06
	max		0.4	0.45	0.45	0.6	0.6	0.8	1	1.31	1.51	1.91	2.31
t	min		0.4	0.56	0.64	0.72	0.8	1.12	1.28	1.6	2	2.4	2.8
	max		0.52	0.74	0.84	0.95	1.05	1.42	1.63	2	2.5	3	3.6
l													
公称	min	max											
2	1.8	2.2											
2.5	2.3	2.7											
3	2.8	3.2											
4	3.7	4.3											
5	4.7	5.3			商品								
6	5.7	6.3											
8	7.7	8.3											
10	9.7	10.3						规格					
12	11.6	12.4											
(14)	13.6	14.4											
16	15.6	16.4									范围		
20	19.6	20.4											
25	24.6	25.4											
30	29.6	30.4											
35	34.5	35.5											
40	39.5	40.5											
45	44.5	45.5											
50	49.5	50.5											
(55)	54.4	55.6											
60	59.4	60.6											

注：① 尽可能不采用括号内的规格。

② P——螺距。

③ ≤M5的螺钉不要求锥端有平面部分（d_t），可以倒圆。

4 技术条件

表 2

<table>
<tr><td colspan="2">材　　料</td><td>钢</td><td>不　锈　钢</td></tr>
<tr><td rowspan="2">螺　　纹</td><td>公　　差</td><td colspan="2">6g</td></tr>
<tr><td>标　　准</td><td colspan="2">GB 196、GB 197</td></tr>
<tr><td rowspan="2">机械性能</td><td>等　　级</td><td>14H、22H</td><td>A 1-50</td></tr>
<tr><td>标　　准</td><td>GB 3098.3</td><td>GB 3098.6</td></tr>
<tr><td rowspan="2">公　　差</td><td>产品等级</td><td colspan="2">除第3章规定外，其余按 A 级</td></tr>
<tr><td>标　　准</td><td colspan="2">GB 3103.1</td></tr>
<tr><td colspan="2">表　面　处　理</td><td>① 氧　　化
② 镀锌钝化
GB 5267</td><td>不经处理</td></tr>
<tr><td colspan="2">验收及包装</td><td colspan="2">GB 90</td></tr>
</table>

5 标记

5.1 标记方法按 GB 1237 规定。

5.2 标记示例：

螺纹规格 d=M5、公称长度 l=12mm、性能等级为14H 级、表面氧化的开槽锥端紧定螺钉的标记：

螺钉 GB 71　M5×12

附加说明：

本标准由中华人民共和国机械工业部提出，由机械工业部标准化研究所归口。

本标准由机械工业部标准化研究所负责起草。

中华人民共和国国家标准

UDC 621.882.2

GB 72—88

代替 GB 72—76

开槽锥端定位螺钉

Slotted setscrews with cone point

1 主题内容

本标准规定了螺纹规格为 M3～M12 的开槽锥端定位螺钉。

2 引用标准

GB 196 普通螺纹 基本尺寸

GB 197 普通螺纹 公差与配合

GB 3098.3 紧固件机械性能 紧定螺钉

GB 3098.6 紧固件机械性能 不锈钢螺栓、螺钉、螺柱和螺母

GB 3103.1 紧固件公差 螺栓、螺钉和螺母

GB 5267 螺纹紧固件电镀层

GB 90 紧固件验收检查、标志与包装

GB 1237 紧固件的标记方法

3 尺寸

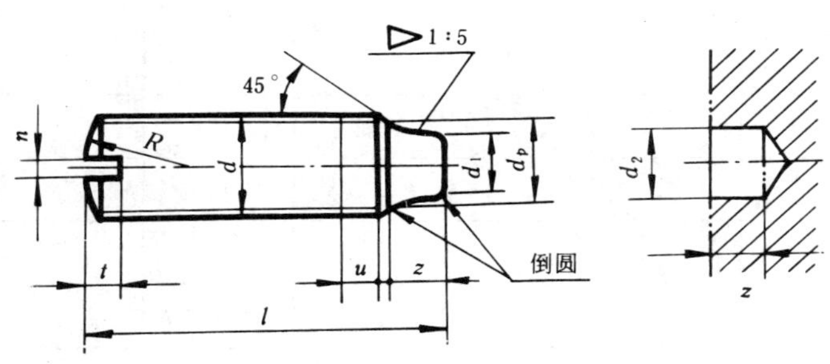

u（不完整螺纹的长度）$\leqslant 2P$；P——螺距。

国家机械工业委员会1988-06-24批准 1989-07-01实施

表 1　　mm

螺纹规格 d			M3	M4	M5	M6	M8	M10	M12
d_p	max		2	2.5	3.0	4	5.5	7	8.5
	min		1.75	2.25	2.75	3.7	5.2	6.64	8.14
n	公称		0.4	0.6	0.8	1	1.2	1.6	2
	min		0.46	0.66	0.86	1.06	1.26	1.66	2.06
	max		0.6	0.8	1	1.2	1.51	1.91	2.31
t	max		1.05	1.42	1.63	2	2.5	3	3.6
	min		0.8	1.12	1.28	1.6	2	2.4	2.8
d_1　≈			1.7	2.1	2.5	3.4	4.7	6	7.3
z			1.5	2	2.5	3	4	5	6
R　≈			3	4	5	6	8	10	12
d_2(推荐)			1.8	2.2	2.6	3.5	5	6.5	8
l									
公称	min	max							
4	3.76	4.34							
5	4.76	5.24							
6	5.76	6.24							
8	7.71	8.29	通						
10	9.71	10.29		用					
12	11.65	12.35			规				
(14)	13.65	14.35				格			
16	15.65	16.35					范		
20	19.58	20.42						围	
25	24.58	25.42							
30	29.58	30.42							
35	34.50	35.50							
40	39.50	40.50							
45	44.50	45.50							
50	49.50	50.50							

注：尽可能不采用括号内的规格。

4 技术条件

表 2

材　　料		钢	不　锈　钢
螺　　纹	公　　差	6g	
	标　　准	GB 196、GB 197	
机械性能	等　　级	14H、33H	A 1-50、C 4-50
	标　　准	GB 3098.3	GB 3098.6
公　　差	等　　级	除第 3 章规定外，其余按 A 级	
	标　　准	GB 3103.1	
表　面　处　理		① 不经处理 ② 氧化 ③ 镀锌钝化　GB 5267	不经处理
验收及包装		GB 90	

5 标记

5.1　标记方法按 GB 1237 规定。

5.2　标记示例：

螺纹规格 d=M10、公称长度 l=20mm、性能等级为14H 级、不经表面处理的开槽锥端定位螺钉的标记：

螺钉 GB 72　M10×20

附加说明：

本标准由全国紧固件标准化技术委员会提出。

本标准由国家机械工业委员会标准化研究所归口。

本标准由国家机械工业委员会标准化研究所负责起草。

中华人民共和国国家标准

UDC 621.882.219
.4.092.5

开槽长圆柱端紧定螺钉

GB 75—85

Slotted set screws with long dog point

代替 GB 75—76

1 主题内容

本标准规定了螺纹规格为 M1.6～M12 的开槽长圆柱端紧定螺钉。

本标准等效采用国际标准 ISO 7435—1983《开槽长圆柱端紧定螺钉》。

注：商品紧固件品种，应优先选用。

2 引用标准

GB 196 普通螺纹 基本尺寸

GB 197 普通螺纹 公差与配合

GB 3098.3 紧固件机械性能 紧定螺钉

GB 3098.6 紧固件机械性能 不锈钢螺栓、螺钉、螺柱和螺母

GB 3103.1 紧固件公差 螺栓、螺钉和螺母

GB 5267 螺纹紧固件电镀层

GB 90 紧固件验收检查、标志与包装

GB 1237 紧固件标记方法

3 尺寸

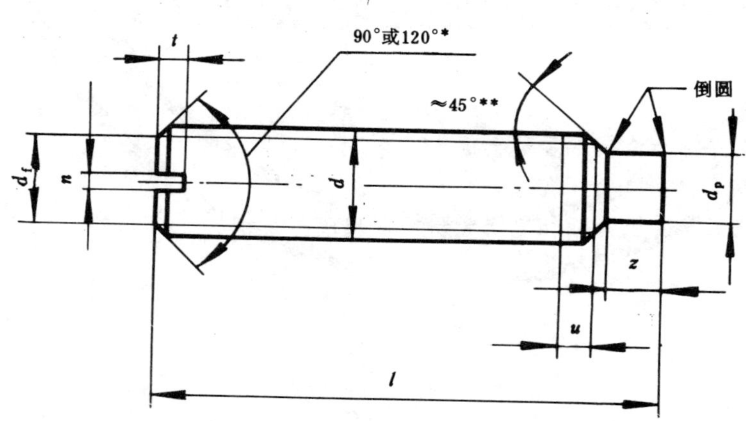

注：① ＊公称长度在表中虚线以上的短螺钉应制成120°。

② ＊＊45°仅适用于螺纹小径以内的末端部分。

③ u(不完整螺纹的长度)$\leqslant 2P$。

国家标准局1985-08-01发布　　　　1986-06-01实施

表 1

mm

螺纹规格 d			M1.6	M2	M2.5	M3	M4	M5	M6	M8	M10	M12
P			0.35	0.4	0.45	0.5	0.7	0.8	1	1.25	1.5	1.75
d_f ≈			螺纹小径									
d_p	min		0.55	0.75	1.25	1.75	2.25	3.2	3.7	5.2	6.64	8.14
	max		0.8	1	1.5	2	2.5	3.5	4	5.5	7	8.5
n	公称		0.25	0.25	0.4	0.4	0.6	0.8	1	1.2	1.6	2
	min		0.31	0.31	0.46	0.46	0.66	0.86	1.06	1.26	1.66	2.06
	max		0.45	0.45	0.6	0.6	0.8	1	1.2	1.51	1.91	2.31
t	min		0.56	0.64	0.72	0.8	1.12	1.28	1.6	2	2.4	2.8
	max		0.74	0.84	0.95	1.05	1.42	1.63	2	2.5	3	3.6
z	min		0.8	1	1.25	1.5	2	2.5	3	4	5	6
	max		1.05	1.25	1.5	1.75	2.25	2.75	3.25	4.3	5.3	6.3
l												
公称	min	max										
2	1.8	2.2										
2.5	2.3	2.7										
3	2.8	3.2										
4	3.7	4.3										
5	4.7	5.3										
6	5.7	6.3			商品							
8	7.7	8.3										
10	9.7	10.3										
12	11.6	12.4					规格					
(14)	13.6	14.4										
16	15.6	16.4										
20	19.6	20.4							范围			
25	24.6	25.4										
30	29.6	30.4										
35	34.5	35.5										
40	39.5	40.5										
45	44.5	45.5										
50	49.5	50.5										
(55)	54.4	55.6										
60	59.4	60.6										

注：① 尽可能不采用括号内的规格。

② P——螺距。

4 技术条件

表 2

<table>
<tr><td colspan="2">材　　料</td><td>钢</td><td>不　锈　钢</td></tr>
<tr><td rowspan="2">螺　　纹</td><td>公　　差</td><td colspan="2">6g</td></tr>
<tr><td>标　　准</td><td colspan="2">GB 196、GB 197</td></tr>
<tr><td rowspan="2">机械性能</td><td>等　　级</td><td>14H、22H</td><td>A 1-50</td></tr>
<tr><td>标　　准</td><td>GB 3098.3</td><td>GB 3098.6</td></tr>
<tr><td rowspan="2">公　　差</td><td>产品等级</td><td colspan="2">除第 3 章规定外，其余按 A 级</td></tr>
<tr><td>标　　准</td><td colspan="2">GB 3103.1</td></tr>
<tr><td colspan="2">表　面　处　理</td><td>① 氧化
② 镀锌钝化
GB 5267</td><td>不经处理</td></tr>
<tr><td colspan="2">验收及包装</td><td colspan="2">GB 90</td></tr>
</table>

5 标记

5.1 标记方法按 GB 1237 规定。

5.2 标记示例：

螺纹规格 d=M5、公称长度 l=12mm、性能等级为14H 级、表面氧化的开槽长圆柱端紧定螺钉的标记：

螺钉 GB 75　M5×12

附加说明：

本标准由中华人民共和国机械工业部提出，由机械工业部标准化研究所归口。

本标准由机械工业部标准化研究所负责起草。

ICS 21.060.10
J 13

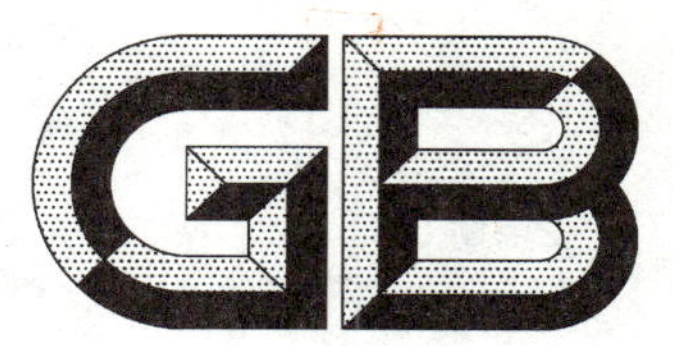

中华人民共和国国家标准

GB/T 77—2007
代替 GB/T 77—2000

内六角平端紧定螺钉

Hexagon socket set screws with flat point

(ISO 4026:2003,MOD)

2007-07-02 发布 2007-12-01 实施

中华人民共和国国家质量监督检验检疫总局
中国国家标准化管理委员会 发布

前　言

本标准是国家标准“内六角螺钉”产品(含量规)系列标准之一。该系列包括：

a) GB/T 70.1—2000 内六角圆柱头螺钉；

b) GB/T 70.2—2000 内六角平圆头螺钉；

c) GB/T 70.3—2000 内六角沉头螺钉；

d) GB/T 77—2007 内六角平端紧定螺钉；

e) GB/T 78—2007 内六角锥端紧定螺钉；

f) GB/T 79—2007 内六角圆柱端紧定螺钉；

g) GB/T 80—2007 内六角凹端紧定螺钉；

h) GB/T 5281—1985 内六角圆柱头轴肩螺钉。

本标准修改采用 ISO 4026:2003《内六角平端紧定螺钉》(英文版),主要修改如下：

——在规范性引用文件中,用我国标准代替对应的国际标准；

——ISO 4026 对有色金属螺钉未给出具体的性能等级,本标准予以规定(见表 2)；

——ISO 4026 未规定包装技术要求,本标准予以规定(见表 2)；

——ISO 4026 未规定表面氧化处理,本标准予以规定(见表 2、5.2)；

——ISO 4026 未规定简化标记,本标准按 GB/T 1237 的简化原则给出简化的标记示例(见 5.2)。

本标准代替 GB/T 77—2000《内六角平端紧定螺钉》。

本标准与 GB/T 77—2000 相比主要变化如下：

——调整了 s 和 e 的数值(见表 1)；

——取消附录 A,引用 ISO 23429:2004《内六角量规》(见表 1)；

——增加了不锈钢的机械性能等级(见表 2)；

——增加非电解锌片涂层处理(见表 2)。

本标准由中国机械工业联合会提出。

本标准由全国紧固件标准化技术委员会(SAC/TC 85)归口。

本标准负责起草单位:中机生产力促进中心。

本标准参加起草单位:北京标准件工业集团公司、浙江高强度紧固件厂。

本标准所代替标准的历次版本发布情况为：

——GB 77—58、GB 77—66、GB 77—76、GB 77—85、GB/T 77—2000。

内六角平端紧定螺钉

1 范围

本标准规定了螺纹规格为 M1.6～M24，性能等级为 45H、A1-12H、A2-21H、A3-21H、A4-21H、A5-21H、CU2、CU3 和 AL4，产品等级为 A 级的内六角平端紧定螺钉。

如需其他技术要求，应从现行标准（如 GB/T 193、GB/T 3098.3、GB/T 3098.16、GB/T 9145 和 GB/T 3103.1）中选择。

2 规范性引用文件

下列文件中的条款通过本标准的引用而成为本标准的条款。凡是注日期的引用文件，其随后所有的修改单（不包括勘误的内容）或修订版均不适用于本标准，然而，鼓励根据本标准达成协议的各方研究是否可使用这些文件的最新版本。凡是不注日期的引用文件，其最新版本适用于本标准。

GB/T 90.1 紧固件 验收检查（GB/T 90.1—2002，idt ISO 3269:2000）

GB/T 90.2 紧固件 标志与包装

GB/T 193 普通螺纹 直径与螺距系列（GB/T 193—2003，ISO 261:1998，ISO general purpose metric screw threads—General plan，MOD）

GB/T 1237 紧固件标记方法（GB/T 1237—2000，eqv ISO 8991:1986）

GB/T 2516 普通螺纹 极限偏差（GB/T 2516—2003，ISO 965-3:1998，ISO general purpose metric screw threads—Tolerances—Part 3:Deviations for constructional screw threads，MOD）

GB/T 3098.3 紧固件机械性能 紧定螺钉（GB/T 3098.3—2000，idt ISO 898-5:1998）

GB/T 3098.10 紧固件机械性能 有色金属制造的螺栓、螺钉、螺柱和螺母（GB/T 3098.10—1993，eqv ISO 8839:1986）

GB/T 3098.16 紧固件机械性能 不锈钢紧定螺钉（GB/T 3098.16—2000，idt ISO 3506-3:1997）

GB/T 3103.1 紧固件公差 螺栓、螺钉、螺柱和螺母（GB/T 3103.1—2002，idt ISO 4759-1:2000）

GB/T 5267.1 紧固件 电镀层（GB/T 5267.1—2002，ISO 4042:1999，IDT）

GB/T 5267.2 紧固件 非电解锌片涂层（GB/T 5267.2—2002，ISO 10683:2000，IDT）

GB/T 5276 紧固件 螺栓、螺钉、螺柱及螺母 尺寸代号和标注（GB/T 5276—1985，eqv ISO 225:1983）

GB/T 5779.1 紧固件表面缺陷 螺栓、螺钉和螺柱 一般要求（GB/T 5779.1—2000，idt ISO 6157-1:1988）

GB/T 9145 普通螺纹 中等精度、优选系列的极限尺寸（GB/T 9145—2003，ISO 965-2:1998，ISO general purpose metric screw threads—Tolerances—Part 2:Limits of sizes for general purpose external and internal screw threads—Medium quality，MOD）

ISO 8992:1986 紧固件 螺栓、螺钉、螺柱和螺母 通用技术条件

ISO 23429:2004 内六角量规

3 尺寸

尺寸代号和标注均符合 GB/T 5276。

紧定螺钉的型式与尺寸见图 1 和表 1。

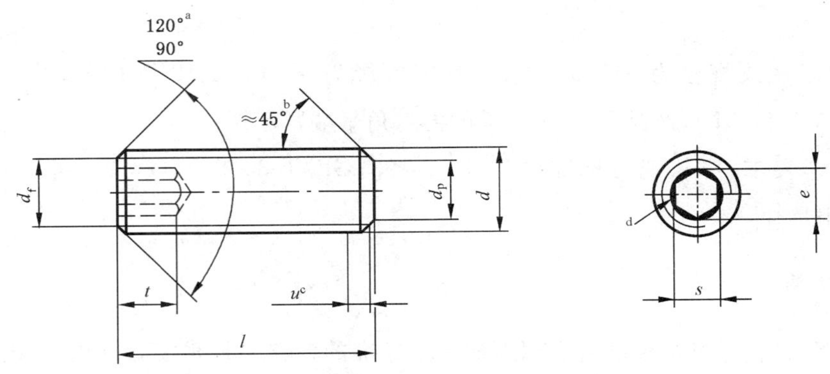

允许制造的内六角型式

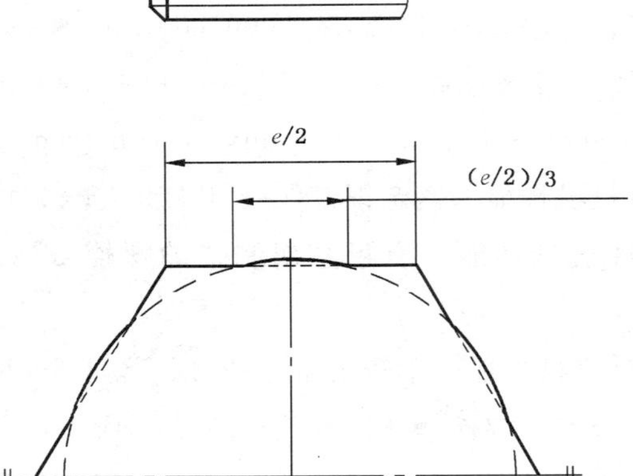

注：对切制内六角，当尺寸达到最大极限时，由钻孔造成的过切不应超过内六角任何一面长度($e/2$)的 1/3。

a 公称长度 l 在表 1 阴影部分的短螺钉应制成 120°。

b 45°仅适用于螺纹小径以内的末端部分。

c 不完整螺纹的长度 $u \leqslant 2P$。

d 内六角口部允许稍许倒圆或沉孔。

图 1

表 1　尺寸

单位为毫米

螺纹规格 d			M1.6	M2	M2.5	M3	M4	M5	M6	M8	M10	M12	M16	M20	M24
P[a]			0.35	0.4	0.45	0.5	0.7	0.8	1	1.25	1.5	1.75	2	2.5	3
d_p	max		0.80	1.00	1.50	2.00	2.50	3.50	4.00	5.50	7.00	8.50	12.0	15.0	18.0
	min		0.55	0.75	1.25	1.75	2.25	3.20	3.70	5.20	6.64	8.14	11.57	14.57	17.57
d_f	min		≈螺纹小径												
e[b,c]	min		0.809	1.011	1.454	1.733	2.303	2.873	3.443	4.583	5.723	6.863	9.149	11.429	13.716
s[c]	公称		0.7	0.9	1.3	1.5	2	2.5	3	4	5	6	8	10	12
	max		0.724	0.913	1.300	1.58	2.08	2.58	3.08	4.095	5.14	6.14	8.175	10.175	12.212
	min		0.710	0.887	1.275	1.52	2.02	2.52	3.02	4.02	5.02	6.02	8.025	10.025	12.032
t	min[d]		0.7	0.8	1.2	1.2	1.5	2	2	3	4	4.8	6.4	8	10
	min[e]		1.5	1.7	2	2	2.5	3	3.5	5	6	8	10	12	15
l			每 1 000 件钢螺钉的质量（ρ=7.85 kg/dm³）≈kg												
公称	min	max													
2	1.8	2.2	0.021	0.029											
2.5	2.3	2.7	0.025	0.037	0.063										
3	2.8	3.2	0.029	0.044	0.075	0.1									
4	3.76	4.24	0.037	0.059	0.1	0.14	0.22								
5	4.76	5.24	0.046	0.074	0.125	0.18	0.3	0.44							
6	5.76	6.24	0.054	0.089	0.15	0.22	0.38	0.56	0.76						
8	7.71	8.29	0.07	0.119	0.199	0.3	0.54	0.8	1.11	1.89					
10	9.71	10.29		0.148	0.249	0.38	0.7	1.04	1.46	2.52	3.78				
12	11.65	12.35			0.299	0.46	0.86	1.28	1.81	3.15	4.78	6.8			
16	15.65	16.35				0.62	1.18	1.76	2.51	4.41	6.78	9.6	16.3		
20	19.58	20.42					1.49	2.24	3.21	5.67	8.76	12.4	21.5	32.3	
25	24.58	25.42						2.84	4.09	7.25	11.2	15.9	28	42.6	57
30	29.58	30.42							4.97	8.82	13.7	19.4	34.6	52.9	72
35	34.5	35.5								10.4	16.2	22.9	41.1	63.2	87
40	39.5	40.5								12	18.7	26.4	47.7	73.5	102
45	44.5	45.5									21.2	29.9	54.2	83.8	117
50	49.5	50.5									23.7	33.4	60.7	94.1	132
55	54.4	55.6										36.8	67.3	104	147
60	59.4	60.6										40.3	73.7	115	162

注：阶梯实线间为商品长度规格。

a　P——螺距。

b　$e_{min}=1.14s_{min}$。

c　内六角尺寸 e 和 s 的综合测量见 ISO 23429:2004。

d　适用于公称长度处于阴影部分的螺钉。

e　适用于公称长度在阴影部分以下的螺钉。

4 技术条件和引用标准

技术条件和引用标准见表2。

表2 技术条件和引用标准

<table>
<tr><td colspan="2">材 料</td><td>钢</td><td>不锈钢</td><td>有色金属</td></tr>
<tr><td colspan="2">通用技术条件</td><td colspan="3">ISO 8992</td></tr>
<tr><td rowspan="2">螺 纹</td><td>公 差</td><td colspan="3">6 g</td></tr>
<tr><td>标 准</td><td colspan="3">GB/T 193、GB/T 2516、GB/T 9145</td></tr>
<tr><td rowspan="2">机械性能</td><td>等 级</td><td>45H</td><td>A1-12H、A2-21H、A3-21H、A4-21H、A5-21H</td><td>CU2、CU3、AL4</td></tr>
<tr><td>标 准</td><td>GB/T 3098.3</td><td>GB/T 3098.16</td><td>GB/T 3098.10</td></tr>
<tr><td rowspan="2">公 差</td><td>产品等级</td><td colspan="3">A</td></tr>
<tr><td>标 准</td><td colspan="3">GB/T 3103.1</td></tr>
<tr><td colspan="2">表面处理</td><td>不经处理；
氧化；
电镀，技术要求按GB/T 5267.1；
非电解锌片涂层，技术要求按 GB/T 5267.2</td><td>简单处理</td><td>简单处理；
电镀，技术要求按GB/T 5267.1</td></tr>
<tr><td colspan="2">表面缺陷</td><td>GB/T 5779.1</td><td>—</td><td>—</td></tr>
<tr><td colspan="2">验收及包装</td><td colspan="3">GB/T 90.1、GB/T 90.2</td></tr>
</table>

5 标记

5.1 标记方法按 GB/T 1237 规定。

5.2 标记示例

螺纹规格为 M6、公称长度 l=12 mm、性能等级为 45H、表面氧化处理的 A 级内六角平端紧定螺钉的标记：

螺钉 GB/T 77 M6×12

ICS 21.060.10
J 13

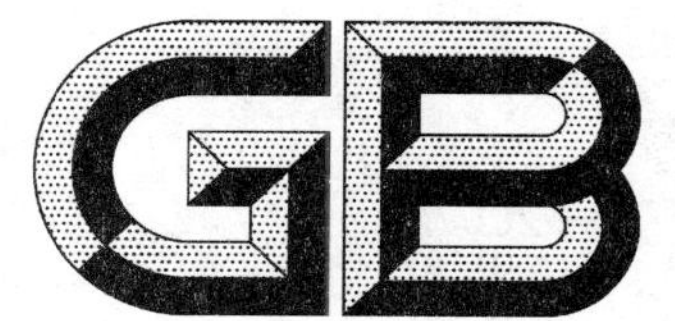

中华人民共和国国家标准

GB/T 78—2007
代替 GB/T 78—2000

内六角锥端紧定螺钉

Hexagon socket set screws with cone point

(ISO 4027:2003,MOD)

2007-07-02 发布　　2007-12-01 实施

中华人民共和国国家质量监督检验检疫总局
中国国家标准化管理委员会　发布

前　言

本标准是国家标准“内六角螺钉”产品(含量规)系列标准之一。该系列包括：

a) GB/T 70.1—2000 内六角圆柱头螺钉；

b) GB/T 70.2—2000 内六角平圆头螺钉；

c) GB/T 70.3—2000 内六角沉头螺钉；

d) GB/T 77—2007 内六角平端紧定螺钉；

e) GB/T 78—2007 内六角锥端紧定螺钉；

f) GB/T 79—2007 内六角圆柱端紧定螺钉；

g) GB/T 80—2007 内六角凹端紧定螺钉；

h) GB/T 5281—1985 内六角圆柱头轴肩螺钉。

本标准修改采用 ISO 4027:2003《内六角锥端紧定螺钉》(英文版),主要修改如下：

——在规范性引用文件中,用我国标准代替对应的国际标准；

——ISO 4027 对有色金属螺钉未给出具体的性能等级,本标准予以规定(见表 2)；

——ISO 4027 未规定包装技术要求,本标准予以规定(见表 2)；

——ISO 4027 未规定表面氧化处理,本标准予以规定(见表 2、5.2)；

——ISO 4027 未规定简化标记,本标准按 GB/T 1237 的简化原则给出简化的标记示例(见 5.2)。

本标准代替 GB/T 78—2000《内六角锥端紧定螺钉》。

本标准与 GB/T 78—2000 相比主要变化如下：

——调整了 s 和 e 的数值(见表 1)；

——取消附录 A,引用 ISO 23429:2004《内六角量规》(见表 1)；

——增加了不锈钢的机械性能等级(见表 2)；

——增加非电解锌片涂层处理(见表 2)。

本标准由中国机械工业联合会提出。

本标准由全国紧固件标准化技术委员会(SAC/TC 85)归口。

本标准负责起草单位:中机生产力促进中心。

本标准参加起草单位:北京标准件工业集团公司、浙江高强度紧固件厂。

本标准所代替标准的历次版本发布情况为：

——GB 78—58、GB 78—66、GB 78—76、GB 78—85、GB/T 78—2000。

内六角锥端紧定螺钉

1 范围

本标准规定了螺纹规格为 M1.6～M24，性能等级为 45H、A1-12H、A2-21H、A3-21H、A4-21H、A5-21H、CU2、CU3 和 AL4，产品等级为 A 级的内六角锥端紧定螺钉。

如需其他技术要求，应从现行标准（如 GB/T 193、GB/T 3098.3、GB/T 3098.16、GB/T 9145 和 GB/T 3103.1）中选择。

2 规范性引用文件

下列文件中的条款通过本标准的引用而成为本标准的条款。凡是注日期的引用文件，其随后所有的修改单（不包括勘误的内容）或修订版均不适用于本标准，然而，鼓励根据本标准达成协议的各方研究是否可使用这些文件的最新版本。凡是不注日期的引用文件，其最新版本适用于本标准。

GB/T 90.1 紧固件 验收检查（GB/T 90.1—2002，idt ISO 3269:2000）

GB/T 90.2 紧固件 标志与包装

GB/T 193 普通螺纹 直径与螺距系列（GB/T 193—2003，ISO 261:1998，ISO general purpose metric screw threads—General plan，MOD）

GB/T 1237 紧固件标记方法（GB/T 1237—2000，eqv ISO 8991:1986）

GB/T 2516 普通螺纹 极限偏差（GB/T 2516—2003，ISO 965-3:1998，ISO general purpose metric screw threads—Tolerances—Part 3:Deviations for constructional screw threads，MOD）

GB/T 3098.3 紧固件机械性能 紧定螺钉（GB/T 3098.3—2000，idt ISO 898-5:1998）

GB/T 3098.10 紧固件机械性能 有色金属制造的螺栓、螺钉、螺柱和螺母（GB/T 3098.10—1993，eqv ISO 8839:1986）

GB/T 3098.16 紧固件机械性能 不锈钢紧定螺钉（GB/T 3098.16—2000，idt ISO 3506-3:1997）

GB/T 3103.1 紧固件公差 螺栓、螺钉、螺柱和螺母（GB/T 3103.1—2002，idt ISO 4759-1:2000）

GB/T 5267.1 紧固件 电镀层（GB/T 5267.1—2002，ISO 4042:1999，IDT）

GB/T 5267.2 紧固件 非电解锌片涂层（GB/T 5267.2—2002，ISO 10683:2000，IDT）

GB/T 5276 紧固件 螺栓、螺钉、螺柱及螺母 尺寸代号和标注（GB/T 5276—1985，eqv ISO 225:1983）

GB/T 5779.1 紧固件表面缺陷 螺栓、螺钉和螺柱 一般要求（GB/T 5779.1—2000，idt ISO 6157-1:1988）

GB/T 9145 普通螺纹 中等精度、优选系列的极限尺寸（GB/T 9145—2003，ISO 965-2:1998，ISO general purpose metric screw threads—Tolerances—Part 2:Limits of sizes for general purpose external and internal screw threads—Medium quality，MOD）

ISO 8992:1986 紧固件 螺栓、螺钉、螺柱和螺母 通用技术条件

ISO 23429:2004 内六角量规

3 尺寸

尺寸代号和标注均符合 GB/T 5276。

紧定螺钉的型式与尺寸见图 1 和表 1。

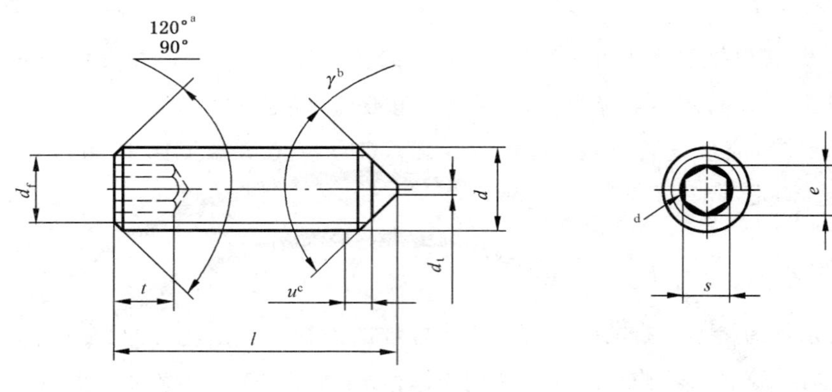

允许制造的内六角型式

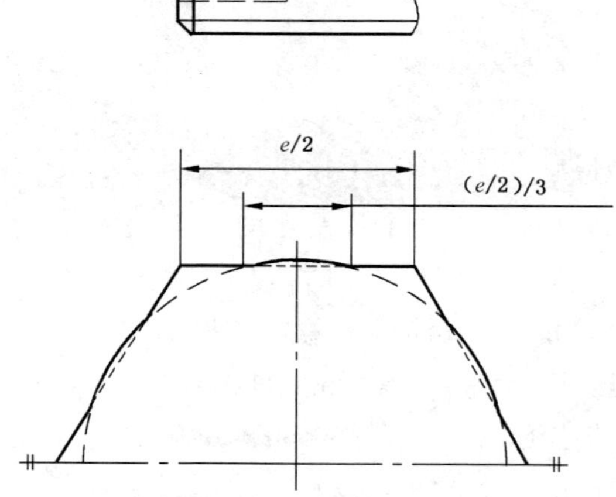

注：对切制内六角，当尺寸达到最大极限时，由钻孔造成的过切不应超过内六角任何一面长度($e/2$)的 1/3。

a 公称长度 l 在表 1 阴影部分的短螺钉应制成 120°。

b γ 角仅适用于螺纹小径以内的末端部分；$\gamma=120°$ 适用于在表 1 阴影部分的公称长度，而 $\gamma=90°$ 用于其余长度。

c 不完整螺纹的长度 $u \leqslant 2P$。

d 内六角口部允许稍许倒圆或沉孔。

图 1

表 1　尺寸

单位为毫米

螺纹规格 d			M1.6	M2	M2.5	M3	M4	M5	M6	M8	M10	M12	M16	M20	M24
P[a]			0.35	0.4	0.45	0.5	0.7	0.8	1	1.25	1.5	1.75	2	2.5	3
d_t		max	0.4	0.5	0.65	0.75	1	1.25	1.5	2	2.5	3	4	5	6
d_f		min	≈螺纹小径												
e[b,c]		min	0.809	1.011	1.454	1.733	2.303	2.873	3.443	4.583	5.723	6.863	9.149	11.429	13.716
s[c]		公称	0.7	0.9	1.3	1.5	2	2.5	3	4	5	6	8	10	12
		max	0.724	0.913	1.300	1.58	2.08	2.58	3.08	4.095	5.14	6.14	8.175	10.175	12.212
		min	0.710	0.887	1.275	1.52	2.02	2.52	3.02	4.02	5.02	6.02	8.025	10.025	12.032
t		min[d]	0.7	0.8	1.2	1.2	1.5	2	2	3	4	4.8	6.4	8	10
		min[e]	1.5	1.7	2	2	2.5	3	3.5	5	6	8	10	12	15
l			每 1 000 件钢螺钉的质量(ρ=7.85 kg/dm³)　≈kg												
公称	min	max													
2	1.8	2.2	0.021	0.029											
2.5	2.3	2.7	0.025	0.037	0.063										
3	2.8	3.2	0.029	0.044	0.075	0.09									
4	3.76	4.24	0.037	0.059	0.1	0.13	0.18								
5	4.76	5.24	0.046	0.074	0.125	0.17	0.26	0.37							
6	5.76	6.24	0.054	0.089	0.15	0.21	0.34	0.49	0.69						
8	7.71	8.29	0.07	0.119	0.199	0.29	0.5	0.73	1.04	1.72					
10	9.71	10.29		0.148	0.249	0.37	0.66	0.97	1.39	2.35	3.41				
12	11.65	12.35			0.299	0.45	0.82	1.21	1.74	2.98	4.42	6.1			
16	15.65	16.35				0.61	1.14	1.69	2.44	4.24	6.43	8.9	14.9		
20	19.58	20.42					1.46	2.17	3.14	5.5	8.44	11.7	20.1	30.4	
25	24.58	25.42						2.77	4.02	7.08	10.9	15.3	26.6	40.7	54.2
30	29.58	30.42							4.89	8.65	13.5	18.8	33.1	51	68.7
35	34.5	35.5								10.2	16	22.3	39.6	61.3	83.2
40	39.5	40.5								11.8	18.5	25.8	46.1	71.6	97.7
45	44.5	45.5									21	29.3	52.6	81.9	112
50	49.5	50.5									23.5	32.8	59.1	92.2	127
55	54.4	55.6										36.3	65.6	103	141
60	59.4	60.6										39.8	72.2	113	156

注：阶梯实线间为商品长度规格。

a　P——螺距。

b　$e_{min}=1.14s_{min}$。

c　内六角尺寸 e 和 s 的综合测量见 ISO 23429:2004。

d　适用于公称长度处于阴影部分的螺钉。

e　适用于公称长度在阴影部分以下的螺钉。

4 技术条件和引用标准

技术条件和引用标准见表 2。

表 2 技术条件和引用标准

<table>
<tr><td colspan="2">材　　料</td><td>钢</td><td>不锈钢</td><td>有色金属</td></tr>
<tr><td colspan="2">通用技术条件</td><td colspan="3">ISO 8992</td></tr>
<tr><td rowspan="2">螺　　纹</td><td>公　　差</td><td colspan="3">6 g</td></tr>
<tr><td>标　　准</td><td colspan="3">GB/T 193、GB/T 2516、GB/T 9145</td></tr>
<tr><td rowspan="2">机械性能</td><td>等　　级</td><td>45H</td><td>A1-12H、A2-21H、A3-21H、A4-21H、A5-21H</td><td>CU2、CU3、AL4</td></tr>
<tr><td>标　　准</td><td>GB/T 3098.3</td><td>GB/T 3098.16</td><td>GB/T 3098.10</td></tr>
<tr><td rowspan="2">公　　差</td><td>产品等级</td><td colspan="3">A</td></tr>
<tr><td>标　　准</td><td colspan="3">GB/T 3103.1</td></tr>
<tr><td colspan="2">表面处理</td><td>不经处理；
氧化；
电镀，技术要求按 GB/T 5267.1；
非电解锌片涂层，技术要求按 GB/T 5267.2</td><td>简单处理</td><td>简单处理；
电镀，技术要求按 GB/T 5267.1</td></tr>
<tr><td colspan="2">表面缺陷</td><td>GB/T 5779.1</td><td>—</td><td>—</td></tr>
<tr><td colspan="2">验收及包装</td><td colspan="3">GB/T 90.1、GB/T 90.2</td></tr>
</table>

5 标记

5.1 标记方法按 GB/T 1237 规定。

5.2 标记示例

螺纹规格为 M6、公称长度 l=12 mm、性能等级为 45H、表面氧化处理的 A 级内六角锥端紧定螺钉的标记：

螺钉 GB/T 78 M6×12

中华人民共和国国家标准

UDC 621.882.2

GB 85—88

方头长圆柱端紧定螺钉

Square set screws with long dog point

代替 GB 85—76

1 主题内容

本标准规定了螺纹规格为 M5～M20 的方头长圆柱端紧定螺钉。

2 引用标准

GB 196 普通螺纹 基本尺寸

GB 197 普通螺纹 公差与配合

GB 3098.3 紧固件机械性能 紧定螺钉

GB 3098.6 紧固件机械性能 不锈钢螺栓、螺钉、螺柱和螺母

GB 3103.1 紧固件公差 螺栓、螺钉和螺母

GB 5267 螺纹紧固件电镀层

GB 90 紧固件验收检查、标志与包装

GB 1237 紧固件的标记方法

3 尺寸

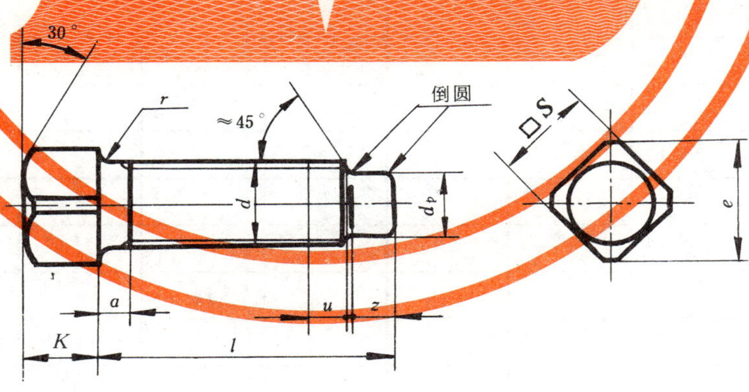

$a \leqslant 4P$；u（不完整螺纹的长度）$\leqslant 2P$；P——螺距。

国家机械工业委员会1988-06-24批准　　　　1989-07-01实施

表 1

mm

螺纹规格 d		M5	M6	M8	M10	M12	M16	M20
d_p	max	3.5	4	5.5	7.0	8.5	12	15
	min	3.2	3.7	5.2	6.64	8.14	11.57	14.57
e	min	6	7.3	9.7	12.2	14.7	20.9	27.1
K	公称	5	6	7	8	10	14	18
	min	4.85	5.85	6.82	7.82	9.82	13.785	17.785
	max	5.15	6.15	7.18	8.18	10.18	14.215	18.215
r	min	0.2	0.25	0.4	0.4	0.6	0.6	0.8
z	max	2.75	3.25	4.3	5.3	6.3	8.36	10.36
	min	2.5	3.0	4.0	5.0	6.0	8.0	10
S	公称	5	6	8	10	12	17	22
	min	4.82	5.82	7.78	9.78	11.73	16.73	21.67
	max	5	6	8	10	12	17	22

l									
公称	min	max							
12	11.65	12.35							
(14)	13.65	14.35							
16	15.65	16.35		通					
20	19.58	20.42							
25	24.58	25.42			用				
30	29.58	30.42							
35	34.50	35.50				规			
40	39.50	40.50							
45	44.50	45.50					格		
50	49.50	50.50							
(55)	54.05	55.95						范	
60	59.05	60.95							
70	69.05	70.95							围
80	79.05	80.95							
90	88.90	91.10							
100	98.90	101.10							

注：尽可能不采用括号内的规格。

4 技术条件

表 2

材　　料		钢	不　锈　钢
螺　　纹	公　　差	45H 级为5g6g；33H 级为6g	6g
	标　　准	GB 196、GB 197	
机械性能	等　　级	33H、45H	A 1-50、C 4-50
	标　　准	GB 3098.3	GB 3098.6
公　　差	产品等级	除第 3 章规定外，其余按 A 级	
	标　　准	GB 3103.1	
表　面　处　理		① 氧化 ② 镀锌钝化 GB 5267	不经处理
验收及包装		GB 90	

5 标记

5.1 标记方法按 GB 1237 规定。

5.2 标记示例：

螺纹规格 d=M10、公称长度 l=30mm、性能等级为33H、表面氧化的方头圆柱端紧定螺钉的标记：

螺钉 GB 85　M10×30

附加说明：

本标准由全国紧固件标准化技术委员会提出。

本标准由国家机械工业委员会标准化研究所归口。

本标准由国家机械工业委员会标准化研究所负责起草。

UDC 621.882.2
GB 86—88
代替 GB 86—76

中华人民共和国国家标准

方头短圆柱锥端紧定螺钉

Square set screws with short dog point and cone end

1 主题内容

本标准规定了螺纹规格为 M5～M20 的方头短圆柱锥端紧定螺钉。

2 引用标准

GB 196 普通螺纹 基本尺寸
GB 197 普通螺纹 公差与配合
GB 3098.3 紧固件机械性能 紧定螺钉
GB 3098.6 紧固件机械性能 不锈钢螺栓、螺钉、螺柱和螺母
GB 3103.1 紧固件公差 螺栓、螺钉和螺母
GB 5267 螺纹紧固件电镀层
GB 90 紧固件验收检查、标志与包装
GB 1237 紧固件的标记方法

3 尺寸

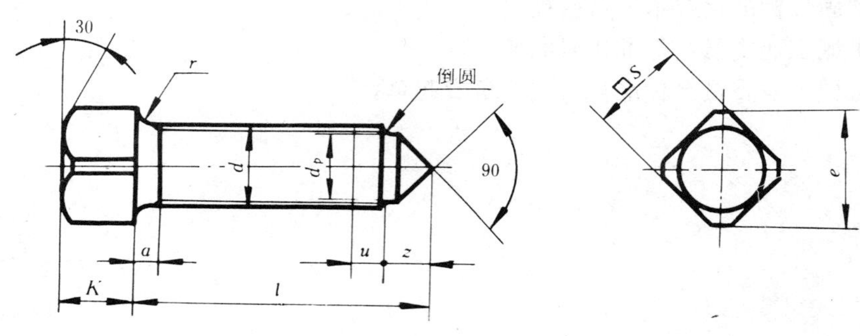

$a \leqslant 4P$；u(不完整螺纹的长度)$\leqslant 2P$；P——螺距。

国家机械工业委员会 1988-06-24 批准　　1989-07-01 实施

表 1

mm

螺纹规格 *d*			M5	M6	M8	M10	M12	M16	M20
d_p	max		3.5	4	5.5	7.0	8.5	12	15
	min		3.2	3.7	5.2	6.64	8.14	11.57	14.57
e	min		6	7.3	9.7	12.2	14.7	20.9	27.1
K	公称		5	6	7	8	10	14	18
	min		4.85	5.85	6.82	7.82	9.82	13.785	17.785
	max		5.15	6.15	7.18	8.18	10.18	14.215	18.215
r	min		0.2	0.25	0.4	0.4	0.6	0.6	0.8
z	max		3.8	4.3	5.3	6.3	7.36	9.36	11.43
	min		3.5	4	5	6	7	9	11
S	公称		5	6	8	10	12	17	22
	min		4.82	5.82	7.78	9.78	11.73	16.73	21.67
	max		5	6	8	10	12	17	22
l									
公称	min	max							
12	11.65	12.35							
(14)	13.65	14.35							
16	15.65	16.35		通					
20	19.58	20.42							
25	24.58	25.42			用				
30	29.58	30.42							
35	34.50	35.50				规			
40	39.50	40.50							
45	44.50	45.50					格		
50	49.50	50.50							
(55)	54.05	55.95						范	
60	59.05	60.95							
70	69.05	70.95							围
80	79.05	80.95							
90	88.90	91.10							
100	98.90	101.10							

注：尽可能不采用括号内的规格。

4 技术条件

表 2

材　　料		钢	不　锈　钢
螺　　纹	公　　差	45H 级为5g6g；33H 级为6g	6g
	标　　准	GB 196、GB 197	
机械性能	等　　级	33H、45H	A 1-50、C 4-50
	标　　准	GB 3098.3	GB 3098.6
公　　差	产品等级	除第 3 章规定外，其余按 A 级	
	标　　准	GB 3103.1	
表　面　处　理		① 氧化 ② 镀锌钝化　GB 5267	不经处理
验收及包装		GB 90	

5 标记

5.1 标记方法按 GB 1237 规定。

5.2 标记示例：

螺纹规格 d=M10、公称长度 l=30mm、性能等级为33H、表面氧化的方头短圆柱锥端紧定螺钉的标记：

螺钉 GB 86　M10×30

附加说明：

本标准由全国紧固件标准化技术委员会提出。

本标准由国家机械工业委员会标准化研究所归口。

本标准由国家机械工业委员会标准化研究所负责起草。

ICS 21.060.10
J 13

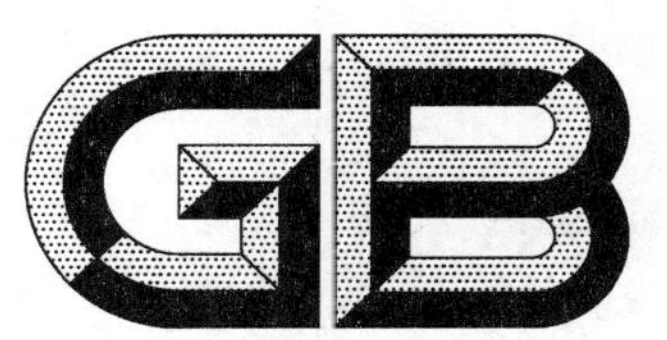

中华人民共和国国家标准

GB/T 819.1—2016
代替 GB/T 819.1—2000

十字槽沉头螺钉　第1部分:4.8级

Countersunk flat head screws with cross recess—Part 1: Property class 4.8

(ISO 7046-1:2011, Countersunk flat head screws(common head style) with type H or type Z cross recess—Product grade A—Part 1: Steel screws of property class 4.8, MOD)

2016-02-24 发布　　2016-06-01 实施

中华人民共和国国家质量监督检验检疫总局
中国国家标准化管理委员会　发布

前　言

本部分是“开槽螺钉和十字槽螺钉”系列国家标准之一，该系列包括：

——GB/T 65　开槽圆柱头螺钉；

——GB/T 67　开槽盘头螺钉；

——GB/T 68　开槽沉头螺钉；

——GB/T 69　开槽半沉头螺钉；

——GB/T 818　十字槽盘头螺钉；

——GB/T 819.1　十字槽沉头螺钉　第1部分：4.8级；

——GB/T 819.2　十字槽沉头螺钉　第2部分：8.8级、不锈钢及有色金属螺钉；

——GB/T 820　十字槽半沉头螺钉；

——GB/T 822　十字槽圆柱头螺钉；

——GB/T 823　十字槽小盘头螺钉；

——GB/T 13806.1　精密机械用紧固件　十字槽螺钉。

本部分按照GB/T 1.1—2009给出的规则起草。

本部分代替GB/T 819.1—2000《十字槽沉头螺钉　第1部分：钢4.8级》，与GB/T 819.1—2000相比，主要技术变化如下：

——删除“如需其他技术要求，……GB/T 3098.1和GB/T 3106)中选择。”(2000年版第1章)；

——引用螺纹标准统一为GB/T 193、GB/T 9145(见第2章)；

——对钢螺钉性能等级增加“$d<3$ mm，按协议”(见表2)。

本部分使用重新起草法修改采用ISO 7046-1:2011《H或Z型十字槽沉头螺钉　产品等级A级　第1部分：4.8级钢螺钉》(英文版)。

本部分与ISO 7046-1:2011的技术性差异及其原因如下：

——删除ISO 7046-1规定：“如需其他技术要求，…… ISO 898-1和ISO 965-2中选择。”(第1章)，不属于本标准规定的内容；

——在规范性引用文件中，用我国标准代替国际标准(第2章)，增加引用GB/T 90.2(表2)和GB/T 1237(5.1)，以符合我国紧固件基础标准；

——对钢螺钉性能等级未增加“$d<3$ mm，按协议”(表2)，扩大标准的适用范围；

——增加包装技术要求(表2)，以符合我国紧固件基础标准；

——修改标记示例为简化标记示例(5.2)，以符合GB/T 1237的规定。

本标准还做了以下编辑性修改：

——修改标准名称；

——删除ISO 7046-1的参考文献。

本部分由中国机械工业联合会提出。

本部分由全国紧固件标准化技术委员会(SAC/TC 85)归口。

本部分负责起草单位：中机生产力促进中心。

本部分参加起草单位：浙江东明不锈钢制品股份有限公司。

本部分由全国紧固件标准化技术委员会秘书处负责解释。

本部分所代替标准的历次版本发布情况为：

——GB/T 819—1967、GB/T 819—1976、GB/T 819—1985、GB/T 819.1—2000。

十字槽沉头螺钉　第1部分:4.8级

1　范围

GB/T 819的本部分规定了4.8级十字槽沉头螺钉的型式尺寸、技术条件和标记。

本部分适用于螺纹规格为M1.6～M10、性能等级为4.8、产品等级为A级的H和Z型十字槽沉头螺钉。

2　规范性引用文件

下列文件对于本文件的应用是必不可少的。凡是注日期的引用文件,仅注日期的版本适用于本文件。凡是不注日期的引用文件,其最新版本(包括所有的修改单)适用于本文件。

GB/T 90.1　紧固件　验收检查(GB/T 90.1—2002,ISO 3269:2000,IDT)

GB/T 90.2　紧固件　标志与包装

GB/T 193　普通螺纹　直径与螺距系列(GB/T 193—2003,ISO 261:1998,MOD)

GB/T 944.1　螺钉用十字槽(GB/T 944.1—1985,eqv ISO 4757:1983)

GB/T 1237　紧固件标记方法(GB/T 1237—2000,eqv ISO 8991:1986)

GB/T 3098.1　紧固件机械性能　螺栓、螺钉和螺柱(GB/T 3098.1—2010, ISO 898-1:2009, MOD)

GB/T 3103.1　紧固件公差　螺栓、螺钉、螺柱和螺母(GB/T 3103.1—2002,idt ISO 4759-1:2000)

GB/T 5267.1　紧固件　电镀层(GB/T 5267.1—2002,ISO 4042:1999,IDT)

GB/T 5276　紧固件　螺栓、螺钉、螺柱及螺母　尺寸代号和标注(GB/T 5276—2015, ISO 225:2010, MOD)

GB/T 5279　沉头螺钉　头部形状和测量(GB/T 5279—1985,idt ISO 7721:1983)

GB/T 5279.2　沉头螺钉　第2部分:十字槽插入深度(GB/T 5279.2—1997,idt ISO 7721-2:1990)

GB/T 5779.1　紧固件表面缺陷　螺栓、螺钉和螺柱 一般要求(GB/T 5779.1—2000,idt ISO 6157-1:1988)

GB/T 9145　普通螺纹　中等精度、优选系列的极限尺寸(GB/T 9145—2003,ISO 965-2:1998, MOD)

GB/T 16938　紧固件　螺栓、螺钉、螺柱和螺母　通用技术条件(GB/T 16938—2008, ISO 8992:2005,IDT)

3　尺寸

螺钉的型式尺寸见图1和表1。

尺寸代号和标注符合GB/T 5276。

无螺纹部分杆径约等于螺纹中径或允许等于螺纹大径。

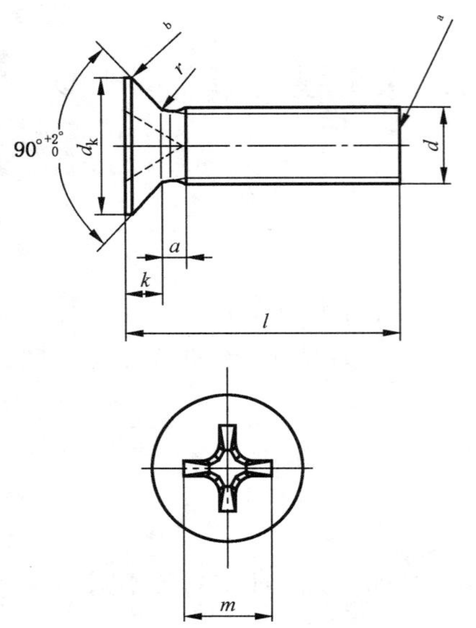

a） **H 型十字槽**

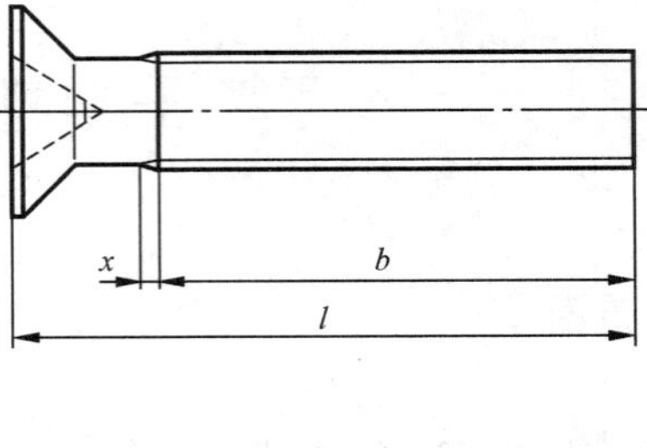

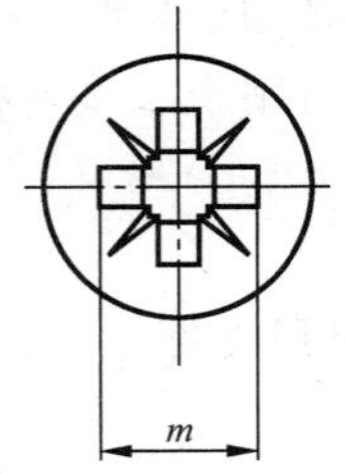

b） **Z 型十字槽**

[a] 辊制末端。

[b] 圆的或平的。

图 1

表 1 尺寸

单位为毫米

螺纹规格 d	M1.6	M2	M2.5	M3	M(3.5)[a]	M4	M5	M6	M8	M10
P[b]	0.35	0.4	0.45	0.5	0.6	0.7	0.8	1	1.25	1.5
a max	0.7	0.8	0.9	1	1.2	1.4	1.6	2	2.5	3
b min	25	25	25	25	38	38	38	38	38	38
d_k[c] 理论值 max	3.6	4.4	5.5	6.3	8.2	9.4	10.4	12.6	17.3	20
d_k[c] 实际值 公称= max	3.0	3.8	4.7	5.5	7.30	8.40	9.30	11.30	15.80	18.30
d_k[c] 实际值 min	2.7	3.5	4.4	5.2	6.94	8.04	8.94	10.87	15.37	17.78
k[c] 公称= max	1	1.2	1.5	1.65	2.35	2.7	2.7	3.3	4.65	5
r max	0.4	0.5	0.6	0.8	0.9	1	1.3	1.5	2	2.5
x max	0.9	1	1.1	1.25	1.5	1.75	2	2.5	3.2	3.8
十字槽（系列 1、深的[d]） 槽号 No	0		1		2			3	4	
十字槽 H 型 m 参考	1.6	1.9	2.9	3.2	4.4	4.6	5.2	6.8	8.9	10
十字槽 H 型 插入深度 max	0.9	1.2	1.8	2.1	2.4	2.6	3.2	3.5	4.6	5.7
十字槽 H 型 插入深度 min	0.6	0.9	1.4	1.7	1.9	2.1	2.7	3.0	4.0	5.1
十字槽 Z 型 m 参考	1.6	1.9	2.8	3	4.1	4.4	4.9	6.6	8.8	9.8
十字槽 Z 型 插入深度 max	0.95	1.20	1.73	2.01	2.20	2.51	3.05	3.45	4.60	5.64
十字槽 Z 型 插入深度 min	0.70	0.95	1.48	1.76	1.75	2.06	2.60	3.00	4.15	5.19

表 1（续）

单位为毫米

螺纹规格 d			M1.6	M2	M2.5	M3	M(3.5)[a]	M4	M5	M6	M8	M10
l[a,e]			每 1 000 件钢螺钉的质量（ρ=7.85kg/dm³）≈ kg									
公称	min	max										
3	2.8	3.2	0.058	0.101	0.176							
4	3.76	4.24	0.069	0.119	0.206	0.291						
5	4.76	5.24	0.081	0.137	0.236	0.335	0.573	0.825				
6	5.76	6.24	0.093	0.152	0.266	0.379	0.633	0.903	1.24			
8	7.71	8.29	0.116	0.193	0.326	0.467	0.753	1.06	1.48	2.38		
10	9.71	10.29	0.139	0.231	0.386	0.555	0.873	1.22	1.72	2.73	5.68	
12	11.65	12.35	0.162	0.268	0.446	0.643	0.993	1.37	1.96	3.08	6.32	9.54
(14)	13.65	14.35	0.185	0.306	0.507	0.731	1.11	1.53	2.2	3.43	6.96	10.6
16	15.65	16.35	0.208	0.343	0.567	0.82	1.23	1.68	2.44	3.78	7.6	11.6
20	19.58	20.42		0.417	0.687	0.996	1.47	2	2.92	4.48	8.88	13.6
25	24.58	25.42			0.838	1.22	1.77	2.39	3.52	5.36	10.5	16.1
30	29.58	30.42				1.44	2.07	2.78	4.12	6.23	12.1	18.7
35	34.5	35.5					2.37	3.17	4.72	7.11	13.7	21.2
40	39.5	40.5						3.56	5.32	7.98	15.3	23.7
45	44.5	45.5							5.92	8.86	16.9	26.2
50	49.5	50.5							6.52	9.73	18.5	28.8
(55)	54.05	55.95								10.6	20.1	31.3
60	59.05	60.95								11.5	21.7	33.8

注：在阶梯实线间为优选长度。

a 尽可能不采用括号内的规格。

b P——螺距。

c 见 GB/T 5279。

d 见 GB/T 5279.2。

e 公称长度在阶梯虚线以上的螺钉，制出全螺纹 $b=l-(k+a)$。

4 技术条件和引用标准

表 2 技术条件和引用标准

材　　料		钢
通用技术条件		GB/T 16938
螺纹	公差	6 g
	标准	GB/T 193、GB/T 9145
机械性能	性能等级	$d<3$ mm：按协议；$d\geqslant 3$ mm：4.8
	标准	$d<3$ mm：按协议；$d\geqslant 3$ mm：GB/T 3098.1
公差	产品等级	A
	标准	GB/T 3103.1
十字槽	标准	GB/T 944.1
表面缺陷		GB/T 5779.1
表面处理		不经处理； 电镀技术要求按 GB/T 5267.1； 如需其他技术要求或表面处理，应由供需协议
验收及包装		GB/T 90.1、GB/T 90.2

5 标记

5.1 标记方法

标记方法按 GB/T 1237 规定。

5.2 标记示例

螺纹规格为 M5、公称长度 $l=20$ mm、性能等级为 4.8 级、H 型十字槽、表面不经处理的 A 级十字槽沉头螺钉的标记：

螺钉　GB/T 819.1 M5×20

ICS 21.060.10
J 13

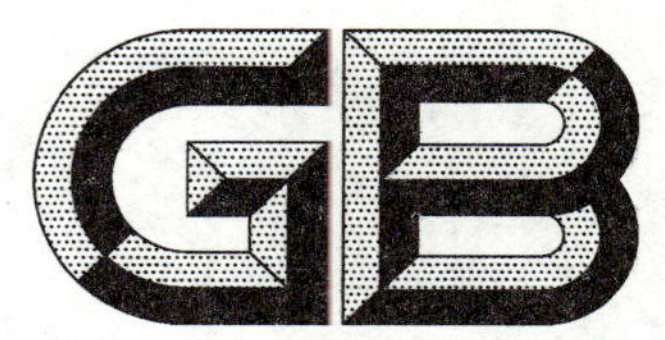

中华人民共和国国家标准

GB/T 819.2—2016
代替 GB/T 819.2—1997

十字槽沉头螺钉 第2部分：8.8级、不锈钢及有色金属螺钉

Countersunk flat head screws with cross recess—Part 2: Property class 8.8, stainless steel screws and non-ferrous metal screws

[ISO 7046-2:2011, Countersunk flat head screws(common head style) with type H or type Z cross recess—Product grade A—Part 2:Steel screws of property class 8.8, stainless steel screws and non-ferrous metal screws, MOD]

2016-02-24 发布 2016-06-01 实施

中华人民共和国国家质量监督检验检疫总局
中国国家标准化管理委员会 发布

前　言

本部分是“开槽螺钉和十字槽螺钉”系列国家标准之一，该系列包括：

——GB/T 65　开槽圆柱头螺钉；

——GB/T 67　开槽盘头螺钉；

——GB/T 68　开槽沉头螺钉；

——GB/T 69　开槽半沉头螺钉；

——GB/T 818　十字槽盘头螺钉；

——GB/T 819.1　十字槽沉头螺钉　第 1 部分：4.8 级；

——GB/T 819.2　十字槽沉头螺钉　第 2 部分：8.8 级、不锈钢及有色金属螺钉；

——GB/T 820　十字槽半沉头螺钉；

——GB/T 822　十字槽圆柱头螺钉；

——GB/T 823　十字槽小盘头螺钉；

——GB/T 13806.1　精密机械用紧固件　十字槽螺钉。

本部分按照 GB/T 1.1—2009 给出的规则起草。

本部分代替 GB/T 819.2—1997《十字槽沉头螺钉　第 2 部分：钢 8.8、不锈钢 A2-70 和有色金属 CU2 或 CU3》，与 GB/T 819.2—1997 相比，主要技术变化如下：

——删除“如在特殊情况下，要求本标准规定以外的技术条件，……GB 3106 和 GB 9145。”(1997 年版第 1 章)；

——引用螺纹标准统一为 GB/T 193、GB/T 9145(见第 2 章)；

——对钢及有色金属螺钉性能等级增加“d<3 mm，按协议；”(见表 2)；

——增加钢螺钉非电解锌片涂层技术要求按 GB/T 5267.2(见表 2)；

——增加不锈钢螺钉钝化处理技术要求按 GB/T 5267.4(见表 2)；

——增加有色金属螺钉电镀技术要求按 GB/T 5267.1(见表 2)。

本部分使用重新起草法修改采用 ISO 7046-2:2011《H 或 Z 型十字槽沉头螺钉　产品等级 A 级　第 2 部分：8.8 级、不锈钢及有色金属螺钉》(英文版)。

本部分与 ISO 7046-2:2011 的技术性差异及其原因如下：

——删除 ISO 7046-2 规定“如需其他技术要求，……ISO 4759-1 和 ISO 8839 中选择。”(第 1 章)，不属于本标准规定的内容；

——在规范性引用文件中，用我国标准代替国际标准(第 2 章)，增加引用 GB/T 90.2(表 2)、GB/T 5279(表 1)、GB/T 9145(表 2)、GB/T 16938(表 2)和 GB/T 1237(5.1)，以符合我国紧固件基础标准；

——对钢及有色金属螺钉性能等级增加“d<3 mm，按协议”(表 2)，扩大标准的适用范围；

——增加包装技术要求(表 2)，以符合我国紧固件基础标准；

——修改标记示例为简化标记示例(5.2)，以符合 GB/T 1237 的规定。

本标准还做了以下编辑性修改：

——修改了标准名称；

——删除 ISO 7046-2 的参考文献。

本部分由中国机械工业联合会提出。

本部分由全国紧固件标准化技术委员会(SAC/TC 85)归口。

本部分负责起草单位:中机生产力促进中心。

本部分参加起草单位:浙江东明不锈钢制品股份有限公司、奥展实业有限公司。

本部分由全国紧固件标准化技术委员会秘书处负责解释。

本部分所代替标准的历次发布情况为:

——GB/T 819—1967、GB/T 819—1976、GB/T 819—1985、GB/T 819.2—1997。

十字槽沉头螺钉　第2部分：8.8级、不锈钢及有色金属螺钉

1　范围

GB/T 819的本部分规定了8.8级、不锈钢及有色金属十字槽沉头螺钉的型式尺寸、技术条件和标记。

本部分适用于螺纹规格为M2～M10、性能等级为8.8、A2-70、CU2、CU3、产品等级为A级的H和Z型十字槽沉头螺钉。

2　规范性引用文件

下列文件对于本文件的应用是必不可少的。凡是注日期的引用文件，仅注日期的版本适用于本文件。凡是不注日期的引用文件，其最新版本(包括所有的修改单)适用于本文件。

GB/T 90.1　紧固件　验收检查(GB/T 90.1—2002，ISO 3269：2000，IDT)

GB/T 90.2　紧固件　标志与包装

GB/T 193　普通螺纹　直径与螺距系列(GB/T 193—2003，ISO 261：1998，MOD)

GB/T 944.1　螺钉用十字槽(GB/T 944.1—1985，eqv ISO 4757：1983)

GB/T 1237　紧固件标记方法(GB/T 1237—2000，eqv ISO 8991：1986)

GB/T 3098.1　紧固件机械性能　螺栓、螺钉和螺柱(GB/T 3098.1—2010，ISO 898-1：2009，MOD)

GB/T 3098.6　紧固件机械性能　不锈钢螺栓、螺钉和螺柱(GB/T 3098.6—2014，ISO 3506-1：2009，MOD)

GB/T 3098.10　紧固件机械性能　有色金属制造的螺栓、螺钉、螺柱和螺母(GB/T 3098.10—1993，eqv ISO 8839：1986)

GB/T 3103.1　紧固件公差　螺栓、螺钉、螺柱和螺母(GB/T 3103.1—2002，idt ISO 4759-1：2000)

GB/T 5267.1　紧固件　电镀层(GB/T 5267.1—2002，ISO 4042：1999，IDT)

GB/T 5267.2　紧固件　非电解锌片涂层(GB/T 5267.2—2002，ISO 10683：2000，IDT)

GB/T 5267.4　紧固件表面处理　耐腐蚀不锈钢钝化处理(GB/T 5267.4—2009，ISO 16048：2003，IDT)

GB/T 5276　紧固件　螺栓、螺钉、螺柱及螺母　尺寸代号和标注(GB/T 5276—201×，ISO 225：2010，MOD)

GB/T 5279　沉头螺钉　头部形状和测量(GB/T 5279—1985，idt ISO 7721：1983)

GB/T 5279.2　沉头螺钉　第2部分：十字槽插入深度(GB/T 5279.2—1997，idt ISO 7721-2：1990)

GB/T 5779.1　紧固件表面缺陷　螺栓、螺钉和螺柱　一般要求(GB/T 5779.1—2000，idt ISO 6157-1：1988)

GB/T 9145　普通螺纹　中等精度、优选系列的极限尺寸(GB/T 9145—2003，ISO 965-2：1998，MOD)

GB/T 16938　紧固件　螺栓、螺钉、螺柱和螺母　通用技术条件(GB/T 16938—2008，ISO 8992：2005，IDT)

3 尺寸

螺钉的型式尺寸见图1和表1。

尺寸代号和标注符合GB/T 5276。

无螺纹部分杆径约等于螺纹中径或允许等于螺纹大径。

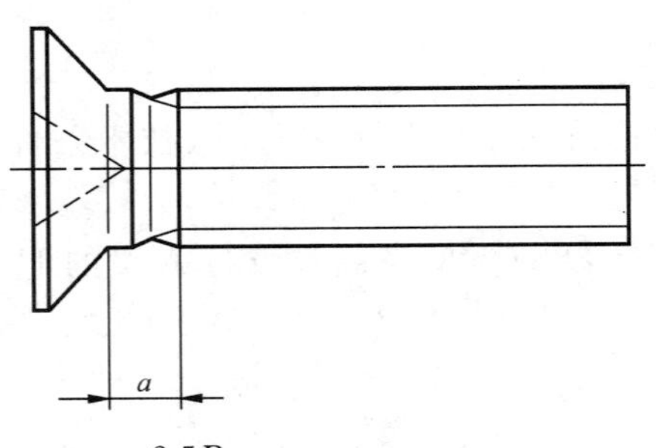

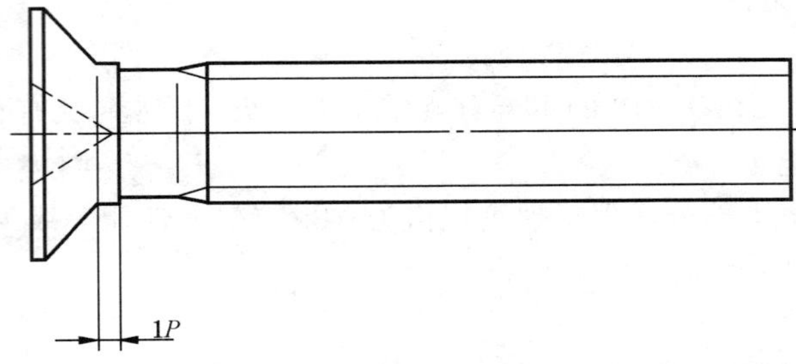

$a_{max} = 2.5P$。

注：其余尺寸见图2和图3。

图1 用于插入深度系列1(深的)头下带台肩的螺钉

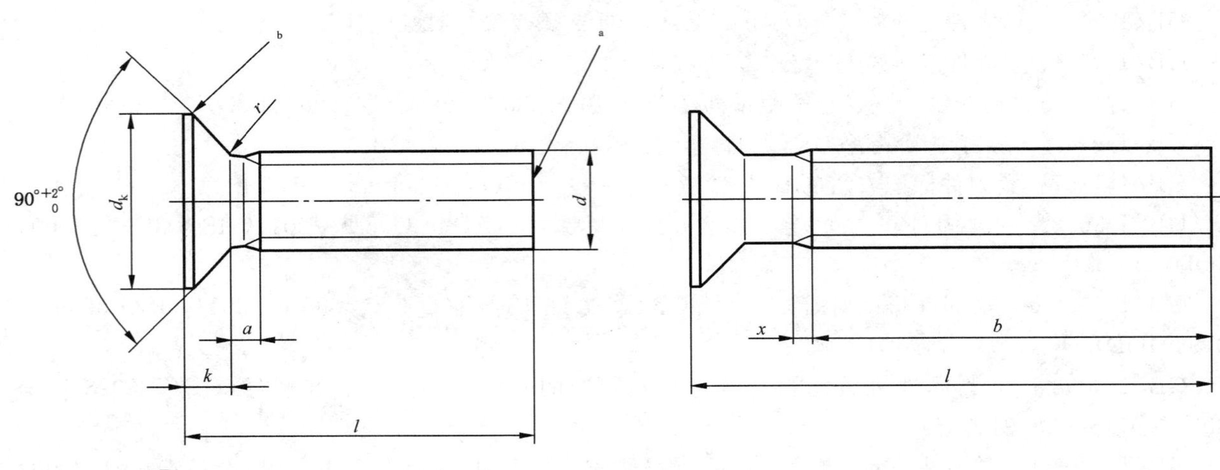

$a_{max} = 2P$。

a 辗制末端。

b 圆的或平的。

图2 用于插入深度系列2(浅的)头下不带台肩的螺钉

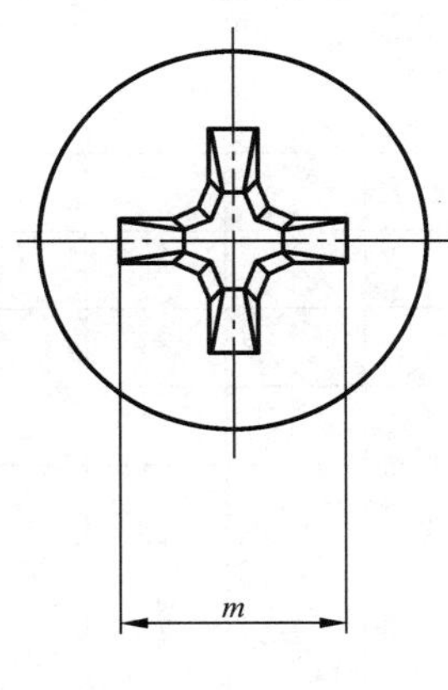

a） H 型

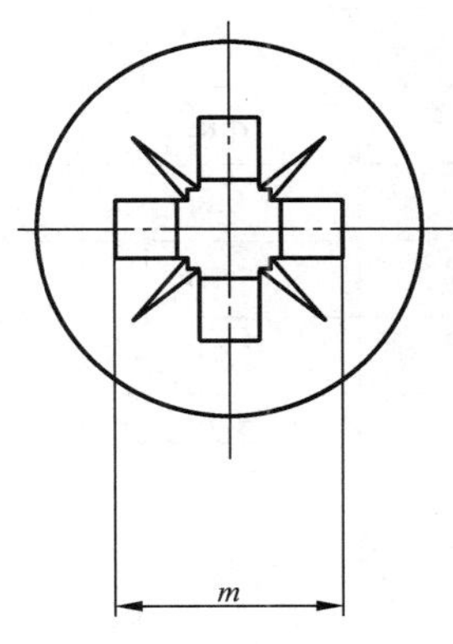

b） Z 型

图 3 十字槽

表 1 尺寸

单位为毫米

螺纹规格 d					M2	M2.5	M3	(M3.5)[a]	M4	M5	M6	M8	M10
P[b]					0.4	0.45	0.5	0.6	0.7	0.8	1	1.25	1.5
b				min	25	25	25	38	38	38	38	38	38
d_k[c]	理论值			max	4.4	5.5	6.3	8.2	9.4	10.4	12.6	17.3	20
	实际值			max	3.8	4.7	5.5	7.3	8.4	9.3	11.3	15.8	18.3
				min	3.5	4.4	5.2	6.9	8.0	8.9	10.9	15.4	17.8
k				max	1.2	1.5	1.65	2.35	2.7	2.7	3.3	4.65	5
r				max	0.5	0.6	0.8	0.9	1	1.3	1.5	2	2.5
x				max	1	1.1	1.25	1.5	1.75	2	2.5	3.2	3.8
十字槽	系列 1[d]（深的）	H 型	槽号 No		0	1		2			3	4	
			m 参考		1.9	2.9	3.2	4.4	4.6	5.2	6.8	8.9	10
			插入深度	min	0.9	1.4	1.7	1.9	2.1	2.7	3.0	4.0	5.1
				max	1.2	1.8	2.1	2.4	2.6	3.2	3.5	4.6	5.7
		Z 型	槽号 No		0	1		2			3	4	
			m 参考		1.9	2.8	3	4.1	4.4	4.9	6.6	8.8	9.8
			插入深度	min	0.95	1.48	1.76	1.75	2.06	2.60	3.00	4.15	5.19
				max	1.20	1.73	2.01	2.20	2.51	3.05	3.45	4.60	5.64
	系列 2[d]（浅的）	H 型	槽号 No		0	1		2			3	4	
			m 参考		1.9	2.7	2.9	4.1	4.6	4.8	6.6	8.7	9.6
			插入深度	min	0.9	1.25	1.4	1.6	2.1	2.3	2.8	3.9	4.8
				max	1.2	1.55	1.8	2.1	2.6	2.8	3.3	4.4	5.3
		Z 型	槽号 No		0	1		2			3	4	
			m 参考		1.9	2.5	2.8	4	4.4	4.6	6.3	8.5	9.4
			插入深度	min	0.95	1.22	1.48	1.61	2.06	2.27	2.73	3.87	4.78
				max	1.20	1.47	1.73	2.05	2.51	2.72	3.18	4.32	5.23

表 1（续）

单位为毫米

螺纹规格 d			M2	M2.5	M3	(M3.5)[a]	M4	M5	M6	M8	M10
$l^{a,e}$											
公称	min	max									
3	2.8	3.2									
4	3.76	4.24									
5	4.76	5.24									
6	5.76	6.24									
8	7.71	8.29									
10	9.71	10.29									
12	11.65	12.35									
(14)	13.65	14.35									
16	15.65	16.35									
20	19.58	20.42									
25	24.58	25.42									
30	29.58	30.42									
35	34.5	35.5									
40	39.5	40.5									
45	44.5	45.5									
50	49.5	50.5									
(55)	54.05	55.95									
60	59.05	60.95									

注：阶梯实线之内为优选长度范围。

[a] 尽可能不采用括号内的规格。

[b] P——螺距。

[c] 见 GB/T 5279。

[d] 见 GB/T 5279.2。

[e] 公称长度在阶梯虚线以上的螺钉，制出全螺纹 $b=l-(k+a)$。

4 技术条件和引用标准

技术条件和引用标准见表 2。

表 2 技术条件和引用标准

材料		钢	不锈钢	有色金属
通用技术条件		GB/T 16938		
螺纹	公差	6 g		
	标准	GB/T 193、GB/T 9145		
机械性能	性能等级	d<3 mm:按协议; d≥3 mm:8.8	A2-70	d<3 mm:按协议; d≥3 mm:CU2、CU3[a]
	标准	d<3 mm:按协议; d≥3 mm:GB/T 3098.1	GB/T 3098.6	d<3 mm:按协议; d≥3 mm:GB/T 3098.10
公差	产品等级	A		
	标准	GB/T 3103.1		
十字槽		GB/T 944.1		
表面缺陷		GB/T 5779.1	—	—
表面处理		不经处理; 电镀技术要求按 GB/T 5267.1; 非电解锌片涂层技术要求按 GB/T 5267.2	简单处理; 钝化处理技术要求按 GB/T 5267.4	简单处理; 电镀技术要求按 GB/T 5267.1
		如需其他技术要求或表面处理,应由供需协议		
验收及包装		GB/T 90.1、GB/T 90.2		

[a] 由制造者选择。

5 标记

5.1 标记方法

标记方法按 GB/T 1237 规定。

5.2 标记示例

螺纹规格为 M5、公称长度 l=20 mm、性能等级为 8.8 级、H 型十字槽、插入深度系列 1 或系列 2 由制造者任选、表面不经处理的 A 级十字槽沉头螺钉的标记:

螺钉 GB/T 819.2 M5×20

如需指定插入深度系列时,应在标记中标明十字槽型式及系列数,如 H 型、系列 1 的标记:

螺钉 GB/T 819.2 M5×20 H1

ICS 21.060.10
J 13

中华人民共和国国家标准

GB/T 822—2016
代替 GB/T 822—2000

十字槽圆柱头螺钉

Cheese head screws with cross recess

(ISO 7048:2011,Cross-recessed cheese head screws, MOD)

2016-02-24 发布 2016-06-01 实施

中华人民共和国国家质量监督检验检疫总局
中国国家标准化管理委员会 发布

前 言

本标准是“开槽螺钉和十字槽螺钉”系列国家标准之一，该系列包括：

——GB/T 65　开槽圆柱头螺钉；

——GB/T 67　开槽盘头螺钉；

——GB/T 68　开槽沉头螺钉；

——GB/T 69　开槽半沉头螺钉；

——GB/T 818　十字槽盘头螺钉；

——GB/T 819.1　十字槽沉头螺钉　第1部分：4.8级；

——GB/T 819.2　十字槽沉头螺钉　第2部分：8.8级、不锈钢及有色金属螺钉；

——GB/T 820　十字槽半沉头螺钉；

——GB/T 822　十字槽圆柱头螺钉；

——GB/T 823　十字槽小盘头螺钉；

——GB/T 13806.1　精密机械用紧固件　十字槽螺钉。

本标准按照GB/T 1.1—2009给出的规则起草。

本标准代替GB/T 822—2000《十字槽圆柱头螺钉》，主要技术变化如下：

——删除“如需其他技术要求，……GB/T 3098.6和GB/T 3098.10中选择。”(2000年版第1章)；

——引用螺纹标准统一为GB/T 193、GB/T 9145(见第2章)；

——对钢及有色金属螺钉性能等级增加“d<3 mm：按协议”(见表2)；

——增加钢螺钉非电解锌片涂层技术要求按GB/T 5267.2(见表2)；

——增加不锈钢螺钉钝化处理技术要求按GB/T 5267.4(见表2)；

——增加有色金属螺钉电镀技术要求按GB/T 5267.1(见表2)。

本标准使用重新起草法修改采用ISO 7048:2011《十字槽圆柱头螺钉》(英文版)。

本标准与ISO 7048:2011的技术性差异及其原因如下：

——删除ISO 7048:2011规定：“如需其他技术要求，……ISO 4759-1和ISO 8839中选择。”(第1章)，不属于本标准规定的内容；

——在引用文件中，用我国标准代替国际标准(第2章)，增加引用GB/T 90.2(表2)、GB/T 5267.4(表2)和GB/T 1237(5.1)，以符合我国紧固件基础标准；

——对钢及有色金属螺钉性能等级增加“d<3 mm：按协议”(表2)，扩大标准的适用范围；

——增加有色金属螺钉性能等级(见表2)，扩大标准的适用范围；

——增加不锈钢螺钉规定钝化处理技术要求(见表2)，扩大产品的使用范围；

——因为低强度等级扭矩试验结果较分散，尚需进一步试验验证，删除ISO 7048:2011表的脚注：“[a]为符合扭矩试验的要求，可在螺钉杆部或螺纹部分断裂，而不得发生在头杆或十字槽与杆部交接处”(表2)；

——增加包装技术要求(表2)，以符合我国紧固件基础标准；

——修改标记示例为简化标记示例(5.2)，以符合GB/T 1237的规定。

本标准还做了下列编辑性修改：

——修改标准名称；

——删除ISO 7048的参考文献。

本标准由中国机械工业联合会提出。

本标准由全国紧固件标准化技术委员会(SAC/TC 85)归口。

本标准负责起草单位:中机生产力促进中心。

本标准参加起草单位:机械工业通用零部件产品质量监督检测中心、宁波中机机械零部件检测有限公司。

本标准由全国紧固件标准化技术委员会秘书处负责解释。

本标准所代替标准的历次发布情况为:

——GB/T 822—1967、GB/T 822—1976、GB/T 822—1988、GB/T 822—2000。

十字槽圆柱头螺钉

1 范围

本标准规定了十字槽圆柱头螺钉的型式尺寸、技术条件和标记。

本标准适用于螺纹规格为M2.5～M8、性能等级为4.8、5.8、A2-70、CU2、CU3和AL4、产品等级为A级的H型和Z型十字槽圆柱头螺钉。

注：本标准规定的螺钉头部尺寸与GB/T 65开槽圆柱头螺钉相同。

2 规范性引用文件

下列文件对于本文件的应用是必不可少的。凡是注日期的引用文件，仅注日期的版本适用于本文件。凡是不注日期的引用文件，其最新版本(包括所有的修改单)适用于本文件。

GB/T 90.1 紧固件 验收检查(GB/T 90.1—2002,ISO 3269:2000,IDT)

GB/T 90.2 紧固件 标志与包装

GB/T 193 普通螺纹 直径与螺距系列(GB/T 193—2003,ISO 261:1998,MOD)

GB/T 944.1 螺钉用十字槽(GB/T 944.1—1985,eqv ISO 4757:1983)

GB/T 1237 紧固件标记方法(GB/T 1237—2000,eqv ISO 8991:1986)

GB/T 3098.1 紧固件机械性能 螺栓、螺钉和螺柱(GB/T 3098.1—2010,ISO 898-1:2009,MOD)

GB/T 3098.6 紧固件机械性能 不锈钢螺栓、螺钉和螺柱(GB/T 3098.6—2014, ISO 3506-1:2009,MOD)

GB/T 3098.10 紧固件机械性能 有色金属制造的螺栓、螺钉、螺柱和螺母(GB/T 3098.10—1993, eqv ISO 8839:1986)

GB/T 3103.1 紧固件公差 螺栓、螺钉、螺柱和螺母(GB/T 3103.1—2002, idt ISO 4759-1:2000)

GB/T 5267.1 紧固件 电镀层(GB/T 5267.1—2002,ISO 4042:1999,IDT)

GB/T 5267.2 紧固件 非电解锌片涂层(GB/T 5267.2—2002,ISO 10683:2000,IDT)

GB/T 5267.4 紧固件表面处理 耐腐蚀不锈钢钝化处理(GB/T 5267.4—2009,ISO 16048:2003,IDT)

GB/T 5276 紧固件 螺栓、螺钉、螺柱及螺母 尺寸代号和标注(GB/T 5276—2015, ISO 225:2010, MOD)

GB/T 5779.1 紧固件表面缺陷 螺栓、螺钉和螺柱 一般要求(GB/T 5779.1—2000, idt ISO 6157-1:1988)

GB/T 9145 普通螺纹 中等精度、优选系列的极限尺寸(GB/T 9145—2003,ISO 965-2:1998,MOD)

GB/T 16938 紧固件 螺栓、螺钉、螺柱和螺母 通用技术条件(GB/T 16938—2008, ISO 8992:2005,IDT)

3 尺寸

螺钉的型式尺寸见图1和表1。

尺寸代号和标注符合 GB/T 5276。

无螺纹部分杆径约等于螺纹中径或允许等于螺纹大径。

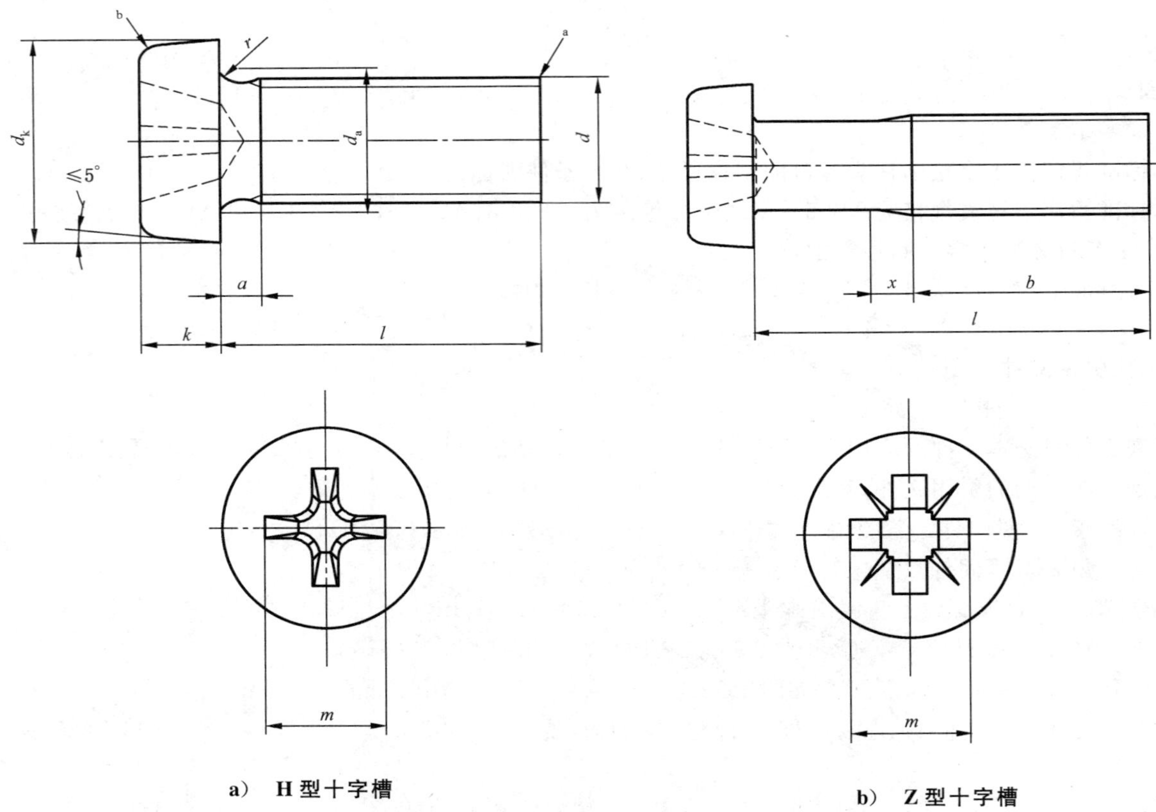

a) H 型十字槽

b) Z 型十字槽

[a] 辗制末端。

[b] 圆的或平的。

图 1

表 1 尺寸

单位为毫米

螺纹规格 d		M2.5	M3	(M3.5)[a]	M4	M5	M6	M8
P[b]		0.45	0.5	0.6	0.7	0.8	1	1.25
a	max	0.9	1	1.2	1.4	1.6	2	2.5
b	min	25	25	38	38	38	38	38
d_k	max	4.50	5.50	6.00	7.00	8.50	10.00	13.00
	min	4.32	5.32	5.82	6.78	8.28	9.78	12.73
d_a	max	3.1	3.6	4.1	4.7	5.7	6.8	9.2
k	max	1.80	2.00	2.40	2.60	3.30	3.9	5.0
	min	1.66	1.86	2.26	2.46	3.12	3.6	4.7
r	min	0.1	0.1	0.1	0.2	0.2	0.25	0.4
x	max	1.1	1.25	1.5	1.75	2	2.5	3.2

表 1（续）

单位为毫米

螺纹规格 d			M2.5	M3	(M3.5)[a]	M4	M5	M6	M8
十字槽	槽号	No	1	2	2	2	2	3	3
	H 型	m 参考	2.7	3.5	3.8	4.1	4.8	6.2	7.7
		插入深度 min	1.20	0.86	1.15	1.45	2.14	2.25	3.73
		插入深度 max	1.62	1.43	1.73	2.03	2.73	2.86	4.36
	Z 型	m 参考	2.4	3.5	3.7	4.0	4.6	6.1	7.5
		插入深度 min	1.10	1.22	1.34	1.60	2.26	2.46	3.88
		插入深度 max	1.35	1.47	1.80	2.06	2.72	2.92	4.34
l[c]			每 1 000 件钢螺钉的质量（ρ=7.85 kg/dm^3）≈ kg						
公称	min	max							
2	1.8	2.2							
3	2.8	3.2	0.272						
4	3.76	4.24	0.302	0.515					
5	4.76	5.24	0.332	0.560	0.786	1.09			
6	5.76	6.24	0.362	0.604	0.845	1.17	2.06		
8	7.71	8.29	0.422	0.692	0.966	1.33	2.20	3.56	
10	9.71	10.29	0.482	0.780	1.08	1.47	2.55	3.92	7.85
12	11.65	12.35	0.542	0.868	1.20	1.63	2.80	4.27	8.49
16	15.65	16.35	0.662	1.04	1.44	1.95	3.30	4.98	9.77
20	19.58	20.42	0.782	1.22	1.68	2.25	3.78	5.69	11.0
25	24.58	25.42	0.932	1.44	1.98	2.64	4.40	6.56	12.6
30	29.58	30.42		1.68	2.28	3.02	5.02	7.45	14.2
35	34.5	35.5			2.57	3.41	5.62	8.25	15.8
40	39.5	40.5				3.80	6.25	9.20	17.4
45	44.5	45.5					6.88	10.0	18.9
50	49.5	50.5					7.50	10.9	20.6
60	59.05	60.95						12.7	23.7
70	69.05	70.95							26.8
80	79.05	80.95							29.8

注：在阶梯实线间为优选长度。

[a] 尽可能不采用括号内的规格。

[b] P——螺距。

[c] 公称长度在阶梯虚线以上的螺钉，制出全螺纹 $b=l-a$。

4 技术条件和引用标准

技术条件和引用标准见表 2。

表 2 技术条件和引用标准

材料		钢	不锈钢	有色金属
通用技术条件		GB/T 16938		
螺纹	公差	6g		
	标准	GB/T 193、GB/T 9145		
机械性能	性能等级	d<3 mm:按协议; d≥3 mm:4.8、5.8	A2-70	d<3 mm:按协议; d≥3 mm:CU2、CU3、AL4
	标准	d<3 mm:按协议; d≥3 mm:GB/T 3098.1	GB/T 3098.6	d<3 mm:按协议; d≥3 mm:GB/T 3098.10
公差	产品等级	A		
	标准	GB/T 3103.1		
十字槽		GB/T 944.1		
表面缺陷		GB/T 5779.1	—	—
表面处理		不经处理; 电镀技术要求按 GB/T 5267.1; 非电解锌片涂层技术要求按 GB/T 5267.2	简单处理; 钝化处理技术要求按 GB/T 5267.4	简单处理; 电镀技术要求按 GB/T 5267.1
		如需其他技术要求或表面处理,应由供需协议		
验收及包装		GB/T 90.1、GB/T 90.2		

5 标记

5.1 标记方法

标记方法按 GB/T 1237 规定。

5.2 标记示例

螺纹规格为 M5、公称长度 l=20 mm、性能等级为 4.8 级、H 型十字槽、表面不经处理的 A 级十字槽圆柱头螺钉的标记:

螺钉 GB/T 822 M5×20

中华人民共和国国家标准

UDC 621.882

吊环螺钉

GB 825—88

Eyebolts

代替 GB 825—76

1 主题内容与适用范围

本标准适用于起吊机械器具等一般装卸用的、规格为M8～M100×6的吊环螺钉。

注：商品紧固件品种，应优先选用。

2 引用标准

GB 2 紧固件 外螺纹零件的末端

GB 699 优质碳素结构钢钢号和一般技术条件

GB 196 普通螺纹 基本尺寸

GB 197 普通螺纹 公差与配合

GB 230 金属洛氏硬度试验方法

GB 5267 螺纹紧固件电镀层

GB 90 紧固件验收检查、标志与包装

GB 6394 金属平均晶粒度测定法

GB 1237 紧固件的标记方法

3 型式、尺寸与最大起吊重量

3.1 型式按图1规定。

3.2 尺寸按表1规定。

3.3 最大起吊重量按表2规定。

国家机械工业委员会 1988-04-04 批准 1989-01-01 实施

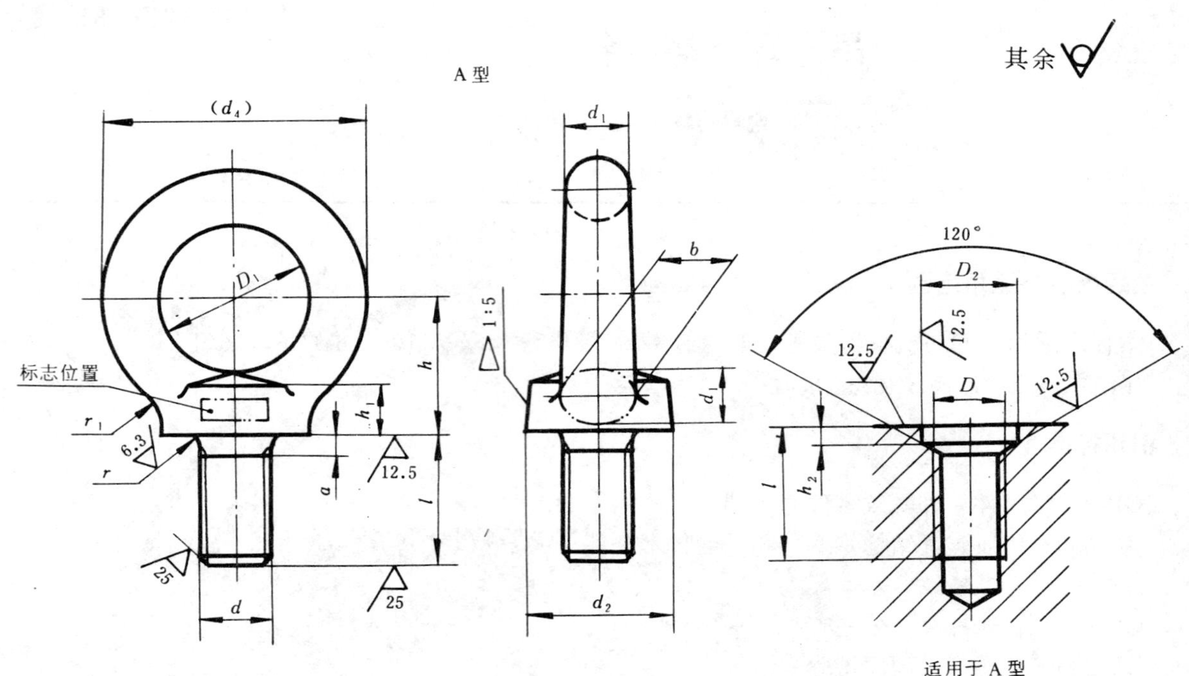

B型

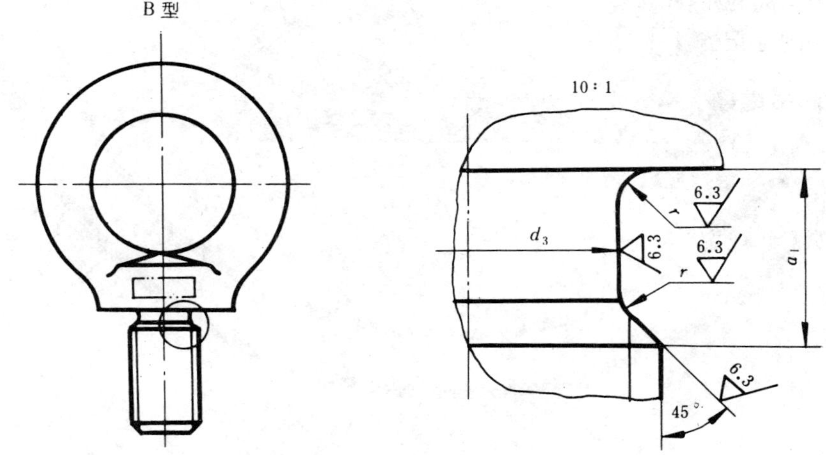

末端倒角或倒圆按 GB 2 规定；

A 型无螺纹部分杆径约等于螺纹中径或螺纹大径。

图 1

表 1

mm

规格(d)		M8	M10	M12	M16	M20	M24	M30	M36	M42	M48	M56	M64	M72×6	M80×6	M100×6
d_1	max	9.1	11.1	13.1	15.2	17.4	21.4	25.7	30	34.4	40.7	44.7	51.4	63.8	71.8	79.2
	min	7.6	9.6	11.6	13.6	15.6	19.6	23.5	27.5	31.2	37.1	41.1	46.9	58.8	66.8	73.6
D_1	公称	20	24	28	34	40	48	56	67	80	95	112	125	140	160	200
	min	19	23	27	32.9	38.8	46.8	54.6	65.5	78.1	92.9	109.9	122.3	137	157	196.7
	max	20.4	24.4	28.4	34.5	40.6	48.6	56.6	67.7	80.9	96.1	113.1	126.3	141.5	161.5	201.7
d_2	max	21.1	25.1	29.1	35.2	41.4	49.4	57.7	69	82.4	97.7	114.7	128.4	143.8	163.8	204.2
	min	19.6	23.6	27.6	33.6	39.6	47.6	55.5	66.5	79.2	94.1	111.1	123.9	138.8	158.8	198.6
h_1	max	7	9	11	13	15.1	19.1	23.2	27.4	31.7	36.9	39.9	44.1	52.4	57.4	62.4
	min	5.6	7.6	9.6	11.6	13.5	17.5	21.4	25.4	29.2	34.1	37.1	40.9	48.8	53.8	58.8
l	公称	16	20	22	28	35	40	45	55	65	70	80	90	100	115	140
	min	15.1	18.95	20.95	26.95	33.75	38.75	43.75	53.5	63.5	68.5	78.5	88.25	98.25	113.25	138
	max	16.9	21.05	23.05	29.05	36.25	41.25	46.25	56.5	66.5	71.5	81.5	91.75	101.75	116.75	142
d_4 参考		36	44	52	62	72	88	104	123	144	171	196	221	260	296	350
h		18	22	26	31	36	44	53	63	74	87	100	115	130	150	175
r_1		4	4	6	6	8	12	15	18	20	22	25	25	35	35	40
r	min	1	1	1	1	1	2	2	3	3	3	4	4	4	4	5
a_1	max	3.75	4.5	5.25	6	7.5	9	10.5	12	13.5	15	16.5	18	18	18	18
d_3	公称 (max)	6	7.7	9.4	13	16.4	19.6	25	30.8	35.6	41	48.3	55.7	63.7	71.7	91.7
	min	5.82	7.48	9.18	12.73	16.13	19.27	24.67	29.91	35.21	40.61	47.91	55.24	63.24	71.24	91.16
a	max	2.5	3	3.5	4	5	6	7	8	9	10	11	12	12	12	12
b		10	12	14	16	19	24	28	32	38	46	50	58	72	80	88
D		M8	M10	M12	M16	M20	M24	M30	M36	M42	M48	M56	M64	M72×6	M80×6	M100×6
D_2	公称(min)	13	15	17	22	28	32	38	45	52	60	68	75	85	95	115
	max	13.43	15.43	17.52	22.52	28.52	32.62	38.62	45.62	52.74	60.74	68.74	75.74	85.87	95.87	115.87
h_2	公称(min)	2.5	3	3.5	4.5	5	7	8	9.5	10.5	11.5	12.5	13.5	14	14	14
	max	2.9	3.4	3.98	4.98	5.48	7.58	8.58	10.08	11.2	12.2	13.2	14.2	14.7	14.7	14.7

注：M8～M36 为商品紧固件规格。

表 2

t

规格 (*d*)	M8	M10	M12	M16	M20	M24	M30	M36	M42	M48	M56	M64	M72×6	M80×6	M100×6
单螺钉起吊 max	0.16	0.25	0.4	0.63	1	1.6	2.5	4	6.3	8	10	16	20	25	40
双螺钉起吊 45° max max	0.08	0.125	0.2	0.32	0.5	0.8	1.25	2	3.2	4	5	8	10	12.5	20

注：表中数值系指平稳起吊时的最大起吊重量。

4 标记

4.1 标记方法按 GB 1237 规定。

4.2 标记示例：

规格为 M20、材料为 20 钢、经正火处理、不经表面处理的 A 型吊环螺钉的标记：

螺钉 GB 825 M20

5 技术条件

5.1 技术要求

5.1.1 吊环螺钉应采用 20 或 25 钢(GB 699)制造。

5.1.2 吊环螺钉必须经整体锻造。锻件应进行正火处理，并清除氧化皮。成品的晶粒度不应低于 5 级(GB 6394)。

锻件不准有过烧、裂缝缺陷。

5.1.3 螺纹基本尺寸按 GB 196；公差按 GB 197 的 8g 级规定。

螺纹表面粗糙度：牙侧$\overset{6.3}{\triangledown}$；牙顶、牙底等由工艺保证，在产品上不予考核。

5.1.4 锻件的允许错差和残留飞边按表 3 规定。

表 3

mm

规格 (d)		M8	M10	M12	M16	M20	M24	M30	M36	M42	M48	M56	M64	M72×6	M80×6	M100×6
错差 max		0.4				0.5		0.6	0.8	1	1.2		1.4	1.6		
残留飞边 max	外缘	0.5				0.6		0.7	0.8	1	1.2		1.4	1.7		
	内孔	0														

5.1.5　螺纹轴线对支承面的垂直度公差(t):$t=0.8d_2\sin1°$($d\leqslant36$mm);

$t=0.8d_2\sin30'$($d>36$mm)。

5.1.6　螺纹轴线对支承面的垂直度,按 GB 3103.1 第 11.2 条对 A 级产品的规定。

5.1.7　吊环螺钉不允许有影响使用的表面缺陷。

5.1.8　机械性能

5.1.8.1　吊环螺钉应进行轴向保证载荷试验,其载荷按表 4 规定。试验后不允许有裂缝,环部的变形率不得大于 0.5%。

5.1.8.2　吊环螺钉的轴向最小断裂载荷不应低于表 4 的规定。

表 4

kN

规格(d)	M8	M10	M12	M16	M20	M24	M30	M36
轴向保证载荷	3.2	5	8	12.5	20	32	50	80
轴向最小断裂载荷	6.3	10	16	25	40	63	100	160

规格(d)	M42	M48	M56	M64	M72×6	M80×6	M100×6
轴向保证载荷	125	160	200	320	400	500	800
轴向最小断裂载荷	250	320	400	630	800	1 000	1 600

5.1.8.3　吊环螺钉应进行硬度试验,其硬度值应符合 HRB 67～95。

5.1.9　表面处理

对吊环螺钉一般不进行表面处理。但根据使用要求,可进行镀锌钝化、镀铬等表面处理,并应按 GB 5267—85规定。电镀锌后应立即进行驱氢处理。

5.2　试验方法

5.2.1　材料的化学成分及机械性能的试验方法按 GB 699 规定。

5.2.2　常规检查时,可不进行晶粒度试验。晶粒度的试验方法按 GB 6394 的规定。

5.2.3　螺纹检查用螺纹量规和光滑极限量规或万能量具进行。

5.2.4　轴向保证载荷试验

5.2.4.1　试验装置与吊环螺钉环部的标距 l_c,如图 2 所示。

5.2.4.2　加载前用游标卡尺测出标距值 l_c;加载至表 4 规定的轴向保证载荷值保持时间为 15s;卸载后测出变形后的标距值 l 并按下式计算出变形率。

$$变形率=\frac{l_c-l}{l_c}\times100\%$$

为避免试件承受横向载荷,试验机的夹具应能自动定心。试验时夹头的移动速度不应超过 3mm/min。

5.2.5　轴向最小断裂载荷试验方法

5.2.5.1　常规检查时,可不进行轴向最小断裂载荷试验。

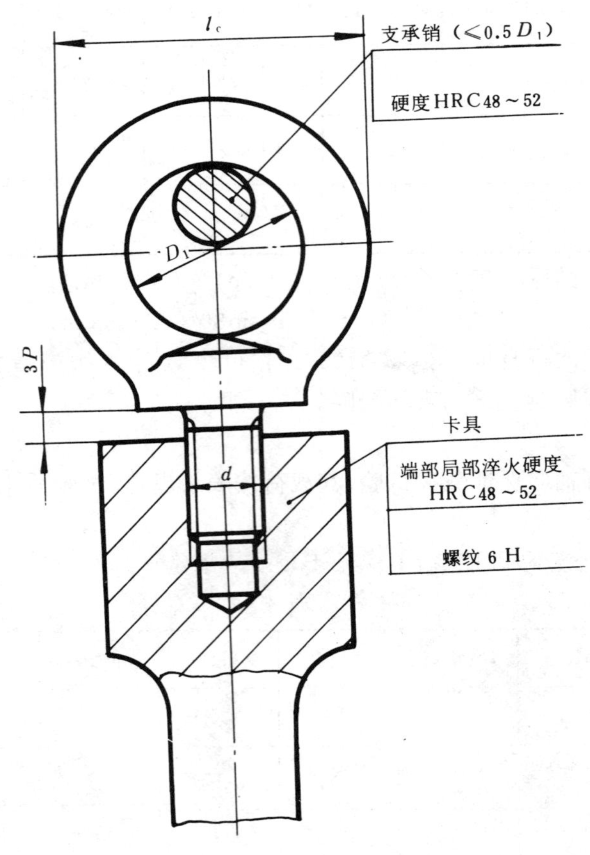

图 2

5.2.5.2　M8～M36 的吊环螺钉，用实物进行试验。试验装置如图 2 所示。加载至表 4 规定的轴向最小断裂载荷值，卸载后目测检查，试件不得发生断裂。

为避免试件承受横向载荷，试验机的夹具应能自动定心。试验时夹头的移动速度不应超过 25mm/min。

5.2.5.3　M42～M100×6 的吊环螺钉，用机加工试件进行试验。其方法由供需双方协议。

5.2.6　硬度试验按 GB 230 的规定，并在螺杆末端中心部位或环部测定。

5.3　验收检查、标志与包装

5.3.1　应在图 1 所示部位制出材料牌号（20 或 25）的标志以及制造厂的商标或鉴别。

5.3.2　验收检查、标志与包装按 GB 90 规定。

5.3.2.1　尺寸项目及合格质量水平（AQL）：

a.　杆部与支承面交接处的圆角半径（r）按 AQL＝1.5；

b.　螺纹通规和止规检查按 AQL＝1.0；

c.　其他均为次要尺寸项目，按 AQL＝2.5。

5.3.2.2　机械性能抽查项目为：轴向保证载荷、硬度及晶粒度。

附 录 A
对使用吊环螺钉的要求
（补充件）

A1 吊环螺钉的最大起吊重量值仅适用于将吊环螺钉安装于钢、铸钢或灰铸铁件的情况。

A2 吊环螺钉必须旋进至使支承面紧密贴合，但不准使用工具扳紧。

A3 不允许有垂直于吊环平面的载荷。

A4 采用表 2 中“双螺钉起吊”的方式时，应保证两吊环平面在同一平面内。为此，可在支承面上加放调整垫片。

A5 采用表 2 中“双螺钉起吊”的方式时，钢缆绳的夹角不应大于 90°。

附加说明：

本标准由全国紧固件标准化技术委员会提出。

本标准由国家机械工业委员会标准化研究所归口。

本标准由国家机械委员会标准化研究所负责，天津大学、沈阳标准件六厂、河北胜芳标准件总厂、成都标准件总厂参加起草。

中华人民共和国国家标准

UDC 621.882.2

GB 829—88

代替 GB 829—76

开槽圆柱端定位螺钉

Slotted setscrews with dog point

1 主题内容

本标准规定了螺纹规格为 M1.6～M10 的开槽圆柱端定位螺钉。

2 引用标准

GB 196 普通螺纹 基本尺寸
GB 197 普通螺纹 公差与配合
GB 3098.3 紧固件机械性能 紧定螺钉
GB 3098.6 紧固件机械性能 不锈钢螺栓、螺钉、螺柱和螺母
GB 3103.1 紧固件公差 螺栓、螺钉和螺母
GB 5267 螺纹紧固件电镀层
GB 90 紧固件验收检查、标志与包装
GB 1237 紧固件的标记方法

3 尺寸

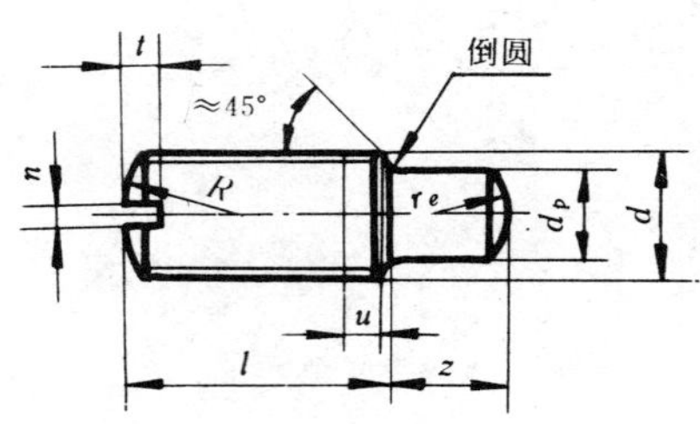

u(不完整螺纹的长度)$\leqslant 2P$；P——螺距。

国家机械工业委员会 1988-06-24 批准　　　　1989-07-01 实施

表 1

mm

螺　纹　规　格 d		M1.6	M2	M2.5	M3	M4	M5	M6	M8	M10
d_P	max	0.8	1	1.5	2	2.5	3.5	4	5.5	7
	min	0.55	0.75	1.25	1.75	2.25	3.2	3.7	5.2	6.64
n	公称	0.25	0.25	0.4	0.4	0.6	0.8	1	1.2	1.6
	min	0.31	0.31	0.46	0.46	0.66	0.86	1.06	1.26	1.66
	max	0.45	0.45	0.6	0.6	0.8	1	1.2	1.51	1.91
t	max	0.74	0.84	0.95	1.05	1.42	1.63	2	2.5	3
	min	0.56	0.64	0.72	0.8	1.12	1.28	1.6	2	2.4
R	≈	1.6	2	2.5	3	4	5	6	8	10
r_e	≈	1.12	1.4	2.1	2.8	3.5	4.9	5.6	7.7	9.8
$l_{公称}$										
1.5										
2										
2.5			通							
3				用						
4					规					
5						格				
6							范			
8								围		
10										
12										
16										
20										
z										
公称(min)	max									
1	1.25									
1.2	1.45									
1.5	1.75		通							
2	2.25			用						
2.5	2.75				规					
3	3.25					格				
4	4.30						范			
5	5.30							围		
6	6.30									
8	8.36									
10	10.36									

表 2

mm

$l_{公称}+z_{公称}$	基本尺寸	>1～3	>3～6	>6～10	>10～18	>18～30
	极限偏差	±0.20	±0.24	±0.29	±0.35	±0.42

4 技术条件

表 3

材料		钢	不锈钢
螺纹	公差	6g	
	标准	GB 196、GB 197	
机械性能	等级	14H、33H	A 1-50、C4-50
	标准	GB 3098.3	GB 3098.6
公差	产品等级	除第 3 章规定外，其余按 A 级	
	标准	GB 3103.1	
表面处理		① 不经处理 ② 镀锌钝化 GB 5267	不经处理
验收及包装		GB 90	

5 标记

5.1 标记方法按 GB 1237 规定。

5.2 标记示例：

螺纹规格 d=M5，公称长度 l=10mm、长度 z=5mm、性能等级为 14H 级、不经处理的开槽圆柱端定位螺钉的标记：

螺钉 GB 829 M5×10×5

附加说明：

本标准由全国紧固件标准化技术委员会提出。

本标准由国家机械工业委员会标准化研究所归口。

本标准由国家机械工业委员会标准化研究所负责起草。

中华人民共和国国家标准

UDC 621.882.2

开槽圆柱头轴位螺钉

Slotted cheese head screws with shoulder

GB 830—88

代替 GB 830—76

1 主题内容

本标准规定了螺纹规格为M1.6～M10的开槽圆柱头轴位螺钉。

2 引用标准

GB 196 普通螺纹 基本尺寸
GB 197 普通螺纹 公差与配合
GB 2 紧固件 外螺纹零件的末端
GB 3098.1 紧固件机械性能 螺栓、螺钉和螺柱
GB 3098.6 紧固件机械性能 不锈钢螺栓、螺钉、螺柱和螺母
GB 3103.1 紧固件公差 螺栓、螺钉和螺母
GB 5267 螺纹紧固件 电镀层
GB 90 紧固件验收检查、标志与包装
GB 1237 紧固件标记方法

3 尺寸

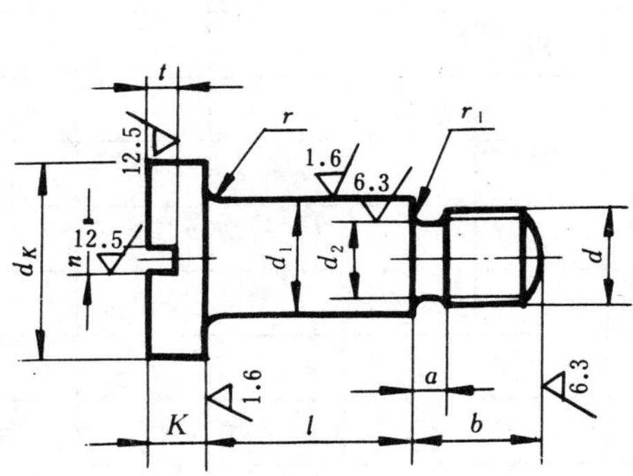

末端按GB 2规定。

国家机械工业委员会1988-06-24批准　　1989-07-01实施

表 1

mm

螺纹规格 d			M1.6	M2	M2.5	M3	M4	M5	M6	M8	M10
d_1		max	2.48	2.98	3.47	3.97	4.97	5.97	7.96	9.96	11.95
		min	2.42	2.92	3.395	3.895	4.895	5.895	7.87	9.87	11.84
d_K		max	3.5	4	5	6	8	10	12	15	20
		min	3.2	3.7	4.7	5.7	7.64	9.64	11.57	14.57	19.48
K		max	1.32	1.52	1.82	2.1	2.7	3.2	3.74	5.24	6.24
		min	1.08	1.28	1.58	1.7	2.3	2.8	3.26	4.76	5.76
n		公称	0.4	0.5	0.6	0.8	1.2	1.2	1.6	2	2.5
		min	0.46	0.56	0.66	0.86	1.26	1.28	1.66	2.06	2.56
		max	0.6	0.7	0.8	1	1.51	1.51	1.91	2.31	2.81
t		min	0.35	0.5	0.6	0.7	1	1.2	1.4	1.9	2.4
r		min	0.1	0.1	0.1	0.1	0.2	0.2	0.25	0.4	0.4
r_1		≤	0.3				0.5				1
d_2			1.1	1.4	1.8	2.2	3	3.8	4.5	6.2	7.8
a		≈	1				1.5		2		3
b			2.5	3	3.5	4	5	6	8	10	12
l											
公称	min	max									
1	0.80	1.20									
1.2	1.00	1.40		通							
1.6	1.40	1.80									
2	1.80	2.20			用						
2.5	2.30	2.70				规					
3	2.80	3.20					格				
4	3.76	4.24									
5	4.76	5.24						范			
6	5.76	6.24									
8	7.71	8.29							围		
10	9.71	10.29									
12	11.65	12.35									
(14)	13.65	14.35									
16	15.65	16.35									
20	19.58	20.42									

注：① 尽可能不采用括号内的规格。

② 轴位直径 d_1 亦可按 f9 制造。

表 2

mm

$l_{公称}+b$	基本尺寸	>3～6	>6～10	>10～18	>18～30	>30
	极限偏差	±0.24	±0.29	±0.35	±0.42	±0.50

4 技术条件

表 3

材料		钢	不锈钢
螺纹	公差	6g	
	标准	GB 196、GB 197	
机械性能	等级	4.8	A 1-50、C4-50
	标准	GB 3098.1	GB 3098.6
公差	产品等级	除第 3 章规定外，其余按 A 级	
	标准	GB 3103.1	
表面处理		① 不经处理 ② 镀锌钝化 GB 5267	不经处理
验收及包装		GB 90	

5 标记

5.1 标记方法按 GB 1237 规定。

5.2 标记示例：

螺纹规格 d=M5、公称长度 l=10mm、性能等级为 4.8 级、不经表面处理的开槽圆柱头轴位螺钉的标记：

螺钉 GB 830 M5×10

d_1 按 f9 制造时应加标记 f9：

螺钉 GB 830 M5 f9×10

附加说明：

本标准由全国紧固件标准化技术委员会提出。
本标准由国家机械工业委员会标准化研究所归口。
本标准由国家机械工业委员会标准化研究所负责起草。

中华人民共和国国家标准

UDC 621.882.2

GB 834—88

代替 GB 834—76

滚 花 高 头 螺 钉

Knurled thumb screws

1 主题内容

本标准规定了螺纹规格为M1.6～M10的滚花高头螺钉。

2 引用标准

GB 2 紧固件外螺纹零件的末端
GB 196 普通螺纹 基本尺寸
GB 197 普通螺纹 公差与配合
GB 3098.1 紧固件机械性能 螺栓、螺钉和螺柱
GB 3098.6 紧固件机械性能 不锈钢螺栓、螺钉、螺柱和螺母
GB 3103.1 紧固件公差 螺栓、螺钉和螺母
GB 5267 螺纹紧固件电镀层
GB 6403.3 滚花
GB 90 紧固件验收检查、标志与包装
GB 1237 紧固件的标记方法

3 尺寸

3.2

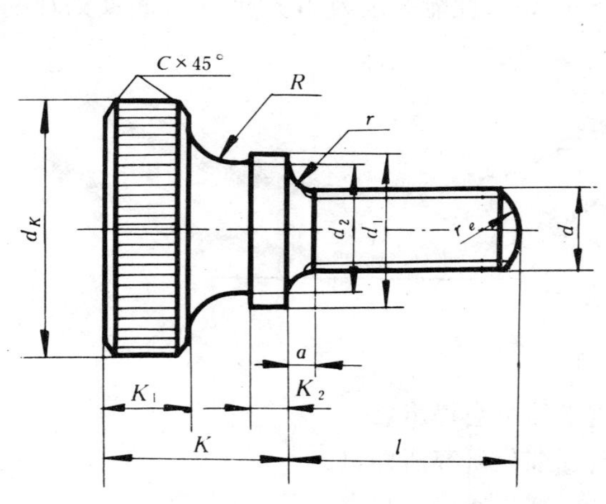

末端按GB 2规定。

国家机械工业委员会1988-06-24批准　　1989-07-01实施

表 1

mm

螺纹规格 d		M1.6	M2	M2.5	M3	M4	M5	M6	M8	M10
d_K （滚花前）	max	7	8	9	11	12	16	20	24	30
	min	6.78	7.78	8.78	10.73	11.73	15.73	19.67	23.67	29.67
K	max	4.7	5	5.5	7	8	10	12	16	20
	min	4.52	4.82	5.32	6.78	7.78	9.78	11.57	15.57	19.48
K_1		2	2	2.2	2.8	3	4	5	6	8
K_2		0.8	1	1	1.2	1.5	2	2.5	3	3.8
R	≥	1.25	1.25	1.5	2	2	2.5	3	4	5
r	min	0.1	0.1	0.1	0.1	0.2	0.2	0.25	0.4	0.4
r_e	≈	2.24	2.8	3.5	4.2	5.6	7	8.4	11.2	14
C		0.2	0.2	0.2	0.3	0.3	0.5	0.5	0.8	0.8
d_1		4	4.5	5	6	8	10	12	16	20
d_2		3.6	3.8	4.4	5.2	6.4	9	11	13	17.5

l 公称	l min	l max	M1.6	M2	M2.5	M3	M4	M5	M6	M8	M10
2	1.80	2.20									
2.5	2.30	2.70									
3	2.80	3.20		通							
4	3.76	4.24			用						
5	4.76	5.24									
6	5.76	6.24				规					
8	7.71	8.29					格				
10	9.71	10.29									
12	11.65	12.35						范			
(14)	13.65	14.35							围		
16	15.65	16.35									
20	19.58	20.42									
25	24.58	25.42									
30	29.58	30.42									
35	34.50	35.50									

注：尽可能不采用括号内的规格。

4 技术条件

表 2

材料		钢	不锈钢
螺纹	公差	6g	
	标准	GB 196、GB 197	
机械性能	等级	4.8	A 1-50、C4-50
	标准	GB 3098.1	GB 3098.6
公差	产品等级	除第3章规定外，其余按A级	
	标准	GB 3103.1	
滚花		直纹 GB 6403.3	
表面处理		① 不经处理 ② 镀锌钝化 GB 5267	不经处理
验收及包装		GB 90	

5 标记

5.1 标记方法按 GB 1237 规定。

5.2 标记示例：

螺纹规格 d=M5、公称长度 l=20 mm、性能等级为 4.8 级、不经表面处理的滚花高头螺钉的标记：

螺钉 GB 834 M5×20

附加说明：

本标准由全国紧固件标准化技术委员会提出。

本标准由国家机械工业委员会标准化研究所归口。

本标准由国家机械工业委员会标准化研究所负责起草。

木 螺 钉

中华人民共和国国家标准

UDC 621.882.2

开槽沉头木螺钉

GB 100—86

Slotted countersink head wood screws

代替 GB 100—76

1 主题内容

本标准规定了公称直径为1.6～10mm的开槽沉头木螺钉。

注：商品紧固件品种，应优先选用。

2 引用标准

GB 922 木螺钉技术条件

GB 1237 紧固件的标记方法

3 尺寸

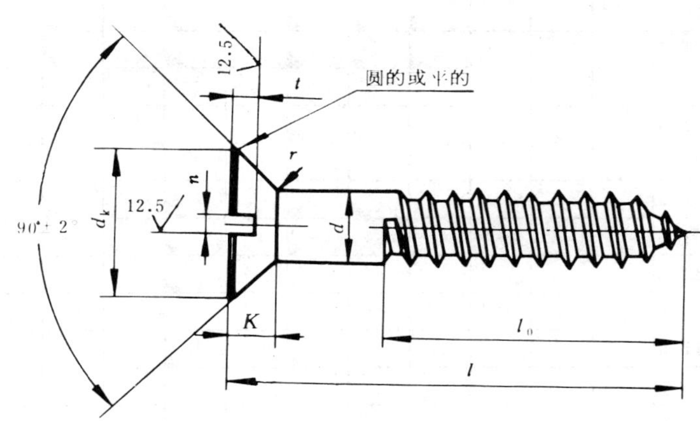

国家标准局1986-07-02发布

1987-06-01实施

mm

		1.6	2	2.5	3	3.5	4	(4.5)	5	(5.5)	6	(7)	8	10
d	公称	1.6	2	2.5	3	3.5	4	(4.5)	5	(5.5)	6	(7)	8	10
	min	1.46	1.86	2.25	2.75	3.2	3.7	4.2	4.7	5.2	5.7	6.64	7.64	9.64
	max	1.6	2	2.5	3	3.5	4	4.5	5	5.5	6	7	8	10
d_k	max	3.2	4	5	6	7	8	9	10	11	12	14	16	20
	min	2.9	3.7	4.7	5.7	6.64	7.64	8.64	9.64	10.57	11.57	13.57	15.57	19.48
K		1	1.2	1.4	1.7	2	2.2	2.7	3	3.2	3.5	4	4.5	5.8
n	公称	0.4	0.5	0.6	0.8	0.9	1.0	1.2	1.2	1.4	1.6	1.8	2.0	2.5
	min	0.4	0.5	0.6	0.8	0.9	1.0	1.2	1.2	1.4	1.6	1.8	2.0	2.5
	max	0.65	0.75	0.85	1.05	1.15	1.35	1.55	1.55	1.75	1.95	2.15	2.35	2.85
r	≈	0.2	0.2	0.2	0.2	0.4	0.4	0.4	0.4	0.4	0.4	0.5	0.5	0.5
t	max	0.72	0.82	0.96	1.11	1.35	1.45	1.70	1.94	2.04	2.19	2.55	2.80	3.50
	min	0.48	0.58	0.64	0.79	0.95	1.05	1.30	1.46	1.56	1.71	1.95	2.20	2.90

l 公称	l min	l max	l_0 公称	l_0 min	l_0 max	1.6	2	2.5	3	3.5	4	(4.5)	5	(5.5)	6	(7)	8	10
6	5.25	6	4	3.3	4.7													
8	7.10	8	5	4.3	5.7		◢											
10	9.10	10	6	5.3	6.7		◢	◢	◢									
12	10.90	12	8	7.1	8.9		◢	◢	◢	◢	◢							
14	12.90	14	9	8.1	9.9			◢	商	品								
16	14.90	16	10	9.1	10.9			◢	◢	◢	◢							
18	16.90	18	12	10.9	13.1			◢	◢	◢	◢							
20	18.70	20	13	11.9	14.1				◢	◢	◢							
(22)	20.70	22	14	12.9	15.1							规	格					
25	23.70	25	17	15.9	18.1				◢	◢	◢		◢		◢			
30	28.70	30	20	18.7	21.3				◢	◢	◢		◢		◢			
(32)	30.40	32	21	19.7	22.3													
35	33.40	35	23	21.7	24.3					◢	◢			范	围			
(38)	36.40	38	25	23.7	26.3													
40	38.40	40	26	24.7	27.3					◢	◢		◢		◢		◢	
45	43.40	45	30	28.7	31.3						◢		◢				◢	
50	48.40	50	33	31.4	34.6						◢		◢		◢		◢	
(55)	53.10	55	36	34.4	37.6													
60	58.10	60	40	38.4	41.6						◢						◢	
(65)	63.10	65	43	41.4	44.6													
70	68.10	70	46	44.4	47.6						◢						◢	
(75)	73.10	75	50	48.4	51.6													
80	78.10	80	52	50.1	53.9										◢		◢	
(85)	82.80	85	56	54.1	57.9													
90	87.80	90	60	58.1	61.9								◢		◢		◢	
100	97.80	100	66	64.1	67.9								◢		◢		◢	
120	117.80	120	80	78.1	81.9										◢		◢	

注:① 尽可能不采用括号内的规格。

② 标"◢"号者为商品规格,应优先选用。

4 技术条件

按 GB 922 规定。

5 标记

5.1 标记方法按 GB 1237 规定。

5.2 标记示例：

公称直径 10mm、长度 100mm、材料为 Q215、不经表面处理的开槽沉头木螺钉的标记：

木螺钉 GB 100 10×100

附加说明：

本标准由中华人民共和国机械工业部提出，由机械工业部标准化研究所归口。

本标准由机械工业部标准化研究所负责起草。

中华人民共和国国家标准

UDC 621.882.2

GB 950—86

代替 GB 950—76

十字槽圆头木螺钉

Cross recessed round head wood screws

1 主题内容

本标准规定了公称直径为 2～10mm 的十字槽圆头木螺钉。

注：商品紧固件品种，应优先选用。

2 引用标准

GB 944.1 螺钉用十字槽

GB 922 木螺钉技术条件

GB 1237 紧固件的标记方法

3 尺寸

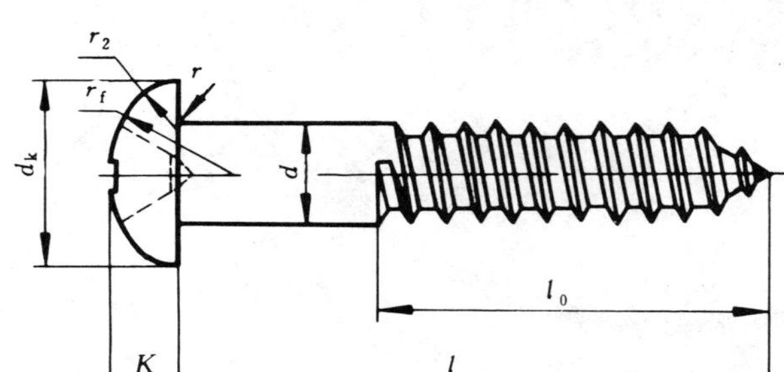

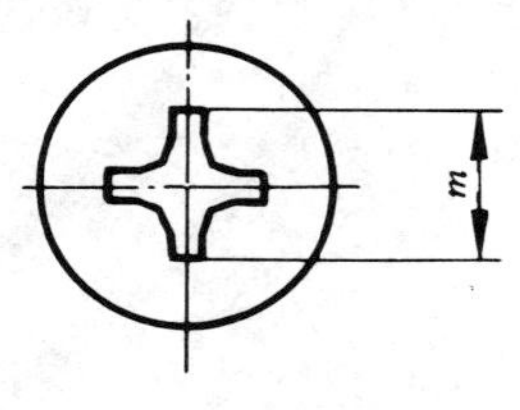

国家标准局1986-07-02发布　　　　1987-06-01实施

mm

d	公称	2	2.5	3	3.5	4	(4.5)	5	(5.5)	6	(7)	8	10
	min	1.86	2.25	2.75	3.2	3.7	4.2	4.7	5.2	5.7	6.64	7.64	9.64
	max	2	2.5	3	3.5	4	4.5	5	5.5	6	7	8	10
d_k	max	3.9	4.63	5.8	6.75	7.65	8.6	9.5	10.5	11.05	13.35	15.2	18.9
	min	3.5	4.23	5.3	6.25	7.15	8	8.9	9.9	10.35	12.55	14.4	18.1
K	max	1.6	1.98	2.37	2.65	2.95	3.25	3.5	3.95	4.34	4.86	5.5	6.8
	min	1.4	1.78	2.07	2.35	2.65	2.95	3.2	3.65	3.94	4.46	5.1	6.4
r	≈	0.2	0.2	0.2	0.4	0.4	0.4	0.4	0.4	0.4	0.5	0.5	0.5
r_f		2.3	2.6	3.4	4	4.8	5.2	6	6.5	6.8	8.2	9.7	12.1
r_2		1.4	1.5	1.9	2.1	2.4	2.6	2.9	3.2	3.5	3.8	4.4	5.5
十字槽(H型)插入深度	槽号	1		2					3			4	
	m 参考	2.5	2.7	3.7	3.9	4.3	4.5	4.7	6.1	6.6	6.9	8.7	9.7
	max	1.32	1.52	1.63	1.83	2.23	2.43	2.63	2.76	3.26	3.56	4.35	5.35
	min	0.90	1.10	1.06	1.25	1.64	1.84	2.04	2.16	2.65	2.93	3.77	4.75

l			l_0														
公称	min	max	公称	min	max												
6	5.25	6	4	3.3	4.7												
8	7.10	8	5	4.3	5.7												
10	9.10	10	6	5.3	6.7												
12	10.90	12	8	7.1	8.9												
14	12.90	14	9	8.1	9.9												
16	14.90	16	10	9.1	10.9			商	品								
18	16.90	18	12	10.9	13.1												
20	18.70	20	13	11.9	14.1												
(22)	20.70	22	14	12.9	15.1												
25	23.70	25	17	15.9	18.1					规	格						
30	28.70	30	20	18.7	21.3												
(32)	30.40	32	21	19.7	22.3												
35	33.40	35	23	21.7	24.3												
(38)	36.40	38	25	23.7	26.3												
40	38.40	40	26	24.7	27.3												
45	43.40	45	30	28.7	31.3							范	围				
50	48.40	50	33	31.4	34.6												
(55)	53.10	55	36	34.4	37.6												
60	58.10	60	40	38.4	41.6												
(65)	63.10	65	43	41.4	44.6												
70	68.10	70	46	44.4	47.6												
(75)	73.10	75	50	48.4	51.6												
80	78.10	80	52	50.1	53.9												
(85)	82.80	85	56	54.1	57.9												
90	87.80	90	60	58.1	61.9												
100	97.80	100	66	64.1	67.9												
120	117.80	120	80	78.1	81.9												

注：尽可能不采用括号内的规格。

4 技术条件

按 GB 922 规定。

5 标记

5.1 标记方法按 GB 1237 规定。

5.2 标记示例：

公称直径 10mm、长度 100mm、材料为 Q215、不经表面处理的十字槽圆头木螺钉的标记：

木螺钉 GB 950 10×100

附加说明：

本标准由中华人民共和国机械工业部提出，由机械工业部标准化研究所归口。

本标准由机械工业部标准化研究所负责起草。

自攻螺钉

ICS 21.060.10
J 13

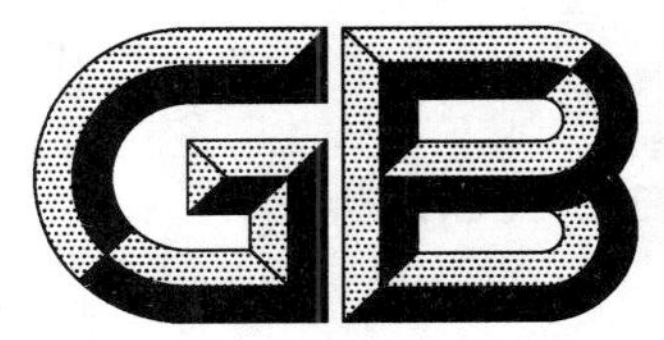

中华人民共和国国家标准

GB/T 845—2017
代替 GB/T 845—1985

十字槽盘头自攻螺钉

Cross-recessed pan head tapping screws

(ISO 7049:2011,MOD)

2017-07-12 发布　　　　2018-02-01 实施

中华人民共和国国家质量监督检验检疫总局
中国国家标准化管理委员会　发布

前　　言

本标准是“自攻螺钉”系列国家标准之一。该系列包括：

——GB/T 845　十字槽盘头自攻螺钉；

——GB/T 846　十字槽沉头自攻螺钉；

——GB/T 847　十字槽半沉头自攻螺钉；

——GB/T 2670.1　内六角花形盘头自攻螺钉；

——GB/T 2670.2　内六角花形沉头自攻螺钉；

——GB/T 2670.3　内六角花形半沉头自攻螺钉；

——GB/T 5282　开槽盘头自攻螺钉；

——GB/T 5283　开槽沉头自攻螺钉；

——GB/T 5284　开槽半沉头自攻螺钉；

——GB/T 5285　六角头自攻螺钉；

——GB/T 9456　十字槽凹穴六角头自攻螺钉；

——GB/T 13806.2　精密机械用紧固件　十字槽自攻螺钉　刮削端；

——GB/T 16824.1　六角凸缘自攻螺钉；

——GB/T 16824.2　六角法兰面自攻螺钉。

本标准按照 GB/T 1.1—2009 给出的规则起草。

本标准代替 GB/T 845—1985《十字槽盘头自攻螺钉》，与 GB/T 845—1985 相比，主要技术变化如下：

——增加 R 型(见图 1 和表 1)；

——增加通用技术条件按 GB/T 16938(见第 2 章、表 2)；

——对钢螺钉，增加不经处理及非电解锌片涂层技术要求按 GB/T 5267.2(见表 2)；

——增加不锈钢螺钉产品及技术要求(见表 2)；

——增加“如需其他技术要求或表面处理，应由供需协议”(见表 2)。

本标准使用重新起草法修改采用 ISO 7049:2011《十字槽盘头自攻螺钉》。

与 ISO 7049:2011 的技术性差异及其原因如下：

——在规范性引用文件中，用我国标准代替国际标准(见第 2 章)，增加引用 GB/T 90.2(见表 2)和 GB/T 1237(见 5.1)，以符合我国紧固件基础标准；

——增加包装技术要求(见表 2)，以符合我国紧固件基础标准；

——修改标记示例为简化标记示例(见 5.2)，以符合 GB/T 1237 的规定。

本标准由中国机械工业联合会提出。

本标准由全国紧固件标准化技术委员会(SAC/TC 85)归口。

本标准负责起草单位：中机生产力促进中心。

本标准参加起草单位：上海标五高强度紧固件有限公司、四川航天世源汽车部件有限公司。

本标准由全国紧固件标准化技术委员会负责解释。

本标准所代替标准的历次版本发布情况为：

——GB/T 845—1976、GB/T 845—1985。

十字槽盘头自攻螺钉

1 范围

本标准规定了十字槽盘头自攻螺钉的型式尺寸、技术条件和标记。

本标准适用于螺纹规格为 ST 2.2～ST 9.5、产品等级为 A 级的十字槽盘头自攻螺钉。

2 规范性引用文件

下列文件对于本文件的应用是必不可少的。凡是注日期的引用文件，仅注日期的版本适用于本文件。凡是不注日期的引用文件，其最新版本(包括所有的修改单)适用于本文件。

GB/T 90.1 紧固件 验收检查(GB/T 90.1—2002,idt ISO 3269:2000)

GB/T 90.2 紧固件 标志与包装

GB/T 944.1 螺钉用十字槽(GB/T 944.1—1985,eqv ISO 4757:1983)

GB/T 1237 紧固件标记方法(GB/T 1237—2000,eqv ISO 8991:1986)

GB/T 3098.5 紧固件机械性能 自攻螺钉(GB/T 3098.5—2016，ISO 2702:2011，MOD)

GB/T 3098.21 紧固件机械性能 不锈钢自攻螺钉(GB/T 3098.21—2014,ISO 3506-4:2008,MOD)

GB/T 3103.1 紧固件公差 螺栓、螺钉、螺柱和螺母(GB/T 3103.1—2002,idt ISO 4759-1:2000)

GB/T 5267.1 紧固件 电镀层(GB/T 5267.1—2002，ISO 4042:1999,IDT)

GB/T 5267.2 紧固件 非电解锌片涂层(GB/T 5267.2—2002,ISO 10683:2000,IDT)

GB/T 5267.4 紧固件表面处理 耐腐蚀不锈钢钝化处理(GB/T 5267.4—2009,ISO 16048:2003,IDT)

GB/T 5276 紧固件 螺栓、螺钉、螺柱及螺母 尺寸代号和标注(GB/T 5276—2015，ISO 225:2010,MOD)

GB/T 5280 自攻螺钉用螺纹(GB/T 5280—2002，idt ISO 1478:1999)

GB/T 16938 紧固件 螺栓、螺钉、螺柱和螺母 通用技术条件(GB/T 16938—2008，ISO 8992:2005,IDT)

3 型式尺寸

自攻螺钉的型式尺寸见图 1 和表 1。

尺寸代号和标注应符合 GB/T 5276。

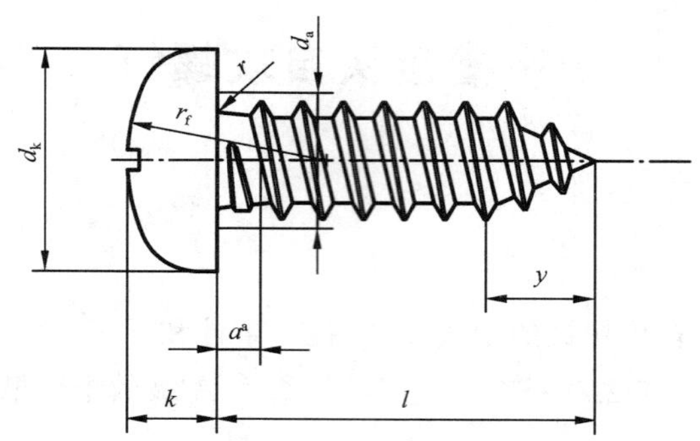

a) C 型

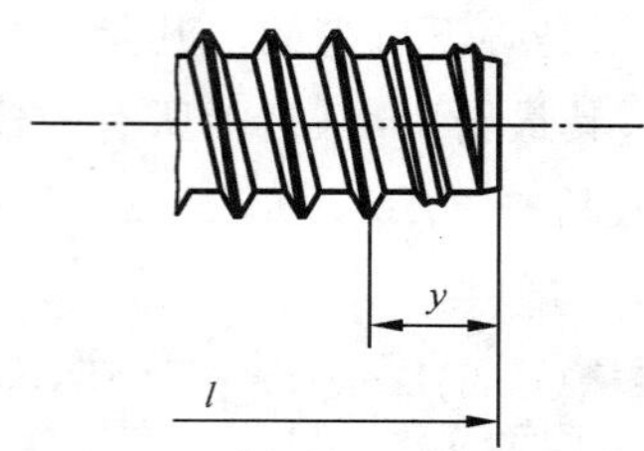

b) F 型

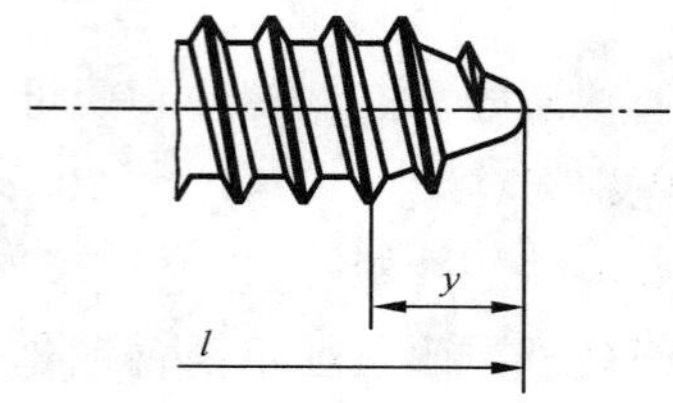

c) R 型

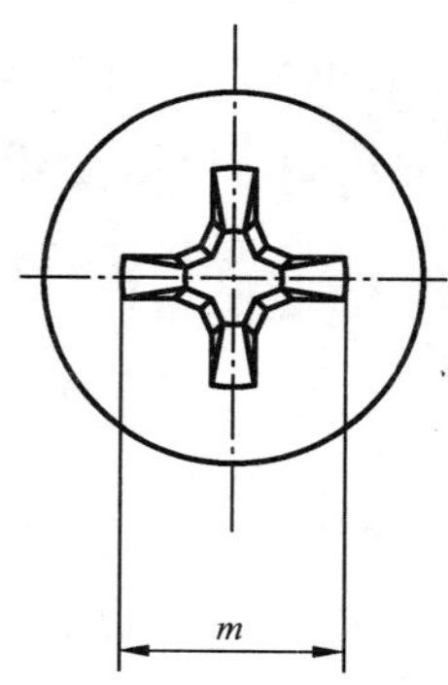

d) H 型-十字槽

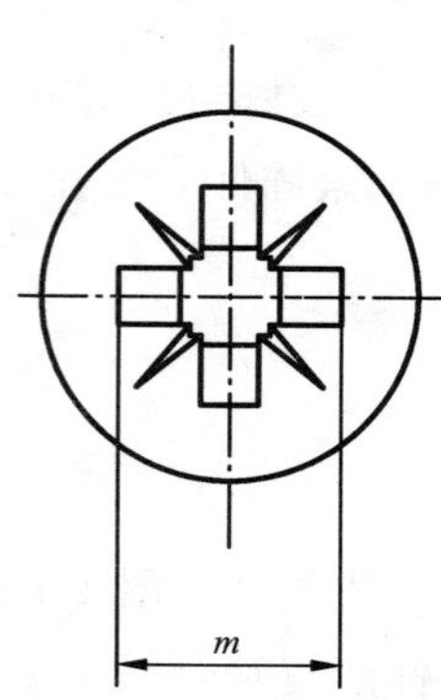

e) Z 型-十字槽

[a] 尺寸 a 应在第一扣完整螺纹的小径处测量。

图 1

表 1 尺寸

单位为毫米

螺纹规格					ST 2.2	ST 2.9	ST 3.5	ST 4.2	ST 4.8	ST 5.5	ST 6.3	ST 8	ST 9.5
P[a]					0.8	1.1	1.3	1.4	1.6	1.8	1.8	2.1	2.1
a	max				0.8	1.1	1.3	1.4	1.6	1.8	1.8	2.1	2.1
d_a	max				2.8	3.5	4.1	4.9	5.6	6.3	7.3	9.2	10.7
d_k	max				4.00	5.60	7.00	8.00	9.50	11.00	12.00	16.00	20.00
	min				3.70	5.30	6.64	7.64	9.14	10.57	11.57	15.57	19.48
k	max				1.60	2.40	2.60	3.10	3.70	4.00	4.60	6.00	7.50
	min				1.40	2.15	2.35	2.80	3.40	3.70	4.30	5.60	7.10
r	min				0.10	0.10	0.10	0.20	0.20	0.25	0.25	0.40	0.40
r_f	≈				3.2	5.0	6.0	6.5	8.0	9.0	10.0	13.0	16.0
十字槽	槽号 No.				0	1	2			3		4	
	H 型	m 参考			1.9	3.0	3.9	4.4	4.9	6.4	6.9	9.0	10.1
		插入深度	max		1.20	1.80	1.90	2.40	2.90	3.10	3.60	4.70	5.80
			min		0.85	1.40	1.40	1.90	2.40	2.60	3.10	4.15	5.20
	Z 型	m 参考			2.0	3.0	4.0	4.4	4.8	6.2	6.8	8.9	10.1
		插入深度	max		1.20	1.75	1.90	2.35	2.75	3.00	3.50	4.50	5.70
			min		0.95	1.45	1.50	1.95	2.30	2.55	3.05	4.05	5.25
y 参考	C 型				2.0	2.6	3.2	3.7	4.3	5.0	6.0	7.5	8.0
	F 型				1.6	2.1	2.5	2.8	3.2	3.6	3.6	4.2	4.2
	R 型				—	—	2.7	3.2	3.6	4.3	5.0	6.3	—
l[b]													
公称	C 型和 R 型		F 型										
	min	max	min	max									
4.5	3.7	5.3	3.7	4.5		—	—	—	—	—	—	—	—
6.5	5.7	7.3	5.7	6.5			—	—	—	—	—	—	—
9.5	8.7	10.3	8.7	9.5						—	—	—	—
13	12.2	13.8	12.2	13.0								—	—
16	15.2	16.8	15.2	16.0									
19	18.2	19.8	18.2	19.0									
22	21.2	22.8	20.7	22.0									
25	24.2	25.8	23.7	25.0									
32	30.7	33.3	30.7	32.0									
38	36.7	39.3	36.7	38.0									
45	43.7	46.3	43.5	45.0									
50	48.7	51.3	48.5	50.0									

注：阶梯实线间为优选长度范围。

a P——螺距。

b 不能制造带“—”标记的长度规格。

4 技术条件和引用标准

技术条件和引用标准见表 2。

表 2 技术条件和引用标准

<table>
<tr><td colspan="2">材　料</td><td>钢</td><td>不锈钢</td></tr>
<tr><td colspan="2">通用技术条件</td><td colspan="2">GB/T 16938</td></tr>
<tr><td colspan="2">螺　纹</td><td colspan="2">GB/T 5280</td></tr>
<tr><td colspan="2">十字槽</td><td colspan="2">GB/T 944.1</td></tr>
<tr><td rowspan="2">机械性能</td><td>等　级</td><td>—</td><td>A2-20H,A4-20H,A5-20H</td></tr>
<tr><td>标　准</td><td>GB/T 3098.5</td><td>GB/T 3098.21</td></tr>
<tr><td rowspan="2">公　差</td><td>产品等级</td><td colspan="2">A</td></tr>
<tr><td>标　准</td><td colspan="2">GB/T 3103.1</td></tr>
<tr><td colspan="2" rowspan="2">表面处理</td><td>不经处理;
电镀技术要求按 GB/T 5267.1;
非电解锌片涂层技术要求按 GB/T 5267.2</td><td>简单处理;
钝化处理技术要求按 GB/T 5267.4</td></tr>
<tr><td colspan="2">如需其他技术要求或表面处理,应由供需协议</td></tr>
<tr><td colspan="2">验收及包装</td><td colspan="2">GB/T 90.1、GB/T 90.2</td></tr>
</table>

5 标记

5.1 标记方法

标记方法按 GB/T 1237 规定。

5.2 标记示例

螺纹规格 ST 3.5、公称长度 l=16 mm、钢制、表面不经处理、末端 C 型、产品等级 A 级的 H 型十字槽盘头自攻螺钉的标记:

自攻螺钉 GB/T 845 ST 3.5×16

前　言

本标准等效采用国际标准 ISO 15481:1999《十字槽盘头自钻自攻螺钉》。

本标准是国家标准“自钻自攻螺钉”产品系列标准之一。该系列包括:

a) GB/T 15856.1—2002　十字槽盘头自钻自攻螺钉

b) GB/T 15856.2—2002　十字槽沉头自钻自攻螺钉

c) GB/T 15856.3—2002　十字槽半沉头自钻自攻螺钉

d) GB/T 15856.4—2002　六角法兰面自钻自攻螺钉

e) GB/T 15856.5—2002　六角凸缘自钻自攻螺钉

ISO 15481 未规定包装技术要求,本标准予以规定(表 2)。

ISO 15481 未规定简化标记,本标准按 GB/T 1237 的简化原则给出简化的标记示例(5.2)。

本标准与 GB/T 15856.1—1995 相比,主要技术内容未予修改。

本标准自实施之日起,代替 GB/T 15856.1—1995。

本标准由中国机械工业联合会提出。

本标准由全国紧固件标准化技术委员会归口。

本标准负责起草单位:机械科学研究院。

本标准参加起草单位:宁波中京特种紧固件有限公司。

本标准所代替标准的历次版本发布情况为:

——GB/T 15856.1—1995。

中华人民共和国国家标准

GB/T 15856.1—2002
eqv ISO 15481:1999
代替 GB/T 15856.1—1995

十字槽盘头自钻自攻螺钉

Cross recessed pan head drilling screws with tapping screw thread

1 范围

本标准规定了螺纹规格为 ST2.9～ST6.3 的十字槽盘头自钻自攻螺钉。

2 引用标准

下列标准所包含的条文，通过在本标准中引用而构成为本标准的条文。本标准出版时，所示版本均为有效。所有标准都会被修订，使用本标准的各方应探讨使用下列标准最新版本的可能性。

GB/T 90.1—2002 紧固件 验收检查(idt ISO 3269:2000)

GB/T 90.2—2002 紧固件 标志与包装

GB/T 944.1—1985 螺钉用十字槽(eqv ISO 4757:1983)

GB/T 1237—2000 紧固件标记方法(eqv ISO 8991:1986)

GB/T 3098.11—2002 紧固件机械性能 自钻自攻螺钉(idt ISO 10666:1999)

GB/T 3103.1—2002 紧固件公差 螺栓、螺钉、螺柱和螺母(idt ISO 4759-1:2000)

GB/T 5267.1—2002 紧固件 电镀层(ISO 4042:1999,IDT)

GB/T 5280—2002 自攻螺钉用螺纹(idt ISO 1478:1999)

3 尺寸

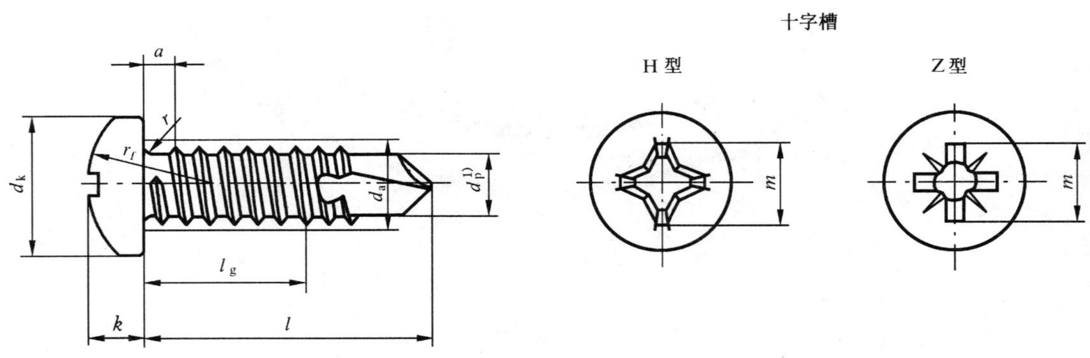

1) 钻头部分(直径 d_p)的工作性能按 GB/T 3098.11 规定。

图 1

中华人民共和国国家质量监督检验检疫总局 2002-12-05 批准 2003-06-01 实施

表 1 尺寸

mm

螺纹规格		ST2.9	ST3.5	ST4.2	ST4.8	ST5.5	ST6.3
P[1]		1.1	1.3	1.4	1.6	1.8	1.8
a[2]	max	1.1	1.3	1.4	1.6	1.8	1.8
d_a	max	3.5	4.1	4.9	5.6	6.3	7.3
d_k	max	5.6	7.00	8.00	9.50	11.00	12.00
	min	5.3	6.64	7.64	9.14	10.57	11.57
k	max	2.40	2.60	3.1	3.7	4.0	4.6
	min	2.15	2.35	2.8	3.4	3.7	4.3
r	min	0.1	0.1	0.2	0.2	0.25	0.25
r_f	≈	5	6	6.5	8	9	10
十字槽 槽号 No.		1	2			3	
十字槽 H 型 m 参考		3	3.9	4.4	4.9	6.4	6.9
十字槽 H 型 插入深度	max	1.8	1.9	2.4	2.9	3.1	3.6
	min	1.4	1.4	1.9	2.4	2.6	3.1
十字槽 Z 型 m 参考		3	4	4.4	4.8	6.2	6.8
十字槽 Z 型 插入深度	max	1.75	1.9	2.35	2.75	3.00	3.50
	min	1.45	1.5	1.95	2.3	2.55	3.05
钻削范围（板厚）[3]	≥	0.7	0.7	1.75	1.75	1.75	2
	≤	1.9	2.25	3	4.4	5.25	6

l			l_g[4] min					
公称	min	max	ST2.9	ST3.5	ST4.2	ST4.8	ST5.5	ST6.3
9.5	8.75	10.25	3.25	2.85				
13	12.1	13.9	6.6	6.2	4.3	3.7		
16	15.1	16.9	9.6	9.2	7.3	5.8	6	
19	18	20	12.5	12.1	10.3	8.7	8	7
22	21	23		15.1	13.3	11.7	11	10
25	24	26		18.1	16.3	14.7	14	13
32	30.75	33.25			23	21.5	21	20
38	36.75	39.25			29	27.5	27	26
45	43.75	46.25				34.5	34	33
50	48.75	51.25				39.5	39	38

1) P——螺距。

2) a——最末一扣完整螺纹至支承面的距离。

3) 为确定公称长度 l，需对每个板的厚度加上间隙或夹层厚度。

4) l_g——第一扣完整螺纹至支承面的距离。

4 技术条件和引用标准

表 2 技术条件和引用标准

材 料	种 类	钢
	标 准	GB/T 3098.11
螺 纹		GB/T 5280
十字槽		GB/T 944.1
机械和工作性能		GB/T 3098.11
公 差	产品等级	A
	标 准	GB/T 3103.1
表面处理		不经表面处理； 电镀技术要求按 GB/T 5267.1
验收及包装		GB/T 90.1、GB/T 90.2

5 标记

5.1 标记方法按 GB/T 1237 规定。

5.2 标记示例

螺纹规格 ST3.5、公称长度 $l=16$ mm、H 型槽、镀锌钝化的十字槽盘头自钻自攻螺钉的标记：

自攻螺钉 GB/T 15856.1 ST3.5×16

前　言

本标准等效采用国际标准 ISO 15482:1999《十字槽沉头自钻自攻螺钉》。

本标准是国家标准"自钻自攻螺钉"产品系列标准之一。该系列包括：

a) GB/T 15856.1—2002　十字槽盘头自钻自攻螺钉

b) GB/T 15856.2—2002　十字槽沉头自钻自攻螺钉

c) GB/T 15856.3—2002　十字槽半沉头自钻自攻螺钉

d) GB/T 15856.4—2002　六角法兰面自钻自攻螺钉

e) GB/T 15856.5—2002　六角凸缘自钻自攻螺钉

ISO 15482 未规定包装技术要求，本标准予以规定(表 2)。

ISO 15482 未规定简化标记，本标准按 GB/T 1237 的简化原则给出简化的标记示例(5.2)。

本标准与 GB/T 15856.2—1995 相比，主要技术内容未予修改。

本标准自实施之日起，代替 GB/T 15856.2—1995。

本标准由中国机械工业联合会提出。

本标准由全国紧固件标准化技术委员会归口。

本标准负责起草单位：机械科学研究院。

本标准参加起草单位：宁波中京特种紧固件有限公司。

本标准所代替标准的历次版本发布情况为：

——GB/T 15856.2—1995。

中华人民共和国国家标准

GB/T 15856.2—2002
eqv ISO 15482:1999

代替 GB/T 15856.2—1995

十字槽沉头自钻自攻螺钉

Cross recessed countersunk head drilling screws with tapping screw thread

1 范围

本标准规定了螺纹规格为 ST2.9～ST6.3 的十字槽沉头自钻自攻螺钉。

2 引用标准

下列标准所包含的条文，通过在本标准中引用而构成为本标准的条文。本标准出版时，所示版本均为有效。所有标准都会被修订，使用本标准的各方应探讨使用下列标准最新版本的可能性。

GB/T 90.1—2002 紧固件 验收检查(idt ISO 3269:2000)

GB/T 90.2—2002 紧固件 标志与包装

GB/T 944.1—1985 螺钉用十字槽(eqv ISO 4757:1983)

GB/T 1237—2000 紧固件标记方法(eqv ISO 8991:1986)

GB/T 3098.11—2002 紧固件机械性能 自钻自攻螺钉(idt ISO 10666:1999)

GB/T 3103.1—2002 紧固件公差 螺栓、螺钉、螺柱和螺母(idt ISO 4759-1:2000)

GB/T 5267.1—2002 紧固件 电镀层(ISO 4042:1999,IDT)

GB/T 5279—1985 沉头螺钉 头部形状和测量(idt ISO 7721:1983)

GB/T 5280—2002 自攻螺钉用螺纹(idt ISO 1478:1999)

3 尺寸

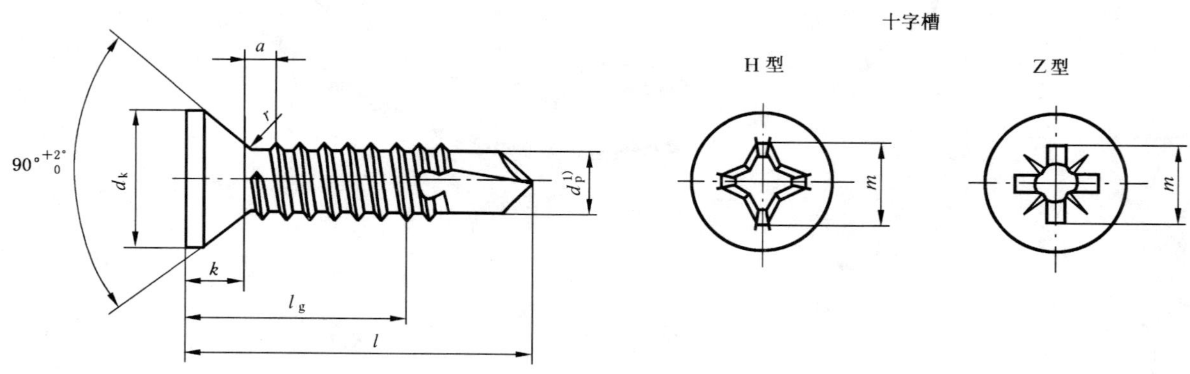

1) 钻头部分(直径 d_p)的工作性能按 GB/T 3098.11 规定。

图 1

中华人民共和国国家质量监督检验检疫总局 2002-12-05 批准 2003-06-01 实施

表 1 尺寸

mm

螺纹规格				ST2.9	ST3.5	ST4.2	ST4.8	ST5.5	ST6.3
P[1)]				1.1	1.3	1.4	1.6	1.8	1.8
a[2)]			max	1.1	1.3	1.4	1.6	1.8	1.8
d_k	理论值[3)]		max	6.3	8.2	9.4	10.4	11.5	12.6
	实际值		max	5.5	7.3	8.4	9.3	10.3	11.3
			min	5.2	6.9	8.0	8.9	9.9	10.9
k			max	1.7	2.35	2.6	2.8	3	3.15
r			max	1.2	1.4	1.6	2	2.2	2.4
十字槽	槽号 No.			1	2			3	
	H 型	m 参考		3.2	4.4	4.6	5.2	6.6	6.8
		插入深度	max	2.1	2.4	2.6	3.2	3.3	3.5
			min	1.7	1.9	2.1	2.7	2.8	3.0
	Z 型	m 参考		3.2	4.3	4.6	5.1	6.5	6.8
		插入深度	max	2	2.2	2.5	3.05	3.2	3.45
			min	1.6	1.75	2.05	2.6	2.75	3.00
钻削范围（板厚）[4)]			≥	0.7	0.7	1.75	1.75	1.75	2
			≤	1.9	2.25	3	4.4	5.25	6

l			l_g[5)] min					
公称	min	max	ST2.9	ST3.5	ST4.2	ST4.8	ST5.5	ST6.3
13	12.1	13.9	6.6	6.2	4.3	3.7		
16	15.1	16.9	9.6	9.2	7.3	5.8	5	
19	18	20	12.5	12.1	10.3	8.7	8	7
22	21	23		15.1	13.3	11.7	11	10
25	24	26		18.1	16.3	14.7	14	13
32	30.75	33.25			23	21.5	21	20
38	36.75	39.25			29	27.5	27	26
45	43.75	46.25				34.5	34	33
50	48.75	51.25				39.5	39	38

1) P——螺距。

2) a——最末一扣完整螺纹至支承面的距离。

3) 见 GB/T 5279。

4) 为确定公称长度 l，需对每个板的厚度加上间隙或夹层厚度。

5) l_g——第一扣完整螺纹至支承面的距离。

4 技术条件和引用标准

表 2 技术条件和引用标准

材 料	种 类	钢
	标 准	GB/T 3098.11
螺 纹		GB/T 5280
十字槽		GB/T 944.1
机械和工作性能		GB/T 3098.11
公 差	产品等级	A
	标 准	GB/T 3103.1
表面处理		不经表面处理； 电镀技术要求按 GB/T 5267.1
验收及包装		GB/T 90.1、GB/T 90.2

5 标记

5.1 标记方法按 GB/T 1237 规定。

5.2 标记示例

螺纹规格 ST3.5、公称长度 l=16 mm、H 型槽、镀锌钝化的十字槽沉头自钻自攻螺钉的标记：

自攻螺钉 GB/T 15856.2 ST3.5×16

前　言

本标准等效采用国际标准 ISO 15483:1999《十字槽半沉头自钻自攻螺钉》。

本标准是国家标准“自钻自攻螺钉”产品系列标准之一。该系列包括：

a) GB/T 15856.1—2002　十字槽盘头自钻自攻螺钉

b) GB/T 15856.2—2002　十字槽沉头自钻自攻螺钉

c) GB/T 15856.3—2002　十字槽半沉头自钻自攻螺钉

d) GB/T 15856.4—2002　六角法兰面自钻自攻螺钉

e) GB/T 15856.5—2002　六角凸缘自钻自攻螺钉

ISO 15483 未规定包装技术要求，本标准予以规定(表 2)。

ISO 15483 未规定简化标记，本标准按 GB/T 1237 的简化原则给出简化的标记示例(5.2)。

本标准与 GB/T 15856.3—1995 相比，主要技术内容未予修改。

本标准自实施之日起，代替 GB/T 15856.3—1995。

本标准由中国机械工业联合会提出。

本标准由全国紧固件标准化技术委员会归口。

本标准负责起草单位：机械科学研究院。

本标准参加起草单位：宁波中京特种紧固件有限公司。

本标准所代替标准的历次版本发布情况为：

——GB/T 15856.3—1995。

中华人民共和国国家标准

GB/T 15856.3—2002
eqv ISO 15483:1999

代替 GB/T 15856.3—1995

十字槽半沉头自钻自攻螺钉

Cross recessed raised countersunk head drilling screws with tapping screw thread

1 范围

本标准规定了螺纹规格为 ST2.9～ST6.3 的十字槽半沉头自钻自攻螺钉。

2 引用标准

下列标准所包含的条文,通过在本标准中引用而构成为本标准的条文。本标准出版时,所示版本均为有效。所有标准都会被修订,使用本标准的各方应探讨使用下列标准最新版本的可能性。

GB/T 90.1—2002 紧固件 验收检查(idt ISO 3269:2000)

GB/T 90.2—2002 紧固件 标志与包装

GB/T 944.1—1985 螺钉用十字槽(eqv ISO 4757:1983)

GB/T 1237—2000 紧固件标记方法(eqv ISO 8991:1986)

GB/T 3098.11—2002 紧固件机械性能 自钻自攻螺钉(idt ISO 10666:1999)

GB/T 3103.1—2002 紧固件公差 螺栓、螺钉、螺柱和螺母(idt ISO 4759-1:2000)

GB/T 5267.1—2002 紧固件 电镀层(ISO 4042:1999,IDT)

GB/T 5279—1985 沉头螺钉 头部形状和测量(idt ISO 7721:1983)

GB/T 5280—2002 自攻螺钉用螺纹(idt ISO 1478:1999)

3 尺寸

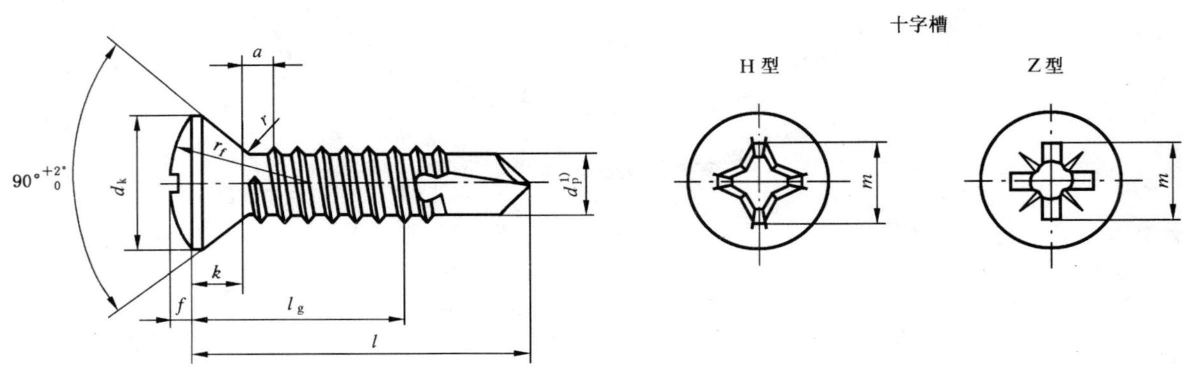

1) 钻头部分(直径 d_p)的工作性能按 GB/T 3098.11 规定。

图 1

中华人民共和国国家质量监督检验检疫总局 2002-12-05 批准　　2003-06-01 实施

表 1　尺寸

mm

<table>
<tr><td colspan="4">螺　纹　规　格</td><td>ST2.9</td><td>ST3.5</td><td>ST4.2</td><td>ST4.8</td><td>ST5.5</td><td>ST6.3</td></tr>
<tr><td colspan="4">P[1)]</td><td>1.1</td><td>1.3</td><td>1.4</td><td>1.6</td><td>1.8</td><td>1.8</td></tr>
<tr><td colspan="3">a[2)]</td><td>max</td><td>1.1</td><td>1.3</td><td>1.4</td><td>1.6</td><td>1.8</td><td>1.8</td></tr>
<tr><td rowspan="3">d_k</td><td colspan="2">理论值[3)]</td><td>max</td><td>6.3</td><td>8.2</td><td>9.4</td><td>10.4</td><td>11.5</td><td>12.6</td></tr>
<tr><td colspan="2" rowspan="2">实际值</td><td>max</td><td>5.5</td><td>7.3</td><td>8.4</td><td>9.3</td><td>10.3</td><td>11.3</td></tr>
<tr><td>min</td><td>5.2</td><td>6.9</td><td>8.0</td><td>8.9</td><td>9.9</td><td>10.9</td></tr>
<tr><td colspan="3">f</td><td>≈</td><td>0.7</td><td>0.8</td><td>1</td><td>1.2</td><td>1.3</td><td>1.4</td></tr>
<tr><td colspan="3">k</td><td>max</td><td>1.7</td><td>2.35</td><td>2.6</td><td>2.8</td><td>3</td><td>3.15</td></tr>
<tr><td colspan="3">r</td><td>max</td><td>1.2</td><td>1.4</td><td>1.6</td><td>2</td><td>2.2</td><td>2.4</td></tr>
<tr><td colspan="3">r_f</td><td>≈</td><td>6</td><td>8.5</td><td>9.5</td><td>9.5</td><td>11</td><td>12</td></tr>
<tr><td rowspan="7">十字槽</td><td colspan="3">槽号 No.</td><td>1</td><td colspan="3">2</td><td colspan="2">3</td></tr>
<tr><td rowspan="3">H 型</td><td colspan="2">m 参考</td><td>3.4</td><td>4.8</td><td>5.2</td><td>5.4</td><td>6.7</td><td>7.3</td></tr>
<tr><td rowspan="2">插入深度</td><td>max</td><td>2.2</td><td>2.75</td><td>3.2</td><td>3.4</td><td>3.45</td><td>4.0</td></tr>
<tr><td>min</td><td>1.8</td><td>2.25</td><td>2.7</td><td>2.9</td><td>2.95</td><td>3.5</td></tr>
<tr><td rowspan="3">Z 型</td><td colspan="2">m 参考</td><td>3.3</td><td>4.8</td><td>5.2</td><td>5.6</td><td>6.6</td><td>7.2</td></tr>
<tr><td rowspan="2">插入深度</td><td>max</td><td>2.1</td><td>2.70</td><td>3.10</td><td>3.35</td><td>3.40</td><td>3.85</td></tr>
<tr><td>min</td><td>1.8</td><td>2.25</td><td>2.65</td><td>2.90</td><td>2.95</td><td>3.40</td></tr>
<tr><td colspan="3" rowspan="2">钻削范围
(板厚)[4)]</td><td>≥</td><td>0.7</td><td>0.7</td><td>1.75</td><td>1.75</td><td>1.75</td><td>2</td></tr>
<tr><td>≤</td><td>1.9</td><td>2.25</td><td>3</td><td>4.4</td><td>5.25</td><td>6</td></tr>
<tr><td colspan="4">l</td><td colspan="6" rowspan="2">l_g[5)]
min</td></tr>
<tr><td colspan="2">公称</td><td>min</td><td>max</td></tr>
<tr><td colspan="2">13</td><td>12.1</td><td>13.9</td><td>6.6</td><td>6.2</td><td>4.3</td><td>3.7</td><td></td><td></td></tr>
<tr><td colspan="2">16</td><td>15.1</td><td>16.9</td><td>9.6</td><td>9.2</td><td>7.3</td><td>5.8</td><td>5</td><td></td></tr>
<tr><td colspan="2">19</td><td>18</td><td>20</td><td>12.5</td><td>12.1</td><td>10.3</td><td>8.7</td><td>8</td><td>7</td></tr>
<tr><td colspan="2">22</td><td>21</td><td>23</td><td></td><td>15.1</td><td>13.3</td><td>11.7</td><td>11</td><td>10</td></tr>
<tr><td colspan="2">25</td><td>24</td><td>26</td><td></td><td>18.1</td><td>16.3</td><td>14.7</td><td>14</td><td>13</td></tr>
<tr><td colspan="2">32</td><td>30.75</td><td>33.25</td><td></td><td></td><td>23</td><td>21.5</td><td>21</td><td>20</td></tr>
<tr><td colspan="2">38</td><td>36.75</td><td>39.25</td><td></td><td></td><td>29</td><td>27.5</td><td>27</td><td>26</td></tr>
<tr><td colspan="2">45</td><td>43.75</td><td>46.25</td><td></td><td></td><td></td><td>34.5</td><td>34</td><td>33</td></tr>
<tr><td colspan="2">50</td><td>48.75</td><td>51.25</td><td></td><td></td><td></td><td>39.5</td><td>39</td><td>38</td></tr>
</table>

1) P——螺距。

2) a——最末一扣完整螺纹至支承面的距离。

3) 见 GB/T 5279。

4) 为确定公称长度 l,需对每个板的厚度加上间隙或夹层厚度。

5) l_g——第一扣完整螺纹至支承面的距离。

4 技术条件和引用标准

表 2 技术条件和引用标准

材料	种类	钢
	标准	GB/T 3098.11
螺纹		GB/T 5280
十字槽		GB/T 944.1
机械和工作性能		GB/T 3098.11
公差	产品等级	A
	标准	GB/T 3103.1
表面处理		不经表面处理； 电镀技术要求按 GB/T 5267.1
验收及包装		GB/T 90.1、GB/T 90.2

5 标记

5.1 标记方法按 GB/T 1237 规定。

5.2 标记示例

螺纹规格 ST3.5、公称长度 l=16 mm、H 型槽、镀锌钝化的十字槽半沉头自钻自攻螺钉的标记：

自攻螺钉 GB/T 15856.3 ST3.5×16

垫　圈

中华人民共和国国家标准

UDC 621.882.4
GB 93—87
代替 GB 93—76

标准型弹簧垫圈

Single coil spring lock washers, Normal type

1 主题内容

本标准规定了规格为 2～48mm 的标准型弹簧垫圈。

注:商品紧固件品种,应优先选用。

2 引用标准

GB 94.1 弹簧垫圈技术条件 弹簧垫圈

GB 1237 紧固件的标记方法

3 尺寸

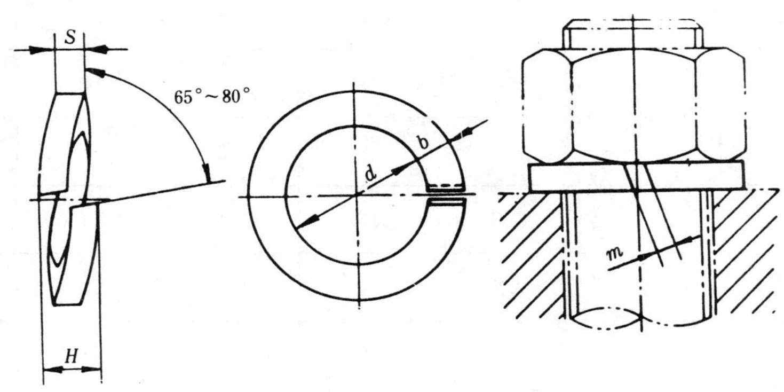

国家标准局1987-02-05批准 1988-02-01实施

mm

规　格 （螺纹大径）	d		S(b)			H		m ≤
	min	max	公称	min	max	min	max	
2	2.1	2.35	0.5	0.42	0.58	1	1.25	0.25
2.5	2.6	2.85	0.65	0.57	0.73	1.3	1.63	0.33
3	3.1	3.4	0.8	0.7	0.9	1.6	2	0.4
4	4.1	4.4	1.1	1	1.2	2.2	2.75	0.55
5	5.1	5.4	1.3	1.2	1.4	2.6	3.25	0.65
6	6.1	6.68	1.6	1.5	1.7	3.2	4	0.8
8	8.1	8.68	2.1	2	2.2	4.2	5.25	1.05
10	10.2	10.9	2.6	2.45	2.75	5.2	6.5	1.3
12	12.2	12.9	3.1	2.95	3.25	6.2	7.75	1.55
(14)	14.2	14.9	3.6	3.4	3.8	7.2	9	1.8
16	16.2	16.9	4.1	3.9	4.3	8.2	10.25	2.05
(18)	18.2	19.04	4.5	4.3	4.7	9	11.25	2.25
20	20.2	21.04	5	4.8	5.2	10	12.5	2.5
(22)	22.5	23.34	5.5	5.3	5.7	11	13.75	2.75
24	24.5	25.5	6	5.8	6.2	12	15	3
(27)	27.5	28.5	6.8	6.5	7.1	13.6	17	3.4
30	30.5	31.5	7.5	7.2	7.8	15	18.75	3.75
(33)	33.5	34.7	8.5	8.2	8.8	17	21.25	4.25
36	36.5	37.7	9	8.7	9.3	18	22.5	4.5
(39)	39.5	40.7	10	9.7	10.3	20	25	5
42	42.5	43.7	10.5	10.2	10.8	21	26.25	5.25
(45)	45.5	46.7	11	10.7	11.3	22	27.5	5.5
48	48.5	49.7	12	11.7	12.3	24	30	6

注：① 尽可能不采用括号内的规格。

② m 应大于零。

4 技术条件

技术条件按 GB 94.1 规定。

5 标记

5.1 标记方法按 GB 1237 规定。

5.2 标记示例：

规格 16mm、材料为 65Mn、表面氧化的标准型弹簧垫圈的标记：

垫圈 GB 93 16

附加说明：

本标准由中华人民共和国机械工业部提出，由机械工业部标准化研究所归口。

本标准由机械工业部标准化研究所负责，沈阳标准件厂、上海弹簧垫圈厂、宝鸡标准件弹簧厂、大理标准件厂及上海市标准件技术研究所参加起草。

前　　言

本标准等效采用国际标准ISO 7091:2000《平垫圈　标准系列　产品等级C级》。

本标准是国家标准“平垫圈”产品系列标准的一部分。该系列包括：

a) GB/T 95—2002　平垫圈　C级；

b) GB/T 96.1—2002　大垫圈　A级；

c) GB/T 96.2—2002　大垫圈　C级；

d) GB/T 97.1—2002　平垫圈　A级；

e) GB/T 97.2—2002　平垫圈　倒角型　A级；

f) GB/T 97.3—2000　销轴用平垫圈；

g) GB/T 97.4—2002　平垫圈　用于螺钉和垫圈组合件；

h) GB/T 97.5—2002　平垫圈　用于自攻螺钉和垫圈组合件；

i) GB/T 848—2002　小垫圈　A级；

j) GB/T 5287—2002　特大垫圈　C级。

ISO 7091未规定包装技术要求，本标准予以规定(表3)。

ISO 7091未规定简化标记，本标准按GB/T 1237的简化原则给出简化的标记示例(5.2)。

本标准是GB/T 95—1985的修订本，主要修改如下：

a) 增加100 HV级垫圈的适用范围(第1章)；

b) 按螺纹规格(螺纹大径)的优选程度分为：表1　优选尺寸；表2　非优选尺寸(表1和表2)；

c) 增加公称规格：1.6、2、2.5、3、3.5、4、18、22、27、33、39、42、45、48、52、56、60和64 mm(表1和表2)；

d) 给出硬度等级相应的硬度范围和试验方法(表3)；

e) 增加非电解锌片涂层(表3)。

本标准自实施之日起，代替GB/T 95—1985。

本标准由中国机械工业联合会提出。

本标准由全国紧固件标准化技术委员会归口。

本标准由机械科学研究院负责起草。

本标准由全国紧固件标准化技术委员会秘书处负责解释。

ISO 前言

ISO(国际标准化组织)是一个世界性的各国国家标准团体(ISO 成员团体)的联合组织。国际标准的制定工作通常是通过 ISO 各个技术委员会进行的。每个成员团体如对某一技术委员会所进行的项目感兴趣时,也可参加该委员会。与 ISO 有关的政府的和非政府的国际组织也可参加此项工作。ISO 与国际电工委员会(IEC)在电工标准化方面有着密切的联系。

国际标准的起草应按 ISO/IEC 指南第 3 部分给出的规则进行。

经技术委员会采纳的国际标准草案,分发给所有成员团体进行投票表决。国际标准的正式出版需要至少 75%的成员团体投票赞成。

注意:本国际标准的某些部分可能涉及到专利权。ISO 不负责鉴别任何或全部这方面的专利权。

国际标准 ISO 7091 由 ISO/TC2 紧固件技术委员会制定。

第二版对第一版(ISO 7091:1983)进行了删改与补充,是技术性修订。

中华人民共和国国家标准

GB/T 95—2002
eqv ISO 7091:2000
代替 GB/T 95—1985

平垫圈 C级

Plain washers—Product grade C

1 范围

本标准规定了公称规格(螺纹大径)为1.6～64 mm、标准系列、硬度等级为100 HV级、产品等级为C级的平垫圈。

硬度等级为100 HV级的垫圈适用于:

——性能等级至6.8级、产品等级为C级的六角头螺栓和螺钉;

——性能等级至6级、产品等级为C级的六角螺母;

——表面淬硬的自挤螺钉。

如要求本标准规定以外的尺寸,则应从GB/T 5286中选取。

当用于夹紧软材料零件或者工件上大的螺栓通孔时,使用者应校验本类型垫圈的适用性。

2 引用标准

下列标准所包含的条文,通过在本标准中引用而构成为本标准的条文。本标准出版时,所示版本均为有效。所有标准都会被修订,使用本标准的各方应探讨使用下列标准最新版本的可能性。

GB/T 90.1—2002 紧固件 验收检查(idt ISO 3269:2000)

GB/T 90.2—2002 紧固件 标志与包装

GB/T 1237—2000 紧固件标记方法(eqv ISO 8991:1986)

GB/T 3103.3—2000 紧固件公差 平垫圈(idt ISO 4759-3:2000)

GB/T 4340.1—1999 金属维氏硬度试验 第1部分:试验方法(eqv ISO 6507-1:1997)

GB/T 5267.1—2002 紧固件 电镀层(ISO 4042:1999,IDT)

GB/T 5267.2—2002 紧固件 非电解锌片涂层(ISO 10683:2000,IDT)

GB/T 5286—2001 螺栓、螺钉和螺母用平垫圈 总方案(idt ISO 887:2000)

3 尺寸

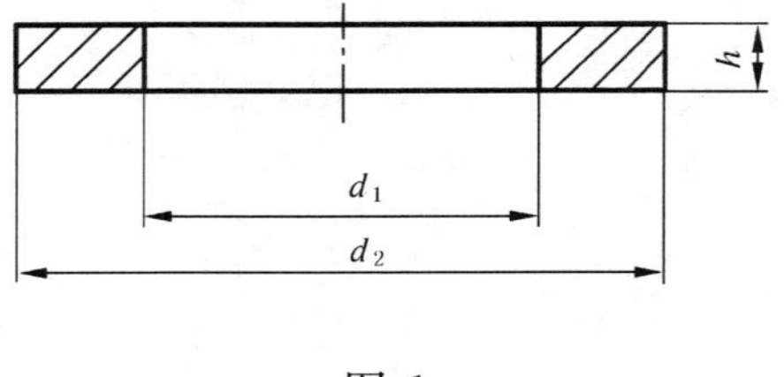

图 1

中华人民共和国国家质量监督检验检疫总局 2002-12-05 批准 2003-06-01 实施

表 1 优选尺寸

mm

公称规格（螺纹大径 d）	内径 d_1		外径 d_2		厚度 h		
	公称(min)	max	公称(max)	min	公称	max	min
1.6	1.8	2.05	4	3.25	0.3	0.4	0.2
2	2.4	2.65	5	4.25	0.3	0.4	0.2
2.5	2.9	3.15	6	5.25	0.5	0.6	0.4
3	3.4	3.7	7	6.1	0.5	0.6	0.4
4	4.5	4.8	9	8.1	0.8	1.0	0.6
5	5.5	5.8	10	9.1	1	1.2	0.8
6	6.6	6.96	12	10.9	1.6	1.9	1.3
8	9	9.36	16	14.9	1.6	1.9	1.3
10	11	11.43	20	18.7	2	2.3	1.7
12	13.5	13.93	24	22.7	2.5	2.8	2.2
16	17.5	17.93	30	28.7	3	3.6	2.4
20	22	22.52	37	35.4	3	3.6	2.4
24	26	26.52	44	42.4	4	4.6	3.4
30	33	33.62	56	54.1	4	4.6	3.4
36	39	40	66	64.1	5	6	4
42	45	46	78	76.1	8	9.2	6.8
48	52	53.2	92	89.8	8	9.2	6.8
56	62	63.2	105	102.8	10	11.2	8.8
64	70	71.2	115	112.8	10	11.2	8.8

表 2 非优选尺寸

mm

公称规格（螺纹大径 d）	内径 d_1		外径 d_2		厚度 h		
	公称(min)	max	公称(max)	min	公称	max	min
3.5	3.9	4.2	8	7.1	0.5	0.6	0.4
14	15.5	15.93	28	26.7	2.5	2.8	2.2
18	20	20.43	34	32.4	3	3.6	2.4
22	24	24.52	39	37.4	3	3.6	2.4
27	30	30.52	50	48.4	4	4.6	3.4
33	36	37	60	58.1	5	6	4
39	42	43	72	70.1	6	7	5
45	48	49	85	82.8	8	9.2	6.8
52	56	57.2	98	95.8	8	9.2	6.8
60	66	67.2	110	107.8	10	11.2	8.8

4 技术条件和引用标准

表 3 技术条件和引用标准

材　　料[1]		钢
机械性能	硬度等级	100 HV
	硬度范围[2]	100 HV～200 HV
公　差	产品等级	C
	标　准	GB/T 3103.3
表面处理		不经表面处理，即垫圈应是本色的并涂有防锈油或按供需双方协议的涂层； 电镀技术要求按 GB/T 5267.1； 非电解锌片涂层技术要求按 GB/T 5267.2； 所有公差适用于涂或镀前尺寸
表面缺陷		零件不允许有不规则的或有害的缺陷。垫圈表面不得有突出的毛刺
验收及包装		GB/T 90.1、GB/T 90.2

1) 经供需双方协议的其他金属材料。

2) 硬度试验按 GB/T 4340.1 规定。

试验力：HV2 用于公称厚度 $h \leqslant 0.6$ mm；

HV10 用于公称厚度 0.6 mm $< h \leqslant 1.2$ mm；

HV30 用于公称厚度 $h > 1.2$ mm。

5 标记

5.1 标记方法按 GB/T 1237 规定。

5.2 标记示例

标准系列、公称规格 8 mm、硬度等级为 100 HV 级、不经表面处理、产品等级为 C 级的平垫圈的标记：

垫圈　GB/T 95　8

前　　言

本标准等效采用国际标准 ISO 7093-1:2000《平垫圈　大系列　第 1 部分:产品等级 A 级》。

本标准是国家标准“平垫圈”产品系列标准的一部分。该系列包括:

a) GB/T 95—2002　平垫圈　C 级;

b) GB/T 96.1—2002　大垫圈　A 级;

c) GB/T 96.2—2002　大垫圈　C 级;

d) GB/T 97.1—2002　平垫圈　A 级;

e) GB/T 97.2—2002　平垫圈　倒角型 A 级;

f) GB/T 97.3—2000　销轴用平垫圈;

g) GB/T 97.4—2002　平垫圈　用于螺钉和垫圈组合件;

h) GB/T 97.5—2002　平垫圈　用于自攻螺钉和垫圈组合件;

i) GB/T 848—2002　小垫圈　A 级;

j) GB/T 5287—2002　特大垫圈　C 级。

ISO 7093-1　未规定包装技术要求,本标准予以规定(表 3)。

ISO 7093-1　未规定简化标记,本标准按 GB/T 1237 的简化原则给出简化的标记示例(5.2)。

本标准是 GB/T 96—1985 的修订本之一,主要修改如下:

a) 规定符合本标准的垫圈适用于夹紧软材料零件或者工件上大的螺栓通孔(第 1 章);

b) 增加 200 HV 和 300 HV 级垫圈的适用范围(第 1 章);

c) 按螺纹规格(螺纹大径)的优选程度分为:表 1　优选尺寸;表 2　非优选尺寸(表 1 和表 2);

d) 增加公称规格:3.5、18、22、27 和 33 mm(表 2);

e) 给出硬度等级相应的硬度范围和试验方法(表 3);

f) 增加非电解锌片涂层(表 3)。

本标准自实施之日起,代替 GB/T 96—1985 有关部分。

本标准由中国机械工业联合会提出。

本标准由全国紧固件标准化技术委员会归口。

本标准由机械科学研究院负责起草。

本标准由全国紧固件标准化技术委员会秘书处负责解释。

ISO 前言

ISO(国际标准化组织)是一个世界性的各国国家标准团体(ISO 成员团体)的联合组织。国际标准的制定工作通常是通过 ISO 各个技术委员会进行的。每个成员团体如对某一技术委员会所进行的项目感兴趣时,也可参加该委员会。与 ISO 有关的政府的和非政府的国际组织也可参加此项工作。ISO 与国际电工委员会(IEC)在电工标准化方面有着密切的联系。

国际标准的起草应按 ISO/IEC 指南第 3 部分给出的规则进行。

经技术委员会采纳的国际标准草案,分发给所有成员团体进行投票表决。国际标准的正式出版需要至少 75%的成员团体投票赞成。

注意:本国际标准的某些部分可能涉及到专利权。ISO 不负责鉴别任何或全部这方面的专利权。

国际标准 ISO 7093-1 由 ISO/TC 2 紧固件技术委员会制定。

ISO 7093-1 与 ISO 7093-2 的第一版对 ISO 7093:1983 进行了删改与补充,是技术性修订。

ISO 7093 总名称为“平垫圈　大系列”,包括以下部分:

——第 1 部分:产品等级 A

——第 2 部分:产品等级 C

中华人民共和国国家标准

GB/T 96.1—2002
eqv ISO 7093-1:2000

代替 GB/T 96—1985 有关部分

大垫圈 A级

Plain washers—Large series—Product grade A

1 范围

本标准规定了公称规格(螺纹大径)为 3～36 mm、大系列、硬度等级为 200 HV 和 300 HV 级、产品等级为 A 级的平垫圈。

符合本标准的垫圈适用于夹紧软材料零件或者工件上大的螺栓通孔。但对后者应校验垫圈厚度的适用性。

硬度等级为 200 HV 级的垫圈适用于:

——性能等级至 8.8 级、产品等级为 A 和 B 级的六角头螺栓和螺钉;

——性能等级至 8 级、产品等级为 A 和 B 级的六角螺母;

——不锈钢及类似化学成分的六角头螺栓、螺钉和六角螺母;

——表面淬硬的自挤螺钉。

硬度等级为 300 HV 级的垫圈适用于:

——性能等级至 10.9 级、产品等级为 A 和 B 级的六角头螺栓和螺钉;

——性能等级至 10 级、产品等级为 A 和 B 级的六角螺母;

如要求本标准规定以外的尺寸,则应从 GB/T 5286 中选取。

2 引用标准

下列标准所包含的条文,通过在本标准中引用而构成为本标准的条文。本标准出版时,所示版本均为有效。所有标准都会被修订,使用本标准的各方应探讨使用下列标准最新版本的可能性。

GB/T 90.1—2002 紧固件 验收检查(idt ISO 3269:2000)

GB/T 90.2—2002 紧固件 标志与包装

GB/T 1237—2000 紧固件标记方法(eqv ISO 8991:1986)

GB/T 3098.6—2000 紧固件机械性能 不锈钢螺栓、螺钉和螺柱(idt ISO 3506-1:1997)

GB/T 3103.3—2000 紧固件公差 平垫圈(idt ISO 4759-3:2000)

GB/T 4340.1—1999 金属维氏硬度试验 第 1 部分:试验方法(eqv ISO 6507-1:1997)

GB/T 5267.1—2002 紧固件 电镀层(ISO 4042:1999,IDT)

GB/T 5267.2—2002 紧固件 非电解锌片涂层(ISO 10683:2000,IDT)

GB/T 5286—2001 螺栓、螺钉和螺母用平垫圈 总方案(idt ISO 887:2000)

中华人民共和国国家质量监督检验检疫总局 2002-12-05 批准

2003-06-01 实施

3 尺寸

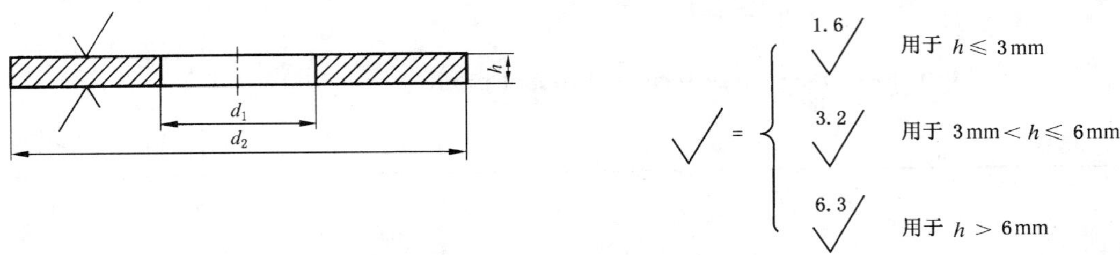

图 1

表 1 优选尺寸

mm

公称规格（螺纹大径 d）	内径 d_1		外径 d_2		厚度 h		
	公称(min)	max	公称(max)	min	公称	max	min
3	3.2	3.38	9	8.64	0.8	0.9	0.7
4	4.3	4.48	12	11.57	1	1.1	0.9
5	5.3	5.48	15	14.57	1	1.1	0.9
6	6.4	6.62	18	17.57	1.6	1.8	1.4
8	8.4	8.62	24	23.48	2	2.2	1.8
10	10.5	10.77	30	29.48	2.5	2.7	2.3
12	13	13.27	37	36.38	3	3.3	2.7
16	17	17.27	50	49.38	3	3.3	2.7
20	21	21.33	60	59.26	4	4.3	3.7
24	25	25.52	72	70.8	5	5.6	4.4
30	33	33.62	92	90.6	6	6.6	5.4
36	39	39.62	110	108.6	8	9	7

表 2 非优选尺寸

mm

公称规格（螺纹大径 d）	内径 d_1		外径 d_2		厚度 h		
	公称(min)	max	公称(max)	min	公称	max	min
3.5	3.7	3.88	11	10.57	0.8	0.9	0.7
14	15	15.27	44	43.38	3	3.3	2.7
18	19	19.33	56	55.26	4	4.3	3.7
22	23	23.52	66	64.8	5	5.6	4.4
27	30	30.52	85	83.6	6	6.6	5.4
33	36	36.62	105	103.6	6	6.6	5.4

4 技术条件和引用标准

表 3 技术条件和引用标准

<table>
<tr><td rowspan="3">材料[1)]</td><td>种类</td><td colspan="2">钢</td><td>不锈钢</td></tr>
<tr><td>组别[2)]</td><td colspan="2">—</td><td>A2、F1、C1、A4、C4</td></tr>
<tr><td>标准</td><td colspan="2">—</td><td>GB/T 3098.6</td></tr>
<tr><td rowspan="2">机械性能</td><td>硬度等级</td><td>200 HV</td><td>300 HV[3)]</td><td>200 HV</td></tr>
<tr><td>硬度范围[4)]</td><td>200 HV～300 HV</td><td>300 HV～370 HV</td><td>200 HV～300 HV</td></tr>
<tr><td rowspan="2">公差</td><td>产品等级</td><td colspan="3">A</td></tr>
<tr><td>标准</td><td colspan="3">GB/T 3103.3</td></tr>
<tr><td colspan="2">表面处理</td><td colspan="2">不经表面处理，即垫圈应是本色的并涂有防锈油或按供需双方协议的涂层；
电镀技术要求按 GB/T 5267.1；
非电解锌片涂层技术要求按 GB/T 5267.2；
对淬火并回火的垫圈应采用适当的涂或镀工艺，以避免氢脆。当电镀或磷化处理垫圈时，应在电镀或涂层后立即进行适当处理，以驱除有害的氢脆；
所有公差适用于涂或镀前尺寸</td><td>不经表面处理，即垫圈应是本色的</td></tr>
<tr><td colspan="2">表面缺陷</td><td colspan="3">零件不允许有不规则的或有害的缺陷。垫圈表面不得有突出的毛刺</td></tr>
<tr><td colspan="2">验收及包装</td><td colspan="3">GB/T 90.1、GB/T 90.2</td></tr>
<tr><td colspan="5">1) 其他金属材料需经供需双方协议。
2) 仅与化学成分有关。
3) 淬火并回火。
4) 硬度试验按 GB/T 4340.1 规定。
试验力：HV10 用于公称厚度 0.6 mm$<h\leqslant$1.2 mm；
HV30 用于公称厚度 $h>$1.2 mm。</td></tr>
</table>

5 标记

5.1 标记方法按 GB/T 1237 规定。

5.2 标记示例

大系列、公称规格 8 mm、由钢制造的硬度等级为 200 HV 级、不经表面处理、产品等级为 A 级的平垫圈的标记：

垫圈 GB/T 96.1 8

大系列、公称规格 8 mm，由 A2 组不锈钢制造的硬度等级为 200 HV 级、不经表面处理、产品等级为 A 级的平垫圈的标记：

垫圈 GB/T 96.1 8 A2

前　　言

本标准等效采用国际标准 ISO 7089:2000《平垫圈　标准系列　产品等级 A 级》。

本标准是国家标准“平垫圈”产品系列标准的一部分。该系列包括：

a）GB/T 95—2002　平垫圈　C 级；

b）GB/T 96.1—2002　大垫圈　A 级；

c）GB/T 96.2—2002　大垫圈　C 级；

d）GB/T 97.1—2002　平垫圈　A 级；

e）GB/T 97.2—2002　平垫圈　倒角型 A 级；

f）GB/T 97.3—2000　销轴用平垫圈；

g）GB/T 97.4—2002　平垫圈　用于螺钉和垫圈组合件；

h）GB/T 97.5—2002　平垫圈　用于自攻螺钉和垫圈组合件；

i）GB/T 848—2002　小垫圈　A 级；

j）GB/T 5287—2002　特大垫圈　C 级。

ISO 7089 未规定包装技术要求，本标准予以规定（表 3）。

ISO 7089 未规定简化标记，本标准按 GB/T 1237 的简化原则给出简化的标记示例（5.2）。

本标准是 GB/T 97.1—1985 的修订本，主要修改如下：

a）增加 200 HV 和 300 HV 级垫圈的适用范围（第 1 章）；

b）按螺纹规格（螺纹大径）的优选程度分为：表 1　优选尺寸；表 2　非优选尺寸（表 1 和表 2）；

c）增加公称规格：18、22、27、33、39、42、45、48、52、56、60 和 64 mm（表 1 和表 2）；

d）给出硬度等级相应的硬度范围和试验方法（表 3）；

e）增加非电解锌片涂层（表 3）。

本标准自实施之日起，代替 GB/T 97.1—1985。

本标准由中国机械工业联合会提出。

本标准由全国紧固件标准化技术委员会归口。

本标准由机械科学研究院负责起草。

本标准由全国紧固件标准化技术委员会秘书处负责解释。

ISO 前言

ISO(国际标准化组织)是一个世界性的各国国家标准团体(ISO 成员团体)的联合组织。国际标准的制定工作通常是通过 ISO 各个技术委员会进行的。每个成员团体如对某一技术委员会所进行的项目感兴趣时,也可参加该委员会。与 ISO 有关的政府的和非政府的国际组织也可参加此项工作。ISO 与国际电工委员会(IEC)在电工标准化方面有着密切的联系。

国际标准的起草应按 ISO/IEC 指南第 3 部分给出的规则进行。

经技术委员会采纳的国际标准草案,分发给所有成员团体进行投票表决。国际标准的正式出版需要至少 75%的成员团体投票赞成。

注意:本国际标准的某些部分可能涉及到专利权。ISO 不负责鉴别任何或全部这方面的专利权。

国际标准 ISO 7089 由 ISO/TC 2 紧固件技术委员会制定。

第二版对第一版(ISO 7089:1983)进行了删改与补充,是技术性修订。

中华人民共和国国家标准

GB/T 97.1—2002
eqv ISO 7089:2000
代替 GB/T 97.1—1985

平垫圈　A级

Plain washers—Product grade A

1　范围

本标准规定了公称规格(螺纹大径)为1.6～64 mm、标准系列、硬度等级为200 HV和300 HV级、产品等级为A级的平垫圈。

硬度等级为200 HV级的垫圈适用于:

——性能等级至8.8级、产品等级为A和B级的六角头螺栓和螺钉;

——性能等级至8级、产品等级为A和B级的六角螺母;

——不锈钢及类似化学成分的六角头螺栓、螺钉和六角螺母;

——表面淬硬的自挤螺钉。

硬度等级为300 HV级的垫圈适用于:

——性能等级至10.9级、产品等级为A和B级的六角头螺栓和螺钉;

——性能等级至10级、产品等级为A和B级的六角螺母;

如需要本标准规定以外的尺寸,则应从GB/T 5286中选取。

当用于夹紧软材料零件或者工件上大的螺栓通孔时,使用者应校验这类垫圈的适用性。

2　引用标准

下列标准所包含的条文,通过在本标准中引用而构成为本标准的条文。本标准出版时,所示版本均为有效。所有标准都会被修订,使用本标准的各方应探讨使用下列标准最新版本的可能性。

GB/T 90.1—2002　紧固件　验收检查(idt ISO 3269:2000)

GB/T 90.2—2002　紧固件　标志与包装

GB/T 1237—2000　紧固件标记方法(eqv ISO 8991:1986)

GB/T 3098.6—2000　紧固件机械性能　不锈钢螺栓、螺钉和螺柱(idt ISO 3506-1:1997)

GB/T 3103.3—2000　紧固件公差　平垫圈(idt ISO 4759-3:2000)

GB/T 4340.1—1999　金属维氏硬度试验　第1部分:试验方法(eqv ISO 6507-1:1997)

GB/T 5267.1—2002　紧固件　电镀层(ISO 4042:1999,IDT)

GB/T 5267.2—2002　紧固件　非电解锌片涂层(ISO 10683:2000,IDT)

GB/T 5286—2001　螺栓、螺钉和螺母用平垫圈　总方案(idt ISO 887:2000)

中华人民共和国国家质量监督检验检疫总局 2002-12-05 批准　　2003-06-01 实施

3 尺寸

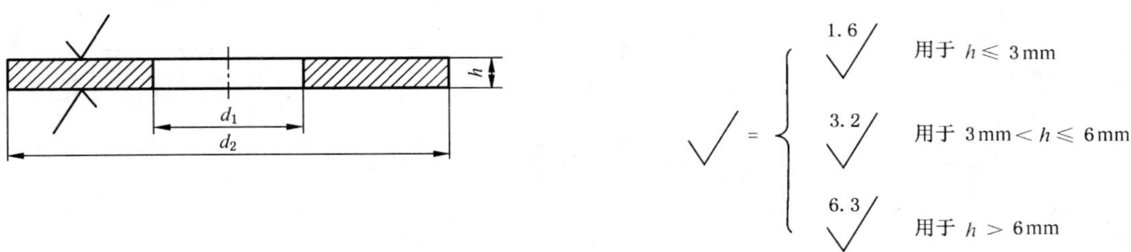

图 1

表 1 优选尺寸

mm

公称规格（螺纹大径 d）	内 径 d_1		外 径 d_2		厚 度 h		
	公称（min）	max	公称（max）	min	公称	max	min
1.6	1.7	1.84	4	3.7	0.3	0.35	0.25
2	2.2	2.34	5	4.7	0.3	0.35	0.25
2.5	2.7	2.84	6	5.7	0.5	0.55	0.45
3	3.2	3.38	7	6.64	0.5	0.55	0.45
4	4.3	4.48	9	8.64	0.8	0.9	0.7
5	5.3	5.48	10	9.64	1	1.1	0.9
6	6.4	6.62	12	11.57	1.6	1.8	1.4
8	8.4	8.62	16	15.57	1.6	1.8	1.4
10	10.5	10.77	20	19.48	2	2.2	1.8
12	13	13.27	24	23.48	2.5	2.7	2.3
16	17	17.27	30	29.48	3	3.3	2.7
20	21	21.33	37	36.38	3	3.3	2.7
24	25	25.33	44	43.38	4	4.3	3.7
30	31	31.39	56	55.26	4	4.3	3.7
36	37	37.62	66	64.8	5	5.6	4.4
42	45	45.62	78	76.8	8	9	7
48	52	52.74	92	90.6	8	9	7
56	62	62.74	105	103.6	10	11	9
64	70	70.74	115	113.6	10	11	9

表 2 非优选尺寸

mm

公称规格（螺纹大径 d）	内 径 d_1		外 径 d_2		厚 度 h		
	公称（min）	max	公称（max）	min	公称	max	min
14	15	15.27	28	27.48	2.5	2.7	2.3
18	19	19.33	34	33.38	3	3.3	2.7
22	23	23.33	39	38.38	3	3.3	2.7
27	28	28.33	50	49.38	4	4.3	3.7
33	34	34.62	60	58.8	5	5.6	4.4
39	42	42.62	72	70.8	6	6.6	5.4
45	48	48.62	85	83.6	8	9	7
52	56	56.74	98	96.6	8	9	7
60	66	66.74	110	108.6	10	11	9

4 技术条件和引用标准

表 3 技术条件和引用标准

材料[1)]	种类	钢		不锈钢
	组别[2)]	—		A2、F1、C1、A4、C4
	标准	—		GB/T 3098.6
机械性能	硬度等级	200 HV	300 HV[3)]	200 HV
	硬度范围[4)]	200 HV～300 HV	300 HV～370 HV	200 HV～300 HV
公差	产品等级	A		
	标准	GB/T 3103.3		
表面处理		不经表面处理，即垫圈应是本色的并涂有防锈油或按供需双方协议的涂层； 电镀技术要求按 GB/T 5267.1； 非电解锌片涂层技术要求按 GB/T 5267.2； 对淬火并回火的垫圈应采用适当的涂或镀工艺，以避免氢脆。当电镀或磷化处理垫圈时，应在电镀或涂层后立即进行适当处理，以驱除有害的氢脆； 所有公差适用于涂或镀前尺寸		不经表面处理，即垫圈应是本色的
表面缺陷		零件不允许有不规则的或有害的缺陷。垫圈表面不得有突出的毛刺		
验收及包装		GB/T 90.1、GB/T 90.2		

1) 其他金属材料需经供需双方协议。
2) 仅与化学成分有关。
3) 淬火并回火。
4) 硬度试验按 GB/T 4340.1 规定。
试验力：HV2 用于公称厚度 $h \leqslant 0.6$ mm；
HV10 用于公称厚度 0.6 mm $< h \leqslant 1.2$ mm；
HV30 用于公称厚度 $h > 1.2$ mm。

5 标记

5.1 标记方法按 GB/T 1237 规定。

5.2 标记示例

标准系列、公称规格 8 mm、由钢制造的硬度等级为 200 HV 级、不经表面处理、产品等级为 A 级的平垫圈的标记：

垫圈 GB/T 97.1 8

标准系列、公称规格 8 mm，由 A2 组不锈钢制造的硬度等级为 200 HV 级、不经表面处理、产品等级为 A 级的平垫圈的标记：

垫圈 GB/T 97.1 8 A2

前　言

本标准等效采用国际标准 ISO 7090:2000《平垫圈、倒角　标准系列　产品等级 A 级》。

本标准是国家标准"平垫圈"产品系列标准的一部分。该系列包括：

a) GB/T 95—2002　平垫圈　C 级；

b) GB/T 96.1—2002　大垫圈　A 级；

c) GB/T 96.2—2002　大垫圈　C 级；

d) GB/T 97.1—2002　平垫圈　A 级；

e) GB/T 97.2—2002　平垫圈　倒角型 A 级；

f) GB/T 97.3—2000　销轴用平垫圈；

g) GB/T 97.4—2002　平垫圈　用于螺钉和垫圈组合件；

h) GB/T 97.5—2002　平垫圈　用于自攻螺钉和垫圈组合件；

i) GB/T 848—2002　小垫圈　A 级；

j) GB/T 5287—2002　特大垫圈　C 级。

ISO 7090 未规定包装技术要求，本标准予以规定(表 3)。

ISO 7090 未规定简化标记，本标准按 GB/T 1237 的简化原则给出简化的标记示例(5.2)。

本标准是 GB/T 97.2—1985 的修订本，主要修改如下：

a) 增加 200 HV 和 300 HV 级垫圈的适用范围(第 1 章)；

b) 按螺纹规格(螺纹大径)的优选程度分为：表 1　优选尺寸；表 2　非优选尺寸(表 1 和表 2)；

c) 增加公称规格：18、22、27、33、39、42、45、48、52、56、60 和 64 mm(表 1 和表 2)；

d) 给出硬度等级相应的硬度范围和试验方法(表 3)；

e) 增加非电解锌片涂层(表 3)。

本标准自实施之日起，代替 GB/T 97.2—1985。

本标准由中国机械工业联合会提出。

本标准由全国紧固件标准化技术委员会归口。

本标准由机械科学研究院负责起草。

本标准由全国紧固件标准化技术委员会秘书处负责解释。

ISO 前言

ISO(国际标准化组织)是一个世界性的各国国家标准团体(ISO 成员团体)的联合组织。国际标准的制定工作通常是通过 ISO 各个技术委员会进行的。每个成员团体如对某一技术委员会所进行的项目感兴趣时,也可参加该委员会。与 ISO 有关的政府的和非政府的国际组织也可参加此项工作。ISO 与国际电工委员会(IEC)在电工标准化方面有着密切的联系。

国际标准的起草应按 ISO/IEC 指南第 3 部分给出的规则进行。

经技术委员会采纳的国际标准草案,分发给所有成员团体进行投票表决。国际标准的正式出版需要至少 75%的成员团体投票赞成。

注意:本国际标准的某些部分可能涉及到专利权。ISO 不负责鉴别任何或全部这方面的专利权。

国际标准 ISO 7090 由 ISO/TC 2 紧固件技术委员会制定。

第二版对第一版(ISO 7090:1983)进行了删改与补充,是技术性修订。

中华人民共和国国家标准

GB/T 97.2—2002
eqv ISO 7090:2000
代替 GB/T 97.2—1985

平垫圈　倒角型　A级

Plain washers, chamfered—Product grade A

1　范围

本标准规定了公称规格(螺纹大径)为5～64 mm、标准系列、硬度等级为200 HV和300 HV级、产品等级为A级的平垫圈。

硬度等级为200 HV级的垫圈适用于:

——性能等级至8.8级、产品等级为A和B级的六角头螺栓和螺钉;

——性能等级至8级、产品等级为A和B级的六角螺母;

——不锈钢及类似化学成分的六角头螺栓、螺钉和六角螺母;

——表面淬硬的自挤螺钉。

硬度等级为300 HV级的垫圈适用于:

——性能等级至10.9级、产品等级为A和B级的六角头螺栓和螺钉;

——性能等级至10级、产品等级为A和B级的六角螺母;

如需要本标准规定以外的尺寸,则应从GB/T 5286中选取。

当用于夹紧软材料零件或者工件上大的螺栓通孔时,使用者应校验这类垫圈的适用性。

2　引用标准

下列标准所包含的条文,通过在本标准中引用而构成为本标准的条文。本标准出版时,所示版本均为有效。所有标准都会被修订,使用本标准的各方应探讨使用下列标准最新版本的可能性。

GB/T 90.1—2002　紧固件　验收检查(idt ISO 3269:2000)

GB/T 90.2—2002　紧固件　标志与包装

GB/T 1237—2000　紧固件标记方法(eqv ISO 8991:1986)

GB/T 3098.6—2000　紧固件机械性能　不锈钢螺栓、螺钉和螺柱(idt ISO 3506-1:1997)

GB/T 3103.3—2000　紧固件公差　平垫圈(idt ISO 4759-3:2000)

GB/T 4340.1—1999　金属维氏硬度试验　第1部分:试验方法(eqv ISO 6507-1:1997)

GB/T 5267.1—2002　紧固件　电镀层(ISO 4042:1999,IDT)

GB/T 5267.2—2002　紧固件　非电解锌片涂层(ISO 10683:2000,IDT)

GB/T 5286—2001　螺栓、螺钉和螺母用平垫圈　总方案(idt ISO 887:2000)

中华人民共和国国家质量监督检验检疫总局 2002-12-05 批准　　2003-06-01 实施

3 尺寸

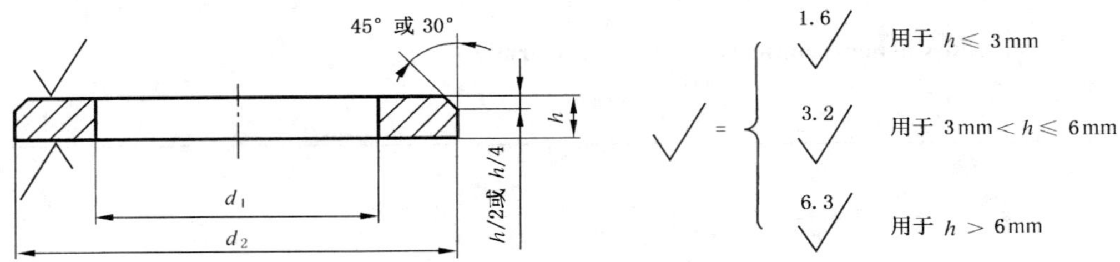

图 1

表 1 优选尺寸

mm

公称规格（螺纹大径 d）	内径 d_1		外径 d_2		厚度 h		
	公称(min)	max	公称(max)	min	公称	max	min
5	5.3	5.48	10	9.64	1	1.1	0.9
6	6.4	6.62	12	11.57	1.6	1.8	1.4
8	8.4	8.62	16	15.57	1.6	1.8	1.4
10	10.5	10.77	20	19.48	2	2.2	1.8
12	13	13.27	24	23.48	2.5	2.7	2.3
16	17	17.27	30	29.48	3	3.3	2.7
20	21	21.33	37	36.38	3	3.3	2.7
24	25	25.33	44	43.38	4	4.3	3.7
30	31	31.39	56	55.26	4	4.3	3.7
36	37	37.62	66	64.8	5	5.6	4.4
42	45	45.62	78	76.8	8	9	7
48	52	52.74	92	90.6	8	9	7
56	62	62.74	105	103.6	10	11	9
64	70	70.74	115	113.6	10	11	9

表 2 非优选尺寸

mm

公称规格（螺纹大径 d）	内径 d_1		外径 d_2		厚度 h		
	公称(min)	max	公称(max)	min	公称	max	min
14	15	15.27	28	27.48	2.5	2.7	2.3
18	19	19.33	34	33.38	3	3.3	2.7
22	23	23.33	39	38.38	3	3.3	2.7
27	28	28.33	50	49.38	4	4.3	3.7
33	34	34.62	60	58.8	5	5.6	4.4
39	42	42.62	72	70.8	6	6.6	5.4
45	48	48.62	85	83.6	8	9	7
52	56	56.74	98	96.6	8	9	7
60	66	66.74	110	108.6	10	11	9

4 技术条件和引用标准

表 3 技术条件和引用标准

材料[1)	种类	钢		不锈钢
	组别[2)	—		A2、F1、C1、A4、C4
	标准	—		GB/T 3098.6
机械性能	硬度等级	200 HV	300 HV[3)	200 HV
	硬度范围[4)	200 HV～300 HV	300 HV～370 HV	200 HV～300 HV
公差	产品等级	A		
	标准	GB/T 3103.3		
表面处理		不经表面处理，即垫圈应是本色的并涂有防锈油或按供需双方协议的涂层； 电镀技术要求按 GB/T 5267.1； 非电解锌片涂层技术要求按 GB/T 5267.2； 对淬火并回火的垫圈应采用适当的涂或镀工艺，以避免氢脆。当电镀或磷化处理垫圈时，应在电镀或涂层后立即进行适当处理，以驱除有害的氢脆； 所有公差适用于涂或镀前尺寸		不经表面处理，即垫圈应是本色的
表面缺陷		零件不允许有不规则的或有害的缺陷。垫圈表面不得有突出的毛刺		
验收及包装		GB/T 90.1、GB/T 90.2		

1）其他金属材料需经供需双方协议。

2）仅与化学成分有关。

3）淬火并回火。

4）硬度试验按 GB/T 4340.1 规定。

试验力：HV10 用于公称厚度 $h \leqslant 1.2$ mm；

HV30 用于公称厚度 $h > 1.2$ mm。

5 标记

5.1 标记方法按 GB/T 1237 规定。

5.2 标记示例

标准系列、公称规格 8 mm、由钢制造的硬度等级为 200 HV 级、不经表面处理、产品等级为 A 级、倒角型平垫圈的标记：

垫圈 GB/T 97.2 8

标准系列、公称规格 8 mm，由 A2 组不锈钢制造的硬度等级为 200 HV 级、不经表面处理、产品等级为 A 级、倒角型平垫圈的标记：

垫圈 GB/T 97.2 8 A2

前　　言

本标准等效采用国际标准 ISO 7092:2000《平垫圈　小系列　产品等级 A 级》。

本标准是国家标准“平垫圈”产品系列标准的一部分。该系列包括：

a) GB/T 95—2002　平垫圈　C 级；

b) GB/T 96.1—2002　大垫圈　A 级；

c) GB/T 96.2—2002　大垫圈　C 级；

d) GB/T 97.1—2002　平垫圈　A 级；

e) GB/T 97.2—2002　平垫圈　倒角型 A 级；

f) GB/T 97.3—2000　销轴用平垫圈；

g) GB/T 97.4—2002　平垫圈　用于螺钉和垫圈组合件；

h) GB/T 97.5—2002　平垫圈　用于自攻螺钉和垫圈组合件；

i) GB/T 848—2002　小垫圈　A 级；

j) GB/T 5287—2002　特大垫圈　C 级。

ISO 7092 未规定包装技术要求，本标准予以规定(表 3)。

ISO 7092 未规定简化标记，本标准按 GB/T 1237 的简化原则给出简化的标记示例(5.2)。

本标准是 GB/T 848—1985 的修订本，主要修改如下：

a) 增加 200 HV 和 300 HV 级垫圈的适用范围(第 1 章)；

b) 按螺纹规格(螺纹大径)的优选程度分为：表 1　优选尺寸；表 2　非优选尺寸(表 1、表 2)；

c) 增加公称规格：3.5、18、22、27 和 33 mm(表 2)；

d) 给出硬度等级相应的硬度范围和试验方法(表 3)；

e) 增加非电解锌片涂层(表 3)。

本标准自实施之日起，代替 GB/T 848—1985。

本标准由中国机械工业联合会提出。

本标准由全国紧固件标准化技术委员会归口。

本标准由机械科学研究院负责起草。

本标准由全国紧固件标准化技术委员会秘书处负责解释。

ISO 前言

ISO(国际标准化组织)是一个世界性的各国国家标准团体(ISO 成员团体)的联合组织。国际标准的制定工作通常是通过 ISO 各个技术委员会进行的。每个成员团体如对某一技术委员会所进行的项目感兴趣时,也可参加该委员会。与 ISO 有关的政府的和非政府的国际组织也可参加此项工作。ISO 与国际电工委员会(IEC)在电工标准化方面有着密切的联系。

国际标准的起草应按 ISO/IEC 指南第 3 部分给出的规则进行。

经技术委员会采纳的国际标准草案,分发给所有成员团体进行投票表决。国际标准的正式出版需要至少 75%的成员团体投票赞成。

注意:本国际标准的某些部分可能涉及到专利权。ISO 不负责鉴别任何或全部这方面的专利权。

国际标准 ISO 7092 由 ISO/TC 2 紧固件技术委员会制定。

第二版对第一版(ISO 7092:1983)进行了删改与补充,是技术性修订。

中华人民共和国国家标准

GB/T 848—2002
eqv ISO 7092:2000
代替 GB/T 848—1985

小垫圈 A级

Plain washers—Small series—Product grade A

1 范围

本标准规定了公称规格(螺纹大径)为1.6～36 mm、小系列、硬度等级为200 HV和300 HV级、产品等级为A级的平垫圈。

硬度等级为200 HV级的垫圈适用于:

——性能等级至8.8级或不锈钢制造的圆柱头螺钉;

——性能等级至8.8级或不锈钢制造的内六角圆柱头螺钉;

——性能等级至8.8级或不锈钢制造的内六角花形圆柱头螺钉;

——表面淬硬的圆柱头自挤螺钉。

硬度等级为300 HV级的垫圈适用于:

——性能等级至10.9级内六角圆柱头螺钉;

——性能等级至10.9级内六角花形圆柱头螺钉。

如要求本标准规定以外的尺寸,则应从GB/T 5286中选取。

当用于夹紧软材料零件或者工件上大的螺栓通孔时,使用者应校验本类型垫圈的适用性。

2 引用标准

下列标准所包含的条文,通过在本标准中引用而构成为本标准的条文。本标准出版时,所示版本均为有效。所有标准都会被修订,使用本标准的各方应探讨使用下列标准最新版本的可能性。

GB/T 90.1—2002 紧固件 验收检查(idt ISO 3269:2000)

GB/T 90.2—2002 紧固件 标志与包装

GB/T 1237—2000 紧固件标记方法(eqv ISO 8991:1986)

GB/T 3098.6—2000 紧固件机械性能 不锈钢螺栓、螺钉和螺柱(idt ISO 3506-1:1997)

GB/T 3103.3—2000 紧固件公差 平垫圈(idt ISO 4759-3:2000)

GB/T 4340.1—1999 金属维氏硬度试验 第1部分:试验方法(eqv ISO 6507-1:1997)

GB/T 5267.1—2002 紧固件 电镀层(ISO 4042:1999,IDT)

GB/T 5267.2—2002 紧固件 非电解锌片涂层(ISO 10683:2000,IDT)

GB/T 5286—2001 螺栓、螺钉和螺母用平垫圈 总方案(idt ISO 887:2000)

中华人民共和国国家质量监督检验检疫总局 2002-12-05 批准 2003-06-01 实施

3 尺寸

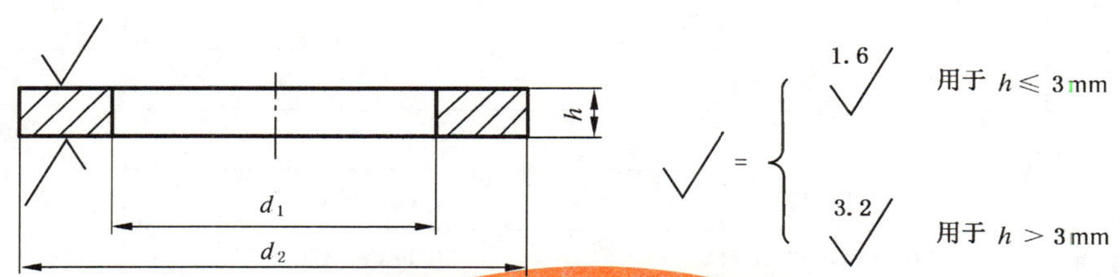

图 1

表 1 优选尺寸

mm

公称规格（螺纹大径 d）	内径 d_1		外径 d_2		厚度 h		
	公称(min)	max	公称(max)	min	公称	max	min
1.6	1.7	1.84	3.5	3.2	0.3	0.35	0.25
2	2.2	2.34	4.5	4.2	0.3	0.35	0.25
2.5	2.7	2.84	5	4.7	0.5	0.55	0.45
3	3.2	3.38	6	5.7	0.5	0.55	0.45
4	4.3	4.48	8	7.64	0.5	0.55	0.45
5	5.3	5.48	9	8.64	1	1.1	0.9
6	6.4	6.62	11	10.57	1.6	1.8	1.4
8	8.4	8.62	15	14.57	1.6	1.8	1.4
10	10.5	10.77	18	17.57	1.6	1.8	1.4
12	13	13.27	20	19.48	2	2.2	1.8
16	17	17.27	28	27.48	2.5	2.7	2.3
20	21	21.33	34	33.38	3	3.3	2.7
24	25	25.33	39	38.38	4	4.3	3.7
30	31	31.39	50	49.38	4	4.3	3.7
36	37	37.62	60	58.8	5	5.6	4.4

表 2 非优选尺寸

mm

公称规格（螺纹大径 d）	内径 d_1		外径 d_2		厚度 h		
	公称(min)	max	公称(max)	min	公称	max	min
3.5	3.7	3.88	7	6.64	0.5	0.55	0.45
14	15	15.27	24	23.48	2.5	2.7	2.3
18	19	19.33	30	29.48	3	3.3	2.7
22	23	23.33	37	36.38	3	3.3	2.7
27	28	28.33	44	43.38	4	4.3	3.7
33	34	34.62	56	54.8	5	5.6	4.4

4 技术条件和引用标准

表 3 技术条件和引用标准

<table>
<tr><td rowspan="3">材料[1)]</td><td>种类</td><td colspan="2">钢</td><td>不锈钢</td></tr>
<tr><td>组别[2)]</td><td colspan="2">—</td><td>A2、F1、C1、A4、C4</td></tr>
<tr><td>标准</td><td colspan="2">—</td><td>GB/T 3098.6</td></tr>
<tr><td rowspan="2">机械性能</td><td>硬度等级</td><td>200 HV</td><td>300 HV[3)]</td><td>200 HV</td></tr>
<tr><td>硬度范围[4)]</td><td>200 HV～300 HV</td><td>300 HV～370 HV</td><td>200 HV～300 HV</td></tr>
<tr><td rowspan="2">公差</td><td>产品等级</td><td colspan="3">A</td></tr>
<tr><td>标准</td><td colspan="3">GB/T 3103.3</td></tr>
<tr><td colspan="2">表面处理</td><td colspan="2">不经表面处理，即垫圈应是本色的并涂有防锈油或按供需双方协议的涂层；
电镀技术要求按 GB/T 5267.1；
非电解锌片涂层技术要求按 GB/T 5267.2；
对淬火并回火的垫圈应采用适当的涂或镀工艺，以避免氢脆。当电镀或磷化处理垫圈时，应在电镀或涂层后立即进行适当处理，以驱除有害的氢脆；
所有公差适用于涂或镀前尺寸</td><td>不经表面处理，即垫圈应是本色的</td></tr>
<tr><td colspan="2">表面缺陷</td><td colspan="3">零件不允许有不规则的或有害的缺陷。垫圈表面不得有突出的毛刺</td></tr>
<tr><td colspan="2">验收及包装</td><td colspan="3">GB/T 90.1、GB/T 90.2</td></tr>
<tr><td colspan="5">1) 其他金属材料需经供需双方协议。
2) 仅与化学成分有关。
3) 淬火并回火。
4) 硬度试验按 GB/T 4340.1 规定。
试验力：HV2 用于公称厚度 $h \leqslant 0.6$ mm
HV10 用于公称厚度 $0.6 \text{ mm} < h \leqslant 1.2$ mm
HV30 用于公称厚度 $h > 1.2$ mm</td></tr>
</table>

5 标记

5.1 标记方法按 GB/T 1237 规定。

5.2 标记示例

小系列、公称规格 8 mm、由钢制造的硬度等级为 200 HV 级、不经表面处理、产品等级为 A 级的平垫圈的标记：

垫圈 GB/T 848 8

小系列、公称规格 8 mm、由 A2 组不锈钢制造的硬度等级为 200 HV 级、不经表面处理、产品等级为 A 级的平垫圈的标记：

垫圈 GB/T 848 8 A2

中华人民共和国国家标准

UDC 621.882.4

GB 849—88

代替 GB 849—76

球 面 垫 圈

Weshers with ball face

1 主题内容

本标准规定了规格为 6～48mm 的球面垫圈。

2 引用标准

GB 850 锥面垫圈

GB 699 优质碳素结构钢钢号和一般技术条件

GB 90 紧固件验收检查、标志与包装

GB 1237 紧固件的标记方法

3 尺寸

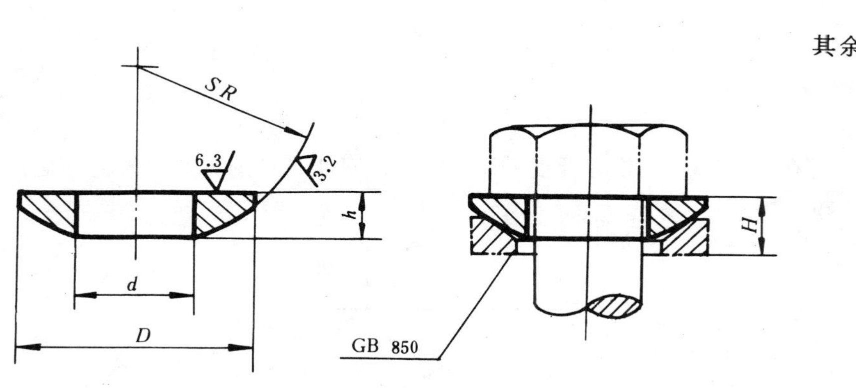

mm

规格（螺纹大径）	d max	d min	D max	D min	h max	h min	SR	H≈
6	6.60	6.40	12.50	12.07	3.00	2.75	10	4
8	8.60	8.40	17.00	16.57	4.00	3.70	12	5
10	10.74	10.50	21.00	20.48	4.00	3.70	16	6
12	13.24	13.00	24.00	23.48	5.00	4.70	20	7
16	17.24	17.00	30.00	29.48	6.00	5.70	25	8

国家机械工业委员会1988-01-26批准　　1989-01-01实施

续表

mm

规格 （螺纹大径）	d		D		h		SR	H≈
	max	min	max	min	max	min		
20	21.28	21.00	37.00	36.38	6.60	6.24	32	10
24	25.28	25.00	44.00	43.38	9.60	9.24	36	13
30	31.34	31.00	56.00	55.26	9.80	9.44	40	16
36	37.34	37.00	66.00	65.26	12.00	11.57	50	19
42	43.34	43.00	78.00	77.26	16.00	15.57	63	24
48	50.34	50.00	92.00	91.13	20.00	19.48	70	30

4 技术条件

4.1 材料：45 钢（GB 699）。

4.2 垫圈应进行热处理：HRC40～48。

4.3 球面如需抛光，应在订单中注明。

4.4 垫圈应进行表面氧化处理。

4.5 验收检查、标志与包装按 GB 90 规定。

5 标记

5.1 标记方法按 GB 1237 规定。

5.2 标记示例：

规格 16mm、材料为 45 钢、热处理硬度 HRC40～48、表面氧化的球面垫圈的标记：

垫圈 GB 849 16

附加说明：

本标准由全国紧固件标准化技术委员会提出。

本标准由国家机械工业委员会标准化研究所归口。

本标准由国家机械工业委员会标准化研究所负责起草。

中华人民共和国国家标准

UDC 621.882.4

GB 850—88

代替 GB 850—76

锥 面 垫 圈

Washers with cone face

1 主题内容

本标准规定了规格为 6～48mm 的锥面垫圈。

2 引用标准

GB 849 球面垫圈

GB 699 优质碳素结构钢钢号和一般技术条件

GB 90 紧固件验收检查、标志与包装

GB 1237 紧固件的标记方法

3 尺寸

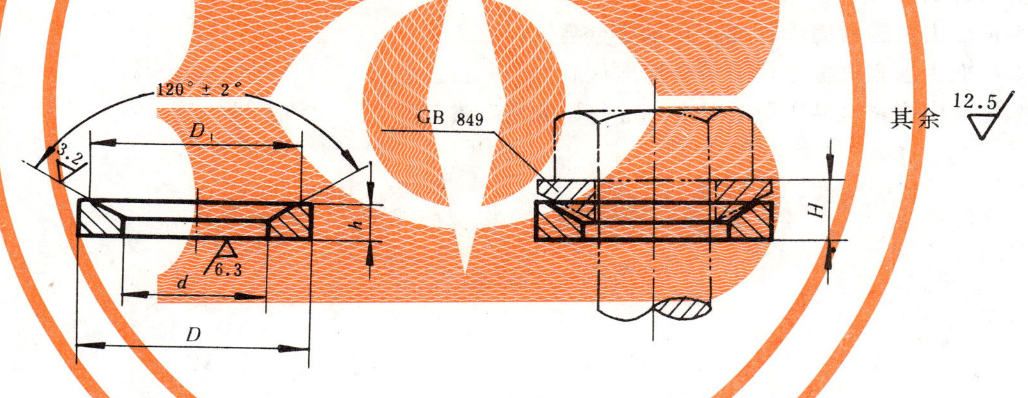

mm

规 格 (螺纹大径)	d		D		h		D_1	$H\approx$
	max	min	max	min	max	min		
6	8.36	8	12.5	12.07	2.6	2.35	12	4
8	10.36	10	17	16.57	3.2	2.9	16	5
10	12.93	12.5	21	20.48	4	3.70	18	6
12	16.43	16	24	23.48	4.7	4.40	23.5	7
16	20.52	20	30	29.48	5.1	4.80	29	8
20	25.52	25	37	36.38	6.6	6.24	34	10
24	30.52	30	44	43.38	6.8	6.44	38.5	13
30	36.62	36	56	55.26	9.9	9.54	45.2	16
36	43.62	43	66	65.26	14.3	13.87	64	19
42	50.62	50	78	77.26	14.4	13.97	69	24
48	60.74	60	92	91.13	17.4	16.97	78.6	30

国家机械工业委员会1988-01-26批准　　　　1989-01-01实施

4 技术条件

4.1 材料:45 钢(GB 699)。

4.2 垫圈应进行热处理:HRC40～48。

4.3 120°锥面如需抛光,应在订单中注明。

4.4 垫圈应进行表面氧化处理。

4.5 验收检查、标志与包装按 GB 90 规定。

5 标记

5.1 标记方法按 GB 1237 规定。

5.2 标记示例:

规格 16mm、材料为 45 钢、热处理硬度 HRC40～48、表面氧化的锥面垫圈的标记:

垫圈 GB 850 16

附加说明:

本标准由全国紧固件标准化技术委员会提出。

本标准由国家机械工业委员会标准化研究所归口。

本标准由国家机械工业委员会标准化研究所负责起草。

中华人民共和国国家标准

UDC 621.882.4

开 口 垫 圈

GB 851—88

Washers with split

代替 GB 851—76

1 主题内容

本标准规定了规格为 5～36mm 的开口垫圈。

2 引用标准

GB 699 优质碳素结构钢钢号和一般技术条件

GB 6403.3 滚花

GB 90 紧固件验收检查、标志与包装

GB 1237 紧固件的标记方法

3 尺寸

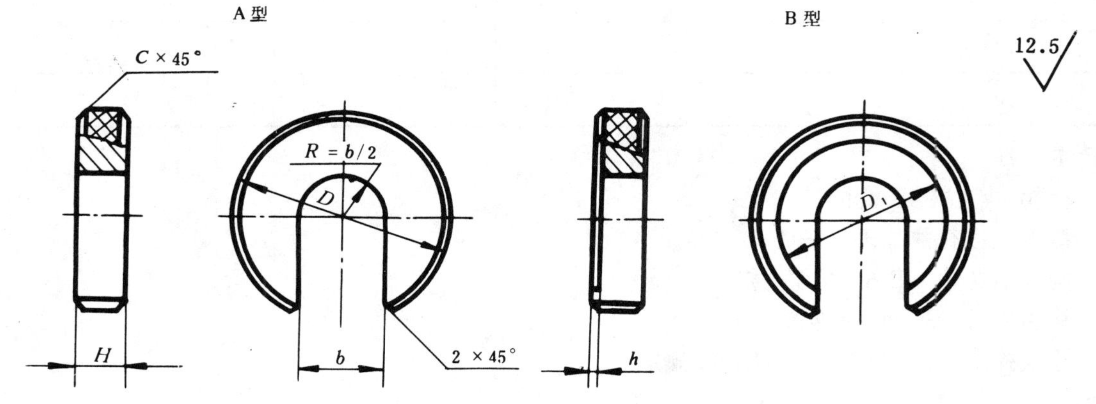

mm

规格(螺纹大径)	5	6	8	10	12	16	20	24	30	36
b	6	8	10	12	14	18	22	26	32	40
D_1	13	15	19	23	26	32	42	50	60	72
h	0.6	0.8	1.0		1.5		2.0			2.5
C	0.5		0.8	1.0		1.5		2.0		2.5
D	H									
16	4									

国家机械工业委员会1988-01-26批准　　　　1989-01-01实施

续表 mm

规格(螺纹大径)	5	6	8	10	12	16	20	24	30	36
20	4	5								
25	4	5	6							
30	4	6	6	7						
35		6	7	7	8					
40			7	8	8	10				
50			7	8	8	10	10			
60				8	10	10	10	12		
70					10	10	10	12	14	
80					10	12	12	12	14	
90						12	12	12	14	16
100						12	12	14	14	16
110							14	14	16	—
120							14	16	16	16
130								16	18	—
140									18	18
160										20

4 技术条件

4.1 材料:钢 45(GB 699)。

4.2 垫圈应进行热处理:HRC 40～48。

4.3 网纹滚花按 GB 6403.3 规定。

4.4 垫圈应进行表面氧化处理。

4.5 验收检查、标志与包装按 GB 90 规定。

5 标记

5.1 标记方法按 GB 1237 规定。

5.2 标记示例:

规格 16mm、外径 50mm、材料为 45 钢、热处理硬度 HRC 40～48、表面氧化、按 A 型制造的开口垫圈的标记:

垫圈 GB 851 16-50

按 B 型制造时,应加标记 B:

垫圈 GB 851 B 16—50

附加说明:

本标准由全国紧固件标准化技术委员会提出。

本标准由国家机械工业委员会标准化研究所归口。

本标准由国家机械工业委员会标准化研究所负责起草。

中华人民共和国国家标准

UDC 621.882.4

工字钢用方斜垫圈

GB 852－88

Square taper washers for I section

代替 GB 852－76

1 主题内容

本标准规定了规格为 6～36mm 的粗制工字钢用方斜垫圈。

注：商品紧固件品种，应优先选用。

2 引用标准

GB 700 普通碳素结构钢技术条件

GB 90 紧固件验收检查、标志与包装

GB 1237 紧固件的标记方法

3 尺寸

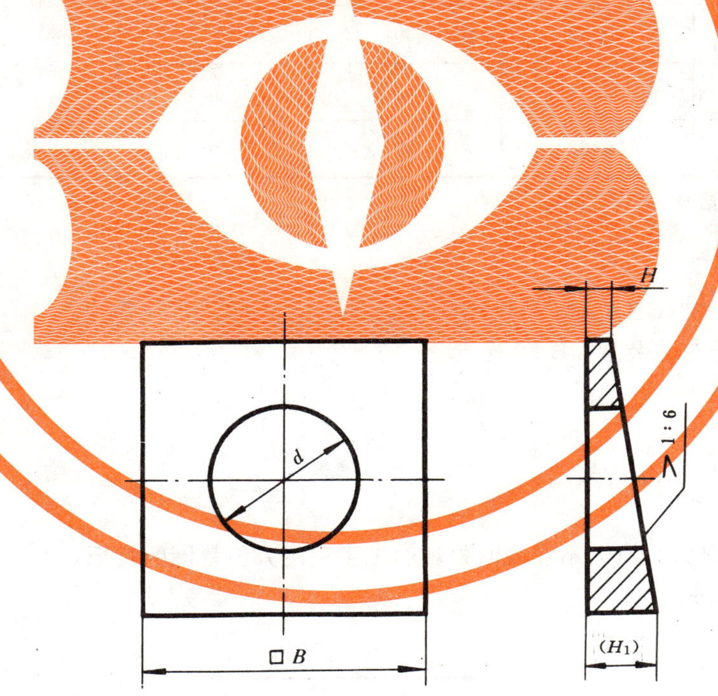

国家机械工业委员会1988-01-26批准 1989-01-01实施

mm

<table>
<tr><th rowspan="2">规格(螺纹大径)</th><th colspan="2">d</th><th rowspan="2">B</th><th rowspan="2">H</th><th rowspan="2">(H_1)</th></tr>
<tr><th>max</th><th>min</th></tr>
<tr><td>6</td><td>6.96</td><td>6.6</td><td>16</td><td rowspan="4">2</td><td>4.7</td></tr>
<tr><td>8</td><td>9.36</td><td>9</td><td>18</td><td>5.0</td></tr>
<tr><td>10</td><td>11.43</td><td>11</td><td>22</td><td>5.7</td></tr>
<tr><td>12</td><td>13.93</td><td>13.5</td><td>28</td><td>6.7</td></tr>
<tr><td>16</td><td>17.93</td><td>17.5</td><td>35</td><td></td><td>7.7</td></tr>
<tr><td>(18)</td><td>20.52</td><td>20</td><td rowspan="3">40</td><td rowspan="7">3</td><td>9.7</td></tr>
<tr><td>20</td><td>22.52</td><td>22</td><td>9.7</td></tr>
<tr><td>(22)</td><td>24.52</td><td>24</td><td>9.7</td></tr>
<tr><td>24</td><td>26.52</td><td>26</td><td rowspan="2">50</td><td>11.3</td></tr>
<tr><td>(27)</td><td>30.52</td><td>30</td><td>11.3</td></tr>
<tr><td>30</td><td>33.62</td><td>33</td><td>60</td><td>13.0</td></tr>
<tr><td>36</td><td>39.62</td><td>39</td><td>70</td><td>14.7</td></tr>
</table>

注：尽可能不采用括号内的规格。

4 技术条件

4.1 材料：Q215、Q235(GB 700)。

4.2 验收检查、标志与包装按 GB 90 规定。

5 标记

5.1 标记方法按 GB 1237 的规定。

5.2 标记示例：

规格 16mm、材料为 Q215、不经表面处理的工字钢用方斜垫圈的标记：

垫圈 GB 852 16

附加说明：

本标准由全国紧固件标准化技术委员会提出。
本标准由国家机械工业委员会标准化研究所归口。
本标准由国家机械工业委员会标准化研究所负责起草。

中华人民共和国国家标准

UDC 621.882.4

槽钢用方斜垫圈

GB 853—88

Square taper washers for slot section

代替 GB 853—76

1 主题内容

本标准规定了规格为 6～36mm 的粗制槽钢用方斜垫圈。

注：商品紧固件品种，应优先选用。

2 引用标准

GB 700 普通碳素结构钢技术条件

GB 90 紧固件验收检查、标志与包装

GB 1237 紧固件的标记方法

3 尺寸

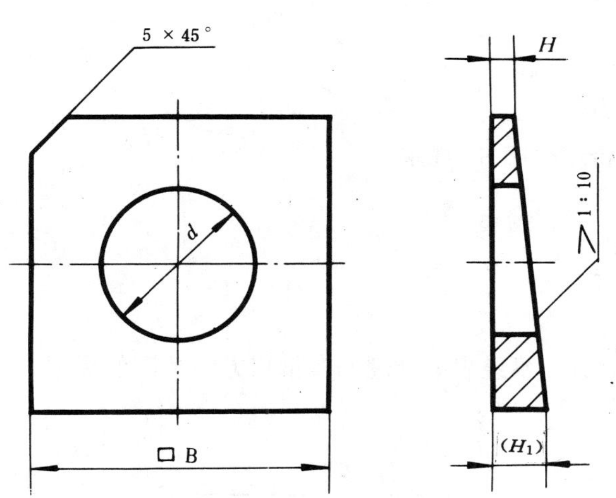

国家机械工业委员会1988-01-26批准　　1989-01-01实施

mm

<table>
<tr><th rowspan="2">规格(螺纹大径)</th><th colspan="2">d</th><th rowspan="2">B</th><th rowspan="2">H</th><th rowspan="2">(H1)</th></tr>
<tr><th>max</th><th>min</th></tr>
<tr><td>6</td><td>6.96</td><td>6.6</td><td>16</td><td rowspan="5">2</td><td>3.6</td></tr>
<tr><td>8</td><td>9.36</td><td>9</td><td>18</td><td>3.8</td></tr>
<tr><td>10</td><td>11.43</td><td>11</td><td>22</td><td>4.2</td></tr>
<tr><td>12</td><td>13.93</td><td>13.5</td><td>28</td><td>4.8</td></tr>
<tr><td>16</td><td>17.93</td><td>17.5</td><td>35</td><td>5.4</td></tr>
<tr><td>(18)</td><td>20.52</td><td>20</td><td rowspan="3">40</td><td rowspan="7">3</td><td rowspan="3">7</td></tr>
<tr><td>20</td><td>22.52</td><td>22</td></tr>
<tr><td>(22)</td><td>24.52</td><td>24</td></tr>
<tr><td>24</td><td>26.52</td><td>26</td><td rowspan="2">50</td><td rowspan="2">8</td></tr>
<tr><td>(27)</td><td>30.52</td><td>30</td></tr>
<tr><td>30</td><td>33.62</td><td>33</td><td>60</td><td>9</td></tr>
<tr><td>36</td><td>39.62</td><td>39</td><td>70</td><td>10</td></tr>
</table>

注：尽可能不采用括号内的规格。

4 技术条件

4.1 材料：Q215、Q235(GB 700)。

4.2 验收检查、标志与包装按 GB 90 规定。

5 标记

5.1 标记方法按 GB 1237 规定。

5.2 标记示例：

规格 16mm、材料为 Q215、不经表面处理的槽钢用方斜垫圈的标记：

垫圈 GB 853 16

附加说明：

本标准由全国紧固件标准化技术委员会提出。

本标准由国家机械工业委员会标准化研究所归口。

本标准由国家机械工业委员会标准化研究所负责起草。

中华人民共和国国家标准

单耳止动垫圈

Tab washers with long tab

UDC 621.882.4

GB 854—88

代替 GB 854—76

1 主题内容

本标准规定了规格为 2.5～48mm 的单耳止动垫圈。

注：商品紧固件品种，应优先选用。

2 引用标准

GB 98　止动垫圈技术条件

GB 1237　紧固件的标记方法

3 尺寸

mm

规格（螺纹大径）	d		D		L			S	B	B_1	r
	max	min	max	min	公称	min	max				
2.5	2.95	2.7	8	7.64	10	9.71	10.29	0.4	3	6	2.5
3	3.5	3.2	10	9.64	12	11.65	12.35		4	7	
4	4.5	4.2	14	13.57	14	13.65	14.35		5	9	
5	5.6	5.3	17	16.57	16	15.65	16.35	0.5	6	11	

国家机械工业委员会 1988-01-26 批准　　　　1989-01-01 实施

续表 mm

规　格 （螺纹大径）	d		D		L			S	B	B_1	r
	max	min	max	min	公　称	min	max				
6	6.76	6.4	19	18.48	18	17.65	18.35	0.5	7	12	4
8	8.76	8.4	22	21.48	20	19.58	20.42		8	16	
10	10.93	10.5	26	25.48	22	21.58	22.42		10	19	6
12	13.43	13	32	31.38	28	27.58	28.42	1	12	21	10
(14)	15.43	15	32	31.38	28	27.58	28.42			25	
16	17.43	17	40	39.38	32	31.50	32.50		15	32	
(18)	19.52	19	45	44.38	36	35.50	36.50		18	38	
20	21.52	21	45	49.38	36	36.50	36.50				
(22)	23.52	23	50	49.38	42	41.50	42.50		20	39	
24	25.52	25	50	49.38	42	41.50	42.50			42	
(27)	28.52	28	58	57.26	48	47.50	48.50	1.5	24	48	16
30	31.62	31	63	62.26	52	51.40	52.60		26	55	
36	37.62	37	75	74.26	62	61.40	62.60		30	65	
42	43.62	43	88	87.13	70	69.40	70.60		35	78	
48	50.62	50	100	99.13	80	79.40	80.60		40	90	

注：尽可能不采用括号内的规格。

4　技术条件

技术条件按 GB 98 规定。

5　标记

5.1　标记方法按 GB 1237 规定。

5.2　标记示例：

规格 10mm、材料为 Q215、经退火、表面氧化的单耳止动垫圈的标记：

垫圈 GB 854　10

附加说明：

本标准由全国紧固件标准化技术委员会提出。

本标准由国家机械工业委员会标准化研究所归口。

本标准由国家机械工业委员会标准化研究所负责起草。

中华人民共和国国家标准

UDC 621.882.4

双耳止动垫圈

GB 855—88

Tab washers with long tab and wing

代替 GB 855—76

1 主题内容

本标准规定了规格为2.5～48mm的双耳止动垫圈。

注：商品紧固件品种，应优先选用。

2 引用标准

GB 98 止动垫圈技术条件

GB 1237 紧固件的标记方法

3 尺寸

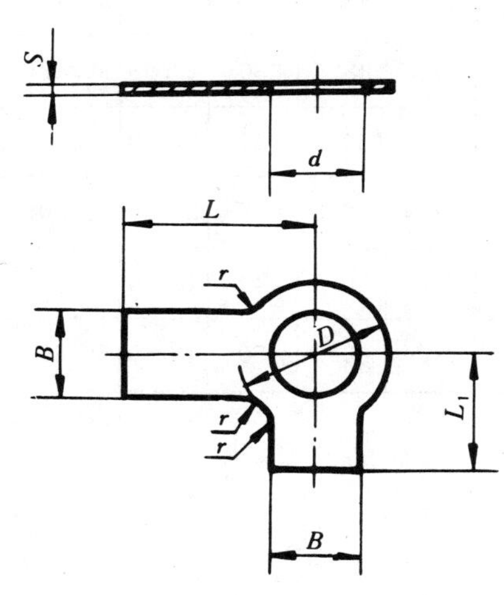

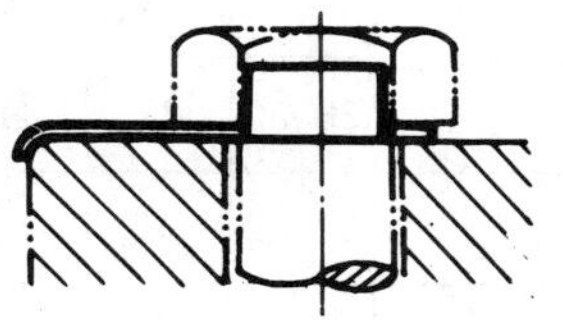

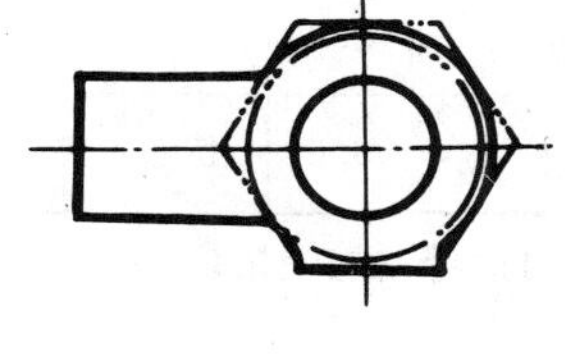

mm

规格（螺纹大径）	d max	d min	D max	D min	L 公称	L min	L max	L_1 公称	L_1 min	L_1 max	B	S	r
2.5	2.95	2.7	5	4.7	10	9.71	10.29	4	3.76	4.24	3	0.4	1
3	3.5	3.2	5	4.7	12	11.65	12.35	5	4.76	5.24	4		
4	4.5	4.2	8	7.64	14	13.65	14.35	7	6.71	7.29	5		
5	5.6	5.3	9	8.64	16	15.65	16.35	8	7.71	8.29	6	0.5	

国家机械工业委员会1988-01-26批准　　　　1989-01-01实施

续表 mm

<table>
<tr><th rowspan="2">规 格
（螺纹大径）</th><th colspan="2">d</th><th colspan="2">D</th><th colspan="3">L</th><th colspan="3">L_1</th><th rowspan="2">B</th><th rowspan="2">S</th><th rowspan="2">r</th></tr>
<tr><th>max</th><th>min</th><th>max</th><th>min</th><th>公称</th><th>min</th><th>max</th><th>公称</th><th>min</th><th>max</th></tr>
<tr><td>6</td><td>6.76</td><td>6.4</td><td>11</td><td>10.57</td><td>18</td><td>17.65</td><td>18.35</td><td>9</td><td>8.71</td><td>9.29</td><td>7</td><td rowspan="3">0.5</td><td>1</td></tr>
<tr><td>8</td><td>8.76</td><td>8.4</td><td>14</td><td>13.57</td><td>20</td><td>19.58</td><td>20.42</td><td>11</td><td>10.65</td><td>11.35</td><td>8</td><td rowspan="5">2</td></tr>
<tr><td>10</td><td>10.93</td><td>10.5</td><td>17</td><td>16.57</td><td>22</td><td>21.58</td><td>22.42</td><td>13</td><td>12.65</td><td>13.35</td><td>10</td></tr>
<tr><td>12</td><td>13.43</td><td>13</td><td>22</td><td>21.48</td><td>28</td><td>27.58</td><td>28.42</td><td>16</td><td>15.65</td><td>16.35</td><td rowspan="2">12</td><td rowspan="7">1</td></tr>
<tr><td>(14)</td><td>15.43</td><td>15</td><td>22</td><td>21.48</td><td>28</td><td>27.58</td><td>28.42</td><td>16</td><td>15.65</td><td>16.35</td></tr>
<tr><td>16</td><td>17.43</td><td>17</td><td>27</td><td>26.48</td><td>32</td><td>31.5</td><td>32.5</td><td>20</td><td>19.58</td><td>20.42</td><td>15</td></tr>
<tr><td>(18)</td><td>19.52</td><td>19</td><td>32</td><td>31.38</td><td>36</td><td>35.5</td><td>36.5</td><td>22</td><td>21.58</td><td>22.42</td><td rowspan="2">18</td><td rowspan="7">3</td></tr>
<tr><td>20</td><td>21.52</td><td>21</td><td>32</td><td>31.38</td><td>36</td><td>35.5</td><td>36.5</td><td>22</td><td>21.58</td><td>22.42</td></tr>
<tr><td>(22)</td><td>23.52</td><td>23</td><td>36</td><td>35.38</td><td>42</td><td>41.5</td><td>42.5</td><td>25</td><td>24.58</td><td>25.42</td><td rowspan="2">20</td></tr>
<tr><td>24</td><td>25.52</td><td>25</td><td>36</td><td>35.38</td><td>42</td><td>41.5</td><td>42.5</td><td>25</td><td>24.58</td><td>25.42</td></tr>
<tr><td>(27)</td><td>28.52</td><td>28</td><td>41</td><td>40.38</td><td>48</td><td>47.5</td><td>48.5</td><td>30</td><td>29.58</td><td>30.42</td><td>24</td><td rowspan="5">1.5</td></tr>
<tr><td>30</td><td>31.62</td><td>31</td><td>46</td><td>45.38</td><td>52</td><td>51.4</td><td>52.6</td><td>32</td><td>31.50</td><td>32.50</td><td>26</td></tr>
<tr><td>36</td><td>37.62</td><td>37</td><td>55</td><td>54.26</td><td>62</td><td>61.4</td><td>62.6</td><td>38</td><td>37.50</td><td>38.50</td><td>30</td></tr>
<tr><td>42</td><td>43.62</td><td>43</td><td>65</td><td>64.26</td><td>70</td><td>69.4</td><td>70.6</td><td>44</td><td>43.50</td><td>44.50</td><td>35</td><td rowspan="2">4</td></tr>
<tr><td>48</td><td>50.62</td><td>50</td><td>75</td><td>74.26</td><td>80</td><td>79.4</td><td>80.6</td><td>50</td><td>49.50</td><td>50.50</td><td>40</td></tr>
</table>

注：尽可能不采用括号内的规格。

4 技术条件

技术条件按 GB 98 规定。

5 标记

5.1 标记方法按 GB 1237 规定。

5.2 标记示例：

规格 10mm、材料为 Q 215、经退火、表面氧化的双耳止动垫圈的标记：

垫圈 GB 855 10

附加说明：

本标准由全国紧固件标准化技术委员会提出。

本标准由国家机械工业委员会标准化研究所归口。

本标准由国家机械工业委员会标准化研究所负责起草。

中华人民共和国国家标准

UDC 621.882.4

外 舌 止 动 垫 圈

GB 856—88

External tab washers

代替 GB 856—76

1 主题内容

本标准规定了规格为 2.5～48mm 的外舌止动垫圈。

2 引用标准

GB 98 止动垫圈技术条件

GB 1237 紧固件的标记方法

3 尺寸

mm

规格（螺纹大径）	d		D		b		L			S	d_1	t
	max	min	max	min	max	min	公称	min	max			
2.5	2.95	2.7	10	9.64	2	1.75	3.5	3.2	3.8	0.4	2.5	3
3	3.5	3.2	12	11.57	2.5	2.25	4.5	4.2	4.8		3	
4	4.5	4.2	14	13.57	2.5	2.25	5.5	5.2	5.8			
5	5.6	5.3	17	16.57	3.5	3.2	7	6.64	7.36	0.5	4	4
6	6.76	6.4	19	18.48	3.5	3.2	7.5	7.14	7.86			
8	8.76	8.4	22	21.48	3.5	3.2	8.5	8.14	8.86			

国家机械工业委员会1988-01-26批准　　　　1989-01-01实施

续表 mm

<table>
<tr><th rowspan="2">规 格
（螺纹大径）</th><th colspan="2">d</th><th colspan="2">D</th><th colspan="2">b</th><th colspan="3">L</th><th rowspan="2">S</th><th rowspan="2">d_1</th><th rowspan="2">t</th></tr>
<tr><th>max</th><th>min</th><th>max</th><th>min</th><th>max</th><th>min</th><th>公 称</th><th>min</th><th>max</th></tr>
<tr><td>10</td><td>10.93</td><td>10.5</td><td>26</td><td>25.48</td><td>4.5</td><td>4.2</td><td>10</td><td>9.64</td><td>10.36</td><td>0.5</td><td rowspan="3">5</td><td>5</td></tr>
<tr><td>12</td><td>13.43</td><td>13</td><td>32</td><td>31.38</td><td>4.5</td><td>4.2</td><td>12</td><td>11.57</td><td>12.43</td><td rowspan="7">1</td><td rowspan="3">6</td></tr>
<tr><td>(14)</td><td>15.43</td><td>15</td><td>32</td><td>31.38</td><td>4.5</td><td>4.2</td><td>12</td><td>11.57</td><td>12.43</td></tr>
<tr><td>16</td><td>17.43</td><td>17</td><td>40</td><td>39.38</td><td>5.5</td><td>5.2</td><td>15</td><td>14.57</td><td>15.43</td><td>6</td></tr>
<tr><td>(18)</td><td>19.52</td><td>19</td><td>45</td><td>44.38</td><td>6</td><td>5.7</td><td>18</td><td>17.57</td><td>18.43</td><td rowspan="2">7</td><td rowspan="4">7</td></tr>
<tr><td>20</td><td>21.52</td><td>21</td><td>45</td><td>44.38</td><td>6</td><td>5.7</td><td>18</td><td>17.57</td><td>18.43</td></tr>
<tr><td>(22)</td><td>23.52</td><td>23</td><td>50</td><td>49.38</td><td>7</td><td>6.64</td><td>20</td><td>19.48</td><td>20.52</td><td rowspan="2">8</td></tr>
<tr><td>24</td><td>25.52</td><td>25</td><td>50</td><td>49.38</td><td>7</td><td>6.64</td><td>20</td><td>19.48</td><td>20.52</td></tr>
<tr><td>(27)</td><td>28.52</td><td>28</td><td>58</td><td>57.26</td><td>8</td><td>7.64</td><td>23</td><td>22.48</td><td>23.52</td><td rowspan="5">1.5</td><td rowspan="2">9</td><td rowspan="3">10</td></tr>
<tr><td>30</td><td>31.62</td><td>31</td><td>63</td><td>62.26</td><td>8</td><td>7.64</td><td>25</td><td>24.48</td><td>25.52</td></tr>
<tr><td>36</td><td>37.62</td><td>37</td><td>75</td><td>74.26</td><td>11</td><td>10.57</td><td>31</td><td>30.38</td><td>31.62</td><td rowspan="2">12</td></tr>
<tr><td>42</td><td>43.62</td><td>43</td><td>88</td><td>87.13</td><td>11</td><td>10.57</td><td>36</td><td>35.38</td><td>36.62</td><td>12</td></tr>
<tr><td>48</td><td>50.62</td><td>50</td><td>100</td><td>99.13</td><td>13</td><td>12.57</td><td>40</td><td>39.38</td><td>40.62</td><td>14</td><td>13</td></tr>
</table>

注：尽可能不采用括号内的规格。

4 技术条件

技术条件按 GB 98 规定。

5 标记

5.1 标记方法按 GB 1237 规定。

5.2 标记示例：

规格 10mm、材料为 Q 215、经退火、表面氧化的外舌止动垫圈的标记：

垫圈 GB 856 10

附加说明：

本标准由全国紧固件标准化技术委员会提出。

本标准由国家机械工业委员会标准化研究所归口。

本标准由国家机械工业委员会标准化研究所负责起草。

中华人民共和国国家标准

UDC 621.882.4

圆螺母用止动垫圈

GB 858—88

Tab washers for round nut

代替 GB 858—76

1 主题内容

本标准规定了规格为 10～200mm 的圆螺母用止动垫圈。

注：商品紧固件品种，应优先选用。

2 引用标准

GB 98　止动垫圈技术条件

GB 1237　紧固件的标记方法

3 尺寸

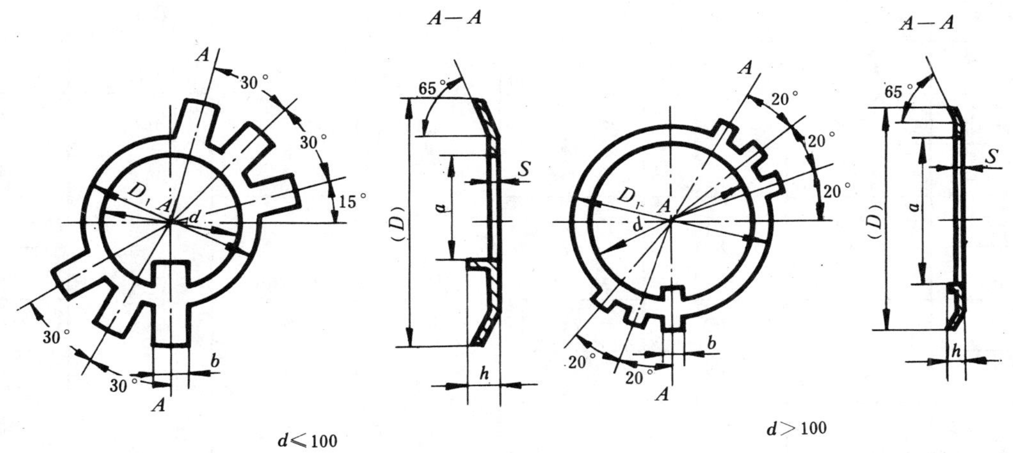

$d<100$　　　　$d>100$

mm

<table>
<tr><th>规格（螺纹大径）</th><th>d</th><th>D
参考</th><th>D_1</th><th>S</th><th>h</th><th>b</th><th>a</th></tr>
<tr><td>10</td><td>10.5</td><td>25</td><td>16</td><td rowspan="5">1</td><td rowspan="4">3</td><td rowspan="3">3.8</td><td>8</td></tr>
<tr><td>12</td><td>12.5</td><td>28</td><td>19</td><td>9</td></tr>
<tr><td>14</td><td>14.5</td><td>32</td><td>20</td><td>11</td></tr>
<tr><td>16</td><td>16.5</td><td>34</td><td>22</td><td rowspan="2">4.8</td><td>13</td></tr>
<tr><td>18</td><td>18.5</td><td>35</td><td>24</td><td>4</td><td>15</td></tr>
</table>

国家机械工业委员会 1988-01-26 批准　　　　1989-01-01 实施

续表 mm

规格（螺纹大径）	d	D 参考	D_1	S	h	b	a
20	20.5	38	27	1	4	4.8	17
22	22.5	42	30				19
24	24.5	45	34				21
25[1]	25.5	45	34				22
27	27.5	48	37		5		24
30	30.5	52	40				27
33	33.5	56	43	1.5		5.7	30
35[1]	35.5						32
36	36.5	60	46				33
39	39.5	62	49				36
40[1]	40.5						37
42	42.5	66	53				39
45	45.5	72	59				42
48	48.5	76	61			7.7	45
50[1]	50.5						47
52	52.5	82	67		6		49
55[1]	56						52
56	57	90	74				53
60	61	94	79				57
64	65	100	84				61
65[1]	66						62
68	69	105	88			9.6	65
72	73	110	93		7		69
75[1]	76						71
76	77	115	98				72
80	81	120	103				76
85	86	125	108				81
90	91	130	112	2		11.6	86

注：1）仅用于滚动轴承锁紧装置。

续表 mm

规格(螺纹大径)	*d*	*D* 参考	D_1	*S*	*h*	*b*	*a*
95	96	135	117	2	7	11.6	91
100	101	140	122				96
105	106	145	127				101
110	111	156	135			13.5	106
115	116	160	140				111
120	121	166	145				116
125	126	170	150				121
130	131	176	155				126
140	141	186	165				136
150	151	206	180	2.5		15.5	146
160	161	216	190		8		156
170	171	226	200				166
180	181	236	210				176
190	191	246	220				186
200	201	256	230				196

4 技术条件

技术条件按 GB 98 规定。

5 标记

5.1 标记方法按 GB 1237 规定。

5.2 标记示例：

规格 16mm、材料为 Q 215、经退火、表面氧化的圆螺母用止动垫圈的标记：

垫圈 GB 858 16

附加说明：

本标准由全国紧固件标准化技术委员会提出。
本标准由国家机械工业委员会标准化研究所归口。
本标准由国家机械工业委员会标准化研究所负责起草。

前　　言

本标准等效采用国际标准 ISO 7094:2000《平垫圈　特大系列　产品等级 C 级》。

本标准是国家标准“平垫圈”产品系列标准的一部分。该系列包括：

a) GB/T 95—2002　平垫圈　C 级；

b) GB/T 96.1—2002　大垫圈　A 级；

c) GB/T 96.2—2002　大垫圈　C 级；

d) GB/T 97.1—2002　平垫圈　A 级；

e) GB/T 97.2—2002　平垫圈　倒角型 A 级；

f) GB/T 97.3—2000　销轴用平垫圈；

g) GB/T 97.4—2002　平垫圈　用于螺钉和垫圈组合件；

h) GB/T 97.5—2002　平垫圈　用于自攻螺钉和垫圈组合件；

i) GB/T 848—2002　小垫圈　A 级；

j) GB/T 5287—2002　特大垫圈　C 级。

ISO 7094 未规定包装技术要求，本标准予以规定(表 3)。

ISO 7094 未规定简化标记，本标准按 GB/T 1237 的简化原则给出简化的标记示例(5.2)。

本标准是 GB/T 5287—1985 的修订本，主要修改如下：

a) 规定本垫圈适用的螺栓、螺钉和螺母的性能等级和产品等级(第 1 章)；

b) 按螺纹规格(螺纹大径)的优选程度分为：表 1　优选尺寸；表 2　非优选尺寸(表 1 和表 2)；

c) 增加公称规格：18、22、27 和 33 mm(表 2)；

d) 给出硬度等级相应的硬度范围和试验方法(表 3)；

e) 增加非电解锌片涂层(表 3)。

本标准自实施之日起，代替 GB/T 5287—1985。

本标准由中国机械工业联合会提出。

本标准由全国紧固件标准化技术委员会归口。

本标准由机械科学研究院负责起草。

本标准由全国紧固件标准化技术委员会秘书处负责解释。

ISO 前言

ISO(国际标准化组织)是一个世界性的各国国家标准团体(ISO 成员团体)的联合组织。国际标准的制定工作通常是通过 ISO 各个技术委员会进行的。每个成员团体如对某一技术委员会所进行的项目感兴趣时,也可参加该委员会。与 ISO 有关的政府的和非政府的国际组织也可参加此项工作。ISO 与国际电工委员会(IEC)在电工标准化方面有着密切的联系。

国际标准的起草应按 ISO/IEC 指南第 3 部分给出的规则进行。

经技术委员会采纳的国际标准草案,分发给所有成员团体进行投票表决。国际标准的正式出版需要至少 75%的成员团体投票赞成。

注意:本国际标准的某些部分可能涉及到专利权。ISO 不负责鉴别任何或全部这方面的专利权。

国际标准 ISO 7094 由 ISO/TC 2 紧固件技术委员会制定。

第二版对第一版(ISO 7094:1983)进行了删改与补充,是技术性修订。

中华人民共和国国家标准

GB/T 5287—2002
eqv ISO 7094:2000
代替 GB/T 5287—1985

特大垫圈 C级

Plain washers—Extra large series—Product grade C

1 范围

本标准规定了公称规格(螺纹大径)为5～36 mm、特大系列、硬度等级为100 HV级、产品等级为C级的平垫圈。

本垫圈适用于:

——性能等级至6.8级、产品等级为C级的六角头螺栓和螺钉;

——性能等级至6级、产品等级为C级的六角螺母。

用于木结构。

如要求本标准规定以外的尺寸,则应从GB/T 5286中选取。

2 引用标准

下列标准所包含的条文,通过在本标准中引用而构成为本标准的条文。本标准出版时,所示版本均为有效。所有标准都会被修订,使用本标准的各方应探讨使用下列标准最新版本的可能性。

GB/T 90.1—2002 紧固件 验收检查(idt ISO 3269:2000)

GB/T 90.2—2002 紧固件 标志与包装

GB/T 1237—2000 紧固件标记方法(eqv ISO 8991:1986)

GB/T 3103.3—2000 紧固件公差 平垫圈(idt ISO 4759-3:2000)

GB/T 4340.1—1999 金属维氏硬度试验 第1部分:试验方法(eqv ISO 6507-1:1997)

GB/T 5267.1—2002 紧固件 电镀层(ISO 4042:1999,IDT)

GB/T 5267.2—2002 紧固件 非电解锌片涂层(ISO 10683:2000,IDT)

GB/T 5286—2001 螺栓、螺钉和螺母用平垫圈 总方案(idt ISO 887:2000)

3 尺寸

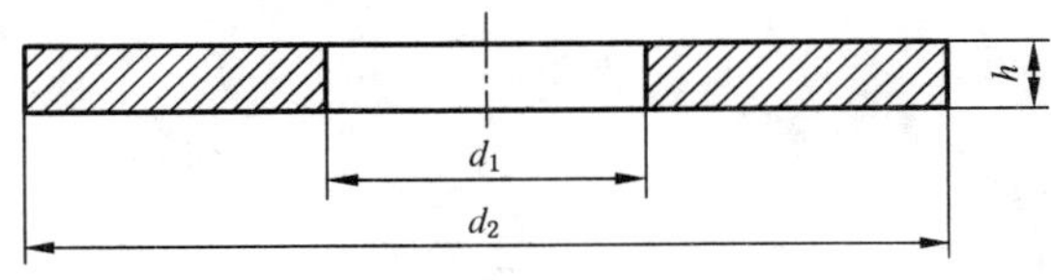

图 1

中华人民共和国国家质量监督检验检疫总局 2002-12-05 批准 2003-06-01 实施

表 1 优选尺寸

mm

公称规格（螺纹大径 d）	内径 d_1		外径 d_2		厚度 h		
	公称(min)	max	公称(max)	min	公称	max	min
5	5.5	5.8	18	16.9	2	2.3	1.7
6	6.6	6.96	22	20.7	2	2.3	1.7
8	9	9.36	28	26.7	3	3.6	2.4
10	11	11.43	34	32.4	3	3.6	2.4
12	13.5	13.93	44	42.4	4	4.6	3.4
16	17.5	18.2	56	54.1	5	6	4
20	22	22.84	72	70.1	6	7	5
24	26	26.84	85	82.8	6	7	5
30	33	34	105	102.8	6	7	5
36	39	40	125	122.5	8	9.2	6.8

表 2 非优选尺寸

mm

公称规格（螺纹大径 d）	内径 d_1		外径 d_2		厚度 h		
	公称(min)	max	公称(max)	min	公称	max	min
14	15.5	15.93	50	48.1	4	4.6	3.4
18	20	20.84	60	58.1	5	6	4
22	24	24.84	80	78.1	6	7	5
27	30	30.84	98	95.8	6	7	5
33	36	37	115	112.8	8	9.2	6.8

4 技术条件和引用标准

表 3 技术条件和引用标准

材料[1)]		钢
机械性能	硬度等级	100 HV
	硬度范围[2)]	100 HV～200 HV
公差	产品等级	C
	标准	GB/T 3103.3
表面处理		不经表面处理，即垫圈应是本色的并涂有防锈油或按供需双方协议的涂层； 电镀技术要求按 GB/T 5267.1； 非电解锌片涂层技术要求按 GB/T 5267.2； 所有公差适用于涂或镀前尺寸
表面缺陷		零件不允许有不规则的或有害的缺陷。垫圈表面不得有突出的毛刺
验收及包装		GB/T 90.1、GB/T 90.2

1) 其他金属材料需经供需双方协议。

2) 硬度试验按 GB/T 4340.1 规定。

试验力：HV30 用于公称厚度 h>1.2 mm。

5 标记

5.1 标记方法按 GB/T 1237 规定。

5.2 标记示例

特大系列、公称规格 8 mm、由钢制造的硬度等级为 100 HV 级、不经表面处理、产品等级为 C 级的平垫圈的标记：

垫圈 GB/T 5287 8

销

前　　言

本标准等效采用国际标准 ISO 1234:1997《开口销》。

本标准是国家标准“销”产品系列标准的一部分。该系列包括:

a) 开口销:GB/T 91;

b) 圆锥销:GB/T 117、GB/T 118、GB/T 877 和 GB/T 881;

c) 圆柱销:GB/T 119.1、GB/T 119.2、GB/T 120.1、GB/T 120.2、GB/T 878 和 GB/T 880;

d) 销轴:GB/T 882;

e) 弹性销:GB/T 879.1、GB/T 879.2、GB/T 879.3、GB/T 879.4 和 GB/T 879.5;

f) 槽销:GB/T 13829.1、GB/T 13829.2 和 GB/T 13829.3。

ISO 1234 未规定公称规格为 3、6 和 12 mm 的开口销,本标准规定经双方协议,允许采用〔表 1 中角注 1)〕。

ISO 1234 未规定开口销的材料牌号,本标准予以规定(表 3)。

ISO 1234 未规定开口销两脚的间隙错移量以及允许制成开口的型式,本标准予以规定(表 3 中工作质量③和④)。

ISO 1234 未规定弯曲方法,本标准予以规定(表 3)。

ISO 1234 未规定包装技术要求,本标准予以规定(表 3)。

ISO 1234 未规定简化标记,本标准按 GB/T 1237 的简化原则给出简化的标记示例(5.2 条)。

本标准是 GB/T 91—1986 的修订本,主要修改如下:

a) 开口销末端的形状:将尖端改为基本型,平端改为允许制造的型式(图 1);

b) 增加公称规格为 13、16 和 20 mm,并将公称规格 12 mm 改为经供需双方协议,允许采用的规格(表 1);

c) 增加螺栓和 U 形销适用的开口销的公称规格(表 1);

d) 增加推荐的销孔直径公差,以及对铁道和 U 形销使用推荐的规格〔表 1 中角注 1)、2)〕;

e) 调整开口销弯曲试验的要求及方法(表 3 中韧性);

f) 增加对开口销工作质量的要求项目(表 3 中工作质量①和②)。

本标准自实施之日起,代替 GB/T 91—1986。

本标准由国家机械工业局提出。

本标准由全国紧固件标准化技术委员会归口。

本标准由机械科学研究院负责,天津开口销厂和上海弹簧垫圈厂参加起草。

本标准由全国紧固件标准化技术委员会秘书处负责解释。

ISO 前言

ISO(国际标准化组织)是一个世界性的各国国家标准团体(ISO 成员团体)的联合组织。国际标准的制定工作通常是通过 ISO 各个技术委员会进行的。每个成员团体如对某一技术委员会所进行的项目感兴趣时,也可参加该委员会。与 ISO 有关的政府的和非政府的国际组织也可参加此项工作。ISO 与国际电工委员会(IEC)在电工标准化方面有着密切的联系。

经技术委员会采纳的国际标准草案,分发给所有成员团体进行投票表决。国际标准的正式出版需要至少 75%的成员团体投票赞成。

国际标准 ISO 1234 由 ISO/TC 2 紧固件技术委员会制定。

第二版对第一版(ISO 1234:1976)进行了删改与补充,是技术性修订。

中华人民共和国国家标准

GB/T 91—2000
eqv ISO 1234:1997

开口销

Split pins

代替 GB/T 91—1986

1 范围

本标准规定了公称规格为0.6～20 mm的开口销。

2 引用标准

下列标准所包含的条文，通过在本标准中引用而构成为本标准的条文。本标准出版时，所示版本均为有效。所有标准都会被修订，使用本标准的各方应探讨使用下列标准最新版本的可能性。

GB/T 90—1985 紧固件验收检查、标志与包装(eqv ISO 3269:1984)

GB/T 700—1988 碳素结构钢

GB/T 1220—1984 不锈钢棒

GB/T 1237—2000 紧固件标记方法(eqv ISO 8991:1986)

GB/T 5232—1985 加工黄铜化学成分和产品形状

GB/T 5267—1985 螺纹紧固件电镀层

GB/T 11376—1997 金属磷酸盐转化膜(eqv ISO 9717:1990)

3 尺寸

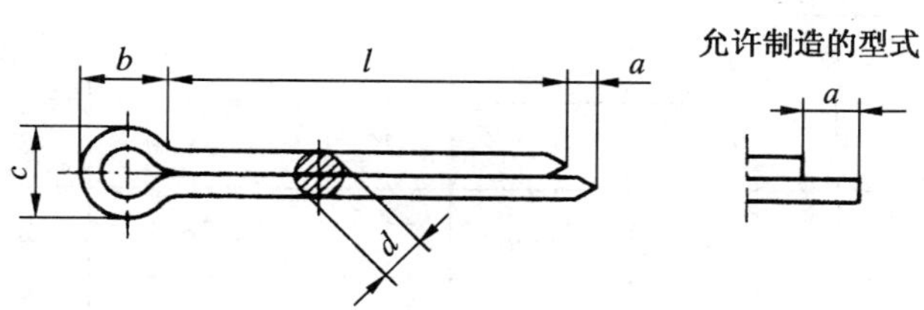

图 1

国家质量技术监督局 2000-09-26 批准 2001-02-01 实施

表 1　尺寸

mm

公称规格[1]			0.6	0.8	1	1.2	1.6	2	2.5	3.2
d		max	0.5	0.7	0.9	1.0	1.4	1.8	2.3	2.9
		min	0.4	0.6	0.8	0.9	1.3	1.7	2.1	2.7
a		max	1.6	1.6	1.6	2.50	2.50	2.50	2.50	3.2
		min	0.8	0.8	0.8	1.25	1.25	1.25	1.25	1.6
b		≈	2	2.4	3	3	3.2	4	5	6.4
c		max	1.0	1.4	1.8	2.0	2.8	3.6	4.6	5.8
		min	0.9	1.2	1.6	1.7	2.4	3.2	4.0	5.1
适用的直径[2]	螺栓	>	—	2.5	3.5	4.5	5.5	7	9	11
		≤	2.5	3.5	4.5	5.5	7	9	11	14
	U 形销	>	—	2	3	4	5	6	8	9
		≤	2	3	4	5	6	8	9	12
公称规格[1]			4	5	6.3	8	10	13	16	20
d		max	3.7	4.6	5.9	7.5	9.5	12.4	15.4	19.3
		min	3.5	4.4	5.7	7.3	9.3	12.1	15.1	19.0
a		max	4	4	4	4	6.30	6.30	6.30	6.30
		min	2	2	2	2	3.15	3.15	3.15	3.15
b		≈	8	10	12.6	16	20	26	32	40
c		max	7.4	9.2	11.8	15.0	19.0	24.8	30.8	38.5
		min	6.5	8.0	10.3	13.1	16.6	21.7	27.0	33.8
适用的直径[2]	螺栓	>	14	20	27	39	56	80	120	170
		≤	20	27	39	56	80	120	170	—
	U 形销	>	12	17	23	29	44	69	110	160
		≤	17	23	29	44	69	110	160	—

1）公称规格等于开口销孔的直径。对销孔直径推荐的公差为：

公称规格≤1.2:H13；

公称规格>1.2:H14

根据供需双方协议，允许采用公称规格为 3、6 和 12 mm 的开口销。

2）用于铁道和在 U 形销中开口销承受交变横向力的场合，推荐使用的开口销规格应较本表规定的加大一档。

表 2　公称长度 *l* 和商品长度规格　mm

长度 *l*			公称规格															
公称	min	max	0.6	0.8	1	1.2	1.6	2	2.5	3.2	4	5	6.3	8	10	13	16	20
4	3.5	4.5																
5	4.5	5.5																
6	5.5	6.5																
8	7.5	8.5																
10	9.5	10.5																
12	11	13																
14	13	15																
16	15	17					商品											
18	17	19																
20	19	21																
22	21	23																
25	24	26																
28	27	29																
32	30.5	33.5							长度									
36	34.5	37.5																
40	38.5	41.5																
45	43.5	46.6																
50	48.5	51.5																
56	54.5	57.5																
63	61.5	64.5											范围					
71	69.5	72.5																
80	78.5	81.5																
90	88	92																
100	98	102																
112	110	114																
125	123	127																
140	138	142																
160	158	162																
180	178	182																
200	198	202																
224	222	226																
250	248	252																
280	278	282																

4 技术条件和引用标准

表 3 技术条件和引用标准

<table>
<tr><td>材 料</td><td colspan="2">碳素钢:Q195、Q215 或 Q235;材料质量等级与脱氧方法由制造者确定(GB/T 700)
铜合金:H63(GB/T 5232)
不锈钢:1Cr17Ni7、0Cr18Ni9Ti(GB/T 1220)
其他材料由供需双方协议</td></tr>
<tr><td>韧 性</td><td colspan="2">开口销的每一个脚应能经受反复一次的弯曲,而在弯曲部分不发生断裂或裂缝。
弯曲方法:把开口销拉开,将其任意一直脚部分夹紧在检验模内(不应产生压扁),然后将开口销弯曲 90°,往返一次为一次弯曲。试验速度不应超过 60 次/min。检验模应制出半圆槽孔,其直径等于开口销的公称规格,钳口应有 $r=0.5$ mm 的圆角</td></tr>
<tr><td>工作质量</td><td colspan="2">① 眼圈应尽可能制成圆形。
② 开口销两脚的横截面应为圆形,但允许开口销两脚平面与圆周交接处有半径 $r=(0.05\sim0.1)d_{max}$的圆角。
③ 开口销两脚的间隙和两脚的错移量应不大于开口销公称规格与 d_{max}之差值。
④ 开口销允许制成开口的(α—— 两脚内平面的夹角);公称规格≤1.6 mm,$\alpha\leqslant8°$;2～6.3 mm,$\alpha\leqslant4°$;≥8 mm,$\alpha\leqslant2°$</td></tr>
<tr><td>表面缺陷</td><td colspan="2">不允许有毛刺、不规则的和有害的缺陷</td></tr>
<tr><td rowspan="3">表面处理</td><td>钢</td><td>铜、不锈钢</td></tr>
<tr><td>不经处理;
镀锌钝化按 GB/T 5267;
磷化按 GB/T 11376</td><td>简单处理</td></tr>
<tr><td colspan="2">其他表面镀层或表面处理应由供需双方协议</td></tr>
<tr><td>验收及包装</td><td colspan="2">GB/T 90</td></tr>
</table>

5 标记

5.1 标记方法按 GB/T 1237 规定。

5.2 标记示例

公称规格为 5 mm、公称长度 $l=50$ mm、材料为 Q215 或 Q235、不经表面处理的开口销的标记:

销 GB/T 91 5×50

前　　言

本标准等效采用国际标准 ISO 2339:1986《圆锥销　不淬硬》。

本标准是国家标准“销”产品系列标准的一部分。该系列包括:

a) 开口销:GB/T 91;

b) 圆锥销:GB/T 117、GB/T 118、GB/T 877 和 GB/T 881;

c) 圆柱销:GB/T 119.1、GB/T 119.2、GB/T 120.1、GB/T 120.2、GB/T 878 和 GB/T 880;

d) 销轴:GB/T 882;

e) 弹性销:GB/T 879.1、GB/T 879.2、GB/T 879.3、GB/T 879.4 和 GB/T 879.5;

f) 槽销:GB/T 13829.1、GB/T 13829.2 和 GB/T 13829.3。

ISO 2339 仅规定易切钢,本标准予以全面规定(表 2)。

ISO 2339 仅对锥度规定用光学比较器检验,本标准规定锥度公差及检验方法按 GB/T 11334 由双方协议(表 2)。

ISO 2339 未规定包装技术要求,本标准予以规定(表 2)。

ISO 2339 未规定简化标记,本标准按 GB/T 1237 的简化原则给出简化的标记示例(5.2 条)。

本标准是 GB/T 117—1986 的修订本,主要修改如下:

a) 对公称直径 d,增加可由供需双方协议采用的公差 a11、c11 和 f8(表 1);

b) 增加公称长度 l 大于 200 mm,按 20 mm 递增的规定(表 1);

c) 增加材料 Y12、Y15(表 2);

d) 增加不经表面处理和磷化处理(表 2);

e) 明确规定:所有公差仅适用于涂、镀前的公差(表 2)。

本标准自实施之日起,代替 GB/T 117—1986。

本标准由国家机械工业局提出。

本标准由全国紧固件标准化技术委员会归口。

本标准由机械科学研究院负责,北京标准件工业集团公司和上海标准件六厂参加起草。

本标准由全国紧固件标准化技术委员会秘书处负责解释。

ISO 前言

ISO(国际标准化组织)是一个世界性的各国国家标准团体(ISO 成员团体)的联合组织。国际标准的制定工作通常是通过 ISO 各个技术委员会进行的。每个成员团体如对某一技术委员会所进行的项目感兴趣时,也可参加该委员会。与 ISO 有关的政府的和非政府的国际组织也可参加此项工作。ISO 与国际电工委员会(IEC)在电工标准化方面有着密切的联系。

经技术委员会采纳的国际标准草案,分发给所有成员团体进行投票表决。国际标准的正式出版需要至少 75%的成员团体投票赞成。

国际标准 ISO 2339 由 ISO/TC 2 紧固件技术委员会制定。

第二版对第一版(ISO 2339:1972)进行了删改与补充,是技术性修订。

使用者必须注意,所有国际标准时常进行修订,而这里所引用的任何其他的国际标准均应能确认为最新版本,除非另作说明。

中华人民共和国国家标准

GB/T 117—2000
eqv ISO 2339:1986

代替 GB/T 117—1986

圆 锥 销

Taper pins

1 范围

本标准规定了公称直径 d=0.6～50 mm、A 型和 B 型的圆锥销。

2 引用标准

下列标准所包含的条文，通过在本标准中引用而构成为本标准的条文。本标准出版时，所示版本均为有效。所有标准都会被修订，使用本标准的各方应探讨使用下列标准最新版本的可能性。

GB/T 90—1985 紧固件验收检查、标志与包装(eqv ISO 3269:1984)

GB/T 699—1999 优质碳素结构钢(neq ISO 693-1:1987)

GB/T 1220—1992 不锈钢棒

GB/T 1237—2000 紧固件标记方法(eqv ISO 8991:1986)

GB/T 3077—1999 合金结构钢

GB/T 5267—1985 螺纹紧固件电镀层

GB/T 8731—1988 易切削结构钢 技术条件

GB/T 11334—1989 圆锥公差(eqv ISO 1947:1973)

GB/T 11376—1997 金属磷酸盐转化膜(eqv ISO 9717:1990)

3 尺寸

A 型(磨削):锥面表面粗糙度 Ra=0.8 μm;

B 型(切削或冷镦):锥面表面粗糙度 Ra=3.2 μm。

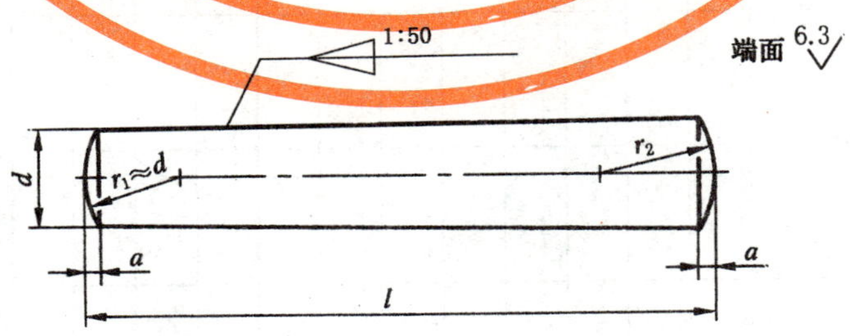

$$r_2 \approx \frac{a}{2} + d + \frac{(0.02l)^2}{8a}$$

图 1

国家质量技术监督局 2000-09-26 批准

2001-02-01 实施

表 1 尺寸

mm

d		h10[1]	0.6	0.8	1	1.2	1.5	2	2.5	3	4	5	6	8	10	12	16	20	25	30	40	50
a		≈	0.08	0.1	0.12	0.16	0.2	0.25	0.3	0.4	0.5	0.63	0.8	1	1.2	1.6	2	2.5	3	4	5	6.3
l[2]																						
公称	min	max																				
2	1.75	2.25																				
3	2.75	3.25																				
4	3.75	4.25																				
5	4.75	5.25																				
6	5.75	6.25																				
8	7.75	8.25																				
10	9.75	10.25																				
12	11.5	12.5																				
14	13.5	14.5																				
16	15.5	16.5																				
18	17.5	18.5						商品														
20	19.5	20.5																				
22	21.5	22.5																				
24	23.5	24.5																				
26	25.5	26.5																				
28	27.5	28.5																				
30	29.5	30.5											长度									
32	31.5	32.5																				
35	34.5	35.5																				
40	39.5	40.5																				
45	44.5	45.5																				
50	49.5	50.5																				
55	54.25	55.75																				
60	59.25	60.75																				
65	64.25	65.75																				
70	69.25	70.75																范围				
75	74.25	75.75																				
80	79.25	80.75																				
85	84.25	85.75																				
90	89.25	90.75																				
95	94.25	95.75																				
100	99.25	100.75																				
120	119.25	120.75																				
140	139.25	140.75																				
160	159.25	160.75																				
180	179.25	180.75																				
200	199.25	200.75																				

1) 其他公差，如 a11，c11 和 f8，由供需双方协议。

2) 公称长度大于 200 mm，按 20 mm 递增。

4 技术条件和引用标准

表 2 技术条件和引用标准

<table>
<tr><td></td><td>钢</td><td>不锈钢</td></tr>
<tr><td>材 料</td><td>易切钢:Y12、Y15(GB/T 8731)
碳素钢:35、45(GB/T 699)
35,28～38 HRC(GB/T 699)
45,38～46 HRC(GB/T 699)
合金钢:30CrMnSiA,35～41 HRC(GB/T 3077)</td><td>1Cr13、2Cr13(GB/T 1220)
Cr17Ni2(GB/T 1220)
0Cr18Ni9Ti(GB/T 1220)</td></tr>
<tr><td>锥 度</td><td colspan="2">锥度公差及检验方法按 GB/T 11334 由供需双方协议</td></tr>
<tr><td>表面缺陷</td><td colspan="2">不允许有不规则的和有害的缺陷。
销的任何部位不得有毛刺</td></tr>
<tr><td rowspan="2">表面处理</td><td>不经处理;
氧化;
磷化按 GB/T 11376;
镀锌钝化按 GB/T 5267</td><td>简单处理</td></tr>
<tr><td colspan="2">其他表面镀层或表面处理应由供需双方协议。
所有公差仅适用于涂、镀前的公差</td></tr>
<tr><td>验收及包装</td><td colspan="2">GB/T 90</td></tr>
</table>

5 标记

5.1 标记方法按 GB/T 1237 规定。

5.2 标记示例

公称直径 d=6 mm、公称长度 l=30 mm、材料为 35 钢、热处理硬度 28～38 HRC、表面氧化处理的 A 型圆锥销的标记:

销 GB/T 117 6×30

前　　言

本标准等效采用国际标准 ISO 8736:1986《内螺纹圆锥销　不淬硬》。

本标准是国家标准“销”产品系列标准的一部分。该系列包括：

a）开口销：GB/T 91；

b）圆锥销：GB/T 117、GB/T 118、GB/T 877 和 GB/T 881；

c）圆柱销：GB/T 119.1、GB/T 119.2、GB/T 120.1、GB/T 120.2、GB/T 878 和 GB/T 880；

d）销轴：GB/T 882；

e）弹性销：GB/T 879.1、GB/T 879.2、GB/T 879.3、GB/T 879.4 和 GB/T 879.5；

f）槽销：GB/T 13829.1、GB/T 13829.2 和 GB/T 13829.3

ISO 8736 仅规定易切钢，本标准予以全面规定（表 2）。

ISO 8736 仅对锥度规定用光学比较器检验，本标准规定锥度公差及检验方法按 GB/T 11334 由双方协议（表 2）。

ISO 8736 未规定包装技术要求，本标准予以规定（表 2）。

ISO 8736 未规定简化标记，本标准按 GB/T 1237 的简化原则给出简化的标记示例（5.2 条）。

本标准是 GB/T 118—1986 的修订本，主要修改如下：

a）对公称直径 d，增加可由供需双方协议采用的公差 a11、c11 和 f8（表 1）；

b）增加公称长度 l 大于 200 mm，按 20 mm 递增的规定（表 1）；

c）内螺纹精度改为 6H 级；

d）增加材料 Y12、Y15（表 2）；

e）对钢销增加不经表面处理和磷化处理（表 2）；

f）明确规定：所有公差仅适用于涂、镀前的公差（表 2）。

本标准自实施之日起，代替 GB/T 118—1986。

本标准由国家机械工业局提出。

本标准由全国紧固件标准化技术委员会归口。

本标准由机械科学研究院负责，北京标准件工业集团公司参加起草。

本标准由全国紧固件标准化技术委员会秘书处负责解释。

ISO 前言

ISO(国际标准化组织)是一个世界性的各国国家标准团体(ISO 成员团体)的联合组织。国际标准的制定工作通常是通过 ISO 各个技术委员会进行的。每个成员团体如对某一技术委员会所进行的项目感兴趣时,也可参加该委员会。与 ISO 有关的政府的和非政府的国际组织也可参加此项工作。ISO 与国际电工委员会(IEC)在电工标准化方面有着密切的联系。

经技术委员会采纳的国际标准草案,分发给所有成员团体进行投票表决。国际标准的正式出版需要至少 75%的成员团体投票赞成。

国际标准 ISO 8736 由 ISO/TC 2 紧固件技术委员会制定。

使用者必须注意,所有国际标准时常进行修订,而这里所引用的任何其他的国际标准均应能确认为最新版本,除非另作说明。

中华人民共和国国家标准

GB/T 118—2000
eqv ISO 8736:1986

代替 GB/T 118—1986

内螺纹圆锥销

Taper pins with internal thread

1 范围

本标准规定了公称直径 d=6～50 mm、公差为 h10、材料为易切钢等的内螺纹圆锥销。

2 引用标准

下列标准所包含的条文，通过在本标准中引用而构成为本标准的条文。本标准出版时，所示版本均为有效。所有标准都会被修订，使用本标准的各方应探讨使用下列标准最新版本的可能性。

GB/T 90—1985　紧固件验收检查、标志与包装(eqv ISO 3269:1984)

GB/T 197—1981　普通螺纹　公差与配合(1～355 mm)

GB/T 699—1999　优质碳素结构钢(neq ISO 693-1:1987)

GB/T 1220—1992　不锈钢棒

GB/T 1237—2000　紧固件标记方法(eqv ISO 8991:1986)

GB/T 3077—1999　合金结构钢

GB/T 5267—1985　螺纹紧固件电镀层

GB/T 8731—1988　易切削结构钢　技术条件

GB/T 11334—1989　圆锥公差(eqv ISO 1947:1973)

GB/T 11376—1997　金属磷酸盐转化膜(eqv ISO 9717:1990)

3 尺寸

A 型(磨削):锥面表面粗糙度 Ra=0.8 μm;

B 型(切削或冷镦):锥面表面粗糙度 Ra=3.2 μm。

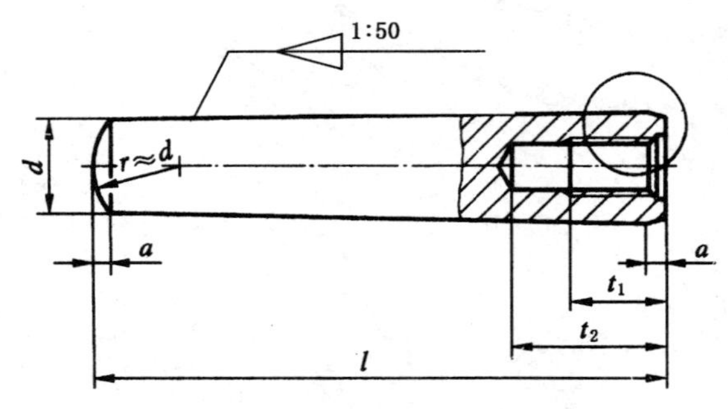

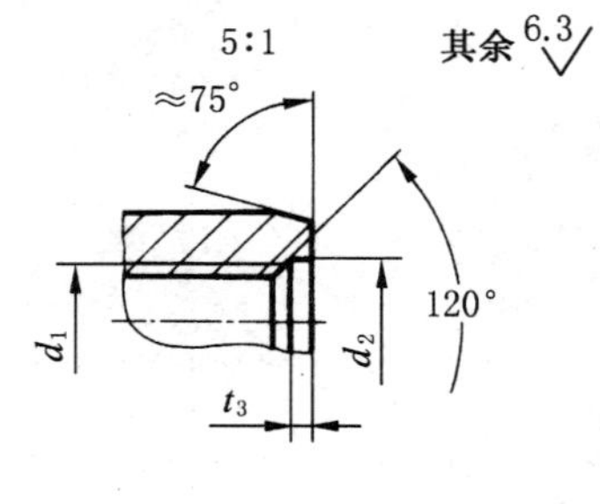

图 1

国家质量技术监督局 2000-09-26 批准　　2001-02-01 实施

表 1 尺寸

mm

d	h10[1]		6	8	10	12	16	20	25	30	40	50
a	≈		0.8	1	1.2	1.6	2	2.5	3	4	5	6.3
d_1			M4	M5	M6	M8	M10	M12	M16	M20	M20	M24
P[2]			0.7	0.8	1	1.25	1.5	1.75	2	2.5	2.5	3
d_2			4.3	5.3	6.4	8.4	10.5	13	17	21	21	25
t_1			6	8	10	12	16	18	24	30	30	36
t_2	min		10	12	16	20	25	28	35	40	40	50
t_3			1	1.2	1.2	1.2	1.5	1.5	2	2	2.5	2.5
l[3]												
公称	min	max										
16	15.5	16.5										
18	17.5	18.5										
20	19.5	20.5										
22	21.5	22.5										
24	23.5	24.5										
26	25.5	26.5										
28	27.5	28.5										
30	29.5	30.5		商品								
32	31.5	32.5										
35	34.5	35.5										
40	39.5	40.5										
45	44.5	45.5										
50	49.5	50.5										
55	54.25	55.75				长度						
60	59.25	60.75										
65	64.25	65.75										
70	69.25	70.75										
75	74.25	75.75										
80	79.25	80.75										
85	84.25	85.75						范围				
90	89.25	90.75										
95	94.25	95.75										
100	99.25	100.75										
120	119.25	120.75										
140	139.25	140.75										
160	159.25	160.75										
180	179.25	180.75										
200	199.25	200.75										

1) 其他公差，如 a11，c11 和 f8，由供需双方协议。

2) P——螺距。

3) 公称长度大于 200 mm，按 20 mm 递增。

4 技术条件和引用标准

表 2 技术条件和引用标准

<table>
<tr><td>螺 纹</td><td colspan="2">6H(GB/T 197)</td></tr>
<tr><td rowspan="2">材 料</td><td>钢</td><td>不锈钢</td></tr>
<tr><td>易切钢:Y12、Y15(GB/T 8731)
碳素钢:35、45(GB/T 699)
35,28～38 HRC(GB/T 699)
45,38～41 HRC(GB/T 699)
合金钢:30CrMnSiA,35～41 HRC(GB/T 3077)</td><td>1Cr13、2Cr13(GB/T 1220)
Cr17Ni2(GB/T 1220)
0Cr18Ni9Ti(GB/T 1220)</td></tr>
<tr><td>锥 度</td><td colspan="2">锥度公差及检验方法按 GB/T 11334 由供需双方协议</td></tr>
<tr><td>表面缺陷</td><td colspan="2">不允许有不规则的和有害的缺陷。
销的任何部位不得有毛刺</td></tr>
<tr><td rowspan="2">表面处理</td><td>不经处理;
氧化;
磷化按 GB/T 11376;
镀锌钝化按 GB/T 5267</td><td>简单处理</td></tr>
<tr><td colspan="2">其他表面镀层或表面处理应由供需双方协议。
所有公差仅适用于涂、镀前的公差</td></tr>
<tr><td>验收及包装</td><td colspan="2">GB/T 90</td></tr>
</table>

5 标记

5.1 标记方法按 GB/T 1237 规定。

5.2 标记示例

公称直径 d=6 mm、公称长度 l=30 mm、材料为 35 钢、热处理硬度 28～38 HRC、表面氧化处理的 A 型内螺纹圆锥销的标记:

销 GB/T 118 6×30

前　　言

本标准等效采用国际标准 ISO 2338:1997《圆柱销　不淬硬钢和奥氏体不锈钢》。

本标准是国家标准“销”产品系列标准的一部分。该系列包括：

a）开口销：GB/T 91；

b）圆锥销：GB/T 117、GB/T 118、GB/T 877 和 GB/T 881；

c）圆柱销：GB/T 119.1、GB/T 119.2、GB/T 120.1、GB/T 120.2、GB/T 878 和 GB/T 880；

d）销轴：GB/T 882；

e）弹性销：GB/T 879.1、GB/T 879.2、GB/T 879.3、GB/T 879.4 和 GB/T 879.5；

f）槽销：GB/T 13829.1、GB/T 13829.2 和 GB/T 13829.3

ISO 2338 未规定包装技术要求，本标准予以规定（表 2）。

ISO 2338 未规定简化标记，本标准按 GB/T 1237 的简化原则给出简化的标记示例（5.2 条）。

本标准是 GB/T 119—1986 的修订本之一，主要修改如下：

a）取消 A、C 和 D 型；取消 h11 和 u8 的直径公差，并规定其他公差，由供需双方协议（图 1 和表 1）；

b）增加公称长度 l 大于 200 mm，按 20 mm 递增的规定（表 1）；

c）全面调整材料及热处理的规定（表 2）；

d）对钢销增加不经表面处理和磷化处理（表 2）；

e）明确规定：所有公差仅适用于涂、镀前的公差（表 2）。

本标准自实施之日起，代替 GB/T 119—1986 有关部分。

本标准由国家机械工业局提出。

本标准由全国紧固件标准化技术委员会归口。

本标准由机械科学研究院负责，北京标准件工业集团公司和上海标准件六厂参加起草。

本标准由全国紧固件标准化技术委员会秘书处负责解释。

ISO 前言

ISO(国际标准化组织)是一个世界性的各国国家标准团体(ISO 成员团体)的联合组织。国际标准的制定工作通常是通过 ISO 各个技术委员会进行的。每个成员团体如对某一技术委员会所进行的项目感兴趣时,也可参加该委员会。与 ISO 有关的政府的和非政府的国际组织也可参加此项工作。ISO 与国际电工委员会(IEC)在电工标准化方面有着密切的联系。

经技术委员会采纳的国际标准草案,分发给所有成员团体进行投票表决。国际标准的正式出版需要至少 75%的成员团体投票赞成。

国际标准 ISO 2338 由 ISO/TC 2 紧固件技术委员会制定。

第二版对第一版(ISO 2338:1986)进行了删改与补充,是技术性修订。

中华人民共和国国家标准

圆柱销 不淬硬钢和奥氏体不锈钢

Parallel pins, of unhardened steel and austenitic stainless steel

GB/T 119.1—2000
eqv ISO 2338:1997

代替 GB/T 119—1986 有关部分

1 范围

本标准规定了公称直径 d=0.6～50 mm、公差为 m6 和 h8、材料为不淬硬钢和奥氏体不锈钢的圆柱销。

2 引用标准

下列标准所包含的条文，通过在本标准中引用而构成为本标准的条文。本标准出版时，所示版本均为有效。所有标准都会被修订，使用本标准的各方应探讨使用下列标准最新版本的可能性。

GB/T 90—1985　紧固件验收检查、标志与包装(eqv ISO 3269:1984)

GB/T 1237—2000　紧固件标记方法(eqv ISO 8991:1986)

GB/T 3098.6—2000　紧固件机械性能　不锈钢螺栓、螺钉和螺柱(idt ISO 3506-1:1997)

GB/T 5267—1985　螺纹紧固件电镀层

GB/T 11376—1997　金属磷酸盐转化膜(eqv ISO 9717:1990)

3 尺寸

末端形状，由制造者确定

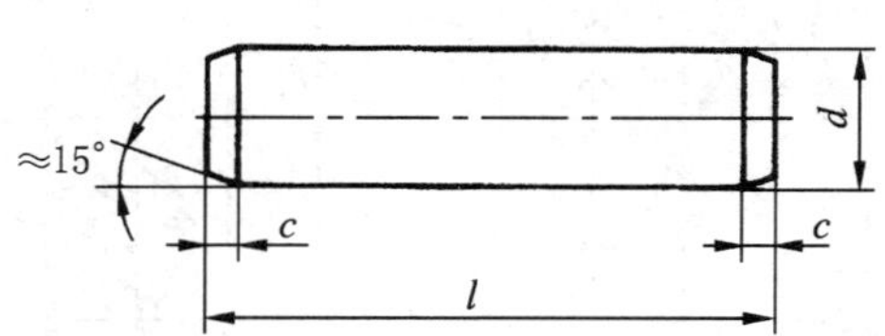

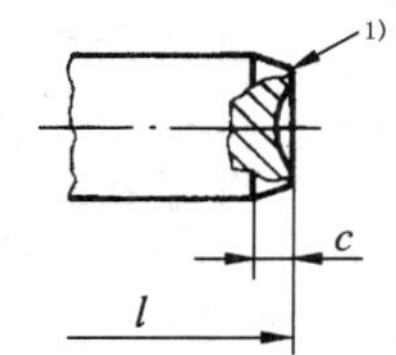

1) 允许倒圆或凹穴。

图 1

国家质量技术监督局 2000-09-26 批准　　　　2001-02-01 实施

表 1 尺寸

mm

d m6/h8[1]			0.6	0.8	1	1.2	1.5	2	2.5	3	4	5	6	8	10	12	16	20	25	30	40	50
c ≈			0.12	0.16	0.2	0.25	0.3	0.35	0.4	0.5	0.63	0.8	1.2	1.6	2	2.5	3	3.5	4	5	6.3	8
l[2]																						
公称	min	max																				
2	1.75	2.25																				
3	2.75	3.25																				
4	3.75	4.25																				
5	4.75	5.25																				
6	5.75	6.25																				
8	7.75	8.25																				
10	9.75	10.25																				
12	11.5	12.5																				
14	13.5	14.5																				
16	15.5	16.5																				
18	17.5	18.5																				
20	19.5	20.5																				
22	21.5	22.5																				
24	23.5	24.5									商品											
26	25.5	26.5																				
28	27.5	28.5																				
30	29.5	30.5																				
32	31.5	32.5																				
35	34.5	35.5																				
40	39.5	40.5													长度							
45	44.5	45.5																				
50	49.5	50.5																				
55	54.25	55.75																				
60	59.25	60.75																				
65	64.25	65.75																				
70	69.25	70.75																范围				
75	74.25	75.75																				
80	79.25	80.75																				
85	84.25	85.75																				
90	89.25	90.75																				
95	94.25	95.75																				
100	99.25	100.75																				
120	119.25	120.75																				
140	139.25	140.75																				
160	159.25	160.75																				
180	179.25	180.75																				
200	199.25	200.75																				

1) 其他公差由供需双方协议。

2) 公称长度大于 200 mm，按 20 mm 递增。

4 技术条件和引用标准

表 2 技术条件和引用标准

<table>
<tr><td rowspan="2">材　料[1)]</td><td>钢</td><td>奥氏体不锈钢</td></tr>
<tr><td>硬度 125～245 HV30</td><td>A1(GB/T 3098.6)
硬度 210～280 HV30</td></tr>
<tr><td>表面粗糙度</td><td colspan="2">公差 m6:$Ra \leqslant 0.8\ \mu m$
公差 h8:$Ra \leqslant 1.6\ \mu m$</td></tr>
<tr><td>表面缺陷</td><td colspan="2">不允许有不规则的和有害的缺陷。
销的任何部位不得有毛刺</td></tr>
<tr><td rowspan="2">表面处理</td><td>不经处理；
氧化；
镀锌钝化按 GB/T 5267；
磷化按 GB/T 11376</td><td>简单处理</td></tr>
<tr><td colspan="2">其他表面镀层或表面处理应由供需双方协议。
所有公差仅适用于涂、镀前的公差</td></tr>
<tr><td>验收及包装</td><td colspan="2">GB/T 90</td></tr>
<tr><td colspan="3">1）其他材料由供需双方协议</td></tr>
</table>

5 标记

5.1 标记方法按 GB/T 1237 规定。

5.2 标记示例

公称直径 $d=6$ mm、公差为 m6、公称长度 $l=30$ mm、材料为钢、不经淬火、不经表面处理的圆柱销的标记：

销　GB/T 119.1　　6×30

公称直径 $d=6$ mm、公差为 m6、公称长度 $l=30$ mm、材料为 A1 组奥氏体不锈钢、表面简单处理的圆柱销的标记：

销　GB/T 119.1　　6×30-A1

前　　言

本标准等效采用国际标准 ISO 8734:1997《圆柱销　淬硬钢和马氏体不锈钢(定位销)》。

本标准是国家标准“销”产品系列标准的一部分。该系列包括:

a) 开口销:GB/T 91;

b) 圆锥销:GB/T 117、GB/T 118、GB/T 877 和 GB/T 881;

c) 圆柱销:GB/T 119.1、GB/T 119.2、GB/T 120.1、GB/T 120.2、GB/T 878 和 GB/T 880;

d) 销轴:GB/T 882;

e) 弹性销:GB/T 879.1、GB/T 879.2、GB/T 879.3、GB/T 879.4 和 GB/T 879.5;

f) 槽销:GB/T 13829.1、GB/T 13829.2 和 GB/T 13829.3。

ISO 8734 未规定包装技术要求,本标准予以规定(表 2)。

ISO 8734 未规定简化标记,本标准按 GB/T 1237 的简化原则给出简化的标记示例(5.2 条)。

本标准是 GB/T 119—1986 的修订本之一,主要修改如下:

a) 取消 A、C 和 D 型;取消 h8、h11 和 u8 的直径公差,并规定“其他公差,由供需双方协议”(图 1 和表 1);

b) 取消 d=0.6、0.8、1.2、25、30、40 和 50 mm 的直径规格(表 1);

c) 取消 l=2 mm 和 l=120～200 mm 的长度规格,并增加公称长度 l 大于 100 mm,按 20 mm 递增的规定(表 1);

d) 全面调整材料及热处理的规定(表 2);

e) 对钢销增加不经表面处理和磷化处理(表 2);

f) 明确规定:所有公差仅适用于涂、镀前的公差(表 2)。

本标准自实施之日起,代替 GB/T 119—1986 有关部分。

本标准由国家机械工业局提出。

本标准由全国紧固件标准化技术委员会归口。

本标准由机械科学研究院负责,北京标准件工业集团公司和上海标准件六厂参加起草。

本标准由全国紧固件标准化技术委员会秘书处负责解释。

ISO 前言

ISO(国际标准化组织)是一个世界性的各国国家标准团体(ISO 成员团体)的联合组织。国际标准的制定工作通常是通过 ISO 各个技术委员会进行的。每个成员团体如对某一技术委员会所进行的项目感兴趣时,也可参加该委员会。与 ISO 有关的政府的和非政府的国际组织也可参加此项工作。ISO 与国际电工委员会(IEC)在电工标准化方面有着密切的联系。

经技术委员会采纳的国际标准草案,分发给所有成员团体进行投票表决。国际标准的正式出版需要至少 75%的成员团体投票赞成。

国际标准 ISO 8734 由 ISO/TC 2 紧固件技术委员会制定。

第二版对第一版(ISO 8734:1987)进行了删改与补充,是技术性修订。

中华人民共和国国家标准

GB/T 119.2—2000
eqv ISO 8734:1997

代替 GB/T 119—1986
有关部分

圆柱销 淬硬钢和马氏体不锈钢

Parallel pins, of hardened steel and martensitic stainless steel (Dowel pins)

1 范围

本标准规定了公称直径 d=1～20 mm、公差为 m6、材料为钢:A 型(普通淬火)和 B 型(表面淬火),以及马氏体不锈钢的圆柱销。

2 引用标准

下列标准所包含的条文,通过在本标准中引用而构成为本标准的条文。本标准出版时,所示版本均为有效。所有标准都会被修订,使用本标准的各方应探讨使用下列标准最新版本的可能性。

GB/T 90—1985 紧固件验收检查、标志与包装(eqv ISO 3269:1984)

GB/T 1237—2000 紧固件标记方法(eqv ISO 8991:1986)

GB/T 3098.6—2000 紧固件机械性能 不锈钢螺栓、螺钉和螺柱(idt ISO 3506-1:1997)

GB/T 5267—1985 螺纹紧固件电镀层

GB/T 11376—1997 金属磷酸盐转化膜(eqv ISO 9717:1990)

3 尺寸

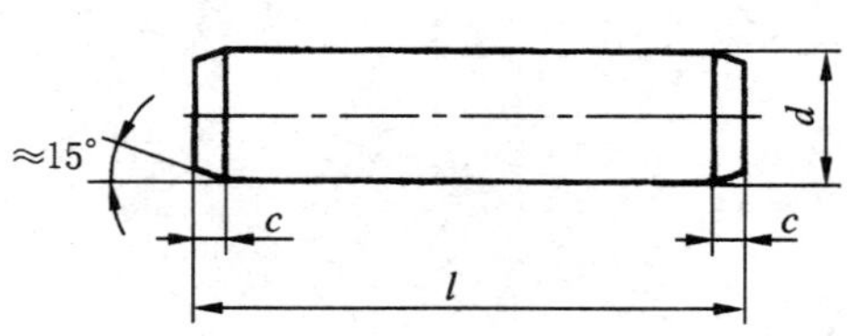

末端形状,由制造者确定

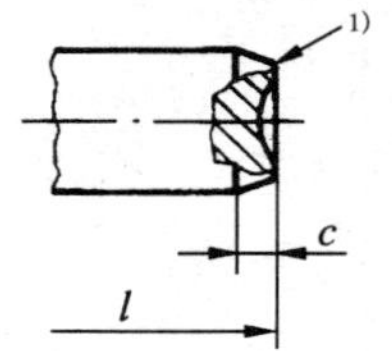

1) 允许倒圆或凹穴。

图 1

国家质量技术监督局 2000-09-26 批准　　　　2001-02-01 实施

表 1 尺寸

mm

d		m6[1)]	1	1.5	2	2.5	3	4	5	6	8	10	12	16	20
c		≈	0.2	0.3	0.35	0.4	0.5	0.63	0.8	1.2	1.6	2	2.5	3	3.5
l[2)]															
公称	min	max													
3	2.75	3.25													
4	3.75	4.25													
5	4.75	5.25													
6	5.75	6.25													
8	7.75	8.25													
10	9.75	10.25													
12	11.5	12.5													
14	13.5	14.5													
16	15.5	16.5													
18	17.5	18.5													
20	19.5	20.5						商品							
22	21.5	22.5													
24	23.5	24.5													
26	25.5	26.5								长度					
28	27.5	28.5													
30	29.5	30.5													
32	31.5	32.5										范围			
35	34.5	35.5													
40	39.5	40.5													
45	44.5	45.5													
50	49.5	50.5													
55	54.25	55.75													
60	59.25	60.75													
65	64.25	65.75													
70	69.25	70.75													
75	74.25	75.75													
80	79.25	80.75													
85	84.25	85.75													
90	89.25	90.75													
95	94.25	95.75													
100	99.25	100.75													

1）其他公差由供需双方协议。

2）公称长度大于 100 mm，按 20 mm 递增。

4 技术条件和引用标准

表 2 技术条件和引用标准

<table>
<tr><td rowspan="5">材 料[1)]</td><td colspan="3">钢</td><td>马氏体不锈钢</td></tr>
<tr><td>A 型
普通淬火</td><td colspan="2">B 型
表面淬火</td><td>C1(GB/T 3098.6)</td></tr>
<tr><td colspan="3">化学成分,%</td><td rowspan="3">淬火并回火硬度:
460～560 HV30</td></tr>
<tr><td rowspan="2">C:0.95～1.1
Si:0.15～0.35
Mn:0.25～0.4
P:0.03 max
S:0.025 max
Cr:1.35～1.65
硬度:550～650 HV30</td><td>其他
C:0.06～0.13
Si:0.1～0.4
Mn:0.25～0.6
P:0.025 max
S:0.05 max</td><td>或
C:0.15 max
Si:0.10 max
Mn:0.9～1.3
P:0.07 max
S:0.15～0.35
Pb:0.15～0.35</td></tr>
<tr><td colspan="2">由制造者确定
表面硬度:600～700 HV1
渗碳层深度 0.25～0.4 mm 的硬度:
550 HV1 min</td></tr>
<tr><td>表面粗糙度</td><td colspan="4">$Ra \leqslant 0.8$ μm</td></tr>
<tr><td>表面缺陷</td><td colspan="4">不允许有不规则的和有害的缺陷。
销的任何部位不得有毛刺</td></tr>
<tr><td rowspan="2">表面处理</td><td colspan="3">不经处理;
氧化;
镀锌钝化按 GB/T 5267;
磷化按 GB/T 11376</td><td>简单处理</td></tr>
<tr><td colspan="4">其他表面镀层或表面处理,应由供需双方协议。
所有公差仅适用于涂、镀前的公差</td></tr>
<tr><td>验收及包装</td><td colspan="4">GB/T 90</td></tr>
<tr><td colspan="5">1) 其他材料由供需双方协议。</td></tr>
</table>

5 标记

5.1 标记方法按 GB/T 1237 规定。

5.2 标记示例

公称直径 d=6 mm、公差为 m6、公称长度 l=30 mm、材料为钢、普通淬火(A 型)、表面氧化处理的圆柱销的标记:

销 GB/T 119.2 6×30

公称直径 d=6 mm、公差为 m6、公称长度 l=30 mm、材料为 C1 组马氏体不锈钢、表面简单处理的圆柱销的标记:

销 GB/T 119.2 6×30-C1

前　言

本标准等效采用国际标准 ISO 8733:1997《内螺纹圆柱销　不淬硬钢和奥氏体不锈钢》。

本标准是国家标准“销”产品系列标准的一部分。该系列包括:

a) 开口销:GB/T 91;

b) 圆锥销:GB/T 117、GB/T 118、GB/T 877 和 GB/T 881;

c) 圆柱销:GB/T 119.1、GB/T 119.2、GB/T 120.1、GB/T 120.2、GB/T 878 和 GB/T 880;

d) 销轴:GB/T 882;

e) 弹性销:GB/T 879.1、GB/T 879.2、GB/T 879.3、GB/T 879.4 和 GB/T 879.5;

f) 槽销:GB/T 13829.1、GB/T 13829.2 和 GB/T 13829.3。

ISO 8733 未规定包装技术要求,本标准予以规定(表 2)。

ISO 8733 未规定简化标记,本标准按 GB/T 1237 的简化原则给出简化的标记示例(5.2 条)。

本标准是 GB/T 120—1986 的修订本之一,主要修改如下:

a) 取消原 B 型(带通气平面)(图 1);

b) 增加公称长度 l 大于 200 mm,按 20 mm 递增的规定(表 1);

c) 全面调整材料及热处理的规定(表 2);

d) 对钢销增加不经表面处理和磷化处理(表 2);

e) 明确规定:所有公差仅适用于涂、镀前的公差(表 2)。

本标准自实施之日起,代替 GB/T 120—1986 有关部分。

本标准由国家机械工业局提出。

本标准由全国紧固件标准化技术委员会归口。

本标准由机械科学研究院负责,北京标准件工业集团公司参加起草。

本标准由全国紧固件标准化技术委员会秘书处负责解释。

ISO 前言

ISO(国际标准化组织)是一个世界性的各国国家标准团体(ISO 成员团体)的联合组织。国际标准的制定工作通常是通过 ISO 各个技术委员会进行的。每个成员团体如对某一技术委员会所进行的项目感兴趣时,也可参加该委员会。与 ISO 有关的政府的和非政府的国际组织也可参加此项工作。ISO 与国际电工委员会(IEC)在电工标准化方面有着密切的联系。

经技术委员会采纳的国际标准草案,分发给所有成员团体进行投票表决。国际标准的正式出版需要至少 75%的成员团体投票赞成。

国际标准 ISO 8733 由 ISO/TC 2 紧固件技术委员会制定。

第二版对第一版(ISO 8733:1986)进行了删改与补充,是技术性修订。

中华人民共和国国家标准

GB/T 120.1—2000
eqv ISO 8733:1997

代替 GB/T 120—1986
有关部分

内螺纹圆柱销 不淬硬钢和奥氏体不锈钢

Parallel pins with internal thread, of unhardened steel and austenitic stainless steel

1 范围

本标准规定了公称直径 d=6～50 mm、公差为m6、材料为不淬硬钢和奥氏体不锈钢的内螺纹圆柱销。

2 引用标准

下列标准所包含的条文，通过在本标准中引用而构成为本标准的条文。本标准出版时，所示版本均为有效。所有标准都会被修订，使用本标准的各方应探讨使用下列标准最新版本的可能性。

GB/T 90—1985 紧固件验收检查、标志与包装(eqv ISO 3269:1984)

GB/T 197—1981 普通螺纹 公差与配合(1～355 mm)

GB/T 1237—2000 紧固件标记方法(eqv ISO 8991:1986)

GB/T 3098.6—2000 紧固件机械性能 不锈钢螺栓、螺钉和螺柱(idt ISO 3506-1:1997)

GB/T 5267—1985 螺纹紧固件电镀层

GB/T 11376—1997 金属磷酸盐转化膜(eqv ISO 9717:1990)

3 尺寸

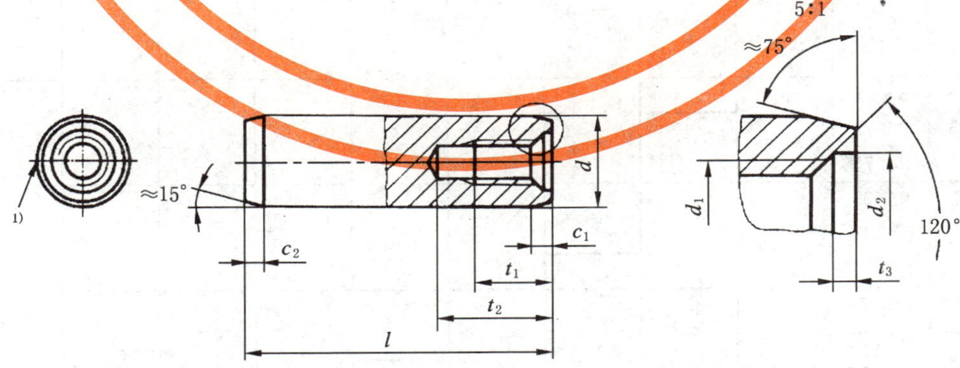

1) 小平面或凹槽，由制造者确定。

图 1

国家质量技术监督局 2000-09-26 批准 2001-02-01 实施

表 1 尺寸 mm

d		m6[1)]	6	8	10	12	16	20	25	30	40	50
c_1		≈	0.8	1	1.2	1.6	2	2.5	3	4	5	6.3
c_2		≈	1.2	1.6	2	2.5	3	3.5	4	5	6.3	8
d_1			M4	M5	M6	M6	M8	M10	M16	M20	M20	M24
P[2)]			0.7	0.8	1	1	1.25	1.5	2	2.5	2.5	3
d_2			4.3	5.3	6.4	6.4	8.4	10.5	17	21	21	25
t_1			6	8	10	12	16	18	24	30	30	36
t_2		min	10	12	16	20	25	28	35	40	40	50
t_3			1	1.2	1.2	1.2	1.5	1.5	2	2	2.5	2.5
l[3)]												
公称	min	max										
16	15.5	16.5										
18	17.5	18.5										
20	19.5	20.5										
22	21.5	22.5										
24	23.5	24.5										
26	25.5	26.5										
28	27.5	28.5										
30	29.5	30.5										
32	31.5	32.5										
35	34.5	35.5										
40	39.5	40.5		商品								
45	44.5	45.5										
50	49.5	50.5										
55	54.25	55.75										
60	59.25	60.75										
65	64.25	65.75										
70	69.25	70.75				长度						
75	74.25	75.75										
80	79.25	80.75										
85	84.25	85.75										
90	89.25	90.75										
95	94.25	95.75										
100	99.25	100.75						范围				
120	119.25	120.75										
140	139.25	140.75										
160	159.25	160.75										
180	179.25	180.75										
200	199.25	200.75										

1）其他公差由供需双方协议。

2）P——螺距。

3）公称长度大于 200 mm，按 20 mm 递增。

4 技术条件和引用标准

表 2 技术条件和引用标准

螺 纹	6H(GB/T 197)	
材 料[1)]	钢	奥氏体不锈钢
	硬度 125～245 HV30	A1(GB/T 3098.6) 硬度 210～280 HV30
表面粗糙度	$Ra \leqslant 0.8\ \mu m$	
表面缺陷	不允许有不规则的和有害的缺陷。 销的任何部位不得有毛刺	
表面处理	不经处理； 氧化； 镀锌钝化按 GB/T 5267； 磷化按 GB/T 11376	简单处理
	其他表面镀层或表面处理，应由供需双方协议。 所有公差仅适用于涂、镀前的公差	
验收及包装	GB/T 90	
1) 其他材料由供需双方协议。		

5 标记

5.1 标记方法按 GB/T 1237 规定。

5.2 标记示例

公称直径 $d=6$ mm、公差为 m6、公称长度 $l=30$ mm、材料为钢、不经淬火、不经表面处理的内螺纹圆柱销的标记：

销 GB/T 120.1 6×30

公称直径 $d=6$ mm、公差为 m6、公称长度 $l=30$ mm、材料为 A1 组奥氏体不锈钢、表面简单处理的内螺纹圆柱销的标记：

销 GB/T 120.1 6×30-A1

前　　言

本标准等效采用国际标准 ISO 8735:1997《内螺纹圆柱销　淬硬钢和马氏体不锈钢》。

本标准是国家标准“销”产品系列标准的一部分。该系列包括：

a) 开口销:GB/T 91;

b) 圆锥销:GB/T 117、GB/T 118、GB/T 877 和 GB/T 881;

c) 圆柱销:GB/T 119.1、GB/T 119.2、GB/T 120.1、GB/T 120.2、GB/T 878 和 GB/T 880;

d) 销轴:GB/T 882;

e) 弹性销:GB/T 879.1、GB/T 879.2、GB/T 879.3、GB/T 879.4 和 GB/T 879.5;

f) 槽销:GB/T 13829.1、GB/T 13829.2 和 GB/T 13829.3。

ISO 8735 未规定包装技术要求，本标准予以规定(表 2)。

ISO 8735 未规定简化标记，本标准按 GB/T 1237 的简化原则给出简化的标记示例(5.2 条)。

本标准是 GB/T 120—1986 的修订本之一，主要修改如下：

a) 取消原 B 型(带通气平面)，增加球面圆柱端的型式(图 1);

b) 增加公称长度 l 大于 200 mm，按 20 mm 递增的规定(表 1);

c) 全面调整材料及热处理的规定(表 2);

d) 对钢销增加不经表面处理和磷化处理(表 2);

e) 明确规定：所有公差仅适用于涂、镀前的公差(表 2)。

本标准自实施之日起，代替 GB/T 120—1986 有关部分。

本标准由国家机械工业局提出。

本标准由全国紧固件标准化技术委员会归口。

本标准由机械科学研究院负责，北京标准件工业集团公司参加起草。

本标准由全国紧固件标准化技术委员会秘书处负责解释。

ISO 前言

ISO(国际标准化组织)是一个世界性的各国国家标准团体(ISO 成员团体)的联合组织。国际标准的制定工作通常是通过 ISO 各个技术委员会进行的。每个成员团体如对某一技术委员会所进行的项目感兴趣时,也可参加该委员会。与 ISO 有关的政府的和非政府的国际组织也可参加此项工作。ISO 与国际电工委员会(IEC)在电工标准化方面有着密切的联系。

经技术委员会采纳的国际标准草案,分发给所有成员团体进行投票表决。国际标准的正式出版需要至少 75%的成员团体投票赞成。

国际标准 ISO 8735 由 ISO/TC 2 紧固件技术委员会制定。

第二版对第一版(ISO 8735:1987)进行了删改与补充,是技术性修订。

中华人民共和国国家标准

GB/T 120.2—2000
eqv ISO 8735:1997

代替 GB/T 120—1986
有关部分

内螺纹圆柱销 淬硬钢和马氏体不锈钢

Parallel pins with internal thread, of hardened steel and martensitic stainless steel

1 范围

本标准规定了公称直径 d=6～50 mm、公差为 m6、材料为钢:A 型(普通淬火)和 B 型(表面淬火),以及马氏体不锈钢的内螺纹圆柱销。

2 引用标准

下列标准所包含的条文,通过在本标准中引用而构成为本标准的条文。本标准出版时,所示版本均为有效。所有标准都会被修订,使用本标准的各方应探讨使用下列标准最新版本的可能性。

GB/T 90—1985 紧固件验收检查、标志与包装(eqv ISO 3269:1984)

GB/T 197—1981 普通螺纹 公差与配合(1～355 mm)

GB/T 1237—2000 紧固件标记方法(eqv ISO 8991:1986)

GB/T 3098.6—2000 紧固件机械性能 不锈钢螺栓、螺钉和螺柱(idt ISO 3506-1:1997)

GB/T 5267—1985 螺纹紧固件电镀层

GB/T 11376—1997 金属磷酸盐转化膜(eqv ISO 9717:1990)

国家质量技术监督局 2000-09-26 批准　　2001-02-01 实施

3 尺寸

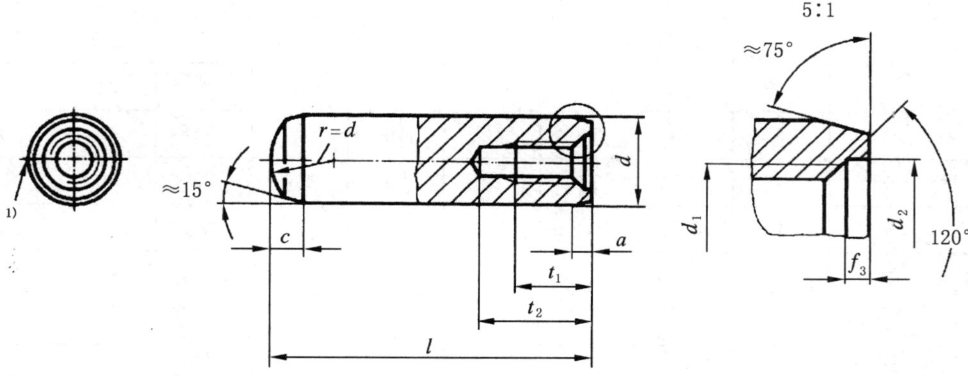

A 型——球面圆柱端,适用于普通淬火钢和马氏体不锈钢

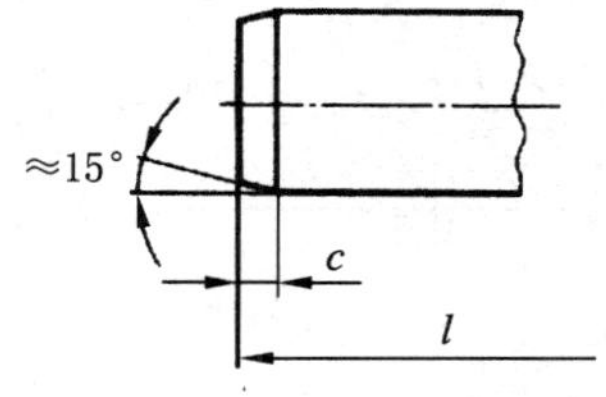

其余尺寸见 A 型

B 型——平端,适用于表面淬火钢

1) 小平面或凹槽,由制造者确定。

图 1

表 1　尺寸

mm

d		m6[1]	6	8	10	12	16	20	25	30	40	50
a		≈	0.8	1	1.2	1.6	2	2.5	3	4	5	6.3
c			2.1	2.6	3	3.8	4.6	6	6	7	8	10
d_1			M4	M5	M6	M6	M8	M10	M16	M20	M20	M24
P[2]			0.7	0.8	1	1	1.25	1.5	2	2.5	2.5	3
d_2			4.3	5.3	6.4	6.4	8.4	10.5	17	21	21	25
t_1			6	8	10	12	16	18	24	30	30	36
t_2		min	10	12	16	20	25	28	35	40	40	50
t_3			1	1.2	1.2	1.2	1.5	1.5	2	2	2.5	2.5
l[3]												
公称	min	max										
16	15.5	16.5										
18	17.5	18.5										
20	19.5	20.5										
22	21.5	22.5										
24	23.5	24.5										
26	25.5	26.5										
28	27.5	28.5										
30	29.5	30.5	商品									
32	31.5	32.5										
35	34.5	35.5										
40	39.5	40.5										
45	44.5	45.5										
50	49.5	50.5										
55	54.25	55.75				长度						
60	59.25	60.75										
65	64.25	65.75										
70	69.25	70.75										
75	74.25	75.75										
80	79.25	80.75										
85	84.25	85.75							范围			
90	89.25	90.75										
95	94.25	95.75										
100	99.25	100.75										
120	119.25	120.75										
140	139.25	140.75										
160	159.25	160.75										
180	179.25	180.75										
200	199.25	200.75										

1）其他公差由供需双方协议。

2）P——螺距。

3）公称长度大于 200 mm，按 20 mm 递增。

4 技术条件和引用标准

表 2 技术条件和引用标准

<table>
<tr><td>螺 纹</td><td colspan="4">6H(GB/T 197)</td></tr>
<tr><td rowspan="7">材 料[1)]</td><td colspan="3">钢</td><td>马氏体不锈钢</td></tr>
<tr><td>A 型
普通淬火</td><td colspan="2">B 型
表面淬火</td><td>C1(GB/T 3098.6)</td></tr>
<tr><td colspan="3">化学成分,%</td><td rowspan="5">淬火并回火硬度:
460～560 HV30</td></tr>
<tr><td></td><td>其他</td><td>或</td></tr>
<tr><td>C:0.95～1.1
Si:0.15～0.35
Mn:0.25～0.4
P:0.03 max
S:0.025 max
Cr:1.35～1.65</td><td>C:0.06～0.13
Si:0.1～0.4
Mn:0.25～0.6
P:0.025 max
S:0.05 max</td><td>C:0.15 max
Si:0.10 max
Mn:0.9～1.3
P:0.07 max
S:0.15～0.35
Pb:0.15～0.35</td></tr>
<tr><td>硬度:550～650 HV 30</td><td colspan="2">由制造者确定
表面硬度:600～700 HV1
渗碳层深度 0.25～0.4 mm 的硬度:
550 HV1 min</td></tr>
<tr><td></td><td colspan="2"></td></tr>
<tr><td>表面粗糙度</td><td colspan="4">$Ra \leqslant 0.8\ \mu m$</td></tr>
<tr><td>表面缺陷</td><td colspan="4">不允许有不规则的和有害的缺陷。
销的任何部位不得有毛刺</td></tr>
<tr><td rowspan="2">表面处理</td><td colspan="3">不经处理;
氧化;
镀锌钝化按 GB/T 5267;
磷化按 GB/T 11376</td><td>简单处理</td></tr>
<tr><td colspan="4">其他表面镀层或表面处理,应由供需双方协议。
所有公差仅适用于涂、镀前的公差</td></tr>
<tr><td>验收及包装</td><td colspan="4">GB/T 90</td></tr>
<tr><td colspan="5">1) 其他材料由供需双方协议。</td></tr>
</table>

5 标记

5.1 标记方法按 GB/T 1237 规定。

5.2 标记示例

公称直径 d=6 mm、公差为 m6、公称长度 l=30 mm、材料为钢、普通淬火(A 型)、表面氧化处理的内螺纹圆柱销的标记：

销 GB/T 120.2 6×30

公称直径 d=6 mm、公差为 m6、公称长度 l=30 mm、材料为 C1 组马氏体不锈钢、表面简单处理的内螺纹圆柱销的标记：

销 GB/T 120.2 6×30-C1

前　言

本标准等效采用国际标准 ISO 8752:1997《弹性圆柱销　开槽　重型》。

本标准是国家标准“销”产品系列标准的一部分。该系列包括：

a）开口销：GB/T 91；

b）圆锥销：GB/T 117、GB/T 118、GB/T 877 和 GB/T 881；

c）圆柱销：GB/T 119.1、GB/T 119.2、GB/T 120.1、GB/T 120.2、GB/T 878 和 GB/T 880；

d）销轴：GB/T 882；

e）弹性销：GB/T 879.1、GB/T 879.2、GB/T 879.3、GB/T 879.4 和 GB/T 879.5；

f）槽销：GB/T 13829.1、GB/T 13829.2 和 GB/T 13829.3。

ISO 8752 规定了“非内锁紧弹性销(N 型)”，本标准未采用(图 1 和表 2)。

ISO 8752 未规定包装技术要求，本标准予以规定(表 2)。

ISO 8752 未规定简化标记，本标准按 GB/T 1237 的简化原则给出简化的标记示例(6.2 条)。

本标准未采用 ISO 8752 附录 A，其内容已列入引用标准(第 2 章)。

本标准是 GB/T 879—1986 的修订本，主要修改如下：

a）规定两端倒角为基本型，并对 $d \geqslant 10$ mm 的弹性销亦允许制成单面倒角(图 1)；

b）增加公称直径 d=3.5、4.5、13、14、18、21、28、32、35、38、40、45 和 50 mm 的规格(表 1)；

c）调整公称直径 d=3、6、12、25 和 30 mm 的板厚(s)尺寸(表 1)；

d）增加公称长度 l 大于 200 mm，按 20 mm 递增的规定(表 1)；

e）仅规定材料化学成分和热处理技术要求，并增加硅锰钢(可由制造者任选)、奥氏体和马氏体不锈钢(表 2)；

f）对钢销增加不经表面处理和磷化处理(表 2)；

g）明确规定：所有公差仅适用于涂、镀前的公差(表 2)。

本标准自实施之日起，代替 GB/T 879—1986。

本标准由国家机械工业局提出。

本标准由全国紧固件标准化技术委员会归口。

本标准由机械科学研究院负责，上海弹簧垫圈厂和锡山市兴达标准件厂参加起草。

本标准由全国紧固件标准化技术委员会秘书处负责解释。

ISO 前言

ISO(国际标准化组织)是一个世界性的各国国家标准团体(ISO 成员团体)的联合组织。国际标准的制定工作通常是通过 ISO 各个技术委员会进行的。每个成员团体如对某一技术委员会所进行的项目感兴趣时,也可参加该委员会。与 ISO 有关的政府的和非政府的国际组织也可参加此项工作。ISO 与国际电工委员会(IEC)在电工标准化方面有着密切的联系。

经技术委员会采纳的国际标准草案,分发给所有成员团体进行投票表决。国际标准的正式出版需要至少 75%的成员团体投票赞成。

国际标准 ISO 8752 由 ISO/TC 2 紧固件技术委员会制定。

第二版对第一版(ISO 8752:1987)进行了删改与补充,是技术性修订。

本国际标准的附录 A 是提示的附录。

中华人民共和国国家标准

GB/T 879.1—2000
eqv ISO 8752:1997

弹性圆柱销 直槽 重型

Spring-type straight pins—Slotted, heavy duty

代替 GB/T 879—1986

1 范围

本标准规定了公称直径 $d=1\sim50$ mm、材料为钢、奥氏体和马氏体不锈钢、带直槽并承受重载的弹性圆柱销。

注：公称直径的选取应考虑：可将弹性销装入另一个销中，或者与 GB/T 879.2 规定的轻型销组合使用。

2 引用标准

下列标准所包含的条文，通过在本标准中引用而构成为本标准的条文。本标准出版时，所示版本均为有效。所有标准都会被修订，使用本标准的各方应探讨使用下列标准最新版本的可能性。

GB/T 90—1985 紧固件验收检查、标志与包装(eqv ISO 3269:1984)

GB/T 879.2—2000 弹性圆柱销 直槽 轻型(eqv ISO 13337:1997)

GB/T 1237—2000 紧固件标记方法(eqv ISO 8991:1986)

GB/T 5267—1985 螺纹紧固件电镀层

GB/T 11376—1997 金属磷酸盐转化膜(eqv ISO 9717:1990)

GB/T 13683—1992 销 剪切试验方法(eqv ISO 8749:1986)

3 尺寸

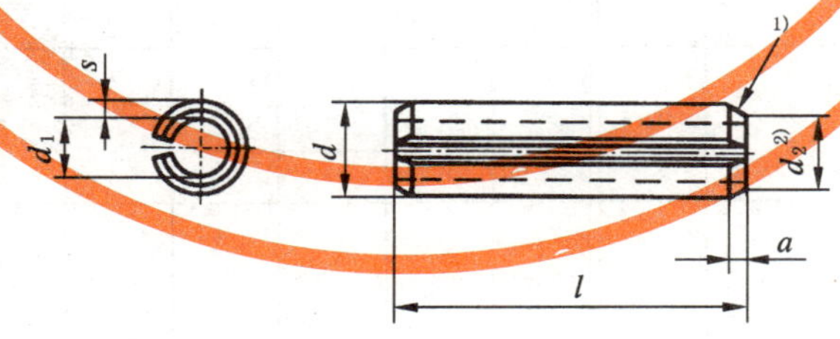

1) 对 $d\geqslant10$ mm 的弹性销，也可由制造者选用单面倒角的型式。

2) $d_2<d_{公称}$。

图 1

国家质量技术监督局 2000-09-26 批准　　　　2001-02-01 实施

表 1 尺寸

mm

d	公称		1	1.5	2	2.5	3	3.5	4	4.5	5	6	8	10	12	13
	装配前	max	1.3	1.8	2.4	2.9	3.5	4.0	4.6	5.1	5.6	6.7	8.8	10.8	12.8	13.8
		min	1.2	1.7	2.3	2.8	3.3	3.8	4.4	4.9	5.4	6.4	8.5	10.5	12.5	13.5
d_1	装配前[1)]		0.8	1.1	1.5	1.8	2.1	2.3	2.8	2.9	3.4	4	5.5	6.5	7.5	8.5
a		max	0.35	0.45	0.55	0.6	0.7	0.8	0.85	1.0	1.1	1.4	2.0	2.4	2.4	2.4
		min	0.15	0.25	0.35	0.4	0.5	0.6	0.65	0.8	0.9	1.2	1.6	2.0	2.0	2.0
s			0.2	0.3	0.4	0.5	0.6	0.75	0.8	1	1	1.2	1.5	2	2.5	2.5
最小剪切载荷 双面剪[2)],kN			0.7	1.58	2.82	4.38	6.32	9.06	11.24	15.36	17.54	26.04	42.76	70.16	104.1	115.1
l[3)]																
公称	min	max														
4	3.75	4.25														
5	4.75	5.25														
6	5.75	6.25														
8	7.75	8.25														
10	9.75	10.25														
12	11.5	12.5														
14	13.5	14.5														
16	15.5	16.5					商品									
18	17.5	18.5														
20	19.5	20.5														
22	21.5	22.5														
24	23.5	24.5														
26	25.5	26.5														
28	27.5	28.5								长度						
30	29.5	30.5														
32	31.5	32.5														
35	34.5	35.5														
40	39.5	40.5														
45	44.5	45.5														
50	49.5	50.5												范围		
55	54.25	55.75														
60	59.25	60.75														
65	64.25	65.75														
70	69.25	70.75														
75	74.25	75.75														
80	79.25	80.75														
85	84.25	85.75														
90	89.25	90.75														
95	94.25	95.75														
100	99.25	100.75														
120	119.25	120.75														
140	139.25	140.75														
160	159.25	160.75														
180	179.25	180.75														
200	199.25	200.75														

表 1(完)　　mm

d	公称		14	16	18	20	21	25	28	30	32	35	38	40	45	50
	装配前	max	14.8	16.8	18.9	20.9	21.9	25.9	28.9	30.9	32.9	35.9	38.9	40.9	45.9	50.9
		min	14.5	16.5	18.5	20.5	21.5	25.5	28.5	30.5	32.5	35.5	38.5	40.5	45.5	50.5
d_1	装配前[1]		8.5	10.5	11.5	12.5	13.5	15.5	17.5	18.5	20.5	21.5	23.5	25.5	28.5	31.5
a		max	2.4	2.4	2.4	3.4	3.4	3.4	3.4	3.4	3.6	3.6	4.6	4.6	4.6	4.6
		min	2.0	2.0	2.0	3.0	3.0	3.0	3.0	3.0	3.0	3.0	4.0	4.0	4.0	4.0
s			3	3	3.5	4	4	5	5.5	6	6	7	7.5	7.5	8.5	9.5
最小剪切载荷 双面剪[2],kN			144.7	171	222.5	280.6	298.2	438.5	542.6	631.4	684	859	1 003	1 068	1 360	1 685
l[3]																
公称	min	max														
4	3.75	4.25														
5	4.75	5.25														
6	5.75	6.25														
8	7.75	8.25														
10	9.75	10.25														
12	11.5	12.5														
14	13.5	14.5														
16	15.5	16.5														
18	17.5	18.5														
20	19.5	20.5														
22	21.5	22.5														
24	23.5	24.5														
26	25.5	26.5														
28	27.5	28.5	商品													
30	29.5	30.5														
32	31.5	32.5														
35	34.5	35.5														
40	39.5	40.5														
45	44.5	45.5														
50	49.5	50.5					长度									
55	54.25	55.75														
60	59.25	60.75														
65	64.25	65.75														
70	69.25	70.75														
75	74.25	75.75														
80	79.25	80.75									范围					
85	84.25	85.75														
90	89.25	90.75														
95	94.25	95.75														
100	99.25	100.75														
120	119.25	120.75														
140	139.25	140.75														
160	159.25	160.75														
180	179.25	180.75														
200	199.25	200.75														

1) 参考。

2) 仅适用于钢和马氏体不锈钢产品;对奥氏体不锈钢弹性销,不规定双面剪切载荷值。

3) 公称长度大于 200 mm,按 20 mm 递增。

4 应用

销孔的公称直径应等于弹性销的公称直径($d_{公称}$),公差带为 H12。

当弹性销装入允许的最小销孔时,槽口也不得完全闭合。

5 技术条件和引用标准

表 2 技术条件和引用标准

<table>
<tr><td rowspan="5">材料[1)]</td><td colspan="2">钢</td><td>奥氏体不锈钢</td><td>马氏体不锈钢</td></tr>
<tr><td colspan="2">St(由制造者任选)</td><td>A</td><td>C</td></tr>
<tr><td colspan="4">化学成分,%</td></tr>
<tr><td>优质碳素钢</td><td>硅锰钢</td><td rowspan="2">C≤0.15
Mn≤2.00
Si≤1.50
Cr:16～20
Ni:6～12
P≤0.045
S≤0.03
Mo≤0.8
冷加工</td><td rowspan="2">C≥0.15
Mn≤1.00
Si≤1.00
Cr:11.5～14
Ni≤1.00
P≤0.04
S≤0.03
淬火并回火硬度:
440～560HV30</td></tr>
<tr><td>C≥0.65
Mn≥0.5
淬火并回火硬度:
420～520HV30
或奥氏体回火硬度:
500～560HV30</td><td>C≥0.5
Si≥1.5
Mn≥0.7
淬火并回火硬度:
420～560HV30</td></tr>
<tr><td>直槽</td><td colspan="4">槽的形状和宽度由制造者任选</td></tr>
<tr><td>表面缺陷</td><td colspan="4">不允许有不规则的和有害的缺陷。
销的任何部位不得有毛刺</td></tr>
<tr><td>剪切试验</td><td colspan="4">GB/T 13683</td></tr>
<tr><td rowspan="2">表面处理</td><td colspan="3">不经处理;
氧化;
磷化按 GB/T 11376;
镀锌钝化按 GB/T 5267</td><td>简单处理</td></tr>
<tr><td colspan="4">其他表面镀层或表面处理,应由供需双方协议。
所有公差仅适用于涂、镀前的公差</td></tr>
<tr><td>验收及包装</td><td colspan="4">GB/T 90</td></tr>
<tr><td colspan="5">1) 其他材料由供需双方协议。</td></tr>
</table>

6 标记

6.1 标记方法按 GB/T 1237 规定。

6.2 标记示例

公称直径 $d=6$ mm、公称长度 $l=30$ mm、材料为钢(St)、热处理硬度 500～560HV30、表面氧化处理、直槽、重型弹性圆柱销的标记：

销 GB/T 879.1 6×30

前　言

本标准等效采用国际标准 ISO 13337:1997《弹性圆柱销　开槽　轻型》。

本标准是国家标准“销”产品系列标准的一部分。该系列包括：

a）开口销:GB/T 91；

b）圆锥销:GB/T 117、GB/T 118、GB/T 877 和 GB/T 881；

c）圆柱销:GB/T 119.1、GB/T 119.2、GB/T 120.1、GB/T 120.2、GB/T 878 和 GB/T 880；

d）销轴:GB/T 882；

e）弹性销:GB/T 879.1、GB/T 879.2、GB/T 879.3、GB/T 879.4 和 GB/T 879.5；

f）槽销:GB/T 13829.1、GB/T 13829.2 和 GB/T 13829.3。

ISO 13337 规定了“非内锁紧弹性销(N 型)”，本标准未采用(图 1 和表 2)。

ISO 13337 未规定包装技术要求，本标准予以规定(表 2)。

ISO 13337 未规定简化标记，本标准按 GB/T 1237 的简化原则给出简化的标记示例(6.2 条)。

本标准未采用 ISO 13337 附录 A，其内容已列入引用标准(第 2 章)。

本标准由国家机械工业局提出。

本标准由全国紧固件标准化技术委员会归口。

本标准由机械科学研究院负责，上海弹簧垫圈厂和锡山市兴达标准件厂参加起草。

本标准由全国紧固件标准化技术委员会秘书处负责解释。

ISO 前言

ISO(国际标准化组织)是一个世界性的各国国家标准团体(ISO 成员团体)的联合组织。国际标准的制定工作通常是通过 ISO 各个技术委员会进行的。每个成员团体如对某一技术委员会所进行的项目感兴趣时,也可参加该委员会。与 ISO 有关的政府的和非政府的国际组织也可参加此项工作。ISO 与国际电工委员会(IEC)在电工标准化方面有着密切的联系。

经技术委员会采纳的国际标准草案,分发给所有成员团体进行投票表决。国际标准的正式出版需要至少 75%的成员团体投票赞成。

国际标准 ISO 13337 由 ISO/TC 2 紧固件技术委员会制定。

本国际标准的附录 A 是提示的附录。

中华人民共和国国家标准

弹性圆柱销　直槽　轻型

GB/T 879.2—2000
eqv ISO 13337:1997

Spring-type straight pins—Slotted, light duty

1　范围

本标准规定了公称直径 $d=2\sim50$ mm、材料为钢、奥氏体和马氏体不锈钢、带直槽并承受轻载的弹性圆柱销。

注：公称直径的选取应考虑：可将弹性销装入另一个销中，或者与 GB/T 879.1 规定的重型销组合使用。

2　引用标准

下列标准所包含的条文，通过在本标准中引用而构成为本标准的条文。本标准出版时，所示版本均为有效。所有标准都会被修订，使用本标准的各方应探讨使用下列标准最新版本的可能性。

GB/T 90—1985　紧固件验收检查、标志与包装(eqv ISO 3269:1984)

GB/T 879.1—2000　弹性圆柱销　直槽　重型(eqv ISO 8752:1997)

GB/T 1237—2000　紧固件标记方法(eqv ISO 8991:1986)

GB/T 5267—1985　螺纹紧固件电镀层

GB/T 11376—1997　金属磷酸盐转化膜(eqv ISO 9717:1990)

GB/T 13683—1992　销　剪切试验方法(eqv ISO 8749:1986)

3　尺寸

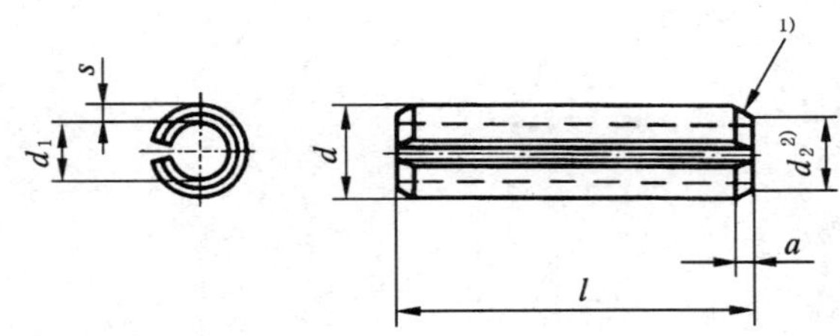

1) 对 $d\geqslant10$ mm 的弹性销，也可由制造者选用单面倒角的型式。

2) $d_2<d_{公称}$。

图 1

国家质量技术监督局 2000-09-26 批准　　2001-02-01 实施

表 1 尺寸

mm

			2	2.5	3	3.5	4	4.5	5	6	8	10	12	13
d	公称		2	2.5	3	3.5	4	4.5	5	6	8	10	12	13
	装配前	max	2.4	2.9	3.5	4.0	4.6	5.1	5.6	6.7	8.8	10.8	12.8	13.8
		min	2.3	2.8	3.3	3.8	4.4	4.9	5.4	6.4	8.5	10.5	12.5	13.5
d_1	装配前[1]		1.9	2.3	2.7	3.1	3.4	3.9	4.4	4.9	7	8.5	10.5	11
a		max	0.4	0.45	0.45	0.5	0.7	0.7	0.7	0.9	1.8	2.4	2.4	2.4
		min	0.2	0.25	0.25	0.3	0.5	0.5	0.5	0.7	1.5	2.0	2.0	2.0
s			0.2	0.25	0.3	0.35	0.5	0.5	0.5	0.75	0.75	1	1	1.2
最小剪切载荷 双面剪[2],kN			1.5	2.4	3.5	4.6	8	8.8	10.4	18	24	40	48	66
l[3]														
公称	min	max												
4	3.75	4.25												
5	4.75	5.25												
6	5.75	6.25												
8	7.75	8.25												
10	9.75	10.25												
12	11.5	12.5												
14	13.5	14.5												
16	15.5	16.5			商品									
18	17.5	18.5												
20	19.5	20.5												
22	21.5	22.5												
24	23.5	24.5												
26	25.5	26.5												
28	27.5	28.5						长度						
30	29.5	30.5												
32	31.5	32.5												
35	34.5	35.5												
40	39.5	40.5												
45	44.5	45.5												
50	49.5	50.5												
55	54.25	55.75												
60	59.25	60.75												
65	64.25	65.75										范围		
70	69.25	70.75												
75	74.25	75.75												
80	79.25	80.75												
85	84.25	85.75												
90	89.25	90.75												
95	94.25	95.75												
100	99.25	100.75												
120	119.25	120.75												
140	139.25	140.75												
160	159.25	160.75												
180	179.25	180.75												
200	199.25	200.75												

表 1(完) mm

			14	16	18	20	21	25	28	30	35	40	45	50
d	公称		14	16	18	20	21	25	28	30	35	40	45	50
	装配前	max	14.8	16.8	18.9	20.9	21.9	25.9	28.9	30.9	35.9	40.9	45.9	50.9
		min	14.5	16.5	18.5	20.5	21.5	25.5	28.5	30.5	35.5	40.5	45.5	50.5
d_1	装配前[1]		11.5	13.5	15	16.5	17.5	21.5	23.5	25.5	28.5	32.5	37.5	40.5
a		max	2.4	2.4	2.4	2.4	2.4	3.4	3.4	3.4	3.6	4.6	4.6	4.6
		min	2.0	2.0	2.0	2.0	2.0	3.0	3.0	3.0	3.0	4.0	4.0	4.0
s			1.5	1.5	1.7	2	2	2	2.5	2.5	3.5	4	4	5
最小剪切载荷 双面剪[2],kN			84	98	126	158	168	202	280	302	490	634	720	1 000
l[3]														
公称	min	max												
4	3.75	4.25												
5	4.75	5.25												
6	5.75	6.25												
8	7.75	8.25												
10	9.75	10.25												
12	11.5	12.5												
14	13.5	14.5												
16	15.5	16.5												
18	17.5	18.5												
20	19.5	20.5												
22	21.5	22.5												
24	23.5	24.5												
26	25.5	26.5												
28	27.5	28.5			商品									
30	29.5	30.5												
32	31.5	32.5												
35	34.5	35.5												
40	39.5	40.5												
45	44.5	45.5												
50	49.5	50.5						长度						
55	54.25	55.75												
60	59.25	60.75												
65	64.25	65.75												
70	69.25	70.75												
75	74.25	75.75												
80	79.25	80.75										范围		
85	84.25	85.75												
90	89.25	90.75												
95	94.25	95.75												
100	99.25	100.75												
120	119.25	120.75												
140	139.25	140.75												
160	159.25	160.75												
180	179.25	180.75												
200	199.25	200.75												

1) 参考。

2) 仅适用于钢和马氏体不锈钢产品;对奥氏体不锈钢弹性销,不规定双面剪切载荷值。

3) 公称长度大于 200 mm,按 20 mm 递增。

4 应用

销孔的公称直径应等于弹性销的公称直径($d_{公称}$),公差带为H12。

当弹性销装入允许的最小销孔时,槽口也不得完全闭合。

5 技术条件和引用标准

表 2 技术条件和引用标准

<table>
<tr><td rowspan="5">材 料[1)]</td><td colspan="2">钢</td><td>奥氏体不锈钢</td><td>马氏体不锈钢</td></tr>
<tr><td colspan="2">St(由制造者任选)</td><td>A</td><td>C</td></tr>
<tr><td colspan="4">化学成分,%</td></tr>
<tr><td>优质碳素钢</td><td>硅锰钢</td><td rowspan="2">C≤0.15
Mn≤2.00
Si≤1.50
Cr:16~20
Ni:6~12
P≤0.045
S≤0.03
Mo≤0.8
冷加工</td><td rowspan="2">C≥0.15
Mn≤1.00
Si≤1.00
Cr:11.5~14
Ni≤1.00
P≤0.04
S≤0.03
淬火并回火硬度:
440~560HV30</td></tr>
<tr><td>C≥0.64
Mn≥0.60
淬火并回火硬度:
420~520HV30
或奥氏体回火硬度:
500~560HV30</td><td>C≥0.5
Si≥1.5
Mn≥0.7
淬火并回火硬度:
420~560HV30</td></tr>
<tr><td>直 槽</td><td colspan="4">槽的形状和宽度由制造者任选</td></tr>
<tr><td>表面缺陷</td><td colspan="4">不允许有不规则的和有害的缺陷。
销的任何部位不得有毛刺</td></tr>
<tr><td>剪切试验</td><td colspan="4">GB/T 13683</td></tr>
<tr><td rowspan="2">表面处理</td><td colspan="2">不经处理;
氧化;
磷化按GB/T 11376;
镀锌钝化按GB/T 5267</td><td colspan="2">简单处理</td></tr>
<tr><td colspan="4">其他表面镀层或表面处理,应由供需双方协议。
所有公差仅适用于涂、镀前的公差</td></tr>
<tr><td>验收及包装</td><td colspan="4">GB/T 90</td></tr>
<tr><td colspan="5">1) 其他材料由供需双方协议。</td></tr>
</table>

6 标记

6.1 标记方法按GB/T 1237规定。

6.2 标记示例

公称直径 $d=6$ mm、公称长度 $l=30$ mm、材料为钢(St)、热处理硬度500～560HV30、表面氧化处理、直槽、轻型弹性圆柱销的标记：

销 GB/T 879.2 6×30

前　言

本标准等效采用国际标准 ISO 8748:1997《弹性圆柱销　卷制　重型》。

本标准是国家标准“销”产品系列标准的一部分。该系列包括：

a）开口销：GB/T 91；

b）圆锥销：GB/T 117、GB/T 118、GB/T 877 和 GB/T 881；

c）圆柱销：GB/T 119.1、GB/T 119.2、GB/T 120.1、GB/T 120.2、GB/T 878 和 GB/T 880；

d）销轴：GB/T 882；

e）弹性销：GB/T 879.1、GB/T 879.2、GB/T 879.3、GB/T 879.4 和 GB/T 879.5；

f）槽销：GB/T 13829.1、GB/T 13829.2 和 GB/T 13829.3。

ISO 8748 未规定包装技术要求，本标准予以规定（表 2）。

ISO 8748 未规定简化标记，本标准按 GB/T 1237 的简化原则给出简化的标记示例（6.2 条）。

本标准未采用 ISO 8748 附录 A，其内容已列入引用标准（第 2 章）。

本标准由国家机械工业局提出。

本标准由全国紧固件标准化技术委员会归口。

本标准由机械科学研究院负责，上海弹簧垫圈厂和锡山市兴达标准件厂参加起草。

本标准由全国紧固件标准化技术委员会秘书处负责解释。

ISO 前言

ISO(国际标准化组织)是一个世界性的各国国家标准团体(ISO 成员团体)的联合组织。国际标准的制定工作通常是通过 ISO 各个技术委员会进行的。每个成员团体如对某一技术委员会所进行的项目感兴趣时,也可参加该委员会。与 ISO 有关的政府的和非政府的国际组织也可参加此项工作。ISO 与国际电工委员会(IEC)在电工标准化方面有着密切的联系。

经技术委员会采纳的国际标准草案,分发给所有成员团体进行投票表决。国际标准的正式出版需要至少 75%的成员团体投票赞成。

国际标准 ISO 8748 由 ISO/TC 2 紧固件技术委员会制定。

第二版对第一版(ISO 8748:1987)进行了删改与补充,是技术性修订。

本国际标准的附录 A 是提示的附录。

中华人民共和国国家标准

弹性圆柱销 卷制 重型

GB/T 879.3—2000
eqv ISO 8748:1997

Spring-type straight pins—Coiled, heavy duty

1 范围

本标准规定了公称直径 $d=1.5\sim20$ mm、材料为钢、奥氏体和马氏体不锈钢、卷制并承受重载的弹性圆柱销。

注：标准型和轻型卷制弹性圆柱销见 GB/T 879.4 和 GB/T 879.5。

2 引用标准

下列标准所包含的条文，通过在本标准中引用而构成为本标准的条文。本标准出版时，所示版本均为有效。所有标准都会被修订，使用本标准的各方应探讨使用下列标准最新版本的可能性。

GB/T 90—1985 紧固件验收检查、标志与包装(eqv ISO 3269:1984)

GB/T 879.4—2000 弹性圆柱销 卷制 标准型(eqv ISO 8750:1997)

GB/T 879.5—2000 弹性圆柱销 卷制 轻型(eqv ISO 8751:1997)

GB/T 1237—2000 紧固件标记方法(eqv ISO 8991:1986)

GB/T 5267—1985 螺纹紧固件电镀层

GB/T 11376—1997 金属磷酸盐转化膜(eqv ISO 9717:1990)

GB/T 13683—1992 销 剪切试验方法(eqv ISO 8749:1986)

3 尺寸

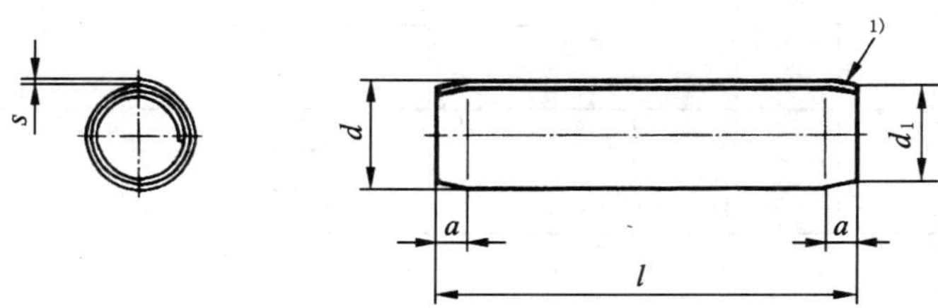

1) 两端挤压倒角。

图 1

国家质量技术监督局 2000-09-26 批准 2001-02-01 实施

表 1 尺寸

mm

d	公称		1.5	2	2.5	3	3.5	4	5	6	8	10	12	14	16	20
	装配前	max	1.71	2.21	2.73	3.25	3.79	4.30	5.35	6.40	8.55	10.65	12.75	14.85	16.9	21.0
		min	1.61	2.11	2.62	3.12	3.64	4.15	5.15	6.18	8.25	10.30	12.35	14.40	16.4	20.4
d_1	装配前	max	1.4	1.9	2.4	2.9	3.4	3.9	4.85	5.85	7.8	9.75	11.7	13.6	15.6	19.6
a		≈	0.5	0.7	0.7	0.9	1	1.1	1.3	1.5	2	2.5	3	3.5	4	4.5
s			0.17	0.22	0.28	0.33	0.39	0.45	0.56	0.67	0.9	1.1	1.3	1.6	1.8	2.2
最小剪切载荷双面剪,kN		1)	1.9	3.5	5.5	7.6	10	13.5	20	30	53	84	120	165	210	340
		2)	1.45	2.5	3.8	5.7	7.6	10	15.5	23	41	64	91	—	—	—
l[3)]																
公称	min	max														
4	3.75	4.25														
5	4.75	5.25														
6	5.75	6.25														
8	7.75	8.25														
10	9.75	10.25														
12	11.5	12.5														
14	13.5	14.5														
16	15.5	16.5				商品										
18	17.5	18.5														
20	19.5	20.5														
22	21.5	22.5														
24	23.5	24.5														
26	25.5	26.5														
28	27.5	28.5														
30	29.5	30.5														
32	31.5	32.5														
35	34.5	35.5							长度							
40	39.5	40.5														
45	44.5	45.5														
50	49.5	50.5														
55	54.25	55.75														
60	59.25	60.75														
65	64.25	65.75											范围			
70	69.25	70.75														
75	74.25	75.75														
80	79.25	80.75														
85	84.25	85.75														
90	89.25	90.75														
95	94.25	95.75														
100	99.25	100.75														
120	119.25	120.75														
140	139.25	140.75														
160	159.25	160.75														
180	179.25	180.75														
200	199.25	200.75														

1) 适用于钢和马氏体不锈钢产品。

2) 适用于奥氏体不锈钢产品。

3) 公称长度大于 200 mm,按 20 mm 递增。

4 应用

销孔的公称直径应等于弹性销的公称直径($d_{公称}$),公差带为 H12。

5 技术条件和引用标准

表 2 技术条件和引用标准

	钢		奥氏体不锈钢	马氏体不锈钢
	St		A	C
材　料[1]	化学成分,%			
	所有直径	d>12 mm 也可选用	C≤0.15 Mn≤2.00 Si≤1.50 Cr:16～20 Ni:6～12 P≤0.045 S≤0.03 Mo≤0.8 冷加工	C≤0.15 Mn≤1.00 Si≤1.00 Cr:11.5～14 Ni≤1.00 P≤0.04 S≤0.03 淬火并回火硬度: 460～560HV30
	C≥0.64 Mn≥0.60 Si≥0.15 Cr[2] P≤0.04 S≤0.05	C≥0.38 Mn≥0.70 Si≥0.20 Cr≥0.80 V≥0.15 P≤0.035 S≤0.04		
	淬火并回火硬度:420～545HV30			
表面缺陷	不允许有不规则的和有害的缺陷。 销的任何部位不得有毛刺			
剪切试验	GB/T 13683			
表面处理	不经处理; 氧化; 磷化按 GB/T 11376; 镀锌钝化按 GB/T 5267		简单处理	
	其他表面镀层或表面处理,应由供需双方协议。 所有公差仅适用于涂、镀前的公差			
验收及包装	GB/T 90			

1) 其他材料由供需双方协议;
2) Cr 的使用,可由制造者任选。

6 标记

6.1 标记方法按 GB/T 1237 规定。

6.2 标记示例

公称直径 d=6 mm、公称长度 l=30 mm、材料为钢(St)、热处理硬度 420～545HV30、表面氧化处理、卷制、重型弹性圆柱销的标记:

销　GB/T 879.3　6×30

公称直径 d=6 mm、公称长度 l=30 mm、材料为奥氏体不锈钢(A)、不经热处理、表面简单处理、卷制、重型弹性圆柱销的标记:

销　GB/T 879.3　6×30-A

前　　言

本标准等效采用国际标准 ISO 8750:1997《弹性圆柱销　卷制　标准型》。

本标准是国家标准“销”产品系列标准的一部分。该系列包括:

a) 开口销:GB/T 91;

b) 圆锥销:GB/T 117、GB/T 118、GB/T 877 和 GB/T 881;

c) 圆柱销:GB/T 119.1、GB/T 119.2、GB/T 120.1、GB/T 120.2、GB/T 878 和 GB/T 880;

d) 销轴:GB/T 882;

e) 弹性销:GB/T 879.1、GB/T 879.2、GB/T 879.3、GB/T 879.4 和 GB/T 879.5;

f) 槽销:GB/T 13829.1、GB/T 13829.2 和 GB/T 13829.3。

ISO 8750 未规定包装技术要求,本标准予以规定(表 2)。

ISO 8750 未规定简化标记,本标准按 GB/T 1237 的简化原则给出简化的标记示例(6.2 条)。

本标准未采用 ISO 8750 附录 A,其内容已列入引用标准(第 2 章)。

本标准由国家机械工业局提出。

本标准由全国紧固件标准化技术委员会归口。

本标准由机械科学研究院负责,上海弹簧垫圈厂和锡山市兴达标准件厂参加起草。

本标准由全国紧固件标准化技术委员会秘书处负责解释。

ISO 前言

ISO(国际标准化组织)是一个世界性的各国国家标准团体(ISO 成员团体)的联合组织。国际标准的制定工作通常是通过 ISO 各个技术委员会进行的。每个成员团体如对某一技术委员会所进行的项目感兴趣时,也可参加该委员会。与 ISO 有关的政府的和非政府的国际组织也可参加此项工作。ISO 与国际电工委员会(IEC)在电工标准化方面有着密切的联系。

经技术委员会采纳的国际标准草案,分发给所有成员团体进行投票表决。国际标准的正式出版需要至少 75%的成员团体投票赞成。

国际标准 ISO 8750 由 ISO/TC 2 紧固件技术委员会制定。

第二版对第一版(ISO 8750:1987)进行了删改与补充,是技术性修订。

本国际标准的附录 A 是提示的附录。

中华人民共和国国家标准

GB/T 879.4—2000
eqv ISO 8750:1997

弹性圆柱销　卷制　标准型

Spring-type straight pins—Coiled, standard duty

1　范围

本标准规定了公称直径 d=0.8～20 mm、材料为钢、奥氏体和马氏体不锈钢、卷制并承受标准载荷的弹性圆柱销。

注：重型和轻型卷制弹性圆柱销见 GB/T 879.3 和 GB/T 879.5。

2　引用标准

下列标准所包含的条文，通过在本标准中引用而构成为本标准的条文。本标准出版时，所示版本均为有效。所有标准都会被修订，使用本标准的各方应探讨使用下列标准最新版本的可能性。

GB/T 90—1985　紧固件验收检查、标志与包装(eqv ISO 3269:1984)

GB/T 879.3—2000　弹性圆柱销　卷制　重型(eqv ISO 8748:1997)

GB/T 879.5—2000　弹性圆柱销　卷制　轻型(eqv ISO 8751:1997)

GB/T 1237—2000　紧固件标记方法(eqv ISO 8991:1986)

GB/T 5267—1985　螺纹紧固件电镀层

GB/T 11376—1997　金属磷酸盐转化膜(eqv ISO 9717:1990)

GB/T 13683—1992　销　剪切试验方法(eqv ISO 8749:1986)

3　尺寸

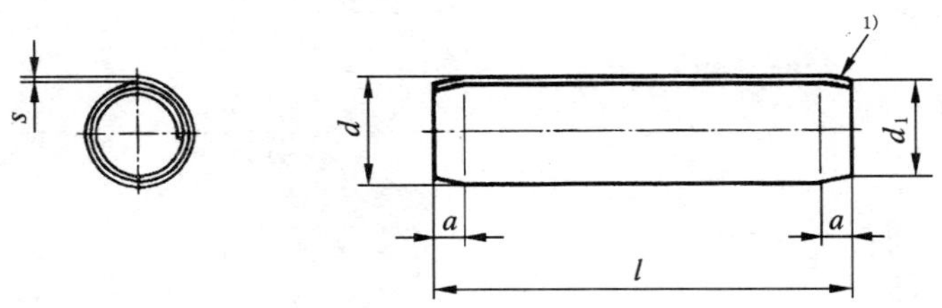

1) 两端挤压倒角。

图 1

国家质量技术监督局 2000-09-26 批准　　　2001-02-01 实施

表 1 尺寸

mm

d	公称		0.8	1	1.2	1.5	2	2.5	3	3.5	4	5	6	8	10	12	14	16	20
	装配前	max	0.91	1.15	1.35	1.73	2.25	2.78	3.30	3.84	4.4	5.50	6.50	8.63	10.80	12.85	14.95	17.00	21.1
		min	0.85	1.05	1.25	1.62	2.13	2.65	3.15	3.67	4.2	5.25	6.25	8.30	10.35	12.40	14.45	16.45	20.4
d_1	装配前	max	0.75	0.95	1.15	1.4	1.9	2.4	2.9	3.4	3.9	4.85	5.85	7.8	9.75	11.7	13.6	15.6	19.6
a		≈	0.3	0.3	0.4	0.5	0.7	0.7	0.9	1	1.1	1.3	1.5	2	2.5	3	3.5	4	4.5
s			0.07	0.08	0.1	0.13	0.17	0.21	0.25	0.29	0.33	0.42	0.5	0.67	0.84	1	1.2	1.3	1.7
最小剪切载荷		1)	0.4	0.6	0.9	1.45	2.5	3.9	5.5	7.5	9.6	15	22	39	62	89	120	155	250
双面剪，kN		2)	0.3	0.45	0.65	1.05	1.9	2.9	4.2	5.7	7.6	11.5	16.8	30	48	67	—	—	—
$l^{3)}$																			
公称	min	max																	
4	3.75	4.25																	
5	4.75	5.25																	
6	5.75	6.25																	
8	7.75	8.25																	
10	9.75	10.25																	
12	11.5	12.5																	
14	13.5	14.5																	
16	15.5	16.5																	
18	17.5	18.5																	
20	19.5	20.5																	
22	21.5	22.5						商品											
24	23.5	24.5																	
26	25.5	26.5																	
28	27.5	28.5																	
30	29.5	30.5																	
32	31.5	32.5																	
35	34.5	35.5									长度								
40	39.5	40.5																	
45	44.5	45.5																	
50	49.5	50.5																	
55	54.25	55.75																	
60	59.25	60.75																	
65	64.25	65.75														范围			
70	69.25	70.75																	
75	74.25	75.75																	
80	79.25	80.75																	
85	84.25	85.75																	
90	89.25	90.75																	
95	94.25	95.75																	
100	99.25	100.75																	
120	119.25	120.75																	
140	139.25	140.75																	
160	159.25	160.75																	
180	179.25	180.75																	
200	199.25	200.75																	

1）适用于钢和马氏体不锈钢产品。

2）适用于奥氏体不锈钢产品。

3）公称长度大于 200 mm，按 20 mm 递增。

4 应用

销孔的公称直径应等于弹性销的公称直径($d_{公称}$),公差带为:H12——适用于 $d \geqslant 1.5$ mm;H10——适用于 $d \leqslant 1.2$ mm。

5 技术条件和引用标准

表 2 技术条件和引用标准

<table>
<tr><td rowspan="6">材　料[1]</td><td colspan="2">钢</td><td>奥氏体不锈钢</td><td>马氏体不锈钢</td></tr>
<tr><td colspan="2">St</td><td>A</td><td>C</td></tr>
<tr><td colspan="4">化学成分,%</td></tr>
<tr><td>所有直径</td><td>d>12 mm 也可选用</td><td rowspan="3">C≤0.15
Mn≤2.00
Si≤1.50
Cr:16～20
Ni:6～12
P≤0.045
S≤0.03
Mo≤0.8
冷加工</td><td rowspan="3">C≥0.15
Mn≤1.00
Si≤1.00
Cr:11.5～14
Ni≤1.00
P≤0.04
S≤0.03
淬火并回火硬度:
460～560HV30</td></tr>
<tr><td>C≥0.64
Mn≥0.60
Si≥0.15
Cr[2]
P≤0.04
S≤0.05</td><td>C≥0.38
Mn≥0.70
Si≥0.20
Cr≥0.80
V≥0.15
P≤0.035
S≤0.04</td></tr>
<tr><td colspan="2">淬火并回火硬度:420～545HV30</td></tr>
<tr><td>表面缺陷</td><td colspan="4">不允许有不规则的和有害的缺陷。
销的任何部位不得有毛刺</td></tr>
<tr><td>剪切试验</td><td colspan="4">GB/T 13683</td></tr>
<tr><td rowspan="2">表面处理</td><td colspan="2">不经处理;
氧化;
磷化按 GB/T 11376;
镀锌钝化按 GB/T 5267</td><td colspan="2">简单处理</td></tr>
<tr><td colspan="4">其他表面镀层或表面处理,应由供需双方协议。
所有公差仅适用于涂、镀前的公差</td></tr>
<tr><td>验收及包装</td><td colspan="4">GB/T 90</td></tr>
<tr><td colspan="5">1) 其他材料由供需双方协议;
2) Cr 的使用,可由制造者任选。</td></tr>
</table>

6 标记

6.1 标记方法按 GB/T 1237 规定。

6.2 标记示例

公称直径 $d=6$ mm、公称长度 $l=30$ mm、材料为钢(St)、热处理硬度 420～545HV30、表面氧化处理、卷制、标准型弹性圆柱销的标记:

销　GB/T 879.4　6×30

公称直径 $d=6$ mm、公称长度 $l=30$ mm、材料为奥氏体不锈钢(A)、不经热处理、表面简单处理、卷制、标准型弹性圆柱销的标记:

销　GB/T 879.4　6×30-A

前　　言

本标准等效采用国际标准 ISO 8751:1997《弹性圆柱销　卷制　轻型》。

本标准是国家标准“销”产品系列标准的一部分。该系列包括：

a）开口销:GB/T 91；

b）圆锥销:GB/T 117、GB/T 118、GB/T 877 和 GB/T 881；

c）圆柱销:GB/T 119.1、GB/T 119.2、GB/T 120.1、GB/T 120.2、GB/T 878 和 GB/T 880；

d）销轴:GB/T 882；

e）弹性销:GB/T 879.1、GB/T 879.2、GB/T 879.3、GB/T 879.4 和 GB/T 879.5；

f）槽销:GB/T 13829.1、GB/T 13829.2 和 GB/T 13829.3。

ISO 8751 未规定包装技术要求，本标准予以规定（表 2）。

ISO 8751 未规定简化标记，本标准按 GB/T 1237 的简化原则给出简化的标记示例（6.2 条）。

本标准未采用 ISO 8751 附录 A，其内容已列入引用标准（第 2 章）。

本标准由国家机械工业局提出。

本标准由全国紧固件标准化技术委员会归口。

本标准由机械科学研究院负责，上海弹簧垫圈厂和锡山市兴达标准件厂参加起草。

本标准由全国紧固件标准化技术委员会秘书处负责解释。

ISO 前言

ISO（国际标准化组织）是一个世界性的各国国家标准团体（ISO 成员团体）的联合组织。国际标准的制定工作通常是通过 ISO 各个技术委员会进行的。每个成员团体如对某一技术委员会所进行的项目感兴趣时，也可参加该委员会。与 ISO 有关的政府的和非政府的国际组织也可参加此项工作。ISO 与国际电工委员会（IEC）在电工标准化方面有着密切的联系。

经技术委员会采纳的国际标准草案，分发给所有成员团体进行投票表决。国际标准的正式出版需要至少 75％的成员团体投票赞成。

国际标准 ISO 8751 由 ISO/TC 2 紧固件技术委员会制定。

第二版对第一版（ISO 8751：1987）进行了删改与补充，是技术性修订。

本国际标准的附录 A 是提示的附录。

中华人民共和国国家标准

GB/T 879.5—2000
eqv ISO 8751:1997

弹性圆柱销 卷制 轻型

Spring-type straight pins—Coiled, light duty

1 范围

本标准规定了公称直径 d=1.5～8 mm、材料为钢、奥氏体和马氏体不锈钢、卷制并承受轻载的弹性圆柱销。

注：重型和标准型卷制弹性圆柱销见 GB/T 879.3 和 GB/T 879.4。

2 引用标准

下列标准所包含的条文，通过在本标准中引用而构成为本标准的条文。本标准出版时，所示版本均为有效。所有标准都会被修订，使用本标准的各方应探讨使用下列标准最新版本的可能性。

GB/T 90—1985 紧固件验收检查、标志与包装(eqv ISO 3269:1984)

GB/T 879.3—2000 弹性圆柱销 卷制 重型(eqv ISO 8748:1997)

GB/T 879.4—2000 弹性圆柱销 卷制 标准型(eqv ISO 8750:1997)

GB/T 1237—2000 紧固件标记方法(eqv ISO 8991:1986)

GB/T 5267—1985 螺纹紧固件电镀层

GB/T 11376—1997 金属磷酸盐转化膜(eqv ISO 9717:1990)

GB/T 13683—1992 销 剪切试验方法(eqv ISO 8749:1986)

3 尺寸

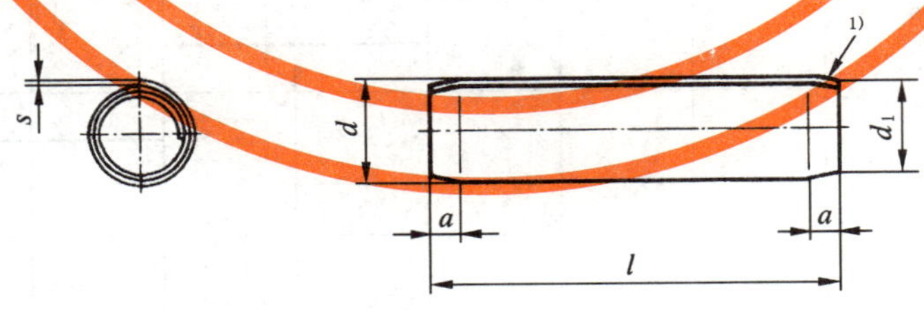

1) 两端挤压倒角。

图 1

国家质量技术监督局 2000-09-26 批准

2001-02-01 实施

表 1 尺寸

mm

d	公称		1.5	2	2.5	3	3.5	4	5	6	8
	装配前	max	1.75	2.28	2.82	3.35	3.87	4.45	5.5	6.55	8.65
		min	1.62	2.13	2.65	3.15	3.67	4.20	5.2	6.25	8.30
d_1	装配前	max	1.4	1.9	2.4	2.9	3.4	3.9	4.85	5.85	7.8
a		≈	0.5	0.7	0.7	0.9	1	1.1	1.3	1.5	2
s			0.08	0.11	0.14	0.17	0.19	0.22	0.28	0.33	0.45
最小剪切载荷 双面剪,kN		1)	0.8	1.5	2.3	3.3	4.5	5.7	9	13	23
		2)	0.65	1.1	1.8	2.5	3.4	4.4	7	10	18
l[3)]											
公称	min	max									
4	3.75	4.25									
5	4.75	5.25									
6	5.75	6.25									
8	7.75	8.25									
10	9.75	10.25									
12	11.5	12.5									
14	13.5	14.5									
16	15.5	16.5		商品							
18	17.5	18.5									
20	19.5	20.5									
22	21.5	22.5				长度					
24	23.5	24.5									
26	25.5	26.5									
28	27.5	28.5						范围			
30	29.5	30.5									
32	31.5	32.5									
35	34.5	35.5									
40	39.5	40.5									
45	44.5	45.5									
50	49.5	50.5									
55	54.25	55.75									
60	59.25	60.75									
65	64.25	65.75									
70	69.25	70.75									
75	74.25	75.75									
80	79.25	80.75									
85	84.25	85.75									
90	89.25	90.75									
95	94.25	95.75									
100	99.25	100.75									
120	119.25	120.75									

1）适用于钢和马氏体不锈钢产品。

2）适用于奥氏体不锈钢产品。

3）公称长度大于 120 mm，按 20 mm 递增。

4 应用

销孔的公称直径应等于弹性销的公称直径($d_{公称}$),公差带为 H12。

5 技术条件和引用标准

表 2 技术条件和引用标准

<table>
<tr><td rowspan="6">材 料[1]</td><td colspan="2">钢</td><td>奥氏体不锈钢</td><td>马氏体不锈钢</td></tr>
<tr><td colspan="2">St</td><td>A</td><td>C</td></tr>
<tr><td colspan="4">化学成分,%</td></tr>
<tr><td>所有直径</td><td>d>12 mm 也可选用</td><td rowspan="3">C≤0.15
Mn≤2.00
Si≤1.50
Cr:16～20
Ni:6～12
P≤0.045
S≤0.03
Mo≤0.8
冷加工</td><td rowspan="3">C≥0.15
Mn≤1.00
Si≤1.00
Cr:11.5～14
Ni≤1.00
P≤0.04
S≤0.03
淬火并回火硬度:
460～560HV30</td></tr>
<tr><td>C≥0.64
Mn≥0.60
Si≥0.15
Cr[2]
P≤0.04
S≤0.05</td><td>C≥0.38
Mn≥0.70
Si≥0.20
Cr≥0.80
V≥0.15
P≤0.035
S≤0.04</td></tr>
<tr><td colspan="2">淬火并回火硬度:420～545HV30</td></tr>
<tr><td>表面缺陷</td><td colspan="4">不允许有不规则的和有害的缺陷。
销的任何部位不得有毛刺</td></tr>
<tr><td>剪切试验</td><td colspan="4">GB/T 13683</td></tr>
<tr><td rowspan="2">表面处理</td><td colspan="2">不经处理;
氧化;
磷化按 GB/T 11376;
镀锌钝化按 GB/T 5267</td><td colspan="2">简单处理</td></tr>
<tr><td colspan="4">其他表面镀层或表面处理,应由供需双方协议。
所有公差仅适用于涂、镀前的公差</td></tr>
<tr><td>验收及包装</td><td colspan="4">GB/T 90</td></tr>
<tr><td colspan="5">1) 其他材料由供需双方协议;
2) Cr 的使用,可由制造者任选。</td></tr>
</table>

6 标记

6.1 标记方法按 GB/T 1237 规定。

6.2 标记示例

公称直径 d=6 mm、公称长度 l=30 mm、材料为钢(St)、热处理硬度 420～545HV30、表面氧化处理、卷制、轻型弹性圆柱销的标记:

销 GB/T 879.5 6×30

公称直径 d=6 mm、公称长度 l=30 mm、材料为奥氏体不锈钢(A)、不经热处理、表面简单处理、卷制、轻型弹性圆柱销的标记:

销 GB/T 879.5 6×30-A

ICS 21.060.10
J 13

中华人民共和国国家标准

GB/T 880—2008
代替 GB/T 880—1986

2008-08-25 发布　　　　2009-02-01 实施

中华人民共和国国家质量监督检验检疫总局
中国国家标准化管理委员会 发布

前　言

本标准是国家标准“销”产品系列标准之一。该系列包括：

a) 开口销：GB/T 91；

b) 圆锥销：GB/T 117、GB/T 118、GB/T 877 和 GB/T 881；

c) 圆柱销：GB/T 119.1、GB/T 119.2、GB/T 120.1、GB/T 120.2 和 GB/T 878；

d) 销轴：GB/T 880 和 GB/T 882；

e) 弹性销：GB/T 879.1、GB/T 879.2、GB/T 879.3、GB/T 879.4 和 GB/T 879.5；

f) 槽销：GB/T 13829.1、GB/T 13829.2、GB/T 13829.3、GB/T 13829.4、GB/T 13829.5、GB/T 13829.6、GB/T 13829.7、GB/T 13829.8 和 GB/T 13829.9。

本标准修改采用 ISO 2340:1986《无头销轴》(英文版)，主要修改如下：

——在引用文件中，用我国标准代替国际标准(第 2 章)；

——ISO 2340 未规定包装技术要求，本标准予以规定(见表 2)；

——ISO 2340 未规定简化标记，本标准按 GB/T 1237 给出简化的标记(见 5.2)。

本标准代替 GB/T 880—1986《带孔销》。

本标准与 GB/T 880—1986 相比主要变化如下：

——标准(产品)名称改为“无头销轴”；

——规定两种型式，A 型“无开口销孔”，B 型“带开口销孔”(见图 1)；

——增加：用于铁路和开口销承受交变横向力的场合，推荐采用表 1 规定的下一档较大的开口销及相应的孔径(见图 1)；

——增加公称直径规格：24 mm、27 mm、30 mm、33 mm、36 mm、40 mm、45 mm、50 mm、55 mm、60 mm、70 mm、80 mm、90 mm 和 100 mm，取消公称直径规格：25 mm(见表 1)；

——对公称直径增加由供需双方协议可采用的公差为：a11、c11 和 f8 等；

——由表 2 代替引用 GB/T 121《销　技术条件》的规定；

——不规定材料牌号，仅规定材料类别及硬度(见表 2)。

本标准由中国机械工业联合会提出。

本标准由全国紧固件标准化技术委员会(SAC/TC 85)归口。

本标准负责起草单位：中机生产力促进中心。

本标准参加起草单位：浙江高强度紧固件厂。

本标准由全国紧固件标准化技术委员会秘书处负责解释。

本标准所代替标准的历次版本发布情况为：

——GB 880—67、GB 880—76、GB 880—86。

无 头 销 轴

1 范围

本标准规定了公称直径 d=3 mm～100 mm 的无头销轴。

2 规范性引用文件

下列文件中的条款通过本标准的引用而成为本标准的条款。凡是注日期的引用文件，其随后所有的修改单(不包括勘误的内容)或修订版均不适用于本标准，然而，鼓励根据本标准达成协议的各方研究是否可使用这些文件的最新版本。凡是不注日期的引用文件，其最新版本适用于本标准。

GB/T 90.1 紧固件 验收检查(GB/T 90.1—2002,idt ISO 3269:2000)

GB/T 90.2 紧固件 标志与包装

GB/T 91 开口销(GB/T 91—2000,eqv ISO 1234:1997)

GB/T 1237 紧固件标记方法(GB/T 1237—2000,eqv ISO 8991:1986)

GB/T 5267.1 紧固件 电镀层(GB/T 5267.1—2002,idt ISO 4042:1999)

GB/T 11376 金属的磷酸盐转化膜(GB/T 11376—1997,eqv ISO 9717:1990)

3 尺寸

无头销轴型式尺寸见图 1 和表 1。

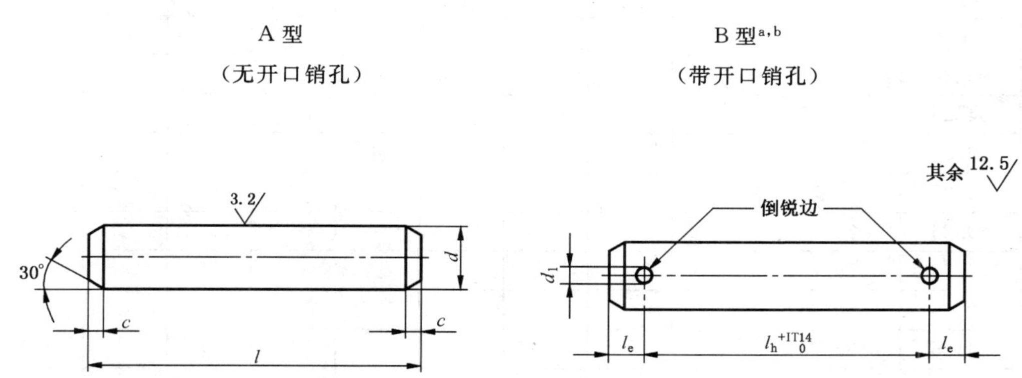

注：用于铁路和开口销承受交变横向力的场合，推荐采用表 1 规定的下一档较大的开口销及相应的孔径。

a 其余尺寸、角度和表面粗糙度值见 A 型。

b 某些情况下，不能按 $l-l_e$ 计算 l_h 尺寸，所需要的尺寸应在标记(见第 5 章)中注明，但不允许 l_e 尺寸小于表 1 规定的数值。

图 1

表 1

单位为毫米

d		h11[a]	3	4	5	6	8	10	12	14	16	18
d_1		H13[b]	0.8	1	1.2	1.6	2	3.2	3.2	4	4	5
c		max	1	1	2	2	2	2	3	3	3	3
l_e		min	1.6	2.2	2.9	3.2	3.5	4.5	5.5	6	6	7
l[c]												
公称	min	max										
6	5.75	6.25										
8	7.75	8.25										
10	9.75	10.25										
12	11.5	12.5										
14	13.5	14.5										
16	15.5	16.5										
18	17.5	18.5		商								
20	19.5	20.5										
22	21.5	22.5										
24	23.5	24.5										
26	25.5	26.5										
28	27.5	28.5			品							
30	29.5	30.5										
32	31.5	32.5										
35	34.5	35.5										
40	39.5	40.5				长						
45	44.5	45.5										
50	49.5	50.5										
55	54.25	55.75										
60	59.25	60.75					度					
65	64.25	65.75										
70	69.25	70.75										
75	74.25	75.75										
80	79.25	80.75										
85	84.25	85.75							范			
90	89.25	90.75										
95	94.25	95.75										
100	99.25	100.75										
120	119.25	120.75										
140	139.25	140.75									围	
160	159.25	160.75										
180	179.25	180.75										
200	199.25	200.75										

表 1（续） 单位为毫米

d		h11[a]	20	22	24	27	30	33	36	40
d_1		H13[b]	5	5	6.3	6.3	8	8	8	8
c		max	4	4	4	4	4	4	4	4
l_e		min	8	8	9	9	10	10	10	10
l[c]										
公称	min	max								
40	39.5	40.5								
45	44.5	45.5								
50	49.5	50.5	商							
55	54.25	55.75								
60	59.25	60.75		品						
65	64.25	65.75								
70	69.25	70.75			长					
75	74.25	75.75								
80	79.25	80.75				度				
85	84.25	85.75								
90	89.25	90.75					范			
95	94.25	95.75								
100	99.25	100.75								
120	119.25	120.75						围		
140	139.25	140.75								
160	159.25	160.75								
180	179.25	180.75								
200	199.25	200.75								

表 1（续）　　单位为毫米

d	h11[a]		45	50	55	60	70	80	90	100
d_1	H13[b]		10	10	10	10	13	13	13	13
c	max		4	4	6	6	6	6	6	6
l_e	min		12	12	14	14	16	16	16	16
l[c]										
公称	min	max								
90	89.25	90.75								
95	94.25	95.75								
100	99.25	100.75		商						
120	119.25	120.75			品					
140	139.25	140.75				长				
160	159.25	160.75					度			
180	179.25	180.75						范		
200	199.25	200.75							围	

a 其他公差，如 a11、c11、f8 应由供需双方协议。

b 孔径 d_1 等于开口销的公称规格（见 GB/T 91）。

c 公称长度大于 200 mm，按 20 mm 递增。

4　技术条件和引用标准

技术条件和引用标准见表 2。

表 2

材　料	钢：易切钢；硬度：125 HV～245 HV； 其他材料由供需双方协议
表面质量	零件质量应均匀一致，而不允许有不规则的或有害的缺陷； 销的任何部位不得有毛刺
表面处理	氧化； 磷化（按 GB/T 11376）； 镀锌铬酸盐转化膜（按 GB/T 5267.1）； 其他表面镀层或表面处理应由供需双方协议； 所有公差仅适用于涂、镀前的公差
验收及包装	GB/T 90.1、GB/T 90.2

5　标记

5.1　标记方法

标记方法按 GB/T 1237 规定。

5.2　标记示例

公称直径 d=20 mm、长度 l=100 mm、由易切钢制造的硬度为 125 HV～245 HV、表面氧化处理的 B 型无头销轴的标记：

销　GB/T 880　20×100

开口销孔为 6.3 mm，其余要求与上述示例相同的无头销轴的标记：

销　GB/T 880　20×100×6.3

孔距 l_h＝80 mm、开口销孔为 6.3 mm，其余要求与上述示例相同的无头销轴的标记：

销　GB/T 880　20×100×6.3×80

孔距 l_h＝80 mm，其余要求与上述示例相同的无头销轴的标记：

销　GB/T 880　20×100×80

前 言

本标准等效采用国际标准 ISO 8737:1986《外螺纹圆锥销 不淬硬》。

本标准是国家标准“销”产品系列标准的一部分。该系列包括:

a) 开口销:GB/T 91;

b) 圆锥销:GB/T 117、GB/T 118、GB/T 877 和 GB/T 881;

c) 圆柱销:GB/T 119.1、GB/T 119.2、GB/T 120.1、GB/T 120.2、GB/T 878 和 GB/T 880;

d) 销轴:GB/T 882;

e) 弹性销:GB/T 879.1、GB/T 879.2、GB/T 879.3、GB/T 879.4 和 GB/T 879.5;

f) 槽销:GB/T 13829.1、GB/T 13829.2 和 GB/T 13829.3。

ISO 8737 仅规定易切钢,本标准予以全面规定(表 2)。

ISO 8737 仅对锥度规定用光学比较器检验,本标准规定锥度公差及检验方法按 GB/T 11334 由双方协议(表 2)。

ISO 8737 未规定包装技术要求,本标准予以规定(表 2)。

ISO 8737 未规定简化标记,本标准按 GB/T 1237 的简化原则给出简化的标记示例(5.2 条)。

本标准是 GB/T 881—1986 的修订本,主要修改如下:

a) 增加其他公差由供需双方协议(表 1);

b) 增加公称长度 l 大于 400 mm,按 40 mm 递增的规定(表 1);

c) 外螺纹精度改为 6 g 级;

d) 增加材料 Y12、Y15(表 2);

e) 对钢销增加不经表面处理和磷化处理(表 2);

f) 明确规定:所有公差仅适用于涂、镀前的公差(表 2)。

本标准自实施之日起,代替 GB/T 881—1986。

本标准由国家机械工业局提出。

本标准由全国紧固件标准化技术委员会归口。

本标准由机械科学研究院负责,北京标准件工业集团公司参加起草。

本标准由全国紧固件标准化技术委员会秘书处负责解释。

ISO 前言

ISO(国际标准化组织)是一个世界性的各国国家标准团体(ISO 成员团体)的联合组织。国际标准的制定工作通常是通过 ISO 各个技术委员会进行的。每个成员团体如对某一技术委员会所进行的项目感兴趣时,也可参加该委员会。与 ISO 有关的政府的和非政府的国际组织也可参加此项工作。ISO 与国际电工委员会(IEC)在电工标准化方面有着密切的联系。

经技术委员会采纳的国际标准草案,分发给所有成员团体进行投票表决。国际标准的正式出版需要至少 75%的成员团体投票赞成。

国际标准 ISO 8737 由 ISO/TC 2 紧固件技术委员会制定。

使用者必须注意,所有国际标准时常进行修订,而这里所引用的任何其他的国际标准均应能确认为最新版本,除非另作说明。

中华人民共和国国家标准

GB/T 881—2000
eqv ISO 8737:1986
代替 GB/T 881—1986

螺尾锥销

Taper pins with external thread

1 范围

本标准规定了公称直径 d_1=5～50 mm、公差为h10、材料为易切钢等的螺尾锥销。

2 引用标准

下列标准所包含的条文，通过在本标准中引用而构成为本标准的条文。本标准出版时，所示版本均为有效。所有标准都会被修订，使用本标准的各方应探讨使用下列标准最新版本的可能性。

GB/T 90—1985 紧固件验收检查、标志与包装(eqv ISO 3269:1984)

GB/T 197—1981 普通螺纹 公差与配合(直径 1～355 mm)

GB/T 699—1999 优质碳素结构钢(neq ISO 693-1:1987)

GB/T 1220—1992 不锈钢棒

GB/T 1237—2000 紧固件标记方法(eqv ISO 8991:1986)

GB/T 3077—1999 合金结构钢

GB/T 5267—1985 螺纹紧固件电镀层

GB/T 8731—1988 易切削结构钢 技术条件

GB/T 11334—1989 圆锥公差(eqv ISO 1947:1973)

GB/T 11376—1997 金属磷酸盐转化膜(eqv ISO 9717:1990)

3 尺寸

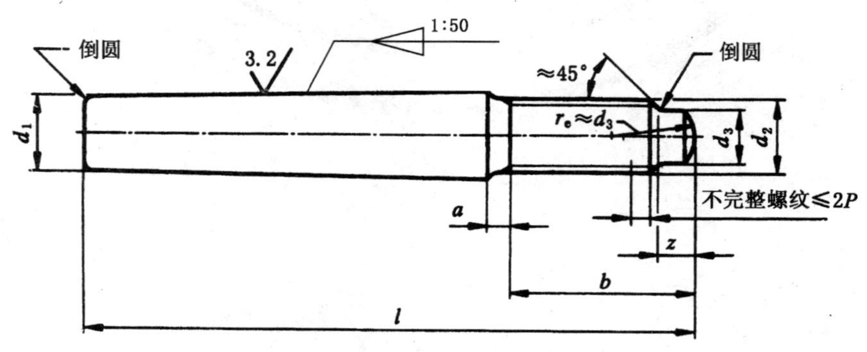

图 1

国家质量技术监督局 2000-09-26 批准

2001-02-01 实施

表 1 尺寸

mm

d_1		h10[1)]	5	6	8	10	12	16	20	25	30	40	50
a		max	2.4	3	4	4.5	5.3	6	6	7.5	9	10.5	12
b		max	15.6	20	24.5	27	30.5	39	39	45	52	65	78
		min	14	18	22	24	27	35	35	40	46	58	70
d_2			M5	M6	M8	M10	M12	M16	M16	M20	M24	M30	M36
P[2)]			0.8	1	1.25	1.5	1.75	2	2	2.5	3	3.5	4
d_3		max	3.5	4	5.5	7	8.5	12	12	15	18	23	28
		min	3.25	3.7	5.2	6.6	8.1	11.5	11.5	14.5	17.5	22.5	27.5
z		max	1.5	1.75	2.25	2.75	3.25	4.3	4.3	5.3	6.3	7.5	9.4
		min	1.25	1.5	2	2.5	3	4	4	5	6	7	9
l[3)]													
公称	min	max											
40	39.5	40.5											
45	44.5	45.5											
50	49.5	50.5											
55	54.25	55.75											
60	59.25	60.75											
65	64.25	65.75											
75	74.25	75.75											
85	84.25	85.75				商品							
100	99.25	100.75											
120	119.25	120.75											
140	139.25	140.75						长度					
160	159.25	160.75											
190	189.25	190.75											
220	219	221									范围		
250	249	251											
280	279	281											
320	319	321											
360	359	361											
400	399	401											

1) 其他公差由供需双方协议。

2) P——螺距。

3) 公称长度大于 400 mm，按 40 mm 递增。

4 技术条件和引用标准

表 2 技术条件和引用标准

<table>
<tr><td>螺 纹</td><td colspan="2">6g(GB/T 197)</td></tr>
<tr><td rowspan="2">材 料</td><td>钢</td><td>不锈钢</td></tr>
<tr><td>易切钢:Y12、Y15(GB/T 8731)
碳素钢:35、45(GB/T 699)
35,28～38 HRC(GB/T 699)
45,38～41 HRC(GB/T 699)
合金钢:30CrMnSiA,35～41 HRC
(GB/T 3077)</td><td>1Cr13、2Cr13(GB/T 1220)
Cr17Ni2(GB/T 1220)
0Cr18Ni9Ti(GB/T 1220)</td></tr>
<tr><td>锥 度</td><td colspan="2">锥度公差及检验方法按 GB/T 11334 由供需双方协议</td></tr>
<tr><td>表面缺陷</td><td colspan="2">不允许有不规则的和有害的缺陷。
销的任何部位不得有毛刺</td></tr>
<tr><td rowspan="2">表面处理</td><td>不经处理;
氧化;
磷化按 GB/T 11376;
镀锌钝化按 GB/T 5276</td><td>简单处理</td></tr>
<tr><td colspan="2">其他表面镀层或表面处理,应由供需双方协议。
所有公差仅适用于涂、镀前的公差</td></tr>
<tr><td>验收及包装</td><td colspan="2">GB/T 90</td></tr>
</table>

5 标记

5.1 标记方法按 GB/T 1237 规定。

5.2 标记示例

公称直径 d_1=6 mm、公称长度 l=50 mm、材料为 Y12 或 Y15、不经热处理、不经表面处理的螺尾锥销的标记:

销 GB/T 881 6×50

ICS 21.060.10
J 13

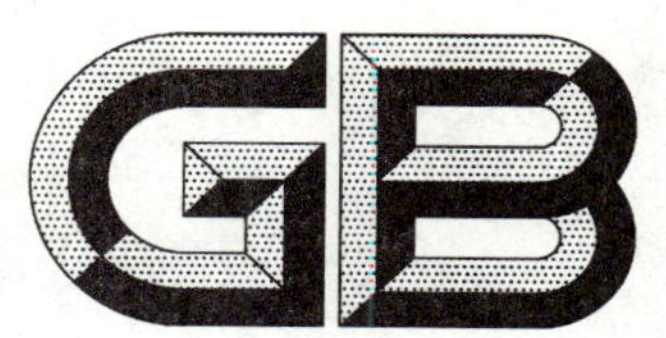

中华人民共和国国家标准

GB/T 882—2008
代替 GB/T 882—1986

销 轴

Clevis pin with head

(ISO 2341:1986,MOD)

2008-08-25 发布 2009-02-01 实施

中华人民共和国国家质量监督检验检疫总局
中国国家标准化管理委员会 发布

前　言

本标准是国家标准“销”产品系列标准之一。该系列包括：

a）开口销：GB/T 91；

b）圆锥销：GB/T 117、GB/T 118、GB/T 877 和 GB/T 881；

c）圆柱销：GB/T 119.1、GB/T 119.2、GB/T 120.1、GB/T 120.2 和 GB/T 878；

d）销轴：GB/T 880 和 GB/T 882；

e）弹性销：GB/T 879.1、GB/T 879.2、GB/T 879.3、GB/T 879.4 和 GB/T 879.5；

f）槽销：GB/T 13829.1、GB/T 13829.2、GB/T 13829.3、GB/T 13829.4、GB/T 13829.5、GB/T 13829.6、GB/T 13829.7、GB/T 13829.8 和 GB/T 13829.9。

本标准修改采用 ISO 2341:1986《销轴》（英文版），主要修改如下：

——在引用文件中，用我国标准代替国际标准（第 2 章）；

——ISO 2341 未规定包装技术要求，本标准予以规定（见表 2）；

——ISO 2341 未规定简化标记，本标准按 GB/T 1237 给出简化的标记（见 5.2）。

本标准代替 GB/T 882—1986《销轴》。

本标准与 GB/T 882—1986 相比主要变化如下：

——修改了头部型式，将原“允许制造的型式”改为规定型式（见图 1）；

——增加：用于铁路和开口销承受交变横向力的场合，推荐采用表 1 规定的下一档较大的开口销及相应的孔径（见图 1）；

——增加公称直径规格：70 mm、80 mm、90 mm 和 100 mm（见表 1）；

——对公称直径增加由供需双方协议可采用的公差为：a11、c11 和 f8 等；

——由表 2 代替引用 GB/T 121《销　技术条件》的规定；

——不规定材料牌号，仅规定材料类别及硬度（见表 2）。

本标准由中国机械工业联合会提出。

本标准由全国紧固件标准化技术委员会（SAC/TC 85）归口。

本标准负责起草单位：中机生产力促进中心。

本标准参加起草单位：浙江高强度紧固件厂。

本标准由全国紧固件标准化技术委员会秘书处负责解释。

本标准所代替标准的历次版本发布情况为：

——GB 882—67、GB 882—76、GB/T 882—1986。

销　　轴

1　范围

本标准规定了公称直径 d=3 mm～100 mm 的销轴。

2　规范性引用文件

下列文件中的条款通过本标准的引用而成为本标准的条款。凡是注日期的引用文件，其随后所有的修改单(不包括勘误的内容)或修订版均不适用于本标准，然而，鼓励根据本标准达成协议的各方研究是否可使用这些文件的最新版本。凡是不注日期的引用文件，其最新版本适用于本标准。

GB/T 90.1　紧固件　验收检查(GB/T 90.1—2002,idt ISO 3269:2000)

GB/T 90.2　紧固件　标志与包装

GB/T 91　开口销(GB/T 91—2000,eqv ISO 1234:1997)

GB/T 1237　紧固件标记方法(GB/T 1237—2000,eqv ISO 8991:1986)

GB/T 5267.1　紧固件　电镀层(GB/T 5267.1—2002,idt ISO 4042:1999)

GB/T 11376　金属的磷酸盐转化膜(GB/T 11376—1997,eqv ISO 9717:1990)

3　尺寸

销轴型式尺寸见图 1 和表 1。

A 型
(无开口销孔)

B 型[a,b]
(带开口销孔)

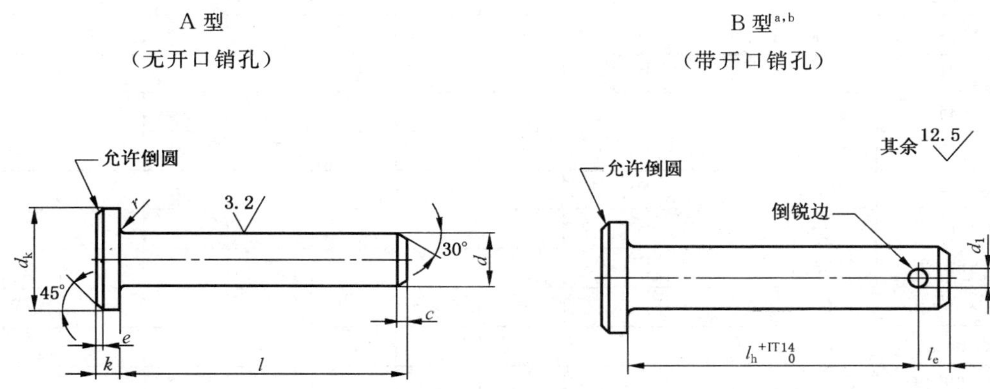

注：用于铁路和开口销承受交变横向力的场合，推荐采用表 1 规定的下一档较大的开口销及相应的孔径。

a　其余尺寸、角度和表面粗糙度值见 A 型。

b　某些情况下，不能按 $l-l_e$ 计算 l_h 尺寸，所需要的尺寸应在标记(见第 5 章)中注明，但不允许 l_e 尺寸小于表 1 规定的数值。

图 1

表 1 单位为毫米

d		h11[a]	3	4	5	6	8	10	12	14	16	18
d_k		h14	5	6	8	10	14	18	20	22	25	28
d_1		H13 [b]	0.8	1	1.2	1.6	2	3.2	3.2	4	4	5
c		max	1	1	2	2	2	2	3	3	3	3
e		≈	0.5	0.5	1	1	1	1	1.6	1.6	1.6	1.6
k		js14	1	1	1.6	2	3	4	4	4	4.5	5
l_e		min	1.6	2.2	2.9	3.2	3.5	4.5	5.5	6	6	7
r			0.6	0.6	0.6	0.6	0.6	0.6	0.6	0.6	0.6	1
l[c]												
公称	min	max										
6	5.75	6.25										
8	7.75	8.25										
10	9.75	10.25										
12	11.5	12.5										
14	13.5	14.5										
16	15.5	16.5		商								
18	17.5	18.5										
20	19.5	20.5										
22	21.5	22.5										
24	23.5	24.5				品						
26	25.5	26.5										
28	27.5	28.5										
30	29.5	30.5										
32	31.5	32.5					长					
35	34.5	35.5										
40	39.5	40.5										
45	44.5	45.5										
50	49.5	50.5										
55	54.25	55.75						度				
60	59.25	60.75										
65	64.25	65.75										
70	69.25	70.75										
75	74.25	75.75							范			
80	79.25	80.75										
85	84.25	85.75										
90	89.25	90.75										
95	94.25	95.75										
100	99.25	100.75									围	
120	119.25	120.75										
140	139.25	140.75										
160	159.25	160.75										
180	179.25	180.75										
200	199.25	200.75										

表 1（续）

单位为毫米

d	h11[a]		20	22	24	27	30	33	36	40
d_k	h14		30	33	36	40	44	47	50	55
d_1	H13[b]		5	5	6.3	6.3	8	8	8	8
c	max		4	4	4	4	4	4	4	4
e	≈		2	2	2	2	2	2	2	2
k	js14		5	5.5	6	6	8	8	8	8
l_e	min		8	8	9	9	10	10	10	10
r			1	1	1	1	1	1	1	1
l[c]										
公称	min	max								
40	39.5	40.5								
45	44.5	45.5								
50	49.5	50.5								
55	54.25	55.75		商						
60	59.25	60.75								
65	64.25	65.75			品					
70	69.25	70.75								
75	74.25	75.75				长				
80	79.25	80.75								
85	84.25	85.75					度			
90	89.25	90.75								
95	94.25	95.75								
100	99.25	100.75						范		
120	119.25	120.75								
140	139.25	140.75								
160	159.25	160.75							围	
180	179.25	180.75								
200	199.25	200.75								

表 1（续）

单位为毫米

d	h11[a]		45	50	55	60	70	80	90	100
d_k	h14		60	66	72	78	90	100	110	120
d_1	H13[b]		10	10	10	10	13	13	13	13
c	max		4	4	6	6	6	6	6	6
e	≈		2	2	3	3	3	3	3	3
k	js14		9	9	11	12	13	13	13	13
l_e	min		12	12	14	14	16	16	16	16
r			1	1	1	1	1	1	1	1
l[c]										
公称	min	max								
90	89.25	90.75								
95	94.25	95.75	商							
100	99.25	100.75								
120	119.25	120.75		品						
140	139.25	140.75			长					
160	159.25	160.75				度				
180	179.25	180.75					范			
200	199.25	200.75						围		

[a] 其他公差，如 a11、c11、f8 应由供需双方协议。

[b] 孔径 d_1 等于开口销的公称规格（见 GB/T 91）。

[c] 公称长度大于 200 mm，按 20 mm 递增。

4　技术条件和引用标准

技术条件和引用标准见表 2。

表 2

材　料	钢：易切钢或冷镦钢；硬度：125 HV～245 HV； 其他材料由供需双方协议
表面质量	零件质量应均匀一致，而不允许有不规则的或有害的缺陷； 销的任何部位不得有毛刺
表面处理	氧化； 磷化（按 GB/T 11376）； 镀锌铬酸盐转化膜（按 GB/T 5267.1）； 其他表面镀层或表面处理应由供需双方协议； 所有公差仅适用于涂、镀前的公差
验收及包装	GB/T 90.1、GB/T 90.2

5 标记

5.1 标记方法

标记方法按 GB/T 1237 规定。

5.2 标记示例

公称直径 d=20 mm、长度 l=100 mm、由钢制造的硬度为 125 HV～245 HV、表面氧化处理的 B 型销轴的标记：

销 GB/T 882 20×100

开口销孔为 6.3 mm，其余要求与上述示例相同的销轴的标记：

销 GB/T 882 20×100×6.3

孔距 l_h=80 mm、开口销孔为 6.3 mm，其余要求与上述示例相同的销轴的标记：

销 GB/T 882 20×100×6.3×80

孔距 l_h=80 mm，其余要求与上述示例相同的销轴的标记：

销 GB/T 882 20×100×80

ICS 21.060.50
J 13

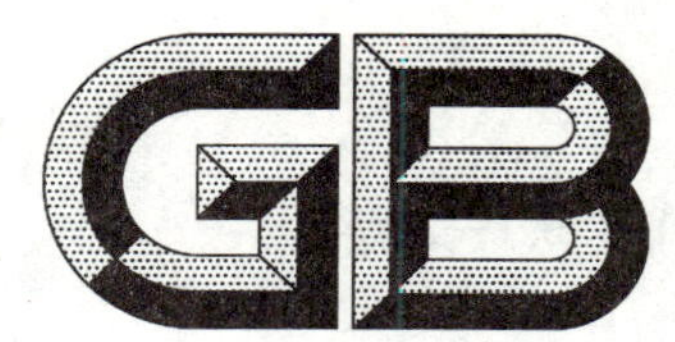

中华人民共和国国家标准

GB/T 13829.1—2004
代替 GB/T 13829.1—1992 A型

槽销　带导杆及全长平行沟槽

Grooved pins—Full-length parallel grooved, with pilot

(ISO 8739:1997, MOD)

2004-02-10 发布　　2004-08-01 实施

中华人民共和国国家质量监督检验检疫总局
中国国家标准化管理委员会　发布

前 言

本部分是国家标准“槽销”产品系列标准之一。该系列包括：

a） GB/T 13829.1—2004 槽销 带导杆及全长平行沟槽；

b） GB/T 13829.2—2004 槽销 带倒角及全长平行沟槽；

c） GB/T 13829.3—2004 槽销 中部槽长为1/3全长；

d） GB/T 13829.4—2004 槽销 中部槽长为1/2全长；

e） GB/T 13829.5—2004 槽销 全长锥槽；

f） GB/T 13829.6—2004 槽销 半长锥槽；

g） GB/T 13829.7—2004 槽销 半长倒锥槽；

h） GB/T 13829.8—2004 圆头槽销；

i） GB/T 13829.9—2004 沉头槽销。

本部分是GB/T 13829的第1部分。

本部分修改采用ISO 8739：1997《槽销 全长平行沟槽、带导杆》（英文版），主要修改如下：

——ISO 8739未规定包装技术要求，本部分予以规定（见表2）；

——ISO 8739未规定简化标记，本部分按GB/T 1237的简化原则给出简化的标记示例（见6.2）。

本部分代替GB/T 13829.1—1992《槽销 平行沟槽》中的A型。

本部分与GB/T 13829.1—1992 A型相比主要变化如下：

——改为一个独立标准；

——全面调整了槽销长度尺寸公差（见表1）；

——不规定碳钢的材料牌号，并增加不锈钢材料及其硬度（见表2）；

——增加磷化处理，并对镀锌钝化及磷化处理规定了技术要求（见表2）。

本部分由中国机械工业联合会提出。

本部分由全国紧固件标准化技术委员会（SAC/TC 85）归口。

本部分由机械科学研究院负责起草。

本部分所代替标准的历次版本发布情况为：

——GB/T 13829.1—1992 A型。

槽销　带导杆及全长平行沟槽

1　范围

本部分规定了公称直径 d_1 为 1.5～25 mm、由碳钢或奥氏体不锈钢制造的、在销表面有三个互成 120°纵向沟槽，并有便于导入的带导杆及全长平行沟槽的槽销。

扩展直径 d_2 由沟槽每边挤出的材料形成，且 d_2 大于 d_1。当槽销压入直径等于公称直径 d_1 的钻孔时，形成局部锁紧配合(见第 4 章)。

2　规范性引用文件

下列文件中的条款通过 GB/T 13829 的本部分的引用而成为本部分的条款。凡是注日期的引用文件，其随后所有的修改单(不包括勘误的内容)或修订版均不适用于本部分，然而，鼓励根据本部分达成协议的各方研究是否可使用这些文件的最新版本。凡是不注日期的引用文件，其最新版本适用于本部分。

GB/T 90.1　紧固件　验收检查(GB/T 90.1—2002，idt ISO 3269:2000)

GB/T 90.2　紧固件　标志与包装

GB/T 1237　紧固件标记方法(GB/T 1237—2000，eqv ISO 8991:1986)

GB/T 3098.6　紧固件机械性能　不锈钢螺栓、螺钉和螺柱(GB/T 3098.6—2000，idt ISO 3506-1:1997)

GB/T 5267.1　紧固件　电镀层(GB/T 5267.1—2002，ISO 4042:1999，IDT)

GB/T 11376　金属的磷酸盐转化膜(GB/T 11376—1997，eqv ISO 9717:1990)

GB/T 13683　销　剪切试验方法(GB/T 13683—1992，eqv ISO 8749:1986)

3　尺寸

销的型式和尺寸见图 1 和表 1。

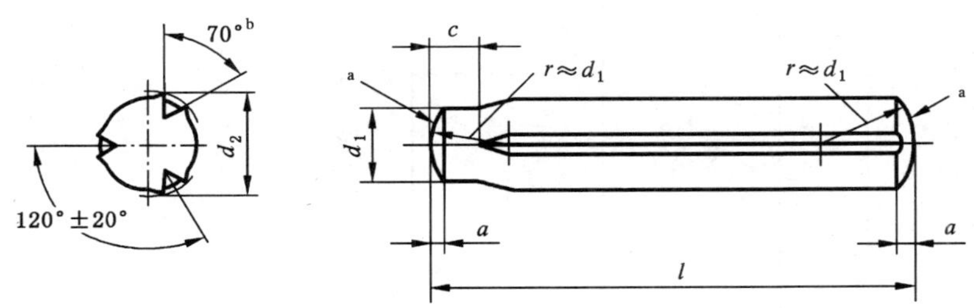

a　允许制成倒角端。

b　70°槽角仅适用于第 5 章给出的由碳钢制造的槽销。槽角应按材料的弹性进行修正。

图 1

表 1 尺寸

单位为毫米

<table>
<tr><td rowspan="2">d_1</td><td colspan="2">公称</td><td>1.5</td><td>2</td><td>2.5</td><td>3</td><td>4</td><td>5</td><td>6</td><td>8</td><td>10</td><td>12</td><td>16</td><td>20</td><td>25</td></tr>
<tr><td colspan="2">公差</td><td colspan="4">h9</td><td colspan="9">h11</td></tr>
<tr><td rowspan="2">c</td><td colspan="2">max</td><td>2</td><td>2</td><td>2.5</td><td>2.5</td><td>3</td><td>3</td><td>4</td><td>4</td><td>5</td><td>5</td><td>5</td><td>7</td><td>7</td></tr>
<tr><td colspan="2">min</td><td>1</td><td>1</td><td>1.5</td><td>1.5</td><td>2</td><td>2</td><td>3</td><td>3</td><td>4</td><td>4</td><td>4</td><td>6</td><td>6</td></tr>
<tr><td colspan="3">a ≈</td><td>0.2</td><td>0.25</td><td>0.3</td><td>0.4</td><td>0.5</td><td>0.63</td><td>0.8</td><td>1</td><td>1.2</td><td>1.6</td><td>2</td><td>2.5</td><td>3</td></tr>
<tr><td colspan="3">最小剪切载荷/kN 双面剪[a]</td><td>1.6</td><td>2.84</td><td>4.4</td><td>6.4</td><td>11.3</td><td>17.6</td><td>25.4</td><td>45.2</td><td>70.4</td><td>101.8</td><td>181</td><td>283</td><td>444</td></tr>
<tr><td colspan="3">l[b]</td><td colspan="13">扩展直径 d_2[c,d]</td></tr>
<tr><td>公称</td><td>min</td><td>max</td><td colspan="2">+0.05
0</td><td colspan="7">±0.05</td><td colspan="4">±0.1</td></tr>
<tr><td>8</td><td>7.75</td><td>8.25</td><td rowspan="7">1.6</td><td rowspan="12">2.15</td><td></td><td></td><td></td><td></td><td></td><td></td><td></td><td></td><td></td><td></td><td></td></tr>
<tr><td>10</td><td>9.75</td><td>10.25</td><td rowspan="11">2.65</td><td rowspan="14">3.2</td><td rowspan="18">4.25</td><td></td><td></td><td></td><td></td><td></td><td></td><td></td><td></td></tr>
<tr><td>12</td><td>11.5</td><td>12.5</td><td></td><td></td><td></td><td></td><td></td><td></td><td></td><td></td></tr>
<tr><td>14</td><td>13.5</td><td>14.5</td><td rowspan="16">5.25</td><td rowspan="20">6.3</td><td rowspan="24">8.3</td><td rowspan="24">10.35</td><td></td><td></td><td></td><td></td></tr>
<tr><td>16</td><td>15.5</td><td>16.5</td><td></td><td></td><td></td><td></td></tr>
<tr><td>18</td><td>17.5</td><td>18.5</td><td rowspan="22">12.35</td><td></td><td></td><td></td></tr>
<tr><td>20</td><td>19.5</td><td>20.5</td><td></td><td></td><td></td></tr>
<tr><td>22</td><td>21.5</td><td>22.5</td><td></td><td rowspan="20">16.4</td><td></td><td></td></tr>
<tr><td>24</td><td>23.5</td><td>24.5</td><td></td><td></td><td></td></tr>
<tr><td>26</td><td>25.5</td><td>26.5</td><td></td><td rowspan="18">20.5</td><td rowspan="18">25.5</td></tr>
<tr><td>28</td><td>27.5</td><td>28.5</td><td></td></tr>
<tr><td>30</td><td>29.5</td><td>30.5</td><td></td></tr>
<tr><td>32</td><td>31.5</td><td>32.5</td><td></td><td></td><td></td></tr>
<tr><td>35</td><td>34.5</td><td>35.5</td><td></td><td></td><td></td></tr>
<tr><td>40</td><td>39.5</td><td>40.5</td><td></td><td></td><td></td></tr>
<tr><td>45</td><td>44.5</td><td>45.5</td><td></td><td></td><td></td><td></td></tr>
<tr><td>50</td><td>49.5</td><td>50.5</td><td></td><td></td><td></td><td></td></tr>
<tr><td>55</td><td>54.25</td><td>55.75</td><td></td><td></td><td></td><td></td></tr>
<tr><td>60</td><td>59.25</td><td>60.75</td><td></td><td></td><td></td><td></td></tr>
<tr><td>65</td><td>64.25</td><td>65.75</td><td></td><td></td><td></td><td></td><td></td><td></td></tr>
<tr><td>70</td><td>69.25</td><td>70.75</td><td></td><td></td><td></td><td></td><td></td><td></td></tr>
<tr><td>75</td><td>74.25</td><td>75.75</td><td></td><td></td><td></td><td></td><td></td><td></td></tr>
<tr><td>80</td><td>79.25</td><td>80.75</td><td></td><td></td><td></td><td></td><td></td><td></td></tr>
<tr><td>85</td><td>84.25</td><td>85.75</td><td></td><td></td><td></td><td></td><td></td><td></td><td></td></tr>
<tr><td>90</td><td>89.25</td><td>90.75</td><td></td><td></td><td></td><td></td><td></td><td></td><td></td></tr>
<tr><td>95</td><td>94.25</td><td>95.75</td><td></td><td></td><td></td><td></td><td></td><td></td><td></td></tr>
<tr><td>100</td><td>99.25</td><td>100.75</td><td></td><td></td><td></td><td></td><td></td><td></td><td></td></tr>
</table>

a 仅适用于第 5 章给出的由碳钢制造的槽销。

b 阶梯实线间为商品长度规格范围。

c 扩展直径 d_2 仅适用于第 5 章给出的由碳钢制造的槽销。对其他材料，如不锈钢，则应从给出的数值中减去一定的数量，并应经供需双方协议。

d 对 d_2 应使用光滑通、止环规进行检验。

4 应用

槽销孔的直径应等于槽销的公称直径 d_1，其公差为 H11 级。

5 技术条件和引用标准

技术条件和引用标准见表 2。

表 2 技术条件和引用标准

材 料[a]	碳 钢	奥氏体不锈钢
	硬度：125～245 HV30	A1(GB/T 3098.6) 硬度：210～280 HV30
槽	槽的形状由制造者任选	
表面处理	不经处理； 氧化； 镀锌钝化按 GB/T 5267.1； 磷化按 GB/T 11376； 其他表面镀层由供需双方协议； 所有公差仅适用于涂、镀前的公差	简单处理
表面缺陷	不允许有不规则或有害的缺陷	
剪切强度试验	GB/T 13683	
验收及包装	GB/T 90.1、GB/T 90.2	

a 其他材料由供需双方协议。

6 标记

6.1 标记方法按 GB/T 1237 规定。

6.2 标记示例

公称直径 d_1=6 mm、公称长度 l=50 mm、材料为碳钢、硬度为 125～245 HV30、不经表面处理的带导杆及全长沟槽的槽销的标记：

销 GB/T 13829.1 6×50

公称直径 d_1=6 mm、公称长度 l=50 mm、材料为 A1 组奥氏体不锈钢、硬度为 210～280 HV30、表面简单处理的带导杆及全长沟槽的槽销的标记：

销 GB/T 13829.1 6×50-A1

铆　钉

中华人民共和国国家标准

UDC 621.884

标　　牌　　铆　　钉

GB 827－86

Rivets for name plate

代替 GB 827—76

1　主题内容

本标准规定了公称直径 d=1.6～5mm 的标牌铆钉。

注：商品紧固件品种，应优先选用。

2　引用标准

GB 116　铆钉技术条件

GB 1237　紧固件的标记方法

3　尺寸

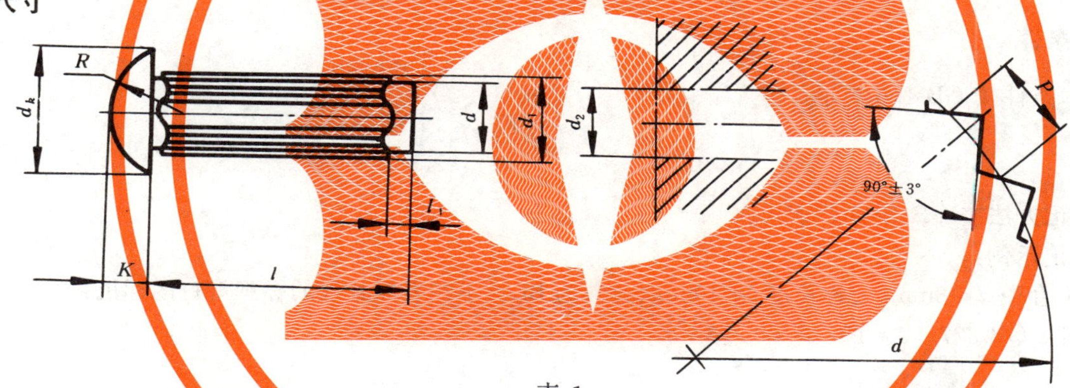

表 1

mm

d	公称	(1.6)	2	2.5	3	4	5
d_k	max	3.2	3.74	4.84	5.54	7.39	9.09
	min	2.8	3.26	4.36	5.06	6.81	8.51
K	max	1.2	1.4	1.8	2.0	2.6	3.2
	min	0.8	1.0	1.4	1.6	2.2	2.8
d_1	min	1.75	2.15	2.65	3.15	4.15	5.15
P	≈	0.72	0.72	0.72	0.72	0.84	0.92
l_1		1	1	1	1	1.5	1.5
R	≈	1.6	1.9	2.5	2.9	3.8	4.7
d_2（推荐）	max	1.56	1.96	2.46	2.96	3.96	4.96
	min	1.5	1.9	2.4	2.9	3.9	4.9

注：尽可能不采用括号内的规格。

国家标准局1986-07-02发布　　　　1987-06-01实施

表 2

mm

l			*d*					
公称	min	max	（1.6）	2	2.5	3	4	5
3	2.8	3.2		商品				
4	3.76	4.24						
5	4.76	5.24			规格			
6	5.76	6.24						
8	7.71	8.29				范围		
10	9.71	10.29						
12	11.65	12.35						
15	14.65	15.35						
18	17.65	18.35						
20	19.58	20.42						

注：尽可能不采用括号内的规格。

4 技术条件

技术条件按 GB 116 规定。

5 标记

5.1 标记方法按 GB 1237 规定。

5.2 标记示例：

公称直径 d=3mm、公称长度 l=10mm、材料为 BL2、不经表面处理的标牌铆钉的标记：

铆钉 GB 827 3×10

附加说明：

本标准由中华人民共和国机械工业部提出，由机械工业部标准化研究所归口。

本标准由机械工业部标准化研究所负责起草，沈阳铆钉厂参加起草。

中华人民共和国国家标准

UDC 621.884

GB 863.1—86

代替 GB 863—76

半圆头铆钉(粗制)

Round head rivets—Black

1 主题内容

本标准规定了公称直径 $d=12\sim36$mm 的粗制半圆头铆钉。

注：商品紧固件品种，应优先选用。

2 引用标准

GB 116 铆钉技术条件

GB 1237 紧固件的标记方法

3 尺寸

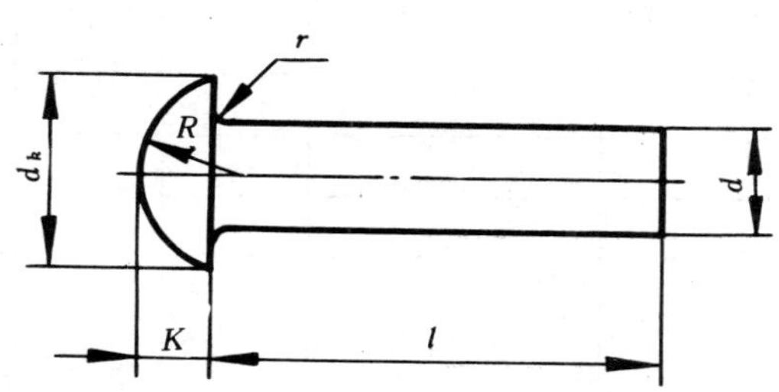

表 1

mm

		12	(14)	16	(18)	20	(22)	24	(27)	30	36
d	公称	12	(14)	16	(18)	20	(22)	24	(27)	30	36
	max	12.3	14.3	16.3	18.3	20.35	22.35	24.35	27.35	30.35	36.4
	min	11.7	13.7	15.7	17.7	19.65	21.65	23.65	26.65	29.65	35.6
d_k	max	22	25	30	33.4	36.4	40.4	44.4	49.4	54.8	63.8
	min	20	23	28	30.6	33.6	37.6	41.6	46.6	51.2	60.2
K	max	8.5	9.5	10.5	13.3	14.8	16.3	17.8	20.2	22.2	26.2
	min	7.5	8.5	9.5	11.7	13.2	14.7	16.2	17.8	19.8	23.8
r	max	0.5	0.5	0.5	0.5	0.8	0.8	0.8	0.8	0.8	0.8
R	≈	11	12.5	15.5	16.5	18	20	22	26	27	32

注：尽可能不采用括号内的规格。

国家标准局1986-07-02发布　　　　1987-06-01实施

表 2

mm

l			*d*									
公称	min	max	12	(14)	16	(18)	20	(22)	24	(27)	30	36
20	19.35	20.65										
22	21.35	22.65										
24	23.35	24.65										
26	25.35	26.65										
28	27.35	28.65										
30	29.35	30.65										
32	31.2	32.8										
35	34.2	35.8										
38	37.2	38.8										
40	39.2	40.8										
42	41.2	42.8										
45	44.2	45.8										
48	47.2	48.8										
50	49.2	50.8		商 品								
52	51.05	52.95										
55	54.05	55.95										
58	57.05	58.95										
60	59.05	60.95										
65	64.05	65.95										
70	69.05	70.95					规 格					
75	74.05	75.95										
80	79.05	80.95										
85	83.9	86.1										
90	88.9	91.1										
95	93.9	96.1								范 围		
100	98.9	101.1										
110	108.9	111.1										
120	118.9	121.1										
130	128.7	131.3										
140	138.7	141.3										
150	148.7	151.3										
160	158.7	161.3										
170	168.7	171.3										
180	178.7	181.3										
190	188.55	191.45										
200	198.55	201.45										

注：尽可能不采用括号内的规格。

4 技术条件

技术条件按 GB 116 规定。

5 标记

5.1 标记方法按 GB 1237 规定。

5.2 标记示例：

公称直径 d=12mm、公称长度 l=50mm、材料为 BL2、不经表面处理的半圆头铆钉的标记：

铆钉 GB 863.1 12×50

附加说明：

本标准由中华人民共和国机械工业部提出，由机械工业部标准化研究所归口。

本标准由机械工业部标准化研究所负责起草，沈阳标准件工业公司及上海市标准件公司参加起草。

中华人民共和国国家标准

沉头铆钉（粗制）

Countersunk head rivets—Black

UDC 621.884

GB 865－86

代替 GB 865—76

1 主题内容

本标准规定了公称直径 d＝12～36mm 的粗制沉头铆钉。

注：商品紧固件品种，应优先选用。

2 引用标准

GB 116 铆钉技术条件

GB 1237 紧固件的标记方法

3 尺寸

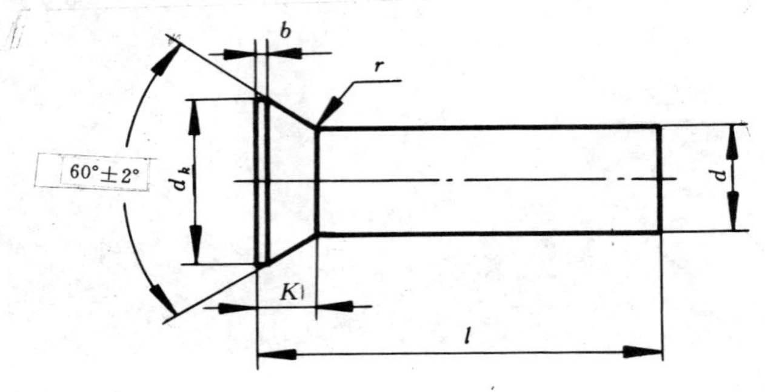

表 1

mm

		12	(14)	16	(18)	20	(22)	24	(27)	30	36
d	公称	12	(14)	16	(18)	20	(22)	24	(27)	30	36
	max	12.3	14.3	16.3	18.30	20.35	22.35	24.35	27.35	30.35	36.4
	min	11.7	13.7	15.7	17.7	19.65	21.65	23.65	26.65	29.65	35.6
d_k	max	19.6	22.5	25.7	29	33.4	37.4	40.4	44.4	51.4	59.8
	min	17.6	20.6	23.7	27	30.6	34.6	37.6	41.6	48.6	56.2
r	max	0.5	0.5	0.5	0.5	0.8	0.8	0.8	0.8	0.8	0.8
b	max	0.6	0.6	0.6	0.8	0.8	0.8	0.8	0.8	0.8	0.8
K	≈	6	7	8	9	11	12	13	14	17	19

注：尽可能不采用括号内的规格。

国家标准局1986-07-02发布　　1987-06-01实施

表 2 mm

l			*d*									
公称	min	max	12	(14)	16	(18)	20	(22)	24	(27)	30	36
20	19.35	20.65										
22	21.35	22.65										
24	23.35	24.65										
26	25.35	26.65										
28	27.35	28.65										
30	29.35	30.65										
32	31.2	32.8										
35	34.2	35.8										
38	37.2	38.8										
40	39.2	40.8										
42	41.2	42.8										
45	44.2	45.8		商								
48	47.2	48.8										
50	49.2	50.8			品							
52	51.05	52.95										
55	54.05	55.95				规						
58	57.05	58.95										
60	59.05	60.95					格					
65	64.05	65.95										
70	69.05	70.95						范				
75	74.05	75.95										
80	79.05	80.95							围			
85	83.9	86.1										
90	88.9	91.1										
95	93.9	96.1										
100	98.9	101.1										
110	108.9	111.1										
120	118.9	121.1										
130	128.7	131.3										
140	138.7	141.3										
150	148.7	151.3										
160	158.7	161.3										
170	168.7	171.3										
180	178.7	181.3										
190	188.55	191.45										
200	198.55	201.45										

注：尽可能不采用括号内的规格。

4 技术条件

技术条件按 GB 116 规定。

5 标记

5.1 标记方法按 GB 1237 规定。

5.2 标记示例：

公称直径 d=12mm、公称长度 l=50mm、材料为 BL2、不经表面处理的沉头铆钉的标记：

铆钉 GB 865 12×50

附加说明：

本标准由中华人民共和国机械工业部提出，由机械工业部标准化研究所归口。

本标准由机械工业部标准化研究所负责起草，沈阳标准件工业公司及上海市标准件公司参加起草。

中华人民共和国国家标准

UDC 621.884

GB 867—86

代替 GB 867—76

半　圆　头　铆　钉

Round head rivets

1　主题内容

本标准规定了公称直径 d=0.6～16mm 的半圆头铆钉。

注：商品紧固件品种，应优先选用。

2　引用标准

GB 116　铆钉技术条件

GB 1237　紧固件的标记方法

3　尺寸

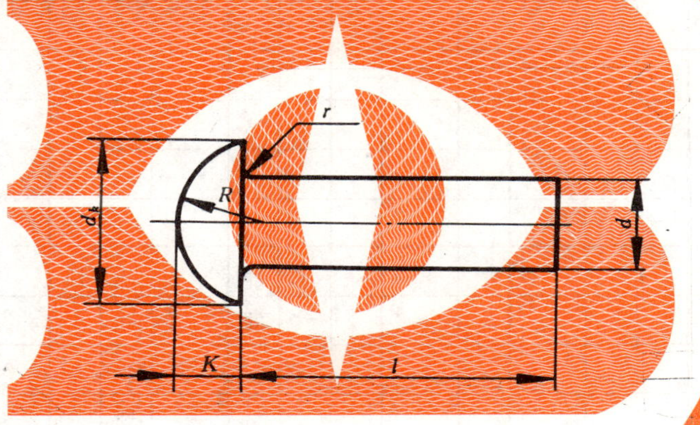

表 1

mm

	公称	0.6	0.8	1	(1.2)	1.4	(1.6)	2	2.5	3	(3.5)	4	5	6	8	10	12	(14)	16
d	max	0.64	0.84	1.06	1.26	1.46	1.66	2.06	2.56	3.06	3.58	4.08	5.08	6.08	8.1	10.1	12.12	14.12	16.12
	min	0.56	0.76	0.94	1.14	1.34	1.54	1.94	2.44	2.94	3.42	3.92	4.92	5.92	7.9	9.9	11.88	13.88	15.88
d_k	max	1.3	1.6	2	2.3	2.7	3.2	3.74	4.84	5.54	6.59	7.39	9.09	11.35	14.35	17.35	21.42	24.42	29.42
	min	0.9	1.2	1.6	1.9	2.3	2.8	3.26	4.36	5.06	6.01	6.81	8.51	10.65	13.65	16.65	20.58	23.58	28.58
K	max	0.5	0.6	0.7	0.8	0.9	1.2	1.4	1.8	2	2.3	2.6	3.2	3.84	5.04	6.24	8.29	9.29	10.29
	min	0.3	0.4	0.5	0.6	0.7	0.8	1	1.4	1.6	1.9	2.2	2.8	3.36	4.56	5.76	7.71	8.71	9.71
R	≈	0.58	0.74	1	1.2	1.4	1.6	1.9	2.5	2.9	3.4	3.8	4.7	6	8	9	11	12.5	15.5
r	max	0.05	0.05	0.1	0.1	0.1	0.1	0.1	0.1	0.1	0.3	0.3	0.3	0.3	0.3	0.3	0.4	0.4	0.4

注：尽可能不采用括号内的规格。

国家标准局1986-07-02发布　　1987-06-01实施

表 2 mm

l			d																	
公称	min	max	0.6	0.8	1	(1.2)	1.4	(1.6)	2	2.5	3	(3.5)	4	5	6	8	10	12	(14)	16
1	0.8	1.2																		
1.5	1.3	1.7																		
2	1.8	2.2																		
2.5	2.3	2.7																		
3	2.8	3.2	通																	
3.5	3.26	3.74		用																
4	3.76	4.24			规															
5	4.76	5.24				格														
6	5.76	6.24					范													
7	6.71	7.29						围												
8	7.71	8.29																		
9	8.71	9.29																		
10	9.71	10.29																		
11	10.65	11.35																		
12	11.65	12.35																		
13	12.65	13.35																		
14	13.65	14.35									商									
15	14.65	15.35										品								
16	15.65	16.35											规							
17	16.65	17.35												格						
18	17.65	18.35													范					
19	18.58	19.42														围				
20	19.58	20.42																		
22	21.58	22.42																		
24	23.58	24.42																通		
26	25.58	26.42																用		
28	27.58	28.42																	规	
30	29.58	30.42																	格	
32	31.5	32.5																		范
34	33.5	34.5																		围
36	35.5	36.5																		
38	37.5	38.5																		

续表 2 mm

l			*d*																	
公称	min	max	0.6	0.8	1	(1.2)	1.4	(1.6)	2	2.5	3	(3.5)	4	5	6	8	10	12	(14)	16
40	39.5	40.5																		
42	41.5	42.5												商						
44	43.5	44.5												品						
46	45.5	46.5													规					
48	47.5	48.5													格					
50	49.5	50.5														范				
52	51.4	52.6														围				
55	54.4	55.6																通		
58	57.4	58.6																用		
60	59.4	60.6																	规	
62	61.4	62.6																	格	
65	64.4	65.6																		范
68	67.4	68.6																		围
70	69.4	70.6																		
75	74.4	75.6																		
80	79.4	80.6																		
85	84.3	85.7																		
90	89.3	90.7																		
95	94.3	95.7																		
100	99.3	100.7																		
110	109.3	110.7																		

注：尽可能不采用括号内的规格。

4 技术条件

技术条件按 GB 116 规定。

5 标记

5.1 标记方法按 GB 1237 规定。

5.2 标记示例：

公称直径 d=8mm、公称长度 l=50mm、材料为 BL2、不经表面处理的半圆头铆钉的标记：

铆钉 GB 867 8×50

附加说明：

本标准由中华人民共和国机械工业部提出，由机械工业部标准化研究所归口。

本标准由机械工业部标准化研究所负责起草，沈阳标准件工业公司及上海市标准件公司参加起草。

中华人民共和国国家标准

UDC 621.884

GB 869—86

沉　头　铆　钉

Countersunk head rivets

代替 GB 869—76

1　主题内容

本标准规定了公称直径 d=1～16mm 的沉头铆钉。

注：商品紧固件品种，应优先选用。

2　引用标准

GB 116　铆钉技术条件

GB 1237　紧固件的标记方法

3　尺寸

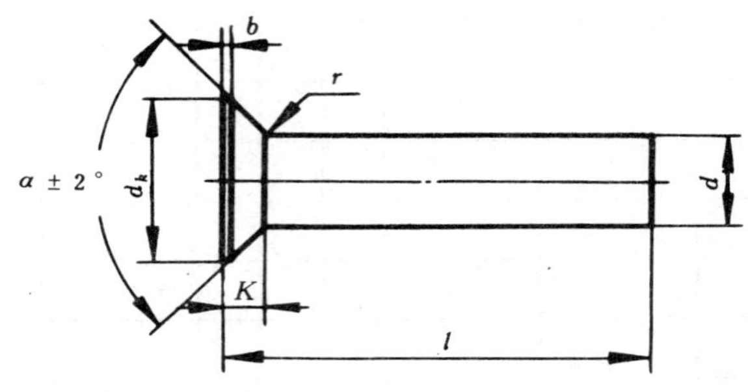

表 1

mm

d	公称	1	(1.2)	1.4	(1.6)	2	2.5	3	(3.5)	4	5	6	8	10	12	(14)	16
	max	1.06	1.26	1.46	1.66	2.06	2.56	3.06	3.58	4.08	5.08	6.08	8.1	10.1	12.12	14.12	16.12
	min	0.94	1.14	1.34	1.54	1.94	2.44	2.94	3.42	3.92	4.92	5.92	7.9	9.9	11.88	13.88	15.88
d_k	max	2.03	2.23	2.83	3.03	4.05	4.75	5.35	6.28	7.18	8.98	10.62	14.22	17.82	18.86	21.76	24.96
	min	1.77	1.97	2.57	2.77	3.75	4.45	5.05	5.92	6.82	8.62	10.18	13.78	17.38	18.34	21.24	24.44
α		90°													60°		
r	max	0.1	0.1	0.1	0.1	0.1	0.1	0.1	0.3	0.3	0.3	0.3	0.3	0.3	0.4	0.4	0.4
b	max	0.2	0.2	0.2	0.2	0.2	0.2	0.2	0.4	0.4	0.4	0.4	0.4	0.4	0.5	0.5	0.5
K	≈	0.5	0.5	0.7	0.7	1	1.1	1.2	1.4	1.6	2	2.4	3.2	4	6	7	8

注：尽可能不采用括号内的规格。

国家标准局1986-07-02发布　　　　1987-06-01实施

表 2

mm

l			*d*															
公称	min	max	1	(1.2)	1.4	(1.6)	2	2.5	3	(3.5)	4	5	6	8	10	12	(14)	16
2	1.8	2.2																
2.5	2.3	2.7																
3	2.8	3.2																
3.5	3.26	3.74																
4	3.76	4.24		通用														
5	4.76	5.24																
6	5.76	6.24			规格													
7	6.71	7.29																
8	7.71	8.29				范围												
9	8.71	9.29																
10	9.71	10.29						商										
11	10.65	11.35																
12	11.65	12.35							品									
13	12.65	13.35																
14	13.65	14.35								规								
15	14.65	15.35																
16	15.65	16.35									格							
17	16.65	17.35																
18	17.65	18.35										范						
19	18.58	19.42																
20	19.58	20.42											围					
22	21.58	22.42														通用		
24	23.58	24.42																
26	25.58	26.42															规格	
28	27.58	28.42																
30	29.58	30.42																范围
32	31.5	32.5																
34	33.5	34.5																
36	35.5	36.5																
38	37.5	38.5																
40	39.5	40.5																
42	41.5	42.5																

续表 2　　　　mm

l			*d*															
公称	min	max	1	(1.2)	1.4	(1.6)	2	2.5	3	(3.5)	4	5	6	8	10	12	(14)	16
44	43.5	44.5																
46	45.5	46.5											商品					
48	47.5	48.5																
50	49.5	50.5												规格				
52	51.4	52.6																
55	54.4	55.6													范围			
58	57.4	58.6																
60	59.4	60.6																
62	61.4	62.6																
65	64.4	65.6														通用		
68	67.4	68.6																
70	69.4	70.6															规格	
75	74.4	75.6																
80	79.4	80.6																范围
85	84.3	85.7																
90	89.3	90.7																
95	94.3	95.7																
100	99.3	100.7																

注：尽可能不采用括号内的规格。

4　技术条件

技术条件按 GB 116 规定。

5　标记

5.1　标记方法按 GB 1237 规定。

5.2　标记示例：

公称直径 d=5mm、公称长度 l=30mm、材料为 BL2、不经表面处理的沉头铆钉的标记：

铆钉　GB 869　5×30

附加说明：

本标准由中华人民共和国机械工业部提出，由机械工业部标准化研究所归口。

本标准由机械工业部标准化研究所负责起草，沈阳标准件工业公司及上海市标准件公司参加起草。

中华人民共和国国家标准

UDC 621.884

扁平头半空心铆钉

Thin head semi-tubular rivets

GB 875—86

代替 GB 875—76

1 主题内容

本标准规定了公称直径 d=1.2～10mm 的扁平头半空心铆钉。

注：商品紧固件品种，应优先选用。

2 引用标准

GB 116　铆钉技术条件

GB 1237　紧固件的标记方法

3 尺寸

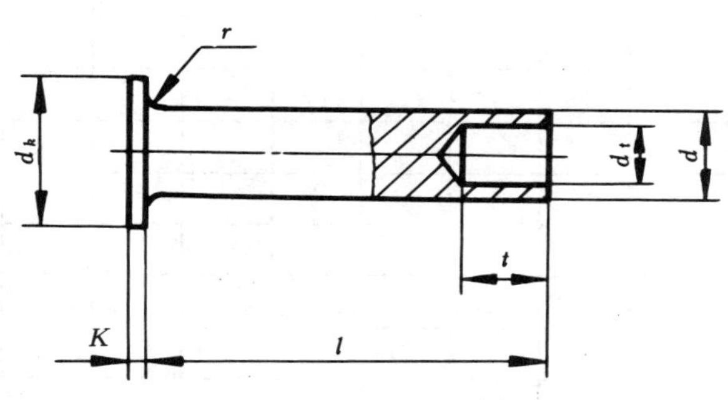

表 1　　mm

d		公称	(1.2)	1.4	(1.6)	2	2.5	3	(3.5)	4	5	6	8	10
		max	1.26	1.46	1.66	2.06	2.56	3.06	3.58	4.08	5.08	6.08	8.1	10.1
		min	1.14	1.34	1.54	1.94	2.44	2.94	3.42	3.92	4.92	5.92	7.9	9.9
d_k		max	2.4	2.7	3.2	3.74	4.74	5.74	6.79	7.79	9.79	11.85	15.85	19.42
		min	2	2.3	2.8	3.26	4.26	5.26	6.21	7.21	9.21	11.15	15.15	18.58
K		max	0.58	0.58	0.58	0.68	0.68	0.88	0.88	1.13	1.13	1.33	1.33	1.63
		min	0.42	0.42	0.42	0.52	0.52	0.72	0.72	0.87	0.87	1.07	1.07	1.37
d_t	黑色	max	0.66	0.77	0.87	1.12	1.62	2.12	2.32	2.62	3.66	4.66	6.16	7.7
		min	0.56	0.65	0.75	0.94	1.44	1.94	2.14	2.44	3.42	4.42	5.92	7.4
	有色	max	0.66	0.77	0.87	1.12	1.62	2.12	2.32	2.52	3.46	4.16	4.66	7.7
		min	0.56	0.65	0.75	0.94	1.44	1.94	2.14	2.34	3.22	3.92	4.42	7.4
t		max	1.44	1.64	1.84	2.24	2.74	3.24	3.79	4.29	5.29	6.29	8.35	10.35
		min	0.96	1.16	1.36	1.76	2.26	2.76	3.21	3.71	4.71	5.71	7.65	9.65
r		max	0.1	0.1	0.1	0.1	0.1	0.1	0.3	0.3	0.3	0.3	0.3	0.3

注：① 尽可能不采用括号内的规格。

② d_t 栏内"黑色"适用于由钢材制成的铆钉，"有色"适用于由铝或铜材制成的铆钉。

国家标准局1986-07-02发布　　1987-06-01实施

表 2

mm

l			d											
公称	min	max	(1.2)	1.4	(1.6)	2	2.5	3	(3.5)	4	5	6	8	10
1.5	1.3	1.7												
2	1.8	2.2												
2.5	2.3	2.7												
3	2.8	3.2												
3.5	3.26	3.74												
4	3.76	4.24												
5	4.76	5.24												
6	5.76	6.24					商							
7	6.71	7.29												
8	7.71	8.29						品						
9	8.71	9.29												
10	9.71	10.29							规					
11	10.65	11.35												
12	11.65	12.35								格				
13	12.65	13.35												
14	13.65	14.35									范			
15	14.65	15.35												
16	15.65	16.35										围		
17	16.65	17.35												
18	17.65	18.35												
19	18.58	19.42												
20	19.58	20.42												
22	21.58	22.42												
24	23.58	24.42												
26	25.58	26.42												
28	27.58	28.42												
30	29.58	30.42												
32	31.5	32.5												
34	33.5	34.5												
36	35.5	36.5												
38	37.5	38.5												
40	39.5	40.5												
42	41.5	42.5												
44	43.5	44.5												
46	45.5	46.5												
48	47.5	48.5												
50	49.5	50.5												

注：尽可能不采用括号内的规格。

4 技术条件

4.1 短规格，t 尺寸有穿通危险时，允许适当减小。

4.2 其他技术条件按 GB 116 规定。

5 标记

5.1 标记方法按 GB 1237 规定。

5.2 标记示例：

公称直径 $d=5\text{mm}$、公称长度 $l=30\text{mm}$、材料为 BL2、不经表面处理的扁平头半空心铆钉的标记：

铆钉 GB 875 5×30

附加说明：

本标准由中华人民共和国机械工业部提出，由机械工业部标准化研究所归口。

本标准由机械工业部标准化研究所负责起草，沈阳标准件工业公司及上海市标准件公司参加起草。

中华人民共和国国家标准

UDC 621.884

沉头半空心铆钉

GB 1015—86

Countersunk head semi-tubular rivets

代替 GB 1015—76

1 主题内容

本标准规定了公称直径 d=1.4～10mm 的沉头半空心铆钉。

2 引用标准

GB 116　铆钉技术条件

GB 1237　紧固件的标记方法

3 尺寸

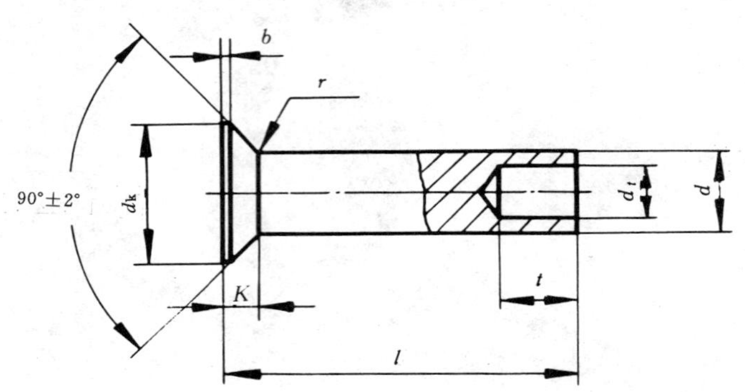

表 1

mm

d		公称	1.4	(1.6)	2	2.5	3	(3.5)	4	5	6	8	10
		max	1.46	1.66	2.06	2.56	3.06	3.58	4.08	5.08	6.08	8.1	10.1
		min	1.34	1.54	1.94	2.44	2.94	3.42	3.92	4.92	5.92	7.9	9.9
d_k		max	2.83	3.03	4.05	4.75	5.35	6.28	7.18	8.98	10.62	14.22	17.82
		min	2.57	2.77	3.75	4.45	5.05	5.92	6.82	8.62	10.18	13.78	17.38
d_t	黑色	max	0.77	0.87	1.12	1.62	2.12	2.32	2.62	3.66	4.66	6.16	7.7
		min	0.65	0.75	0.94	1.44	1.94	2.14	2.44	3.42	4.42	5.92	7.4
	有色	max	0.77	0.87	1.12	1.62	2.12	2.32	2.52	3.46	4.16	4.66	7.7
		min	0.65	0.75	0.94	1.44	1.94	2.14	2.34	3.22	3.92	4.42	7.4
t		max	1.64	1.84	2.24	2.74	3.24	3.79	4.29	5.29	6.29	8.35	10.35
		min	1.16	1.36	1.76	2.26	2.76	3.21	3.71	4.71	5.71	7.65	9.65
K		≈	0.7	0.7	1	1.1	1.2	1.4	1.6	2	2.4	3.2	4
r		max	0.1	0.1	0.1	0.1	0.1	0.3	0.3	0.3	0.3	0.3	0.3
b		max	0.2	0.2	0.2	0.2	0.2	0.4	0.4	0.4	0.4	0.4	0.4

注：① 尽可能不采用括号内的规格。

② d_t 栏内"黑色"适用于由钢材制成的铆钉，"有色"适用于由铝或铜材制成的铆钉。

国家标准局1986-07-02发布　　　　1987-06-01实施

表 2

mm

l			*d*										
公称	min	max	1.4	(1.6)	2	2.5	3	(3.5)	4	5	6	8	10
3	2.8	3.2											
4	3.76	4.24											
5	4.76	5.24											
6	5.76	6.24											
7	6.71	7.29			通								
8	7.71	8.29				用							
10	9.71	10.29					规						
12	11.65	12.35						格					
14	13.65	14.35							范				
16	15.65	16.35								围			
18	17.65	18.35											
20	19.58	20.42											
22	21.58	22.42											
24	23.58	24.42											
26	25.58	26.42											
28	27.58	28.42											
30	29.58	30.42											
32	31.5	32.5											
34	33.5	34.5											
36	35.5	36.5											
38	37.5	38.5											
40	39.5	40.5											
42	41.5	42.5											
44	43.5	44.5											
46	45.5	46.5											
48	47.5	48.5											
50	49.5	50.5											

注：尽可能不采用括号内的规格。

4 技术条件

技术条件按 GB 116 规定。

5 标记

5.1 标记方法按 GB 1237 规定。

5.2 标记示例：

公称直径 d＝6mm、公称长度 l＝30mm、材料为 BL2、不经表面处理的沉头半空心铆钉的标记：

铆钉 GB 1015 6×30

附加说明：

本标准由中华人民共和国机械工业部提出，由机械工业部标准化研究所归口。

本标准由机械工业部标准化研究所负责起草，沈阳标准件工业公司及上海市标准件公司参加起草。

挡　　圈

中华人民共和国国家标准

UDC 621.885

锥销锁紧挡圈

Lock rings with cone pin

GB 883—86

代替 GB 883—76

1 主题内容

本标准适用于在轴上固定零(部)件时用锥销锁紧的挡圈。

本标准规定了公称直径 d=8～130mm 的锥销锁紧挡圈。

2 引用标准

GB 117 圆锥销

GB 959.3 挡圈技术条件—切制挡圈

GB 1237 紧固件的标记方法

3 尺寸

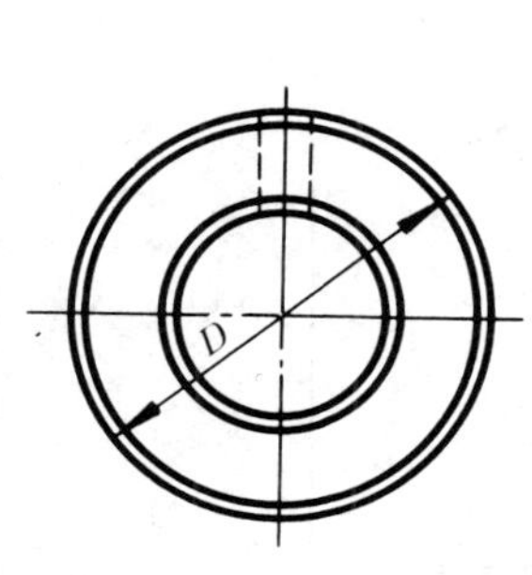

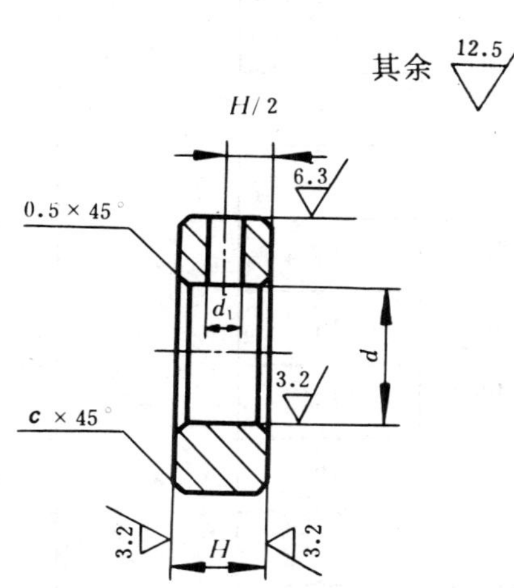

国家标准局1986-07-02发布 1987-06-01实施

mm

公称直径 d		H		D	d_1	c	圆锥销 GB 117（推荐）
基本尺寸	极限偏差	基本尺寸	极限偏差				
8	+0.036 0	10	0 −0.36	20	3	0.5	3×22
(9)		10		22			
10		10					
12	+0.043 0	10		25			3×25
(13)		10					
14		12	0 −0.43	28	4		4×28
(15)		12		30			4×32
16		12					
(17)		12		32			
18		12					
(19)	+0.052 0	12		35			4×35
20		12					
22		12		38	5	1	5×40
25		14		42			5×45
28		14		45			
30		14		48	6		6×50
32	+0.062 0	14		52			6×55
35		16		56			
40		16		62			6×60
45		18		70			6×70
50		18		80	8		8×80
55	+0.074 0	18		85			8×90
60		20	0 −0.52	90			
65		20		95	10		10×100
70		20		100			
75		22		110			10×110
80		22		115			10×120

续表 mm

<table>
<tr><th colspan="2">公称直径 d</th><th colspan="2">H</th><th rowspan="2">D</th><th rowspan="2">d_1</th><th rowspan="2">c</th><th rowspan="2">圆锥销
GB 117
（推荐）</th></tr>
<tr><th>基本尺寸</th><th>极限偏差</th><th>基本尺寸</th><th>极限偏差</th></tr>
<tr><td>85</td><td rowspan="8">+0.087
0</td><td>22</td><td rowspan="10">0
−0.52</td><td>120</td><td rowspan="5">10</td><td rowspan="2">1</td><td rowspan="2">10×120</td></tr>
<tr><td>90</td><td>22</td><td>125</td></tr>
<tr><td>95</td><td>25</td><td>130</td><td rowspan="8">1.5</td><td>10×130</td></tr>
<tr><td>100</td><td>25</td><td>135</td><td rowspan="2">10×140</td></tr>
<tr><td>105</td><td>25</td><td>140</td></tr>
<tr><td>110</td><td>30</td><td>150</td><td rowspan="5">12</td><td rowspan="2">12×150</td></tr>
<tr><td>115</td><td>30</td><td>155</td></tr>
<tr><td>120</td><td>30</td><td>160</td><td rowspan="2">12×160</td></tr>
<tr><td>(125)</td><td rowspan="2">+0.10
0</td><td>30</td><td>165</td></tr>
<tr><td>130</td><td>30</td><td>170</td><td>12×180</td></tr>
</table>

注：① 尽可能不采用括号内的规格。

② d_1 孔在加工时，只钻一面；在装配时钻透并铰孔。

4 技术条件

技术条件按 GB 959.3 规定。

5 标记

5.1 标记方法按 GB 1237 规定。

5.2 标记示例：

公称直径 d=20mm、材料为 Q235、不经表面处理的锥销锁紧挡圈的标记：

挡圈 GB 883 20

附加说明：

本标准由中华人民共和国机械工业部提出，由机械工业部标准化研究所归口。

本标准由机械工业部标准化研究所负责起草，上海市标准件公司、上海市标准件技术研究所参加起草。

中华人民共和国国家标准

UDC 621.885

螺钉锁紧挡圈

Lock ring with screw

GB 884—86

代替 GB 884—76

1 主题内容

本标准适用于在轴上固定零(部)件时用螺钉锁紧的挡圈。

本标准规定了公称直径 d=8～200mm 的螺钉锁紧挡圈。

2 引用标准

GB 71 开槽锥端紧定螺钉

GB 959.3 挡圈技术条件—切制挡圈

GB 1237 紧固件的标记方法

3 尺寸

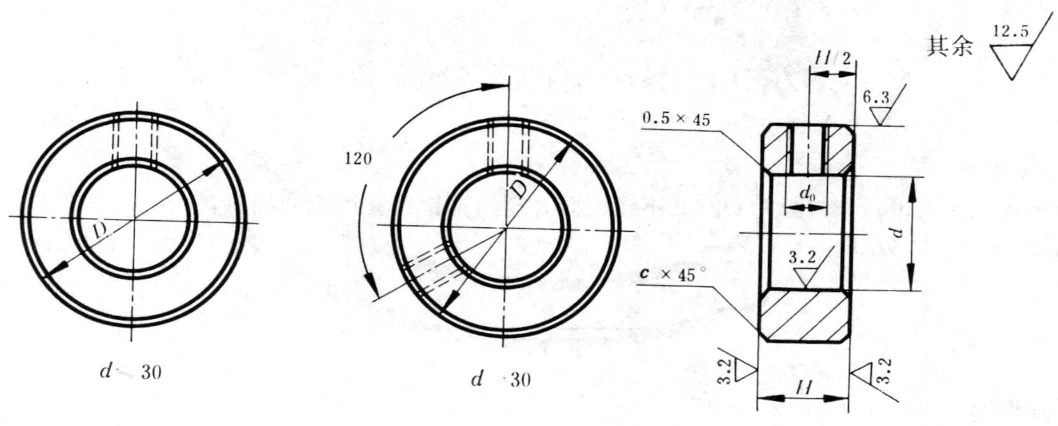

国家标准局1986-07-02发布　　1987-06-01实施

mm

公称直径 *d*		*H*		*D*	d_0	*c*	螺钉 GB 71 (推荐)
基本尺寸	极限偏差	基本尺寸	极限偏差				
8	+0.036 0	10	0 −0.36	20	M5	0.5	M5×8
(9)		10		22			
10		10					
12	+0.043 0	10		25			
(13)		10					
14		12	0 −0.43	28	M6	1	M6×10
(15)		12		30			
16		12					
(17)		12		32			
18		12					
(19)	+0.052 0	12		35			
20		12					
22		12		38			
25		14		42	M8		M8×12
28		14		45			
30		14		48			
32	+0.062 0	14		52			
35		16		56	M10		M10×16
40		16		62			
45		18		70			
50		18		80			M10×20
55	+0.074 0	18		85			
60		20	0 −0.52	90			
65		20		95			
70		20		100			
75		22		110	M12		M12×25
80		22		115			
85	+0.087 0	22		120			
90		22		125			
95		25		130		1.5	
100		25		135			
105		25		140			
110		30		150			

续表 mm

公称直径 d		H		D	d_0	c	螺钉 GB 71（推荐）
基本尺寸	极限偏差	基本尺寸	极限偏差				
115	+0.087 0	30	0 −0.52	155	M12	1.5	M12×25
120		30		160			
(125)	+0.1 0	30		165			
130		30		170			
(135)		30		175			
140		30		180			
(145)		30		190			M12×30
150		30		200			
160		30		210			
170		30		220			
180		30		230			
190	+0.115 0	30		240			
200		30		250			

注：尽可能不采用括号内的规格。

4 技术条件

技术条件按 GB 959.3 规定。

5 标记

5.1 标记方法按 GB 1237 规定。

5.2 标记示例：

公称直径 d=20mm、材料为 Q235、不经表面处理的螺钉锁紧挡圈的标记：

挡圈 GB 884 20

附加说明：

本标准由中华人民共和国机械工业部提出，由机械工业部标准化研究所归口。

本标准由机械工业部标准化研究所负责起草，上海市标准件公司、上海市标准件技术研究所参加起草。

中华人民共和国国家标准

UDC 621.885

GB 885—86

代替 GB 885—76

带锁圈的螺钉锁紧挡圈

Lock rings with screw and circlip

1 主题内容

本标准适用于在轴上固定零(部)件时用螺钉和锁圈锁紧的挡圈。

本标准规定了公称直径 d=8～200mm 的带锁圈的螺钉锁紧挡圈。

2 引用标准

GB 71 开槽锥端紧定螺钉

GB 921 钢丝锁圈

GB 959.3 挡圈技术条件—切制挡圈

GB 1237 紧固件的标记方法

3 尺寸

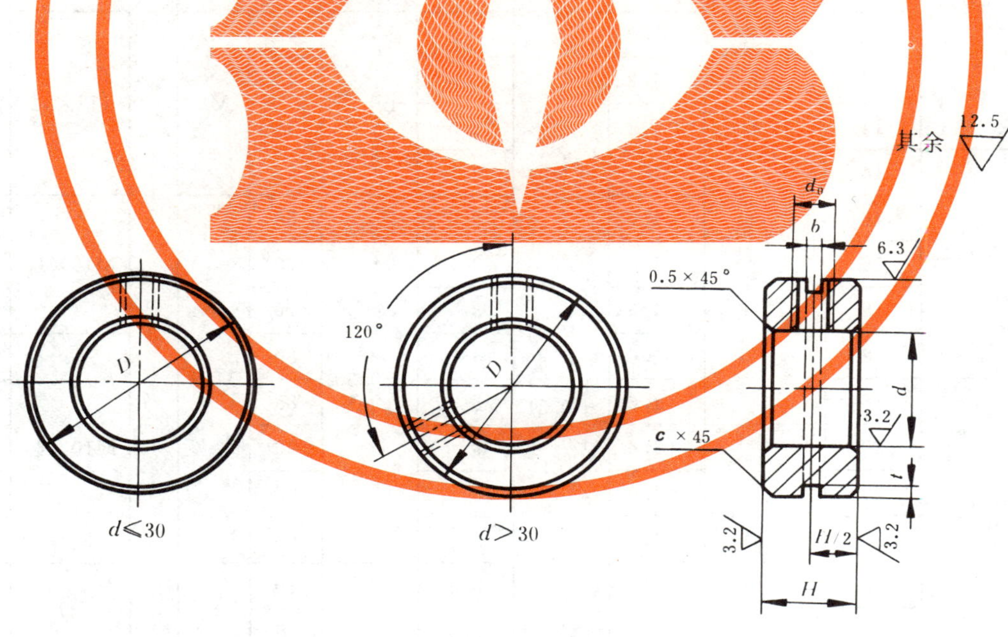

国家标准局1986-07-02发布　　1987-06-01实施

mm

<table>
<tr><th colspan="2">公称直径 d</th><th colspan="2">H</th><th colspan="2">b</th><th colspan="2">t</th><th rowspan="2">D</th><th rowspan="2">d_0</th><th rowspan="2">c</th><th rowspan="2">螺钉
GB 71
(推荐)</th><th rowspan="2">锁圈
GB 921</th></tr>
<tr><th>基本尺寸</th><th>极限偏差</th><th>基本尺寸</th><th>极限偏差</th><th>基本尺寸</th><th>极限偏差</th><th>基本尺寸</th><th>极限偏差</th></tr>
<tr><td>8</td><td rowspan="3">+0.036
0</td><td>10</td><td rowspan="5">0
−0.36</td><td>1</td><td rowspan="13">+0.20
+0.06</td><td>1.8</td><td rowspan="5">±0.18</td><td>20</td><td rowspan="5">M5</td><td rowspan="5">0.5</td><td rowspan="5">M5×8</td><td>15</td></tr>
<tr><td>(9)</td><td>10</td><td>1</td><td>1.8</td><td rowspan="2">22</td><td rowspan="2">17</td></tr>
<tr><td>10</td><td>10</td><td>1</td><td>1.8</td></tr>
<tr><td>12</td><td rowspan="7">+0.043
0</td><td>10</td><td>1</td><td>1.8</td><td rowspan="2">25</td><td rowspan="2">20</td></tr>
<tr><td>(13)</td><td>10</td><td>1</td><td>1.8</td></tr>
<tr><td>14</td><td>12</td><td rowspan="17">0
−0.43</td><td>1</td><td>2</td><td rowspan="8">±0.20</td><td>28</td><td rowspan="8">M6</td><td rowspan="24">1</td><td rowspan="8">M6×10</td><td>23</td></tr>
<tr><td>15</td><td>12</td><td>1</td><td>2</td><td rowspan="2">30</td><td rowspan="2">25</td></tr>
<tr><td>16</td><td>12</td><td>1</td><td>2</td></tr>
<tr><td>17</td><td>12</td><td>1</td><td>2</td><td rowspan="2">32</td><td rowspan="2">27</td></tr>
<tr><td>18</td><td>12</td><td>1</td><td>2</td></tr>
<tr><td>(19)</td><td rowspan="6">+0.052
0</td><td>12</td><td>1</td><td>2</td><td rowspan="2">35</td><td rowspan="2">30</td></tr>
<tr><td>20</td><td>12</td><td>1</td><td>2</td></tr>
<tr><td>22</td><td>12</td><td>1</td><td>2</td><td>38</td><td>32</td></tr>
<tr><td>25</td><td>14</td><td>1.2</td><td rowspan="18">+0.31
+0.06</td><td>2.5</td><td rowspan="4">±0.25</td><td>42</td><td rowspan="4">M8</td><td rowspan="4">M8×12</td><td>35</td></tr>
<tr><td>28</td><td>14</td><td>1.2</td><td>2.5</td><td>45</td><td>38</td></tr>
<tr><td>30</td><td>14</td><td>1.2</td><td>2.5</td><td>48</td><td>41</td></tr>
<tr><td>32</td><td rowspan="5">+0.062
0</td><td>14</td><td>1.2</td><td>2.5</td><td>52</td><td>44</td></tr>
<tr><td>35</td><td>16</td><td>1.6</td><td>3</td><td rowspan="8">±0.30</td><td>56</td><td rowspan="8">M10</td><td rowspan="3">M10×16</td><td>47</td></tr>
<tr><td>40</td><td>16</td><td>1.6</td><td>3</td><td>62</td><td>54</td></tr>
<tr><td>45</td><td>18</td><td>1.6</td><td>3</td><td>70</td><td>62</td></tr>
<tr><td>50</td><td>18</td><td>1.6</td><td>3</td><td>80</td><td rowspan="5">M10×20</td><td>71</td></tr>
<tr><td>55</td><td rowspan="6">+0.074
0</td><td>18</td><td>1.6</td><td>3</td><td>85</td><td>76</td></tr>
<tr><td>60</td><td>20</td><td rowspan="9">0
−0.52</td><td>1.6</td><td>3</td><td>90</td><td>81</td></tr>
<tr><td>65</td><td>20</td><td>1.6</td><td>3</td><td>95</td><td>86</td></tr>
<tr><td>70</td><td>20</td><td>1.6</td><td>3</td><td>100</td><td>91</td></tr>
<tr><td>75</td><td>22</td><td>2</td><td>3.6</td><td rowspan="6">±0.36</td><td>110</td><td rowspan="6">M12</td><td rowspan="6">M12×25</td><td>100</td></tr>
<tr><td>80</td><td>22</td><td>2</td><td>3.6</td><td>115</td><td>105</td></tr>
<tr><td>85</td><td rowspan="4">+0.087
0</td><td>22</td><td>2</td><td>3.6</td><td>120</td><td>110</td></tr>
<tr><td>90</td><td>22</td><td>2</td><td>3.6</td><td>125</td><td>115</td></tr>
<tr><td>95</td><td>25</td><td>2</td><td>3.6</td><td>130</td><td rowspan="2">1.5</td><td>120</td></tr>
<tr><td>100</td><td>25</td><td>2</td><td>3.6</td><td>135</td><td>124</td></tr>
</table>

续表 mm

公称直径 d		H		b		t		D	d_0	c	螺钉 GB 71 （推荐）	锁圈 GB 921
基本尺寸	极限偏差	基本尺寸	极限偏差	基本尺寸	极限偏差	基本尺寸	极限偏差					
105	+0.087 0	25	0 −0.52	2	+0.31 +0.06	3.6	±0.36	140	M12	1.5	M12×25	129
110		30		2		4.5	±0.45	150				136
115		30		2		4.5		155				142
120		30		2		4.5		160				147
(125)	+0.10 0	30		2		4.5		165				152
130		30		2		4.5		170				156
(135)		30		2		4.5		175				162
140		30		2		4.5		180				166
(145)		30		2		4.5		190			M12×30	176
150		30		2		4.5		200				186
160		30		2		4.5		210				196
170		30		2		4.5		220				206
180		30		2		4.5		230				216
190	+0.115 0	30		2		4.5		240				226
200		30		2		4.5		250				236

注：尽可能不采用括号内的规格。

4 技术条件

技术条件按 GB 959.3 规定。

5 标记

5.1 标记方法按 GB 1237 规定。

5.2 标记示例：

公称直径 d=20mm、材料为 Q235、不经表面处理的带锁圈的螺钉锁紧挡圈的标记：

挡圈 GB 885 20

附加说明：

本标准由中华人民共和国机械工业部提出，由机械工业部标准化研究所归口。

本标准由机械工业部标准化研究所负责起草，上海市标准件公司、上海市标准件技术研究所参加起草。

中华人民共和国国家标准

UDC 621.885

轴肩挡圈

Rings for shoulder

GB 886—86

代替 GB 886—76

1 主题内容

本标准适用于在轴上轴肩处承受轻、中、重系列的径向轴承和轻、中系列径向推力轴承轴向力的挡圈。

本标准规定了公称直径 d=20～120mm 的轴肩挡圈。

2 引用标准

GB 959.3 挡圈技术条件—切制挡圈

GB 1237 紧固件的标记方法

3 尺寸

其余 0.8

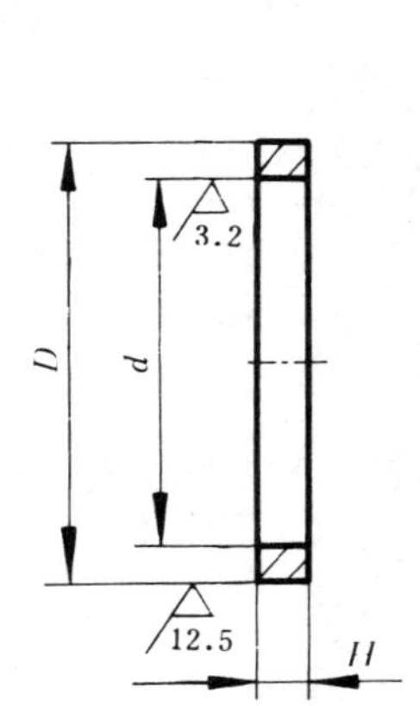

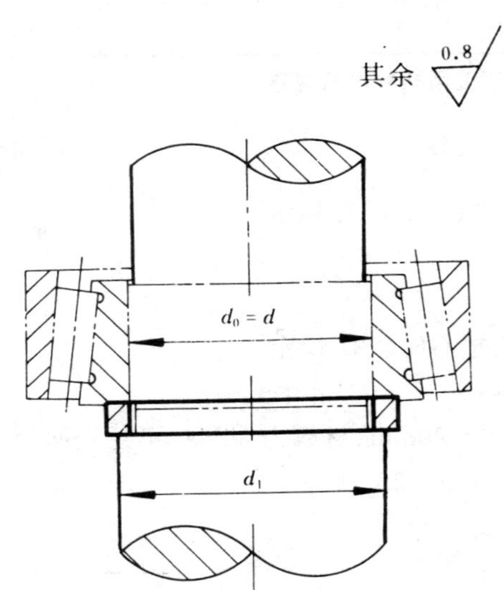

国家标准局1986-07-02发布　　　　1987-06-01实施

表 1

mm

轻系列径向轴承用					
公称直径 d		D	H		d_1
基本尺寸	极限偏差		基本尺寸	极限偏差	≥
30	+0.13 0	36	4	0 −0.30	32
35	+0.16 0	42	4		37
40		47	4		42
45		52	4		47
50		58	4		52
55	+0.19 0	65	5		58
60		70	5		63
65		75	5		68
70		80	5		73
75		85	5		78
80		90	6		83
85	+0.22 0	95	6		88
90		100	6		93
95		110	6		98
100		115	8	0 −0.36	103
105		120	8		109
110		125	8		114
120		135	8		124

表 2

mm

中系列径向轴承和轻系列径向推力轴承用					
公称直径 d		D	H		d_1
基本尺寸	极限偏差		基本尺寸	极限偏差	≥
20	+0.13 0	27	4	0 −0.30	22
25		32	4		27
30		38	4		32
35		45	4		37
40	+0.16 0	50	4		42
45		55	4		47
50		60	4		52
55	+0.19 0	68	5		58
60		72	5		63
65		78	5		68
70		82	5		73
75		88	5		78
80		95	6		83
85	+0.22 0	100	6		88
90		105	6		93
95		110	6		98
100		115	8	0 −0.36	103
105		120	8		109
110		130	8		114
120		140	8		124

表 3 mm

重系列径向轴承和中系列径向推力轴承用					
公称直径 d		D	H		d_1
基本尺寸	极限偏差		基本尺寸	极限偏差	≥
20	+0.13 0	30	5	0 −0.30	22
25		35	5		27
30		40	5		32
35	+0.17 0	47	5		37
40		52	5		42
45		58	5		47
50		65	5		52
55	+0.19 0	70	6		58
60		75	6		63
65		80	6		68
70		85	6		73
75		90	6		78
80		100	8	0 −0.36	83
85	+0.22 0	105	8		88
90		110	8		93
95		115	8		98
100		120	10		103
105		130	10		109
110		135	10		114
120		145	10		124

4 技术条件

技术条件按 GB 959.3 规定。

5 标记

5.1 标记方法按 GB 1237 规定。

5.2 标记示例：

公称直径 d=30mm、外径 D=40mm、材料为 35 钢、不经热处理及表面处理的轴肩挡圈的标记：

挡圈 GB 886 30×40

附加说明：

本标准由中华人民共和国机械工业部提出，由机械工业部标准化研究所归口。

本标准由机械工业部标准化研究所负责起草，上海市标准件公司、上海市标准件技术研究所参加起草。

中华人民共和国国家标准

UDC 621.885

GB 891—86

代替 GB 891—76

螺钉紧固轴端挡圈

Lock rings at the end of shaft with screw

1 主题内容

本标准适用于在轴端上固定零(部)件时用螺钉紧固的挡圈。

本标准规定了公称直径 D=20～100mm 的螺钉紧固轴端挡圈。

2 引用标准

GB 119 圆柱销

GB 819 十字槽沉头螺钉

GB 959.3 挡圈技术条件—切制挡圈

GB 1237 紧固件的标记方法

3 尺寸

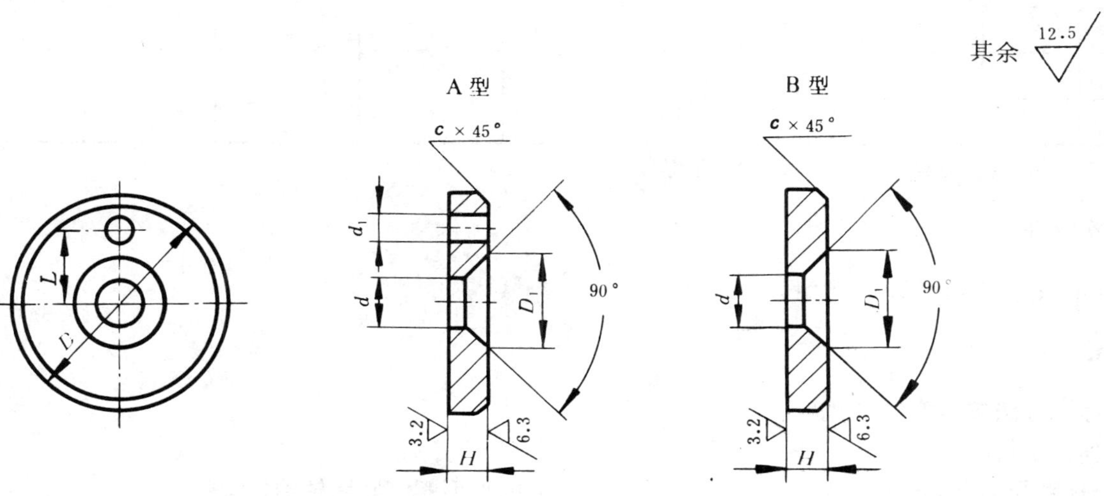

国家标准局1986-07-02发布 1987-06-01实施

mm

<table>
<tr><th rowspan="2">轴径
≤</th><th rowspan="2">公称直径
D</th><th colspan="2">H</th><th colspan="2">L</th><th rowspan="2">d</th><th rowspan="2">d_1</th><th rowspan="2">D_1</th><th rowspan="2">c</th><th rowspan="2">螺钉
GB 819
(推荐)</th><th rowspan="2">圆柱销
GB 119
(推荐)</th></tr>
<tr><th>基本尺寸</th><th>极限偏差</th><th>基本尺寸</th><th>极限偏差</th></tr>
<tr><td>14</td><td>20</td><td>4</td><td rowspan="17">0
−0.30</td><td>—</td><td rowspan="8">±0.11</td><td rowspan="5">5.5</td><td rowspan="3">—</td><td rowspan="5">11</td><td rowspan="5">0.5</td><td rowspan="5">M5×12</td><td rowspan="3">—</td></tr>
<tr><td>16</td><td>22</td><td>4</td><td>—</td></tr>
<tr><td>18</td><td>25</td><td>4</td><td>—</td></tr>
<tr><td>20</td><td>28</td><td>4</td><td>7.5</td><td rowspan="2">2.1</td><td rowspan="2">A2×10</td></tr>
<tr><td>22</td><td>30</td><td>4</td><td>7.5</td></tr>
<tr><td>25</td><td>32</td><td>5</td><td>10</td><td rowspan="6">6.6</td><td rowspan="6">3.2</td><td rowspan="6">13</td><td rowspan="6">1</td><td rowspan="6">M6×16</td><td rowspan="6">A3×12</td></tr>
<tr><td>28</td><td>35</td><td>5</td><td>10</td></tr>
<tr><td>30</td><td>38</td><td>5</td><td>10</td></tr>
<tr><td>32</td><td>40</td><td>5</td><td>12</td><td rowspan="6">±0.135</td></tr>
<tr><td>35</td><td>45</td><td>5</td><td>12</td></tr>
<tr><td>40</td><td>50</td><td>5</td><td>12</td></tr>
<tr><td>45</td><td>55</td><td>6</td><td>16</td><td rowspan="6">9</td><td rowspan="6">4.2</td><td rowspan="6">17</td><td rowspan="6">1.5</td><td rowspan="6">M8×20</td><td rowspan="6">A4×14</td></tr>
<tr><td>50</td><td>60</td><td>6</td><td>16</td></tr>
<tr><td>55</td><td>65</td><td>6</td><td>16</td></tr>
<tr><td>60</td><td>70</td><td>6</td><td>20</td><td rowspan="5">±0.165</td></tr>
<tr><td>65</td><td>75</td><td>6</td><td>20</td></tr>
<tr><td>70</td><td>80</td><td>6</td><td>20</td></tr>
<tr><td>75</td><td>90</td><td>8</td><td rowspan="2">0
−0.36</td><td>25</td><td rowspan="2">13</td><td rowspan="2">5.2</td><td rowspan="2">25</td><td rowspan="2">2</td><td rowspan="2">M10×25</td><td rowspan="2">A5×16</td></tr>
<tr><td>85</td><td>100</td><td>8</td><td>25</td></tr>
</table>

注：当挡圈装在带螺纹孔的轴端时，紧固用螺钉允许加长。

4 技术条件

技术条件按 GB 959.3 规定。

5 标记

5.1 标记方法按 GB 1237 规定。

5.2 标记示例：

公称直径 D=45mm、材料为 Q235、不经表面处理的 A 型螺钉紧固轴端挡圈的标记：

挡圈 GB 891 45

按 B 型制造时，应加标记 B：

挡圈 GB 891 B45

附加说明：

本标准由中华人民共和国机械工业部提出，由机械工业部标准化研究所归口。

本标准由机械工业部标准化研究所负责起草，上海市标准件公司、上海市标准件技术研究所参加起草。

中华人民共和国国家标准

UDC 621.885

GB 892—86

代替 GB 892—76

螺栓紧固轴端挡圈

Lock rings at the end of shaft with bolt

1 主题内容

本标准适用于在轴端上固定零(部)件时用螺栓紧固的挡圈。

本标准规定了公称直径 D=20～100mm 的螺栓紧固轴端挡圈。

2 引用标准

GB 93 标准型弹簧垫圈

GB 119 圆柱销

GB 5783 六角头螺栓—全螺纹—A 和 B 级

GB 959.3 挡圈技术条件—切制挡圈

GB 1237 紧固件的标记方法

3 尺寸

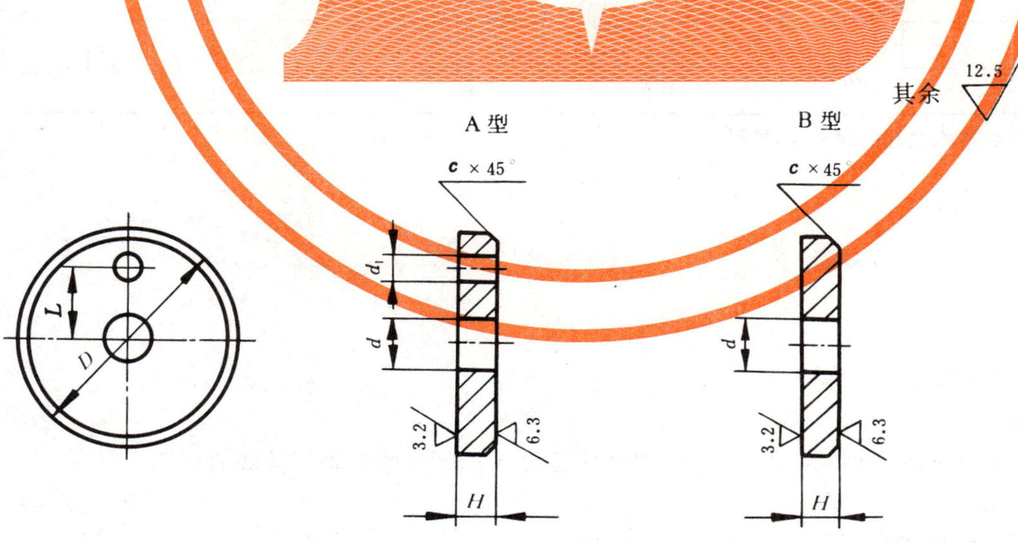

国家标准局1986-07-02发布 1987-06-01实施

mm

<table>
<tr><th rowspan="2">轴径
≤</th><th rowspan="2">公称直径
D</th><th colspan="2">H</th><th colspan="2">L</th><th rowspan="2">d</th><th rowspan="2">d_1</th><th rowspan="2">c</th><th rowspan="2">螺栓
GB 5783
（推荐）</th><th rowspan="2">圆柱销
GB 119
（推荐）</th><th rowspan="2">垫圈
GB 93
（推荐）</th></tr>
<tr><th>基本尺寸</th><th>极限偏差</th><th>基本尺寸</th><th>极限偏差</th></tr>
<tr><td>14</td><td>20</td><td>4</td><td rowspan="17">0
−0.30</td><td>—</td><td rowspan="8">±0.11</td><td rowspan="5">5.5</td><td rowspan="3">—</td><td rowspan="5">0.5</td><td rowspan="5">M5×16</td><td rowspan="3">—</td><td rowspan="5">5</td></tr>
<tr><td>16</td><td>22</td><td>4</td><td>—</td></tr>
<tr><td>18</td><td>25</td><td>4</td><td>—</td></tr>
<tr><td>20</td><td>28</td><td>4</td><td>7.5</td><td rowspan="2">2.1</td><td rowspan="2">A2×10</td></tr>
<tr><td>22</td><td>30</td><td>4</td><td>7.5</td></tr>
<tr><td>25</td><td>32</td><td>5</td><td>10</td><td rowspan="6">6.6</td><td rowspan="6">3.2</td><td rowspan="6">1</td><td rowspan="6">M6×20</td><td rowspan="6">A3×12</td><td rowspan="6">6</td></tr>
<tr><td>28</td><td>35</td><td>5</td><td>10</td></tr>
<tr><td>30</td><td>38</td><td>5</td><td>10</td></tr>
<tr><td>32</td><td>40</td><td>5</td><td>12</td><td rowspan="6">±0.135</td></tr>
<tr><td>35</td><td>45</td><td>5</td><td>12</td></tr>
<tr><td>40</td><td>50</td><td>5</td><td>12</td></tr>
<tr><td>45</td><td>55</td><td>6</td><td>16</td><td rowspan="6">9</td><td rowspan="6">4.2</td><td rowspan="6">1.5</td><td rowspan="6">M8×25</td><td rowspan="6">A4×14</td><td rowspan="6">8</td></tr>
<tr><td>50</td><td>60</td><td>6</td><td>16</td></tr>
<tr><td>55</td><td>65</td><td>6</td><td>16</td></tr>
<tr><td>60</td><td>70</td><td>6</td><td>20</td><td rowspan="5">±0.165</td></tr>
<tr><td>65</td><td>75</td><td>6</td><td>20</td></tr>
<tr><td>70</td><td>80</td><td>6</td><td>20</td></tr>
<tr><td>75</td><td>90</td><td>8</td><td rowspan="2">0
−0.36</td><td>25</td><td rowspan="2">13</td><td rowspan="2">5.2</td><td rowspan="2">2</td><td rowspan="2">M12×30</td><td rowspan="2">A5×16</td><td rowspan="2">12</td></tr>
<tr><td>85</td><td>100</td><td>8</td><td>25</td></tr>
</table>

注：当挡圈装在带螺纹孔的轴端时，紧固用螺栓允许加长。

4 技术条件

技术条件按 GB 959.3 规定。

5 标记

5.1 标记方法按 GB 1237 规定。

5.2 标记示例：

公称直径 D=45mm、材料为 $Q235$、不经表面处理的 A 型螺栓紧固轴端挡圈的标记：

挡圈 GB 892 45

按 B 型制造时，应加标记 B：

挡圈 GB 892 B45

附加说明：

本标准由中华人民共和国机械工业部提出，由机械工业部标准化研究所归口。

本标准由机械工业部标准化研究所负责起草，上海市标准件公司、上海市标准件技术研究所参加起草。

ICS 21.060.30
J 13

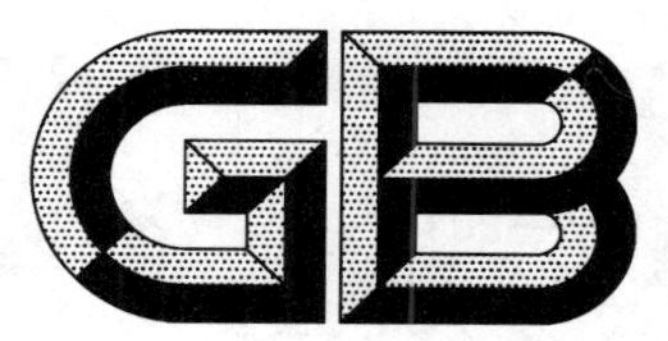

中华人民共和国国家标准

GB/T 893—2017
代替 GB/T 893.1—1986,GB/T 893.2—1986

孔用弹性挡圈

Retaining rings for bores

2017-07-12 发布 2018-02-01 实施

中华人民共和国国家质量监督检验检疫总局
中国国家标准化管理委员会 发布

前 言

本标准是“弹性挡圈”系列标准之一,该系列包括:

——GB/T 893 孔用弹性挡圈;

——GB/T 894 轴用弹性挡圈;

——GB/T 896 开口挡圈;

——GB/T 959.1 挡圈技术条件 弹性挡圈。

本标准按照 GB/T 1.1—2009 给出的规则起草。

本标准代替 GB/T 893.1—1986《孔用弹性挡圈 A 型》和 GB/T 893.2—1986《孔用弹性挡圈 B 型》,与 GB/T 893.1—1986 、GB/T 893.2—1986 相比,主要技术变化如下:

——合并 GB/T 893.1—1986 和 GB/T 893.2—1986 为一个标准,并修改标准名称;

——增加标准型(A 型)规格:d_1=210、220、230、240、250、260、270、280、290 和 300 mm(见表 1);

——修改标准型(A 型)厚度(s)等尺寸及公差(见表 1);

——规定安装钳用孔(d_5)为最小极限尺寸(见表 1、表 2);

——增加沟槽的承载能力 F_N 标准值(见表 1、表 2、第 5 章);

——增加挡圈的承载能力 F_R 标准值(见表 1、表 2、第 5 章);

——增加安装工具标准及规格(见表 1、表 2);

——增加重型(B 型)其 d_1=20 mm~100 mm(见表 2);

——增加沟槽设计及安装(见第 6 章、第 7 章);

——删除原附录 A。

本标准由中国机械工业联合会提出。

本标准由全国紧固件标准化技术委员会(SAC/TC 85)归口。

本标准负责起草单位:中机生产力促进中心。

本标准参加起草单位:安徽省宁国市东波紧固件有限公司、上海球明标准件有限公司、杭州前进齿轮箱集团股份有限公司。

本标准由全国紧固件标准化技术委员会负责解释。

本标准所代替标准的历次版本发布情况为:

——GB/T 893—1976;

——GB/T 893.1—1986;

——GB/T 893.2—1986。

孔用弹性挡圈

1 范围

本标准规定了孔径 d_1=8 mm～300 mm 的标准型(A 型)和 d_1=20 mm～100 mm 的重型(B 型)孔用弹性挡圈,给出安装挡圈的沟槽设计数据。

本标准适用于在孔内固定零件或部件(如滚动轴承)用可承受轴向力的弹性挡圈。

2 规范性引用文件

下列文件对于本文件的应用是必不可少的。凡是注日期的引用文件,仅注日期的版本适用于本文件。凡是不注日期的引用文件,其最新版本(包括所有的修改单)适用于本文件。

GB/T 959.1 挡圈技术条件 弹性挡圈

GB/T 1237 紧固件标记方法

JB/T 3411.48 孔用挡圈弹性钳子 尺寸

3 代号

下列代号适用于本文件。

a	支耳径向宽度
b	挡圈开口对面的径向宽度
d_1	孔径
d_2	槽径
d_3	自由状态挡圈外径
d_4	中心线上的最小内孔直径,计算公式为:$d_4=d_1-2.1a$
d_5	安装孔直径
F_N	材料下屈服强度 R_{eL}=200 MPa 的沟槽承载能力(见 5.2)
F_R	直角接触的挡圈承载能力(见 5.3)
F_{Rg}	倒角接触的挡圈承载能力(见 5.3)
g	零件倒角尺寸(见图 2)
m	槽宽(见表 1、表 2)
n	边距(见表 1、表 2)
R_{eL}	材料下屈服强度
s	挡圈厚度(见表 1、表 2)
t	d_1和 d_2为公称尺寸时的槽深(见图 2)

4 尺寸与设计数据

挡圈及其沟槽尺寸应按表 1 和表 2 规定。其中,尺寸公差适用于涂镀前的尺寸。

图 1 仅为示例。

沟槽和沟槽边缘载荷值由规格确定。沟槽底部应按 6.3 规定。

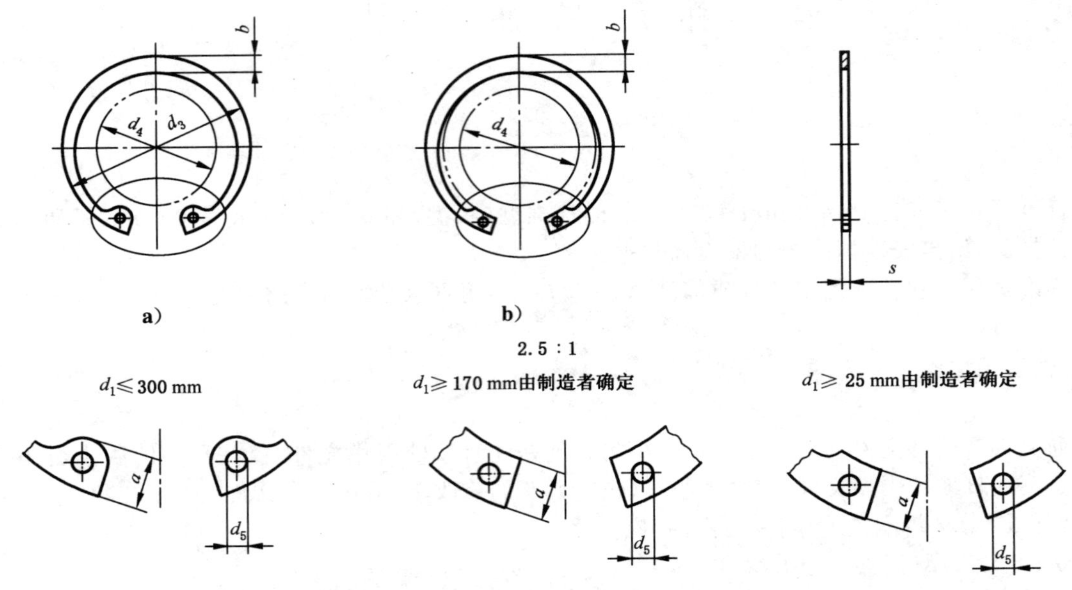

注：挡圈形状由制造者确定。

图 1　尺寸

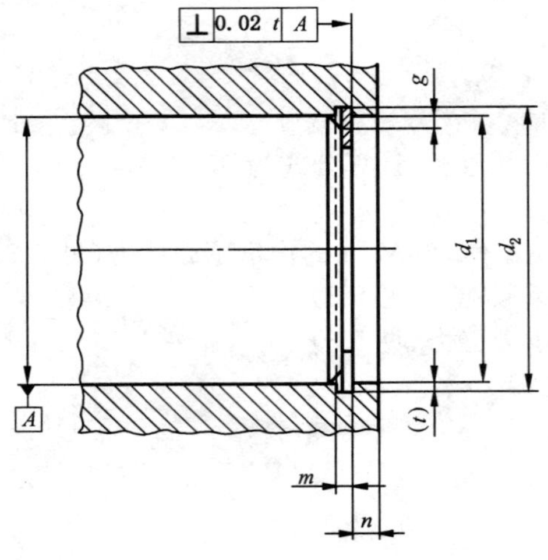

图 2　安装示例

表 1　标准型(A 型)

单位为毫米

公称规格 d_1	挡圈 s 基本尺寸	挡圈 s 极限偏差	挡圈 d_3 基本尺寸	挡圈 d_3 极限偏差	挡圈 a max	挡圈 b^a ≈	挡圈 d_5 min	挡圈 千件质量 ≈ kg	沟槽 d_2[b] 基本尺寸	沟槽 d_2[b] 极限偏差	沟槽 m^c H13	沟槽 t	沟槽 n min	其他 d_4	其他 F_N kN	其他 F_R^d kN	其他 g	其他 F_{Rg}^d kN	其他 安装工具规格[e]
8	0.80	0 −0.05	8.7	+0.36 −0.10	2.4	1.1	1.0	0.14	8.4	+0.09 0	0.9	0.20	0.6	3.0	0.86	2.00	0.5	1.50	1.0
9	0.80		9.8		2.5	1.3	1.0	0.15	9.4		0.9	0.20	0.6	3.7	0.96	2.00	0.5	1.50	
10	1.00	0 −0.06	10.8		3.2	1.4	1.2	0.18	10.4	+0.11 0	1.1	0.20	0.6	3.3	1.08	4.00	0.5	2.20	1.5
11	1.00		11.8		3.3	1.5	1.2	0.31	11.4		1.1	0.20	0.6	4.1	1.17	4.00	0.5	2.30	
12	1.00		13		3.4	1.7	1.5	0.37	12.5		1.1	0.25	0.8	4.9	1.60	4.00	0.5	2.30	
13	1.00		14.1		3.6	1.8	1.5	0.42	13.6		1.1	0.30	0.9	5.4	2.10	4.20	0.5	2.30	
14	1.00		15.1		3.7	1.9	1.7	0.52	14.6		1.1	0.30	0.9	6.2	2.25	4.50	0.5	2.30	2.0
15	1.00		16.2		3.7	2.0	1.7	0.56	15.7		1.1	0.35	1.1	7.2	2.80	5.00	0.5	2.30	
16	1.00		17.3		3.8	2.0	1.7	0.60	16.8		1.1	0.40	1.2	8.0	3.40	5.50	1.0	2.60	
17	1.00		18.3	+0.42 −0.13	3.9	2.1	1.7	0.65	17.8		1.1	0.40	1.2	8.8	3.60	6.00	1.0	2.50	
18	1.00		19.5		4.1	2.2	2.0	0.74	19	+0.13 0	1.1	0.50	1.5	9.4	4.80	6.50	1.0	2.60	
19	1.00		20.5		4.1	2.2	2.0	0.83	20		1.1	0.50	1.5	10.4	5.10	6.80	1.0	2.50	
20	1.00		21.5		4.2	2.3	2.0	0.90	21		1.1	0.50	1.5	11.2	5.40	7.20	1.0	2.50	
21	1.00		22.5		4.2	2.4	2.0	1.00	22		1.1	0.50	1.5	12.2	5.70	7.60	1.0	2.60	
22	1.00		23.5		4.2	2.5	2.0	1.10	23		1.1	0.50	1.5	13.2	5.90	8.00	1.0	2.70	
24	1.20		25.9	+0.42 −0.21	4.4	2.6	2.0	1.42	25.2	+0.21 0	1.3	0.60	1.8	14.8	7.70	13.90	1.0	4.60	
25	1.20		26.9		4.5	2.7	2.0	1.50	26.2		1.3	0.60	1.8	15.5	8.00	14.60	1.0	4.70	
26	1.20		27.9		4.7	2.8	2.0	1.60	27.2		1.3	0.60	1.8	16.1	8.40	13.85	1.0	4.60	
28	1.20		30.1	+0.50 −0.25	4.8	2.9	2.0	1.80	29.4		1.3	0.70	2.1	17.9	10.50	13.30	1.0	4.50	
30	1.20		32.1		4.8	3.0	2.0	2.06	31.4	+0.25 0	1.3	0.70	2.1	19.9	11.30	13.70	1.0	4.60	
31	1.20		33.4		5.2	3.2	2.5	2.10	32.7		1.3	0.85	2.6	20.0	14.10	13.80	1.0	4.70	2.5
32	1.20		34.4		5.4	3.2	2.5	2.21	33.7		1.3	0.85	2.6	20.6	14.60	13.80	1.0	4.70	
34	1.50		36.5		5.4	3.3	2.5	3.20	35.7		1.60	0.85	2.6	22.6	15.40	26.20	1.5	6.30	
35	1.50		37.8		5.4	3.4	2.5	3.54	37.0		1.60	1.00	3.0	23.6	18.80	26.90	1.5	6.40	
36	1.50		38.8		5.4	3.5	2.5	3.70	38.0		1.60	1.00	3.0	24.6	19.40	26.40	1.5	6.40	

表 1（续）

单位为毫米

公称规格 d_1	挡圈								沟槽					其他					
	s		d_3		a	b[a]	d_5	千件质量	d_2[b]		m[c]	t	n	d_4	F_N	F_R^d	g	F_{Rg}^d	安装工具规格[e]
	基本尺寸	极限偏差	基本尺寸	极限偏差	max	≈	min	≈ kg	基本尺寸	极限偏差	H13		min		kN	kN		kN	
37	1.50	0 −0.06	39.8	+0.50 −0.25	5.5	3.6	2.5	3.74	39	+0.25 0	1.60	1.00	3.0	25.4	19.80	27.10	1.5	6.50	2.5
38	1.50		40.8		5.5	3.7	2.5	3.90	40		1.60	1.00	3.0	26.4	22.50	28.20	1.5	6.70	
40	1.75		43.5	+0.90 −0.39	5.8	3.9	2.5	4.70	42.5		1.85	1.25	3.8	27.8	27.00	44.60	2.0	8.30	
42	1.75		45.5		5.9	4.1	2.5	5.40	44.5		1.85	1.25	3.8	29.6	28.40	44.70	2.0	8.40	3.0
45	1.75		48.5		6.2	4.3	2.5	6.00	47.5		1.85	1.25	3.8	32.0	30.20	43.10	2.0	8.20	
47	1.75		50.5	+1.10 −0.46	6.4	4.4	2.5	6.10	49.5		1.85	1.25	3.8	33.5	31.40	43.50	2.0	8.30	
48	1.75		51.5		6.4	4.5	2.5	6.70	50.5	+0.30 0	1.85	1.25	3.8	34.5	32.00	43.20	2.0	8.40	
50	2.00	0 −0.07	54.2		6.5	4.6	2.5	7.30	53.0		2.15	1.50	4.5	36.3	40.50	60.80	2.0	12.10	
52	2.00		56.2		6.7	4.7	2.5	8.20	55.0		2.15	1.50	4.5	37.9	42.00	60.25	2.0	12.00	
55	2.00		59.2		6.8	5.0	2.5	8.30	58.0		2.15	1.50	4.5	40.7	44.40	60.30	2.0	12.50	
56	2.00		60.2		6.8	5.1	2.5	8.70	59.0		2.15	1.50	4.5	41.7	45.20	60.30	2.0	12.60	
58	2.00		62.2		6.9	5.2	2.5	10.50	61.0		2.15	1.50	4.5	43.5	46.70	60.80	2.0	12.70	
60	2.00		64.2		7.3	5.4	2.5	11.10	63.0		2.15	1.50	4.5	44.7	48.30	61.00	2.0	13.00	
62	2.00		66.2		7.3	5.5	2.5	11.20	65.0		2.15	1.50	4.5	46.7	49.80	60.90	2.0	13.00	
63	2.00		67.2		7.3	5.6	2.5	12.40	66.0		2.15	1.50	4.5	47.7	50.60	60.80	2.0	13.00	
65	2.50		69.2		7.6	5.8	3.0	14.30	68.0		2.65	1.50	4.5	49.0	51.80	121.00	2.5	20.80	
68	2.50		72.5		7.8	6.1	3.0	16.00	71.0		2.65	1.50	4.5	51.6	51.50	121.50	2.5	21.20	
70	2.50		74.5		7.8	6.2	3.0	16.50	73.0		2.65	1.50	4.5	53.6	56.20	119.00	2.5	21.00	
72	2.50		76.5		7.8	6.4	3.0	18.10	75.0		2.65	1.50	4.5	55.6	58.00	119.20	2.5	21.00	
75	2.50		79.5		7.8	6.6	3.0	18.80	78.0		2.65	1.50	4.5	58.6	60.00	118.00	2.5	21.00	
78	2.50		82.5	+1.30 −0.54	8.5	6.6	3.0	20.4	81.0	+0.35 0	2.65	1.50	4.5	60.1	62.30	122.50	2.5	21.80	
80	2.50		85.5		8.5	6.8	3.0	22.0	83.5		2.65	1.75	5.3	62.1	74.60	120.90	2.5	21.80	
82	2.50		87.5		8.5	7.0	3.0	24.0	85.5		2.65	1.75	5.3	64.1	76.60	119.00	2.5	21.40	
85	3.00	0 −0.08	90.5		8.6	7.0	3.5	25.3	88.5		3.15	1.75	5.3	66.9	79.50	201.40	3.0	31.20	
88	3.00		93.5		8.6	7.2	3.5	28.0	91.5		3.15	1.75	5.3	69.9	82.10	209.40	3.0	32.70	

表 1（续）

单位为毫米

公称规格 d_1	挡圈								沟槽					其他					
	s		d_3		a	b[a]	d_5	千件质量	d_2[b]		m[c]	t	n	d_4	F_N	F_R^d	g	F_{Rg}^d	安装工具规格[e]
	基本尺寸	极限偏差	基本尺寸	极限偏差	max	≈	min	≈ kg	基本尺寸	极限偏差	H13		min		kN	kN		kN	
90	3.00		95.5		8.6	7.6	3.5	31.0	93.5		3.15	1.75	5.3	71.9	84.00	199.00	3.0	31.40	
92	3.00		97.5		8.7	7.8	3.5	32.0	95.5	+0.35 0	3.15	1.75	5.3	73.7	85.80	201.00	3.0	32.00	
95	3.00	0 −0.08	100.5		8.8	8.1	3.5	35.0	98.5		3.15	1.75	5.3	76.5	88.60	195.00	3.0	31.40	3.0
98	3.00		103.5		9.0	8.3	3.5	37.0	101.5		3.15	1.75	5.3	79.0	91.30	191.00	3.0	31.00	
100	3.00		105.5	+1.30 −0.54	9.2	8.4	3.5	38.0	103.5		3.15	1.75	5.3	80.6	93.10	188.00	3.0	30.80	
102	4.00		108		9.5	8.5	3.5	55.0	106.0		4.15	2.00	6.0	82.0	108.80	439.00	3.0	72.60	
105	4.00		112		9.5	8.7	3.5	56.0	109.0		4.15	2.00	6.0	85.0	112.00	436.00	3.0	73.00	
108	4.00		115		9.5	8.9	3.5	60.0	112.0	+0.54 0	4.15	2.00	6.0	88.0	115.00	419.00	3.0	71.00	
110	4.00		117		10.4	9.0	3.5	64.5	114.0		4.15	2.00	6.0	88.2	117.00	415.00	3.0	71.00	
112	4.00		119		10.5	9.1	3.5	72.0	116.0		4.15	2.00	6.0	90.0	119.00	418.00	3.0	72.00	
115	4.00		122		10.5	9.3	3.5	74.5	119.0		4.15	2.00	6.0	93.0	122.00	409.00	3.0	71.20	
120	4.00		127		11.0	9.7	3.5	77.0	124.0		4.15	2.00	6.0	96.9	127.00	396.00	3.0	70.00	
125	4.00		132		11.0	10.0	4.0	79.0	129.0		4.15	2.00	6.0	101.9	132.00	385.00	3.0	70.00	
130	4.00		137		11.0	10.2	4.0	82.0	134.0		4.15	2.00	6.0	106.9	138.00	374.00	3.0	69.00	
135	4.00	0 −0.10	142		11.2	10.5	4.0	84.0	139.0		4.15	2.00	6.0	111.5	143.00	358.00	3.0	67.00	
140	4.00		147	+1.50 −0.63	11.2	10.7	4.0	87.5	144.0		4.15	2.00	6.0	116.5	148.00	350.00	3.0	66.50	4.0
145	4.00		152		11.4	10.9	4.0	93.0	149.0	+0.63 0	4.15	2.00	6.0	121.0	153.00	336.00	3.0	65.00	
150	4.00		158		12.0	11.2	4.0	105.0	155.0		4.15	2.50	7.5	124.8	191.00	326.00	3.0	64.00	
155	4.00		164		12.0	11.4	4.0	107.0	160.0		4.15	2.50	7.5	129.8	206.00	324.00	3.5	55.00	
160	4.00		169		13.0	11.6	4.0	110.0	165.0		4.15	2.50	7.5	132.7	212.00	321.00	3.5	54.40	
165	4.00		174.5		13.0	11.8	4.0	125.0	170.0		4.15	2.50	7.5	137.7	219.00	319.00	3.5	54.00	
170	4.00		179.5		13.5	12.2	4.0	140.0	175.0		4.15	2.50	7.5	141.6	225.00	349.00	3.5	59.00	
175	4.00		184.5		13.5	12.7	4.0	150.0	180.0		4.15	2.50	7.5	146.6	232.00	351.00	3.5	59.00	
180	4.00		189.5	+1.70 −0.72	14.2	13.2	4.0	165.0	185.0	+0.72 0	4.15	2.50	7.5	150.2	238.00	347.00	3.5	58.50	
185	4.00		194.5		14.2	13.7	4.0	170.0	190.0		4.15	2.50	7.5	155.2	245.00	349.00	3.5	57.50	

表 1（续）

单位为毫米

公称规格 d_1	挡圈								沟槽					其他					
	s		d_3		a max	b[a] ≈	d_5 min	千件质量 ≈ kg	d_2[b]		m[c] H13	t	n min	d_4	F_N kN	F_R^d kN	g	F_{Rg}^d kN	安装工具规格[e]
	基本尺寸	极限偏差	基本尺寸	极限偏差					基本尺寸	极限偏差									
190	4.00	0 −0.10	199.5	+1.70 −0.72	14.2	13.8	4.0	175.0	195.0	+0.72 0	4.15	2.50	7.5	160.2	251.00	340.00	3.5	57.50	4.0
195	4.00		204.5		14.2	14.0	4.0	183.0	200.0		4.15	2.50	7.5	165.2	258.00	330.00	3.5	55.50	
200	4.00		209.5		14.2	14.0	4.0	195.0	205.0		4.15	2.50	7.5	170.2	265.00	325.00	3.5	55.00	
210	5.00	0 −0.12	222.0		14.2	14.0	4.0	270.0	216.0		5.15	3.00	9.0	180.2	333.00	601.00	4.0	89.50	[f]
220	5.00		232.0		14.2	14.0	4.0	315.0	226.0		5.15	3.00	9.0	190.2	349.00	574.00	4.0	85.00	
230	5.00		242.0		14.2	14.0	4.0	330.0	236.0		5.15	3.00	9.0	200.2	365.00	549.00	4.0	81.00	
240	5.00		252.0	+2.00 −0.81	14.2	14.0	4.0	345.0	246.0		4.15	3.00	9.0	210.2	380.00	525.00	4.0	77.50	
250	5.00		262.0		16.2	16.0	5.0	360.0	256.0	+0.81 0	5.15	3.00	9.0	220.2	396.00	504.00	4.0	75.00	
260	5.00		275.0		16.2	16.0	5.0	375.0	268.0		5.15	4.00	12.0	226.0	553.00	538.00	4.0	80.00	
270	5.00		285.0		16.2	16.0	5.0	388.0	278.0		5.15	4.00	12.0	236.0	573.00	518.00	4.0	77.00	
280	5.00		295.0		16.2	16.0	5.0	400.0	288.0		5.15	4.00	12.0	246.0	593.00	499.00	4.0	74.00	
290	5.00		305.0		16.2	16.0	5.0	415.0	298.0		5.15	4.00	12.0	256.0	615.00	482.00	4.0	71.50	
300	5.00		315.0		16.2	16.0	5.0	435.0	308.0		5.15	4.00	12.0	266.0	636.00	466.00	4.0	69.00	

[a] 尺寸 b 不能超过 a_{max}。

[b] 见 6.1。

[c] 见 6.2。

[d] 适用于 C67S、C75S 制造的挡圈。

[e] 挡圈安装工具按 JB/T 3411.48 规定。

[f] 挡圈安装工具可以专门设计。

表 2 重型(B 型)

单位为毫米

公称规格 d_1	挡圈								沟槽					其他					
	s		d_3		a max	b[a] ≈	d_5 min	千件质量 ≈ kg	d_2[b]		m[c] H13	t	n min	d_4	F_N kN	F_R^d kN	g	F_{Rg}^d kN	安装工具规格[e]
	基本尺寸	极限偏差	基本尺寸	极限偏差					基本尺寸	极限偏差									
20	1.50	0 −0.06	21.5	+0.42 −0.21	4.5	2.4	2.0	1.41	21.0	+0.13 0	1.60	0.50	1.5	10.5	5.40	16.0	1.0	5.60	2.0
22	1.50		23.5		4.7	2.8	2.0	1.85	23.0		1.60	0.50	1.5	12.1	5.90	18.0	1.0	6.10	
24	1.50		25.9		4.9	3.0	2.0	1.98	25.2		1.60	0.60	1.8	13.7	7.70	21.7	1.0	7.20	
25	1.50		26.9		5.0	3.1	2.0	2.16	26.2	+0.21 0	1.60	0.60	1.8	14.5	8.00	22.8	1.0	7.30	
26	1.50		27.9		5.1	3.1	2.0	2.25	27.2		1.60	0.60	1.8	15.3	8.40	21.6	1.0	7.20	
28	1.50		30.1	+0.50 −0.25	5.3	3.2	2.0	2.48	29.4		1.60	0.70	2.1	16.9	10.50	20.8	1.0	7.00	
30	1.50		32.1		5.5	3.3	2.0	2.84	31.4	+0.25 0	1.60	0.70	2.1	18.4	11.30	21.4	1.0	7.20	
32	1.50		34.4		5.7	3.4	2.0	2.94	33.7		1.60	0.85	2.6	20.0	14.60	21.4	1.0	7.30	2.5
34	1.75		36.5		5.9	3.7	2.5	4.20	35.7		1.85	0.85	2.6	21.6	15.40	35.6	1.5	8.60	
35	1.75		37.8		6.0	3.8	2.5	4.62	37.0		1.85	1.00	3.0	22.4	18.80	36.6	1.5	8.70	
37	1.75		39.8		6.2	3.9	2.5	4.73	39.0		1.85	1.00	3.0	24.0	19.80	36.8	1.5	8.80	
38	2.00		40.8		6.3	3.9	2.5	4.80	40.0		1.85	1.00	3.0	24.7	22.50	38.3	1.5	9.10	
40	2.00	0 −0.07	43.5	+0.90 −0.39	6.5	3.9	2.5	5.38	42.5		2.15	1.25	3.8	26.3	27.00	58.4	2.0	10.90	
42	2.00		45.5		6.7	4.1	2.5	6.18	44.5		2.15	1.25	3.8	27.9	28.40	58.5	2.0	11.00	3.0
45	2.00		48.5		7.0	4.3	2.5	6.86	47.5		2.15	1.25	3.8	30.3	30.20	56.5	2.0	10.70	
47	2.00		50.5	+1.10 −0.46	7.2	4.4	2.5	7.00	49.5		2.15	1.25	3.8	31.9	31.40	57.0	2.0	10.80	
50	2.50		54.2		7.5	4.6	2.5	9.15	53.0	+0.30 0	2.65	1.50	4.5	34.2	40.50	95.50	2.0	19.00	
52	2.50		56.2		7.7	4.7	2.5	10.20	55.0		2.65	1.50	4.5	35.8	42.00	94.60	2.0	18.80	
55	2.50		59.2		8.0	5.0	2.5	10.40	58.0		2.65	1.50	4.5	38.2	44.40	94.70	2.0	19.60	
60	3.00	0 −0.08	64.2		8.5	5.4	2.5	16.60	63.0		3.15	1.50	4.5	42.1	48.30	137.00	2.0	29.20	
62	3.00		66.2		8.6	5.5	2.5	16.80	65.0		3.15	1.50	4.5	43.9	49.80	137.00	2.0	29.20	
65	3.00		69.2		8.7	5.8	3.0	17.20	68.0		3.15	1.50	4.5	46.7	51.80	174.00	2.5	30.00	
68	3.00		72.5		8.8	6.1	3.0	19.20	71.0		3.15	1.50	4.5	49.5	54.50	174.50	2.5	30.60	
70	3.00		74.5		9.0	6.2	3.0	19.80	73.0		3.15	1.50	4.5	51.1	56.20	171.00	2.5	30.30	
72	3.00		76.5		9.2	6.4	3.0	21.70	75.0		3.15	1.50	4.5	52.7	58.00	172.00	2.5	30.30	
75	3.00		79.5		9.3	6.6	3.0	22.60	78.0		3.15	1.50	4.5	55.5	60.00	170.00	2.5	30.30	

表 2（续）

单位为毫米

公称规格 d_1	挡圈								沟槽					其他					
	s		d_3		a max	b[a] ≈	d_5 min	千件质量 ≈ kg	d_2[b]		m[c] H13	t	n min	d_4	F_N kN	F_R[d] kN	g	F_{Rg}[d] kN	安装工具规格[e]
	基本尺寸	极限偏差	基本尺寸	极限偏差					基本尺寸	极限偏差									
80	4.00	0 −0.10	85.5	+1.30 −0.54	9.5	7.0	3.0	35.20	83.5	+0.35 0	4.15	1.75	5.3	60.0	74.60	308.00	2.5	56.00	3.0
85	4.00		90.5		9.7	7.2	3.5	38.80	88.5		4.15	1.75	5.3	64.6	79.50	358.00	3.0	55.00	
90	4.00		95.5		10.0	7.6	3.5	41.50	93.5		4.15	1.75	5.3	69.0	84.00	354.00	3.0	56.00	
95	4.00		100.5		10.3	8.1	3.5	46.70	98.5		4.15	1.75	5.3	73.4	88.60	347.00	3.0	56.00	
100	4.00		105.5		10.5	8.4	3.5	50.70	103.5		4.15	1.75	5.3	78.0	93.10	335.00	3.0	55.00	

[a] 尺寸 b 不能超过 a_{max}。

[b] 见 6.1。

[c] 见 6.2。

[d] 适用于 C67S、C75S 制造的挡圈。

[e] 挡圈安装工具按 JB/T 3411.48 规定。

5 承载能力

5.1 通则

安装挡圈的尺寸要求分别计算沟槽承载能力 F_N 和挡圈承载能力 F_R。通常，主要参照下限参数设计。表 1 和表 2 给出承载能力(F_N、F_R、F_{Rg})，不包含在静载荷下产生的屈服或在动载荷下疲劳断裂的安全系数，在静载荷下，抗断裂的安全水平至少是 2 倍。

5.2 沟槽承载能力 F_N

表 1 和表 2 给出的 F_N 值适用于材料下屈服强度 $R_{eL}=200$ MPa、给定公称槽深 t 与边距 n 的沟槽。

对于其他沟槽深度 t' 和下屈服强度 R'_{eL}，承载能力 F'_N 应按式(1)计算：

$$F'_N = F_N \cdot \frac{t'}{t} \cdot \frac{R'_{eL}}{200} \qquad (1)$$

5.3 挡圈承载能力 F_R

表 1 和表 2 给出的 F_R 值适用于通过大于最大直径 $1.01 \times d_1$ 的孔(见第 7 章)的挡圈与零件直角接触的装配(见图 3)。

F_{Rg} 值适用于零件倒角尺寸为 g 的装配(见图 4)。

F_R 和 F_{Rg} 值适用于弹性模量 210 GPa 的挡圈材料。

说明：
1——挡圈。

图 3 直角接触边缘

说明：
1——挡圈。

图 4 倒角接触

对于不同的倒角尺寸 g'，挡圈的承载能力应按式(2)计算：

$$F'_{Rg} = F_{Rg} \cdot \frac{g}{g'} \qquad (2)$$

注：当 $F'_{Rg} > F_R$ 时，则 F_R 是适用的。

如果由于倒角尺寸太大不能适应实际受力的要求，可借助支承环形成直角接触(见图 5)。

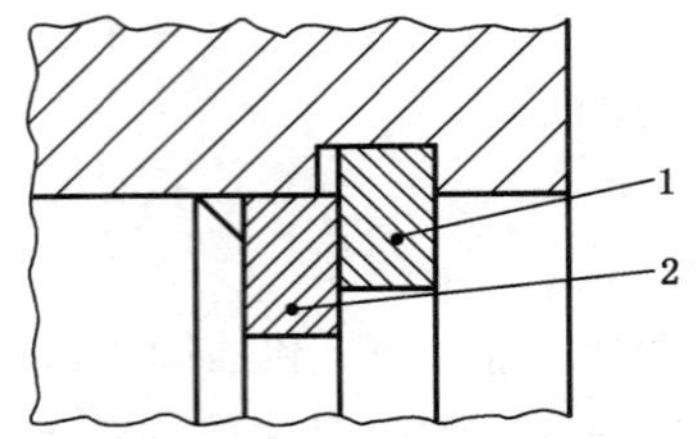

说明：

1——挡圈；

2——支承环。

图 5 使用支承环的直角接触

6 沟槽设计

6.1 沟槽尺寸 d_2

应从表 1 和表 2 中选取沟槽尺寸 d_2，以使挡圈置入沟槽后承受预应力。

注：如无需承受预应力，可选用较大的沟槽直径，其上极限为：$d_{2max}=d_{3min}$。

6.2 沟槽宽度 m

公差带 H13 适用于表 1 和表 2 规定的沟槽宽度。受单向力时，沟槽可向不受力的一边加宽和/或倒角。沟槽宽度不会影响挡圈的承载能力。制造商可自行决定沟槽形状和宽度。

如果挡圈交替传递力，沟槽壁承受双向力，则槽宽 m 应尽可能的与挡圈厚度 s 匹配，如减小公差。

沟槽形状见图 6a)～d)。

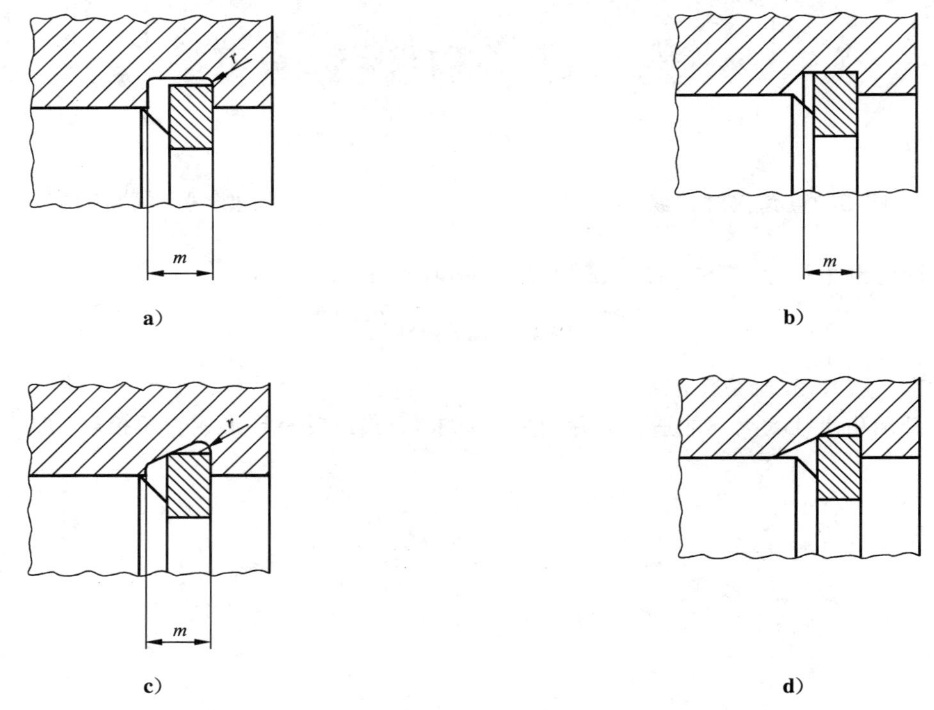

图 6 沟槽形状

6.3 沟槽底部设计

矩形沟槽是标准形状，见图 6a)。受载荷边圆角 r 不应超过 $0.1\times s$。其他适用的沟槽形状见图 6b)～d)。沟槽底部设计见图 7。

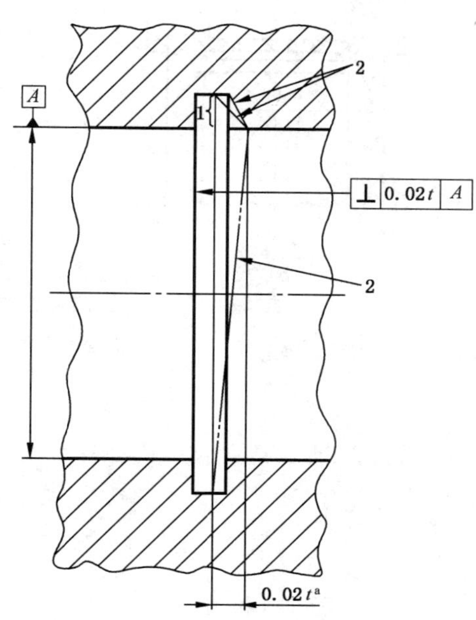

说明：

1——测量垂直点；

2——可能的轮廓线。

[a] 公差带。

图 7 沟槽底部设计

7 安装

应使用符合 JB/T 3411.48 规定的安装工具或锥套安装挡圈。

在安装过程中，应确保挡圈收缩到正好能通过直径为 $0.99\times d_1$ 的孔。防止过度收缩最可靠的方法是使用锥套进行安装，见图 8。

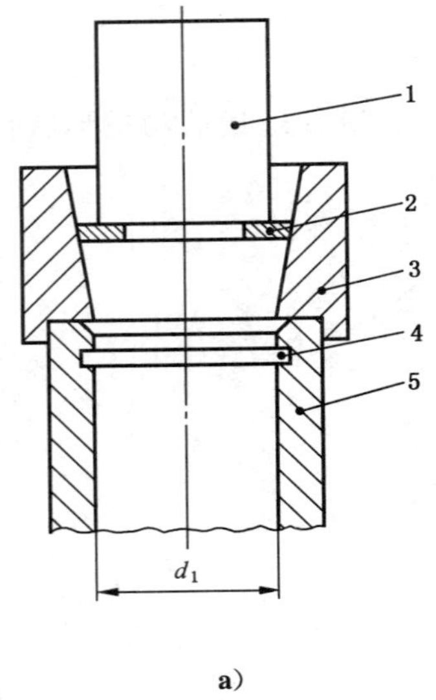

a）

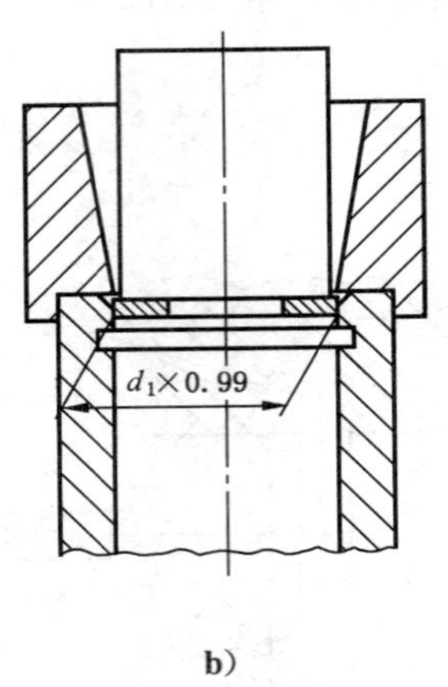

b）

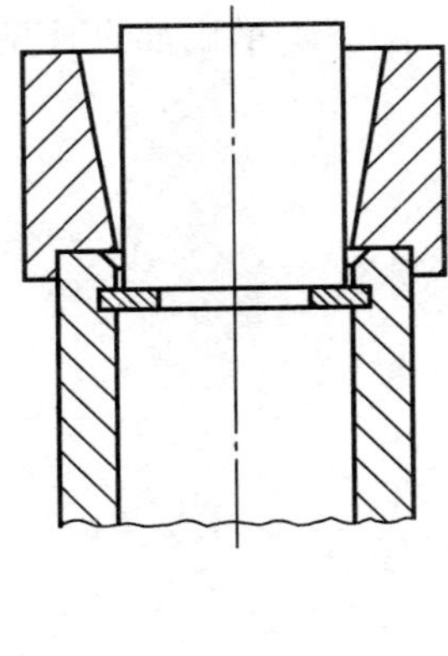

c）

说明：

1——压力顶杆；

2——挡圈；

3——锥套；

4——沟槽；

5——外壳。

图8　锥套安装

8　技术条件

技术条件按 GB/T 959.1 规定。

9　标记

9.1　标记方法

标记方法按 GB/T 1237 规定。

9.2　标记示例

孔径 d_1=40 mm、厚度 s=1.75 mm、材料 C67S、表面磷化处理的 A 型孔用弹性挡圈的标记：

挡圈　GB/T 893　40

孔径 d_1=40 mm、厚度 s=2.00 mm、材料 C67S、表面磷化处理的 B 型孔用弹性挡圈的标记：

挡圈　GB/T 893　40B

ICS 21.060.30
J 13

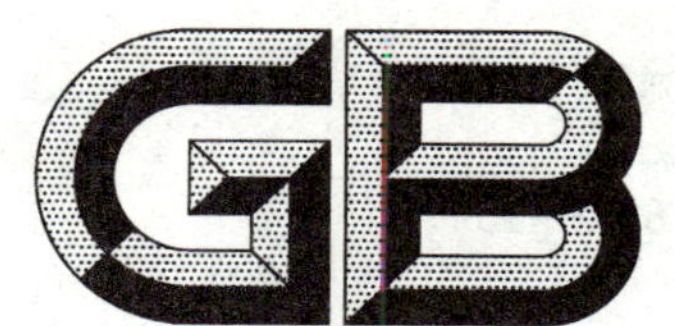

中华人民共和国国家标准

GB/T 894—2017
代替 GB/T 894.1—1986,GB/T 894.2—1986

轴用弹性挡圈

Retaining rings for shaft

2017-07-12 发布　　2018-02-01 实施

中华人民共和国国家质量监督检验检疫总局
中国国家标准化管理委员会　发布

前　言

本标准是“弹性挡圈”系列标准之一，该系列包括：

——GB/T 893　孔用弹性挡圈；

——GB/T 894　轴用弹性挡圈；

——GB/T 896　开口挡圈；

——GB/T 959.1　挡圈技术条件　弹性挡圈。

本标准按照 GB/T 1.1—2009 给出的规则起草。

本标准代替 GB/T 894.1—1986《轴用弹性挡圈　A 型》和 GB/T 894.2—1986《轴用弹性挡圈　B 型》，与 GB/T 894.1—1986 和 GB/T 894.2—1986 相比，主要技术变化如下：

——GB/T 894.1—1986 和 GB/T 894.2—1986 合并为一个标准，并修改标准名称；

——增加标准型(A 型)规格：d_1=210、220、230、240、250、260、270、280、290 和 300 mm(见表 1)；

——修改标准型(A 型)厚度(s) 等尺寸及公差(见表 1)；

——规定安装钳用孔(d_5)为最小极限尺寸(见表 1、表 2)；

——增加沟槽的承载能力 F_N标准值(见表 1、表 2、第 5 章)；

——增加挡圈的承载能力 F_R标准值(见表 1、表 2、第 5 章)；

——增加挡圈极限转速 (见表 1、表 2、第 5 章)；

——增加重型(B 型)，d_1=15 mm～100 mm(见表 2)；

——增加安装工具标准及规格(见表 1、表 2)；

——增加沟槽设计及安装(见第 6 章、第 7 章)；

——删除原附录 A。

本标准由中国机械工业联合会提出。

本标准由全国紧固件标准化技术委员会(SAC/TC 85)归口。

本标准负责起草单位：中机生产力促进中心。

本标准参加起草单位：安徽省宁国市东波紧固件有限公司、杭州前进齿轮箱集团股份有限公司、上海球明标准件有限公司。

本标准由全国紧固件标准化技术委员会负责解释。

本标准所代替标准的历次版本发布情况为：

——GB/T 894—1976；

——GB/T 894.1—1986；

——GB/T 894.2—1986。

轴用弹性挡圈

1 范围

本标准规定了孔径 $d_1=3$ mm～300 mm 的标准型(A 型)和 $d_1=15$ mm～100 mm 的重型(B 型)轴用弹性挡圈,给出安装挡圈的沟槽设计数据。

本标准适用于在轴上固定零件或部件(如滚动轴承)用可承受轴向力的弹性挡圈。

2 规范性引用文件

下列文件对于本文件的应用是必不可少的。凡是注日期的引用文件,仅注日期的版本适用于本文件。凡是不注日期的引用文件,其最新版本(包括所有的修改单)适用于本文件。

GB/T 959.1 挡圈技术条件 弹性挡圈

GB/T 1237 紧固件标记方法

JB/T 3411.47 轴用挡圈弹性钳子 尺寸

3 代号

下列代号适用于本文件。

a 支耳径向宽度

b 挡圈开口对面的径向宽度

d_1 轴径

d_2 槽径

d_3 自由状态挡圈内径

d_4 外部空间最大中心线直径,计算公式如下:$d_4=d_1-2.1a$

d_5 安装孔直径

F_N 材料下屈服强度 $R_{eL}=200$ MPa 的沟槽承载能力(见 5.2)

F_R 直角接触的挡圈承载能力(见 5.3)

F_{Rg} 倒角接触的挡圈承载能力(见 5.3)

g 零件倒角尺寸(见图 2)

m 槽宽(见表 1、表 2)

n 边距(见表 1、表 2)

n_{abl} 挡圈极限转速(见表 1)

R_{eL} 材料下屈服强度

s 挡圈厚度(见表 1、表 2)

t 当 d_1 和 d_2 为公称尺寸时的槽深(见图 2)

4 尺寸与设计数据

挡圈及沟槽尺寸应按表 1 和表 2 规定。其中,尺寸公差适用于涂镀前的尺寸。

图 1 仅为示例。

沟槽和沟槽边缘载荷值由规格确定。沟槽底部应按 6.3 规定。

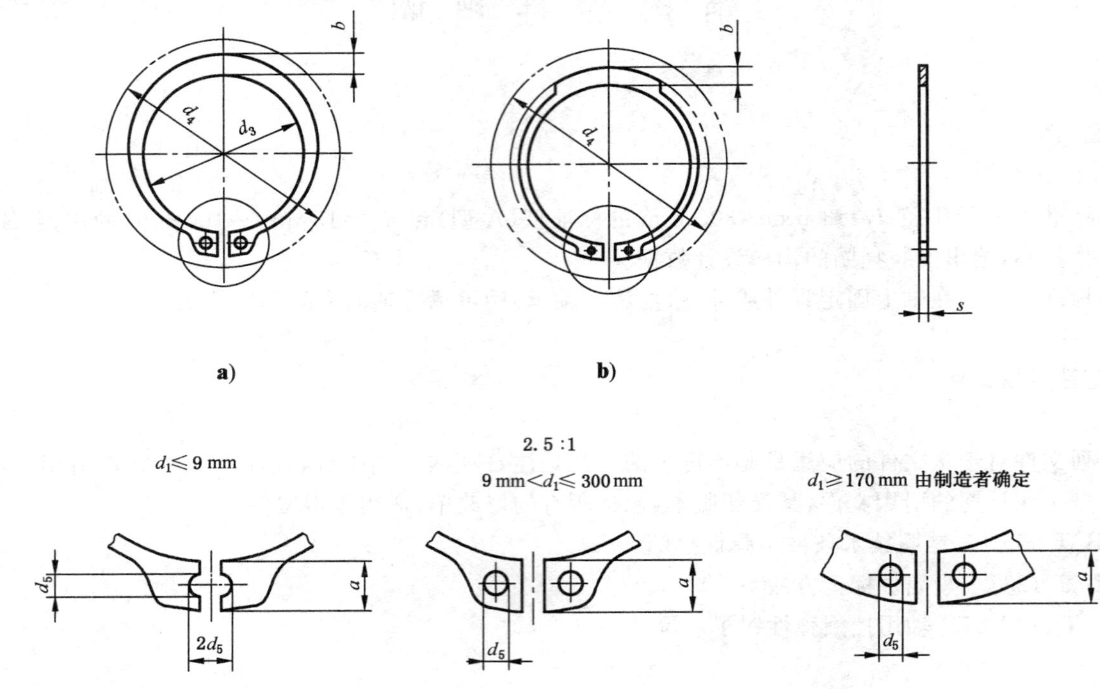

注：挡圈形状由制造者确定。

图 1　尺寸

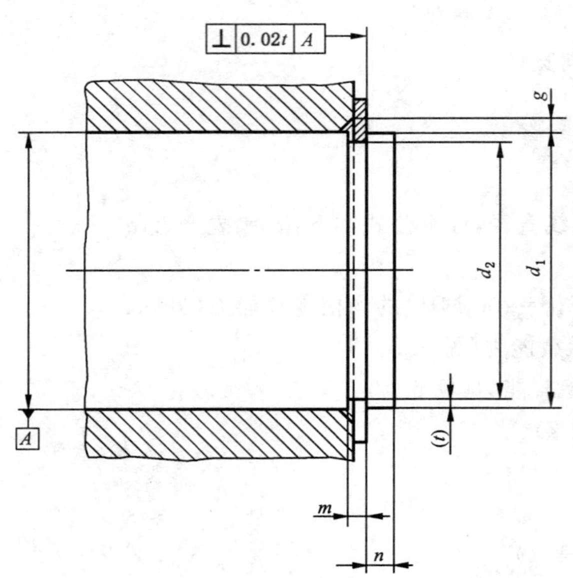

图 2　安装示例

表 1　标准型(A 型)

单位为毫米

公称规格 d_1	挡圈								沟槽					其他						
	s		d_3		a max	b[a] ≈	d_5 min	千件质量 ≈ kg	d_2[b]		m[c] H13	t	n min	d_4	F_N kN	F_R^d kN	g	F_{Rg}^d kN	n_{abl}^d r/min	安装工具规格[e]
	基本尺寸	极限偏差	基本尺寸	极限偏差					基本尺寸	极限偏差										
3	0.40	0 −0.05	2.7	+0.04 −0.15	1.9	0.8	1.0	0.017	2.8	0 −0.04	0.5	0.10	0.3	7.0	0.15	0.47	0.5	0.27	360 000	1.0
4	0.40		3.7		2.2	0.9	1.0	0.022	3.8		0.5	0.10	0.3	8.6	0.20	0.50	0.5	0.30	211 000	
5	0.60		4.7		2.5	1.1	1.0	0.066	4.8	0 −0.05	0.7	0.10	0.3	10.3	0.26	1.00	0.5	0.80	154 000	
6	0.70		5.6		2.7	1.3	1.2	0.084	5.7		0.8	0.15	0.5	11.7	0.46	1.45	0.5	0.90	114 000	
7	0.80		6.5	+0.06 −0.18	3.1	1.4	1.2	0.121	6.7	0 −0.06	0.9	0.15	0.5	13.5	0.54	2.60	0.5	1.40	121 000	
8	0.80		7.4		3.2	1.5	1.2	0.158	7.6		0.9	0.20	0.6	14.7	0.81	3.00	0.5	2.00	96 000	
9	1.00	0 −0.06	8.4		3.3	1.7	1.2	0.300	8.6		1.1	0.20	0.6	16.0	0.92	3.50	0.5	2.40	85 000	
10	1.00		9.3	+0.10 −0.36	3.3	1.8	1.5	0.340	9.6	0 −0.11	1.1	0.20	0.6	17.0	1.01	4.00	1.0	2.40	84 000	1.5
11	1.00		10.2		3.3	1.8	1.5	0.410	10.5		1.1	0.25	0.8	18.0	1.40	4.50	1.0	2.40	70 000	
12	1.00		11.0		3.3	1.8	1.7	0.500	11.5		1.1	0.25	0.8	19.0	1.53	5.00	1.0	2.40	75 000	
13	1.00		11.9		3.4	2.0	1.7	0.530	12.4		1.1	0.30	0.9	20.2	2.00	5.80	1.0	2.40	66 000	
14	1.00		12.9		3.5	2.1	1.7	0.640	13.4		1.1	0.30	0.9	21.4	2.15	6.35	1.0	2.40	58 000	
15	1.00		13.8		3.6	2.2	1.7	0.670	14.3		1.1	0.35	1.1	22.6	2.66	6.90	1.0	2.40	50 000	
16	1.00		14.7		3.7	2.2	1.7	0.700	15.2		1.1	0.40	1.2	23.8	3.26	7.40	1.0	2.40	45 000	
17	1.00		15.7		3.8	2.3	1.7	0.820	16.2		1.1	0.40	1.2	25.0	3.46	8.00	1.0	2.40	41 000	

表 1（续）

单位为毫米

公称规格 d_1	挡圈								沟槽					其他						
	s		d_3		a max	b[a] ≈	d_5 min	千件质量 ≈ kg	d_2[b]		m[c] H13	t	n min	d_4	F_N kN	F_R[d] kN	g	F_{Rg}[d] kN	n_{abl}[d] r/min	安装工具规格[e]
	基本尺寸	极限偏差	基本尺寸	极限偏差					基本尺寸	极限偏差										
18	1.20	0 −0.06	16.5	+0.10 −0.36	3.9	2.4	2.0	1.11	17.0	0 −0.11	1.30	0.50	1.5	26.2	4.58	17.0	1.5	3.75	39 000	1.5
19	1.20		17.5		3.9	2.5	2.0	1.22	18.0		1.30	0.50	1.5	27.2	4.48	17.0	1.5	3.80	35 000	2.0
20	1.20		18.5	+0.13 −0.42	4.0	2.6	2.0	1.30	19.0	0 −0.13	1.30	0.50	1.5	28.4	5.06	17.1	1.5	3.85	32 000	
21	1.20		19.5		4.1	2.7	2.0	1.42	20.0		1.30	0.50	1.5	29.6	5.36	16.8	1.5	3.75	29 000	
22	1.20		20.5		4.2	2.8	2.0	1.50	21.0		1.30	0.50	1.5	30.8	5.65	16.9	1.5	3.80	27 000	
24	1.20		22.2	+0.21 −0.42	4.4	3.0	2.0	1.77	22.9	0 −0.21	1.30	0.55	1.7	33.2	6.75	16.1	1.5	3.65	27 000	
25	1.20		23.2		4.4	3.0	2.0	1.90	23.9		1.30	0.55	1.7	34.2	7.05	16.2	1.5	3.70	25 000	
26	1.20		24.2		4.5	3.1	2.0	1.96	24.9		1.30	0.55	1.7	35.5	7.34	16.1	1.5	3.70	24 000	
28	1.50		25.9		4.7	3.2	2.0	2.92	26.6		1.60	0.70	2.1	37.9	10.00	32.1	1.5	7.50	21 200	
29	1.50		26.9		4.8	3.4	2.0	3.20	27.6		1.60	0.70	2.1	39.1	10.37	31.8	1.5	7.45	20 000	
30	1.50		27.9		5.0	3.5	2.0	3.31	28.6		1.60	0.70	2.1	40.5	10.73	32.1	1.5	7.65	18 900	
32	1.50		29.6	+0.25 −0.50	5.2	3.6	2.5	3.54	30.3	0 −0.25	1.60	0.85	2.6	43.0	13.85	31.2	2.0	5.55	16 900	2.5
34	1.50		31.5		5.4	3.8	2.5	3.80	32.3		1.60	0.85	2.6	45.4	14.72	31.3	2.0	5.60	16 100	
35	1.50		32.2		5.6	3.9	2.5	4.00	33.0		1.60	1.00	3.0	46.8	17.80	30.8	2.0	5.55	15 500	
36	1.75		33.2		5.6	4.0	2.5	5.00	34.0		1.85	1.00	3.0	47.8	18.33	49.4	2.0	9.00	14 500	
38	1.75		35.2		5.8	4.2	2.5	5.62	36.0		1.85	1.00	3.0	50.2	19.30	49.5	2.0	9.10	13 600	
40	1.75		36.5	+0.39 −0.90	6.0	4.4	2.5	6.03	37.0		1.85	1.25	3.8	52.6	25.30	51.0	2.0	9.50	14 300	

表 1（续）

单位为毫米

公称规格 d_1	挡圈								沟槽					其他						
	s		d_3		a max	b[a] ≈	d_5 min	千件质量 ≈ kg	d_2[b]		m[c] H13	t	n min	d_4	F_N kN	F_R^d kN	g	F_{Rg}^d kN	n_{abl}^d r/min	安装工具规格[e]
	基本尺寸	极限偏差	基本尺寸	极限偏差					基本尺寸	极限偏差										
42	1.75	0 −0.06	38.5	+0.39 −0.90	6.5	4.5	2.5	6.5	39.5	0 −0.25	1.85	1.25	3.8	55.7	26.70	50.0	2.0	9.45	13 000	3.0
45	1.75		41.5		6.7	4.7	2.5	7.5	42.5		1.85	1.25	3.8	59.1	28.60	49.0	2.0	9.35	11 400	
48	1.75		44.5		6.9	5.0	2.5	7.9	45.5		1.85	1.25	3.8	62.5	30.70	49.4	2.0	9.55	10 300	
50	2.00	0 −0.07	45.8		6.9	5.1	2.5	10.2	47.0		2.15	1.50	4.5	64.5	38.00	73.3	2.0	14.40	10 500	
52	2.00		47.8		7.0	5.2	2.5	11.1	49.0		2.15	1.50	4.5	66.7	39.70	73.1	2.5	11.50	9 850	
55	2.00		50.8	+0.46 −1.10	7.2	5.4	2.5	11.4	52.0	0 −0.30	2.15	1.50	4.5	70.2	42.00	71.4	2.5	11.40	8 960	
56	2.00		51.8		7.3	5.5	2.5	11.8	53.0		2.15	1.50	4.5	71.6	42.80	70.8	2.5	11.35	8 670	
58	2.00		53.8		7.3	5.6	2.5	12.6	55.0		2.15	1.50	4.5	73.6	44.30	71.1	2.5	11.50	8 200	
60	2.00		55.8		7.4	5.8	2.5	12.9	57.0		2.15	1.50	4.5	75.6	46.00	69.2	2.5	11.30	7 620	
62	2.00		57.8		7.5	6.0	2.5	14.3	59.0		2.15	1.50	4.5	77.8	47.50	69.3	2.5	11.45	7 240	
63	2.00		58.8		7.6	6.2	2.5	15.9	60.0		2.15	1.50	4.5	79.0	48.30	70.2	2.5	11.60	7 050	
65	2.50		60.8		7.8	6.3	3.0	18.2	62.0		2.65	1.50	4.5	81.4	49.80	135.6	2.5	22.70	6 640	
68	2.50		63.5		8.0	6.5	3.0	21.8	65.0		2.65	1.50	4.5	84.8	52.20	135.9	2.5	23.10	6 910	
70	2.50		65.5		8.1	6.6	3.0	22.0	67.0		2.65	1.50	4.5	87.0	53.80	134.2	2.5	23.00	6 530	
72	2.50		67.5		8.2	6.8	3.0	22.5	69.0		2.65	1.50	4.5	89.2	55.30	131.8	2.5	22.80	6 190	

表 1（续）

单位为毫米

公称规格 d_1	挡圈								沟槽					其他						
	s		d_3		a max	b^{a} ≈	d_5 min	千件质量 ≈ kg	d_2^{b}		m^{c} H13	t	n min	d_4	F_N kN	F_R^{d} kN	g	F_{Rg}^{d} kN	n_{abl}^{d} r/min	安装工具规格[e]
	基本尺寸	极限偏差	基本尺寸	极限偏差					基本尺寸	极限偏差										
75	2.50	0 −0.07	70.5	+0.46 −1.10	8.4	7.0	3.0	24.6	72.0	0 −0.30	2.65	1.50	4.5	92.7	57.60	130.0	2.5	22.80	5 740	3.0
78	2.50		73.5		8.6	7.3	3.0	26.2	75.0		2.65	1.50	4.5	96.1	60.00	131.3	3.0	19.75	5 450	
80	2.50		74.5		8.6	7.4	3.0	27.3	76.5		2.65	1.75	5.3	98.1	71.60	128.4	3.0	19.50	6 100	
82	2.50		76.5		8.7	7.6	3.0	31.2	78.5		2.65	1.75	5.3	100.3	73.50	128.0	3.0	19.60	5 860	
85	3.00	0 −0.08	79.5		8.7	7.8	3.5	36.4	81.5	0 −0.35	3.15	1.75	5.3	103.3	76.20	215.4	3.0	33.40	5 710	
88	3.00		82.5	+0.54 −1.30	8.8	8.0	3.5	41.2	84.5		3.15	1.75	5.3	106.5	79.00	221.8	3.0	34.85	5 200	
90	3.00		84.5		8.8	8.2	3.5	44.5	86.5		3.15	1.75	5.3	108.5	80.80	217.2	3.0	34.40	4 980	
95	3.00		89.5		9.4	8.6	3.5	49.0	91.5		3.15	1.75	5.3	114.8	85.50	212.2	3.5	29.25	4 550	
100	3.00		94.5		9.6	9.0	3.5	53.7	96.5		3.15	1.75	5.3	120.2	90.00	206.4	3.5	29.00	4 180	
105	4.00	0 −0.10	98.0		9.9	9.3	3.5	80.0	101.0	0 −0.54	4.15	2.00	6.0	125.8	107.60	471.8	3.5	67.70	4 740	
110	4.00		103.0		10.1	9.6	3.5	82.0	106.0		4.15	2.00	6.0	131.2	113.00	457.0	3.5	66.90	4 340	4.0
115	4.00		108.0		10.6	9.8	3.5	84.0	111.0		4.15	2.00	6.0	137.3	118.20	438.6	3.5	65.50	3 970	
120	4.00		113.0		11.0	10.2	3.5	86.0	116.0		4.15	2.00	6.0	143.1	123.50	424.6	3.5	64.50	3 685	
125	4.00		118.0		11.4	10.4	4.0	90.0	121.0	0 −0.63	4.15	2.00	6.0	149.0	128.70	411.5	4.0	56.50	3 420	
130	4.00		123.0	+0.63 −1.50	11.6	10.7	4.0	100.0	126.0		4.15	2.00	6.0	154.4	134.00	395.5	4.0	55.20	3 180	
135	4.00		128.0		11.8	11.0	4.0	104.0	131.0		4.15	2.00	6.0	159.8	139.20	389.5	4.0	55.40	2 950	

表 1（续）

单位为毫米

公称规格 d_1	挡圈								沟槽					其他						
	s		d_3		a	b[a]	d_5	千件质量	d_2[b]		m[c]	t	n	d_4	F_N	F_R[d]	g	F_{Rg}[d]	n_{abl}[d]	安装工具规格[e]
	基本尺寸	极限偏差	基本尺寸	极限偏差	max	≈	min	≈ kg	基本尺寸	极限偏差	H13		min		kN	kN		kN	r/min	
140	4.00		133.0		12.0	11.2	4.0	110.0	136.0		4.15	2.0	6.0	165.2	144.5	376.5	4.0	54.4	2 760	
145	4.00		138.0		12.2	11.5	4.0	115.0	141.0		4.15	2.0	6.0	170.6	149.6	367.0	4.0	53.8	2 600	
150	4.00		142.0		13.0	11.8	4.0	120.0	145.0		4.15	2.5	7.5	177.3	193.0	357.5	4.0	53.4	2 480	
155	4.00		146.0		13.0	12.0	4.0	135.0	150.0		4.15	2.5	7.5	182.3	199.6	352.9	4.0	52.6	2 710	
160	4.00		151.0	+0.63 −1.50	13.3	12.2	4.0	150.0	155.0		4.15	2.5	7.5	188.0	206.1	349.2	4.0	52.2	2 540	
165	4.00		155.5		13.5	12.5	4.0	160.0	160.0	0 −0.63	4.15	2.5	7.5	193.4	212.5	345.3	5.0	41.4	2 520	
170	4.00	0 −0.10	160.5		13.5	12.9	4.0	170.0	165.0		4.15	2.5	7.5	198.4	219.1	349.2	5.0	41.9	2 440	4.0
175	4.00		165.5		13.5	13.5	4.0	180.0	170.0		4.15	2.5	7.5	203.4	225.5	340.1	5.0	40.7	2 300	
180	4.00		170.5		14.2	13.5	4.0	190.0	175.0		4.15	2.5	7.5	210.0	232.2	345.3	5.0	41.4	2 180	
185	4.00		175.5		14.2	14.0	4.0	200.0	180.0		4.15	2.5	7.5	215.0	238.6	336.7	5.0	40.4	2 070	
190	4.00		180.5		14.2	14.0	4.0	210.0	185.0		4.15	2.5	7.5	220.0	245.1	333.8	5.0	40.0	1 970	
195	4.00		185.5		14.2	14.0	4.0	220.0	190.0		4.15	2.5	7.5	225.0	251.8	325.4	5.0	39.0	1 835	
200	4.00		190.5		14.2	14.0	4.0	230.0	195.0		4.15	2.5	7.5	230.0	258.3	319.2	5.0	38.3	1 770	
210	5.00		198.0	+0.72 −1.70	14.2	14.0	4.0	248.0	204.0	0 −0.72	5.15	3.0	9.0	240.0	325.1	598.2	6.0	59.9	1 835	
220	5.00	0 −0.12	208.0		14.2	14.0	4.0	265.0	214.0		5.15	3.0	9.0	250.0	340.8	572.4	6.0	57.3	1 620	f
230	5.00		218.0		14.2	14.0	4.0	290.0	224.0		5.15	3.0	9.0	260.0	356.6	548.9	6.0	55.0	1 445	
240	5.00		228.0		14.2	14.0	4.0	310.0	234.0		5.15	3.0	9.0	270.0	372.6	530.3	6.0	53.0	1 305	

表 1(续)

单位为毫米

公称规格 d_1	挡圈								沟槽					其他						
	s		d_3		a max	b[a] ≈	d_5 min	千件质量 ≈ kg	d_2[b]		m[c] H13	t	n min	d_4	F_N kN	F_R[d] kN	g	F_{Rg}[d] kN	n_{abl}[d] r/min	安装工具规格[e]
	基本尺寸	极限偏差	基本尺寸	极限偏差					基本尺寸	极限偏差										
250	5.00	0 −0.12	238.0	+0.72 −1.70	14.2	14.0	4.0	335.0	244.0	0 −0.72	5.15	3.0	9.0	280	388.3	504.3	6.0	50.5	1 180	f
260	5.00		245.0		16.2	16.0	5.0	355.0	252.0	0 −0.81	5.15	4.0	12.0	294	535.8	540.6	6.0	54.6	1 320	
270	5.00		255.0	+0.81 −2.00	16.2	16.0	5.0	375.0	262.0		5.15	4.0	12.0	304	556.6	525.3	6.0	52.5	1 215	
280	5.00		265.0		16.2	16.0	5.0	398.0	272.0		5.15	4.0	12.0	314	576.6	508.2	6.0	50.9	1 100	
290	5.00		275.0		16.2	16.0	5.0	418.0	282.0		5.15	4.0	12.0	324	599.1	490.8	6.0	49.2	1 005	
300	5.00		285.0		16.2	16.0	5.0	440.0	292.0		5.15	4.0	12.0	334	619.1	475.0	6.0	47.5	930	

[a] 尺寸 b 不能超过 a_{max}。

[b] 见 7.1。

[c] 见 7.2。

[d] 适用于 C67S、C75S 制造的挡圈。

[e] 挡圈安装工具按 JB/T 3411.47 规定。

[f] 挡圈安装工具可以专门设计。

表 2　重型(B 型)

单位为毫米

公称规格 d_1	挡圈								沟槽					其他						
	s		d_3		a max	b[a] ≈	d_5 min	千件质量 ≈ kg	d_2[b]		m[c] H13	t	n min	d_4	F_N kN	F_R[d] kN	g	F_{Rg}[d] kN	n_{abl}[d] r/min	安装工具规格[e]
	基本尺寸	极限偏差	基本尺寸	极限偏差					基本尺寸	极限偏差										
15	1.50	0 −0.06	13.8	+0.10 −0.36	4.8	2.4	2.0	1.10	14.3	0 −0.11	1.60	0.35	1.1	25.1	2.66	15.5	1.0	6.40	57 000	2.0
16	1.50		14.7		5.0	2.5	2.0	1.19	15.2		1.60	0.40	1.2	26.5	3.26	16.6	1.0	6.35	44 000	
17	1.50		15.7		5.0	2.6	2.0	1.39	16.2		1.60	0.40	1.2	27.5	3.46	18.0	1.0	6.70	46 000	
18	1.50		16.5		5.1	2.7	2.0	1.56	17.0		1.60	0.50	1.5	28.7	4.58	26.6	1.5	5.85	42 750	
20	1.75		18.5	+0.13 −0.42	5.5	3.0	2.0	2.19	19.0	0 −0.13	1.85	0.50	1.5	31.6	5.06	36.3	1.5	8.20	36 000	
22	1.75		20.5		6.0	3.1	2.0	2.42	21.0		1.85	0.50	1.5	34.6	5.65	36.0	1.5	8.10	29 000	
24	1.75		22.2	+0.21 −0.42	6.3	3.2	2.0	2.76	22.9	0 −0.21	1.85	0.55	1.7	37.3	6.75	34.2	1.5	7.60	29 000	
25	2.00	0 −0.07	23.2		6.4	3.4	2.0	3.59	23.9		2.15	0.55	1.7	38.5	7.05	45.0	1.5	10.30	25 000	
28	2.00		25.9		6.5	3.5	2.0	4.25	26.6		2.15	0.70	2.1	41.7	10.00	57.0	1.5	13.40	22 200	
30	2.00		27.9		6.5	4.1	2.0	5.35	28.6		2.15	0.70	2.1	43.7	10.70	57.0	1.5	13.60	21 100	
32	2.00		29.6		6.5	4.1	2.5	5.85	30.3	0 −0.25	2.15	0.85	2.6	45.7	13.80	55.5	2.0	10.00	18 400	2.5
34	2.50		31.5	+0.25 −0.50	6.6	4.2	2.5	7.05	32.3		2.65	0.85	2.6	47.9	14.70	87.0	2.0	15.60	17 800	
35	2.50		32.2		6.7	4.2	2.5	7.20	33.0		2.65	1.00	3.0	49.1	17.80	86.0	2.0	15.40	16 500	
38	2.50		35.2		6.8	4.3	2.5	8.30	36.0		2.65	1.00	3.0	52.3	19.30	101.0	2.0	18.60	14 500	
40	2.50		36.5	+0.39 −0.90	7.0	4.4	2.5	8.60	37.5		2.65	1.25	3.8	54.7	25.30	104.0	2.0	19.30	14 300	
42	2.50		38.5		7.2	4.5	2.5	9.30	39.5		2.65	1.25	3.8	57.2	26.70	102.0	2.0	19.20	13 000	

表 2（续）

单位为毫米

公称规格 d_1	挡圈								沟槽					其他						
	s		d_3		a max	b^a ≈	d_5 min	千件质量 ≈ kg	d_2^b		m^c H13	t	n min	d_4	F_N kN	F_R^d kN	g	F_{Rg}^d kN	n_{abl}^d r/min	安装工具规格[e]
	基本尺寸	极限偏差	基本尺寸	极限偏差					基本尺寸	极限偏差										
45	2.50	0 −0.07	41.5	+0.39 −0.90	7.5	4.7	2.5	10.7	42.5	0 −0.25	2.65	1.25	3.8	60.8	28.6	100.0	2.0	19.1	11 400	2.5
48	2.50		44.5		7.8	5.0	2.5	11.3	45.5		2.65	1.25	3.8	64.4	30.7	101.0	2.0	19.5	10 300	
50	3.00	0 −0.08	45.8		8.0	5.1	2.5	15.3	47.0		3.15	1.50	4.5	66.8	38.0	165.0	2.0	32.4	10 500	
52	3.00		47.8		8.2	5.2	2.5	16.6	49.0		3.15	1.50	4.5	69.3	39.7	165.0	2.5	26.0	9 850	
55	3.00		50.8	+0.46 −1.10	8.5	5.4	2.5	17.1	52.0	0 −0.30	3.15	1.50	4.5	72.9	42.0	161.0	2.5	25.6	8 960	
58	3.00		53.8		8.8	5.6	2.5	18.9	55.0		3.15	1.50	4.5	76.5	44.3	160.0	2.5	26.0	8 200	
60	3.00		55.8		9.0	5.8	2.5	19.4	57.0		3.15	1.50	4.5	78.9	46.0	156.0	2.5	25.4	7 620	
65	4.00	0 −0.10	60.8		9.3	6.3	3.0	29.1	62.0		4.15	1.50	4.5	84.6	49.8	346.0	2.5	58.0	6 640	3.0
70	4.00		65.5		9.5	6.6	3.0	35.3	67.0		4.15	1.50	4.5	90.0	53.8	343.0	2.5	59.0	6 530	
75	4.00		70.5		9.7	7.0	3.0	39.3	72.0		4.15	1.50	4.5	95.4	57.6	333.0	2.5	58.0	5 740	
80	4.00		74.5		9.8	7.4	3.0	43.7	76.5		4.15	1.75	5.3	100.6	71.6	328.0	3.0	50.0	6 100	
85	4.00		79.5		10.0	7.8	3.5	48.5	81.5	0 −0.35	4.15	1.75	5.3	106.0	76.2	383.0	3.0	59.4	5 710	3.5
90	4.00		84.5	+0.54 −1.30	10.2	8.2	3.5	59.4	86.5		4.15	1.75	5.3	111.5	80.8	386.0	3.0	61.0	4 980	
100	4.0		94.5		10.5	9.0	3.5	71.6	96.5		4.15	1.75	5.3	122.1	90.0	368.0	3.0	51.6	4 180	

[a] 尺寸 b 不能超过 a_{max}。

[b] 见 7.1。

[c] 见 7.2。

[d] 适用于 C67S、C75S 制造的挡圈。

[e] 挡圈安装工具按 JB/T 3411.47 规定。

5 承载能力

5.1 通则

安装挡圈的尺寸要求分别计算沟槽承载能力 F_N 和挡圈承载能力 F_R。通常，主要参照下限参数设计。表 1 和表 2 给出承载能力(F_N、F_R、F_{Rg})，不包含在静载荷下产生的屈服或在动载荷下疲劳断裂的安全系数，在静载荷下，抗断裂的安全水平至少是 2 倍。

在高速旋转条件下，由于离心作用可能使挡圈趋向脱离沟槽底面，因而极限转速受到限制。

5.2 沟槽承载能力 F_N

表 1 和表 2 给出的 F_N 值适用于材料下屈服强度 $R_{eL}=200$ MPa、给定公称槽深 t 与边距 n 的沟槽。

对于其他沟槽深度 t' 和下屈服强度 R'_{eL}，承载能力 F'_N 应按式(1)计算：

$$F'_N = F_N \cdot \frac{t'}{t} \cdot \frac{R'_{eL}}{200} \qquad \cdots\cdots(1)$$

5.3 挡圈承载能力 F_R

表 1 和表 2 给出的 F_R 值适用于穿过大于最大直径 $1.01 \times d_1$ 的轴(见第 7 章)，并符合 n_{abl} 的挡圈，与零件直角接触的装配(见图 3)。

F_{Rg} 值适用于零件倒角尺寸为 g 的装配(见图 4)。

F_R 和 F_{Rg} 值适用于弹性模量 210 GPa 的挡圈材料。

说明：

1——挡圈。

图 3 直角接触

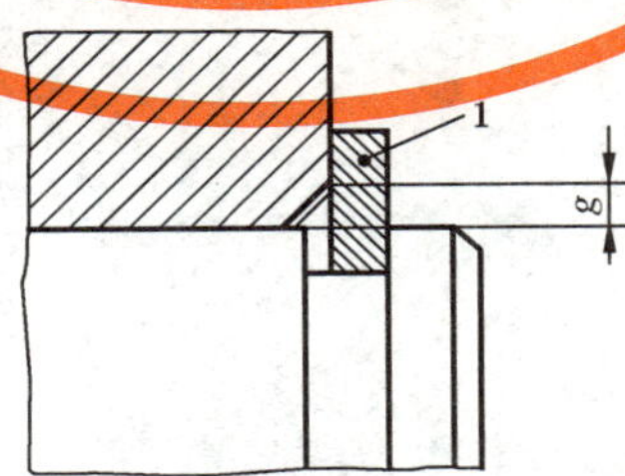

说明：

1——挡圈。

图 4 倒角接触

对于不同的倒角尺寸 g'，挡圈的承载能力应按式(2)计算：

$$F'_{Rg} = F_{Rg} \cdot \frac{g}{g'} \qquad \cdots\cdots(2)$$

注：当 $F'_{Rg} > F_R$ 时，则 F_R 是适用的。

如果由于倒角尺寸太大不能适应实际受力的要求，那么借助支承环形成直角接触(见图 5)。

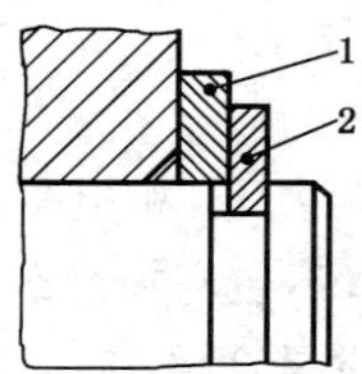

说明：

1——支承环；

2——挡圈。

图 5 使用支承环的直角接触

5.4 极限转速

用 C67S 或 C75S 制造的挡圈，按第 7 章规定的方法安装后，当转速达到表 1 和表 2 中给出的极限转速时，不应脱出沟槽。

6 沟槽设计

6.1 沟槽尺寸 d_2

应从表 1 和表 2 中选取沟槽尺寸 d_2，以使挡圈置入沟槽后承受预应力。

注：如无需承受预应力，可选用较小的沟槽直径，其下极限为：$d_{2min} = d_{3max}$。

6.2 沟槽宽度 m

公差带 H13 适用于表 1 和表 2 规定的沟槽宽度。受单向力时，沟槽可向不受力的一边加宽和/或倒角。沟槽宽度不会影响挡圈的承载能力。制造商可自行决定沟槽形状和宽度。

如果挡圈交替传递力，沟槽壁承受双向力，则槽宽 m 应尽可能的与挡圈厚度 s 匹配，如减小公差。

沟槽形状见图 6 a)～d)。

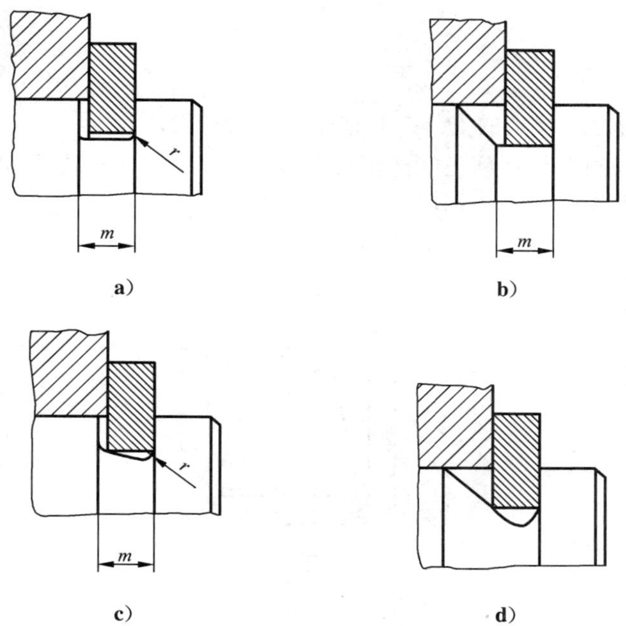

图 6　沟槽形状

6.3　沟槽底部设计

矩形沟槽是标准形状,见图 6a)。受载荷边圆角 r 不应超过 $0.1\times s$。其他适用的沟槽形状见图 6b)～d)。沟槽底部设计见图 7。

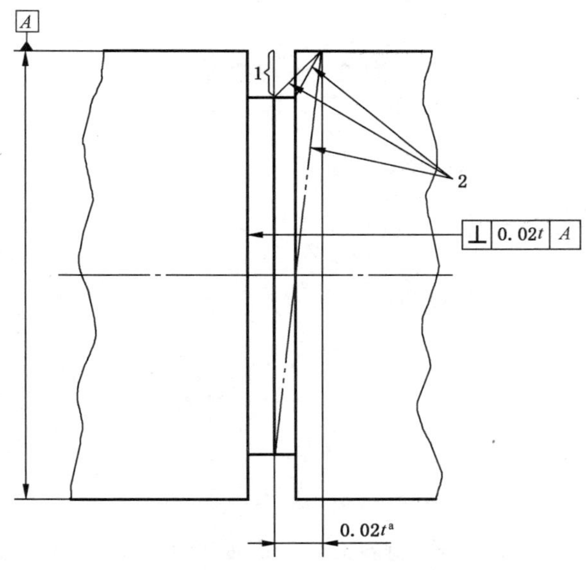

说明:

1——测量垂直点;

2——可能的轮廓线。

[a] 公差带。

图 7　沟槽底部设计

7 安装

应使用符合 JB/T 3411.47 规定的安装工具或锥棒安装挡圈。

在安装过程中，应确保挡圈扩张到正好能穿过直径为 $1.01\times d_1$ 的轴。防止过渡扩张最可靠的方法是使用锥棒进行安装，见图 8。

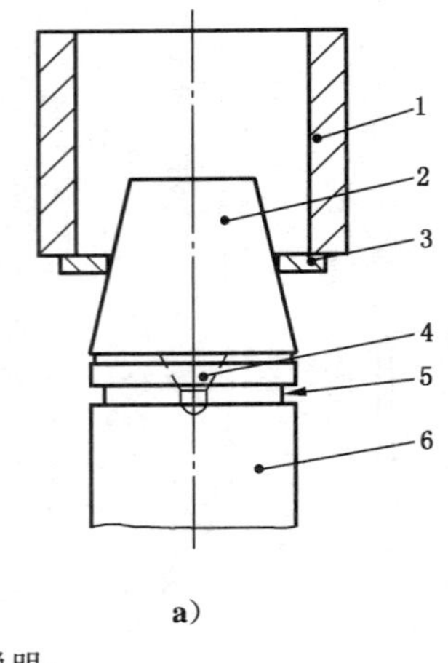

a)

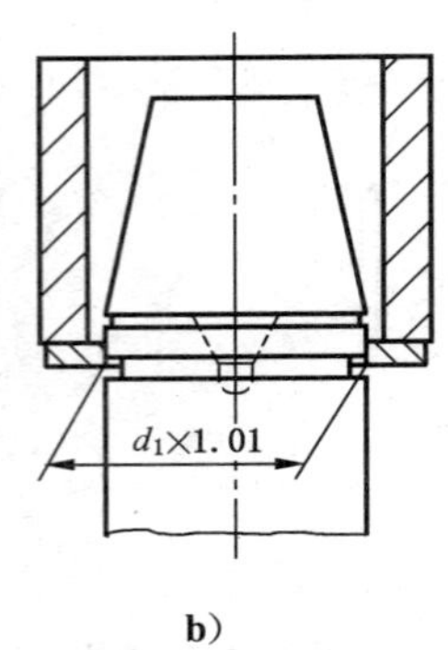

b)

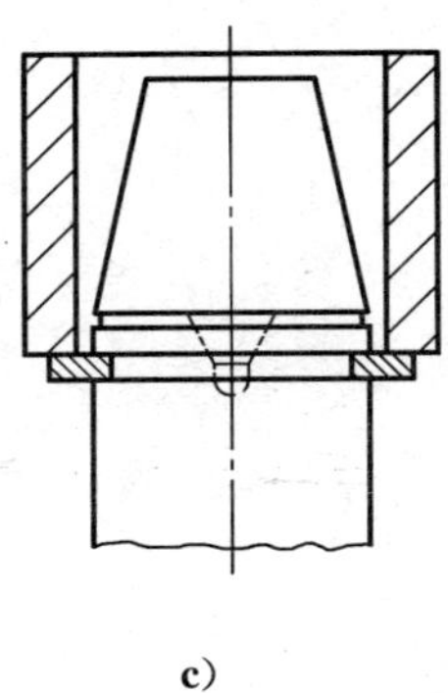

c)

说明：

1——压力套；

2——锥棒；

3——挡圈；

4——定心孔；

5——沟槽；

6——轴。

图 8 锥棒安装

8 技术条件

技术条件按 GB/T 959.1 规定。

9 标记

9.1 标记方法

标记方法按 GB/T 1237 规定。

9.2 标记示例

轴径 $d_1=40$ mm、厚度 $s=1.75$ mm、材料 C67S、表面磷化处理的 A 型轴用弹性挡圈的标记：

挡圈 GB/T 894 40

轴径 $d_1=40$ mm、厚度 $s=2.00$ mm、材料 C67S、表面磷化处理的 B 型轴用弹性挡圈的标记：

挡圈 GB/T 894 40B

中华人民共和国国家标准

UDC 621.885

GB 921—86

代替 GB 921—76

钢 丝 锁 圈

Round wire circlips

1 主题内容

本标准适用于在螺钉锁紧挡圈上固定螺钉时用的锁圈。

本标准规定了公称直径 D=15～236mm 的锁圈。

注：商品紧固件品种，应优先选用。

2 引用标准

GB 90 紧固件验收检查、标志与包装

GB 4357 碳素弹簧钢丝

GB 1237 紧固件的标记方法

3 尺寸

国家标准局1986-07-02发布　　　　1987-06-01实施

mm

公称直径 D	d_1	K	适用的挡圈 GB 885	公称直径 D	d_1	K	适用的挡圈 GB 885
15	0.7	2	8	105	1.8	9	80
17			9、10	110			85
20			12、13	115			90
23	0.8	3	14	120			95
25			15、16	124		12	100
27			17、18	129			105
30			19、20	136			110
32			22	142			115
35	1	6	25	147			120
38			28	152			125
41			30	156			130
44			32	162			135
47	1.4		35	166			140
54			40	176			145
62			45	186			150
71		9	50	196			160
76			55	206			170
81			60	216			180
86			65	226			190
91			70	236			200
100	1.8		75	—			—

4 锁圈由碳素弹簧钢丝(GB 4357)制造,并应进行低温回火及表面氧化处理。

5 验收检查、标志与包装按 GB 90 规定。

6 标记

6.1 标记方法按 GB 1237 规定。

6.2 标记示例:

公称直径 D=30mm、材料为碳素弹簧钢丝,经低温回火及表面氧化处理的锁圈的标记:

锁圈 GB 921 30

附加说明:

本标准由中华人民共和国机械工业部提出,由机械工业部标准化研究所归口。

本标准由机械工业部标准化研究所负责起草。

紧固件—组合件和连接副

ICS 21.060.10
J 13

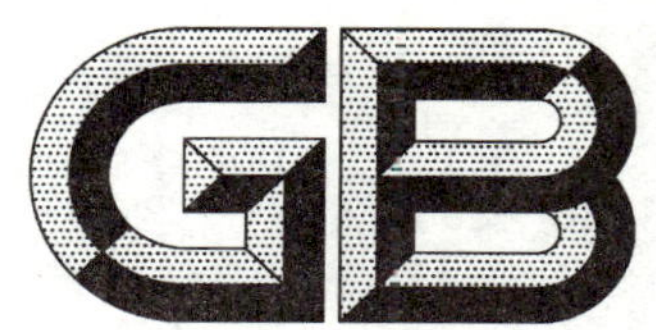

中华人民共和国国家标准

GB/T 1228—2006
代替 GB/T 1228—1991

钢结构用高强度大六角头螺栓

High strength bolts with large hexagon head for steel structures

[ISO 7412:1984, Hexagon bolts for high strength structural bolting with large width across flats(short thread length)—Product grade C—Property classes 8.8 and 10.9, NEQ]

2006-03-27 发布　　　　2006-11-01 实施

中华人民共和国国家质量监督检验检疫总局
中国国家标准化管理委员会　发布

前　言

本标准对应于ISO 7412:1984《高强度栓接结构用大六角头螺栓(短螺纹长度)　产品等级C级　性能等级8.8和10.9级》,与ISO 7412的一致性程度为非等效。

本标准代替GB/T 1228—1991《钢结构用高强度大六角头螺栓》。

本标准与GB/T 1228—1991相比主要变化如下:

——删除了GB/T 1228—1991中有关双倒角头螺栓和凹穴头螺栓的型式(GB/T 1228—1991中第3章图示的"头部可选择的型式"和"允许制造的型式")。

本标准是"钢结构摩擦型高强度螺栓连接用的连接副"国标产品系列标准之一。该系列标准还包括:

——GB/T 1229—2006　钢结构用高强度大六角螺母;

——GB/T 1230—2006　钢结构用高强度垫圈;

——GB/T 1231—2006　钢结构用高强度大六角头螺栓、大六角螺母、垫圈技术条件;

——GB/T 3632—1995　钢结构用扭剪型高强度螺栓连接副;

——GB/T 3633—1995　钢结构用扭剪型高强度螺栓连接副技术条件。

本标准由中国机械工业联合会提出。

本标准由全国紧固件标准化技术委员会归口。

本标准负责起草单位:铁道科学研究院。

本标准参加起草单位:机械科学研究院、上海高强度螺栓厂、中冶集团建筑研究总院、大冶钢厂。

本标准主要起草人:程季青、沈家骅。

本标准所代替标准的历次版本发布情况为:

——GB 1228—1976、GB 1228—1984、GB/T 1228—1991。

钢结构用高强度大六角头螺栓

1 范围

本标准规定了螺纹规格为 M12～M30 高强度大六角头螺栓的型式尺寸、技术条件及标记。

本标准适用于铁路和公路桥梁、锅炉钢结构、工业厂房、高层民用建筑、塔桅结构、起重机械及其他钢结构摩擦型高强度螺栓连接。

2 规范性引用文件

下列文件中的条款通过本标准的引用而成为本标准的条款。凡是注日期的引用文件，其随后所有的修改单(不包括勘误的内容)或修订版均不适用于本标准，然而，鼓励根据本标准达成协议的各方研究是否可使用这些文件的最新版本。凡是不注日期的引用文件，其最新版本适用于本标准。

GB/T 2 紧固件 外螺纹零件的末端(GB/T 2—2001,idt ISO 4753:1999)

GB/T 1231 钢结构用高强度大六角头螺栓、大六角螺母、垫圈技术条件

GB/T 1237 紧固件标记方法(GB/T 1237—2000,eqv ISO 8991:1986)

GB/T 5276 紧固件 螺栓、螺钉、螺柱及螺母 尺寸代号和标注(GB/T 5276—1985,eqv ISO 225:1983)

3 尺寸

尺寸见图 1 及表 1～表 3。尺寸代号和标注按 GB/T 5276 的规定。螺纹末端尺寸和标注按 GB/T 2 的规定。

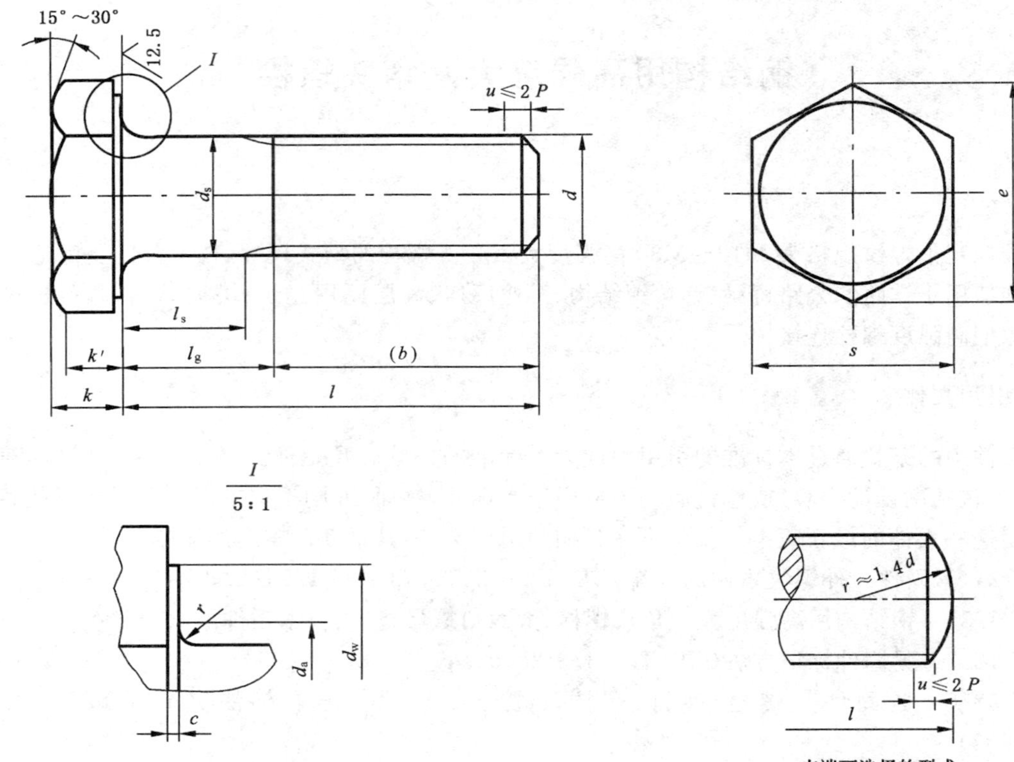

图 1

表 1

单位为毫米

螺纹规格 d		M12	M16	M20	(M22)	M24	(M27)	M30
P		1.75	2	2.5	2.5	3	3	3.5
c	max	0.8	0.8	0.8	0.8	0.8	0.8	0.8
	min	0.4	0.4	0.4	0.4	0.4	0.4	0.4
d_a	max	15.23	19.23	24.32	26.32	28.32	32.84	35.84
d_s	max	12.43	16.43	20.52	22.52	24.52	27.84	30.84
	min	11.57	15.57	19.48	21.48	23.48	26.16	29.16
d_w	min	19.2	24.9	31.4	33.3	38.0	42.8	46.5
e	min	22.78	29.56	37.29	39.55	45.20	50.85	55.37
k	公称	7.5	10	12.5	14	15	17	18.7
	max	7.95	10.75	13.40	14.90	15.90	17.90	19.75
	min	7.05	9.25	11.60	13.10	14.10	16.10	17.65
k'	min	4.9	6.5	8.1	9.2	9.9	11.3	12.4
r	min	1.0	1.0	1.5	1.5	1.5	2.0	2.0
s	max	21	27	34	36	41	46	50
	min	20.16	26.16	33	35	40	45	49

注：括号内的规格为第二选择系列。

表 2

单位为毫米

螺纹规格 d			M12		M16		M20		(M22)		M24		(M27)		M30	
l			无螺纹杆部长度 l_s 和夹紧长度 l_g													
公称	min	max	l_s min	l_g max	l_s min	l_g max	l_s min	l_g max	l_s min	l_g max	l_s min	l_g max	l_s min	l_g max	l_s min	l_g max
35	33.75	36.25	4.8	10												
40	38.75	41.25	9.8	15												
45	43.75	46.25	9.8	15	9	15										
50	48.75	51.25	14.8	20	14	20	7.5	15								
55	53.5	56.5	19.8	25	14	20	12.5	20	7.5	15						
60	58.5	61.5	24.8	30	19	25	17.5	25	12.5	20	6	15				
65	63.5	66.5	29.8	35	24	30	17.5	25	17.5	25	11	20	6	15		
70	68.5	71.5	34.8	40	29	35	22.5	30	17.5	25	16	25	11	20	4.5	15
75	73.5	76.5	39.8	45	34	40	27.5	35	22.5	30	16	25	16	25	9.5	20
80	78.5	81.5			39	45	32.5	40	27.5	35	21	30	16	25	14.5	25
85	83.25	86.75			44	50	37.5	45	32.5	40	26	35	21	30	14.5	25
90	88.25	91.75			49	55	42.5	50	37.5	45	31	40	26	35	19.5	30
95	93.25	96.75			54	60	47.5	55	42.5	50	36	45	31	40	24.5	35
100	98.25	101.75			59	65	52.5	60	47.5	55	41	50	36	45	29.5	40
110	108.25	111.75			69	75	62.5	70	57.5	65	51	60	46	55	39.5	50
120	118.25	121.75			79	85	72.5	80	67.5	75	61	70	56	65	49.5	60
130	128	132			89	95	82.5	90	77.5	85	71	80	66	75	59.5	70
140	138	142					92.5	100	87.5	95	81	90	76	85	69.5	80
150	148	152					102.5	110	97.5	105	91	100	86	95	79.5	90
160	156	164					112.5	120	107.5	115	101	110	96	105	89.5	100
170	166	174							117.5	125	111	120	106	115	99.5	110
180	176	184							127.5	135	121	130	116	125	109.5	120
190	185.4	194.6							137.5	145	131	140	126	135	119.5	130
200	195.4	204.6							147.5	155	141	150	136	145	129.5	140
220	215.4	224.6							167.5	175	161	170	156	165	149.5	160
240	235.4	244.6									181	190	179	185	169.5	180
260	254.8	265.2											196	205	189.5	200

注 1：括号内的规格为第二选择系列。

注 2：$l_{gmax}=l_{公称}-b_{参考}$；

$l_{smin}=l_{gmax}-3P$。

表 3

单位为毫米

螺纹规格 *d*	M12	M16	M20	(M22)	M24	(M27)	M30	M12	M16	M20	(M22)	M24	(M27)	M30
l 公称尺寸	(*b*)							每 1 000 个钢螺栓的理论质量/kg						
35	25							49.4						
40								54.2						
45		30						57.8	113.0					
50								62.5	121.3	207.3				
55			35					67.3	127.9	220.3	269.3			
60	30			40				72.1	136.2	233.3	284.9	357.2		
65					45			76.8	144.5	243.6	300.5	375.7	503.2	
70						50		81.6	152.8	256.5	313.2	394.2	527.1	658.2
75							55	86.3	161.2	269.5	328.9	409.1	551.0	687.5
80									169.5	282.5	344.5	428.6	570.2	716.8
85		35							177.8	295.5	360.1	446.1	594.1	740.3
90									186.4	308.5	375.8	464.7	617.9	769.6
95			40						194.4	321.4	391.4	483.2	641.8	799.0
100									202.8	334.4	407.0	501.7	665.7	828.3
110									219.4	360.4	438.3	538.8	713.5	886.9
120				45					236.1	386.3	469.6	575.9	761.3	945.6
130					50				252.7	412.3	500.8	612.9	809.1	1004.2
140						55				438.3	532.1	650.0	856.9	1062.8
150							60			464.2	563.4	687.1	904.7	1121.5
160										490.2	594.6	724.2	952.4	1180.1
170											625.9	761.2	1000.2	1238.7
180											657.2	798.3	1048.0	1297.4
190											688.4	835.4	1095.8	1356.0
200											719.7	872.4	1143.6	1414.7
220											782.2	946.6	1239.2	1531.9
240												1020.7	1334.7	1649.2
260													1430.3	1766.5
注：括号内的规格为第二选择系列。														

4 技术条件

技术条件按 GB/T 1231 的规定。

5 标记

5.1 标记方法按 GB/T 1237 的规定。

5.2 标记示例

螺纹规格 d=M20、公称长度 l=100 mm、性能等级为 10.9S 级的钢结构用高强度大六角头螺栓的标记：

螺栓 GB/T 1228 M20×100

螺纹规格 d=M20、公称长度 l=100 mm、性能等级为 8.8S 级的钢结构用高强度大六角头螺栓的标记：

螺栓 GB/T 1228 M20×100—8.8S

ICS 21.060.20
J 13

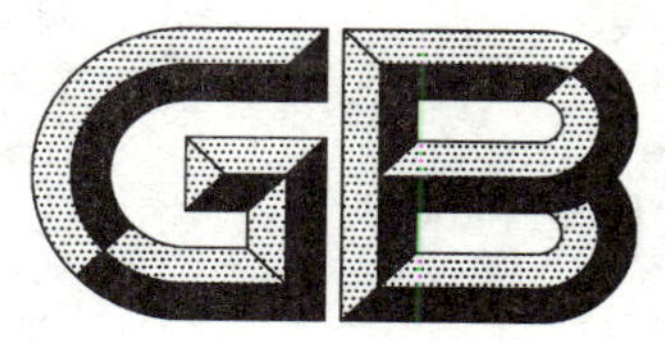

中华人民共和国国家标准

GB/T 1229—2006
代替 GB/T 1229—1991

钢结构用高强度大六角螺母

High strength large hexagon nuts for steel structures

(ISO 4775:1984, Hexagon nuts for high strength structural bolting with large width across flats—Product grade B—Property classes 8 and 10, NEQ)

2006-03-27 发布　　　　2006-11-01 实施

中华人民共和国国家质量监督检验检疫总局
中国国家标准化管理委员会　发布

前　言

本标准对应于 ISO 4775:1984《高强度栓接结构用大六角螺母　产品等级 B 级　性能等级 8 和 10 级》,与 ISO 4775 的一致性程度为非等效。

本标准代替 GB/T 1229—1991《钢结构用高强度大六角螺母》。

本标准与 GB/T 1229—1991 相比主要变化如下:

——删除了 GB/T 1229—1991 中有关双倒角螺母的型式(GB/T 1229—1991 中第 3 章图示的“可选择的型式”和附表的“m'”数据栏);将原尺寸代号 m'' 改为 m' (GB/T 1229—1991 第 3 章)。

本标准是“钢结构摩擦型高强度螺栓连接用的连接副”国标产品系列标准之一。该系列标准还包括:

——GB/T 1228—2006　钢结构用高强度大六角头螺栓;

——GB/T 1230—2006　钢结构用高强度垫圈;

——GB/T 1231—2006　钢结构用高强度大六角头螺栓、大六角螺母、垫圈技术条件;

——GB/T 3632—1995　钢结构用扭剪型高强度螺栓连接副;

——GB/T 3633—1995　钢结构用扭剪型高强度螺栓连接副技术条件。

本标准由中国机械工业联合会提出。

本标准由全国紧固件标准化技术委员会归口。

本标准负责起草单位:铁道科学研究院。

本标准参加起草单位:机械科学研究院、上海高强度螺栓厂、中冶集团建筑研究总院、大冶钢厂。

本标准主要起草人:程季青、沈家骅。

本标准所代替标准的历次版本发布情况为:

——GB 1229—1976、GB 1229—1984、GB/T 1229—1991。

钢结构用高强度大六角螺母

1 范围

本标准规定了螺纹规格为 M12～M30 高强度大六角螺母的型式尺寸、技术条件及标记。

本标准适用于与 GB/T 1228《钢结构用高强度大六角头螺栓》配套使用的钢结构摩擦型高强度螺栓连接副。

2 规范性引用文件

下列文件中的条款通过本标准的引用而成为本标准的条款。凡是注日期的引用文件，其随后所有的修改单(不包括勘误的内容)或修订版均不适用于本标准，然而，鼓励根据本标准达成协议的各方研究是否可使用这些文件的最新版本。凡是不注日期的引用文件，其最新版本适用于本标准。

GB/T 1228 钢结构用高强度大六角头螺栓[GB/T 1228—2006，ISO 7412：1984，Hexagon bolts for high strength structural bolting with large width across flats (short thread length)—Product grade C—Property classes 8.8 and 10.9，NEQ]

GB/T 1231 钢结构用高强度大六角头螺栓、大六角螺母、垫圈技术条件

GB/T 1237 紧固件标记方法(GB/T 1237—2000，eqv ISO 8991：1986)

GB/T 5276 紧固件 螺栓、螺钉、螺柱及螺母 尺寸代号和标注 (GB/T 5276—1985，eqv ISO 225：1983)

3 尺寸

尺寸见图 1 和表 1。尺寸代号和标注按 GB/T 5276 的规定。

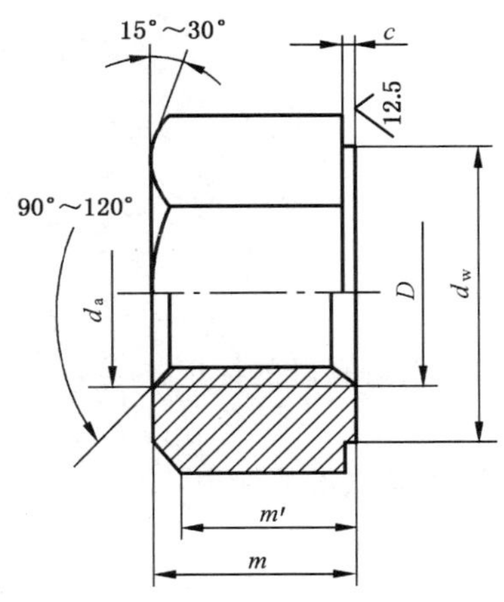

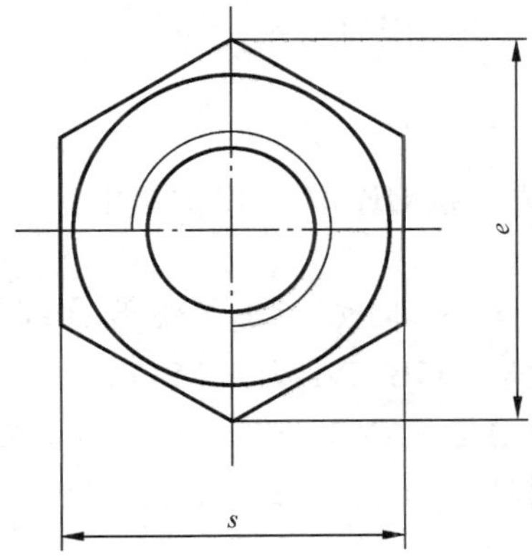

图 1

表 1

单位为毫米

螺纹规格 D		M12	M16	M20	(M22)	M24	(M27)	M30
P		1.75	2	2.5	2.5	3	3	3.5
d_a	max	13	17.3	21.6	23.8	25.9	29.1	32.4
	min	12	16	20	22	24	27	30
d_w	min	19.2	24.9	31.4	33.3	38.0	42.8	46.5
e	min	22.78	29.56	37.29	39.55	45.20	50.85	55.37
m	max	12.3	17.1	20.7	23.6	24.2	27.6	30.7
	min	11.87	16.4	19.4	22.3	22.9	26.3	29.1
m'	min	8.3	11.5	13.6	15.6	16.0	18.4	20.4
c	max	0.8	0.8	0.8	0.8	0.8	0.8	0.8
	min	0.4	0.4	0.4	0.4	0.4	0.4	0.4
s	max	21	27	34	36	41	46	50
	min	20.16	26.16	33	35	40	45	49
支承面对螺纹轴线的垂直度公差		0.29	0.38	0.47	0.50	0.57	0.64	0.70
每 1 000 个钢螺母的理论质量/kg		27.68	61.51	118.77	146.59	202.67	288.51	374.01
注：括号内的规格为第二选择系列。								

4 技术条件

技术条件按 GB/T 1231 的规定。

5 标记

5.1 标记方法按 GB/T 1237 的规定。

5.2 标记示例

螺纹规格 D=M20、性能等级为 10H 级的钢结构用高强度大六角螺母的标记：

螺母 GB/T 1229 M20

螺纹规格 D=M20、性能等级为 8H 级的钢结构用高强度大六角螺母的标记：

螺母 GB/T 1229 M20-8H

ICS 21.060.30
J 13

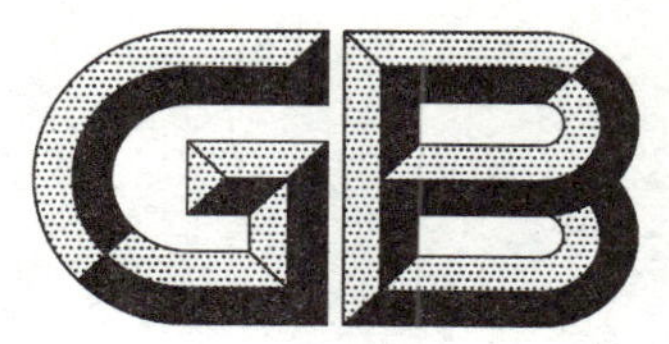

中华人民共和国国家标准

GB/T 1230—2006
代替 GB/T 1230—1991

钢结构用高强度垫圈

High strength plain washers for steel structures

(ISO 7416:1984,Plain washers,chamfered,hardened and tempered for high strength structural bolting,NEQ)

2006-03-27 发布 2006-11-01 实施

中华人民共和国国家质量监督检验检疫总局
中国国家标准化管理委员会 发布

前 言

本标准对应于ISO 7416:1984《高强度栓接结构用倒角淬火并回火平垫圈》,与ISO 7416的一致性程度为非等效。

本标准代替GB/T 1230—1991《钢结构用高强度垫圈》。

本标准与GB/T 1230—1991相比主要变化如下:

——将垫圈厚度的尺寸代号改为"h"(GB/T 1230—1991第3章)。

本标准是"钢结构摩擦型高强度螺栓连接用的连接副"国标产品系列标准之一。该系列标准还包括:

——GB/T 1228—2006 钢结构用高强度大六角头螺栓;

——GB/T 1229—2006 钢结构用高强度大六角螺母;

——GB/T 1231—2006 钢结构用高强度大六角头螺栓、大六角螺母、垫圈技术条件;

——GB/T 3632—1995 钢结构用扭剪型高强度螺栓连接副;

——GB/T 3633—1995 钢结构用扭剪型高强度螺栓连接副技术条件。

本标准由中国机械工业联合会提出。

本标准由全国紧固件标准化技术委员会归口。

本标准负责起草单位:铁道科学研究院。

本标准参加起草单位:机械科学研究院、上海高强度螺栓厂、中冶集团建筑研究总院、大冶钢厂。

本标准主要起草人:程季青、沈家骅。

本标准所代替标准的历次版本发布情况为:

——GB 1230—1976、GB 1230—1984、GB/T 1230—1991。

钢结构用高强度垫圈

1 范围

本标准规定了规格为 12 mm～30 mm 高强度垫圈的型式尺寸、技术条件及标记。

本标准适用于与 GB/T 1228《钢结构用高强度大六角头螺栓》配套使用的钢结构摩擦型高强度螺栓连接副。

2 规范性引用文件

下列文件中的条款通过本标准的引用而成为本标准的条款。凡是注日期的引用文件，其随后所有的修改单（不包括勘误的内容）或修订版均不适用于本标准，然而，鼓励根据本标准达成协议的各方研究是否可使用这些文件的最新版本。凡是不注日期的引用文件，其最新版本适用于本标准。

GB/T 1228 钢结构用高强度大六角头螺栓[GB/T 1228—2006，ISO 7412:1984，Hexagon bolts for high strength structural bolting with large width across flats(short thread length)—Product grade C—Property classes 8.8 and 10.9，NEQ]

GB/T 1231 钢结构用高强度大六角头螺栓、大六角螺母、垫圈技术条件

GB/T 1237 紧固件标记方法（GB/T 1237—2000，eqv ISO 8991:1986）

3 尺寸

尺寸见图 1 和表 1。

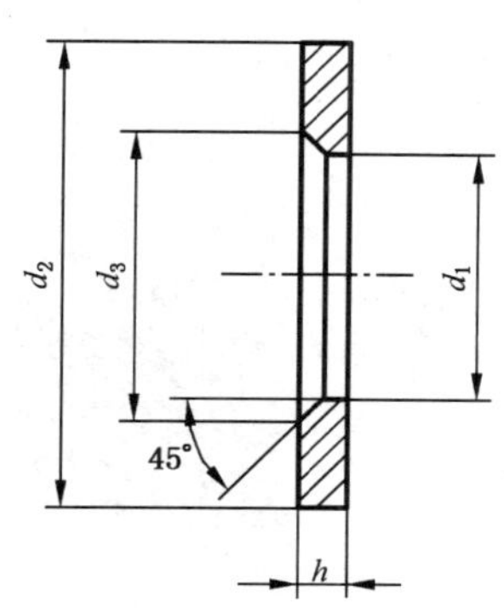

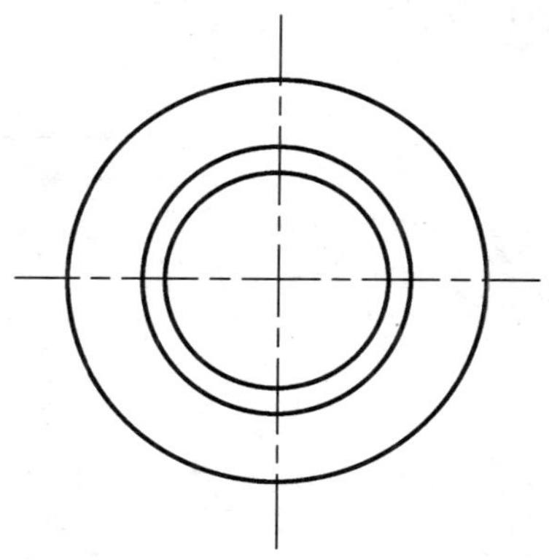

图 1

表 1

单位为毫米

规格(螺纹大径)		12	16	20	(22)	24	(27)	30
d_1	min	13	17	21	23	25	28	31
	max	13.43	17.43	21.52	23.52	25.52	28.52	31.62
d_2	min	23.7	31.4	38.4	40.4	45.4	50.1	54.1
	max	25	33	40	42	47	52	56
h	公称	3.0	4.0	4.0	5.0	5.0	5.0	5.0
	min	2.5	3.5	3.5	4.5	4.5	4.5	4.5
	max	3.8	4.8	4.8	5.8	5.8	5.8	5.8
d_3	min	15.23	19.23	24.32	26.32	28.32	32.84	35.84
	max	16.03	20.03	25.12	27.12	29.12	33.64	36.64
每 1 000 个钢垫圈的理论质量/kg		10.47	23.40	33.55	43.34	55.76	66.52	75.42
注：括号内的规格为第二选择系列。								

4 技术条件

技术条件按 GB/T 1231 的规定。

5 标记

5.1 标记方法按 GB/T 1237 的规定。

5.2 标记示例

规格为 20 mm、热处理硬度为 35HRC～45HRC 的钢结构用高强度垫圈的标记：

垫圈 GB/T 1230 20

ICS 21.060.10
J 13

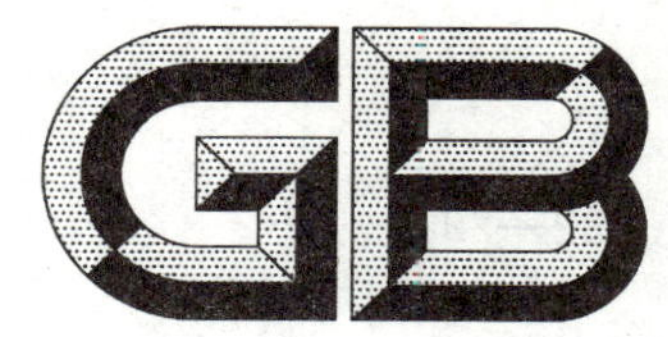

中华人民共和国国家标准

GB/T 3632—2008
代替 GB/T 3632～3633—1995

钢结构用扭剪型高强度螺栓连接副

Sets of torshear type high strength bolt hexagon nut and plain washer for steel structures

2008-03-03 发布 2008-07-01 实施

中华人民共和国国家质量监督检验检疫总局
中国国家标准化管理委员会
发布

前　言

本标准代替 GB/T 3632—1995《钢结构用扭剪型高强度螺栓连接副》和 GB/T 3633—1995《钢结构用扭剪型高强度螺栓连接副技术条件》。

本标准与 GB/T 3632—1995 和 GB/T 3633—1995 相比主要变化如下：

——增加 M27 和 M30 螺纹规格和推荐使用的材料：35VB、35CrMo(见表 1～表 6)；

——增加材料：ML20MnTiB、ML35(见 5.1 及表 6)；

——规定经供需双方协议，也可使用表 6 规定以外的材料，但应在订货合同中注明，并在螺栓或螺母产品上增加标志 T(紧跟 S 或 H)(见 5.1、表 6 及 8.3)；

——取消双倒角螺母的型式(GB/T 3632—1995 中图 3“可选择的型式”)；

——将垫圈厚度的尺寸代号改为“h”(见图 4 及表 5)；

——根据 GB/T 228 的规定，对相关的机械性能名称和符号进行了相应调整(见表 7)；

——调整了螺母的硬度范围(见表 11)；

——增加了连接副机械性能试验的抽样方案(见 7.3)；

——取消了 GB/T 3632—1995 附录 A，增加新的附录 A。

本标准是国家标准“钢结构用螺栓连接副”产品系列标准之一，该系列包括：

——GB/T 1228—2006　钢结构用高强度大六角头螺栓；

——GB/T 1229—2006　钢结构用高强度大六角螺母；

——GB/T 1230—2006　钢结构用高强度垫圈；

——GB/T 1231—2006　钢结构用高强度大六角头螺栓、大六角螺母、垫圈技术条件；

——GB/T 3632—2008　钢结构用扭剪型高强度螺栓连接副。

本标准的附录 A 为规范性附录。

本标准由中国机械工业联合会提出。

本标准由全国紧固件标准化技术委员会(SAC/TC 85)归口。

本标准负责起草单位：中冶集团建筑研究总院和中机生产力促进中心。

本标准参加起草单位：上海高强度螺栓厂、上海申光高强度螺栓有限公司、上海金马高强紧固件有限公司、山东高强紧固件有限公司、河北任县高强度螺栓有限公司、中铁山桥集团高强度紧固器材有限公司、宁波九龙紧固件制造有限公司、晋亿实业股份有限公司、宁波中京联合科技实业有限公司、浙江泽恩标准件有限公司、杭州华凌钢结构高强螺栓有限公司和安徽巢湖铸造厂有限责任公司。

本标准由全国紧固件标准化技术委员会秘书处负责解释。

本标准所代替标准的历次版本发布情况为：

——GB 3632—83、GB/T 3632—1995；

——GB 3633—83、GB/T 3633—1995。

钢结构用扭剪型高强度螺栓连接副

1 范围

本标准规定了螺纹规格为 M16～M30 钢结构用扭剪型高强度螺栓连接副的型式尺寸、技术要求、试验方法、标记方法及验收与包装。

本标准适用于工业与民用建筑、桥梁、塔桅结构、锅炉钢结构、起重机械及其他钢结构用扭剪型高强度螺栓连接副。

2 规范性引用文件

下列文件中的条款通过本标准的引用而成为本标准的条款。凡是注日期的引用文件，其随后所有的修改单(不包括勘误的内容)或修订版均不适用于本标准，然而，鼓励根据本标准达成协议的各方研究是否可使用这些文件的最新版本。凡是不注日期的引用文件，其最新版本适用于本标准。

GB/T 90.1　紧固件　验收检查(GB/T 90.1—2002,idt ISO 3269:2000)

GB/T 196　普通螺纹　基本尺寸　(GB/T 196—2003,ISO 724:1993,ISO general purpose metric screw threads—Basic dimensions,MOD)

GB/T 197　普通螺纹　公差　(GB/T 197—2003,ISO 965-1:1998,ISO general purpose metric screw threads—Tolerances—Part 1:Principles and basic data,MOD)

GB/T 228　金属材料　室温拉伸试验方法(GB/T 228—2002,eqv ISO 6892:1998)

GB/T 229　金属夏比缺口冲击试验方法(GB/T 229—1994,eqv ISO 148:1983,ISO 83:1976)

GB/T 230.1　金属洛氏硬度试验　第 1 部分:试验方法(GB/T 230.1—2004,ISO 6508-1:1999,Metallic materials—Rockwell hardness test—Part 1:Test method,MOD)

GB/T 699　优质碳素结构钢

GB/T 1237　紧固件的标记方法(GB/T 1237—2000,eqv ISO 8991:1986)

GB/T 3077　合金结构钢

GB/T 3098.1　紧固件机械性能　螺栓、螺钉和螺柱(GB/T 3098.1—2000,idt ISO 898-1:1999)

GB/T 3098.2　紧固件机械性能　螺母　粗牙螺纹(GB/T 3098.2—2000,idt ISO 898-2:1992)

GB/T 3103.1　紧固件公差　螺栓、螺钉、螺柱和螺母(GB/T 3103.1—2002,idt ISO 4759-1:2000)

GB/T 3103.3　紧固件公差　平垫圈(GB/T 3103.3—2002,idt ISO 4759-3:2000)

GB/T 4340.1　金属维氏硬度试验　第 1 部分:试验方法(GB/T 4340.1—1999,eqv ISO 6507-1:1997)

GB/T 5276　紧固件　螺栓、螺钉、螺柱及螺母　尺寸代号和标注(GB/T 5276—1985,eqv ISO 225:1983)

GB/T 5277　紧固件　螺栓和螺钉通孔

GB/T 5779.1　紧固件表面缺陷　螺栓、螺钉和螺柱　一般要求(GB/T 5779.1—2000,idt ISO 6157-1:1988)

GB/T 5779.2　紧固件表面缺陷　螺母(GB/T 5779.2—2000,idt ISO 6157-2:1995)

GB/T 6478　冷镦和冷挤压用钢

3 连接副型式

螺栓连接副型式(包括一个螺栓、一个螺母和一个垫圈)应符合图1的规定。

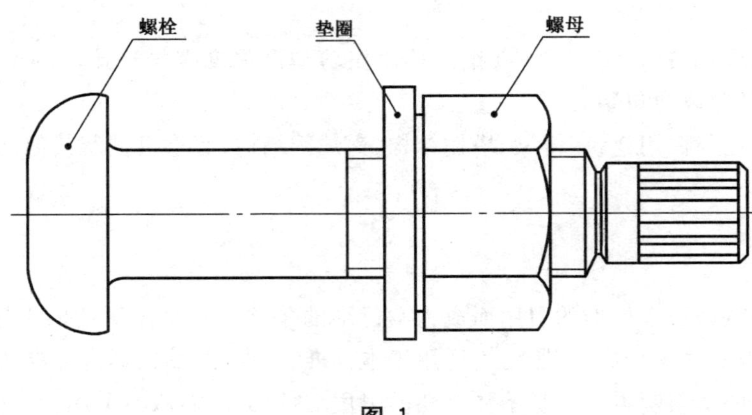

图 1

4 尺寸

4.1 螺栓尺寸

螺栓尺寸应符合图2及表1～表3的规定。

尺寸代号和标注符合 GB/T 5276。

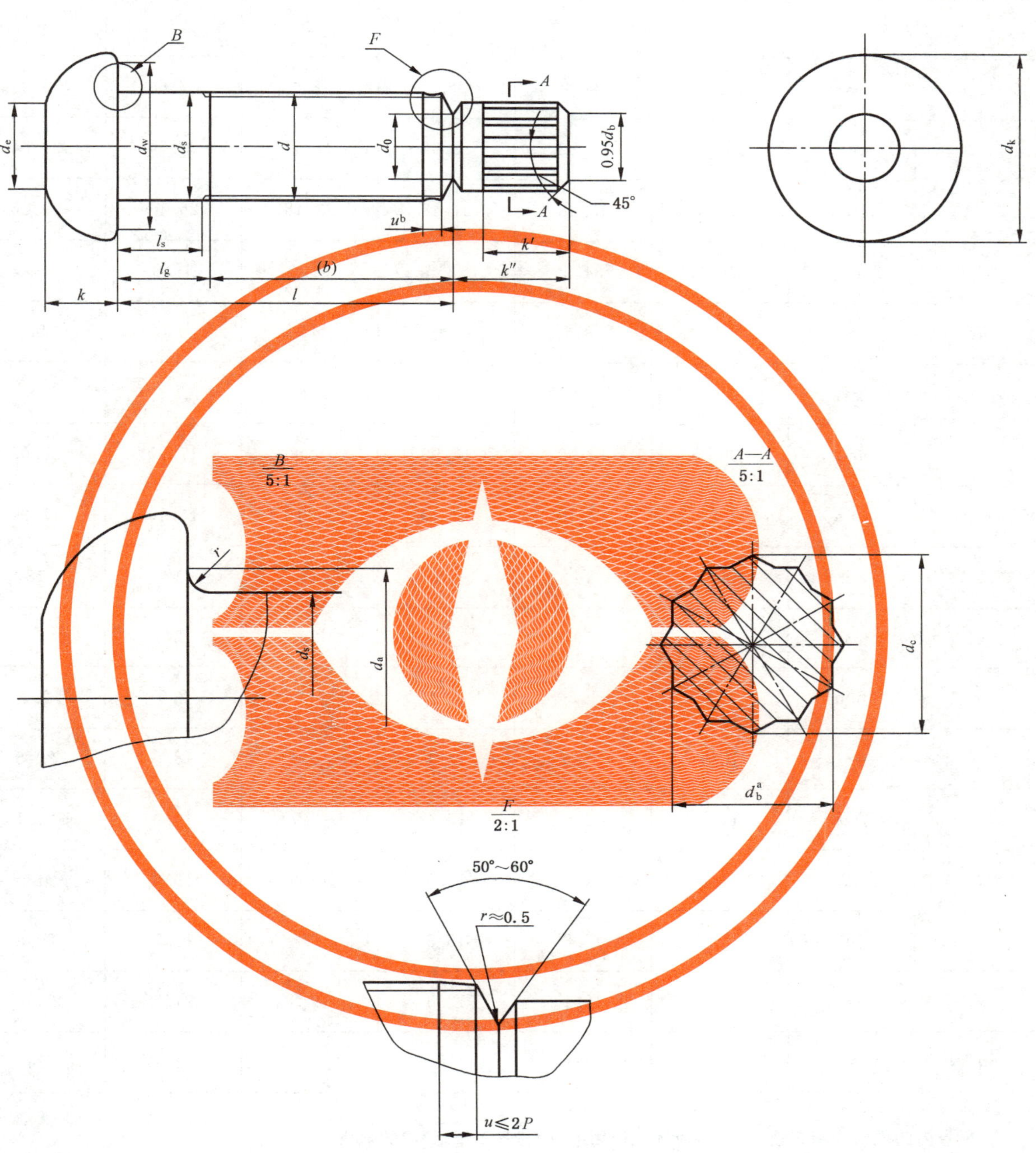

a d_b——内切圆直径；

b u——不完整螺纹的长度。

图 2

表 1

单位为毫米

螺纹规格 d		M16	M20	(M22)[a]	M24	(M27)[a]	M30
P[b]		2	2.5	2.5	3	3	3.5
d_a	max	18.83	24.4	26.4	28.4	32.84	35.84
d_s	max	16.43	20.52	22.52	24.52	27.84	30.84
	min	15.57	19.48	21.48	23.48	26.16	29.16
d_w	min	27.9	34.5	38.5	41.5	42.8	46.5
d_k	max	30	37	41	44	50	55
k	公称	10	13	14	15	17	19
	max	10.75	13.90	14.90	15.90	17.90	20.05
	min	9.25	12.10	13.10	14.10	16.10	17.95
k'	min	12	14	15	16	17	18
k''	max	17	19	21	23	24	25
r	min	1.2	1.2	1.2	1.6	2.0	2.0
d_0	≈	10.9	13.6	15.1	16.4	18.6	20.6
d_b	公称	11.1	13.9	15.4	16.7	19.0	21.1
	max	11.3	14.1	15.6	16.9	19.3	21.4
	min	11.0	13.8	15.3	16.6	18.7	20.8
d_c	≈	12.8	16.1	17.8	19.3	21.9	24.4
d_e	≈	13	17	18	20	22	24

a 括号内的规格为第二选择系列，应优先选用第一系列（不带括号）的规格。

b P——螺距。

表 2

单位为毫米

螺纹规格 d			M16		M20		(M22)[a]		M24		(M27)[a]		M30	
l			无螺纹杆部长度 l_s 和夹紧长度 l_g											
公称	min	max	l_s min	l_g max	l_s min	l_g max	l_s min	l_g max	l_s min	l_g max	l_s min	l_g max	l_s min	l_g max
40	38.75	41.25	4	10										
45	43.75	46.25	9	15	2.5	10								
50	48.75	51.25	14	20	7.5	15	2.5	10						
55	53.5	56.5	14	20	12.5	20	7.5	15	1	10				
60	58.5	61.5	19	25	17.5	25	12.5	20	6	15				
65	63.5	66.5	24	30	17.5	25	17.5	25	11	20	6	15		
70	68.5	71.5	29	35	22.5	30	17.5	25	16	25	11	20	4.5	15
75	73.5	76.5	34	40	27.5	35	22.5	30	16	25	16	25	9.5	20
80	78.5	81.5	39	45	32.5	40	27.5	35	21	30	16	25	14.5	25
85	83.25	86.75	44	50	37.5	45	32.5	40	26	35	21	30	14.5	25
90	88.25	91.75	49	55	42.5	50	37.5	45	31	40	26	35	19.5	30
95	93.25	96.75	54	60	47.5	55	42.5	50	36	45	31	40	24.5	35
100	98.25	101.75	59	65	52.5	60	47.5	55	41	50	36	45	29.5	40
110	108.25	111.75	69	75	62.5	70	57.5	65	51	60	46	55	39.5	50
120	118.25	121.75	79	85	72.5	80	67.5	75	61	70	56	65	49.5	60
130	128	132	89	95	82.5	90	77.5	85	71	80	66	75	59.5	70
140	138	142			92.5	100	87.5	95	81	90	76	85	69.5	80
150	148	152			102.5	110	97.5	105	91	100	86	95	79.5	90
160	156	164			112.5	120	107.5	115	101	110	96	105	89.5	100
170	166	174					117.5	125	111	120	106	115	99.5	110
180	176	184					127.5	135	121	130	116	125	109.5	120
190	185.4	194.6					137.5	145	131	140	126	135	119.5	130
200	195.4	204.6					147.5	155	141	150	136	145	129.5	140
220	215.4	224.6					167.5	175	161	170	156	165	149.5	160

[a] 括号内的规格为第二选择系列，应优先选用第一系列（不带括号）的规格。

表 3

单位为毫米

<table>
<tr><th>螺纹规格
d</th><th>M16</th><th>M20</th><th>(M22)[a]</th><th>M24</th><th>(M27)[a]</th><th>M30</th><th>M16</th><th>M20</th><th>(M22)[a]</th><th>M24</th><th>(M27)[a]</th><th>M30</th></tr>
<tr><th>l
公称尺寸</th><th colspan="6">(b)</th><th colspan="6">每 1 000 件钢螺栓的质量(ρ=7.85 kg/dm^3)/≈kg</th></tr>
<tr><td>40</td><td rowspan="3">30</td><td rowspan="1"></td><td rowspan="2"></td><td rowspan="3"></td><td rowspan="5"></td><td rowspan="6"></td><td>106.59</td><td></td><td></td><td></td><td></td><td></td></tr>
<tr><td>45</td><td rowspan="4">35</td><td>114.07</td><td>194.59</td><td></td><td></td><td></td><td></td></tr>
<tr><td>50</td><td rowspan="4">40</td><td>121.54</td><td>206.28</td><td>261.90</td><td></td><td></td><td></td></tr>
<tr><td>55</td><td rowspan="13">35</td><td rowspan="5">45</td><td>128.12</td><td>217.99</td><td>276.12</td><td>332.89</td><td></td><td></td></tr>
<tr><td>60</td><td>135.60</td><td>229.68</td><td>290.34</td><td>349.89</td><td></td><td></td></tr>
<tr><td>65</td><td rowspan="14">40</td><td rowspan="3">50</td><td>143.08</td><td>239.98</td><td>304.57</td><td>366.88</td><td>490.64</td><td></td></tr>
<tr><td>70</td><td rowspan="18">45</td><td rowspan="3">55</td><td>150.54</td><td>251.67</td><td>317.23</td><td>383.88</td><td>511.74</td><td>651.05</td></tr>
<tr><td>75</td><td>158.02</td><td>263.37</td><td>331.45</td><td>398.72</td><td>532.83</td><td>677.26</td></tr>
<tr><td>80</td><td rowspan="16">50</td><td rowspan="16">55</td><td>165.49</td><td>275.07</td><td>345.68</td><td>415.72</td><td>552.01</td><td>703.47</td></tr>
<tr><td>85</td><td rowspan="15">60</td><td>172.97</td><td>286.77</td><td>359.90</td><td>432.71</td><td>573.11</td><td>726.96</td></tr>
<tr><td>90</td><td>180.44</td><td>298.46</td><td>374.12</td><td>449.71</td><td>594.21</td><td>753.17</td></tr>
<tr><td>95</td><td>187.91</td><td>310.17</td><td>388.34</td><td>466.71</td><td>615.30</td><td>779.38</td></tr>
<tr><td>100</td><td>195.39</td><td>321.86</td><td>402.57</td><td>483.70</td><td>636.39</td><td>805.59</td></tr>
<tr><td>110</td><td>210.33</td><td>345.25</td><td>431.02</td><td>517.69</td><td>678.59</td><td>858.02</td></tr>
<tr><td>120</td><td>225.28</td><td>368.65</td><td>459.46</td><td>551.68</td><td>720.78</td><td>910.44</td></tr>
<tr><td>130</td><td>240.22</td><td>392.04</td><td>487.91</td><td>585.67</td><td>762.97</td><td>962.87</td></tr>
<tr><td>140</td><td rowspan="8"></td><td></td><td>415.44</td><td>516.35</td><td>619.66</td><td>805.16</td><td>1 015.29</td></tr>
<tr><td>150</td><td></td><td>438.83</td><td>544.80</td><td>653.65</td><td>847.35</td><td>1 067.71</td></tr>
<tr><td>160</td><td></td><td>462.23</td><td>573.24</td><td>687.63</td><td>889.54</td><td>1 120.14</td></tr>
<tr><td>170</td><td rowspan="5"></td><td></td><td></td><td>601.69</td><td>721.62</td><td>931.73</td><td>1 172.56</td></tr>
<tr><td>180</td><td></td><td></td><td>630.13</td><td>755.61</td><td>973.92</td><td>1 224.98</td></tr>
<tr><td>190</td><td></td><td></td><td>658.58</td><td>789.61</td><td>1 016.12</td><td>1 277.40</td></tr>
<tr><td>200</td><td></td><td></td><td>687.03</td><td>823.59</td><td>1 058.31</td><td>1 329.83</td></tr>
<tr><td>220</td><td></td><td></td><td>743.91</td><td>891.57</td><td>1 142.69</td><td>1 434.67</td></tr>
<tr><td colspan="13">[a] 括号内的规格为第二选择系列，应优先选用第一系列(不带括号)的规格。</td></tr>
</table>

4.2 螺母尺寸

螺母尺寸应符合图 3 及表 4 的规定。

尺寸代号和标注符合 GB/T 5276。

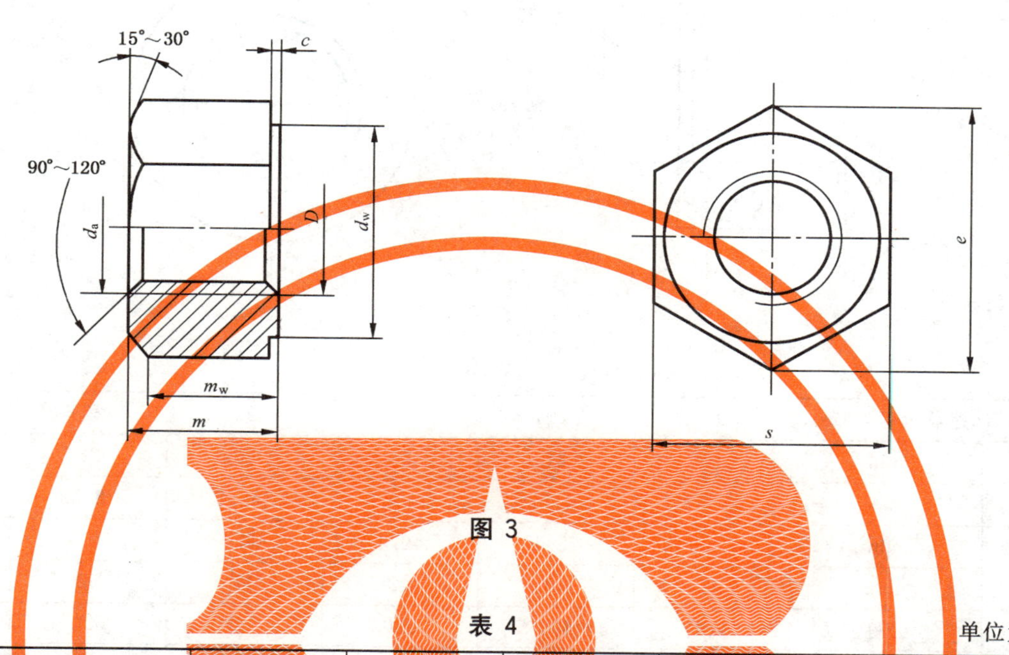

图 3

表 4

单位为毫米

螺纹规格 D		M16	M20	(M22)[a]	M24	(M27)[a]	M30
P		2	2.5	2.5	3	3	3.5
d_a	max	17.3	21.6	23.8	25.9	29.1	32.4
	min	16	20	22	24	27	30
d_w	min	24.9	31.4	33.3	38.0	42.8	46.5
e	min	29.56	37.29	39.55	45.20	50.85	55.37
m	max	17.1	20.7	23.6	24.2	27.6	30.7
	min	16.4	19.4	22.3	22.9	26.3	29.1
m_w	min	11.5	13.6	15.6	16.0	18.4	20.4
c	max	0.8	0.8	0.8	0.8	0.8	0.8
	min	0.4	0.4	0.4	0.4	0.4	0.4
s	max	27	34	36	41	46	50
	min	26.16	33	35	40	45	49
支承面对螺纹轴线的全跳动公差		0.38	0.47	0.50	0.57	0.64	0.70
每 1 000 件钢螺母的质量(ρ=7.85 kg/dm^3)/≈kg		61.51	118.77	146.59	202.67	288.51	374.01

[a] 括号内的规格为第二选择系列，应优先选用第一系列（不带括号）的规格。

4.3 垫圈尺寸

垫圈尺寸应符合图 4 及表 5 的规定。

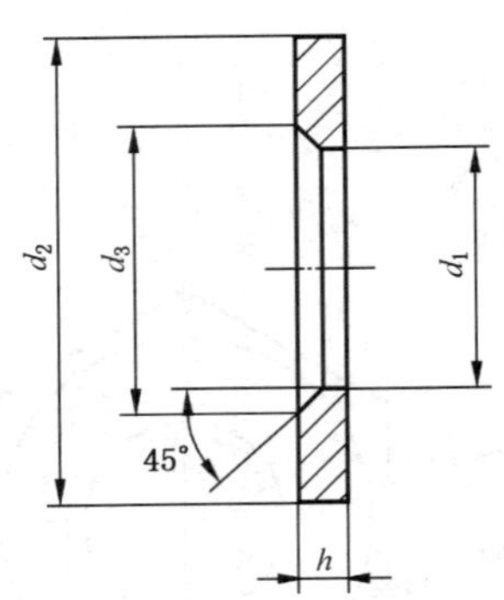

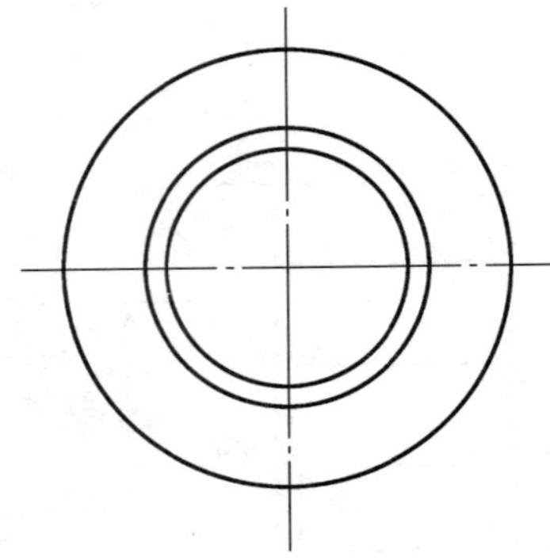

图 4

表 5

单位为毫米

规格(螺纹大径)		16	20	(22)[a]	24	(27)[a]	30
d_1	min	17	21	23	25	28	31
	max	17.43	21.52	23.52	25.52	28.52	31.62
d_2	min	31.4	38.4	40.4	45.4	50.1	54.1
	max	33	40	42	47	52	56
h	公称	4.0	4.0	5.0	5.0	5.0	5.0
	min	3.5	3.5	4.5	4.5	4.5	4.5
	max	4.8	4.8	5.8	5.8	5.8	5.8
d_3	min	19.23	24.32	26.32	28.32	32.84	35.84
	max	20.03	25.12	27.12	29.12	33.64	36.64
每 1 000 件钢垫圈的质量 (ρ=7.85 kg/dm^3)/≈kg		23.40	33.55	43.34	55.76	66.52	75.42

[a] 括号内的规格为第二选择系列,应优先选用第一系列(不带括号)的规格。

5 技术要求

5.1 性能等级及材料

螺栓、螺母、垫圈的性能等级和推荐材料按表 6 的规定。经供需双方协议,也可使用其他材料,但应在订货合同中注明,并在螺栓或螺母产品上增加标志 T(紧跟 S 或 H)。

表 6

类别	性能等级	推荐材料	标准编号	适用规格
螺栓	10.9S	20MnTiB ML20MnTiB	GB/T 3077 GB/T 6478	≤M24
		35VB 35CrMo	(附录 A) GB/T 3077	M27、M30
螺母	10H	45、35 ML35	GB/T 699 GB/T 6478	≤M30
垫圈	—	45、35	GB/T 699	

5.2 机械性能

5.2.1 螺栓机械性能

5.2.1.1 原材料试件机械性能

制造者应对螺栓的原材料取样，经与螺栓制造中相同的热处理工艺处理后，按 GB/T 228 制成试件进行拉伸试验，其结果应符合表 7 的规定。根据用户要求，可增加低温冲击试验，其结果应符合表 7 的规定。

表 7

性能等级	抗拉强度 R_m/MPa	规定非比例延伸强度 $R_{p0.2}$/MPa	断后伸长率 A/%	断后收缩率 Z/%	冲击吸收功 A_{KV2}/J (−20℃)
		不小于			
10.9 S	1 040～1 240	940	10	42	27

5.2.1.2 螺栓实物机械性能

对螺栓实物进行楔负载试验时，当拉力载荷在表 8 规定的范围内，断裂应发生在螺纹部分或螺纹与螺杆交接处。

当螺栓 $l/d \leqslant 3$ 时，如不能进行楔负载试验，允许用拉力载荷试验或芯部硬度试验代替楔负载试验。拉力载荷应符合表 8 的规定，芯部硬度应符合表 9 的规定。

表 8

螺纹规格 d		M16	M20	M22	M24	M27	M30
公称应力截面积 A_s/mm^2		157	245	303	353	459	561
10.9 S	拉力载荷/kN	163～195	255～304	315～376	367～438	477～569	583～696

表 9

性能等级	维氏硬度		洛氏硬度	
	min	max	min	max
10.9 S	312 HV30	367 HV30	33 HRC	39 HRC

5.2.1.3 脱碳层

螺栓的脱碳层按 GB/T 3098.1 表 3 的规定。

5.2.2 螺母机械性能

5.2.2.1 保证载荷

螺母的保证载荷应符合表 10 的规定。

表 10

螺纹规格 D		M16	M20	M22	M24	M27	M30
公称应力截面积 A_s/mm^2		157	245	303	353	459	561
保证应力 S_P/MPa		1 040					
10 H	保证载荷 $(A_s \times S_P)$/kN	163	255	315	367	477	583

5.2.2.2 **硬度**

螺母的硬度应符合表11的规定。

表11

性能等级	洛氏硬度		维氏硬度	
	min	max	min	max
10 H	98 HRB	32 HRC	222 HV30	304 HV30

5.2.3 **垫圈硬度**

垫圈的硬度为 329 HV30～436 HV30 (35 HRC～45 HRC)。

5.3 **连接副紧固轴力**

连接副紧固轴力应符合表12的规定。

表12

螺纹规格		M16	M20	M22	M24	M27	M30
每批紧固轴力的平均值/kN	公称	110	171	209	248	319	391
	min	100	155	190	225	290	355
	max	121	188	230	272	351	430
紧固轴力标准偏差 $\sigma \leqslant$	/kN	10.0	15.5	19.0	22.5	29.0	35.5

当 l 小于表13中规定数值时,可不进行紧固轴力试验。

表13

单位为毫米

螺纹规格	M16	M20	M22	M24	M27	M30
l	50	55	60	65	70	75

5.4 **螺栓、螺母的螺纹**

螺纹的基本尺寸应符合 GB/T 196 对粗牙普通螺纹的规定。螺栓螺纹公差带应符合 6g (GB/T 197),螺母螺纹公差带应符合 6H (GB/T 197)的规定。

5.5 **表面缺陷**

5.5.1 螺栓、螺母的表面缺陷应符合 GB/T 5779.1 或 GB/T 5779.2 的规定。

5.5.2 垫圈表面不允许有裂纹、毛刺、浮锈和影响使用的凹痕、划伤。

5.6 **其他尺寸及形位公差**

螺栓、螺母、垫圈的其他尺寸及形位公差应符合 GB/T 3103.1 或 GB/T 3103.3 有关 C 级产品的规定。

5.7 **表面处理**

为保证连接副紧固轴力和防锈性能,螺栓、螺母和垫圈应进行表面处理(可以是相同的或不同的),并由制造者确定,经处理后的连接副紧固轴力应符合表12的规定。

6 试验方法

6.1 **试验环境温度**

试验应在室温(10℃～35℃)下进行,但冲击试验应在−20℃±2℃下进行,连接副紧固轴力的仲裁试验应在20℃±2℃下进行。

6.2 **螺栓试验方法**

6.2.1 **原材料试件试验**

6.2.1.1 **基本要求**

原材料拉伸试件和冲击试件应在同一根棒材上截取,并经同一热处理工艺处理。

6.2.1.2 拉伸试验

原材料经热处理后，按 GB/T 228 的规定制成拉伸试件。加工试件时，其直径减小量不应超过原材料直径的 25%（约为截面积的 44%），并以此确定试件直径。试验方法应符合 GB/T 228 的规定。

6.2.1.3 冲击试验

原材料经热处理后，按 GB/T 229 图 1 标准夏比 V 型缺口冲击试件的规定制成试件，进行低温 −20℃ 冲击试验。试验方法应符合 GB/T 229 的规定。

6.2.2 螺栓实物楔负载试验

螺栓头下置一 10°楔垫（见图 5），在拉力试验机上将螺栓拧在带有内螺纹的专用夹具上（≥1d），然后进行拉力试验。10°楔垫尺寸及硬度应符合 GB/T 3098.1 的规定。

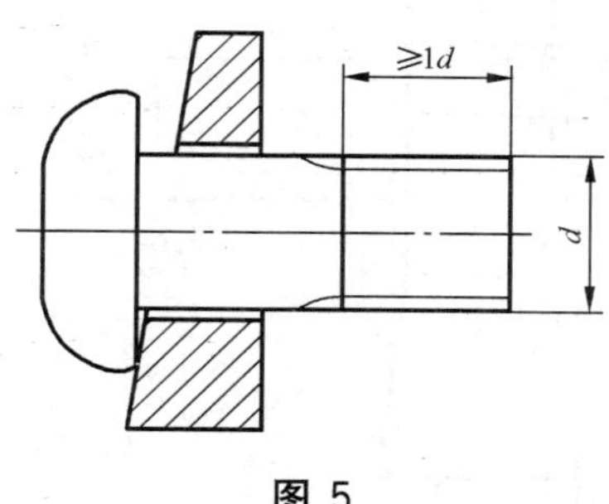

图 5

6.2.3 芯部硬度试验

试验在距螺杆末端等于一个螺纹直径的截面上、1/2 半径处进行。试验方法应符合 GB/T 230.1 或 GB/T 4340.1 的规定。验收时，如有争议，以维氏硬度（HV30）试验为仲裁试验。

6.2.4 脱碳试验

螺栓的脱碳试验应符合 GB/T 3098.1 的规定。

6.3 螺母试验方法

6.3.1 保证载荷试验

将螺母拧入螺纹芯棒（见图 6 及 GB/T 3098.2），试验时夹头的移动速度不应超过 3 mm/min。对螺母施加表 10 规定的保证载荷，持续 15 s，螺母不应脱扣或破裂。当去除载荷后，应可用手将螺母旋出，或者借助扳手松开螺母（但不应超过半扣）后用手旋出。在试验中，如螺纹芯棒损坏，则该试验作废。

螺纹芯棒的硬度应≥45 HRC，其螺纹公差带为 5 h 6 g，但大径应控制在 6 g 公差带靠近下限的1/4的范围内。

6.3.2 硬度试验

常规检查，螺母硬度试验应在支承面上进行，并取间隔为 120°的三点平均值作为该螺母的硬度值。试验方法应符合 GB/T 230.1 或 GB/T 4340.1 的规定。验收时，如有争议，应在通过螺母轴心线的纵向截面上，并尽量靠近螺纹大径处进行硬度试验。维氏硬度（HV30）试验为仲裁试验。

6.4 垫圈硬度试验

垫圈硬度试验应在支承面上进行。试验方法按 GB/T 230.1 或 GB/T 4340.1 的规定。验收时，如有争议，以维氏硬度（HV30）试验为仲裁试验。

6.5 连接副紧固轴力试验

6.5.1 连接副的紧固轴力试验在轴力计（或测力环）上进行，每一连接副（一个螺栓、一个螺母和一个垫圈）只能试验一次，不得重复使用。

6.5.2 连接副轴力用轴力计（或测力环）测定，其示值相对误差的绝对值不得大于测试轴力值的 2%。轴力计的最小示值应在 1 kN 以下。

6.5.3 组装连接副时，垫圈有倒角的一侧应朝向螺母支承面。试验时，垫圈不得转动，否则该试验无效。

6.5.4 连接副的紧固轴力值以螺栓梅花头被拧断时轴力计(或测力环)所记录的峰值为测定值。

6.5.5 进行连接副紧固轴力试验时,应同时记录环境温度。试验所用的机具、仪表及连接副均应放置在该环境内至少 2 h 以上。

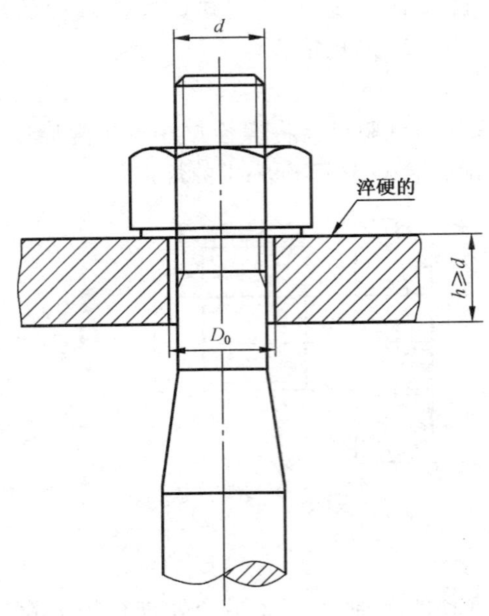

D_0 按 GB/T 5277 对中等装配的规定。

图 6

7 检验规则

7.1 出厂检验按批进行。同一材料、炉号、螺纹规格、长度(当螺栓长度≤100 mm 时,长度相差≤15 mm;螺栓长度>100 mm 时,长度相差≤20 mm,可视为同一长度)、机械加工、热处理工艺及表面处理工艺的螺栓为同批;同一材料、炉号、螺纹规格、机械加工、热处理工艺及表面处理工艺的螺母为同批;同一材料、炉号、规格、机械加工、热处理工艺及表面处理工艺的垫圈为同批。分别由同批螺栓、螺母及垫圈组成的连接副为同批连接副。

同批钢结构用扭剪型高强度螺栓连接副的最大数量为 3 000 套。

7.2 连接副紧固轴力的检验按批抽取 8 套,8 套连接副的紧固轴力平均值及标准偏差均应符合 5.3 的规定。

7.3 螺栓楔负载、螺母保证载荷、螺母硬度和垫圈硬度的检验按批抽取,样本大小 $n=8$,合格判定数 $Ac=0$。螺栓、螺母、垫圈的尺寸、外观及表面缺陷的检验抽样方案应符合 GB/T 90.1 的规定。

7.4 用户对产品质量有异议时,在正常运输和保管条件下,应在产品出厂之日起 6 个月内向供货方提出。如有争议,双方按本标准要求进行复验裁决。

8 标志与包装

8.1 螺栓应在头部顶面或球面用凸字制出性能等级和制造者的识别标志[见图 7 a)]。其中,"·"可以省略;字母 S 表示钢结构用高强度螺栓;××为制造者的识别标志。

8.2 螺母应在顶面用凹字制出性能等级和制造者的识别标志[见图 7b)]。其中,字母 H 表示钢结构用高强度大六角螺母;××为制造者的识别标志。

8.3 螺栓和螺母使用表 6 以外的材料时,应在螺栓及螺母产品上增加标志 T[见图 7c)、d)]。

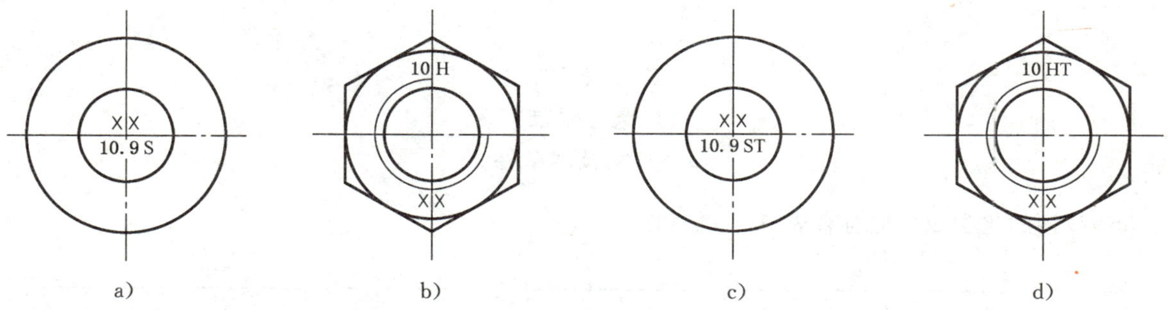

图 7

8.4 制造者应以批为单位提供产品质量检验报告证书，内容如下：

a) 批号、规格和数量；

b) 材料牌号、炉号、化学成分；

c) 材料试件机械性能试验数据；

d) 螺栓、螺母和垫圈机械性能试验数据；

e) 连接副紧固轴力平均值、标准偏差和测试环境温度；

f) 出厂日期。

8.5 包装箱应牢固、防潮。箱内应按连接副的组合包装，不同批号的连接副不得混装。每箱质量不得超过 40 kg。包装箱内的分装方法由制造者确定。

8.6 包装箱外应有制造者、产品名称、标准编号、批号、规格、数量、毛重等明显标记。

9 标记

9.1 标记方法按 GB/T 1237 的规定。

9.2 标记示例

由螺纹规格 d=M20、公称长度 l=100 mm、性能等级为 10.9S 级、表面经防锈处理的钢结构用扭剪型高强度螺栓；螺纹规格 D=M20、性能等级为 10H 级、表面经防锈处理的钢结构用高强度大六角螺母和规格为 20 mm、热处理硬度为 35 HRC～45 HRC、表面经防锈处理的钢结构用高强度垫圈组成的钢结构用扭剪型高强度螺栓连接副的标记：

连接副 GB/T 3632 M20×100

附　录　A
（规范性附录）
35VB 钢技术条件

A.1　35VB 钢的化学成分应符合表 A.1 的规定。

表 A.1

化学成分	C	Mn	Si	P	S	V	B	Cu
范围/%	0.31～0.37	0.50～0.90	0.17～0.37	≤0.04	≤0.04	0.05～0.12	0.001～0.004	≤0.25

A.2　采用直径为 25 mm 的试样毛坯，经热处理后的机械性能应符合表 A.2 的规定。

表 A.2

试样热处理制度	抗拉强度 R_m/MPa	规定非比例延伸强度 $R_{p0.2}$/MPa	断后伸长率 A/%	断后收缩率 Z/%	冲击吸收功 A_{KU2}/J
	不小于				
淬火 870℃水冷 回火 550℃水冷	785	640	12	45	55

A.3　钢材应进行冷顶锻试验，不允许有裂口或裂缝。

A.4　其余技术条件按 GB/T 3077 的规定。

其　他

ICS 21.060.99
J 13

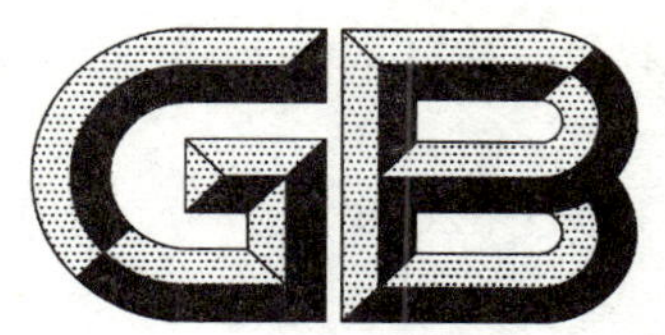

中华人民共和国国家标准

GB/T 18981—2008
代替 GB/T 18981—2003

2008-03-10 发布　　　　2008-05-01 实施

中华人民共和国国家质量监督检验检疫总局
中国国家标准化管理委员会　发布

前　言

本标准代替 GB/T 18981—2003《射钉》。

本标准与 GB/T 18981—2003 相比主要变化如下：

——取消了“氢脆敏感性”和“脱碳层”的要求和检查；

——适当放宽了钉体长度尺寸公差，取消了射钉螺纹镀前尺寸及公差的规定和检查；

——适当调整了“射击性能”试验用钢板厚度，并改变了相应的规定；

——修改了钉杆直径的检验方法；

——检验规则执行了 GB/T 2828.1－2003《计数抽样检验程序　第 1 部分：按接收质量限(AQL)检索的逐批检验抽样计划》；

——“不合格分类”划出了 A1 类进行特殊检验，并将“C 类不合格项”的“接收质量限(AQL)”由 1.5 调整为 2.5；

——在“抽样方案”中，增加了“放宽检验”。

本标准的附录 A 和附录 B 为规范性附录。

本标准由中国兵器装备集团公司提出。

本标准由中国兵器工业标准化研究所归口。

本标准起草单位：四川南山射钉紧固器材有限公司。

本标准主要起草人：蒋开元、左明秀、郑伟东。

本标准所代替标准的历次版本为：

GB/T 18981—2003。

射　钉

1　范围

本标准规定了射钉的结构与代码、要求、试验方法、检验规则、标志、包装、运输、贮存等内容。

本标准适用于射钉的设计、生产及检验。

2　规范性引用文件

下列文件中的条款通过本标准的引用而成为本标准的条款。凡是注日期的引用文件，其随后所有的修改单(不包括勘误的内容)或修订版均不适用于本标准，然而，鼓励根据本标准达成协议的各方研究是否可使用这些文件的最新版本。凡是不注日期的引用文件，其最新版本适用于本标准。

GB/T 191　包装储运图示标志(GB/T 191—2000,eqv ISO 780:1997)

GB/T 196—2003　普通螺纹　基本尺寸(ISO 724:1993,MOD)

GB/T 197—2003　普通螺纹　公差(ISO 965-1:1998,MOD)

GB/T 223.3　钢铁及合金化学分析方法　二安替比林甲烷磷钼酸重量法测定磷含量

GB/T 223.60　钢铁及合金化学分析方法　高氯酸脱水重量法测定硅含量

GB/T 223.63　钢铁及合金化学分析方法　高碘酸钠(钾)光度法测定锰量

GB/T 223.68　钢铁及合金化学分析方法　管式炉内燃烧后碘酸钾滴定法测定硫含量

GB/T 223.71　钢铁及合金化学分析方法　管式炉内燃烧后重量法测定碳含量

GB/T 230.1—2004　金属洛氏硬度试验　第1部分:试验方法(A、B、C、D、E、F、G、H、K、N、T标尺)(ISO 6508-1:1999,MOD)

GB/T 699　优质碳素结构钢

GB/T 700—2006　碳素结构钢(ISO 630:1995,NEQ)

GB/T 1800.3—1998　极限与配合　基础　第3部分:标准公差和基本偏差数值表(eqv ISO 286-1:1988)

GB/T 1804—2000　一般公差　未注公差的线性和角度尺寸的公差(eqv ISO 2768-1:1989)

GB/T 1958　产品几何量技术规范(GPS)形状和位置公差　检测规定

GB/T 2828.1—2003　计数抽样检验程序　第1部分:按接收质量限(AQL)检索的逐批检验抽样计划(ISO 2859-1:1999,IDT)

GB/T 3934　普通螺纹量规技术条件(GB/T 3934—2003,ISO 1502:1996,MOD)

GB/T 18763　射钉器

GB 19914　射钉弹

3　术语和定义

GB/T 18763和GB 19914确立的以及下列术语和定义适用于本标准。

3.1

射钉　fastener

以火药燃烧作动力，可钉入混凝土、钢铁、砖砌体、石材等硬质基体的钉子。

3.2

钉体　body

可钉向硬质基体的钢紧固件，是构成射钉的主体部分。

3.3

定位件　fastening element

在射钉器钉管中对钉体起定位作用的零件，是构成射钉的辅助部分。

3.4

附件　accessory

满足射钉特定附加功能的零件，是构成射钉的其他部分。

3.5

钉杆　shank

钉体可钉入硬质基体的杆状部。

3.6

钉尖　point

钉体的尖部。

3.7

钉头　head

钉体的大头部。

3.8

光钉杆　blank shank

没有花纹的钉杆。

3.9

压花钉杆　knurled shank

带有花纹的钉杆。

3.10

钉长(L)　length

钉杆加钉尖的长度。

3.11

钉套　fastener sleeve

套状定位件。

3.12

钉帽　cap

帽状定位件。

3.13

硬质实体　the hard part

定位件不可压缩的部份。

4　结构与代号

4.1　结构

射钉一般分为仅由钉体构成、由钉体和定位件构成，以及由钉体、定位件和附件构成等三种形式，如图 1 所示。

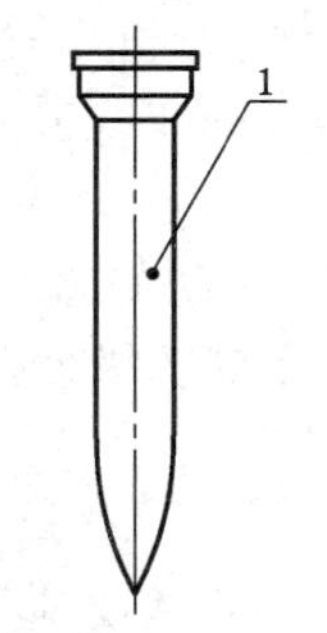

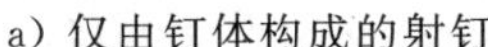
a) 仅由钉体构成的射钉

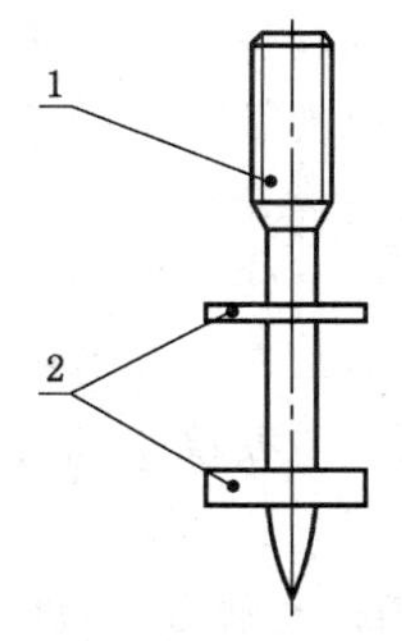

b) 由钉体和定位件构成的射钉

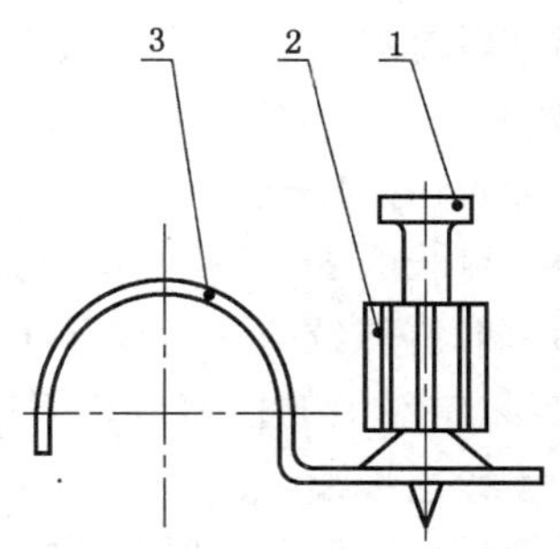

c) 由钉体、定位件和附件构成的射钉

1——钉体；

2——定位件；

3——附件

图 1 射钉结构图

4.2 代号

4.2.1 钉体、定位件和附件

4.2.1.1 钉体、定位件和附件的类型代号，根据其形状及参数等特征予以确定。形状特征用汉语拼音字母表示，参数特征用阿拉伯数字表示。部分钉体、定位件和附件的类型代号见附录 A。

4.2.1.2 钉体、定位件和附件代号分别由各自的类型代号和主要参数予以确定，类型代号和各参数间用连字符“—”连接。部分钉体、定位件和附件的代号见附录 A。

4.2.2 射钉

4.2.2.1 仅由钉体构成的射钉，如图 1a)所示，其射钉代号与钉体代号相同(见附录 A 表 A.1，如 GD 钉)。

4.2.2.2 由钉体和定位件构成的射钉，如图 1b)所示，其射钉代号为钉体代号加定位件代号。若有两个定位件，则两个定位件的代号按从钉头至钉尖的顺序排列；如果两个定位件代号中的参数相同，则前一个定位件的参数应省略(见附录 B 表 B.1)。

4.2.2.3 由钉体、定位件和附件构成的射钉，如图 1c)所示，其射钉代号为钉体代号加定位件代号加“/”后再加附件代号；如果含两个定位件，处理方法同 4.2.2.2(见附录 B 表 B.2)。

5 要求

5.1 材料

射钉钉体一般采用 GB/T 699 规定的优质碳素结构钢，其中主要化学成分应符合以下要求：C 不小于 42%，P 不大于 0.035%，S 不大于 0.035%，Si 为(0.17～0.37)%，Mn 为(0.50～0.80)%。

5.2 外观质量

5.2.1 射钉金属件表面应镀锌，镀层不应起泡、掉皮、脱落和有大的麻点、黑点、露钢或变色等缺陷。

5.2.2 射钉不应有裂纹或大的飞边、缺口、钝尖、压痕、毛刺、拉丝、损伤、凹痕等缺陷。

5.3 装配

带有定位件、附件的射钉，所装配的定位件或附件等应齐全，位置应正确，装配应可靠。

5.4 尺寸和形状

5.4.1 射钉钉头直径的基本尺寸一般为 5.6 mm、6 mm、6.3 mm、7.6 mm、8 mm、8.4 mm、10 mm、12 mm，与其对应的钉头直径以及需进入射钉器钉管的定位件、附件的硬质实体直径的最大极限尺寸应分别为 5.56 mm、5.98 mm、6.26 mm、7.5 mm、7.9 mm、8.36 mm、9.92 mm、11.9 mm。

5.4.2 射钉钉杆直径的基本尺寸一般为 3.5 mm、3.7 mm、4 mm、4.2 mm、4.5 mm、5.2 mm、5.5 mm、6 mm，其公差应符合 GB/T 1800.3—1998 中的 js11 的规定。

5.4.3 射钉钉体长度尺寸公差应符合下述规定，即：螺纹部长度(L_1)(见附录A表A.1)和钉头长度的公差为GB/T 1804—2000中的js16；钉长(L)(见附录A表A.1)不超过30 mm时，其公差为±0.8 mm；若钉长(L)超过30 mm时，其公差为±1 mm。

5.4.4 钉长大于32 mm的射钉钉杆，在其圆柱部上任意25 mm长度范围内的直线度为ϕ0.2 mm。

5.4.5 射钉螺纹应按GB/T 196—2003规定的基本尺寸和GB/T 197—2003中规定的7级公差制造，且其实际轮廓上的任何点均不应超越由公差位置H、h确定的最大实体牙形。

5.5 镀锌层厚度

射钉钉体镀锌层厚度应不小于0.005 mm，金属定位件和金属附件的镀锌层厚度应不小于0.004 mm。

5.6 硬度

射钉钉体芯部硬度应为50HRC～57HRC。

5.7 弯曲角度

射钉光钉杆弯曲至60°不应断裂，压花钉杆弯曲至30°不应断裂。

5.8 射击性能

5.8.1 射击过程中，射钉应装钉顺利，在射钉器钉管中不应滑落，定位件和附件应牢固可靠。

5.8.2 射钉对GB/T 700—2006中的Q235、抗拉强度R_m不大于420 N/mm^2、厚度符合表1规定的钢板进行射击，当钉长(L)不小于16 mm时，钉尖应穿出钢板3 mm以上，当钉长(L)小于16 mm时，钉头应贴近钢板。

表1 射击用钢板的最小厚度

单位为毫米

钉杆直径(d)	钉长(L)		
	$L\leqslant30$	$30<L\leqslant60$	$L>60$
≤3.8	8	6	4
<3.8～4.6	10	8	6
>4.6	12	10	8

5.8.3 射击后，射钉钉体不应有断裂、破碎或严重弯曲等现象。

6 试验方法

6.1 材料

射钉钉体钢材的化学成分的检验，按GB/T 223.3、GB/T 223.60、GB/T 223.63、GB/T 223.68、GB/T 223.71测定其中的磷、硅、锰、硫、碳含量。

6.2 外观质量

目视检验射钉外观，必要时可用有效样件对比检验。

6.3 装配

目视检验射钉钉体所装配的零件是否齐全及位置是否正确，用手力或装入射钉器钉管的方法，检验装配是否可靠。

6.4 尺寸和形状

6.4.1 射钉钉头、钉体、定位件硬质实体的直径、钉杆直径以及钉体长度尺寸用通用量具或专用量具测量。其中，钉杆直径是在钉杆圆柱部的任意一截面上，测量出垂直两个方向上的直径，取二者的平均值。

6.4.2 射钉钉杆的直线度按GB/T 1958规定的方法进行检测。

6.4.3 射钉螺纹的检验，用GB/T 3934规定的、相应公差等级的量规及方法进行；如对此检验有争议时，用精度不低于0.001 mm的仪器，测量其实际轮廓上的任何点的最大实体牙形进行检验，而且此检验为仲裁检验。

6.5 镀锌层厚度

射钉镀锌层厚度用精度不低于 0.001 mm 的磁性测厚仪或其他镀锌层测厚方法测量，测量部位为钉杆的中部以及定位件、附件因工艺特性造成的镀层最薄处。

6.6 硬度

将射钉钉体对称的侧面磨成两平行平面，每个平面在钉杆部位的宽度不少于 2 mm，在其中一平面上，按 GB/T 230.1—2004 规定的 HRC 的测试方法，测试硬度。测量点在圆柱部的中部，如果钉体有多个不同直径的圆柱部（含螺纹部，但不包括钉头），则每一个圆柱部的中部均应测量。

6.7 弯曲角度

将射钉钉杆夹在两钳口之间，敲击钉杆一端，使之弯曲，如图 2 所示，直至钉杆弯曲角度（α）分别不小于 60°（对于光钉杆）、30°（对于压花钉杆）或钉杆断裂为止。如果钉杆发生了断裂，应将断裂的钉杆正确拼接后，测量弯曲角度。钉杆长度小于 30 mm 的射钉，弯曲角度不作检验。图 2 中钳口圆角（R）约等于钉杆直径。

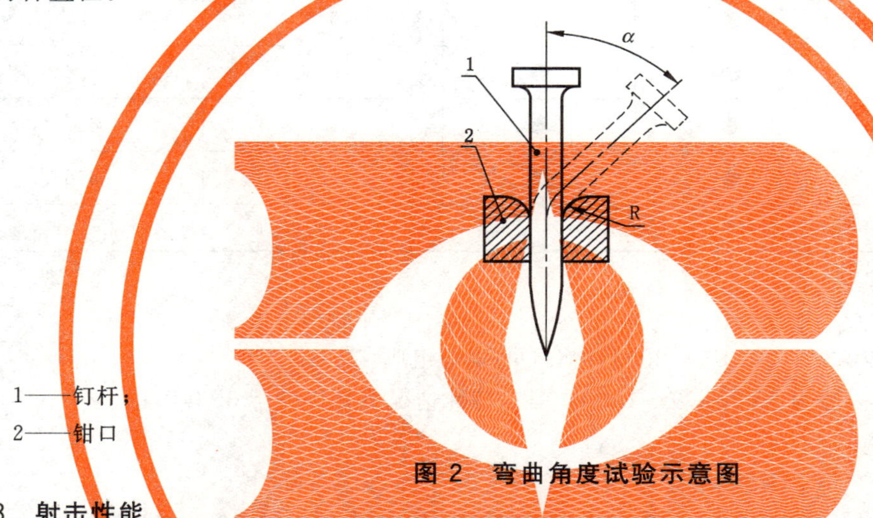

1——钉杆；

2——钳口

图 2 弯曲角度试验示意图

6.8 射击性能

6.8.1 用适合于该射钉产品、且符合 GB/T 18763 的射钉器，用手工操作的方法检验装钉是否顺利和射钉在钉管中是否滑落及定位件和附件是否可靠。

6.8.2 用适合于该射钉产品、且符合 GB/T 18763 的射钉器和符合 GB 19914 的射钉弹，对 5.8.2 规定的钢板进行射击。射击后，目视检验钉头是否贴近钢板或用量具对穿出钢板的钉尖长度进行测量。

6.8.3 目视检验射击后射钉钉体是否有断裂、破碎或严重弯曲等现象。

7 检验规则

7.1 检验分类

射钉的检验分为下述两类：

a) 型式检验；

b) 出厂检验。

7.2 型式检验时机

有下列情况之一时，射钉要进行型式检验：

a) 新产品定型或老产品转厂鉴定；

b) 生产中，如产品结构、材料、工艺等有较大改变，可能引起产品性能改变时；

c) 正常生产中，定期或累计达到一定生产量时；

d) 产品停产一年以上，重新恢复生产时；

e) 出厂检验结果与上次型式检验结果有较大差异时；

f) 合约有规定时；

g) 国家质量监督机构提出进行型式检验时。

7.3 检验项目

型式检验和出厂检验的检验项目见表 2。

表 2 检验项目表

序号	检验项目	型式检验	出厂检验	要求章条号	试验方法章条号
1	材料	●	—	5.1	6.1
2	外观质量	●	●	5.2	6.2
3	装配	●	●	5.3	6.3
4	尺寸和形状	●	●	5.4	6.4
5	镀锌层厚度	●	●	5.5	6.5
6	硬度	●	●	5.6	6.6
7	弯曲角度	●	●	5.7	6.7
8	射击性能	●	●	5.8	6.8
注：●为检验项目；—为不检验项目。					

7.4 组批规则和抽样方案

7.4.1 组批规则

7.4.1.1 每批射钉应按照 GB/T 2828.1—2003 中 6.1 的规定组成。

7.4.1.2 射钉的批量（*N*）一般为 35 001 粒～150 000 粒，特殊情况下允许少于 35 001 粒。

7.4.2 抽样方案

7.4.2.1 不合格分类

射钉的不合格分类见表 3。

表 3 不合格分类

分 类	不 合 格 项
A	镀锌层厚度不符合规定
	硬度不符合规定
	弯曲角度不符合规定
A1	钉体钢材化学成份不符合规定
B	尺寸或形状不符合规定
	射击性能不符合规定
C	外观质量不符合规定
	装配不符合规定

7.4.2.2 检验水平

根据 GB/T 2828.1—2003 中 10.1 的规定，射钉的 A 类和 B 类不合格项的检验水平均为：特殊检验水平 S-2，C 类不合格项的检验水平为：一般检验水平 I。

7.4.2.3 接收质量限

根据 GB/T 2828.1—2003 中的第 5 章，射钉 A 类不合格项的接收质量限（AQL）为 1.0，B 类和 C 类不合格项的接收质量限（AQL）均为 2.5。

7.4.2.4 **抽样方案类型**

7.4.2.4.1 射钉的A类、B类C类不合格项的检验，按GB/T 2828.1—2003中11.1.1规定的一次抽样方案进行。根据批量(N)、检验水平、不合格项的接收质量限(AQL)和正常、加严、放宽检验的一次抽样方案，可根据GB/T 2828.1—2003，检索出射钉A类、B类、C类不合格项分类检验的样本量(n)、接收数(Ac)、拒收数(Re)。批量(N)为35 001粒～150 000粒的抽样方案见表4。

7.4.2.4.2 射钉A1类不合格项，即射钉钉体钢材的化学成分，只进行一次性检验，不按GB/T 2828.1—2003执行。

7.4.2.5 正常、加严和放宽检验

表4 抽样方案

不合格分类	检验水平	样本量字码	接收质量限(AQL)	正常检验			加严检验			放宽检验		
				样本量(n)	接收数(Ac)	拒收数(Re)	样本量(n)	接收数(Ac)	拒收数(Re)	样本量(n)	接收数(Ac)	拒收数(Re)
A	S-2	E	1.0	13	0	1	20	0	1	5	0	1
B	S-2	E	2.5	20	1	2	32	1	2	13	1	2
C	I	L	2.5	200	10	11	200	8	9	80	6	7

7.4.2.5.1 按照GB/T 2828.1—2003中9.1的规定，除另有规定外，射钉的A类、B类、C类不合格项开始检验时，均采用正常检验。

7.4.2.5.2 在进行正常检验时，如符合GB/T 2828.1—2003中第9章的规定，应转移为加严检验、放宽检验或暂停检验。

7.5 **判定规则**

7.5.1 A1类不合格项检验中如有一项化学成分不符合规定，即判定该批产品为不合格。

7.5.2 射钉检验项目任一项不符合本标准的各项要求时，即判定该批产品为不合格。射钉样本抽取、检验批接收与不接收以及逐批检验后的处置等，分别按GB/T 2828.1—2003的相关规定执行。

8 标志

8.1 产品标志

射钉上应有制造厂家的标志或商标，标志或商标应正确、完整、清晰、附着力强，标志应刻在钉体或定位件上。

8.2 包装标志

射钉包装物上应有产品名称“射钉”、型号、规格、商标、生产厂家及地址、电话、产品批号、数量、执行标准编号；外包装上还应有毛重、体积、“怕湿”等标志。包装标志应正确、完整、清晰、附着力强，标志应符合GB/T 191的规定。

8.3 标志检查

对于每批射钉的产品标志和包装标志，用目视方法进行检查，对不符合要求的应予退修或由供货方与订货方协商解决。

9 包装、运输、贮存

9.1 包装和包装检验

9.1.1 射钉的包装应能满足运输、储存和使用的要求，且包装的产品及数量应正确，封固应可靠。

9.1.2 对每批射钉的包装物质量，以及包装的产品和数量、包装封固情况等应采用目视方法进行检验，对不符合要求的应予退修或由供货方与订货方协商处理。

9.2 **运输**

射钉可用各种交通工具运输，在运输、装卸和临时堆码过程中应防雨和防湿。

9.3 **贮存**

9.3.1 射钉应贮存于无腐蚀性气体且干燥、通风的场所，堆垛下面应有防潮措施。

9.3.2 对于经批检验合格未能及时交付订货方而暂时入库存放的射钉，贮存期为一年。如存放期超过一年，一般须逐批重新检验合格后，才能交付订货方。

附 录 A
（规范性附录）
射钉钉体、定位件、附件代号

A.1 部分射钉钉体的类型代号、名称、形状、参数及代号见表 A.1。

表 A.1 射钉钉体的类型代号、名称、形状、参数及钉体代号

类型代号	名 称	形 状	主要参数/mm	钉体代号
YD	圆头钉	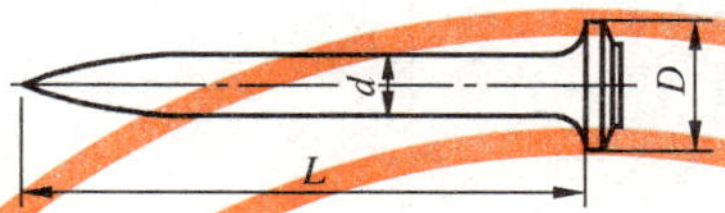	$D=8.4$ $d=3.7$ $L=19,22,27,32,37,42,47,52,57,62,72$	类型代号加钉长 L。钉长为 32 mm 的圆头钉示例为：YD32
DD	大圆头钉	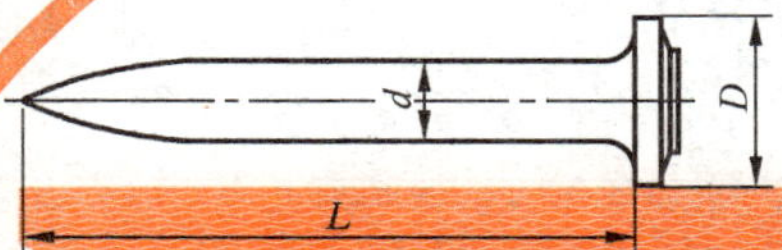	$D=10$ $d=4.5$ $L=27,32,37,42,47,52,57,62,72,82,97,117$	类型代号加钉长 L。钉长为 37 mm 的大圆头钉示例为：DD37
HYD	压花圆头钉		$D=8.4$ $d=3.7$ $L=13,16,19,22$	类型代号加钉长 L。钉长为 22 mm 的压花圆头钉示例为：HYD22
HDD	压花大圆头钉		$D=10$ $d=3.7$ $L=19,22$	类型代号加钉长 L。钉长为 22 mm 的压花大圆头钉示例为：HDD22
PD	平头钉	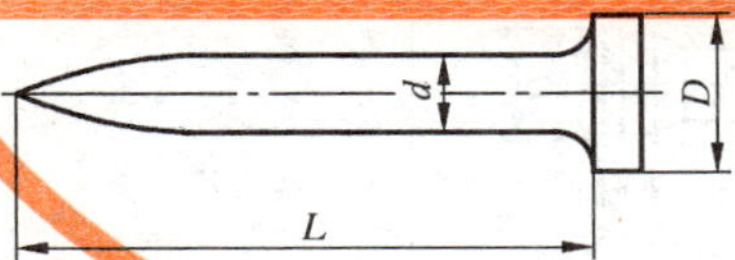	$D=7.6$ $d=3.7$ $L=19,25,32,38,51,63,76$	类型代号加钉长 L。钉长为 32 mm 的平头钉示例为：PD32
PS	小平头钉	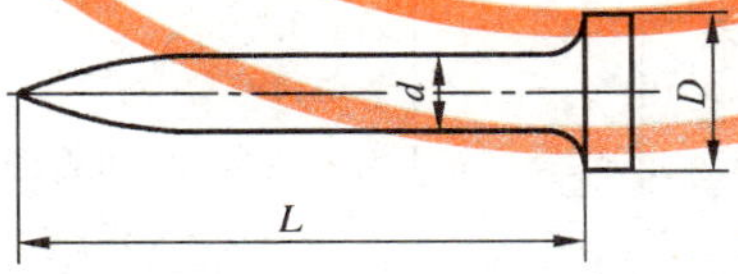	$D=7.6$ $d=3.5$ $L=22,27,32,37,42,47,52,62,72$	类型代号加钉长 L。钉长为 27 mm 的小圆头钉示例为：PS27
DPD	大平头钉	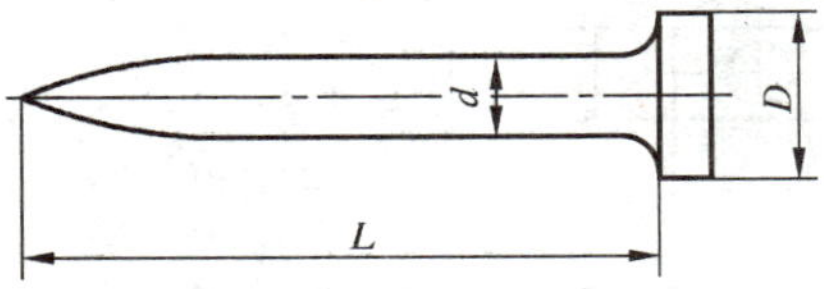	$D=10$ $d=4.5$ $L=27,32,37,42,47,52,57,62,72,82,97,117$	类型代号加钉长 L。钉长为 22 mm 的大平头钉示例为：DPD72
HPD	压花平头钉	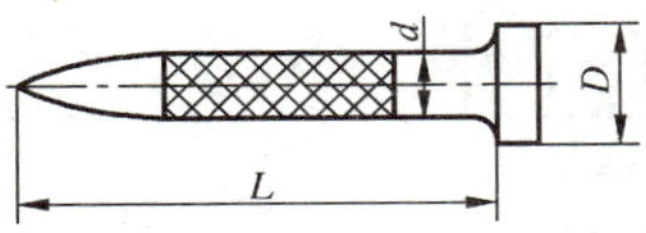	$D=7.6$ $d=3.7$ $L=13,16,19$	类型代号加钉长 L。钉长为 13mm 的压花平头钉示例为：HPD13

表 A.1(续)

类型代号	名　　称	形　　状	主要参数/mm	钉体代号
QD	球头钉	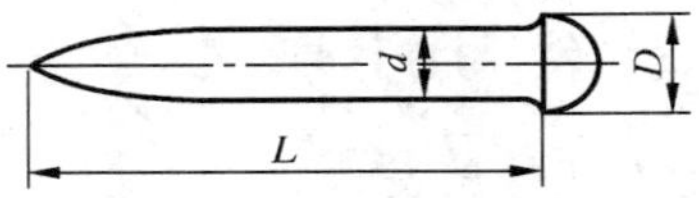	$D=5.6$ $d=3.7$ $L=22,27,32,37,42,47,52,62,72,82,97$	类型代号加钉长 L。钉长为 37 mm 的球头钉示例为:QD37
HQD	压花球头钉	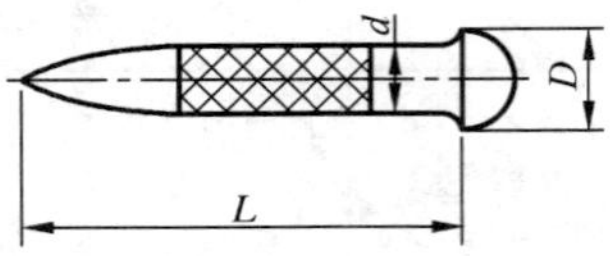	$D=5.6$ $d=3.7$ $L=16,19,22$	类型代号加钉长 L。钉长为 19 mm 的压花球头钉示例为:HQD19
ZP	6 mm 平头钉	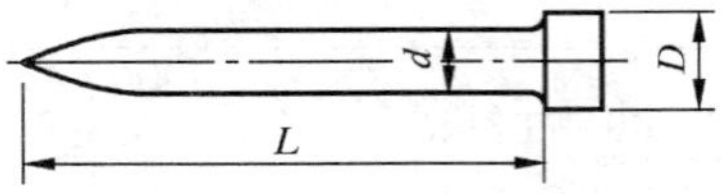	$D=6$ $d=3.7$ $L=25,30,35,40,50,60,75$	类型代号加钉长 L。钉长为 40 mm 的平头钉示例为:ZP40
DZP	6.3 mm 平头钉	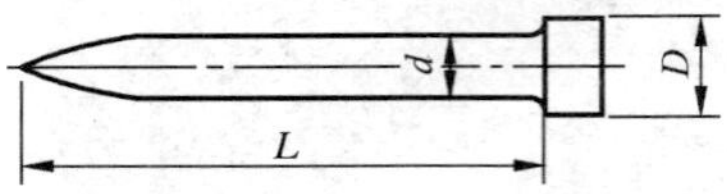	$D=6.3$ $d=4.2$ $L=25,30,35,40,50,60,75$	类型代号加钉长 L。钉长为 50 mm 的平头钉示例为:DZP50
ZD	专用钉	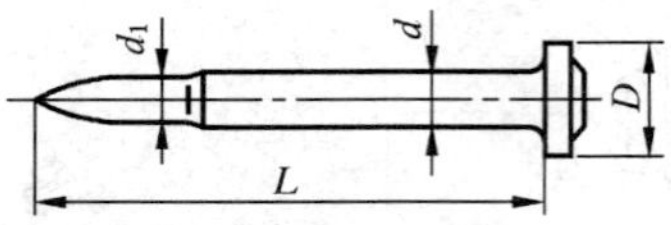	$D=8$ $d=3.7$ $d_1=2.7$ $L=42,47,52,57,62$	类型代号加钉长 L。钉长为 52 mm 的专用钉示例为:ZD52
GD	GD 钉	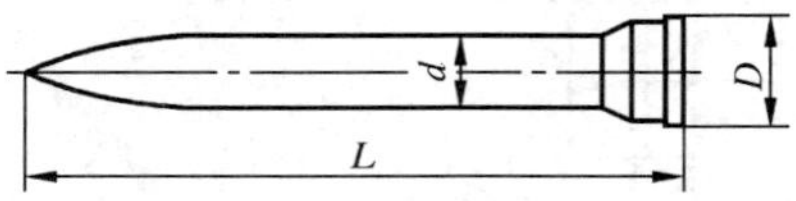	$D=8$ $d=5.5$ $L=45,50$	类型代号加全长 L。钉长为 45 mm 的 GD 钉示例为:GD45
KD6	6 mm 眼孔钉	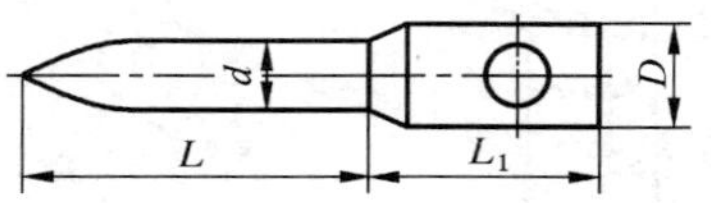	$D=6$ $d=3.7$ $L_1=11$ $L=25,30,35,40,45,50,60$	类型代号-钉头长度 L_1-钉长 L。钉头长度为 11 mm,钉长为 40 mm 的眼孔钉示例为:KD6-11-40
KD6.3	6.3 mm 眼孔钉	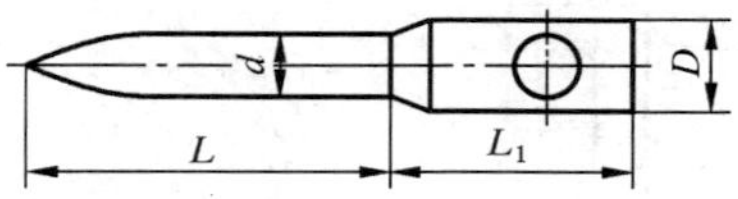	$D=6.3$ $d=4.2$ $L_1=13$ $L=25,30,35,40,50,60$	类型代号-钉头长度 L_1-钉长 L。钉头长度为 13 mm,钉长为 50 mm 的眼孔钉示例为:KD6.3-13-50
KD8	8 mm 眼孔钉	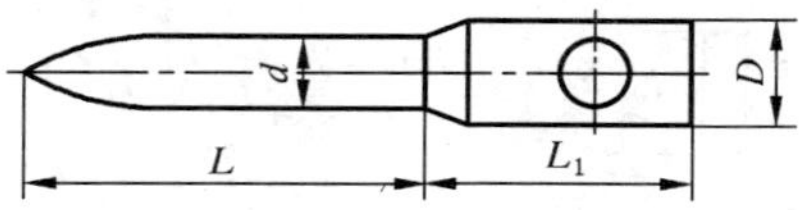	$D=8$ $d=4.5$ $L_1=20,25,30,35$ $L=22,32,42,52$	类型代号-钉头长度 L_1-钉长 L。钉头长度为 20 mm,钉长为 32 mm 的眼孔钉示例为:KD8-20-32

表 A.1(续)

类型代号	名　　称	形　　状	主要参数/mm	钉体代号
KD10	10 mm 眼孔钉	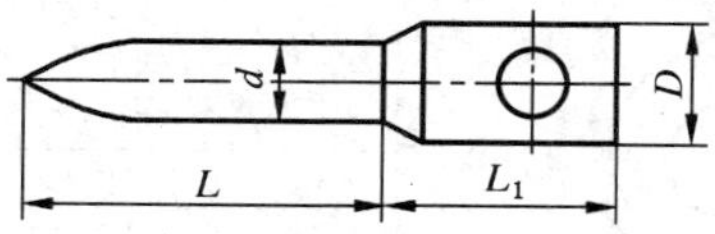	D=10 d=5.2 L_1=24,30 L=32,42,52	类型代号-钉头长度 L_1-钉长 L。钉头长度为 24 mm,钉长为 52 mm的眼孔钉示例为:KD10-24-52
M6	M6 螺纹钉	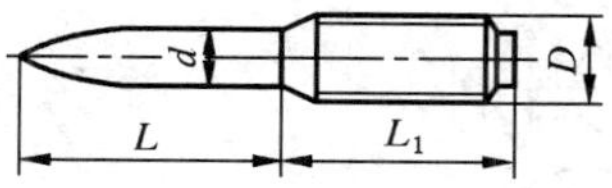	D=M6 d=3.7 L_1=11,20,25,32,38 L=22,27,32,42,52	类型代号-螺纹长度 L_1-钉长 L。螺纹长度为 20 mm,钉长为 32 mm的螺纹钉示例为:M6-20-32
M8	M8 螺纹钉	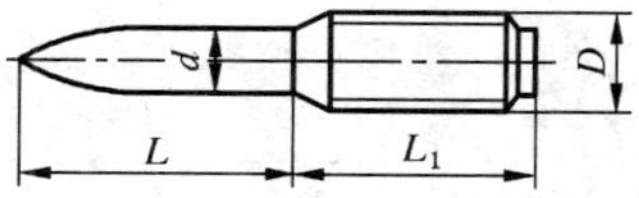	D=M8 d=4.5 L_1=15,20,25,30,35 L=27,32,42,52	类型代号-螺纹长度 L_1-钉长 L。螺纹长度为 15 mm,钉长为 32 mm的螺纹钉示例为:M8-15-32
M10	M10 螺纹钉	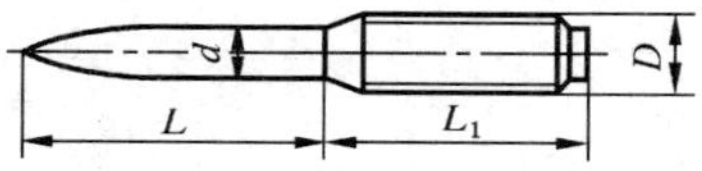	D=M10 d=5.2 L_1=24,30 L=27,32,42	类型代号-螺纹长度 L_1-钉长 L。螺纹长度为 30 mm,钉长为 42 mm的螺纹钉示例为:M10-30-42
HM6	M6 压花螺纹钉	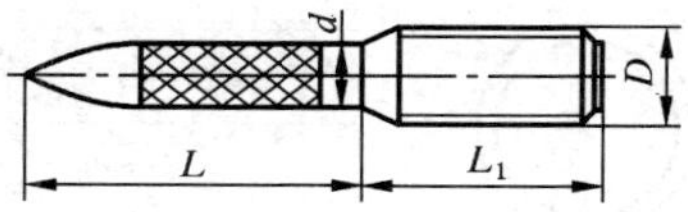	D=M6 d=3.7 L_1=11,20,25,32 L=9,12	类型代号-螺纹长度 L_1-钉长 L。螺纹长度为 11 mm,钉长为 12 mm的压药螺纹钉示例为:HM6-11-12
HM8	M8 压花螺纹钉	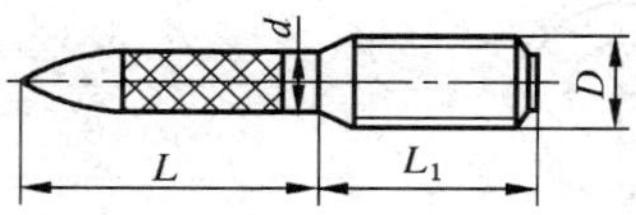	D=M8 d=4.5 L_1=15,20,25,30,35 L=15	类型代号-螺纹长度 L_1-钉长 L。螺纹长度为 20 mm,钉长为 15 mm的压花螺纹钉示例为:HM8-20-15
HM10	M10 压花螺纹钉	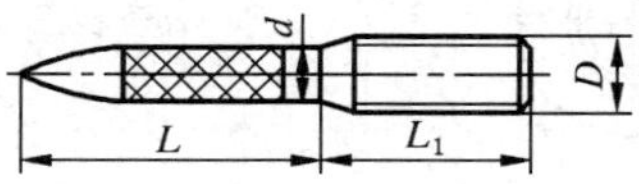	D=M10 d=5.2 L_1=24,30 L=15	类型代号-螺纹长度 L_1-钉长 L。螺纹长度为 30 mm,钉长为 15 mm的压花螺纹钉示例为:HM10-30-15
HTD	压花特种钉	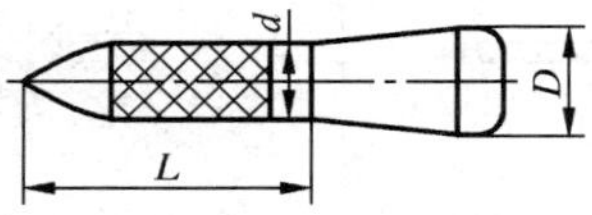	D=5.6 d=4.5 L=21	类型代号加钉长 L。钉长为 21 mm 的压花特种钉示例为:HTD21

A.2 部分射钉定位件的类型代号、名称、形状、主要参数及代号见表 A.2。

表 A.2 射钉定位件的类型代号、名称、形状、主要参数及代号

类型代号	名 称	形 状	主要参数/mm	定位件代号
S	塑料圈	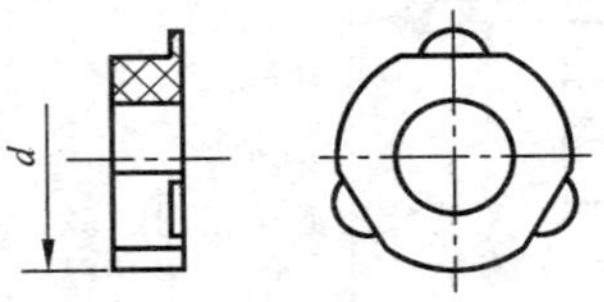	$d=8$	S8
			$d=10$	S10
		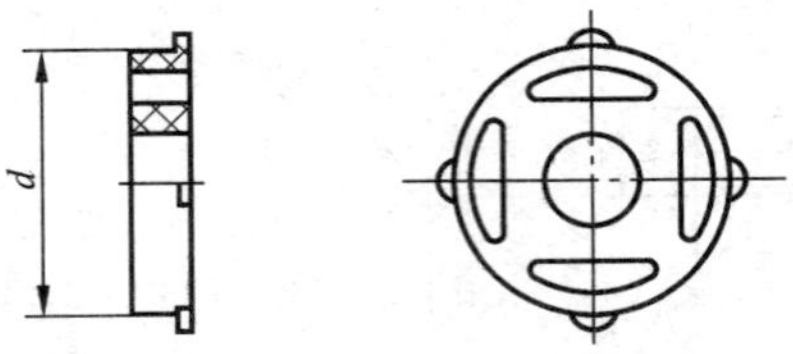	$d=12$	S12
C	齿形圈	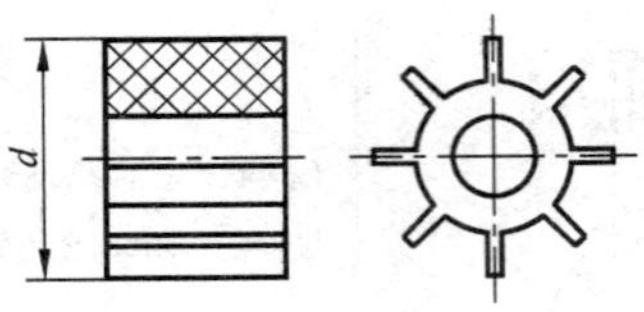	$d=6$	C6
			$d=6.3$	C6.3
			$d=8$	C8
			$d=10$	C10
			$d=12$	C12
J	金属圈	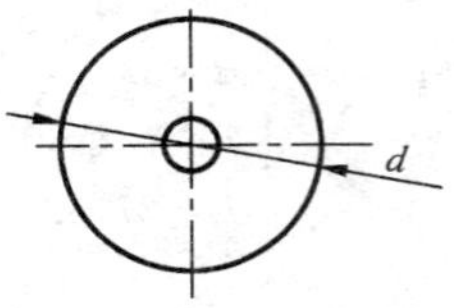	$d=8$	J8
			$d=10$	J10
			$d=12$	J12
M	钉尖帽	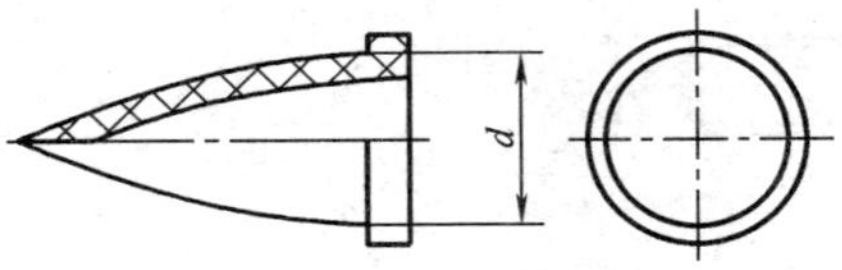	$d=6$	M6
			$d=6.3$	M6.3
			$d=8$	M8
			$d=10$	M10
T	钉头帽	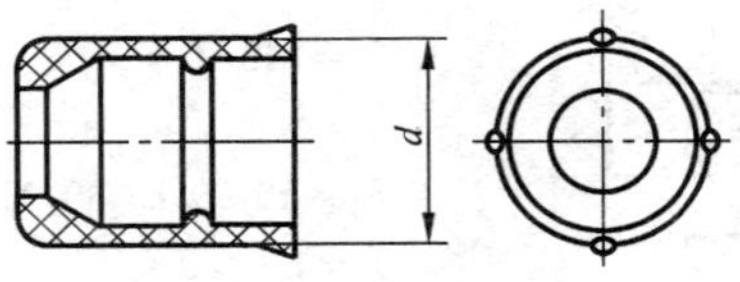	$d=6$	T6
			$d=6.3$	T6.3
			$d=8$	T8
			$d=10$	T10
G	钢套	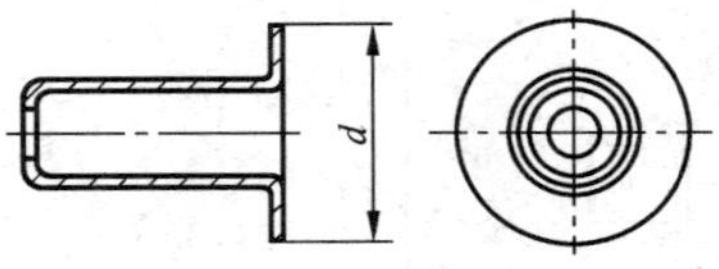	$d=10$	G10
LS	连发塑料圈	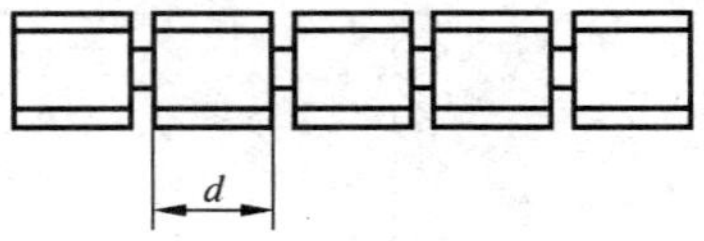	$d=6$	LS6

A.3 部分射钉附件的类型代号、名称、形状、主要参数及附件代号见表 A.3。

表 A.3 射钉附件的类型代号、名称、形状、参数及附件代号

类型代号	名 称	形 状	主要参数/mm	附件代号
D	圆垫片	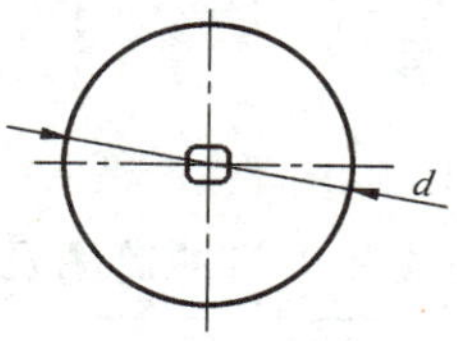	$d=20$	D20
			$d=25$	D25
			$d=28$	D28
			$d=36$	D36
FD	方垫片	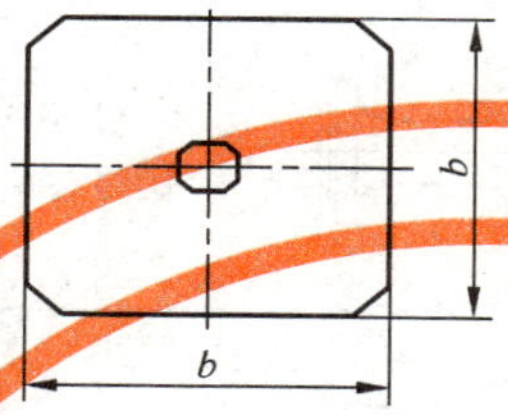	$b=20$	FD20
			$b=25$	FD25
P	直角片	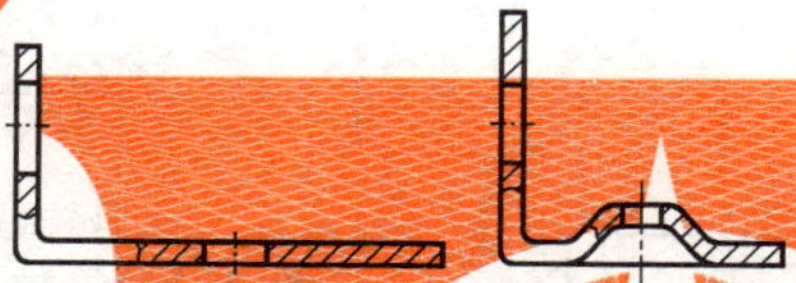	—	P
XP	斜角片		—	XP
K	管卡	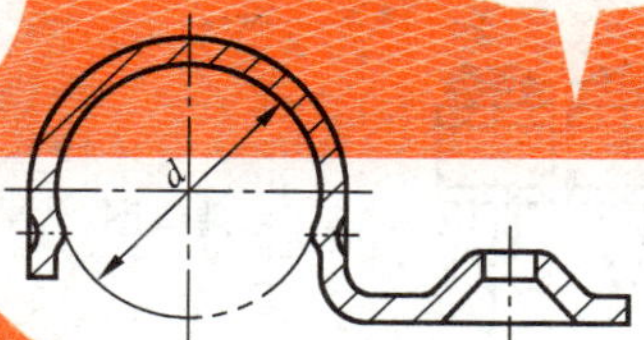	$d=18$	K18
			$d=25$	K25
			$d=30$	K30
T	钉筒	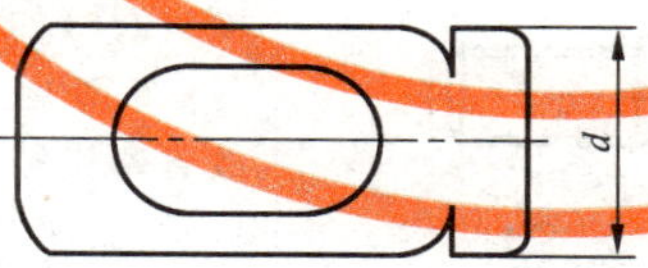	$d=12$	T12

附　录　B
（规范性附录）
射钉代号

B.1　部分由钉体和定位件构成的射钉的简图及代号见表B.1。

表 B.1　由钉体和定位件构成的射钉的简图及代号

说　　明	简　　图	射　钉　代　号
由钉体和一个定位件（塑料圈）构成的射钉	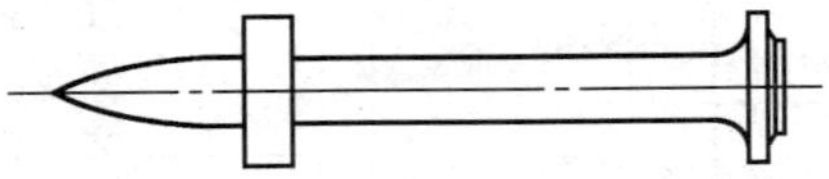	钉体代号（如YD32）加定位件（塑料圈）代号（如S8）。示例：YD32S8
由钉体和一个定位件（齿形圈）构成的射钉	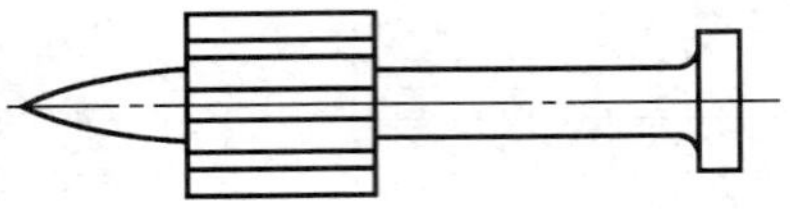	钉体代号（如图PD38）加定位件（齿形圈）代号（如C8）。示例：PD38C8
由钉体和一个定位件（金属圈）构成的射钉	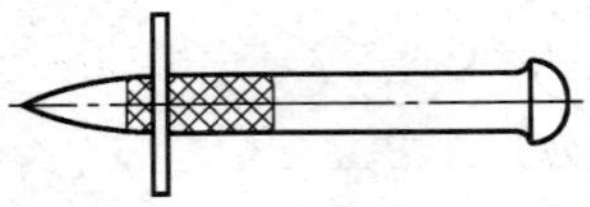	钉体代号（如HQD19）加定位件（金属圈）代号（如J12）。示例：HQD19J12
由钉体和一个定位件（钉尖帽）构成的射钉	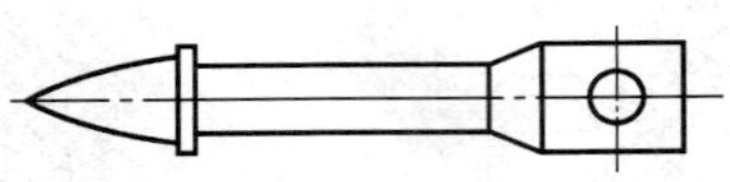	钉体代号（如KD6-11-40）加定位件（钉尖帽）代号（如M6）。示例：KD6-11-40M6
由钉体和定位件（连发塑料圈）构成的射钉	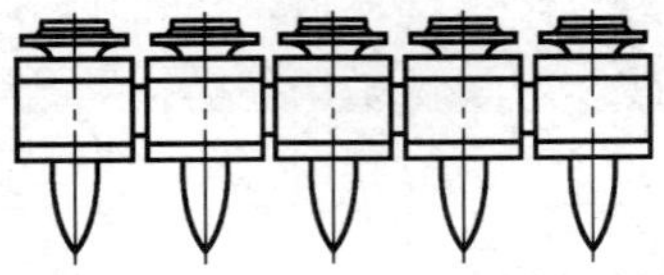	钉体代号（如YD22）加定位件（连发塑料垫圈）代号（如LS8）。示例：YD22LS8
由钉体和两个定位件（塑料圈和金属圈）构成的射钉	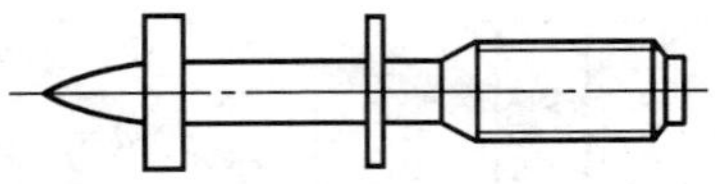	钉体代号（如M6-20-32）加定位件（金属圈）代号（如J12）再加定位件（塑料圈）代号（如S12），因两个定位件直径参数相同，故省略代号J12后面的参数。 示例：M6-20-32JS12
由钉体和两个定位件（钉头帽和齿形圈）构成的射钉	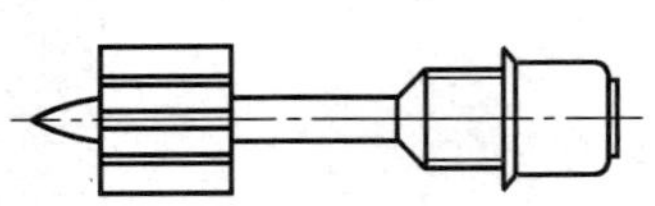	钉体代号（如M6-20-27）加定位件（钉帽）代号（如T8）再加定位件（齿形圈）代号（如C8），因两个定位件直径参数相同，故省略代号T8后面的参数。 示例：M6-20-27TC8
由钉体和两个定位件（齿形圈和钢套）构成的射钉	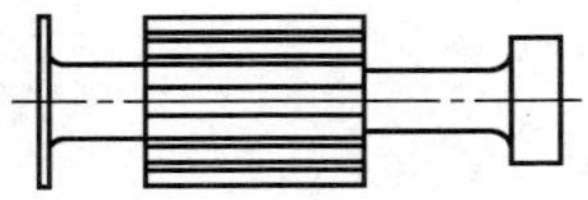	钉体代号（如PD25）加定位件（齿形圈）代号（如C8）再加定位件（钉套）代号（如G10）。示例：PD25C8G10

B.2 部分由钉体、定位件和附件构成的射钉的简图及代号见表 B.2。

表 B.2 由钉体、定位件和附件构成的射钉的简图及代号

说　明	简　图	射 钉 代 号
由钉体、一个定位件(齿形圈)和附件(圆垫片)构成的射钉	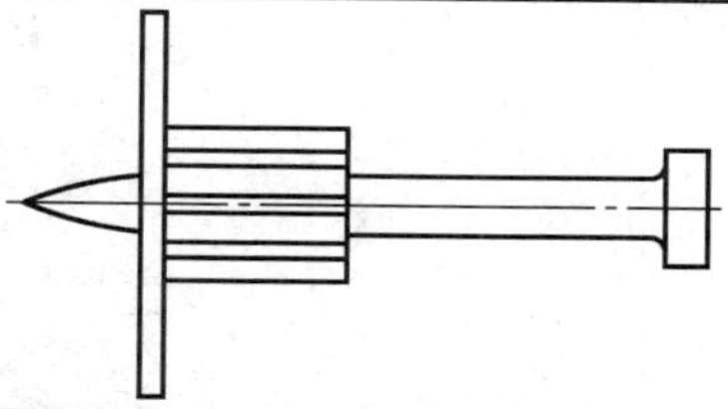	射钉代号(如 DPD72)加定位件(齿形圈)代号(如 C8)加斜杠(/)加附件(圆垫片)代号(如 D36)。 示例:DPD72C8/D36
由钉体、一个定位件(塑料圈)和附件(方垫片)构成的射钉	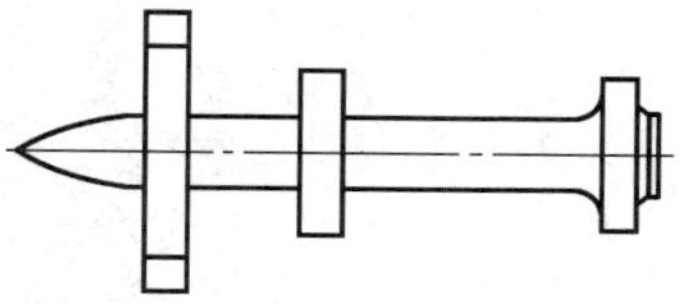	钉体代号(如 YD62)加定位件(塑料圈)代号(如 S8)加斜杠(/)加附件(方垫片)代号(如 FD20)。 示例:YD62S8/FD20
由钉体、两个定位件(齿形圈和钢套)和附件(直角片)构成的射钉	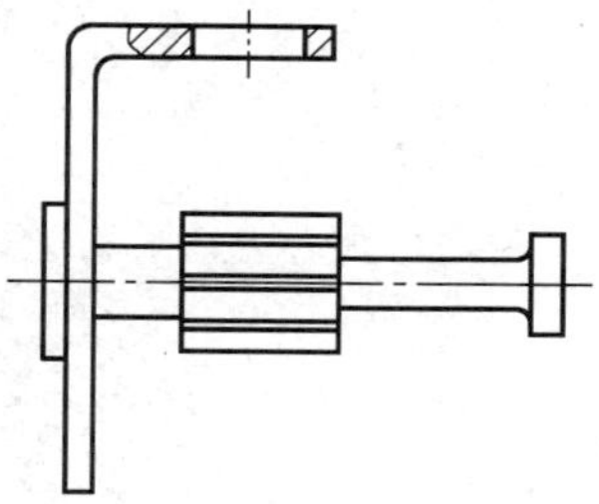	钉体代号(如 PD32)加定位件(齿形圈)代号(如 C8)再加定位件(钢套)代号(如 G10)加斜杠(/)加附件(直角片)代号(P)。 示例:PD32C8G10/P
由钉体、一个定位件(齿形圈)和附件(斜角片)构成的射钉	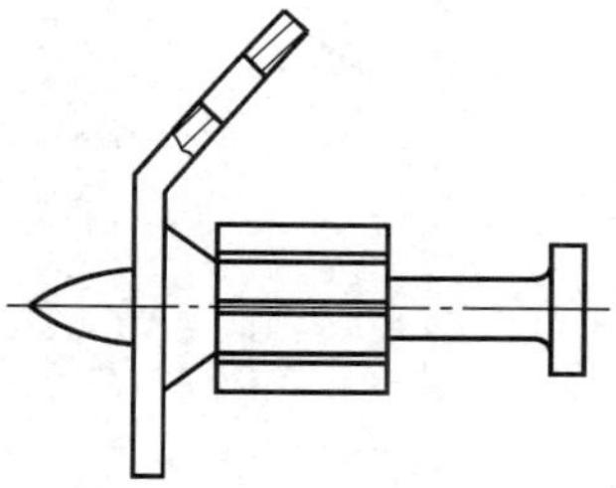	钉体代号(如 PD32)加定位件(齿形圈)代号(如 C8)加斜杠(/)加附件(斜角片)代号(XP)。 示例:PD32C8/XP
由钉体、一个定位件(齿形圈)和附件(管卡)构成的射钉	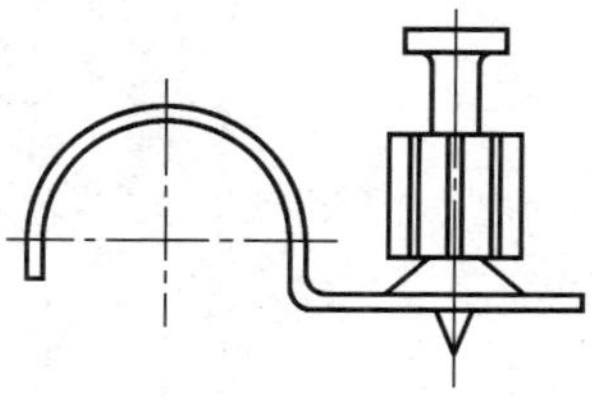	钉体代号(如 PD32)加定位件(齿形圈)代号(如 C8)加斜杠(/)加附件(管卡)代号(如 K25)。 示例:PD32C8/K25
由钉体、一个定位件(塑料圈)和附件(钉筒)构成的射钉	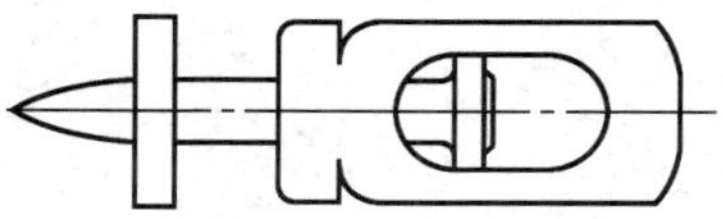	钉体代号(如 YD37)加定位件(塑料圈)代号(如 S12)加斜杠(/)加附件(钉筒)代号(T12)。 示例:YD37S12/T12